Betriebswirtschaftslehre

Sozialökonomische Einführung

Von

Dr. Reinhard Schultz
Universitäts-Professor der Betriebswirtschaftslehre

R. Oldenbourg Verlag München Wien

CIP-Titelaufnahme der Deutschen Bibliothek

Schultz, Reinhard:
Betriebswirtschaftslehre : sozialökonom. Einführung / von Reinhard Schultz. – München ; Wien : Oldenbourg, 1988
ISBN 3-486-20737-7 brosch.
ISBN 3-486-20736-9 Gb.

Gesamtherstellung: R. Oldenbourg Graphische Betriebe GmbH, München

ISBN 3-486-20737-7 brosch.
ISBN 3-486-20736-9 Gb.

Vorwort

Die vorliegende Abhandlung verfolgt das Ziel einer allgemeinverständlichen, stark visualisierten Einführung in die Sozial-Ökonomie. Die behandelten Zusammenhänge konzentrieren sich auf marktwirtschaftlich organisierte Strukturen, und zwar insbesondere auf die sozial-ökonomischen Verhältnisse, wie sie in der Bundesrepublik Deutschland vorherrschen.

Vielfältige Lehr-Erfahrungen in der Erwachsenenbildung (insbesondere an Hochschulen, in der Lehrerfortbildung, der Betriebsräteschulung und der betrieblichen Weiterbildung) haben mir immer wieder deutlich gemacht, wie wichtig es ist, über das Betriebswirtschaftliche hinaus fächerübergreifende Fragen sowie gesamtgesellschaftliche Aspekte und Bezüge mit zu vermitteln. Oder mit anderen Worten: die Wechselbeziehungen zwischen Wirtschaft und Gesellschaft herauszuarbeiten. Wo dies nicht geschieht, wird es immer schwieriger, das eigentliche Fachwissen in einen sinnvollen Gesamtkontext einzuordnen und den gesellschaftlichen Gesamtzusammenhang herzustellen.

Das Lehrbuch richtet sich in erster Linie an Studenten und Schüler, die das Fach Wirtschaft als Nebenfach studieren oder sich aus sonstigen Gründen über wirtschaftliche Zusammenhänge informieren wollen; es kann aber auch als Einführung für die Studenten der Wirtschaftswissenschaften dienen.

Das weite sozial-ökonomische Gesamtfeld wird im folgenden zum Zwecke der besseren Handhabbarkeit in drei große Teile zerlegt, wobei ihre wichtigsten Interdependenzen jeweils mit aufgezeigt werden:

- Der Betrieb als produzierendes System
- Der Betrieb als Sozialsystem
- Die gesellschaftlichen Rahmenbedingungen betrieblicher Aktivität

Bei der Anfertigung des Buches habe ich von zahlreichen Personen und Institutionen wertvolle Informationen bekommen. Dafür danke ich allen recht herzlich. Mein besonderer Dank gilt Frau Diplom-Sozialökonomin Maren Sick und Frau Dipl.-Kfm. Petra Wandel, die mit wichtigen Hinweisen und kritischen Diskussionsbeiträgen die Darstellung wesentlich gefördert haben.

Hamburg/Friedrichskoog, 20. März 1988 *Reinhard Schultz*

Inhaltsübersicht

Problemansatz:

Der Betrieb als sozial-ökonomisches, offenes und politisches System . . . 1

Erster Teil: **Der Betrieb als produzierendes System** 5

I. Charakterisierung marktwirtschaftlicher Betriebe (Unternehmen) und ihrer Hauptbeteiligten 5
II. Typisierung von Betrieben in Hinblick auf ihre (Haupt)-Zielsetzungen 14
III. Rechts-, Kooperations- und Konzentrationsformen 27
IV. Das System der Produktionsfaktoren und die Leistungserstellung (Produktion) 47
V. Die Leistungsverwertung (Absatz) 70
VI. Die Finanzen des Unternehmens 106

Zweiter Teil: **Der Betrieb als Sozialsystem** 137

I. Die Leitung (Führung) des Betriebes 137
II. Das Arbeitsverhältnis 146
III. Der Lohn- und Gewinn-Aspekt 158
IV. Die Sicherung des Unternehmensbestandes und des Arbeitsplatzes . 177
V. Stand und Entwicklung der Arbeitsorganisation und der Arbeitsbedingungen 223

Dritter Teil: **Gesellschaftliche Rahmenbedingungen betrieblicher Aktivität** 287

I. Die Gewerbe- und Berufsfreiheit 287
II. Zum Recht auf Arbeit und auf Ausbildung 304
III. Die Vertragsfreiheit 319
IV. Das Wettbewerbs (Konkurrenz)prinzip 326
V. Die Tarifautonomie 343
VI. Privateigentum und Verstaatlichung (Vergesellschaftung) sowie die Frage der Unantastbarkeit der bestehenden Wirtschaftsordnung 376
VII. Der Staat und die Tarifpartner als wirtschafts- und gesellschaftspolitische Akteure 391

Eine zusammenfassende Bewertung

zum Betrieb als sozial-ökonomisches, offenes und politisches System . . . 455

Inhaltsverzeichnis

Problemansatz:

Der Betrieb als sozial-ökonomisches, offenes und politisches System . . . 1

Erster Teil: Der Betrieb als produzierendes System 5

I. Charakterisierung marktwirtschaftlicher Betriebe (Unternehmen) und ihrer Hauptbeteiligten 5

1. Kennzeichnung von Betrieb und Unternehmer 5
2. Die Zusammensetzung der Hauptbeteiligten 6
3. Die wichtigsten Hauptbeteiligten und ihre Interessen 8
   a) Die Kapitalgeber 8
   b) Die Belegschaft 10
   c) Die Unternehmensleiter 11
4. Zusammenfassung der Interessen (Wünsche) der internen und externen Hauptbeteiligten 12

II. Typisierung von Betrieben in Hinblick auf ihre (Haupt)-Zielsetzungen 14

1. Überblick über fünf Typen 14
   a) Erwerbs(privat)wirtschaftliche (gewinnstrebige) Unternehmen . . 14
   b) Genossenschaftliche Unternehmen 17
   c) Öffentliche (=staatliche) Unternehmen 18
   d) Gemeinwirtschaftliche Unternehmen 19
   e) Gemeinnützige Unternehmen 21
2. Zur Angleichungstendenz der Zielsetzungen 22
3. Überblick über die Nebenbedingungen, die bei der Verfolgung der (Haupt)Zielsetzungen zu beachten sind 24
   a) Das finanzielle Gleichgewicht 24
   b) Wirtschaftlichkeit, Produktivität und Rationalisierung 24
4. Tabellarische Zusammenfassung der Charakteristika der fünf Betriebstypen und praktische Beispiele 26

III. Rechts-, Kooperations- und Konzentrationsformen 27

1. Rechtsformen 27
   a) Charakterisierung und Strukturmodelle 27
   b) Tabellarische Übersicht über fünf wichtige Rechtsformen 29
   c) Zur Flexibilität der Rechtsformen 29
2. Kooperations- und Konzentrationsformen 32
   a) Abgrenzung zur Rechtsform 32
   b) Zum Zusammenhang von Kooperation, Konzentration und Wettbewerb 33
   c) Strukturmodell Kooperations- und Konzentrationsformen 34
   d) Charakterisierung wichtiger Kooperations- und Konzentrationsformen 36
      (1) Kartell 36
      (2) Konzern, Diversifikation und Holding 40
      (3) Fusion 45

3. Überblick über den Stand der Unternehmenskonzentration und die Funktionen von Kartellamt und Monopolkommission 46

IV. Das System der Produktionsfaktoren und die Leistungserstellung (Produktion) 47

1. Die Produktionsfaktoren 47
a) Allgemeine Charakterisierung 47
b) Zum Unterschied von volkswirtschaftlichen und betriebswirtschaftlichen Produktionsfaktoren 50
c) Vergleich der typischen Eigenschaften der betrieblichen Produktionsfaktoren 52
d) Das kostenmäßige Gewicht der betrieblichen Produktionsfaktoren 54
2. Die Leistungserstellung (Produktion) 55
a) Charakterisierung der Produktion und schematische Darstellung des Leistungsprozesses 55
b) Die Beschaffung von Produktionsfaktoren 57
(1) Werkstoffe 57
(2) Betriebsmittel 58
(3) Arbeitskräfte 60
c) Die Kapazität 61
(1) Wesen 61
(2) Zum Kostenverlauf in Abhängigkeit von der Kapazitätsauslastung 62
(3) Das Problem der zunehmenden Fixkostenbelastung und der abnehmenden Anpassungselastizität 66

V. Die Leistungsverwertung (Absatz) 70

1. Der „Marktwiderstand“ und das absatzpolitische Instrumentarium – eine Charakterisierung 70
2. Das absatzpolitische Instrumentarium im einzelnen 73
a) Die Werbung 73
b) Die Produktgestaltung 83
c) Die Vertriebsmethoden (-wege) 86
d) Die Preispolitik 93
(1) Der Preis in der Theorie 93
(2) Kosten und Preise 95
(3) Der Preis in der Realität 96
(4) Marktbeherrschende Unternehmen und Preisüberwachung . . 97
(5) Gesetzliche Preisobergrenzen 98
(6) Gesetzliche Preisuntergrenzen 100

VI. Die Finanzen des Unternehmens 106

1. Das finanzielle Gleichgewicht (Wesen) 106
2. Die Finanzstruktur – dargestellt anhand der Bilanz 106
a) Charakterisierung der beiden Bilanzseiten 106
b) Das Wesen von Eigen- und Fremdkapital 108
c) Die Relation von Eigen- und Fremdkapital (vertikale Eigenkapital-

quote und Verschuldungsgrad) 110
d) Die Relation von Eigenkapital und Anlagevermögen (horizontale Eigenkapitalquote) 117
e) Zusammenfassende Beurteilung von Finanzstruktur-Kennziffern . 119
f) Vergleich und Aussagegehalt von Bilanz und Gewinn- und Verlustrechnung 119
3. Der Finanzfluß – seine Quellen und Planung 121
4. Der Zusammenbruch der Finanzen 125
a) Die beiden Konkursgründe: Zahlungsunfähigkeit und Überschuldung 125
b) Das Konkurs- und Vergleichsverfahren 126
c) Die stillen Liquidationen 128
5. Die Subventionen – eine Finanzierungsform besonderer Art 129

Zweiter Teil: Der Betrieb als Sozialsystem 137

I. Die Leitung (Führung) des Betriebes 137

1. Betriebsführung – eine systemindifferente Funktion? 137
2. Gegenstände und Ablauf von Führungsentscheidungen 138
3. Die betriebliche Organisationsstruktur 141
4. Die Betriebs- und Unternehmensverfassung 145

II. Das Arbeitsverhältnis 146

1. Charakterisierung 146
2. Der (individuelle) Arbeitsvertrag 147
3. Gesetzliche Arbeitnehmerschutzrechte 149
4. Die Kollektivverträge/Gesamtvereinbarungen 150
5. Der Sozialversicherungsschutz 151
6. Die Arbeitnehmer-Mitbestimmung 152

III. Der Lohn- und Gewinn-Aspekt 158

1. Zum Wesen von Lohn und Gewinn 158
2. Lohn/Gewinn – ein (systemabhängiger) Interessengegensatz? 160
3. Lohngerechtigkeit und Lohnfindung 162
4. Die Beteiligung der Arbeitnehmer an Gewinn und Kapital der Unternehmen 167
5. Die Gewinnhöhe – eine weithin diffuse Größe? 170
6. Gewinn und Lohn im Falle von Leistungsstörungen 174

IV. Die Sicherung des Unternehmensbestandes und des Arbeitsplatzes . 177

1. Die „richtigen" Investitionen – eine Voraussetzung erfolgreichen Wirtschaftens 177
a) Wesen und Investitionsarten 177
b) Kriterien für Investitionsentscheidungen 178
c) Arbeitnehmer und Investitionen 186
d) Investitionslenkung 190
2. Der dispositive Faktor 192
a) Wesen und Bestandteile 192

b) Planung und Kontrolle marktwirtschaftlicher Betriebe 193
c) Die Verantwortung für Unternehmenszusammenbrüche 200
3. Die arbeitsrechtliche Bestandssicherung des Arbeitsplatzes 205
a) Gründe für die Bestandssicherung 206
b) Der allgemeine Kündigungsschutz 206
c) Die Ausschaltung des Bestandsschutzes 210

V. Stand und Entwicklung der Arbeitsorganisation und der Arbeitsbedingungen 223

1. Vom Taylorismus über die human relations zum kooperativen Führungsstil 223
2. Die neue Technik – eine Renaissance des Taylorismus oder das Ende der Arbeitsteilung? 232
3. Neue Anforderungen an Mitarbeiter, Führungskräfte, betriebliche Weiterbildung und Organisationsstruktur 240
4. Zur (arbeits)rechtlichen und sozialen Bedeutung neuerer Beschäftigungsformen 258
a) (Traditionelle) Teilzeitarbeit 258
b) Job Sharing (Partner-Teilzeitarbeit) 261
c) Kapazitätsorientierte variable Arbeitszeit (Kapovaz) 263
d) „Freiberufliche“ (Heim)Arbeit bzw. Beschäftigung als (Quasi)-Selbständiger 265
e) Leiharbeit 277
f) Arbeitgeberwechsel ohne Arbeitsplatzwechsel 283

Dritter Teil: Gesellschaftliche Rahmenbedingungen betrieblicher Aktivität 287

I. Die Gewerbe- und Berufsfreiheit 287

1. Rechtliche Absicherung 287
2. Zulassungsvoraussetzungen für die Berufs(Gewerbe)aufnahme 288
3. Bedürfnisprüfung und Unternehmerfreiheit 290
4. Verbot der Gewerbe(Berufs)ausübung 296
5. Zusammenfassende Übersicht 303

II. Zum Recht auf Arbeit und auf Ausbildung 304

1. Verfassungsgrundlagen 304
2. Recht auf Arbeit in der Markt- und Planwirtschaft 305
3. Arbeitspflicht und Arbeitszwang 309
4. Grundprobleme der (beruflichen) Ausbildung 309
5. Eine Orientierungsskizze 318

III. Die Vertragsfreiheit 319

1. Rechtliche Anhaltspunkte 319
2. Einschränkungen der Vertragsfreiheit durch Arbeits- und Wettbewerbsrecht sowie durch Allgemeine Geschäftsbedingungen 319
3. Zum Einfluß der zunehmenden Verrechtlichung auf die Vertragsfreiheit 321
4. Fließdiagramm eines stark durchlöcherten Prinzips 325

IV. Das Wettbewerbs(Konkurrenz)prinzip . . . 326

1. Das Wettbewerbs-Modell . . . 326
2. Der Wettbewerb in der Realität . . . 327
3. Der „funktionsfähige Wettbewerb" . . . 331
4. Die allgemeine Konzentrationsproblematik . . . 332
5. Die Entflechtungsthematik . . . 334
6. Aktuelle politische Diskussionen zum Konzentrationsgeschehen . . . 335
7. Zum Selbstverständnis des Wettbewerbs . . . 341
8. Zusammenfassende Übersicht . . . 342

V. Die Tarifautonomie . . . 343

1. Ihr Wesen . . . 343
2. Die Koalitionsfreiheit . . . 343
   a) Ihre Ausprägung . . . 343
   b) Aufgaben der Koalitionen und Koalitionsvoraussetzungen . . . 344
3. Der Arbeitskampf, insbes. seine rechtlichen Grundlagen . . . 346
4. Die Neutralitätspflicht des Staates . . . 349
   a) Das generelle Problem des § 116 AFG . . . 349
   b) Der Anlaß zu dem Streit um § 116 AFG im Arbeitskampf von 1984 . 351
   c) Der steinige Weg zur Reform des § 116 AFG . . . 353
5. Die Schaffung eines Arbeitskampfgesetzes – ein unlösbarer Dauerbrenner? . . . 368
6. Tabellarischer Überblick über die Elemente der Tarifautonomie . . . 375

VI. Privateigentum und Verstaatlichung (Vergesellschaftung) sowie die Frage der Unantastbarkeit der bestehenden Wirtschaftsordnung . . . 376

1. Die Eigentumsgarantie des Grundgesetzes . . . 376
2. Zulässige Eigentumsbeschränkungen (Gemeinwohlbindung) . . . 377
3. Das gesellschaftspolitische Phänomen der Verstaatlichung bzw. Vergesellschaftung . . . 379
4. Die grundgesetzlich zulässige Enteignung und Sozialisierung von Eigentum . . . 381
5. Ein praktischer Vergesellschaftungs-Versuch . . . 383
6. Das Verhältnis von Grundgesetz und Wirtschaftsordnung . . . 388
7. Terminologische Orientierungshilfe . . . 390

VII. Der Staat und die Tarifpartner als wirtschafts- und gesellschaftspolitische Akteure . . . 391

1. Wirtschaftspolitik und marktwirtschaftliche Ordnung . . . 391
2. Träger und Ziele der Wirtschaftspolitik . . . 392
3. Globalsteuerung, gesamtwirtschaftliches Gleichgewicht und magisches Viereck . . . 393
4. Wirtschaftspolitische Instrumente und Ansätze . . . 400
5. Die (Massen)Arbeitslosigkeit – ein unlösbares Problem? . . . 406
   a) Zur Statistik, Struktur und Interpretation der Arbeitslosenzahlen . 406
   b) Lohnhöhe, Lohndifferenzierung und Flexibilisierung des Arbeitsmarktes (Arbeitsrechtes) – ein Lösungsansatz? . . . 415
   c) Vorruhestand, Überstundenabbau und Qualifizierungsoffensive – wirksame Entlastungsmittel? . . . 422

d) Sonstige politische Vorstellungen (und Hoffnungen) zum Abbau der Arbeitslosigkeit 433
e) Auf dem Weg zur Zwei-Drittel/Ein-Drittel-Gesellschaft – oder zur Neuen Armut? 446

Eine Zusammenfassende Bewertung 455
zum Betrieb als sozial-ökonomisches, offenes und politisches System

Literaturverzeichnis 458
Personenregister 465
Sachregister 469

Problemansatz:

Der Betrieb als sozial-ökonomisches, offenes und politisches System

Früher wurde der Betrieb meist umschrieben als „räumlich-technische Einheit der Gütererstellung", der regelmäßig die Unternehmung als die wirtschaftliche Einheit gegenübergestellt wurde. Daß der Betrieb eine räumlich-technische Institution darstellt, ist zweifellos richtig, womit allerdings noch nicht viel erklärt ist.

Unbestritten ist weiterhin, daß in den Betrieben schon immer durch das Zusammenwirken (Kombinieren) von sachlichen Einsatzgütern **und** menschlicher Arbeitskraft (Produktionsfaktoren) eine Leistung erstellt wurde. Bei der Analyse dieser Kombinationsprozesse standen in der Vergangenheit regelmäßig die technisch-ökonomischen Zusammenhänge im Vordergrund des Interesses.

Seit einiger Zeit ist jedoch zu beobachten, daß bei der Betrachtung und Behandlung betrieblicher Prozesse sehr viel stärker als früher die **sozialen**, d.h. die vielfältigen zwischenmenschlichen **Beziehungen** und Verhaltensweisen der am Betrieb Beteiligten einschließlich der dabei möglichen Konflikte und Konfliktlösungsmöglichkeiten in den Mittelpunkt gestellt werden.

Diese Entwicklung hat indirekt auch mit der im allgemeinen recht fruchtlosen Diskussion darüber zu tun, welches der für die Leistungserstellung wichtigste Produktionsfaktor ist (s.a. S. 47f.). Es ist im Laufe der Zeit deutlich geworden, daß das personale Beziehungsgeflecht der am Betrieb Beteiligten eine immer größere Bedeutung für die Leistungserstellung und Leistungsverwertung und damit auch für die Unternehmensleitung bekommen hat. Hierzu haben vielfältige Faktoren beigetragen, die im Verlaufe der vorliegenden Arbeit aufzuspüren und darzulegen sind. Die zunehmende praktische Bedeutung der personalen Seite der Betriebe gilt auch – oder gerade – für die Phase wachsender Technisierung und Automatisierung.

Zusammenfassend ist festzuhalten, daß sich aus dem ursprünglich stark technisch orientierten Betriebsgebilde inzwischen eine vielschichtige Institution entwickelt hat, in der die **sozialökonomischen Zusammenhänge** im Mittelpunkt des Geschehens stehen.

Um die komplexer gewordene Institution „Betrieb" besser veranschaulichen und analysieren zu können, wird der Betrieb heute mehr und mehr als ein **System** verstanden, das aus zahlreichen verschiedenen Elementen besteht, die auf vielfältige Weise miteinander verbunden (vernetzt) sind. Diese Elemente lassen sich ihrerseits jeweils als ein Subsystem des Gesamtsystems Betrieb betrachten. Geht man davon aus, daß jeder Betrieb einen sozialen, technischen und ökonomischen Aspekt hat, so ergibt sich folgende, auf der nächsten Seite abgebildete **interne** Systemstruktur des Betriebes (SCHULT 1984, S. 85).

Der Betrieb seinerseits ist Teil (bzw. Element) eines größeren Systems, nämlich des gesamtgesellschaftlichen Systems, dessen Elemente ebenfalls in vielfältiger Weise miteinander verbunden sind und auch auf das betriebliche Geschehen einwirken. Für eine erfolgreiche Unternehmensführung ist es deshalb wichtig zu

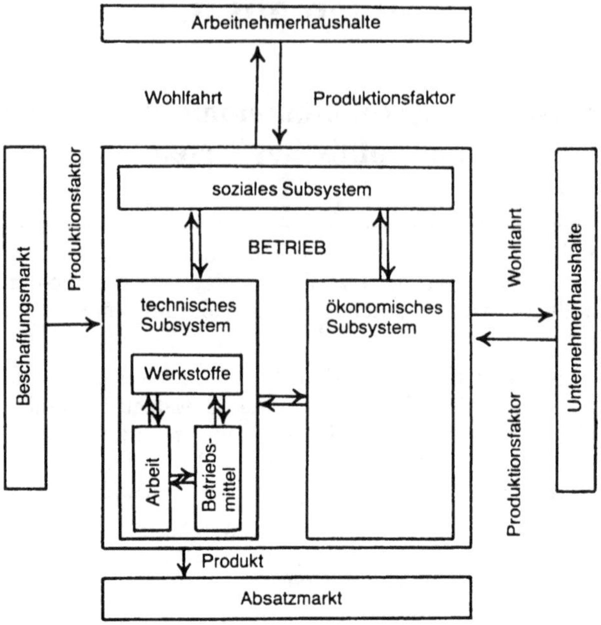

Abb.: Die interne Systemstruktur des Betriebes

wissen, welche Anforderungen bzw. Einflüsse von den externen Systemen auf das Unternehmen zukommen. Die **externe** Systemstruktur eines Betriebes läßt sich schematisch wie folgt darstellen (SCHULT 1984, S. 167):

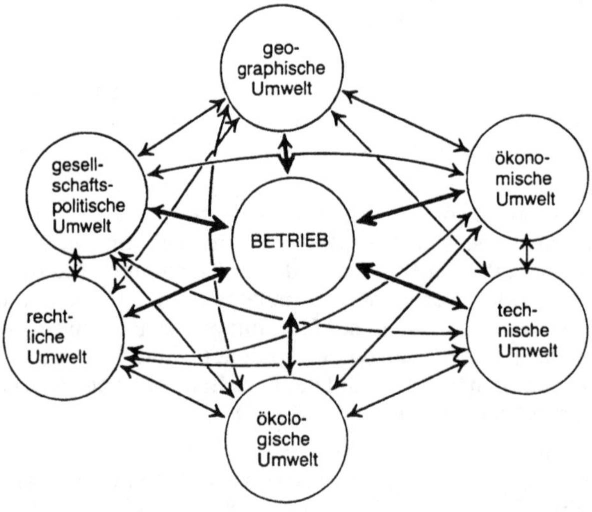

Abb.: Die externe Systemstruktur eines Betriebes

Die vorstehenden beiden Grafiken (interne und externe Systemstruktur) haben schon angedeutet, daß der Betrieb als ein **offenes** System zu sehen ist; offen deshalb, weil der Betrieb auf vielfältige Weise mit seiner Außenwelt Kontakt hat und die Umweltbedingungen bei seinen eigenen Entscheidungen zu beachten hat (s.a. Schaubild auf S. 13). Der heutige Betrieb kann immer weniger als eine reine Privatangelegenheit der (wirtschaftlichen) Eigentümer angesehen werden. „Unternehmerische Tätigkeit gerät zunehmend ... in das Blickfeld öffentlichen Interesses. Die Legitimationsfrage wird häufiger gestellt“ (K. MURMANN 1987, S. 1).

Wegen seiner zahlreichen Vernetzungen mit den Elementen der Gesamtgesellschaft wird der Betrieb mehr und mehr eine **gesellschaftliche Institution**, an die zahlreiche und vielfältige Ansprüche und Erwartungen gestellt werden. Damit verbunden sind nicht zuletzt neue Führungsanforderungen, deren Erfüllung manchen Unternehmensleitern Schwierigkeiten bereitet.

Eng mit der vorstehend aufgezeigten Entwicklung hängt auch zusammen, daß der Betrieb heutzutage im Grunde mehr und mehr nicht nur ein offenes, sondern auch ein **politisches System** ist; politisch in dem Sinne, daß in den Betrieben zunehmend mehrere Willensbildungszentren exisitieren, die unterschiedliche Interessen verfolgen und die letztlich zu einer „politischen“ Abstimmung (einem Entscheidungs-Kompromiß) gebracht werden müssen, womit das Gewicht der „einsamen“ Entschlüsse der Betriebsinhaber oder -leiter zurückgeht. Geht man davon aus, daß Unternehmensleiter, Kapitaleigner und Arbeitnehmer selbständige Ziele verfolgen (s.a. S. 8-13), so läßt sich ein solcher politischer Willens- und Zielbildungsprozeß schematisch wie folgt darstellen (HEYMANN/SEIWERT/THEISEN 1983, S. 29):

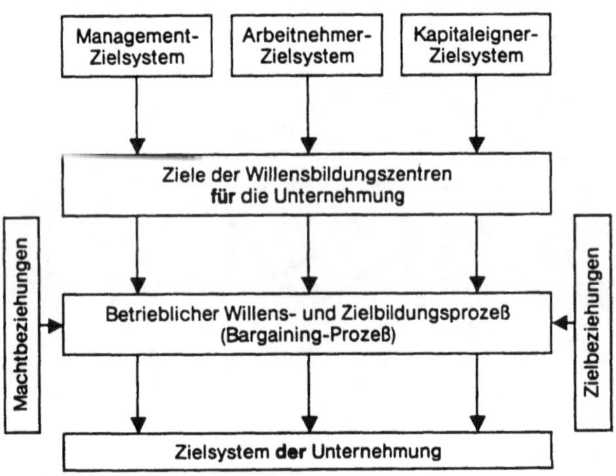

Abb.: Die Zielsysteme und Zielbildung

In den betrieblichen Willensbildungsprozeß dieser drei internen (Haupt)Beteiligten strahlen auch Wünsche und Interessen externer Unternehmens-Beteiligter hinein (s. Schaubild a. S. 13).

Abschließend ist festzuhalten: Es geht bei den vorstehenden Skizzierungen und den folgenden darauf aufbauenden Ausführungen nicht nur um den Versuch eines neuen methodischen Ansatzes der Darstellung und Problematisierung, es geht vor allen Dingen darum, die zahlreichen internen und externen Beziehungen und Wechselbeziehungen eines Betriebes aufzuzeigen, um so zu einer realistischen Einschätzung und Beurteilung der Güter und Dienstleistungen produzierenden Einheiten unserer Gesamtgesellschaft zu kommen.

Um dieses Ziel zu erreichen, wird die vorliegende Abhandlung in drei große Bereiche zerlegt, die nacheinander behandelt werden, nämlich

- Der Betrieb als produzierendes System
- Der Betrieb als Sozialsystem
- Gesellschaftliche Rahmenbedingungen betrieblicher Aktivität.

Bei den ersten Kapiteln handelt es sich mehr um eine einzelwirtschaftliche Betrachtungsweise, während das letzte Kapitel verstärkt die gesamtwirtschaftlichen bzw. gesamtgesellschaftlichen Aspekte in den Vordergrund stellt. Allerdings ist diese Einteilung nur als ein sehr grober Raster zu sehen, weil bei den jeweiligen Fragestellungen auch immer fächerübergreifende Aspekte mit in die Betrachtungen einbezogen werden.

Erster Teil: Der Betrieb als produzierendes System

Bei dem vorliegenden Kapitel geht es schwerpunktmäßig um die Darstellung der vielfältigen technisch-betriebswirtschaftlichen Aspekte der Institution Betrieb; dabei muß naturgemäß auch auf zahlreiche soziale und rechtliche Fragestellungen hingewiesen werden. Das eigentliche soziale Beziehungsfeld des Betriebes wird ausführlich im zweiten Hauptteil behandelt.

Der „Betrieb als produzierendes System" soll nun anhand folgender Themenkomplexe behandelt werden:

- Charakterisierung marktwirtschaftlicher Betriebe (Unternehmen) und ihrer Hauptbeteiligten
- Typisierung von Betrieben im Hinblick auf ihre (Haupt)Zielsetzungen
- Rechts-, Kooperations- und Konzentrationsformen
- Das System der betrieblichen Produktionsfaktoren und die Leistungserstellung (Produktion)
- Die Leistungsverwertung (Absatz)
- Die Finanzen des Unternehmens und ihre Störfaktoren.

I. Charakterisierung marktwirtschaftlicher Betriebe (Unternehmen) und ihrer Hauptbeteiligten

1. Kennzeichnung von Betrieb und Unternehmer

In der vorliegenden Abhandlung wird von dem in marktwirtschaftlich organisierten Volkswirtschaften **vorherrschenden Betriebstyp**, dem erwerbswirtschaftlichen (= gewinnstrebigen) Betrieb, ausgegangen. Bei diesem Betriebstyp handelt es sich um wirtschaftliche Einrichtungen (Institutionen),

- die ihr Eigenkapital von privaten Geldgebern erhalten (Privateigentum),
- unter Beachtung gesamtgesellschaftlicher Rahmenbedingungen (rechtliche und ethische Normen) ihren Wirtschaftsplan selbst aufstellen (Privatautonomie),
- nach Gewinn streben und dabei
- auf dem Markt mit anderen Unternehmen um die Gunst der ebenfalls autonom handelnden Abnehmer (Verbraucher oder Unternehmen) konkurrieren und hierbei
- Erfolg (Gewinn) oder Mißerfolg (Verlust) haben können.

Die Begriffe **Betrieb** und **Unternehmung** (= Unternehmen) sind im allgemeinen nicht exakt festgelegt. In den einschlägigen Gesetzen wird meist nicht zwischen Betrieb und Unternehmung unterschieden. Die Wirtschaftssprache benutzt die Termini Betrieb und Unternehmung überwiegend synonym. Weil für die vorliegende Abhandlung eine unterschiedliche Verwendung der beiden Begriffe nicht nötig und auch nicht erforderlich ist, werden sie im folgenden ebenfalls als Synonyma verwendet.

Wie die Begriffe Betrieb und Unternehmung meist nicht präzise festgelegt sind, ist auch der **Begriff des Unternehmers** nicht eindeutig bestimmt. Manche Autoren wollen mit den „Unternehmern" diejenigen Personen kennzeichnen, die über den Einsatz von Eigenkapital nach Gewinn streben. Dies führt dann zu dem nicht befriedigenden Ergebnis, daß der Kleinaktionär als Unternehmer und der (nicht kapitalmäßig beteiligte) Leiter einer großen (Publikums)Aktiengesellschaft als bloßer Arbeitnehmer angesehen wird.

Im Sprachgebrauch des Alltags wird die Unternehmereigenschaft mehr und mehr der Person zuerkannt, die eine Unternehmung selbstständig und verantwortlich mit Initiative leitet, unabhängig davon, ob der Unternehmensleiter selbst Eigenkapitalgeber ist oder nicht. SCHUMPETER (1928, S. 483), von dem der Begriff des „dynamischen Unternehmers" stammt, sieht das Wesen der Unternehmerfunktion im Erkennen und Durchsetzen neuer Möglichkeiten auf wirtschaftlichem Gebiet. Mittlerweile wird man hinzufügen müssen, daß sich die Unternehmerfunktion mehr und mehr auch auf das Erkennen und Durchsetzen neuer Möglichkeiten im sozialen Feld der Unternehmung bzw. der Gesamtgesellschaft und ihrer natürlichen Umwelt zu erstrecken hat, um nachhaltig erfolgreich sein zu können.

Recht interessant ist auch die folgende Unternehmer-Definition von OSWALD VON NELL-BREUNING (1983, S. 46): „Zum Unternehmen gehört an allererster Stelle ein Unternehmer, das ist jemand, der mit denen, die ihre Arbeit, und denen, die ihr Geld einsetzen, etwas unternimmt". GRASS/STÜTZEL (1983, S. 217) meinen: „Das bewegende Element einer Marktwirtschaft sind diejenigen Menschen, die Produktionen in Gang setzen. Das sind die Unternehmer".

2. Die Zusammensetzung der Hauptbeteiligten

An der Unternehmung ist im Regelfall eine Vielzahl recht unterschiedlicher Personen bzw. Institutionen in irgendeiner Weise beteiligt bzw. an ihrem (Wohl)Befinden interessiert. Als die wichtigsten Beteiligten können angesehen werden:

- die Kapitalgeber
- die Belegschaft
- die Unternehmensleiter
- die Kunden und Lieferanten
- die Öffentlichkeit (das gesellschaftliche Umfeld).

Es kann davon ausgegangen werden, daß wesentliche Interessen der Hauptbeteiligten am Unternehmen recht unterschiedlich sind. Andererseits darf aber nicht übersehen werden, daß die am Unternehmen Beteiligten auch durchaus gemeinsame Interessen haben. Dazu gehört vor allem das regelmäßig vorhandene gemeinsame Interesse an der Aufrechterhaltung und Sicherung des Unternehmens, wofür bei erwerbswirtschaftlichen Betrieben eine nachhaltige Ertragskraft (Gewinn) eine wichtige Voraussetzung ist.

Eine Verlustsituation stellt tendenziell für alle am Unternehmen Beteiligten eine Belastung dar, und zwar, weil sich in einer solchen Lage die Anprüche aller Beteiligten an das Unternehmen weniger leicht erfüllen lassen und der Interessenausgleichsprozeß sich viel schwieriger gestaltet als bei zufriedenstellenden Erträgen. Hinzu kommt, daß (dauerhaft) fehlende Unternehmenserfolge die Beschaffung von weiterem Eigen- und Fremdkapital erschweren. Daneben wirkt

Kapitalgeber

Eigenkapitalgeber (= wirtschaftliche Eigentümer), z.B.
- Aktionäre
- GmbH-Gesellschafter
- OHG- u. KG-Gesellschafter
- Inhaber von Einzelfirmen
- Mitglieder von Genossenschaften

Fremdkapitalgeber (= Gläubiger), z.B.
- Kreditinstitute
- Warenlieferanten
- Kunden (Vorauszahlungen)
- Verbundene Unternehmen (z.B. im Konzern)
- Gesellschafter (Darlehen, z.B. bei GmbH)
- Anleihen-Inhaber

Belegschaft

Jüngere und ältere Arbeitnehmer – Arbeiter und Angestellte – Arbeiter und Vorarbeiter – Angestellte und leitende Angestellte – Ungelernte, angelernte und gelernte Arbeitnehmer – Stammarbeitnehmer und Aushilfskräfte – Arbeitnehmer im Zeitlohn und Akkordlohn – Arbeitnehmer mit (mehr) ganzheitlichen Tätigkeiten und solche, die repetitive (monotone) Teilarbeiten ausführen – Arbeitnehmer, die ausführende Tätigkeiten verrichten und solche, die dispositive Arbeitsaufgaben wahrnehmen – Gewerkschaftlich organisierte und nicht gewerkschaftlich organisierte Arbeitnehmer

Unternehmensleiter

Eigentümer/Miteigentümer z.B. von
- Einzelfirmen
- offenen Handelsgesellschaften
- Kommanditgesellschaften

Geschäftsführer/Vorstände z.B.
- Vorstand der Aktiengesellschaft
- Vorstand der eingetragenen Genossenschaft
- Geschäftsführer der GmbH

Kunden*

Kunden, die ständig große Mengen kaufen und solche, die nur kleine Mengen beziehen – Marktstarke und marktschwache Kunden – Stamm(Dauer)kunden – Gelegenheitskunden – Barzahlende und auf Kredit kaufende Kunden – Zahlungskräftige und zahlungsschwache Kunden – Kunden aus dem privatwirtschaftlichen Sektor (Betriebe und Haushalte) und aus dem öffentlichen Bereich (Staat) – Inlandskunden und Auslandskunden – Kaufkunden und Leasingkunden

* Die Zusammensetzung der Lieferanten kann ähnlich vielfältig sein.

Öffentlichkeit (gesellschaftliches Umfeld)

Staat z.B. als Fiskus sowie als Ordnungs- und Schutzfaktor

Nachbarschaft des Unternehmens (Anlieger; Bürgerinitiativen)

Gemeinwesen verkörpert z.B. durch
- Bevölkerung
- Parteien
- Verbände
- Kirchen
- Medien

Abb.: Zusammensetzung der Hauptbeteiligten an einem Unternehmen die Verlustsituation auf die Belegschaft meist demotivierend, und zwar vor allem deshalb, weil ausbleibende finanzielle Erfolge regelmäßig die Arbeitsplatzsicherheit belasten und Verlustsituationen sich negativ auf das Image des Unternehmens auswirken.

Die genannten Hauptbeteiligten an einem Unternehmen bilden oft keine homogene Gruppe, meist sind sie vielmehr recht heterogen zusammengesetzt, so daß sich auch innerhalb der Hauptbeteiligtengruppen unterschiedliche Interessenlagen ergeben können, deren Kenntnis für eine erfolgreiche Unternehmenspolitik außerordentlich wichtig ist. Das vorstehende Schaubild gibt einen beispielhaften Überblick über die vielfach sehr verschiedengestaltige Zusammensetzung der Hauptbeteiligten.

Von den in der vorstehenden Übersicht genannten Hauptbeteiligten haben für die betriebliche Funktionsfähigkeit die Kapitalgeber, die Belegschaft und die Unternehmensleiter die größte Bedeutung. Daher soll im folgenden auf diese drei Gruppen von Hauptbeteiligten etwas näher eingegangen werden, und zwar insbesondere im Hinblick auf ihre Interessenlagen; auf die meisten der jetzt anzusprechenden Charakteristika ist im weiteren Verlauf der vorliegenden Abhandlung noch zurückzukommen und näher einzugehen.

3. Die wichtigsten Hauptbeteiligten und ihre Interessen

a) Die Kapitalgeber

In jedem Unternehmen gibt es Kapitalgeber. Sie stellen das Eigen- und/oder Fremdkapital zur Verfügung. Unter den Fremdkapital(Kredit)gebern haben dem Kreditumfang nach im allgemeinen die Banken und die Warenlieferanten eine herausragende Stellung.

Die **Fremdkapitalgeber** streben für die Kreditgewährung regelmäßig einen recht hohen, ertragsunabhängigen Preis (= Zinssatz) an, der mit dem einen niedrigen Zins wünschenden Kreditnehmer auszuhandeln ist. Eine Verzinsung liegt auch im Falle des Lieferantenkredits vor, wenngleich dies dort häufig nicht so deutlich wird, weil hier der Zins im Kaufpreis der gelieferten Ware mit enthalten ist und nicht extra ausgewiesen wird. Daß der Lieferantenkredit nicht zinslos gewährt wird – was viele glauben – wird besonders deutlich beim Skontoabzug im Falle der vorfristigen Zahlung (Barzahlung).

Die Fremdkapitalgeber erwarten, daß der kreditnehmende Betrieb seine Kredite fristgerecht verzinst und termingemäß zurückzahlt. Zu diesem Zweck sind sie an einer möglichst großen Sicherheit ihrer Kredite interessiert. Die Sicherheit der Unternehmung, vor allem im Hinblick auf die Ertragskraft und die Liquidität, spielen eine wichtige Rolle bei der Fixierung des Zinssatzes. Die Kreditbedingungen im einzelnen sind prinzipiell eine Markt- und Machtfrage. Ein ertragsstarkes Unternehmen mit einem auch sonst guten Image wird im Regelfall günstigere Kredite eingeräumt bekommen als ein vergleichbares Unternehmen mit nachhaltiger Ertragsarmut.

Im Gegensatz zu den Eigenkapitalgebern sind die Fremdkapitalgeber grundsätzlich nicht an der unternehmerischen Willensbildung beteiligt. Im konkreten Einzelfall kann es jedoch sehr wohl vorkommen, daß bestimmte (Groß)Gläubiger faktisch doch einen nennenswerten Einfluß auf das Unternehmen ausüben können. Der vielfach zu beobachtende, noch näher aufzuzeigende zeitweilige Trend zur Zunahme des Fremdkapitalanteils am Gesamtkapital der Unternehmen (s.S. 110-117) läßt mit Sicherheit die Einflußnahmemöglichkeiten bestimmter Kreditgeber wachsen. Daß der prinzipielle Unterschied in den Einflußnahmemöglichkeiten von Eigen- und Fremdkapitalgebern in der Praxis recht gering sein kann, wird besonders deutlich, wenn bestimmte (Groß)Kreditgeber – zum Beispiel Banken – im Aufsichtsrat des kreditnehmenden Unternehmens vertreten sind.

Bei den **Eigenkapitalgebern** (= den wirtschaftlichen Eigentümern) kann davon ausgegangen werden, daß sie im Prinzip an einer hohen Rentabilität des eingesetzten Eigenkapitals interessiert sind. Der ihnen aus ihrer möglichst sicheren Kapitalanlage zuwachsende Gewinn soll relativ hoch sein. Anders als das Entgelt des Fremdkapitalgebers (der Zins) und der Lohn des Arbeitnehmers ist der Gewinn des Eigenkapitalgebers nicht mit einem Rechtsanspruch versehen. Der Gewinn ist vielmehr eine Restgröße. Diese Restgröße, die auch negativ sein kann (Verlust), ergibt sich aus der Gegenüberstellung (Saldierung) von Erträgen und Aufwendungen.

Wenn auch davon ausgegangen werden kann, daß im Prinzip alle Eigenkapitalgeber grundsätzlich an möglichst hohen Gewinnen interessiert sind, insofern also zwischen den unterschiedlichsten Eigenkapitalgebern eine Interessenidentität besteht, so gibt es in der Praxis aber häufig unterschiedliche Auffassungen unter den Eigenkapitalgebern bei der Frage der Gewinnverwendung. Es sind nicht selten Eigenkapitalgeber anzutreffen, die stark für eine Gewinn-Einbehaltung im Unternehmen plädieren (Mehrung der Unternehmenssubstanz), während andere mehr an einer möglichst hohen Gewinn-Ausschüttung interessiert sind. Vielfach wird die Gewinn-Einbehaltung (teilweise) dazu benutzt, um in späteren Jahren, wenn einmal keine Gewinne erwirtschaftet werden konnten, doch noch zu einer Gewinn-Ausschüttung aus früher erzielten Gewinnen zu kommen. Der Interessengegensatz zwischen Ausschüttung und Einbehaltung wird letztlich durch die vorhandenen Stimmrechtsrelationen (-gewichte) der betreffenden Eigenkapitalgeber gelöst.

Mit der Eigenkapital-Zurverfügungstellung erwirbt der Kapitalgeber neben seinem Gewinnanspruch das Recht auf Beteiligung an der unternehmerischen Willensbildung, d.h. den Eigenkapitalgebern steht das Recht der Unternehmensführung zu, das sie entweder selbst ausüben (Eigentümer-Unternehmer) oder auf Dritte übertragen (Geschäftsführer- oder Manager-Unternehmer). Aufgrund des mit der Eigenkapitalbeteiligung verbundenen gesellschaftsrechtlichen Stimmrechts haben die Eigenkapitalgeber nicht nur alleinbestimmenden oder entscheidenden Einfluß auf die Auswahl der Unternehmensleiter und ihre Überwachung, sondern auch Einfluß auf wichtige sonstige Unternehmensentscheidungen (Zustimmungsvorbehalt zu wichtigen Geschäften). Mit dem Recht auf Teilhabe an der unternehmerischen Willensbildung erhalten die Eigenkapitalgeber eine Gelegenheit, dem mit dem Eigenkapitaleinsatz verbundenen Verlustrisiko entgegenzuwirken. Die Möglichkeiten der Interessenwahrnehmung der Eigenkapitalgeber sind allerdings im Laufe der Zeit geringer geworden, und zwar vor allem durch die gesetzlichen Mitbestimmungsrechte der Arbeitnehmer und ihrer Vertreter – insbesondere im Betriebsrat und im Aufsichtsrat – und durch das mit steigendem Verschuldungsgrad einhergehende größere Einflußnahmegewicht der Kreditgeber.

b) Die Belegschaft

Neben den Kapitalgebern stellen die im Betrieb beschäftigten Arbeitnehmer eine weitere wichtige Gruppe der Hauptbeteiligten dar. Für die Belegschaft bildet der Betrieb die Quelle, aus der sie ihr Einkommen zur Bestreitung ihres Lebensunterhalts bezieht. Weil dies regelmäßig der einzige bzw. bedeutsamste Weg ist, über den der Arbeitnehmer Mittel für seinen Lebensunterhalt erwirbt, ist er prinzipiell auf eine Arbeitsstelle angewiesen. Daher kann davon ausgegangen werden, daß die Arbeitnehmer grundsätzlich an möglichst sicheren Arbeitsplätzen interessiert sind, weil sie im Falle einer Erwerbslosigkeit nur mit einem geringeren Einkommen aus der Arbeitslosenversicherung rechnen können. Die Arbeitsplatzsicherheit wächst tendenziell mit befriedigenden wirtschaftlichen Unternehmensergebnissen.

Die Arbeitnehmer sind aber nicht nur an sicheren Arbeitsplätzen interessiert, sie wünschen auch recht hohe und möglichst steigende Löhne sowie gute betriebliche Sozialleistungen. Diese Wünsche kollidieren – isoliert betrachtet – mit dem Bestreben der wirtschaftlichen Eigentümer, einen möglichst hohen Gewinn zu erzielen. Der Gewinn ist – wiederum isoliert gesehen – umso höher, je niedriger die finanziellen Aufwendungen sind, und zu den Aufwendungen gehören auch die Löhne und der betriebliche Sozialaufwand. Vom Gewinnerzielungsinteresse her – und auch unter dem Gesichtspunkt der Aufrechterhaltung der Wettbewerbsfähigkeit – wäre es also plausibel, möglichst niedrige Löhne zu zahlen.

Dabei muß allerdings gesehen werden, daß der Lohn nicht nur – wie erwähnt – regelmäßig die wichtigste Einkommensquelle des Arbeitnehmers ist, sondern daneben auch noch, weil er ja die Vergütung für die erbrachte Arbeitsleistung darstellt, ein wesentlicher Faktor der persönlichen Anerkennung und damit auch der Motivation ist. Dies hat im Prinzip zur Folge, daß ein relativ niedriger oder ungerechter Lohn eine demotivierende Wirkung und damit einen negativen Einfluß auf die von dem betreffenden Arbeitnehmer zu erbringende Arbeitsleistung hat. Deshalb ist der Lohn grundsätzlich immer im Spannungsfeld von (niedrig zu haltenden) Kosten einerseits und der Auswirkung der Lohn**höhe** auf die Arbeitsmotivation und damit auf das Arbeitsergebnis andererseits zu sehen.

In gesamtwirtschaftlicher Sicht muß beim Lohn naturgemäß auch seine Nachfragefunktion (in Form von Kaufkraft) gesehen werden, die auf die Unternehmen insgesamt positiv zurückwirkt. Auf diesen Aspekt des Lohnes ist an anderer Stelle (s. S. 160f.) noch zurückzukommen.

Außer an sicheren Arbeitsplätzen und zufriedenstellenden Löhnen sind die Arbeitnehmer an guten, zeitgemäßen (sonstigen) Arbeitsbedingungen interessiert, wozu nicht nur die technisch-organisatorischen, sondern auch die vielfältigen sozialen Bedingungen der Zusammenarbeit im Betrieb (Personalführung) sowie ein gutes Unternehmens-Image in der Öffentlichkeit gehören. Mit zunehmender Bildung, steigendem Wohlstand und damit verbundener Befriedigung der Grundbedürfnisse erlangen die Arbeitsbedingungen im weitesten Sinne unter den Interessen der Arbeitnehmer eine immer größere Bedeutung, woraus sich zahlreiche neuartige Aufgaben für die betriebliche Personalarbeit und die Arbeit der Arbeitnehmer-Interessenvertretung ergeben.

Wenngleich die genannten drei allgemeinen Ziele der Belegschaft – nämlich sichere Arbeitsplätze, hohe Löhne und gute sonstige Arbeitsbedingungen – wohl tendenziell bei den meisten Arbeitnehmern vorhanden sind, so muß doch andererseits auch gesehen werden, daß diese Ziele, die in der Realität nicht immer gleichzeitig voll erreichbar sind, in ihrer Bedeutung (Rangfolge) von den Arbeitnehmern oft sehr unterschiedlich eingeschätzt werden. Dies hängt wesentlich damit zusammen, daß die Belegschaft meist nur wenig homogen ist. Einen Eindruck von der Heterogenität der Beschäftigten vermittelt das Schaubild am Anfang des vorliegenden Kapitels (s. S. 7).

c) Die Unternehmensleiter

Eine weitere wichtige Gruppe der Hauptbeteiligten sind die Unternehmensleiter (Manager). Das sind diejenigen Personen, die an oberster Stelle der Unternehmenshierarchie die betriebswirtschaftlichen Produktionsfaktoren zu einer produktiven Einheit kombinieren. Dabei haben sie ständig „die Kosten in Schach zu halten" (GOETZ BRIEFS) und dafür zu sorgen, daß die Beiträge, die die am Unternehmen Beteiligten an das Unternehmen liefern, ein Optimum erreichen. Dies ist eine Aufgabe, die wirtschaftssystemunabhängig ist. In allen Wirtschaftsordnungen müssen Unternehmen über eine Leitung verfügen. Wirtschaftssystemabhängig ist die Art der Einsetzung der Unternehmensleiter und der Umfang ihrer Kompetenzen.

Unternehmensleiter erbringen – ebenso wie die schon behandelten sonstigen Belegschaftsangehörigen – Arbeitsleistungen. Da die Mitglieder der Unternehmensleitung normalerweise jedoch den Eigenkapitalgebern (den wirtschaftlichen Eigentümern) näherstehen als die übrigen Arbeitnehmer und weil die Unternehmensleiter Aufgaben erledigen, die von denen der anderen Mitarbeiter regelmäßig stark abweichen, ist es zweckmäßig, die Unternehmensleiter als eine eigenständige Gruppe im Unternehmen zu betrachten, zumal die Unternehmensleiter durchaus auch – wie noch zu zeigen ist – eigene Interessen verfolgen.

Unternehmensleiter sind einerseits selbst Hauptbeteiligte am Unternehmen – andererseits sind sie die Mittler zwischen den Interessen aller am Unternehmen Beteiligten, was das Schaubild zu Beginn des vorliegenden Kapitels andeutet. Die Interessen, die die am Unternehmen Beteiligten verfolgen, werden letztlich gegenüber der Unternehmensleitung geltend gemacht. Sie hat für einen sachgerechten Ausgleich zu sorgen. Indem die Unternehmensleiter gehalten sind, die unterschiedlichen Interessen der an der **„Koalition Unternehmung"** Beteiligten zu einem tragfähigen Ausgleich (Kompromiß) zu bringen, nehmen sie zu einem großen Teil Funktionen wahr, die mit denen des Politikers verwandt sind.

Lange Zeit war es so, daß die Unternehmensleiter ausschließlich von den Kapitalgebern eingesetzt wurden und die Leiter im Grunde auch nur den Eigenkapitalgebern gegenüber verantwortlich waren. Mit dem im Laufe der Zeit herausgebildeten Recht der Belegschaftsmitbestimmung hat sich hier ein gewisser Wandel vollzogen. Heute werden die Unternehmensleiter, soweit ihre Bestellung durch den Aufsichtsrat von Kapitalgesellschaften erfolgen muß, maßgeblich mit von den internen und externen Belegschaftsvertretern im Aufsichtsrat bestellt, denen gegenüber sie auch Rechenschaft schuldig sind. Bei den Einzelfirmen und den Personengesellschaften (OHG, KG) werden die Unternehmensleiter nach wie vor ausschließlich von den Eigenkapitalgebern eingesetzt. Vielfach sind hier Eigenkapitalgeber und Unternehmensleiter identisch.

Im Hinblick auf ihre eigenen Zielsetzungen kann davon ausgegangen werden, daß die Unternehmensleiter stark daran interessiert sind, daß der Unternehmensbestand nicht gefährdet, sondern vielmehr stabilisiert und ausgebaut wird. Dies ist eine wichtige Voraussetzung für die Realisierung eigener unternehmerischer Ideen sowie für den Erwerb und den Erhalt von Unabhängigkeit, Macht, Einfluß und Prestige der Unternehmensleiter. Hinzu kommt, daß sich auf diese Weise auch die eigene Einkommenssituation (Lohn plus eventueller Erfolgsbeteiligung) günstig entwickeln kann. Weiterhin ist die Unternehmensstabilität wichtig für die Sicherheit der Arbeitsplätze und für ein gutes Firmenimage, woran die Unternehmensleiter ebenfalls interessiert sind, nicht zuletzt deshalb, weil damit auch die Möglichkeiten des eigenen beruflichen Fortkommens der Unternehmensleiter verbessert werden. Für die Erreichung all dieser Ziele ist es regelmäßig erforderlich, daß dauerhaft hinreichende Gewinne gemacht werden. Fehlende Gewinne sind häufig ein Indiz für eine schlechte Unternehmensführung. Gewinne signalisieren Erfolg, während dauerhafte Verluste im allgemeinen Fehlentwicklungen aufdecken.

An der Verfolgung des Zielkomplexes „Stabilisierung und Ausbau des Unternehmensbestandes sowie Gewinnerwirtschaftung" sind auch die Kapitalgeber nachhaltig interessiert. Aber auch die anderen am Unternehmen Beteiligten (insbesondere die Arbeitnehmer, Kunden und Lieferanten) müssen im Prinzip dieses Zielbündel unterstützen, weil letztlich nur dann, wenn diese Ziele dauerhaft erreicht werden, eine tragfähige Basis für eine längerfristige befriedigende Verbindung zu dem Unternehmen geschaffen wird. Eine solche weitgehende – wenn auch manchmal etwas schwer erkennbare bzw. nicht immer zugegebene – Interessenübereinstimmung besteht vor allem bei langfristiger Betrachtung.

4. Zusammenfassung der Interessen (Wünsche) der internen und externen Hauptbeteiligten

Das vorliegende Kapitel soll mit dem nachstehenden Schaubild abgeschlossen werden, das zusammenfassend die wichtigsten Interessen der Hauptbeteiligten am Unternehmen enthält. Dabei werden die Hauptbeteiligten in zwei Gruppen eingeteilt:

- in die internen Beteiligten (Eigenkapitalgeber = Kapitaleigner, Arbeitnehmer und Unternehmensleiter) und
- in die externen Beteiligten (Kunden, Lieferanten, Kreditgeber, Staat und Gesellschaft).

In der Realität sind die Beziehungen zwischen den beiden Gruppen naturgemäß nicht so stark getrennt, wie es das Schaubild aus didaktischen Gründen andeutet.

Interne Hauptbeteiligte

Eigenkapitalgeber:
- Hohe Rendite/Rentabilität
- Sichere Kapitalanlage
- Beteiligung an unternehmerischer Willensbildung

Arbeitnehmer:
- Sichere Arbeitsplätze
- Hohes Lohnniveau
- Gute sonstige Arbeitsbedingungen

Unternehmensleiter:
- Sicherung des Unternehmensbestandes
- Gewinnerwirtschaftung
- Hohes eigenes Einkommen
- Macht, Einfluß, Prestige

Externe Hauptbeteiligte

Kunden:
- Termingerechte Lieferung
- Hohe Qualität
- Günstiger Preis

Lieferanten:
- Verläßliche, pünktliche Abnahme größerer Mengen
- Hohe Preise
- Fristgerechte Zahlung

Kreditgeber:
- Hoher Zins
- Termingerechte Verzinsung und Tilgung
- Gute Sicherheit

Staat:
- Hohes Steueraufkommen
- Wirtschaftswachstum
- Erhaltung von Arbeitsplätzen
- Wettbewerbssicherung

Gesellschaft:
- Vermeidung/Reduzierung von Umweltbelastungen
- Bestmögliche Verbraucherversorgung
- Optimale Arbeitsplatzgestaltung

Abb.: Die wichtigsten Interessen (Wünsche) der internen und externen Hauptbeteiligten am Unternehmen

II. Typisierung von Betrieben im Hinblick auf ihre (Haupt)Zielsetzungen

1. Überblick über fünf Typen

Macht man den Versuch, die Vielfalt der in der Realität anzutreffenden Betriebe nach ihrer eigentlichen Zielsetzung – ihrer originären Aufgabe – zu ordnen, so lassen sich nachstehende fünf **Typen** unterscheiden:

- erwerbs(privat)wirtschaftliche (= gewinnstrebige) Unternehmen
- genossenschaftliche Unternehmen
- öffentliche (=staatliche) Unternehmen
- gemeinwirtschaftliche Unternehmen
- gemeinnützige Unternehmen.

Diese Betriebstypen sollen im folgenden etwas näher charakterisiert werden. Daran anschließend ist auf die Angleichungstendenz aufmerksam zu machen, die sich bei den (ursprünglich) unterschiedlichen Zielsetzungen zeigt, und sodann ist ein Überblick über diejenigen Nebenbedingungen zu geben, die bei allen fünf genannten Unternehmenstypen zu beachten sind. Das vorliegende Kapitel soll mit einer tabellarischen Übersicht schließen, in der die Wesensmerkmale und einige praktische Beispiele für die einzelnen Unternehmenstypen enthalten sind.

a) Erwerbs(privat)wirtschaftliche (gewinnstrebige) Unternehmen

In marktwirtschaftlich organisierten Volkswirtschaften herrschen eindeutig diejenigen Unternehmen (in den unterschiedlichsten Rechtsformen, s. S. 27-32) vor, die nach **Gewinn** (Rentabilität) streben, d.h. es soll ein Überschuß der Erträge über die Aufwendungen und damit eine **Rendite** auf das eingesetzte Eigenkapital erzielt werden. Dies ist das eigentliche Unternehmensziel bzw. das der jeweiligen Eigenkapitalgeber.

Gelegentlich liest oder hört man, Zweck der Unternehmen sei es, den Bedarf ihrer Abnehmer (Kunden) zu decken bzw. den **Markt** zu **versorgen**. Ein solcher Erklärungsansatz bringt eine nicht vertretbare Akzentverschiebung in die Zielbestimmung der Unternehmen hinein, weil die Bedarfsdeckung nur das Mittel – der Gegenstand – ist, mit dem der eigentliche Zweck, nämlich die Gewinnerzielung, verfolgt wird.

Die Bedarfsdeckung ist im Grunde nur ein höchst lobenswerter Nebeneffekt des Gewinnstrebens. „Daß eine Unternehmung sich als Aufgabe die Versorgung des Marktes setzt, ist eine ganz unmögliche Vorstellung ... Von den Unternehmern könnte man eher behaupten, daß sie es außerordentlich bedauern, wenn sie den Markt versorgen; denn je länger er nicht versorgt ist, desto länger die Aussicht auf Absatz und Gewinn ... Man ist versucht zu sagen: Die Unternehmung kann es leider nicht verhindern, daß sie im Verfolg ihres Strebens nach Gewinn den Markt versorgen muß“ (Rieger 1964, S. 46f.)

Bei dem Streben nach **Gewinn** handelt es sich regelmäßig um ein **modales Ziel**, mit dessen Hilfe ein **finales Ziel** erreicht werden soll. Dafür ein Beispiel: Ein Unternehmer, der nach Gewinn strebt, strebt nicht um des Gewinnes willen nach ihm. Er strebt nach Gewinn (modales Ziel), um damit ein für ihn anderes, höheres Ziel, ein finales Ziel – z.B. eine hohe gesellschaftliche Geltung (Ansehen) oder eine relativ große Selbstbestimmung – zu erreichen. Das finale Ziel liegt im allgemeinen im außerökonomischen Bereich. Die eigentlichen Triebfedern des Wirtschaftens sind im Kern auf die Endziele menschlichen Handelns gerichtet, die infolge der erheblich differenzierten Wertskalen der Menschen nur als sehr allgemeine, formale Maximen umschrieben werden können.

Relativ fruchtlos ist der vor allem in politischen Diskussionen einen breiten Raum einnehmende Streit, ob die Unternehmen nach einem **maximalen Gewinn** streben oder sich mit einem darunter liegenden Gewinn (angemessenen oder begrenzten Gewinn) begnügen. Dieser mehr akademische oder politische Disput hat seine Ursache im wesentlichen darin, daß bei uns in großen Teilen der Öffentlichkeit der Gewinn – und insbesondere das Streben nach Gewinnmaximierung – als nicht besonders ehrenwert angesehen wird.

Das bei vielen Menschen gestörte Verhältnis zum **Unternehmensgewinn** ist – anders als beispielsweise in den USA – auch bei einem Großteil unserer **Gewerkschaften** zu beobachten. NELL-BREUNING (1974, S. 65) spricht in diesem Zusammenhang von einer „etwas verklemmten anti-kapitalistischen Haltung unserer Gewerkschaften" und meint: „Wenn unsere Gewerkschaften den ‚Kapitalismus' ablehnen, die amerikanischen dagegen ihm ganz unbefangen gegenüberstehen, so erklärt sich das zum Teil aus dem verschiedenen Umfang dessen, was sie unter ‚Profit' verstehen (nämlich neben dem eigentlichen Unternehmensgewinn auch die betriebliche Wertschöpfung, R.S.) ... Die amerikanischen Gewerkschaften bekennen sich zu ‚free enterprise' und ‚free competition' und sehen es als die erste Pflicht eines Unternehmers an, tüchtig Profit zu machen (das ist sein Job!); ein Unternehmer, der keinen Profit macht, gehört nach ihrer Meinung zum Teufel gejagt ... In der Sicht des deutschen Arbeiters ist der Profit ‚vorenthaltener Lohn' und als solcher aufs tiefste verabscheuenswert" (s.a. S. 161f.).

Wegen der im allgemeinen gefühlsmäßigen Negativ-Aufladung des Gewinnstrebens in unserer **Öffentlichkeit** sind die Unternehmen vielfach bemüht, ihre **Gewinn-Erwirtschaftung**, ohne die sie im Grunde ebensowenig dauerhaft existieren können wie ein Arbeitnehmer ohne einen zufriedenstellenden Lohn, **verbal abzuschwächen**. Dies geschieht vor allem dadurch, daß sie meist nur von der Erzielung eines angemessenen, ausreichenden oder befriedigenden Gewinns sprechen und daneben auch noch andere Unternehmensziele nennen.

Ein solches Verhaltensmuster zeigt sich beispielsweise in der folgenden Formulierung der Unternehmensziele der **Deutschen Shell AG**, welche lauten:

- Erwirtschaftung einer angemessenen Rendite
- Marktgerechte Versorgung der Verbraucher
- Berücksichtigung der Interessen der Mitarbeiter
- Beachtung der Belange des Gemeinwesens.

„Diese Ziele, die langfristig gleichwertige Bedeutung haben, sind darauf gerichtet, das Bestehen der Deutschen Shell AG zu sichern" (Geschäftsbericht/Sozialbilanz '86, S. 6).

Wenn Unternehmensleitungen darauf hinweisen, daß bei ihnen nicht die Gewinnmaximierung vorherrschend sei, sondern andere Ziele, wie z.B. die **Erhaltung des Marktanteils** oder die **Umsatzausweitung**, so mag eine solche Zielsetzung bei kurzfristiger Betrachtung durchaus plausibel erscheinen. Im Geschäftsleben kommt es ja relativ häufig vor, daß die auf Dauer angelegten Unternehmen nicht ständig jede sich ihnen bietende Gelegenheit nutzen, um sofort ihren Gewinn zu maximieren. Wenn eine solche Verhaltensweise nicht auf unternehmerische Unfähigkeit zurückzuführen ist, wird man regelmäßig davon ausgehen können, daß dies lediglich deshalb geschieht, um langfristig das Ziel eines möglichst hohen Gewinnes oder gar des Gewinnmaximums zu erreichen. Zu Recht weist D. Schneider (1980, S. 54) jedoch darauf hin, daß die in Diskussionen anzutreffende Trennung von **kurzfristiger und langfristiger Gewinnmaximierung** im Grunde ein Relikt ungenauen Denkens ist, weil es im Falle mehrperiodischer (langfristiger) Erfolgsplanung selbstverständlich ist, daß bei den Wirkungen einer Entscheidung für eine Periode auch ihre Folgen für spätere Perioden beachtet werden.

Weiter darf bei den Überlegungen zur Gewinnmaximierung nicht übersehen werden, daß das **Gewinnmaximum** bei stark vereinfachten Annahmen zwar theoretisch exakt bestimmbar, in der Praxis aber regelmäßig **nicht eindeutig ermittelbar ist.** Hinzu kommt, daß in der Realität die Erreichung des Gewinnmaximums oftmals einen so hohen unternehmerischen Aufwand erfordert, so z.B. bei der Informationsbeschaffung und der gedanklichen Problemdurchdringung, daß man diesen Aufwand nicht zuletzt aus Bequemlichkeitsgründen scheut und sich lieber mit einem unter dem Gewinnmaximum liegenden ausreichenden Gewinn zufriedengibt. Zu einer solchen Verhaltensweise kann auch die Tatsache beitragen, daß eine starke Intensivierung des Gewinnstrebens heftige Kritik in der Öffentlichkeit (Abnehmer, Medien, Politiker, Kartellbehörde) auslösen kann, die man vermeiden möchte.

Aus der Tatsache, daß die in der Marktwirtschaft vorherrschenden Unternehmen eindeutig erwerbswirtschaftlich (gewinnstrebig) ausgerichtet sind, darf nicht der Schluß gezogen werden, daß das Streben nach Überschüssen in anderen Unternehmenstypen (z.B. in öffentlichen Unternehmen) und insbesondere auch in

> **Moskau setzt auf Gewinnstreben**
>
> ***Konkurs von Handelsbetrieben künftig möglich***
>
> **Moskau (dpa/UPI) – Nach einer halbjährigen Erprobungsphase in Weißrußland, Lettland und Estland werden vom 1. Juli 1987 an auch in der übrigen Sowjetunion die Geschäfte auf Gewinnbasis arbeiten. Die Moskauer Zeitung *Iswestija* berichtete am Freitag, die Einzelhandelsbetriebe könnten dann bei Mißerfolg in Konkurs gehen. Die „Furcht" werde für die Angestellten einen Anreiz zu besserer Arbeit liefern. Voraussetzung für eine hohe Entlohnung der Mitarbeiter werde der wirtschaftliche Erfolg sein. Das bisherige Entlohnungssystem mit einem Grundlohn und Bonussen bei Planerfüllung und -übererfüllung verleite die Belegschaften zu Desinteresse gegenüber ihrem Arbeitsergebnis und den Wünschen der Kunden, schrieb das Blatt. Wenn das Niveau der Dienstleistungen des Betriebes sinke, sollten deshalb die Zuschläge bis auf Null abgebaut werden können. Im Falle wirtschaftlicher Schwierigkeiten könnten die Geschäfte zur Sanierung bei Staatsorganisationen Kredite aufnehmen und eine neue Geschäftsführung wählen.**

Süddeutsche Zeitung, 6.4.1987, S. 24

den sozialistischen Betrieben vollkommen fehlt. Im Grunde genommen ist nicht nur das noch zu behandelnde Prinzip der Wirtschaftlichkeit, sondern auch das Streben der Betriebe nach **Gewinn weitgehend wirtschaftssystemunabhängig**.

Der **Gewinn** ist ja nicht nur **Stimulanz** und **Motivation** für unternehmerisches Handeln und damit auch **Leistungsmaßstab** und **Steuerungsmittel**, er ist vor allem auch eine wichtige **Quelle der Finanzierung von Investitionen**. So heißt es in einem DDR-Lehrbuch aus dem Jahre 1970 (GALLENMÜLLER u.a., S. 495f.): „Das Ergebnis kann als Gewinn oder Verlust auftreten, wobei die Erwirtschaftung eines hohen Gewinns Ziel der sozialistischen Wirtschaftspolitik ist. Da die Erwirtschaftung eines hohen Gewinnes sowohl den gesellschaftlichen Erfordernissen wie auch den betrieblichen und persönlichen Interessen entspricht ..., nimmt der Gewinn eine zentrale Stellung im entwickelten gesellschaftlichen System des Sozialismus ... ein. Er ist Maßstab für die Beurteilung der wirtschaftlichen Leistungen sowie eine Finanzierungsquelle für die erweiterte Reproduktion" (s.a.S. 162). Der eigentliche Unterschied zwischen dem Gewinn kapitalistischer und sozialistischer Betriebe liegt darin, daß im Falle der Marktwirtschaft der Gewinn (nach Abzug der Steuern) dem privaten Eigenkapitalgeber zuwächst, während der Überschuß des sozialistischen Betriebes letztlich in den Verfügungsbereich zentralverwaltungswirtschaftlicher Institutionen geht.

b) Genossenschaftliche Unternehmen

Bei der Genossenschaft besteht entweder eine personelle Identität von Mitgliedern (= Eigenkapitalgebern) und „Kunden" (z.B. im Falle einer gemeinsamen Beschaffung von Handelswaren für Wiederverkäufer oder für Konsumenten) oder es liegt eine Identität von Mitgliedern und „Lieferanten" vor, so z.B. wenn die Verwertung der von den Mitgliederwirtschaften erzeugten Güter über die Genossenschaft erfolgt. Aus dieser bei erwerbswirtschaftlichen Unternehmen fehlenden Identität folgt, daß die Genossenschaft zwar ökonomische Vorteile für ihre Mitglieder erbringen soll – zu diesem Zweck ist sie gegründet worden –, daß sie von ihrer Grundkonstruktion her aber keinen Gewinn für den genossenschaftlichen Betrieb anzustreben hat (s. SCHULTZ/ZERCHE 1983).

Die Genossenschaftsmitglieder haben es bei idealtypischen Verhältnissen (kleiner Mitgliederkreis, aktive Teilnahme an der Willensbildung der Genossenschaft, kein Nichtmitgliedergeschäft) grundsätzlich in der Hand, die ihnen gegenüber zu berechnenden Absatz- oder Beschaffungspreise so festzulegen, daß ein Überschuß bei der Genossenschaft nicht entsteht, die Vorteile der Inanspruchnahme der Genossenschaft ihnen vielmehr unmittelbar bei jedem Beschaffungs- oder Verwertungsakt direkt zugute kommen.

Mit der Genossenschaftsgründung oder einem (späteren) Beitritt zu der Genossenschaft verbinden die Mitglieder also die Erwartung, durch die Inanspruchnahme des genossenschaftlichen Betriebes (Selbsthilfe-Unternehmen) einen höheren Wirkungsgrad zum Nutzen der **eigenen** Wirtschaft zu erzielen. Der Zweck der genossenschaftlichen Wirtschaftsführung ist somit in einer Unterstützung des in den Mitgliederwirtschaften vorhandenen Strebens nach ökonomischen Vorteilen zu sehen.

Insofern ist es auch falsch, die Genossenschaften als Einrichtungen anzusehen, die von vornherein ethisch höherstehen als die direkt gewinnstrebigen (erwerbswirtschaftlichen) Unternehmen. Die Genossenschaften bilden eben keinen prinzipiellen Gegensatz zu den „profitwirtschaftlichen“ Unternehmen, wie gelegentlich behauptet wird. Dabei ist es gleich, ob es sich um eine Genossenschaft von Verbrauchern oder von Betriebsinhabern handelt; „das Mitglied einer Konsumgenossenschaft erstrebt durch sein wirtschaftliches Handeln als Genosse ebenso seinen Profit wie etwa der selbständige Kaufmann durch seine wirtschaftliche Tätigkeit“ (Seyffert 1972, S. 388f.).

Hinzuweisen ist abschließend noch darauf, daß für die Verfolgung der genossenschaftlichen (Selbsthilfe)Zielsetzung nicht unbedingt die Rechtsform der eingetragenen Genossenschaft nötig ist. Im Grunde ist die genossenschaftliche Wirtschaftsweise rechtsformen**un**abhängig, d.h. sie kann beispielsweise auch in der Rechtsform der GmbH oder der Aktiengesellschaft verfolgt werden.

c) Öffentliche (= staatliche) Unternehmen

Bei den öffentlichen (= staatlichen) Unternehmen wird das Eigenkapital von der öffentlichen Hand aufgebracht; diese Unternehmen können grundsätzlich von jedermann in Anspruch genommen werden (Kontrahierungsrecht), und zudem wird davon ausgegangen, daß ein öffentliches Interesse daran besteht, daß der Staat die Unternehmerleistung erbringt und dies nicht dem Sektor der privaten Wirtschaft überläßt. Es gilt allgemein als mit der Konzeption der (freien) Marktwirtschaft nicht vereinbar, daß der Staat als Unternehmer tätig wird. „Dieser Gesichtspunkt ist insofern durchschlagend, als der Gründungszweck für öffentliche Unternehmen nicht darin liegen kann, Gewinnchancen wahrzunehmen. Die Frage ist aber, inwieweit der Staat der öffentlichen Wirtschaft als eines Instrumentes bedarf, um bestimmte wirtschaftspolitische Ziele, die die Marktwirtschaft aus sich selbst heraus nicht erfüllt, durchzusetzen und die marktwirtschaftliche Ordnung selbst funktionsfähig zu erhalten“ (Molitor 1960, S. 77).

Das Ziel der öffentlichen Unternehmen ist im Prinzip auf eine bestmögliche Versorgung der Allgemeinheit mit solchen Gütern gerichtet, auf die der Bürger existentiell angewiesen ist (z.B. Elektrizität, Gas, Wasser, Müllabfuhr, Personennahverkehr, Krankenhäuser). Diese Leistungen sollen von den öffentlichen Unternehmen möglichst zu sozial kalkulierten Preisen zur Verfügung gestellt werden. Es soll eine private Monopolbildung auf diesen Gebieten verhindert werden.

In der Realität zeigt sich ein buntes Bild von wandelbaren Einzelzielen bestehender staatlicher Unternehmen, die Hamm (1961, S. 22ff.) recht übersichtlich systematisiert hat. In früheren Zeiten leisteten öffentliche Unternehmen mit ihren erwirtschafteten Überschüssen einen wesentlichen Beitrag zur Finanzierung des Staatshaushaltes. Heute sind viele staatliche Unternehmen ausgesprochene Verlustbetriebe, deren Defizite durch den Staatshaushalt und damit durch die Allgemeinheit gedeckt werden. Das eigentliche Kernproblem staatlicher Unternehmenstätigkeit umschreibt W. Engels (Wirtschaftswoche 11.7.1986, S. 116) mit folgenden Worten: „In der modernen Gesellschaft sollte der Staat die Funktion des Ordnungsgebers und des Schiedsrichters haben. Betreibt er selbst Unternehmen, dann ist er Mitspieler und Schiedsrichter in einem – eine Rolle, die er nicht richtig ausfüllen kann“.

d) Gemeinwirtschaftliche Unternehmen

Außerordentlich schillernd ist der Begriff der Gemeinwirtschaft bzw. der der gemeinwirtschaftlichen Unternehmen*. Er hat im Laufe der Zeit zahlreiche Bedeutungswandlungen durchgemacht. Früher faßte man vielfach mit dem Begriff der Gemeinwirtschaft die öffentlichen, gewerkschaftlichen und genossenschaftlichen Unternehmungen zusammen. In den letzten Jahren scheint sich der Gemeinwirtschaftsbegriff mehr und mehr auf die gewerkschaftlichen Unternehmungen zu konzentrieren. So meinte der frühere Vorstandsvorsitzende der gewerkschaftseigenen Bank für Gemeinwirtschaft AG (BfG) Walter Hesselbach (1966, S. 14): „Heute hat man meist, wenn man von Gemeinwirtschaft spricht, die Konsumgenossenschaften (die mittlerweile überwiegend das Firmenzeichen ‚co op' führen, R.S.), die Alte Volksfürsorge, die Neue Heimat und die Bank für Gemeinwirtschaft sowie ihre Tochterunternehmungen vor Augen. Das beruht hauptsächlich darauf, daß fast allein in den Konsumgenossenschaften und den Gewerkschaften solidarisches und altruistisches Denken und Handeln bewahrt wurde".

Wenn die Gewerkschaften für sich in Anspruch nehmen, daß sie bei ihrer unternehmerischen Tätigkeit das Prinzip der Gemeinwirtschaft verfolgen, so ist dabei zu beachten, daß es sich bei diesem Begriff im Grunde um eine Leerformel handelt und daß diese anspruchsvoll klingende, aber inhaltsarme Formulierung die übrigen Unternehmen diskriminieren bzw. genauso gut von allen anderen Unternehmen übernommen werden könnte, weil sie ohnehin nicht operational ist. Dies machen auch die folgenden Aussagen von Hesselbach und D. Hoffmann deutlich.

Wenn Hesselbach (1972, S. 15) meint, daß die gewerkschaftlichen Unternehmen „sich in erster Linie mit Aufgaben und Problemen befassen, die den deutschen Arbeitnehmern am Herzen liegen", so wird das wohl auch jede andere Unternehmung akzeptieren können, sofern man – wie Hesselbach das offensichtlich auch tut – in dem Arbeitnehmer nicht nur den Beschäftigten, sondern auch den Verbraucher sieht. Ähnlich äußerte sich der zeitweilig als Geschäftsführungsvorsitzender der gewerkschaftseigenen gemeinnützigen Wohnungsgesellschaft „Neue Heimat", tätig gewesene Diether Hoffmann: „Gemeinwirtschaft heißt doch nur, eine bestimmte Aufgabe in der Wirtschaft zu erfüllen, und zwar im Interesse der Verbraucher ... Wir müssen das tun, was den Arbeitnehmern in diesem Land dient" (Wirtschaftswoche, 4.6.1982, S. 102).

Daß diese Aufgabenumschreibung sich praktisch nicht von der privatwirtschaftlicher Unternehmen unterscheidet, macht die folgende Äußerung von Reinhard Mohn vom Medienkonzern **Bertelsmann AG** deutlich: „Früher galt die Gewinnmaximierung als oberstes Ziel unternehmerischer Tätigkeit. Heute sagen wir, in erster Linie hat das Unternehmen Aufgaben gegenüber der Gemeinschaft zu erfüllen. Das bezieht sich zum ersten auf angebotene Dienstleistungen und Produkte. Dazu kommt als ganz wesentlicher Faktor die Frage der menschlichen Selbstverwirklichung in der Welt der Arbeit" (Wirtschaftswoche 9.7.1982, S. 34).

Weiter führt Hesselbach (1972, S. 16) aus, daß „die Ziele der gemeinwirtschaftlichen Unternehmungen von den Gruppen bestimmt werden, die diese ge-

* Dies gilt auch für die im Grundgesetz in Art. 15 erwähnte Gemeinwirtschaft. Es heißt dort: „Grund und Boden, Naturschätze und Produktionsmittel können zum Zwecke der Vergesellschaftung ... in Gemeineigentum oder in andere Formen der Gemeinwirtschaft überführt werden ..." (s.a. S. 376-390).

meinwirtschaftlichen Unternehmen tragen". Dies gilt naturgemäß auch für jedes andere Unternehmen. Vielleicht sieht HESSELBACH (1971, S. 188) den eigentlichen Unterschied in der höheren gesellschaftlichen Vernunft, die nach seiner Meinung bei den gemeinwirtschaftlichen Unternehmen vorhanden ist. Weiter behauptet er (1966, S. 15), die gemeinwirtschaftliche Unternehmenskonzeption sei nicht so zynisch wie die überlieferte. Beides sind Behauptungen, die einer logischen Beweisführung kaum zugänglich sind und sich auch am tatsächlichen Verhalten der gemeinwirtschaftlichen Unternehmen nicht so ohne weiteres bestätigen lassen.

Auch im Hinblick auf die Definierung der Rentabilität in gemeinwirtschaftlichen Unternehmen tut sich HESSELBACH schwer. So schreibt er im Jahre 1966 (S. 14, 12f.), daß allein die gemeinwirtschaftlichen Unternehmen dem Gesamtwohl zuliebe auf mögliche Gewinne für ihre eigenen Kassen oder auf Vorteile zugunsten ihrer Mitglieder verzichten; „es handelt sich bei den gemeinwirtschaftlichen Unternehmen ausschließlich um Unternehmen mit einer dem Gewinnmaximierungsstreben entgegengesetzten Wirtschaftsgesinnung". Wohl vor allen Dingen, weil sie diese Maxime zu wörtlich genommen haben, sind die meisten deutschen Konsumgenossenschaften in eine schwere Krise geraten (SCHULTZ 1973, BLECKE 1974), die nur durch ein konsequentes Ein- und Durchgreifen der von der gewerkschaftseigenen Bank für Gemeinwirtschaft initiierten und gesteuerten konsumgenossenschaftlichen Konzernzentrale (der co op AG, Frankfurt) aufgefangen werden konnte. Vor allem für diesen (Sanierungs)Zweck wurden zahlreiche Konsumgenossenschaften in Aktiengesellschaften umgewandelt.

Ende 1972 (S. 16) meinte HESSELBACH: „Selbstverständlich erzielen die gemeinwirtschaftlichen Unternehmen Gewinne. Aber sie erstreben nicht den höchstmöglichen Gewinn, sondern sie geben der Aufgabenerfüllung den Vorrang". Nicht zuletzt wegen der fehlenden Operationalität dieser Zielsetzung kann wohl auch jeder andere Unternehmer diese Maxime für sein Handeln akzeptieren (s. Shell-Zitat a. S. 15 und das vorstehende Mohn-Zitat). Wenig konkret ist auch der Hinweis HESSELBACHS (1971, S. 47), daß „die gemeinwirtschaftlichen Unternehmen aktiv in den Märkten operieren, indem sie ihre Gewinne mit unternehmerischen Mitteln für solche Ziele einsetzen, die im übergeordneten Gesamtinteresse liegen".

Der **DGB-Bundesvorstand** hat am 24.5.1972 Grundsatzthesen zu Zielen und Funktionen der gemeinwirtschaftlichen Unternehmen verabschiedet und nach dem Hinweis darauf, daß sich die gemeinwirtschaftlichen Unternehmen als Schrittmacher des wirtschaftlichen und gesellschaftlichen Fortschritts bewährt hätten, u.a. ausgeführt: „Die gemeinwirtschaftlichen Unternehmen sind eine Alternative in der sozialen Marktwirtschaft zu privatwirtschaftlich geführten Unternehmen. Sie beweisen, daß eine an gemeinwirtschaftlichen Zielen orientierte Wirtschafts- und Gesellschaftsordnung zwischen privatkapitalistischer Marktwirtschaft und sozialistischer Zentralverwaltungswirtschaft möglich ist" (Mitbestimmungsgespräch 1973, S. 58). Die Thesen wurden vom **DGB-Bundesausschuß** am 6.12.1978 revidiert. Weil bei den Gewerkschaftsmitgliedern vielfach die Vorstellung vorherrscht, die gewerkschaftlichen Unternehmen müßten ihnen Vorzugskonditionen gewähren – die gewerkschaftlichen Unternehmen dies aber nicht leisten wollen oder können –, wurde in den neuen Thesen u.a. klargestellt, daß „die Aufgabe der gemeinwirtschaftlichen Unternehmen nicht darin besteht, besondere Vorteilsregelungen für Gewerkschaftsmitglieder anzubieten".

Der Skandal um die gewerkschaftseigene **Neue Heimat** – ans Tageslicht gebracht vom SPIEGEL (8./15.2., 17.5.1982) – und die in seinem Gefolge sichtbar gewordenen außerordentlich hohen Verluste haben 1986/87 beim DGB und seinen Einzelgewerkschaften eine Diskussion um einen Rückzug aus der Gemeinwirtschaft ausgelöst. Der erste erfolgreiche Rückzugsschritt wurde 1986 mit dem Verkauf von 50 Prozent des Grundkapitals der **Bank für Gemeinwirtschaft AG** an eine private Versicherungsgruppe getan. Ende 1987 wurde bekannt, daß Mitte 1988 50 Prozent des Grundkapitals der **Volksfürsorge Versicherungen** auf eine westdeutsche Großbank übergehen sollen.

Alte Heimat

Die verrücktesten Geschichten schreibt das Leben selbst. Kein Satiriker hätte erfinden können, was die Gewerkschaften in den vergangenen zwei Monaten mit ihrem ehemaligen und wohl auch künftigen Wohnungskonzern Neue Heimat angestellt haben. Erst verkaufen sie die eigenhändig ruinierte Firma an einen Brotfabrikanten von ungesichertem Ruf, acht Wochen später heißt es: Kommando zurück! Eigentlich hätte es keines weiteren Beweises gewerkschaftlicher Inkompetenz in unternehmerischen Belangen mehr bedurft, aber nun liegt er auf dem Tisch.

Klare Verhältnisse im Neue-Heimat-Skandal haben jetzt die Banken erzwungen; die Führungsmannschaft des DGB hatte schon vor Jahren den Überblick verloren. Als Unternehmer haben die Funktionäre ebenso versagt wie als Kontrolleure – und dies, obwohl sie dauernd nach der Kontrolle wirtschaftlicher Macht verlangen. Außerdem haben sie jegliches Gespür für die politischen Wirkungen ihres Treibens vermissen lassen.

Eine Generation von Gewerkschaftsführern ist in dieser Affäre diskreditiert worden. Jetzt geht es um Personalfragen, nicht nur bei der Gewerkschaftsholding, auch beim DGB. Ernst Breit sollte die Konsequenzen ziehen und zurücktreten. Der Gewerkschaftbund kann sich keinen angeschlagenen Vorsitzenden leisten. *Chr.*

DIE ZEIT, 14.11.1986, S. 61

AUF EIN WORT

„Die gewerkschaftlichen Vorstellungen von gemeinwirtschaftlichen Unternehmen als einem dritten Weg zwischen privater Profitwirtschaft und staatlicher Befehlswirtschaft sind an ihrer Praxis gescheitert."

Franz Steinkühler, Vorsitzender der IG Metall, Frankfurt. FOTO: POLY-PRESS

DIE WELT, 12.12.1986, S. 11

e) Gemeinnützige Unternehmen

Neben den bisher behandelten Unternehmenstypen ist in der Praxis eine Reihe von Unternehmen oder Vereinigungen anzutreffen, die nach dem Prinzip der Gemeinnützigkeit wirtschaften. Nach § 52 der Abgabenordnung aus dem Jahre 1977 „verfolgt eine Körperschaft gemeinnützige Zwecke, wenn ihre Tätigkeit darauf gerichtet ist, die Allgemeinheit auf materiellem, geistigem oder sittlichem Gebiet selbstlos zu fördern". Im Sinne dieser steuerlichen Vorschrift sind als Förderung der Allgemeinheit insbesondere anzuerkennen:

(1) die Förderung von Wissenschaft und Forschung, Bildung und Erziehung, Kunst und Kultur, der Religion, der Völkerverständigung, der Entwicklungshilfe, des Umwelt-, Landschafts- und Denkmalschutzes, des Heimatgedankens,
(2) die Förderung der Jugendhilfe, der Altenhilfe, des öffentlichen Gesundheitswesens, des Wohlfahrtswesens und des Sports.

Die gemeinnützigen Institutionen sind von der Verpflichtung zur Zahlung von Körperschaftsteuer (die Einkommensteuer der juristischen Personen) befreit, d.h. sie zahlen auf ihre eventuell anfallenden Überschüsse (Gewinne) keine (Ertrag)steuern; auch sind sie gewerbe- und vermögensteuerbefreit. Zudem sind Zuwendungen (Spenden) an die genannten Einrichtungen für den Spender bei der Ermittlung seines zu versteuernden Einkommens abzugsfähig, d.h. sie mindern seine Steuerlast, sofern der gemeinnützige Zweck als „besonders förderungswürdig" anerkannt ist.

Das Prinzip der Gemeinnützigkeit beruht grundsätzlich nicht – wie bei den Genossenschaften – auf dem Gedanken der Selbsthilfe. Initiatoren und Träger der gemeinnützigen Einrichtungen sind nicht die gleiche Gruppe wie die von ihnen Geförderten. Eine Ausnahme von dieser Regel bilden diejenigen Wohnungsbaugenossenschaften, die als gemeinnützig im Sinne des Wohnungsgemeinnützigkeitsgesetzes anerkannt sind. Das sind bei uns zur Zeit noch die meisten Wohnungsbaugenossenschaften. Bei diesen Genossenschaften muß gewährleistet sein, daß neue Mitglieder in die Genossenschaft eintreten können, und daß die Überlassung von Wohnungen nicht auf bestimmte Personen beschränkt wird. Zudem sind die gemeinnützigen Wohnungsunternehmen verpflichtet, ständig weiter neue Wohnungen zu bauen, was seit einiger Zeit aber immer weniger geschieht, und die Wohnungen dürfen nur zu angemessenen Mietpreisen überlassen werden, die in der Praxis jedoch auch über den Mieten erwerbswirtschaftlicher Vermieter liegen können und manchmal auch liegen. Auf die Gründe für solche Entwicklungen ist gleich noch einzugehen.

Den Eigenkapitalgebern gemeinnütziger Wohnungsunternehmen darf höchstens eine Kapitaldividende von vier Prozent jährlich gezahlt werden, und ein bei der Unternehmensauflösung nach der Rückzahlung des Nominaleigenkapitals noch vorhandenes Reinvermögen (Rücklagen) muß für andere gemeinnützige Zwecke verwendet werden. Die gewerkschaftseigene Wohnungsgesellschaft Neue Heimat (GmbH) ist ein gemeinnütziges Unternehmen im Sinne des Wohnungsgemeinnützigkeitsgesetzes. Die zahlreichen Tochtergesellschaften der Neuen Heimat haben überwiegend nicht diesen Status. Auch die Bank für Gemeinwirtschaft, die Volksfürsorgeversicherung und die Konsumgenossenschaften sowie die übrigen Genossenschaften und die meisten öffentlichen Unternehmen sind keine gemeinnützigen Unternehmen im Sinne der steuerlichen Vorschriften.

Im Rahmen der zum 1.1.1990 geplanten Steuerreform soll die bisherige Steuerbefreiung für den größten Teil der gemeinnützigen Wohnungswirtschaft wegfallen, und das Wohnungsgemeinnützigkeitsgesetz soll aufgehoben werden.

2. Zur Angleichungstendenz der Zielsetzungen

Anlaß für die ursprüngliche Gründung von genossenschaftlichen, staatlichen und gemeinwirtschaftlichen (gewerkschaftlichen) Unternehmen waren in vielen Fällen Fehlentwicklungen auf dem freien Markt. Die genannten „neuen" Unternehmenstypen wollten ursprünglich einer besonders förderungswürdigen Gruppe von (Klein)Betrieben (z.B. Landwirten, Handwerkern, Einzelhändlern) und Verbrauchern bessere Leistungen bieten als das über den ungezügelten und ungeregelten Wettbewerb möglich war. Die bedeutenden Erfolge, die die neuen Unternehmenstypen anfangs hatten, haben naturgemäß die hierdurch unter Wettbewerbsdruck gekommenen herkömmlichen, erwerbswirtschaftlichen Unternehmen beflügelt und leistungsfähiger gemacht.

Zudem hat auch der Staat sich immer mehr um die Schaffung und Einhaltung ordnungsgemäßer Geschäftsmethoden aller Unternehmen (z.B. im Hinblick auf reelle Gewichts- und Preisangaben) bemüht. Beides zusammen hat dazu geführt, daß die ursprünglichen, manchmal recht beachtlichen Wettbewerbsvorteile der neuen Unternehmenstypen im Laufe der Zeit vielfach geringer wurden. Heute haben diese Unternehmenstypen es oftmals schwer, mit der Leistungsfähigkeit erwerbswirtschaftlicher Unternehmen Schritt zu halten.

Sobald die neuen Unternehmenstypen mit anderen Unternehmen in Wettbewerb kommen, zeigt sich, daß „es ein allgemeines Gesetz gibt, von dem wir immer ausgehen können, daß, je schärfer der Wettbewerb ist, sich die Wettbewerber umso ähnlicher werden“ (E. Boettcher 1969, S. 235). Diese Angleichungstendenz, die in der Öffentlichkeit vielfach irrtümlicherweise auf Absprachen zwischen den Wettbewerbern zurückgeführt wird, gilt nicht nur im Hinblick auf die innerbetriebliche Kostenstruktur und das äußere Erscheinungsbild, sondern auch in bezug auf den Einsatz der unternehmenspolitischen Mittel, insbesondere der absatzpolitischen Instrumente. Zu dieser Angleichungstendenz hat zweifellos auch das folgende von Hesselbach (Wirtschaftswoche 1.10.1979, S. 62) angeführte Verhalten beigetragen, das er auf die Bank für Gemeinwirtschaft AG bezieht: „Anfangs war man anders als die anderen. Dann wollte man akzeptiert sein, bemühte sich also, so zu sein, wie die anderen“.

Vielfach gleichen sich in diesem Prozeß auch die Unternehmens-Zielsetzungen in der Weise an, daß letztlich alle irgendwie nach finanziellen Überschüssen (Gewinnen) streben, wenngleich das auch nicht immer gerne zugegeben wird. Ist eine solche gleiche Zielsetzung nicht mehr zu übersehen, wird gelegentlich verteidigend darauf hingewiesen, daß Gewinnerzielung und Gewinnerzielung aber doch etwas sehr Verschiedenes sei, je nachdem, welcher Unternehmenstyp sie verfolge. So wird dann beispielsweise ausgeführt, daß der Gewinn der gewerkschaftseigenen Neuen Heimat (der seit längerem von einem Verlust abgelöst ist) oder der Gewinn eines staatlichen Energieversorgungsunternehmens eine andere (höhere) Qualität habe als z.B. der Gewinn der Siemens AG.

In diesem Zusammenhang wird manchmal auch noch darauf hingewiesen, daß die Gewinn**entstehung** bei den verschiedenen Unternehmenstypen gar nicht das Entscheidende sei, viel wichtiger sei die (unterschiedliche) Gewinn**verwendung**. Ein solcher Hinweis soll die Vorstellung vermitteln, ein angefallener Gewinn werde im Falle einer gemeinwirtschaftlichen oder staatlichen Unternehmung für gesellschaftlich besonders wichtige Ziele verwendet. Mit solchen Argumentationen wird letztlich die eigene Interessenlage als ethisch höherstehend ausgegeben, was methodologisch ein zweifelhaftes Verfahren darstellt.

ZU GUTER LETZT
„Die Gemeinwirtschaft ist so gemein wie ganz gewöhnliche Unternehmen geworden – nur ein wenig heuchlerischer“.

DER SPIEGEL, 29.7.1985, S. 58.

---

3. Überblick über die Nebenbedingungen, die bei der Verfolgung der (Haupt)Zielsetzungen zu beachten sind

Zum Abschluß des vorliegenden Zielsetzungskapitels ist noch darauf hinzuweisen, daß für ein erfolgreiches Bestehen von Unternehmen die Einhaltung einiger wichtiger (Neben)Bedingungen zu beachten ist. Dies gilt unabhängig von der eigentlichen (Haupt)Zielsetzung, die die Unternehmen verfolgen. Zu diesen Bedingungen gehören die Beachtung

- des finanziellen Gleichgewichts
- der Wirtschaftlichkeit, Produktivität und Rationalisierung.

a) Das finanzielle Gleichgewicht

Die Leitungen der behandelten fünf Unternehmenstypen haben für eine ständige Aufrechterhaltung des finanziellen (finanzwirtschaftlichen) Gleichgewichts zu sorgen; andernfalls kann die Gefahr des Zusammenbruchs drohen. Im finanziellen Gleichgewicht befindet sich ein Unternehmen, wenn es einen angemessenen Gewinn erwirtschaftet (oder wenigstens einen Verlust vermeidet) und so liquide (zahlungsfähig) ist, daß es seinen fälligen Zahlungsverpflichtungen jederzeit nachkommen kann und darüber hinaus – im Falle von Kapitalgesellschaften – keine Überschuldung droht.

Auf die mit dem finanziellen Gleichgewicht verbundenen weiteren grundsätzlichen Fragen und Probleme ist im Abschnitt „Die Finanzen des Unternehmens" (S. 106-136) näher einzugehen.

b) Wirtschaftlichkeit, Produktivität und Rationalisierung

Bei dem in jedem Betrieb bei der Leistungserstellung und -verwertung zu beachtenden Prinzip der **Wirtschaftlichkeit**, das für den Einsatz aller Produktionsfaktoren gilt, geht es darum, mit einem gegebenen Mitteleinsatz das bestmögliche Ergebnis zu erzielen (Maximumprinzip).

Das Prinzip der Wirtschaftlichkeit (auch ökonomisches Prinzip genannt) wird häufig auch so umschrieben, daß ein bestimmtes Ziel mit dem geringstmöglichen Einsatz an Mitteln erreicht werden soll (Minimumprinzip). Diese Minimumforderung kann – was vielfach übersehen wird – nur gelten, wenn die einzusetzenden Mittel wirklich knapp sind bzw. knapp gehalten oder sinnvoll anderweitig verwendet werden können. Dies ist in der Praxis nicht immer der Fall. Verfügt ein Unternehmen über eine an sich zu große Menge an Einsatzgütern, z.B. durch Überschätzung des Bedarfs an verderblichen Rohstoffen oder liegt eine Nichtabbaufähigkeit eines überdimensionierten Personalbestandes vor, so besteht nicht oder nicht ohne weiteres Anlaß, mit dem Einsatz des betreffenden Faktors besonders sparsam (wirtschaftlich) umzugehen. In diesem Fall sind die Kosten der Leistungserstellung allerdings höher als an sich nötig.

Im Grunde genommen liegt in dieser Situation gar kein Wirtschaften im strengen Sinne vor, weil **Wirtschaften** letztlich heißt, über begrenzte (knappe) Mittel zu verfügen. Die im allgemeinen vorhandene relative Knappheit der einzusetzenden Mittel **stellt** eine elementare **ökonomische Konfliktsituation dar**, aus der sich regelmäßig zahlreiche weitere Problemfelder – auch solche sozialer Art – ergeben, worauf im weiteren Verlauf der vorliegenden Abhandlung noch näher einzugehen ist.

Das Wirtschaftlichkeitsprinzip – oder anders formuliert: das allgemeine Rationalprinzip wirtschaftlichen Handelns – ist regelmäßig besonders ausgeprägt in erwerbswirtschaftlichen (= gewinnstrebigen), unter starkem Wettbewerbsdruck stehenden Unternehmen. Von der Sache her müßte es auch genauso von nichtgewinnstrebigen Unternehmen (z.B. staatlichen Betrieben) beachtet werden. Nur unter Beachtung des Wirtschaftlichkeitsprinzips ist eine sparsame Verwendung der Einsatzgüter und damit eine bestmögliche Leistungserstellung möglich. Wird das Wirtschaftlichkeitsprinzip nicht besonders streng verfolgt, so beeinträchtigt dies regelmäßig die betriebliche Leistungsfähigkeit und geht damit auch zu Lasten der Abnehmer der Produkte und Leistungen und vielfach auch zu Lasten der Beschäftigten.

In der Praxis kann es vorkommen, daß ein Unternehmen aufgrund einer überragenden Marktstellung zwar ausgesprochen gute Gewinne und damit eine hohe Rentabilität auf das eingesetzte Eigenkapital erzielt, aber dennoch unwirtschaftlich geführt wird, indem beispielsweise Einsatzgüter verschwendet werden, wie umgekehrt ein Unternehmen, das eine hohe Wirtschaftlichkeit aufweist, nicht unbedingt auch einen zufriedenstellenden Gewinn erwirtschaften muß (z.B. bei stark gesunkenen Absatzpreisen).

Prinzipiell zwingt der Wettbewerb die Unternehmen, die Kosten gering zu halten, da sonst langfristig keine niedrigen, konkurrenzfähigen Preise möglich sind. Ein solcher Zwang geht im Grunde auch von der gewerkschaftlichen Lohnpolitik aus, die sich mit ihren Lohnforderungen an der durchschnittlichen Leistungsfähigkeit der Branche orientiert, so daß die weniger ertragreichen Unternehmen von der Lohnseite her unter einen nachhaltigen Druck zur Senkung der Produktionsstückkosten kommen.

Sofern die Begriffe Wirtschaftlichkeit und **Produktivität** unterschiedlich benutzt werden, geschieht dies meist in der Weise, daß mit der Wirtschaftlichkeit **wert**mäßige Beziehungen (Kosten : Leistungen) erfaßt werden, während es sich bei der Produktivität um **güter**wirtschaftliche Kennziffern handelt, so z.B. um die Ergiebigkeit des Einsatzes von Maschinen oder menschlicher Arbeitskraft.

Das konkrete unternehmerische Bemühen, die Kosten für die Leistungserstellung (Produktion) und Leistungsverwertung (Absatz) zu senken, kann als **Rationalisierung** bezeichnet werden; d.h.: die Rationalisierung hat für eine ständige Beachtung des Prinzips der Wirtschaftlichkeit zu sorgen. Weil in einer marktwirtschaftlich organisierten Wirtschaft die Betriebe aufgrund des Wettbewerbs immer damit rechnen müssen, daß die Konkurrenz ein kostengünstigeres Leistungserstellungs- oder Leistungsverwertungsverfahren einsetzt, muß im Prinzip jeder Betrieb ständig bemüht sein, stets selbst der erste (beste) zu sein, was die Betriebe veranlaßt, unentwegt zu rationalisieren.

Die Rationalisierung erfolgt im wesentlichen auf zweifache Art und Weise: Einmal über die Vornahme von Rationalisierungsinvestitionen, d.h. die Produktionskosten sollen über den Einsatz neuer, leistungsfähigerer Betriebsmittel gesenkt werden, und zum anderen über eine bessere Organisierung des Arbeitsprozesses, d.h. über eine Steigerung der Arbeitsintensität.

Auf beiden Wegen verbessern die Unternehmen kontinuierlich ihre Kostensitutation, d.h. ihre Leistungsfähigkeit, und erhöhen damit die **Arbeitsproduktivität** (Produktmenge je Arbeitskraft). Damit kann die Gefährdung bestimmter Arbeitsplätze verbunden sein; andererseits ist eine hohe Arbeitsproduktivität eine

4. Tabellarische Zusammenfassung der Charakteristika der fünf Betriebstypen und praktische Beispiele

Merkmale/Beispiele – Betriebstypen	Merkmale		Beispiele	
	Eigenkapitalgeber (= Eigentümer)	Zielsetzung	praktischen Handelns	bestehender Unternehmen
Erwerbswirtschaftliche Unternehmen	Privatpersonen	Gewinnerwirtschaftung = Rentabilität des eingesetzten Eigenkapitals	• Ein- u. Verkauf von Handelswaren • Herstellung von Industrie- u. Handwerksprodukten • Abschluß von Versicherungen	• Kaufhof AG; • Robert Bosch GmbH; • Hamburg-Mannheimer Versicherungsgesellschaften
Genossenschaften	Private Haushalte und/oder private Betriebe	Mitglieder-Selbsthilfe: Unterstützung der Vorteilsstrebigkeit der Mitgliederwirtschaften	• Beschaffung von Konsumgütern für Mitgliederhaushalte • Verwertung (Absatz) landwirtschaftlicher Produkte • Kreditgewährung	• co op Dortmund Konsumgenossenschaft eG; • Meierei-Genossenschaft eG Bark/Holstein; • Hamburger Bank von 1861 eG
Öffentliche Unternehmen	Staatliche Stellen (Bund, Länder, Gemeinden)	Bestmögliche Güterversorgung der Allgemeinheit	• Strom-, Wasser-, Gasversorgung • Personenverkehr	• Hamburger Wasserwerke GmbH • Bremer Straßenbahn AG
Gemeinwirtschaftliche Unternehmen	Gewerkschaften	Bestmögliche Güterversorgung der Allgemeinheit (+ Überschußerwirtschaftung)	• Bankgeschäfte • Versicherungen • Wohnungsbau	• Bank für Gemeinwirtschaft AG, • Volksfürsorge Versicherungen (beide mittlerweile nur noch zur Hälfte in Gewerkschaftsbesitz) • Neue Heimat
Gemeinnützige Unternehmen	Private Haushalte und/oder öffentliche Stellen	Bestmögliche (selbstlose) Güterversorgung der Allgemeinheit	• Wohnungsbau	• Allgemeine Deutsche Schiffszimmerer-Genossenschaft eG Gemeinnütziges Wohnungsunternehmen, Hamburg; • Gemeinnützige Siedlungs-Aktiengesellschaft Hamburg (SAGA).

Abb.: Übersicht über Wesensmerkmale und Beispiele der behandelten fünf Unternehmenstypen wichtige Voraussetzung für die Schaffung und Aufrechterhaltung eines hohen Lebensstandards.

Abschließend sei noch darauf hingewiesen, daß das **Wirtschaftlichkeitsprinzip** und die damit verbundene **Rationalisierung** vom Grundsatz her keine Besonderheiten der Betriebe in marktwirtschaftlichen Ordnungen sind. Das Wirtschaftlichkeitsprinzip ist vielmehr seinem Wesen nach **systemindifferent** und hat daher auch für die Betriebe der sozialistischen Länder Bedeutung, wenngleich wegen der dort nicht so ausgeprägten Zusammenbruchsgefahr von Betrieben das Wirtschaftlichkeitsprinzip nicht so intensiv befolgt zu werden braucht wie bei im Wettbewerb stehenden (kapitalistischen) Unternehmen.

III. Rechts-, Kooperations- und Konzentrationsformen

1. Rechtsformen

a) Charakterisierung und Strukturmodelle

Aus Gründen der allgemeinen Rechtssicherheit müssen alle Unternehmen in einer der vom Gesetzgeber zur Verfügung gestellten rechtlichen Formen (= Rechtsformen = Unternehmungsformen) geführt werden. **Die juristische Form** (= rechtliche Verfassung = Rechtskleid) der Unternehmung gibt Aufschluß über rechtlich bedeutsame Daten der Unternehmung; so vor allem über

- die nötigen Organe und die Art ihrer Willensbildung,
- die Kapitalaufbringung und -erhaltung,
- die Zurechnung (Verteilung) von Gewinnen und Verlusten,
- die Haftung für die Unternehmensverbindlichkeiten,
- die Art der Rechnungslegung,
- die Besteuerung,
- die Arbeitnehmer-Mitbestimmung.

Diese rechtlichen Daten, die vor allem im Handels-, Gesellschafts- und Steuerrecht geregelt sind, können erhebliche ökonomische Auswirkungen auf das Unternehmen haben (R. Schultz, 1967).

Strukturmodelle Rechtsformen

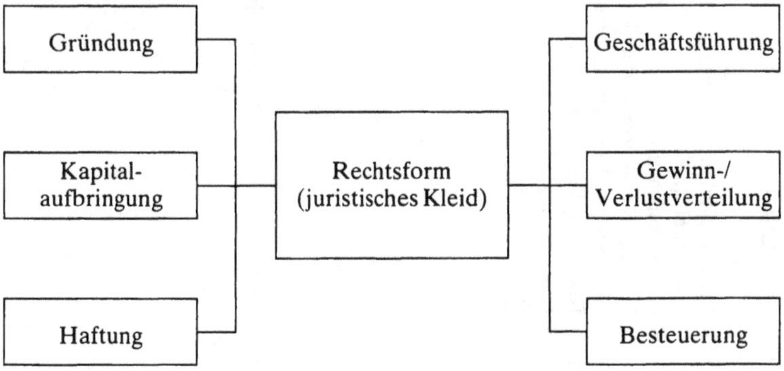

Regelungsbereiche

- Gründung
- Eigenkapitalaufbringung und -erhaltung
- Geschäftsführung
- Haftung für die Verbindlichkeiten
- Gewinn- und Verlustbeteiligung
- Rechnungslegung
- Besteuerung
- Arbeitnehmer-Mitbestimmung

Rechtsformen

(Einzelunternehmen = Einzelkaufmann; OHG, KG, GmbH, AG, KGaA, eG, GmbH & Co KG, stille Gesellschaft, BGB-Gesellschaft)

Beteiligte/Betroffene

- Kapitaleigner (= Eigenkapitalgeber = Eigentümer)
- Unternehmensleiter
- Gläubiger (= Kreditgeber)
- Arbeitnehmer
- Amtsgericht (Handelsregister)
- Finanzamt

Rechtsgrundlagen

- BGB, HGB, AktG, GmbHG, GenG, Steuergesetze und -verordnungen, BetrVG, MitbestG von 1951/76
- Gesellschaftsverträge, Satzungen und Statuten
- Rechtsprechung, z.B. des Bundesverfassungsgerichts, Bundesgerichtshofs, Bundesfinanzhofs und Bundesarbeitsgerichts

Quelle: SCHULTZ/JÄGER: Der Betrieb 3, Köln 1984, S. 93, 142.

Innerhalb der vom Gesetzgeber bereitgestellten Formen können die Unternehmensgründer **wählen**, in welcher juristischen Gestalt sie ihre Aktivitäten entfalten wollen; auch ist ein **Wechsel** der Rechtsform zugelassen. Eingeschränkt ist die Wahlfreiheit der Rechtsform für Versicherungsunternehmen, Kreditinstitute, Bausparkassen und Kapitalanlagegesellschaften. Unsere Verfassung enthält ein Grundrecht, das sich auch auf die Rechtsformenfrage bezieht; gemeint ist Art. 9 Abs. 1 Grundgesetz, wonach „alle Deutschen das Recht haben, Vereine und Gesellschaften zu bilden".

Die vorstehenden Ausführungen sind in den Strukturmodellen auf Seite 27f. etwas weiter illustriert.

b) Tabellarische Übersicht über fünf wichtige Rechtsformen

Die folgende Tabelle gibt einen umfassenden Überblick über wichtige Merkmale bei fünf in der Praxis besonders bedeutsamen Rechtsformen. Eine ausführliche Veranschaulichung aller in der Praxis anzutreffenden Unternehmensformen findet sich bei SCHULTZ/JÄGER (1984).

c) Zur Flexibilität der Rechtsformen

Das Handels- und Gesellschaftsrecht – und zum Teil auch das Bürgerliche Recht – stellen eine **Fülle von Rechtsformen** zur Verfügung. Diese Vielzahl ist dadurch zu erklären, daß die Verhältnisse und Umstände, unter denen Unternehmer/Kapitalgeber sich zusammenfinden und zusammenarbeiten wollen, oft sehr verschieden sind. Dies ist denn auch der Hintergrund, warum der Gesetzgeber manchen Rechtsformen nur eine **Rahmennatur** gibt, d.h. die Rechtsform nur in einigen wenigen Punkten abschließend und verbindlich regelt, und in anderen Punkten es den Beteiligten überlassen wird, eine ihren individuellen Wünschen gemäße (gesellschaftsvertragliche) Vereinbarung zu treffen.

Die bei manchen Unternehmungsformen recht weitgehende Gestaltungsfreiheit läßt es zu, daß in der Praxis eine hinter einer bestimmten Rechtsform stehende Unternehmung erheblich von den Vorstellungen abweicht, die der Gesetzgeber bei der Schaffung dieser Unternehmungsform hinsichtlich ihrer praktischen Anwendung hatte. Solche Abweichungen sind insbesondere darauf zurückzuführen, daß bei der Rechtsformwahl manchmal die ökonomische Bedeutung einer einzigen Rechtsnorm den Ausschlag gegenüber den vereinigten Wirkungen der anderen gibt. So kommt es beispielsweise vor, daß ein Einzelunternehmer, um die Erbteilung zu erleichtern, seine Einzelunternehmung in eine Aktiengesellschaft umwandelt, oder daß steuerliche Überlegungen den Ausschlag für die Wahl einer dem Unternehmen im übrigen nicht adäquaten Rechtsform geben. Nachstehend werden einige besonders markante Beispiele einer solchen Abweichung wiedergegeben.

Beispiele für (erlaubte) Abweichungen von der gesetzlichen Normal-Regelung

- An einer Offenen Handelsgesellschaft (OHG) oder Kommanditgesellschaft (KG) können sich als vollhaftende Gesellschafter auch juristische Personen (z.B. AG und GmbH) beteiligen, deren Haftung auf das hinter ihnen stehende Gesellschaftsvermögen beschränkt ist, weil es eine persönliche Haftung bei juristischen Personen nicht gibt.
- Zahlreiche GmbH's existieren nur auf dem Papier (beim Registergericht; als Rechtsmantel). Viele davon werden nur für die Gründung einer GmbH & Co

Rechtsform / Merkmale	Einzelfirma	Personengesellschaften		Kapitalgesellschaften	
		OHG	KG	GmbH	AG
(1) Gesetzliche Grundlage	§§ 1 – 104 HGB	§§ 105 – 160 HGB	§§ 161 – 177 HGB	GmbHG	AktG
(2) Bezeichnung der (Mit-)Eigentümer	Inhaber	Gesellschafter	Komplementäre, Kommanditisten	Gesellschafter	Aktionäre
(3) Mindestanzahl bei Gründung	1 (höchstens, sonst Gesellschaft)	2	2	1 (aber: bei 1-Mann-GmbH Sicherheiten für nicht eingezahltes Stammkap. notw.)	5 (aber: *nach* Gründung auch 1-Mann-AG zulässig)
(4) Vorgeschriebenes Haftungskapital bei Gründung	–	–	–	50 000,– DM (Stammkapital) davon mindestens 25 000,– DM eingezahlt	100 000,– DM (Grundkapital)
(5) Regelung der Haftung	unbeschränkt persönlich	unbeschränkt persönlich und solidarisch	Komplementäre: unbeschränkt persönlich. Kommanditisten: Beschränkt auf die Kapitaleinlage	Beschränkt auf die Kapitaleinlage; es kann aber eine Nachschußpflicht im Gesellschaftsvertrag vereinbart sein	Beschränkt auf die Kapitaleinlage
(6) Gewinnsteuerliche Belastung	Gewinn unterliegt der Einkommensteuer; Steuersatz je nach Höhe der persönlichen Gesamteinkünfte 22 – 56%; keine unterschiedliche Besteuerung von einbehaltenen und ausgeschütteten Gewinnen			Gewinn unterliegt der Körperschaftsteuer; Steuersatz 56% bei einbehaltenen und 36% bei ausgeschütteten Gewinnen. Die Gesellschafter resp. Aktionäre versteuern die an sie ausgeschütteten Gewinne nach Maßgabe ihres persönlichen Steuersatzes, wobei sie zur Vermeidung einer Doppelbesteuerung eine Steuergutschrift in Höhe von 36/64 der gezahlten Dividende erhalten.	

Merkmale \ Rechtsform		Einzelfirma	Personengesellschaften		Kapitalgesellschaften	
			OHG	KG	GmbH	AG
(7) Finanzierungspotential	Zuführung von Haftungskapital	Begrenzt durch Privatvermögen. Darüber hinaus allenfalls durch Aufnahme stiller Gesellschafter	Begrenzt durch die (notwendigerweise geringe) Zahl der Gesellschafter und ihr Privatvermögen	Begünstigt durch Haftungsbeschränkung beim Kommanditkapital, aber begrenzt durch dessen geringe Fungibilität und das vergleichsweise hohe Anlagerisiko	Vergleichsweise wie bei der KG; teilweise etwas besser wegen der stärkeren Rechtsstellung der Gesellschafter	Relativ die günstigsten Voraussetzungen durch Emissionsfähigkeit der AG, hoher Fungibilität und typischem Kaptialanlagecharakter von Aktien sowie weitgehendem Aktionärsschutz
	Kreditaufnahme	Kreditwürdigkeit relativ groß durch die unbeschränkte Haftung der (Mit-)Eigentümer		Kreditwürdigkeit relativ gering aufgrund der beschränkten Haftung (bei der KG abhängig vom Privatvermögen des Komplementärs)		Kreditwürdigkeit größer wegen des verbesserten Gläubigerschutzes
(8) Leitungsbefugnis		Liegt allein beim Inhaber	Liegt je nach Gesellschaftsvertrag bei allen oder einzelnen Gesellschaftern	Liegt beim Komplementär (i.a. nicht bei den Kommanditisten)	Liegt (mit unterschiedlichen Schwerpunkten) bei den dafür gesetzlich vorgesehenen Organen: a) Geschäftsführer/Vorstand (brauchen nicht unbedingt aus dem Kreis der Anteilseigner zu kommen) b) Aufsichtsrat (vorgeschrieben bei AG's sowie bei GmbH's mit über 500 Beschäftigten, in der Montanindustrie mit über 1000 Beschäftigten) c) Gesellschafter-/Hauptversammlung	
(9) Bedeutung der einzelnen Rechtsformen (BR-Deutschland 1970)		91% aller Unternehmungen, 35% aller Beschäftigten	5,8% aller Unternehmungen, 24,8% aller Beschäftigten		1,8% aller Unternehmungen, 15% aller Beschäftigten	0,1% aller Unternehmungen, 18,5% aller Beschäftigen

Quelle: Henner SCHIERENBECK: Grundzüge der Betriebswirtschaftslehre, 9. Aufl., München/Wien 1987, S. 30f.

Abb.: Fünf wichtige Rechtsformen im Überblick

KG benötigt. Die Beteiligten wollen in diesem Fall ihre unternehmerische Aktivität aus steuerlichen oder anderen Gründen in der Rechtsform der Kommanditgesellschaft betreiben. Weil aber in diesem Fall niemand bereit ist, als natürliche Person die Funktion des Komplementärs (Vollhafters) zu übernehmen, wird eine GmbH geschaffen, die dann in der Kommanditgesellschaft die Komplementärfunktion übernimmt.

- Es ist möglich und weit verbreitet, daß bestimmte Gesellschaften, wie zum Beispiel die GmbH und die AG, nur aus einer einzigen (natürlichen oder juristischen) Person bestehen.
- Für die meisten der bestehenden Aktiengesellschaften existiert kein börsenmäßiger Handel ihrer Anteile (Aktien).
- Aktiengesellschaften – wie auch GmbH's – werden für ganz verschiedene Unternehmenszwecke verwendet. Neben der erwerbswirtschaftlichen (= gewinnstrebigen) Aktiengesellschaft, auf die die Rechtsform der Aktiengesellschaft mit einer Vielzahl von Aktionären zugeschnitten ist, gibt es Aktiengesellschaften, die entweder eine genossenschaftliche, eine öffentliche, eine gemeinwirtschaftliche oder eine gemeinnützige Zielsetzung verfolgen; dazu zwei Beispiele
  - die Hamburgische Staatsoper AG (Einmann-AG)
  - die Zuckerfabrik Süderdithmarschen AG (eine Art genossenschaftliche Aktiengesellschaft. Aktionäre sind hier die Zuckerrüben anbauenden Landwirte).
- Viele Genossenschaften verfolgen heute Ziele, die mit der ursprünglichen Idee, die der Gesetzgeber vor Augen hatte, nicht mehr viel zu tun haben.

2. Kooperations- und Konzentrationsformen

a) Abgrenzung zur Rechtsform

Während es sich bei den vorstehend behandelten Rechtsformen um die rechtstechnische Form (das „juristische Kleid") handelt, in der **ein** Betrieb nach außen auftritt, geht es bei der Kooperation und der Konzentration um die Zusammenarbeit **mehrerer**, bereits bestehender Unternehmen. Dazu je ein Beispiel:

- Ein Automechaniker und ein Speditionskaufmann gründen gemeinsam ein Unternehmen und wählen die **Rechtsform** der offenen Handelsgesellschaft. Die Firma nennen sie Müller-Transport oHG.
- Fünfzig verschiedene Transportunternehmen beschließen, gemeinsam eine Rechenanlage zu benutzen. Dieses Abkommen bezeichnet man als **Kooperation**.
- Ein Versandhaus und ein Kaufhaus-Unternehmen beschließen, sich zu einem Unternehmen zu verschmelzen (zu fusionieren); dieser Schritt stellt eine **Konzentration** dar.

In diesem Zusammenhang ist darauf hinzuweisen, daß die unternehmerische Zusammenarbeit mit anderen Unternehmen ihrerseits auch wieder in einer ganz bestimmten Rechtsform erfolgen muß; hierauf soll jedoch im folgenden nicht weiter eingegangen werden.

b) Zum Zusammenhang von Kooperation, Konzentration und Wettbewerb

In der Marktwirtschaft ist grundsätzlich jedes Unternehmen auf sich allein gestellt, d.h. es operiert selbständig (autonom) auf der Grundlage der ihm zur Verfügung stehenden Informationen und seiner sachlichen, finanziellen und personellen Kapazität; dabei steht es mit anderen ebenfalls autonom handelnden Unternehmen im Wettbewerb*. In der Praxis haben sich allerdings – entgegen dieser Vorstellung – im Laufe der Zeit zahlreiche Formen des Zusammenschlusses bzw. der Zusammenarbeit von Unternehmen (Wettbewerbern) herausgebildet.

Bei dieser Zusammenarbeit geht es darum, daß Unternehmen durch ein irgendwie geartetes **gemeinsames Vorgehen** bei der Erfüllung betrieblicher Funktionen (z.B. Einkauf, Absatz, Forschung und Entwicklung, Inkasso) versuchen, ihre Erfolgssituation (Gewinn) zu verbessern bzw. zu stabilisieren. Der Wunsch nach Zusammenarbeit in der Wirtschaft ist regelmäßig besonders ausgeprägt bei starker Konkurrenz. Er entspringt dem Verlangen der Unternehmen, sich bei tatsächlichen oder vermeintlichen Risiken zusammenzuschließen, um ihnen gemeinsam besser begegnen zu können.

Da unsere Wirtschaftsordnung von der Annahme ausgeht, daß die Verbraucherversorgung nur dann bestmöglich gelingt, wenn ein nachhaltiger Wettbewerb zwischen den Unternehmen besteht, achtet der Gesetzgeber durch das Gesetz gegen Wettbewerbsbeschränkungen (GWB; auch Kartellgesetz genannt) darauf, daß die praktizierten Zusammenarbeits(Kooperations- oder Konzentrations)formen nicht zu sehr zu einer Wettbewerbseinschränkung auf dem Markt oder zur Entstehung marktbeherrschender (oder besonders marktstarker) Unternehmen führen.

Über den Wettbewerb zu wachen und das Auftreten von wettbewerbsbeschränkenden Zusammenschlußformen zu verhindern, ist nach dem GWB Aufgabe des **Bundeskartellamtes**. Eine gewisse Unterstützung erhält das Bundeskartellamt von der **Monopolkommission**, deren Rechtsgrundlage ebenfalls das GWB ist. Bevor auf die für diesen Zusammenhang wichtige Gesetzeslage näher eingegangen wird, muß noch etwas Mühe auf mehr Begriffsklarheit im Hinblick auf das Wesen der Zusammenarbeit von Unternehmen verwendet werden.

Hierbei ist zunächst darauf hinzuweisen, daß auf dem Gebiet der **Unternehmenskonzentration** eine **große Begriffsvielfalt** – um nicht zu sagen – ein Begriffswirrwarr herrscht. Dies hängt wohl nicht zuletzt damit zusammen, daß die Thematik der Unternehmenskonzentration generell eine hohe wettbewerbs- und gesellschaftspolitische Brisanz aufweist. Die Unschärfe der Begriffe wird besonders deutlich, wenn neben – oder anstelle – des Konzentrationsbegriffs auch noch der der **Kooperation** verwandt wird. Wird sowohl mit dem Konzentrations- als auch mit dem Kooperationsbegriff gearbeitet, so soll damit meist auf eine unterschiedliche Intensität der Zusammenarbeit hingewiesen werden. Allerdings sind die beiden Begriffe Kooperation und Konzentration alles andere als eindeutig festgelegt und auch nur schwer gegeneinander abgrenzbar.

Der allgemeine Sprachgebrauch geht überwiegend davon aus, daß es sich bei der Kooperation um eine relativ lockere Form der Zusammenarbeit handelt; um eine Form, bei der die wirtschaftliche Selbständigkeit der kooperierenden Unter-

---

* Das Wettbewerbs(Konkurrenz)Prinzip als gesellschaftliche Rahmenbedingung marktwirtschaftlicher Aktivität wird ausführlich im Dritten Teil behandelt.

nehmen nicht angetastet bzw. nur geringfügig eingeschränkt wird, während sie bei der Konzentration stark eingeschränkt oder gar aufgehoben wird. Im Grunde genommen handelt es sich bei diesen beiden Formen letztlich um ein **Kontinuum**, das sich von der Kooperation bis zur Konzentration erstreckt, wie das nachstehende Schaubild zeigt.

Intensität der Zusammenarbeit

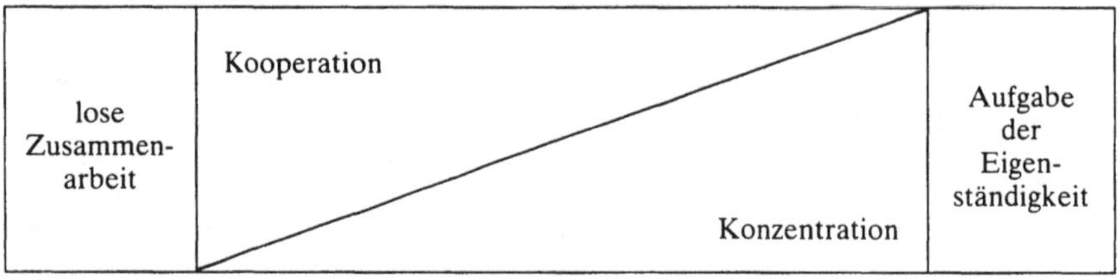

In der Praxis läßt sich deutlich beobachten, daß auch die Formen einer (zunächst) lockeren Zusammenarbeit häufig die Tendenz in sich bergen, die Kooperation zu intensivieren und damit eine die individuelle Entscheidungsfreiheit einschränkende Konzentrationswirkung auslösen. Dies wiederum ist ein wichtiger Grund dafür, daß sich zahlreiche Unternehmen, insbesondere kleinere und mittlere, mit einer zwischenbetrieblichen Zusammenarbeit schwertun, eben weil sie um den Verlust ihrer Selbständigkeit fürchten.

Auf die begriffliche Problematik der Unternehmenskooperation und -konzentration soll hier nicht weiter eingegangen werden. Vielmehr sollen nachstehend einige besonders wichtige Kooperations- und Konzentrationsformen charakterisiert und problematisiert werden. Zu diesem Zweck wird ein recht **weiter Konzentrationsbegriff verwendet**, der von Basseler/Heinrich/Koch (1988, S. 182f.) stammt: „Unter wirtschaftlicher Konzentration versteht man eine ‚Ballung ökonomischer Größen' ... Wichtig ist, daß man den Konzentrationsbegriff nicht nur auf einen tatsächlichen rechtlichen Zusammenschluß beschränkt, sondern auch solche Formen einbezieht, die direkt oder indirekt zur Bildung einer wirtschaftlichen und machtmäßigen Einheit führen".

c) Strukturmodell Kooperations- und Konzentrationsformen

Das nachstehende Schaubild gibt einen zusammengefaßten Überblick über mögliche Ursachen, Formen und Folgen einer zwischenbetrieblichen Zusammenarbeit. Die Übersicht macht ansatzweise deutlich, daß auf dem Gebiet der Kooperation und Konzentration eine große Vielfalt bei den praktischen und rechtlichen Möglichkeiten einer Zusammenarbeit besteht, worauf im folgenden noch näher einzugehen ist.

Strukturmodell: **Kooperations- und Konzentrationsformen***

Formen

- horizontal
  (auf **einer** Wirtschaftsstufe)
  Beispiele:
  - Genossenschaft
  - Mittelstandskooperation
  - Kartell
  - Konzern (vereinzelt)
  - Verschmelzung (Fusion)
- vertikal
  (vor- **und** nachgelagerte Wirtschaftsstufen)
  Beispiele:
  - Freiwillige Kette
  - Konzern
  - Holding
  - Verschmelzung (Fusion)
- konglomerat; diagonal; anorganisch;
  (ganz unterschiedliche Branchen)
  Beispiele:
  - Misch-Konzern
  - Verschmelzung (Fusion)

**Kooperation/
Konzentration**
(= zwischenbetriebliche Zusammenarbeit)

Ausgewählte staatliche Institutionen zum Schutz des Wettbewerbs

- Bundeskartellamt
- Monopolkommission

Rechtsgrundlage:
Gesetz gegen Wettbewerbsbeschränkungen (= GWB = Kartellgesetz)

Ursachen

- Wachsen der technisch-organisatorischen Mindestbetriebsgrößen
- Kostendegression anstreben
- Kapitalmangel
- Diversifikationswünsche
- Wettbewerbsdruck, insbes. auf Auslandsmärkten
- Personalmangel (Fachkräfte)

Folgen

- Steigerung der Leistungsfähigkeit
- Erhöhung der (internationalen) Wettbewerbsfähigkeit
- Entstehung marktbeherrschender (oder marktstarker) Unternehmensgebilde
- Ausnutzung von Marktmacht gegenüber Abnehmern, Lieferanten und Konkurrenten
- Entstehung großer (schwerfälliger) Unternehmenseinheiten
- Abnahme des Leistungswettbewerbs
- Wettbewerbsbeschränkende Absprachen (Kartelle)

* Quelle: SCHULTZ/JÄGER; Der Betrieb 3, Köln 1984, S. 143

d) Charakterisierung wichtiger Kooperations- und Konzentrationsformen

(1) Kartell

Beim Kartell handelt es sich um **vertragliche Abmachungen** zwischen rechtlich und wirtschaftlich selbständig bleibenden Unternehmen meist derselben Wirtschaftsstufe (und zwar möglichst alle) mit dem Ziel, den Wettbewerb auf dem Markt einzuschränken. Dabei kann allerdings die wirtschaftliche Unabhängigkeit der Beteiligten je nach Art der Kartellabsprache mehr oder weniger beeinträchtigt werden.

Das Gesetz gegen Wettbewerbsbeschränkungen enthält ein allgemeines **Kartellverbot**. Allerdings läßt das Gesetz unter bestimmten Voraussetzungen eine ganze Reihe von **Ausnahmen** zu. So für Konditionenkartelle, Rabattkartelle, Rationalisierungskartelle, Spezialisierungskartelle, Ausfuhr- und Einfuhrkartelle sowie Strukturkrisenkartelle. Ausdrücklich erlaubt sind auch sogenannte Mittelstandskooperationen nach § 5b GWB, wenn durch sie der Wettbewerb auf dem Markt nicht wesentlich beeinträchtigt wird und ihr Zweck darin besteht, die Leistungfähigkeit kleinerer oder mittlerer Unternehmen zu fördern. Ausnahmen von dem allgemeinen Kartellverbot bestehen auch für Kreditinstitute und Versicherungen sowie für Versorgungsunternehmen (Elektrizität, Gas, Wasser) und für die Landwirtschaft.

Darüber zu wachen, daß das generelle Kartellverbot eingehalten wird, ist Aufgabe des Bundeskartellamtes.

Opec

In der Krise

Das Resultat der letzten Opec-Konferenz in der Schweiz ist beschämend dürftig. Die Listenpreise für schweres Rohöl werden um fünfzig Cents, die für mittelschweres Rohöl um zwanzig Cents gesenkt.

Wen interessieren noch die Listenpreise der Opec? Drei Viertel seines Ölumsatzes wickelt das Kartell unterhalb des offiziellen Preisniveaus ab, dessen Gültigkeit aber immer wieder beteuert wird. Mit versteckten Rabatten und allerlei trickreichen Tauschgeschäften versuchen nahezu sämtliche Opec-Mitglieder Kunden zu angeln und mehr Öl zu verkaufen, als ihnen nach den vereinbarten Exportquoten erlaubt ist. Der Opec ist es bisher nicht gelungen, Preise und Produktion ihrer Mitglieder unter Kontrolle zu bringen. Daran ändern die jüngsten Beschlüsse nichts. *chr*

DIE ZEIT, 2.8.1985, S. 18

Kartellabsprachen haben oft ihre Ursache in strukturell zu großen (Anbieter)-Kapazitäten, die entsprechend auf den Preis drücken. In einem solche Falle besteht die Wahrscheinlichkeit, daß die gegen den Markt gerichteten Absprachen nicht von allen Kartell-Beteiligten voll befolgt werden. Die produzierbaren oder schon vorhandenen Waren werden sich jedenfalls zum Teil einen in der Kartellvereinbarung nicht vorgesehenen Absatzweg suchen. Für einige der an der Marktabsprache beteiligten Unternehmen wird es regelmäßig reizvoll sein, hier und da zusätzlich etwas – vielleicht unter anderem Namen oder anderer Firma – auf den Markt zu bringen, wodurch das Kartell dann eine gewisse Instabilität erhält. Diese Zusammenhänge sind auch beim Kartell der Erdöl exportierenden Länder, der OPEC, zu beobachten.

Normalerweise kann – wie schon angedeutet – davon ausgegangen werden, daß Kartellabsprachen durch tendenziell zu große Kapazitäten ausgelöst werden, d.h. die Überkapazitäten sind – aus welchen Gründen auch immer – zuerst vorhanden, woran sich dann der Versuch anschließt, die (Kosten)Last der zu großen Kapazitäten durch Wettbewerbseinschränkungen und eine damit angestrebte Ertragsverbesserung zu lindern.

Denkbar ist aber auch, daß Überkapazitäten erst durch dauerhaft praktizierte wettbewerbsbeschränkende oder -ausschaltende Absprachen entstehen. Dieser Fall liegt dann vor, wenn eine durch Wettbewerbsbeschränkungen zustande gekommene günstige Erlössituation dazu führt, daß neue (Anbieter)kapazitäten angelockt werden. Als ein Beispiel für einen solchen Zusammenhang nennt Jörg Finsinger in der „Wirtschaftswoche“ (27.5.1983, S. 173-175) die Bauindustrie; hier seien nämlich Überkapazitäten vielfach nicht die Ursache, sonder eher die Folge von gesetzwidrigen Absprachen.

Es kann davon ausgegangen werden, daß „die Zahl der in der Praxis vorfindbaren Wettbewerbsbeschränkungen groß ist, da dem Erfindungsreichtum der Marktteilnehmer keine Grenzen gesetzt sind und immer wieder versucht wird, die Gesetzesvorschriften zu umgehen“ (Basseler/Heinrich/Koch 1988, S. 213).

Insofern ist die Aufgabe des Bundeskartellamtes, verbotene (Preis)Absprachen aufzuspüren, regelmäßig ein schwieriges Geschäft. Wegen ihres Verbots werden solche Absprachen ja so gut es geht geheimgehalten. Insofern hat der Zeichner der nachstehenden Karikatur denn wohl auch nicht ganz Unrecht, wenn er meint, daß das Kartellamt sich im Regelfall mit „kleinen Fischen“ begnügen muß.

»Fang ihn! Fang ihn! Wir brauchen ja schließlich und endlich ein Erfolgserlebnis!« · *W. Hanel*

Aber gelegentlich gehen auch durchaus große Fische ins Netz. Dafür zwei Beispiele:

- Im Jahre 1978 hat das Bundeskartellamt gegen die drei größten Verlage von Programmzeitschriften Geldbußen von insgesamt 26,6 Millionen Deutsche Mark wegen Praktizierung ordnungswidriger Preisabsprachen bzw. Preisabstimmung verhängt. Durch die Preisabsprache bzw. -abstimmung wurden die Endabnehmer fast aller 1975 in der Bundesrepublik erschienenen Programmzeitschriften vereinheitlicht. Nach einem Rechtsstreit wurde die Geldbuße für zwei Verlage auf insgesamt 5,3 Millionen Deutsche Mark herabgesetzt und der dritte Verlag freigesprochen.
- Im Herbst 1982 ist ein großes Preiskartell der Bauwirtschaft bekannt geworden, für das im September 1983 gegen 83 Bauunternehmen Geldbußen von insgesamt 56,6 Millionen Deutsche Mark verhängt wurden. Das Kammergericht Berlin hat die Bußen zum Teil stark reduziert und dies u.a. mit der inzwischen erheblich verschlechterten wirtschaftlichen Situation der betroffenen Unternehmen begründet.

Die hier getroffenen Absprachen beziehen sich ganz überwiegend auf Aufträge (Ausschreibungen) der öffentlichen Hand. Finsinger („Wirtschaftswoche" 27.5.1983, S. 175) meint „es werden fast alle öffentlichen Bauaufträge von Absprachen betroffen".

Preisabsprachen

Mildes Urteil

Stets hat sich das Bundeskartellamt etwas darauf zugute gehalten, schon seine Existenz würde so manchen potentiellen Kartellsünder von seinem unerlaubten Tun abhalten. Die Kartellrichter am Berliner Kammergericht sind nun dabei, den abschreckenden Ruf der Wettbewerbsbehörde zu untergraben.

Vor ihrem Richter sitzen – seit 1984 schon – die Großen der heimischen Bauindustrie. Mit unerlaubten Absprachen von Aufträgen und Preisen hatten sie sich selbst eine einträgliche Beschäftigung verschafft und ihren Auftraggebern einen lehrbuchmäßigen Wettbewerb vorgegaukelt. Achtzig Täter machten die Kartellbeamten dingfest, die sie zu Bußgeldern von zusammen 57 Millionen Mark verdonnerten.

Die große Zahl der kleinen Baufirmen zeigte sich reumütig – und zahlte in aller Stille. Die großen Baumeister ließen es darauf ankommen – und fanden Gnade vor dem Richter. Besondere Milde fanden beispielsweise geständige Täter. Baufirmen, die dafür Ausgleichszahlungen von ihren Konkurrenten kassierten, daß sie einen Auftrag nicht bekamen, durften unbeanstandet den Erlös einstreichen. Es war ja kein Mehrerlös im Sinne des Gesetzes. Dem Bundeskartellamt bleibt da nur der Sarkasmus: Die Branche würde ja gerade dazu ermutigt, auch künftig auf Kartellabsprachen zu bauen. *gf*

DIE ZEIT, 14.11.1986, S. 18

Statement des Bundeskartellamts in eigener Sache
(im Tätigkeitsbericht 1981/82)

Am 1. Januar 1983 ist das Bundeskartellamt 25 Jahre alt geworden ...

Zu Beginn seiner Tätigkeit hat das Bundeskartellamt vor allem Aufklärungsarbeit geleistet. Viele Unternehmer mußten von der Notwendigkeit eines Kartellverbots erst ebenso überzeugt werden wie von den Vorteilen einer wettbewerblichen Steuerung der Wirtschaft. Das verlangte ein erhebliches Umdenken, denn Deutschland war bis zum Ende des Zweiten Weltkrieges das klassische Land der Kartelle.

Diese Aufgabe ist inzwischen erfüllt. Zwar gehört die Überwachung des Kartellverbotes auch heute noch zu den zentralen Aufgaben der Kartellbehörden, über die Notwendigkeit des Kartellverbots besteht aber auch bei der Wirtschaft ein nahezu vollständiger Konsens.

Der Vollständigkeit halber sei abschließend noch darauf hingewiesen, daß Kartelle kein Spezifikum der Anbieterseite sind, sondern genausogut – wie sich immer deutlicher beobachten läßt –auch auf seiten der Nachfrager auftreten können; so zum Beispiel durch die gebündelte Nachfragemacht kooperierender Unternehmen. Auch Nachfragekartelle fallen unter das grundsätzliche Kartellverbot.

(2) Konzern, Diversifikation und Holding

Beim **Konzern** sind mehrere (verbundene) Unternehmen unter einer **einheitlichen Leitung** zusammengefaßt (s.a. § 18 AktG). Die Unternehmen, deren Kapitalanteile und/oder Stimmrechte sich im Mehrheitsbesitz der Obergesellschaft befinden, behalten zwar ihre rechtliche Selbständigkeit, verlieren jedoch ihre wirtschaftliche Dispositionsfreiheit. Im Gegensatz zu den Kartellen sind **Konzernbildungen** grundsätzlich **nicht verboten**.

Dieser Unterschied ist damit zu erklären, daß Kartelle versuchen, alle oder doch möglichst viele Anbieter oder Nachfrager vertraglich zu binden, um so den Wettbewerb nachhaltig einzuschränken, während eine solche Situation beim Konzern regelmäßig nicht vorliegt. „**Ziel** ist beim Konzern nicht die Marktbeherrschung ..., sondern die Rationalisierung des ... Produktionsablaufs. Ziel des Kartellvertrages ist (dagegen, R. S.) die Marktbeeinflussung für Produkte eines Wirtschaftszweiges durch Beschränkung des Wettbewerbs ..." (**Gabler Wirtschafts-Lexikon**, 11. Aufl., Bd. 1 (1983), Sp. 2500/2335).

Dennoch enthält das Gesetz gegen Wettbewerbsbeschränkungen Vorschriften, die den Konzern als wirtschaftliche Einheit behandeln und für ihn – wie auch für Nichtkonzernunternehmen – zur Vermeidung der Entstehung einer marktbeherrschenden Stellung Anzeigepflichten gegenüber dem Bundeskartellamt im Falle des Zusammenschlusses mit anderen Unternehmen begründen. Damit ist eine **Zusammenschlußkontrolle** durch das Bundeskartellamt geschaffen worden, die regelmäßig **Fusionskontrolle** genannt wird. Auslöser für eine Fusionskontrolle muß keinesfalls immer eine Fusion (Verschmelzung) von Unternehmen sein; oftmals genügt schon ein mehr oder weniger großer Anteilserwerb, den die Unternehmen beim Kartellamt zum Zwecke der Überprüfung anzumelden haben.

Ist zu erwarten, daß durch einen (konzernmäßigen) Zusammenschluß (z.B. Kapitalerwerb) eine marktbeherrschende Stellung entsteht oder verstärkt wird oder eine überragende Marktstellung zu Lasten der kleinen und mittleren Wettbewerber entsteht oder verstärkt wird, so hat das Bundeskartellamt den Zusammenschluß zu untersagen, es sei denn, die beteiligten Unternehmen weisen nach, daß durch den Zusammenschluß auch Verbesserungen der Wettbewerbsbedingungen eintreten und daß diese Verbesserungen die Nachteile der Marktbeherrschung oder die der überragenden Marktstellung überwiegen.

Beteiligung gebilligt

Berlin (dpa/VWD) - Das Bundeskartellamt in Berlin hat die geplante Beteiligung der Nestlé-Maggi GmbH München, an der Schweisfurth KG beziehungsweise Herta AG, beide Herten/Westfalen, gebilligt. Wie das Amt gestern mitteilte, wurde gegen das Zusammenschlußvorhaben keine Einwände erhoben, weil auf den Märkten für Fleisch- und Wurstwaren, auf denen die Schweisfurth-Gruppe tätig ist, wesentlicher Wettbewerb besteht und die beteiligten Unternehmen durch den Zusammenschluß keine überragende Marktstellung erreichen werden.

DIE WELT, 22.2.1985, S. 9

Gruner und Jahr darf sich nicht an „Zeit" beteiligen

KARLSRUHE, 22. September (AP). Der zum Bertelsmann-Konzern gehörende Verlag Gruner und Jahr darf sich nicht am „Zeit"-Verlag beteiligen. Mit dieser Entscheidung hat der Bundesgerichtshof am Dienstag das bisher längste Pressefusions-Kontrollverfahren endgültig abgeschlossen.

Der größte deutsche Medienkonzern hatte die Beteiligungsabsicht mit dem Wunsch begründet, die vom „Zeit"-Verlag herausgegebene angesehene Wochenzeitung „Die Zeit" auch über den Tod ihres Gründers Gerd Bucerius hinaus langfristig wirtschaftlich zu sichern. Das Bundeskartellamt hatte die Beteiligung jedoch untersagt, weil der Gruner-und-Jahr-Verlag bereits am „Spiegel"-Verlag beteiligt ist. Die Richter befürchteten, daß durch den Einfluß des Gruner-und-Jahr-Verlags auf „Zeit" und „Spiegel" der Wettbewerb zwischen den beiden Verlagen im wesentlichen ausgeschaltet würde, so daß beide in einer Machtballung eine beherrschende Stellung auf dem Markt für politische Wochenzeitungen erlangt hätten. (Aktenzeichen: Bundesgerichtshof KVR 5/86).

Frankfurter Rundschau, 23.9.1987, S. 5

Hat das Bundeskartellamt einen Zusammenschluß untersagt, so kann der Bundeswirtschaftsminister dennoch die Erlaubnis zu einem Zusammenschluß erteilen (Ministererlaubnis), wenn im Einzelfall die Wettbewerbsbeschränkung von gesamtwirtschaftlichen Vorteilen des Zusammenschlusses aufgewogen wird oder der Zusammenschluß durch ein überragendes Interesse der Allgemeinheit (z.B. der Erhaltung von Arbeitsplätzen) gerechtfertigt ist.

„Die zur Bekämpfung der Unternehmenskonzentration im Jahre 1973 in das Kartellgesetz eingefügte Fusionskontrolle steht inzwischen im Mittelpunkt der Tätigkeit des Bundeskartellamtes, denn Zusammenschlüsse beeinflussen die Strukturen der Märkte für längere Zeiträume und damit die Voraussetzungen für den Wettbewerb von morgen".

Quelle: Tätigkeitsbericht 1981/82 des Bundeskartellamtes

Gesehen werden muß in diesem Zusammenhang allerdings auch das Problem, daß eine umfassende Anwendung der Fusionkontrolle die Frage nach dem Verfügungsrecht über das Eigentum berührt, worauf im Dritten Teil noch einzugehen ist.

Vollzogene Unternehmens-Zusammenschlüsse

Jahr	Zusammenschlüsse
1973	34
1974	294
1975	445
1976	453
1977	554
1978	558
1979	602
1980	635
1981	618
1982	603
1983	506
1984	575
1985	709
1986	802

Quelle: Bundeskartellamtsbericht 1985/86

Zum Konzentrationsgeschehen gehört vielfach auch die **Diversifikation**. Bei der Diversifikation geht es darum, daß Unternehmen auf für sie neuen, **branchenfremden (Wachstums)Märkten** tätig werden, so z.B. wenn – was in der Realität der Fall ist – die Zigarettenhersteller sich auch um den Absatz von Getränken (Bier, Wein, Sekt, Fruchtsaft) bemühen.

Es ist denkbar, daß solche neuartigen Aktivitäten von dem bisherigen Unternehmen allein bestritten werden. Beispiel: Eine Schokoladenfabrik übernimmt zusätzlich noch den Vertrieb von Schallplatten. Im Regelfall wird bei der Diversifikation ein schon bestehendes branchenfremdes Unternehmen ganz oder teilweise zugekauft.

Die branchenfremden Aktivitäten entspringen meist dem Wunsch nach **Risikostreuung**. Aus Gründen der Ertragssicherung möchte man lieber auf mehreren Beinen stehen und beteiligt sich daher an Unternehmen anderer Branchen oder gründet selbst branchenfremde Betriebe.

Nicht immer wird bei dem Wunsch nach Diversifikation genügend darauf geachtet, ob die für ein erfolgreiches Wirken auf neuen, ganz fremden Märkten erforderlichen wichtigsten Voraussetzungen auch tatsächlich vorhanden sind, wozu vor allem hinreichende Finanzmittel und eine ausreichende qualifizierte personelle (dispositive) Kapazität gehören. Fehlen sie, führt Diversifikation nicht zur Risikostreuung, sondern zur Riskomehrung. Diese Erfahrung haben in den letzten Jahren immer mehr Firmen machen müssen, die auf Diversifikation gesetzt und sich geradezu eine Art Gemischtwarenladen (Mischkonzern) zusammengekauft hatten und plötzlich feststellten, daß ein solches Gebilde außerordentlich schwer erfolgreich zu führen ist.

Bei Konzentrationssachverhalten trifft man häufig auch auf den Begriff der **Holding**, der nicht im Gesetz enthalten ist. Bei der Holding handelt es sich um eine Effektenhaltungs-Gesellschaft, also um eine Gesellschaft, die Kapitalanteile an Unternehmen erwirbt und verwaltet, ohne selbst Produktions- oder Handelsaufgaben wahrzunehmen. Das heißt: eine Holding produziert – im Gegensatz zur Konzern(Mutter)gesellschaft – nicht selbst. Die wirtschaftliche Tätigkeit der Holding erstreckt sich vielmehr auf die Verwaltung von Kapitalbeteiligungen sowie auf die „konzeptionelle Oberleitung" der von ihr beherrschten Unternehmen. Mit der Holding sollen vielfach die Übersichtlichkeit und Schlagkraft des Konzerns erhöht, steuerliche Vorteile wahrgenommen und bei stark personenorientierten Konzernen auch die Erbfolge besser gelöst werden.

Die allgemeine Problematik sowohl des Diversifikations- wie auch des Holdingansatzes wird in der nachstehenden Karikatur angedeutet. Sie ist einem ZEIT-ARTIKEL (10.4.1987, S. 27) entnommen, in dem Jes Rau über das (Firmen) **Übernahmefieber** in den **USA** berichtet und dabei folgendes ausführt:

„,Die entscheidende Macht in der modernen Industriegesellschaft wird nicht von den Kapitalisten ausgeübt, sondern von den industriellen Bürokraten ...', schrieb Harvard-Professor John Kenneth Galbraith vor zwanzig Jahren in seinem Buch ‚Der neue Industriestaat'. Das stimmt nicht mehr. Ein großer Teil dieser Macht ist den industriellen Bürokraten in den vergangenen Jahren entglitten. Gelandet ist sie bei den Finanziers und deren Helfershelfern in den Investmentbanken und Arbitragefirmen an der Wall Street. Die Zukunft eines amerikanischen Konzerns hängt heute oft von den Machenschaften von Außenseitern ab, die sich Geschäftsberichte anschauen und dabei auf Ideen kommen"; (s.a. S. 197 der vorl. Abh.).

„Heute sind sie da und morgen weg"

H. STÜWE, **St. Gallen**

Die meisten Teilnehmer des 17. Internationalen Management-Gesprächs an der Hochschule St. Gallen haben sich mit der gepflegten Langeweile eines Kongreßtages abgefunden, als Lane Kirkland ans Mikrophon tritt. Nach seinen ersten Worten ist sie bei den 800 Managern, Professoren und Studenten verflogen.

„Unternehmerischer Kannibalismus, unverantwortliche Kriegsspiele, Orgien der Spekulationssucht", so donnert der Chef des amerikanischen Gewerkschaftsbundes AFL-CIO in den Saal. Gemeint ist ein und dasselbe: Die Welle der Unternehmensaufkäufe, feindlichen Übernahmen und „leveraged buy-outs". Dies vor allem bedrohe die Zukunft der Unternehmen, wettert Kirkland. Zum Symposium-Thema „Corporate future" zeichnet der Gewerkschaftsboß aus der Sicht der USA ein düsteres Bild: „Viel Energie und ungeheure Ressourcen werden in dem Ringen um Übernahmen nutzlos verbraucht. Die Gesellschaften verlieren ihre Identität. Und alle sind mögliche Ziele finanzieller Glücksritter, denen die Menschen, die ihre Produkte herstellen, völlig gleichgültig sind."

In den letzten fünf Jahren sind in den USA 190 Milliarden Dollar für Firmenaufkäufe ausgegeben worden, zusätzlich noch Milliarden, um sich gegen Übernahmen zu schützen. „Das alles, ohne daß dadurch nur ein einziges neues Produkt auf den Markt gekommen ist." Denen, die darin nur einen normalen, gesunden marktwirtschaftlichen Ausleseprozeß auf dem Weg zu mehr Produktivität sehen, setzt der Gewerkschaftsführer ein empörtes Nein entgegen.

„Das einzige sichtbare Ergebnis ist nicht Expansion, sondern Schrumpfung, sind nicht neue Produkte, sondern Betriebsschließungen und Massenentlassungen." Niemanden könne das gleichgültig lassen, am wenigsten die Gewerkschaften. „Es geht nicht nur um einige wenige skrupellose Individuen oder um professionelle Bankrotteure: Nur durch die Mithilfe großer Banken, Broker und Investmenthäuser können Unternehmen Beute von Abenteurern werden."

„Welche Wertvorstellungen müssen diese Manager haben," fragt der 65jährige Gewerkschafter? „Sind Arbitrage und Gewinn die einzigen Kategorien ihres Denkens?" Loyalität zur eigenen Firma sei für diesen neuen Managertyp wohl ebenso ein Fremdwort wie gesellschaftliche Verantwortung. Die kräftige Baßstimme bebt vor Erregung.

Spätestens jetzt ist jedem in der Aula der Hochschule klar: Hier spricht kein Systemveränderer. Tatsächlich fordert Kirkland, der die Tradition des schon legendären George Meany fortsetzt, nicht einmal mehr Staat. Ihm geht es um freie Gewerkschaften, um starke, gesunde Unternehmen. „Es ist schwer, mit Leuten zu verhandeln, die sich nicht um die langfristigen Probleme ihrer Industrie scheren, die heute da und morgen weg sind."

DIE WELT, 20.5.1987, S. 9

Ich denke, wir sollten die Firma übernehmen.
Nebenbei, was stellen die eigentlich her?

Zeichnung: © Bulls Pressedienst

Welzk (1986, S. 160) umschreibt die vorstehend skizzierten US-Entwicklungen und die dahinter stehenden Unternehmensleitungsstrukturen wie folgt: „Das Gesellschaftsspiel des Auf- und Verkaufs immer neuer Beteiligungen hat inzwischen bedrohliche Ausmaße angenommen. Konzerne, deren Vorstand sich auf diese Methoden der Gewinnsteigerung konzentrieren oder sogar spezialisieren, verkommen faktisch zu ‚internalisierten Kapitalmärkten'. Der Produktionsprozeß, die Gütererzeugung findet nur noch marginales Interesse in der Chefetage. So waren 1950 etwa 13% des Topmanagements amerikanischer Konzerne Rechts-, Finanz-, Steuer- und Buchführungsexperten. Inzwischen sind es zwei Drittel – der gleiche Anteil etwa, den in Japan Techniker und Wissenschaftler stellen".

(3) Fusion

Anders als bei der Konzernbildung, bei der zwar die wirtschaftliche Dispositionsfreiheit der unter einer einheitlichen Leitung zusammengefaßten Unternehmen verlorengeht, die rechtliche Selbständigkeit jedoch erhalten bleibt, geht im Falle der Fusion (= Verschmelzung) auch die rechtliche Selbständigkeit des zu übernehmenden Unternehmens unter. Bei der Fusion wird ein Unternehmen von einem anderen aufgenommen (Verschmelzung durch Aufnahme) oder die fusionierenden Unternehmen bilden – was seltener vorkommt – ein neues Unternehmen (Verschmelzung durch Neubildung).

Wie die Konzernbildung und die Schaffung einer Holding ist auch die **Fusionierung nicht grundsätzlich verboten**. Es gelten jedoch auch hier die schon beim Konzern genannten Vorschriften des Gesetzes gegen Wettbewerbsbeschränkungen, die sich auf die Entstehung oder Verstärkung einer marktbeherrschenden Stellung oder einer überragenden Marktstellung zu Lasten kleiner oder mittlerer Wettbewerber beziehen **(Fusionskontrolle)**. Ähnliche Vorschriften bestehen für Konzentrationsfälle auf der EG-Ebene.

Daß die Zusammenschluß(Fusions)-Kontrolle eine außerordentlich wichtige Aufgabe ist, zeigt das nachfolgende Zitat aus der amtlichen Begründung der Bundesregierung zur 4. Kartellrechtsnovelle von 1980: „In gesellschaftspolitischer Hinsicht zerstört übermäßige Konzentration wirtschaftlicher Macht die Grundlagen der freiheitlichen Ordnung. Politische Demokratie und Marktwirtschaft sind ohne Dezentralisation der Macht nicht denkbar".

Vor diesem Hintergrund muß die folgende Aussage von MICHAEL JUNGBLUT (ZEIT 13.12.1985, S. 1) besonders nachdenklich stimmen: „Kaum ein Tag vergeht, an dem nicht kleine oder größere Firmenübernahmen gemeldet werden ... Hin und wieder kann das Kartellamt eine Elefantenhochzeit verhindern. In der

Maßhalten · H. E. KÖHLER

Mehrzahl der Fälle gelingt es den Beteiligten jedoch, die Kontrollen zu unterlaufen oder mit dem Argument, Tausende von Arbeitsplätzen seien andernfalls unrettbar verloren, ihre Absichten doch noch durchzusetzen".

3. Überblick über den Stand der Unternehmenskonzentration und die Funktionen von Kartellamt und Monopolkommission

- Stand der Unternehmenskonzentration

Einen Eindruck von dem **Umfang der Konzentration** in der Bundesrepublik Deutschland vermittelt das nachstehende Schaubild, das allerdings nichts darüber aussagt, wodurch die Unternehmensgrößen zustande gekommen sind, ob durch Zusammenschlüsse (externes Wachstum) oder durch eigenes (internes) Wachstum.

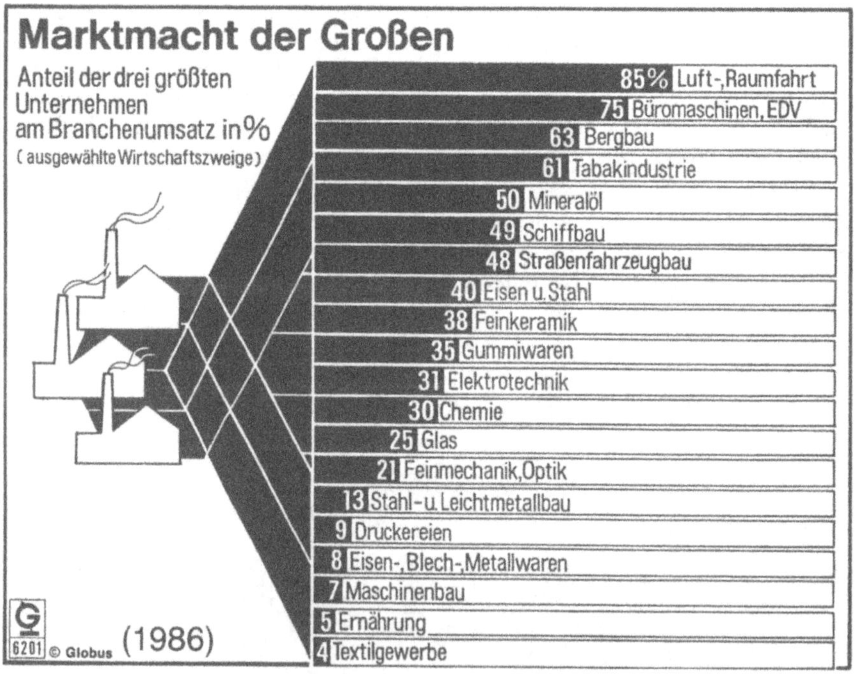

- Aufgaben von Bundeskartellamt und Monopolkommission

Wie bereits dargelegt, unterliegen nach dem Gesetz gegen Wettbewerbsbeschränkungen (GWB) bestimmte Kartelle, Konzernbildungen und Fusionen dem Kartellgesetz. Verstöße gegen das Kartellgesetz werden vom **Bundeskartellamt** in Berlin mit Verboten bzw. Bußgeldern belegt.

Die **Monopolkommission** wurde vom Gesetzgeber eingesetzt, um Stand und Entwicklung der Konzentration zu beobachten.

Die folgende Übersicht faßt die einzelnen GWB-Aufgaben von Bundeskartellamt und Monopolkommission kurz zusammen.

Funktionen	
Bundeskartellamt	Monopolkommission
• Verhinderung von wettbewerbsbeschränkenden Absprachen (Kartellen); • Kontrolle von intensiveren Unternehmenszusammenschlüssen (= Fusionskontrolle); • Überwachung der Verhaltensweisen marktbeherrschender Unternehmen.	• Regelmäßige Begutachtung des jeweiligen Standes der Unternehmenskonzentration sowie deren absehbare Entwicklung; • Würdigung der Anwendung der §§ 22 bis 24a GWB, die sich mit den Befugnissen der Kartellbehörde gegenüber marktbeherrschenden Unternehmen sowie mit der Fusionskontrolle befassen; • Aufzeigen von notwendigen Änderungen des GWB.

Auf die Problematik der Überwachung marktbeherrschender Unternehmen wird auf Seite 97f. eingegangen. Die generelle Konzentrations- und die damit verbundene Entflechtungsthematik wird im Dritten Teil noch weiter ausgebreitet.

IV. Das System der Produktionsfaktoren und die Leistungserstellung (Produktion)

1. Die Produktionsfaktoren

a) Allgemeine Charakterisierung

Um produzieren zu können, d.h. absatzfähige Produkte (= Waren, Güter, Dienstleistungen) bereitzustellen, werden (verschiedene) **Einsatzgüter** benötigt, die zum Zwecke der Leistungserstellung miteinander kombiniert werden.

Die für den Produktionsprozeß erforderlichen **Einsatzgüter** werden üblicherweise **Produktionsfaktoren** (manchmal auch Ressourcen) genannt. Beispiele für solche Produktionsfaktoren sind

- die menschliche Arbeitskraft (Mitarbeiter und Unternehmensleitung)
- die Betriebsmittel (Gebäude, Maschinen, Kraftfahrzeuge)
- die Werkstoffe (Rohstoffe, Halb- und Fertigfabrikate sowie die zum Weiterverkauf bestimmten Handelswaren).

Eine gern diskutierte Frage ist die, welcher der benötigten Produktionsfaktoren der wichtigste sei. „Diese Fragestellung ist zweifellos wenig sinnvoll, weil natürlich beim Zusammenwirken mehrerer Faktoren, die alle zur Herstellung eines Produktes notwendig sind, keinem dieser Faktoren das Prädikat angehängt werden kann, der wichtigere zu sein. Wenn es einer Frau und eines Mannes bedarf, um ein Kind zu zeugen, so gibt es keine Möglichkeit zu entscheiden, wer von beiden wichtiger für die Zeugung ist. Deshalb muß man hinter allen Versuchen, bestimmte Produktionsfaktoren als die eigentlich produktiven herauszustellen, etwas anderes vermuten: Rechtfertigung der jeweils herrschenden wirtschaftlichen und politischen Verhältnisse“ (GRASS/STÜTZEL 1983, S. 68f.)

Zuzustimmen ist der nachstehenden These von **Papst Leo XIII** in der Enzyklika Rerum novarum (1891): „So wenig das Kapital ohne die Arbeit, so wenig kann die Arbeit ohne das Kapital bestehen“. VON NELL-BREUNING (1981, S. 119) meint, „daß die Arbeit als personaler Faktor unbedingten Vorrang vor dem Kapital als bloß instrumentalem Faktor hat, ist der Sache nach eine ewige Wahrheit; für die Soziallehre der Kirche ist es eine Selbstverständlichkeit; das Zweite Vatikanische Konzil hat es ausdrücklich festgestellt“.

Gelegentlich wird Anstoß daran genommen, daß die menschliche Arbeitskraft als Produktions**faktor** bezeichnet wird. MÜLLER-MERBACH (1976, S. 41) weist jedoch zu Recht darauf hin, daß „diese Kritik am Wesentlichen vorbeigeht. Man spricht **nicht** deshalb bei den Arbeitskräften von Produktionsfaktoren, weil man sie für Faktoren im Sinne von Nummern, von frei disponierbaren Elementen einer Masse oder von sachähnlichen Kreaturen hält. Der Begriff ‚Faktor‘ wird hier vielmehr im Sinne von ‚maßgebende Wirkungskraft‘ und ‚Triebfeder‘ verstanden, wie er im Neuen Brockhaus von 1958 (Bd. 2, S. 134) definiert ist“.

Weder die Zahl der Produktionsfaktoren noch ihre Zusammensetzung liegt ein für allemal fest; beide verändern sich entsprechend den historischen und ideologischen Gegenbenheiten. Zudem hängt die Herausarbeitung eines bestimmten Produktionsfaktorensystems stark davon ab, was mit ihm erklärt (behandelt) werden soll; es ist also regelmäßig auch abhängig von seiner Zwecksetzung.

Nachstehend werden einige Beispiele aus der Literatur genannt, die zeigen, wie vielfältig das System der Produktionsfaktoren gesehen werden kann.

So unterscheidet SEISCHAB (1963, S. 26) folgende Einsatzgüter:

- Arbeit,
- Vermögen/Kapital,
- Organisation.

RÖSSLE (1956, S, 15, 131) nennt als Produktionsfaktoren:

- Arbeit,
- Kapital,
- Boden,
- Wissenschaft.

MÜLLER-MERBACH u. H. SOMMER (1982, S. 268)

Träger der Produktionsfaktoren	**Produktionsfaktoren**
Gesellschafter	Unternehmensidee, Risiko, Eigenkapital
Unternehmensleitung	Dispositiver Faktor
Staat	Infrastruktur
Kapitalgeber	Fremdkapital
Personal	Ausführende Arbeit
Unternehmen selbst	Betriebsmittel
Unternehmen selbst	Werkstoffe

„Die Unternehmen brauchen Rechtssicherheit als wichtigen Produktionsfaktor. Ohne Vorhersehbarkeit der Rechtsanwendung wird jedes Geschäft, das über den Tag hinaus bindet, zum Hasardspiel".

Wirtschaftswoche 11.7.1986, S. 35

„**Information** ist als gleichwertiger Produktionsfaktor neben Arbeit, Kapital und Boden getreten. Der Erfolg der Unternehmen hängt zunehmend von der rechtzeitigen Verfügbarkeit der richtigen Informationen ab".

Eberhard Elsässer,
Wirtschaftswoche, 8.2.1985, S. 163

Produktionsfaktor Frieden

Von Peter Gillies

DIE WELT, 2.1.1986, S. 2

Produktionsfaktor Hoffnung

Walter Seipp,
Vorsitzender des Vorstandes der Commerzbank AG

Wirtschaftswoche, 22.3.1985, S. 139

FÜHRUNGSKRÄFTE / RWE-Vorstand Spalthoff: Bald ökologisch-soziale Marktwirtschaft

Umwelt als neuer Produktionsfaktor

DIE WELT, 25.11.1985, S. 14

Produktionsfaktor Risiko

Wirtschaftswoche, 7.2.1986, S. 120.

AUF EIN WORT

»Optimismus ist in Amerika zu einem echten Produktionsfaktor geworden. Er kann es auch hier werden. Deshalb darf er weder durch Unklarheiten in Bonn noch in Düsseldorf gefährdet werden.«

Dr. Alfred Voßschulte, Präsident der IHK Dortmund. FOTO: HORST BOHM

DIE WELT, 5.12.1984, S. 13

b) Zum Unterschied von volkswirtschaftlichen und betriebswirtschaftlichen Produktionsfaktoren

Die **Volkswirtschaftslehre** unterscheidet seit langem die drei Produktionsfaktoren Arbeit, Boden und Kapital. Diese Einteilung, die stark auf die frühere große Bedeutung der Landwirtschaft zurückgeht, ist zunächst auch von der Betriebswirtschaftslehre übernommen worden. Es wurde jedoch bald deutlich, daß das Kapital eine monetäre Größe ist, mit deren Hilfe sich weder Aufbau und Ablauf des betrieblichen Produktionsprozesses noch der Faktorverbrauch und das Ergebnis des Produktionsprozesses befriedigend analysieren lassen. Daher wird heute überwiegend in der **Betriebswirtschaftslehre** nicht mehr das abstrakte Kapital als Produktionsfaktor angesehen, sondern die mit seiner Hilfe für den Produktionsprozeß beschafften Einsatzgüter. Auf diese Weise läßt sich der betriebliche Leistungserstellungsprozeß anschaulicher darstellen. Deshalb wird dieser Weg auch im folgenden beschritten. Auf das eigentliche Kapital, d.h. insbesondere auf die Frage, aus welchen Quellen die im Unternehmen arbeitenden Vermögensgegenstände finanziert werden und warum die ständige Aufrechterhaltung finanziellen Gleichgewichts für die Existenz der Unternehmung so wichtig ist, soll im Kapitel „Die Finanzen des Unternehmens" (S. 106-136) eingegangen werden.

Der Volkswirtschaftslehre geht es mit ihrer Produktionsfaktoren-Einteilung vorrangig um die Erklärung der Einkommensentstehung und -verteilung, während die Betriebswirtschaftslehre vor allem darauf abzielt, das Faktorensystem auf die Frage hin zu analysieren, welche Einsatzgüter an der Leistungserstellung beteiligt sind und welche Kosten dabei anfallen.

Recht große Verbreitung hat in den letzten Jahrzehnten das nachstehende Gutenberg'sche Produktionsfaktorensystem gefunden.

Nach Gutenberg (Bd. I, 1983, S. 3) ist die menschliche Arbeitsleistung im Betrieb in zwei grundsätzlich voneinander verschiedene Arbeitsleistungen aufzugliedern, und zwar in die **objektbezogenen** und in die **dispositiven Arbeitsleistungen**: „Unter objektbezogenen Arbeitsleistungen werden alle diejenigen Tätigkeiten verstanden, die unmittelbar mit der Leistungserstellung, der Leistungsverwertung und mit finanziellen Aufgaben in Zusammenhang stehen, ohne dispositiv-anordnender Natur zu sein ... Dispositive Arbeitsleistungen liegen dagegen vor, wenn es sich um Arbeiten handelt, die mit der Leitung und Lenkung der betrieblichen Vorgänge in Zusammenhang stehen".

Der dispositive Faktor, der die dispositiven Arbeitsleistungen erbringt, wird repräsentiert von der Person oder Personengruppe, die die Vereinigung der Produktionsfaktoren zu einer produktiven Kombination vollzieht und die von Gutenberg als Geschäfts- und Betriebsleitung bezeichnet wird. „Mit diesem Faktor wird versucht, jenes Zentrum betrieblicher Aktivität zu treffen, das planend und gestaltend das gesamtbetriebliche Geschehen steuert" (Gutenberg Bd. I, 1983, S. 6).

Weil in der Praxis die beiden Leitungsfunktionen Planung und Organisation manchmal auf besondere Instanzen übertragen werden, gliedert Gutenberg den dispositiven Faktor in drei Faktoren: (1) die Geschäfts- und Betriebsleitung, (2) die Planung und (3) die Organisation. Diese Dreiteilung kommt durch eine Ausgliederung der Planung und Organisation aus der Geschäfts- und Betriebsleitung zustande.

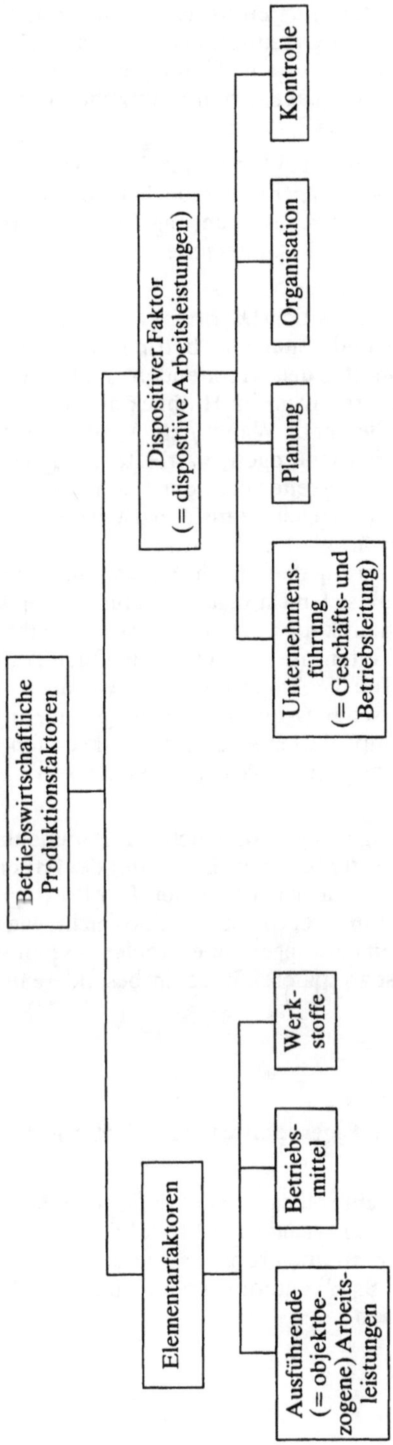
Betriebswirtschaftliche Produktionsfaktoren
Elementarfaktoren
Ausführende (= objektbezogene) Arbeitsleistungen
Betriebsmittel
Werkstoffe
Dispositiver Faktor (= dispostiive Arbeitsleistungen)
Unternehmensführung (= Geschäfts- und Betriebsleitung)
Planung
Organisation
Kontrolle

„Planen bedeutet, eine Ordnung entwerfen, nach der sich bestimmte Geschehnisse vollziehen sollen ... Der Organisation obliegt es, die Ziele, die sich die Unternehmensleitung gesetzt hat, und die Planungen, in denen diese Zielsetzungen ihren Niederschlag gefunden haben, zum praktischen betrieblichen Vollzug zu bringen" (GUTENBERG, 1958 S. 47, 49).

Spaltet man den dispositiven Faktor in Einzelteile, sollte auch die Kontrolle (= Überwachung = Soll/Ist-Vergleich) ausdrücklich genannt und getrennt behandelt werden, da auch sie eine wichtige Führungsfunktion darstellt und wie die Organisation und die Planung auf besondere Stellen übertragen werden kann (interne Revision, Controlling).

Der Gutenberg'sche Dispositionsbegriff ist recht eng; er bezieht sich nur auf den Aspekt der Lenkung und Leitung des betrieblichen Geschehens und schließt nicht den Sachverhalt ein, daß den Arbeitenden unterschiedlich große Entscheidungsmöglichkeiten (Alternativen) im Hinblick auf die Art und Weise der Arbeitsausführung (das „Wie" und „Wann") zur Verfügung stehen können. Insofern wäre es falsch, die objektbezogenen Arbeiten, die manchmal auch als ausführende oder exekutive Tätigkeiten bezeichnet werden, generell als mechanisch auszuführende Aufgaben zu charakterisieren. Dies wird besonders deutlich, wenn man sich vergegenwärtigt, daß die Gutenberg'sche Einteilung keine Aussage über die für die Ausführung der beiden Arbeitsarten erforderliche Qualifikation zuläßt. Jedenfalls läßt sich nicht sagen, daß für die objektbezogenen Aufgaben keine besondere Qualifikation erforderlich sei. Es gibt zahlreiche, letztlich bloß ausführende Tätigkeiten, für die eine hohe Qualifikation erforderlich ist. Man denke zum Beispiel an die Arbeit von Expertenstäben ohne Leitungsmacht, an die Tätigkeiten in Forschungs- und Entwicklungsabteilungen sowie an Arbeiten an hochwertigen, komplizierten Aggregaten. Die Gutenberg'sche Einteilung in objektbezogene und dispositive Arbeitsleistungen ist also funktionaler und nicht personaler Art.

Für eine erste Erklärung von grundsätzlichen Zusammenhängen der betrieblichen Arbeitswelt ist die Gutenberg'sche Einteilung der Arbeit in objektbezogene und dispositive Arbeitsleistungen gut geeignet. Der Praxis genügt die Einteilung der Arbeitsleistungen in nur zwei Gruppen jedoch nicht, wie u.a. die Tarifverträge zeigen. Auf die Arbeitsleistungen im einzelnen – seien sie objektbezogener oder dispositiver Art – ist an späterer Stelle, insbesondere im Zweiten Teil, noch näher einzugehen.

c) Vergleich der typischen Eigenschaften der betrieblichen Produktionsfaktoren

Die nachstehende Übersicht soll durch einen zusammenfassenden Vergleich der typischen Eigenschaften der wichtigsten Produktionsfaktoren die Einsatzgüter etwas näher charakterisieren und problematisieren. Die Tabelle ist von HEINER MÜLLER-MERBACH (1976, S. 42) entnommen und in einigen Punkten von mir verändert bzw. ergänzt worden.

Produktionsfaktoren / Merkmale	Arbeitskräfte*	Betriebsmittel	Werkstoffe
Beschaffenheit	Personen	Sachen	Sachen
Eigenen Willen und motivationsabhängig?	ja	nein	nein
Im Besitz der Unternehmung?	nein	ja	ja
Beschaffungsart der Produktionsfaktoren	durch Arbeitsvertrag	durch Kauf oder Leasing (Miete)	durch Kauf
In der Bilanz enthalten?	nein	ja, wenn gekauft	ja, vorhandener Bestand
In der GuV enthalten?	ja, als Lohnaufwand	ja, als Abschreibung oder Mietaufwand	ja, als Wareneinsatz (Verbrauch)
Dauer der Auswirkung der Beschaffungsentscheidung	variabel; anfangs kurz-, später mittel- oder langfristig; im allgemeinen dauerhaft	meist langfristig	meist kurzfristig
Termin der Ausgaben für die Produktionsfaktoren	meist monatliche, nachträgliche Lohn- bzw. Gehaltszahlung	bei Kauf: größter Teil aller Ausgaben vor Beginn einer langfristigen Nutzung; bei Leasing: regelmäßige Mietzahlungen	Ausgabe (Kaufpreis) meist vor Beginn des kurzfristigen Verbrauchs
Grad der Kapitalbindung	gering bis sehr hoch, je nach Ausbildungsanteil	sehr hoch, ausgenommen Leasing	meist gering
Wertentwicklung der Produktionsfaktoren	1. durch Ausbildung (und Erfahrung) steigend; 2. altersbedingt und durch Veralten der Kenntnisse abnehmend	durch technische Abnutzung und wirtschaftliches Veralten abnehmend	wegen Kurzfristigkeit meist gleichbleibend, abgesehen von Schwund, Verderb
Dispositionsmethoden zur Beschaffung und zum Einsatz der Produktionsfaktoren	Einsatz nach Eignung und Neigung; Ausbildung für zukünftige Aufgaben	Wirtschaftlichkeitsrechnung von Investitionen	Bestandskontrolle, Bedarfsprognose, Bestellungen, Liefertermin-kontrollen
Verantwortliche Abteilung	Personalabteilung sowie zuständige Fachabteilungen	Finanzabteilung mit Investitionsrechnungsstab	Einkaufsabteilung zusammen mit Lagerhaltung

* Der Fall, daß ein Unternehmen auch Leiharbeitskräfte beschäftigt (Personalleasing), wird in der Übersicht nicht berücksichtigt. Möglicherweise gewinnt dieser Fall aber in Zukunft eine größere Bedeutung (s. S.277-283).

Abb.: Vergleich typischer Eigenschaften der betrieblichen Produktionsfaktoren

d) Das kostenmäßige Gewicht der betrieblichen Produktionsfaktoren

Das folgende Schaubild vermittelt einen Überblick über die praktische kostenmäßige Bedeutung der drei Produktionsfaktoren Werkstoffe, Arbeitsleistungen und Betriebsmittel, wie sie sich in der unternehmerischen Erfolgsrechnung (Gewinn- und Verlustrechnung) von Aktiengesellschaften ausgewählter Branchen zeigt. Dabei ist vorweg darauf hinzuweisen, daß hier der personelle Aufwand für die Unternehmensführung einschließlich Planung, Organisation und Kontrolle in der Gewinn- und Verlustrechnung von Kapitalgesellschaften mit in dem Personalaufwand für die übrigen Arbeitsleistungen der Arbeitnehmer erfaßt ist. Ein anderes Bild zeigt sich regelmäßig bei Nicht-Kapitalgesellschaften. Dort ist der personelle Aufwand für die Unternehmensführung, wenn der oder die Eigenkapitalgeber das Unternehmen selbst leiten, mit im Unternehmensgewinn enthalten.

Das größte Gewicht an den Gesamtkosten einer Unternehmung haben in Industriebetrieben regelmäßig die Werkstoffe und in Handelsunternehmen die Handelswaren. Den zweitgrößten Posten bilden meistens die Löhne, und erst mit einem erheblichen Abstand folgt der Aufwand für die Betriebsmittel (Gebäude, Maschinen usw.), der in Form von Abschreibungen erfaßt wird. Für die Aussage von Wöhe (1986, S. 246), daß der Aufwand für die Betriebsmittel in vielen Betrieben die Aufwendungen für Arbeitsleistungen und Werkstoffe um ein Vielfaches übersteigen, läßt sich in der Praxis keine Bestätigung finden.

Nach einer vom Statistischen Bundesamt anhand der von den Aktiengesellschaften für das Geschäftsjahr 1982 vorgelegten Gewinn- und Verlustrechnungen vorgenommenen Analyse haben die Aufwendungen für Materialeinsatz ein-

Unternehmen (AG), zusammengefaßt nach Wirtschaftsgruppen	Anteil am Umsatz (%) im Jahr 1982			
	Material- u. Wareneinsatz (Werkstoffe)	Lohnaufwand (Arbeitsleistungen)	Abschreibungen (Betriebsmittel)	Gewinn (= Jahresüberschuß) = Umsatzrendite
Elektrizitätsversorgung	64	13	10	2,2
Mineralölverarbeitung (Aral, BP, Esso, Shell, Texaco u.a.)	76 (90)*	2,5 (3,0)*	1,2 (1,5)*	0,1 (0,2)*
Metallerzeugung (Eisen und Stahl)	57	27	4,9	1,2
Fahrzeugbau (Automobilindustrie)	59	27	5,5	1,2
Warenhausunternehmen	63	24	2,6	0,6

* Kürzt man den schon um die Mehrwertsteuer bereinigten Umsatz der Mineralölgesellschaften auch noch um die Mineralölsteuer, so ergeben sich die in Klammer gesetzten Werte.

Quelle: Statistisches Bundesamt: Unternehmen und Arbeitsstätten, Reihe 2.1; Abschlüsse der Aktiengesellschaften 1982, S. 72-82.

Abb.: Das kostenmäßige Gewicht der Produktionsfaktoren

schließlich Handelswaren, für Löhne einschließlich Gehälter, soziale Abgaben, Altersversorgung und Unterstützung sowie für Abschreibungen auf Sachanlagen (und immaterielle Anlagewerte) das in der vorstehenden Tabelle genannte prozentuale Gewicht an dem um die Mehrwertsteuer bereinigten Umsatz. In der letzten senkrechten Spalte wird der prozentuale Anteil des Gewinns (der Jahresüberschuß, von dem schon die Steuern abgezogen sind) am Umsatz (= Umsatzrendite) ausgewiesen. Hieraus werden die im Unternehmen verbleibenden Rücklagen und die Dividende auf das eingesetzte Eigenkapital bestritten.

Die zur Ergänzung auf 100 Prozent fehlenden Aufwendungen bestehen im wesentlichen aus den Fremdkapitalzinsen, den Steuern vom Einkommen, Ertrag und Vermögen sowie aus den sonstigen Aufwendungen, zu denen vor allem folgende Aufwandsarten gehören: Werbeaufwand, Raum- und Versicherungskosten, Kraftstoff- und Reparaturkosten der Kraftfahrzeuge, Ausbildungskosten, Reisespesen, Porto, Telefon- und Fernschreibgebühren sowie Leasingaufwand.

2. Die Leistungserstellung (Produktion)

a) Charakterisierung der Produktion und schematische Darstellung des Leistungsprozesses

„Produktion heißt im Kern nichts anderes, als: Verwandlung von Dingen, die den Bedürfnissen der Menschen nicht so recht entsprechen wollen, in andere Dinge, die den Wünschen der Menschen angepaßt sind ...

Produktion ist nicht nur Wandlung von Dingen, sondern gleichzeitig auch immer Kombination von verschiedenen Produktionsfaktoren" (GRASS/STÜTZEL 1983, S. 68).

Der eigentlichen Produktion oder Leistungserstellung, d.h. der Herstellung von für den Absatz bestimmten Gütern, ist die **Produktionsplanung** vorgeschaltet, bei der es um die Beantwortung der Frage geht, wann in welcher Menge und Qualität welches Gut mit welchen Produktionfaktoren zu welchen Kosten produziert werden soll. Hierbei spielt die vorhandene Kapazität eine wichtige Rolle (s. S. 61).

Bei der Entscheidung darüber, welches Gut produziert werden soll, orientieren sich die Unternehmen grundsätzlich an den mit dem betreffenden Gut voraussichtlich erzielbaren Erträgen, d.h. es wird bei der Leistungserstellung dasjenige Produkt bevorzugt, das den höchsten finanziellen Ertrag verspricht. Ob diese Rechnung aufgeht, zeigt sich regelmäßig erst im Nachhinein, also in dem Zeitpunkt, an dem das produzierte Gut auf den Absatzmarkt kommt (s. hierzu „Die Leistungsverwertung (Absatz)" (S. 70-105).

Staatliche Gebote oder Verbote, bestimmte Güter zu produzieren oder nicht zu produzieren, existieren prinzipiell nicht. Für die Produktion bestimmter „gefährlicher" Güter bestehen jedoch staatliche Vorschriften im Hinblick auf (Mindest)Eigenschaften eines Gutes, z.B. bei Kraftfahrzeugen, Arznei-, Lebens- und Genußmitteln sowie im Bauwesen; hiermit soll der Verbraucher geschützt werden. Daneben existieren vielfach zum Schutze der Beschäftigten Vorschriften im Hinblick auf die Art der Ausführung der Produktion.

Das nachstehende Schaubild gibt einen schematischen Überblick über den betrieblichen Leistungsprozeß und seine Grundfunktionen (Grundphasen). Dabei wird von einem bestehenden Betrieb mit einer ganz bestimmten Kapazität (Betriebsgröße) ausgegangen, die durch die vorhandenen Produktionsfaktoren menschliche Arbeitskraft, Betriebsmittel und Werkstoffe bestimmt ist.

Dem Schaubild und den folgenden Ausführungen liegt die Situation eines Sachleistungsbetriebes (z.B. Industrie- oder Handwerksbetrieb) zugrunde. Im Prinzip sind die Grundfunktionen Beschaffung, Produktion und Absatz aber auch bei jedem anderen Betriebstyp, so z.B. bei den zu den Dienstleistungsbetrieben zählenden Handelsbetrieben und Banken anzutreffen, wenngleich dort vielfach auch etwas anders ausgeprägt. Es handelt sich bei den genannten Funktionen um betriebliche Aufgaben, die mehr oder weniger regelmäßig ausgeführt werden; so werden beispielsweise kontinuierlich Werkstoffe beschafft, aus denen für den Absatz bestimmte Produkte erstellt werden.

Den realen Güterbewegungen des Leistungsprozesses steht gewissermaßen spiegelbildlich ein Zahlungs(Finanz)prozeß gegenüber. Mit anderen Worten: Die (technische) Leistungserstellung und die (marktliche) Leistungsverwertung werden von Ausgaben (Aufwendungen, Kosten) und Einnahmen (Erträgen, Leistungen) begleitet (s. Schaubild a. S. 122). Auf die Finanzseite des Leistungsprozesses ist im übernächsten Kapitel einzugehen, das sich mit der Notwendigkeit der Aufrechterhaltung des finanziellen Gleichgewichts beschäftigt.

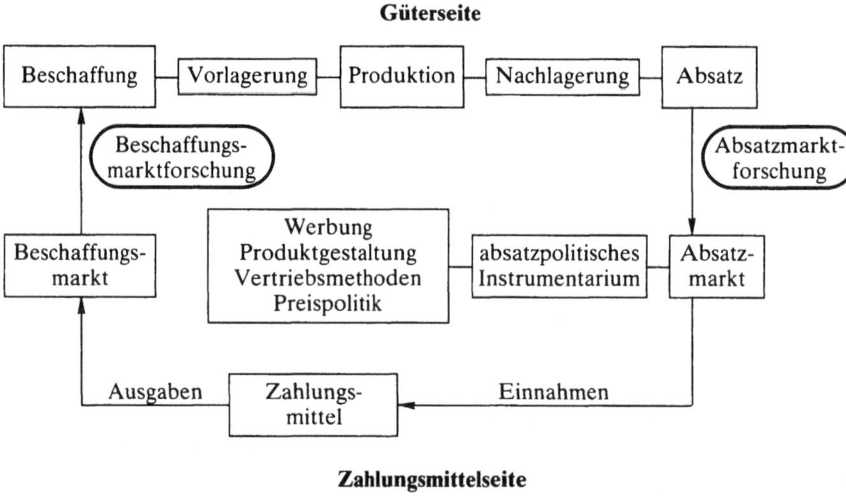

Abb.: Grundstruktur des Leistungsprozesses

In der Praxis ist der betriebliche Güter- und Geldkreislauf naturgemäß sehr viel komplexer als in der vorstehenden, auf didaktische Zwecke abgestellten vereinfachten Darstellung. So liegt zum Beispiel die in dem Schaubild auf der Absatzmarktseite genannte Absatzmarktforschung vielfach schon vor der eigentlichen Produktion, jedenfalls dann, wenn die Absatzmärkte nicht beliebig aufnahmefähig sind, was in der Realität ja die Regel ist.

Im folgenden sind nun die beiden Grundphasen Beschaffung und Produktion etwas näher zu behandeln. Dabei wird bei der Beschaffung vor allem auf die Kernprobleme der wichtigsten Einsatzfaktoren (Werkstoffe, Betriebsmittel, Arbeitskräfte) und bei der Leistungserstellung (Produktion) insbesondere auf kapazitative Zusammenhänge eingegangen. Die Leistungsverwertung – der Absatz – wird im folgenden auf den Seiten 70-105 behandelt.

b) Die Beschaffung von Produktionsfaktoren

Sowohl für den güterlichen Kreislauf als auch für die ihn umgebende Finanzsphäre ist eine Art **Gleichgewicht** anzustreben, das im Falle des güterlichen Leistungsprozesses in der Aufrechterhaltung einer (ständigen) Produktions- und Absatzbereitschaft besteht. Aus diesem Grunde kommt der rechtzeitigen Beschaffung der „richtigen“ Produktionsfaktoren eine wichtige Bedeutung zu, weshalb im folgenden die allgemeine Entscheidungsproblematik bei der Beschaffung von Einsatzgütern etwas näher aufgezeigt werden soll.

Um die für die Produkterstellung quantitativ, qualitativ, termin- und preislich günstigsten Einsatzgüter beschaffen zu können, ist neben der **Beschaffungsplanung** eine sorgfältige **Beschaffungsmarktforschung** erforderlich. Dies gilt im Prinzip für alle Produktionsfaktoren. In der Praxis jedoch hat die Beschaffungsplanung und die Beschaffungsmarktforschung regelmäßig ihr größtes Gewicht bei den Werkstoffen und den Handelswaren, weil diese – im Gegensatz zu den Betriebsmitteln und den Arbeitskräften- kontinuierlich beschafft werden müssen. In der Realität hat die Beschaffungsmarktforschung für die einzusetzenden Werkstoffe meist nicht eine so große Bedeutung wie die Absatzmarktforschung. Dies ist vor allem darauf zurückzuführen, daß bei der im Grunde allenthalben vorhandenen Warenfülle sich eine Beschaffung im Regelfall leichter gestaltet als der Absatz der produzierten Güter. Anders als bei der Beschaffung stößt der Absatz regelmäßig auf erheblichen Marktwiderstand (s. S. 71). Mit zunehmendem Wettbewerb auf den Absatzmärkten und dem damit meist einhergehenden Preis- und Gewinndruck wächst die Notwendigkeit, auch tatsächlich die jeweils kostengünstigste Beschaffung **aller** Einsatzgüter zu erreichen.

Nach diesen allgemeinen Beschaffungsüberlegungen ist nun etwas näher auf das Wesen und die Beschaffung der drei wichtigsten Produktionsfaktoren einzugehen, beginnend mit den Werkstoffen.

(1) Werkstoffe

Als Werkstoffe bezeichnet man Materialien, die bei der Leistungserstellung **verbraucht**, d.h. in den Produktionsprozeß eingehen und die damit Bestandteile von etwas Neuem werden. Die wichtigste Werkstoffart in Industriebetrieben bilden die **Rohstoffe**. Zu den Werkstoffen gehören auch die in den betrieblichen Verwertungsprozeß eingehenden Halb- und Fertigfabrikate. In Handelsbetrieben besteht das den Werkstoffen vergleichbare Einsatzgut aus den zum Weiterverkauf bestimmten, von Vorlieferanten bezogenen **Handelswaren**.

Bei der Beschaffung von Werkstoffen spielt die **optimale Bestellmenge** eine große Rolle. Sie ist diejenige Menge, bei der unter Gewährleistung der Produktionsbereitschaft die Summe aus den durch einen Bestellvorgang selbst anfallenden Kosten, den Lagerverwaltungskosten und den Kosten für die Kapitalbindung der auf Lager liegenden Waren (kalkulatorische Zinsen) ihr Minimum erreicht.

(2) Betriebsmittel

Betriebsmittel sind Einrichtungen und Anlagen, welche die technischen Voraussetzungen für die betriebliche Leistungserstellung und Leistungsverwertung bilden. Sie werden im Leistungsprozeß **genutzt** und dadurch auch regelmäßig abgenutzt. Sie finden aber nicht – wie die Werkstoffe – mit ihrer eigentlichen Substanz Eingang in die produzierten Erzeugnisse.

Anders als bei den Werkstoffen, die zur baldigen Verarbeitung bestimmt sind, handelt es sich bei den Betriebsmitteln um Güter, die dem Unternehmen relativ **langfristig zur Verfügung stehen**. Sie gehören daher bilanzmäßig auch nicht wie die noch auf Lager liegenden Werkstoffe zum (kurzfristigen) Umlaufvermögen, sondern zum Anlagevermögen, d.h. zu den Vermögensgegenständen, die dazu bestimmt sind, dem Unternehmen auf Dauer zu dienen (s.a. S. 107). In die Bilanz werden die Betriebsmittel allerdings nur aufgenommen, wenn sie dem Betrieb gehören, d.h. er sie gekauft und nicht nur gemietet hat. Mehr und mehr werden bestimmte Betriebsmittel lieber gemietet als gekauft (z.B. Kraftfahrzeuge und Datenverarbeitungsanlagen). In diesem Fall, für den meist der Begriff **Leasing** verwandt wird, tritt an die Stelle des Kaufpreises die laufende Zahlung von Leasingraten.

Da die Betriebsmittel regelmäßig über eine ganze Reihe von Jahren genutzt werden, d.h. Leistungen über mehrere Perioden abgeben, können die für die Anschaffung des Betriebsmittels aufgewendeten finanziellen Mittel zum Zeitpunkt der Beschaffung nicht sofort in voller Höhe als Kosten/Aufwand angesehen und so verbucht werden. Die Investitionsausgabe ist vielmehr entsprechend dem periodischen Verschleiß des Betriebsmittels über die Nutzungsdauer zu verteilen. Dies geschieht in Form von **Abschreibungen**, die die Erfolgsrechnung und damit den Gewinn der betreffenden Jahre belasten.

Um die Abschreibungen ermitteln, d.h. die Investitionssumme auf die einzelnen Jahre der Nutzungsdauer verteilen zu können, muß die Gesamtnutzungsdauer des Betriebsmittels im voraus bestimmt (geschätzt) werden. Dies ist solange kein besonderes Problem als es sich um die Fixierung der **technischen Nutzungsdauer** handelt, die sich aufgrund von technischen Daten relativ leicht und verläßlich ermitteln läßt. Die technische Nutzungsdauer umfaßt die Zeitspanne, während der ein Betriebsmittel technisch einwandfrei Nutzung abgeben kann.

Viel schwieriger und wichtiger ist die Schätzung der **wirtschaftlichen Nutzungsdauer**. Das ist die Zeitspanne, in der es ökonomisch sinnvoll ist, eine Anlage zu nutzen. Sie weicht in der Regel von der technischen Lebensdauer ab, d.h. sie ist kürzer. Die wirtschaftliche Nutzungsdauer wird nur in Ausnahmefällen mit der technischen Nutzungsdauer identisch sein. Wenn eine Anlage eine längere Zeit genutzt worden ist, lohnt es sich häufig nicht mehr – und zwar meist aus Kostengründen – sie weiter zu nutzen, obwohl sie technisch durchaus noch einsatzfähig ist; eine Situation, die ganz deutlich auch bei den (privaten) Kraftfahrzeugen zu beobachten ist.

Allgemeine Gründe für das Auseinanderfallen von wirtschaftlicher und technischer Nutzungsdauer können sein:

(1) die höhere potentielle Störanfälligkeit gebrauchter Anlagen, wodurch der Produktionsprozeß beeinträchtigt und unter Umständen auch die Sicherheit der menschlichen Arbeitskraft gefährdet wird;
(2) der höhere Bedienungsaufwand älterer Betriebsmittel;

(3) der steigende Reparatur- und Wartungsaufwand;
(4) der hohe Energieverbrauch.

Darüber hinaus können noch weitere wichtige Faktoren die tatsächliche Nutzungsdauer beeinflussen. Zum einen kann ein Steigen der Tariflöhne der an der Anlage tätigen Mitarbeiter zu einer Reduzierung der wirtschaftlichen Nutzungsdauer des Betriebsmittels führen; vorausgesetzt, daß neue Anlagen auf dem Markt angeboten werden, die vor allem dadurch kostengünstiger produzieren, daß sie mit weniger Personal(kosten)einsatz auskommen. Eine vorzeitige (Ersatz)Investitionsnotwendigkeit kann sich auch unter dem Gesichtspunkt der dringlicher werdenden Berücksichtigung von Umweltschutzauflagen und von Humanisierungsaspekten in der Arbeitswelt ergeben.

Daneben wird die wirtschaftliche Nutzungsdauer ganz allgemein durch den **technischen Fortschritt** verkürzt; ein Problem, das die Schätzung der wirtschaftlichen Nutzungsdauer stark erschwert. Bei der auf den meisten Gebieten vorherrschenden schnellen technischen Entwicklung muß bei der Bestimmung der wirtschaftlichen Nutzungsdauer davon ausgegangen werden, daß die angeschafften neuen Anlagen dadurch vorzeitig wertlos werden können, daß schon bald nach der Investition neue Betriebsmittel auf den Markt kommen, die bedeutend leistungsfähiger sind, möglicherweise allein schon dadurch, daß sie einen geringeren Energieverbrauch haben. Die „Gefahr", daß leistungsfähigere Aggregate angeboten werden, ist im allgemeinen umso größer, je länger die Lebensdauer der angeschafften Betriebsmittel ist.

Obwohl die vorhandenen Anlagen technisch noch ein außerordentlich hohes Leistungspotential darstellen, unter Umständen technisch noch neuwertig sind, werden die Unternehmer vielfach gezwungen sein, die Neuerungen in ihrem Betrieb einzuführen. Tun sie das nicht, müssen sie mit der Gefahr leben, Wettbewerbsnachteile in Kauf zu nehmen. Diejenigen Konkurrenten, die die neuen leistungsfähigeren Anlagen einsetzen, sind in der Lage, kostengünstiger zu produzieren und damit ihre Produkte preisgünstiger anzubieten. Nicht selten sind zudem die mit der neuen Anlage hergestellten Güter auch noch qualitativ hochwertiger, was den Druck zur Anschaffung des neuen Betriebsmittels verstärkt. Hinzu kommt, daß die alten Betriebsmittel häufig lauter, schwerer und größer sind und auch ein weniger gefälliges Aussehen (Design) haben. Diese vier Eigenschaften können ebenfalls zu vorzeitigen Neuanschaffungen und damit zu einer Verkürzung der Nutzungsdauer der bisher verwendeten Anlagen führen.

Die Tatsache, daß sich infolge der schnellen technischen Innovation die Differenz (Schere) zwischen wirtschaftlicher und technischer Nutzungsdauer vergrößert, führt bei den Unternehmen zu einer vorsichtigen Verhaltensweise dergestalt, daß sie versuchen, unmittelbar nach der Inbetriebnahme der Anlagen möglichst viel abzuschreiben und über den Preis wieder hereinzuholen, um so das in den Anlagen gebundene Kapital relativ schnell über den Absatzmarkt wieder freizusetzen. Dies setzt naturgemäß günstige Absatzmarktbedingungen voraus. Zu einer solchen Verhaltensweise trägt auch der Sachverhalt bei, daß Unternehmen im allgemeinen mit Bedarfswandlungen (Nachfrageverschiebungen) und zunehmender Konkurrenz (Preisdruck) rechnen müssen, wodurch ebenfalls die wirtschaftliche Nutzungsdauer der Anlagen verkürzt wird.

(3) Arbeitskräfte

Für die Entstehung einer betrieblichen Leistung sind neben den Betriebsmitteln und Werkstoffen vor allem menschliche Arbeitsleitungen nötig, d.h. es ist Personal erforderlich, das seine Leistungsfähigkeit während der Arbeitszeit zur Verfügung stellt. Zu den menschlichen Arbeitsleistungen gehören auch die von der Betriebs- und Geschäftsleitung zu verrichtenden Tätigkeiten, die überwiegend dispostiver Natur sind oder es zumindest sein sollten.

Die den Unternehmen zur Verfügung stehenden Arbeitskräfte nehmen ganz überwiegend eine **Arbeitnehmer**postion ein, d.h. sie stehen in einem Arbeitsverhältnis. Zwischen den Arbeitskräften und dem sie beschäftigenden Betrieb existiert ein (meist unbefristet) abgeschlossener Arbeitsvertrag, mit dem u.a. eine Lohnzahlungspflicht begründet wird, die unabhängig von der jeweiligen Ertragslage zu erfüllen ist; die Auflösung des Arbeitsverhältnisses durch den Arbeitgeber ist durch den Kündigungsschutz erschwert (s. S. 205-222).

Im Gegensatz zum Anlagenleasing ist das **Personaleasing** (bei dem sich das Unternehmen die erforderlichen Arbeitskräfte von einer Leasingfirma „leiht") bei uns (noch) nicht sehr verbreitet; wohin die Entwicklung geht, ist schwer zu sagen. Aus den Vereinigten Staaten kommen Meldungen (s. S. 277), wonach Unternehmen dazu übergehen, ihrer gesamten Belegschaft zu kündigen und dieselben Mitarbeiter anschließend kostensparend von Leasingfirmen anzumieten. Auf das Personaleasing ist auf den Seiten 277-283 näher einzugehen.

In Zeiten steigender Löhne und wachsender Lohnnebenkosten (s. S. 418f.) zeigt sich manchmal die Tendenz, den „teuren" und „eigenwilligen" Produktionsfaktor „Arbeitskraft" verstärkt durch vermehrten Kapitaleinsatz zu ersetzen, also durch kostengünstigeren Einsatz von mehr Maschinen und sonstigen technischen Einrichtungen. Allerdings ist darauf hinzuweisen, daß solche Rationalisierungsinvestitionen keinesfalls immer allein auf die Entwicklung der Lohnkosten zurückzuführen sind. Vielfach zwingen ganz einfach die Konkurrenten, die das kostengünstigere Fertigungsverfahren – aus welchen Gründen auch immer – schon nutzen, ihre Wettbewerber dazu, daß auch sie das kapitalaufwendigere, aber wirtschaftlichere Produktionsverfahren einführen.

Wenngleich unstreitig ist, daß die menschliche Arbeitskraft nicht nur unter Rentabilitäts- und Wirtschaftlichkeitsgesichtspunkten gesehen werden kann, so läßt sich andererseits doch auch nicht leugnen, daß mit dem Faktor Personal sparsam umgegangen werden muß, um konkurrenzfähige Produkte anbieten zu können oder eine bestmögliche Leistung für die Abnehmer zu erbringen. Insoweit unterscheidet sich die menschliche Arbeitsleistung nicht grundsätzlich von den übrigen, ebenfalls wirtschaftlich einzusetzenden Produktionsfaktoren.

Für den Faktor Personal ergibt sich im Zusammenhang mit der Anwendung des Wirtschaftlichkeitsprinzips jedoch gegenüber den anderen Produktionsfaktoren eine Besonderheit, die sich zunächst darin zeigt, daß es sich bei diesem Faktor um ein menschliches Lebewesen handelt, das einen Anspruch auf würdevolle Behandlung hat. Dies wird auch vom Gesetzgeber und von den Sozialpartnern in vielfältiger Weise unterstützt, wodurch Wirtschaftlichkeitsüberlegungen zurückgedrängt werden. Hinzu kommt die Tatsache, daß das Ergebnis der menschlichen Arbeitsleistung nicht nur von den äußeren (technischen) Arbeitsbedingungen und einer zweckmäßigen Kombination der Produktionsfaktoren (Organisation) abhängt. Es wird auch ganz erheblich von der Art der Personalführung, den

Mitbestimmungsmöglichkeiten sowie dem Lohn beeinflußt. Diese drei (Behandlungs)Einflußfaktoren – auf die im Zweiten Teil näher einzugehen ist – sind bei den Einsatzgütern Betriebsmittel und Werkstoffe nicht vorhanden.

c) Die Kapazität

(1) Wesen

Im Zusammenhang mit der Leistungserstellung spielt die Frage der vorhandenen Kapazität und ihre Auslastung eine große Rolle. Unter Kapazität ist das Leistungsvermögen zu verstehen, über das der Betrieb als Ganzes oder Teile von ihm verfügen. Die Gesamtkapazität einer Unternehmung zu bestimmen, ist regelmäßig außerordentlich schwierig, weil das Leistungsvermögen von zahlreichen verschiedenartigen technischen, personellen, organisatorischen und finanziellen Faktoren beeinflußt (bestimmt) wird.

Um zu einer Minimierung der Herstellungskosten je Stück zu kommen, wird versucht, eine Gütermenge zu produzieren, die zu einer möglichst hohen Kapazitätsauslastung führt, d.h. die Leistungserstellung soll mit einem hohen Kapazitätsausnutzungsgrad (= Kapazitätsinanspruchnahme = Beschäftigungsgrad) erfolgen. Der Beschäftigungsgrad gibt das Maß der Inanspruchnahme der in einem Betrieb vorhandenen (persönlichen und sachlichen) Kräfte an. Er ergibt sich aus dem Verhältnis von

$$\frac{\text{Ist-Produktion}}{\text{Kann-Produktion (Kapazität)}} \times 100.$$

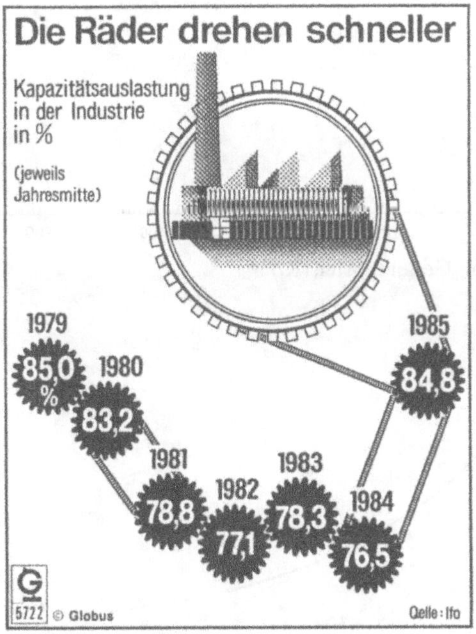

Je besser die Kapazität ausgelastet ist, desto günstiger verteilen sich die fixen (festen, konstanten) Kosten des Betriebsmittels (und des Betriebes) auf die hergestellten Produkte, d.h. desto geringere Produktionskosten fallen je Stück an;

vorausgesetzt, daß das Sinken der fixen Stückkosten nicht durch ein Steigen der variablen Stückkosten kompensiert oder überkompensiert wird.

(2) Zum Kostenverlauf in Abhängigkeit von der Kapazitätsauslastung

Die vorstehend geschilderten Zusammenhänge von Kosten und Kapazitätsauslastung sollen im folgenden anhand von Schaubildern verdeutlicht werden. Dabei wird in den beiden ersten Zeichnungen davon ausgegangen, daß für eine bestimmte Anlage in einem Jahr DM 1000,– fixe Kosten (Abschreibungen) anfallen und mit diesem Betriebsmittel 500 Produkte im Jahr hergestellt werden können.

Unter **„fixe Kosten"** sind solche Kosten zu verstehen, die unabhängig von der jeweiligen Kapazitätsauslastung anfallen (z.B. Raumkosten). Das heißt, sie fallen prinzipiell immer an, ganz gleich, ob gar nichts oder viel produziert wird. Dies macht die erste Graphik deutlich. Die zweite zeigt, wie sich diese fixen Kosten in Abhängigkeit von der Kapazitätsauslastung auf die (jeweils) produzierte Produktmenge verteilen; hier wird deutlich, daß die fixen Kosten – auf das hergestellte Produkt bezogen – umso kleiner sind, je mehr Produkte gefertigt werden, d.h. je besser die Kapazitätsauslastung ist.

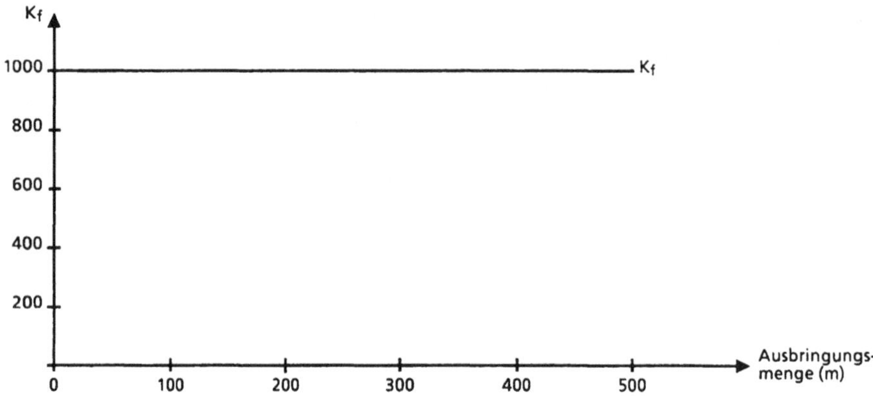

Abb.: Fixe Kosten als Gesamtkosten (K_f)

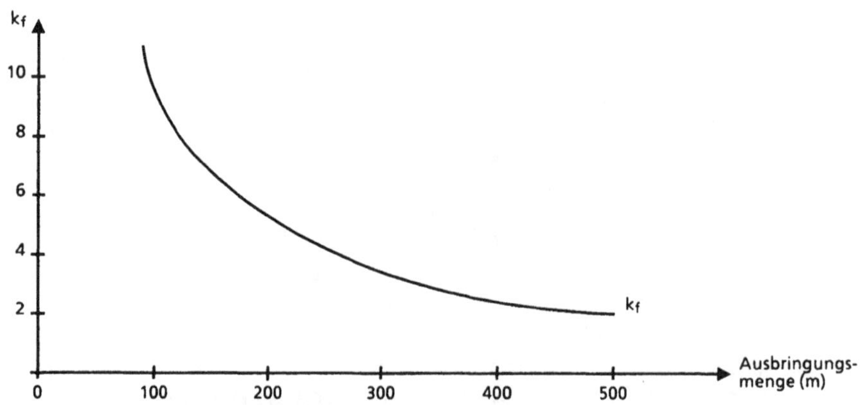

Abb.: Fixe Kosten auf das Stück bezogen (k_f) = $K_f : m$

Bei einer Leistungserstellung fallen nicht nur fixe Kosten, sondern auch **variable Kosten** an. Das sind solche Kosten, die mit der Änderung der Beschäftigung variieren, d.h. sie fallen nur an, wenn auch tatsächlich produziert wird, z.B. Materialkosten und Teile der Lohnkosten. Dabei ist es möglich, daß sich die variablen Kosten im gleichen Ausmaß wie der Beschäftigungsgrad verändern **(proportionale Kosten)**, wovon die folgenden beiden Schaubilder ausgehen und in denen angenommen wird, daß je Leistungseinheit DM 2,– Lohnkosten (Akkordlohn) anfallen.

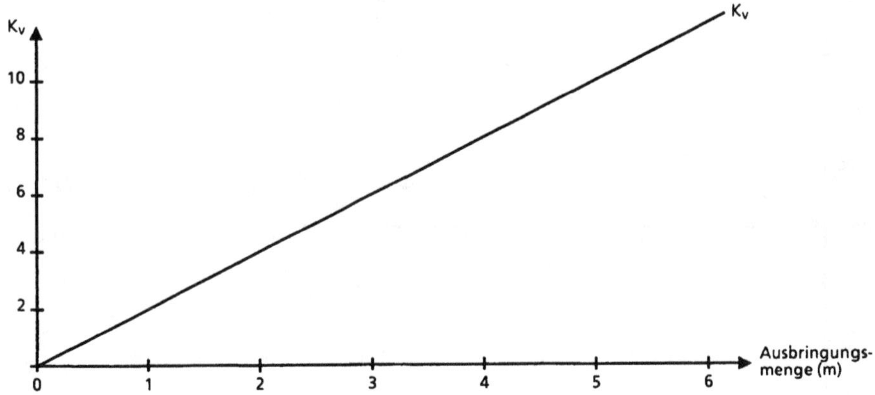

Abb.: Proportionale Gesamtkosten (K_v)

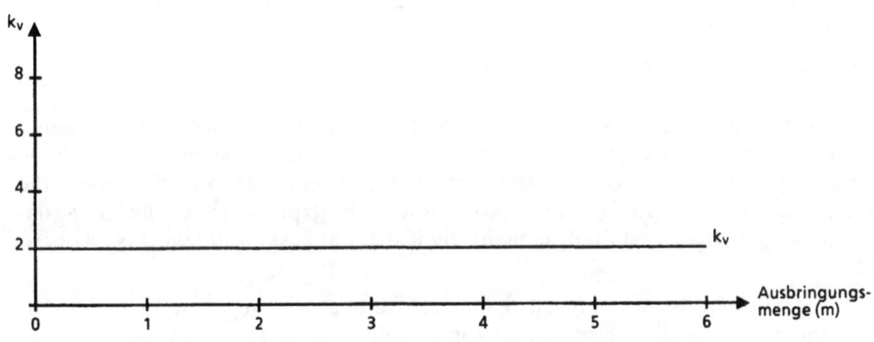

Abb. Proportionale Kosten auf das Stück bezogen (k_v) = K_v : m

Faßt man die fixen und variablen Gesamtkosten der vorstehenden beiden Beispiele zusammen, so ergibt sich folgender linearer Gesamtkostenverlauf:

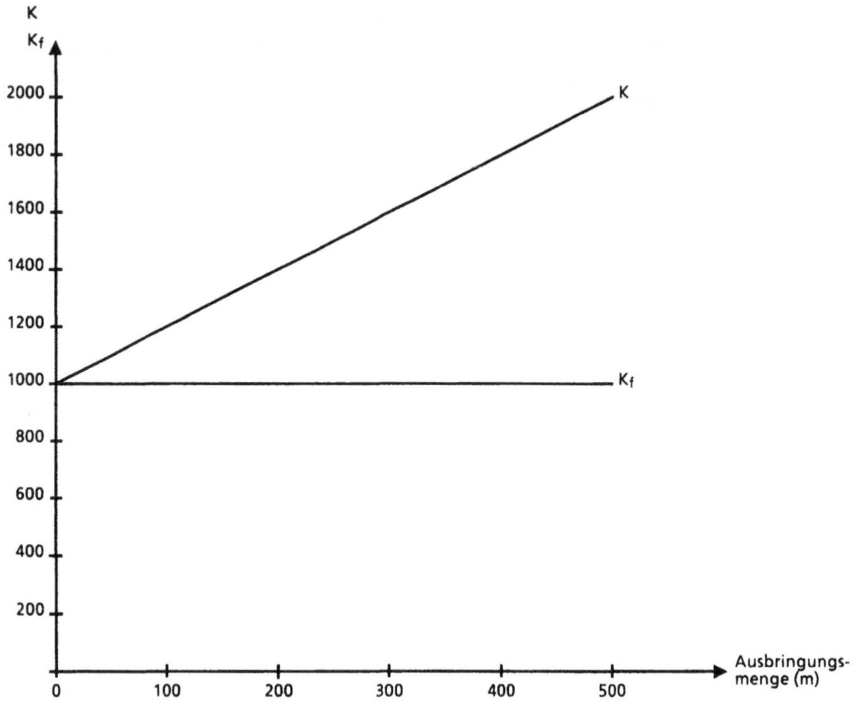

Abb.: Lineare Gesamtkostenfunktion (K)

Aus dem vorstehenden linearen Gesamtkostenverlauf ergibt sich durch eine Division der Gesamtkosten durch die jeweilige Ausbringungsmenge die nachstehende stückkostenbezogene Kostenkurve (k), aus der deutlich wird, daß sich die Herstellungskosten (und damit bei konstanten Absatzpreisen auch die Ertragslage) umso günstiger gestalten, je mehr die Kapazität ausgelastet wird (s. Abb. S. 65).

Es hat in der Wissenschaft zeitweilig viel Streit darüber gegeben, ob in der Praxis lineare Gesamtkostenverläufe vorherrschen oder eine s-förmige (= gekrümmte = geschwungene) Gesamtkostenkurve. Die s-förmige Gesamtkostenkurve stellt ein Spiegelbild des herkömmlichen (Boden)Ertragsgesetzes dar. Bei der s-förmigen Kostenkurve haben wir es mit variablen Gesamtkosten zu tun, dic sich nicht im gleichen (= proportionalen) Verhältnis wie die Beschäftigung verändern, sondern sich unter- oder überproportional entwickeln.

Die **unterproportionalen Kosten** nehmen langsamer zu als der Beschäftigungsgrad. Beispiel: Der für eine Leistungseinheit (z.B. Maschinenstunde) anfallende Energieverbrauch sinkt, wenn die Maschine aus dem extrem langsam gefahrenen Bereich herauskommt. Die gleiche Wirkung kann sich ergeben, wenn sich infolge einer Beschäftigungsausweitung Lerneffekte beim Personal ergeben, die zu einem niedrigeren Materialeinsatz führen. Entwickeln sich die variablen Kosten proportional oder unterproportional, so führt dies bei zunehmender Beschäfti-

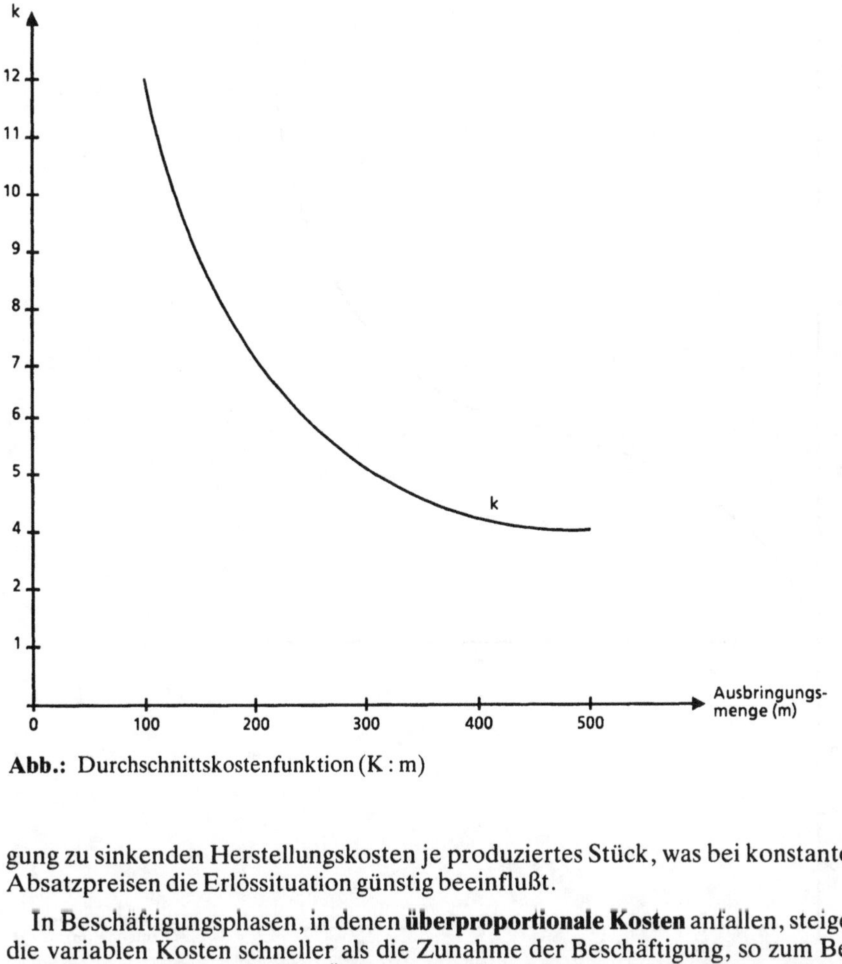

Abb.: Durchschnittskostenfunktion (K : m)

gung zu sinkenden Herstellungskosten je produziertes Stück, was bei konstanten Absatzpreisen die Erlössituation günstig beeinflußt.

In Beschäftigungsphasen, in denen **überproportionale Kosten** anfallen, steigen die variablen Kosten schneller als die Zunahme der Beschäftigung, so zum Beispiel durch den Anfall von Überstundenzuschlägen, erhöhten Material- und Energieverbrauch, vermehrte Reparaturen. Diese Situation führt dazu, daß trotz steigenden Absatzes der Gewinn kleiner wird; hier steigen die Kosten stärker als der Umsatzzuwachs, was manchmal erst im nachhinein bemerkt wird.

Das folgende Schaubild zeigt den Verlauf einer s-förmigen Gesamtkostenkurve, die – wie in der Praxis die Regel – auf einem Fixkostenblock aufbaut und in der wir es zunächst mit unterproportionalen und später mit überproportionalen variablen Kosten zu tun haben.

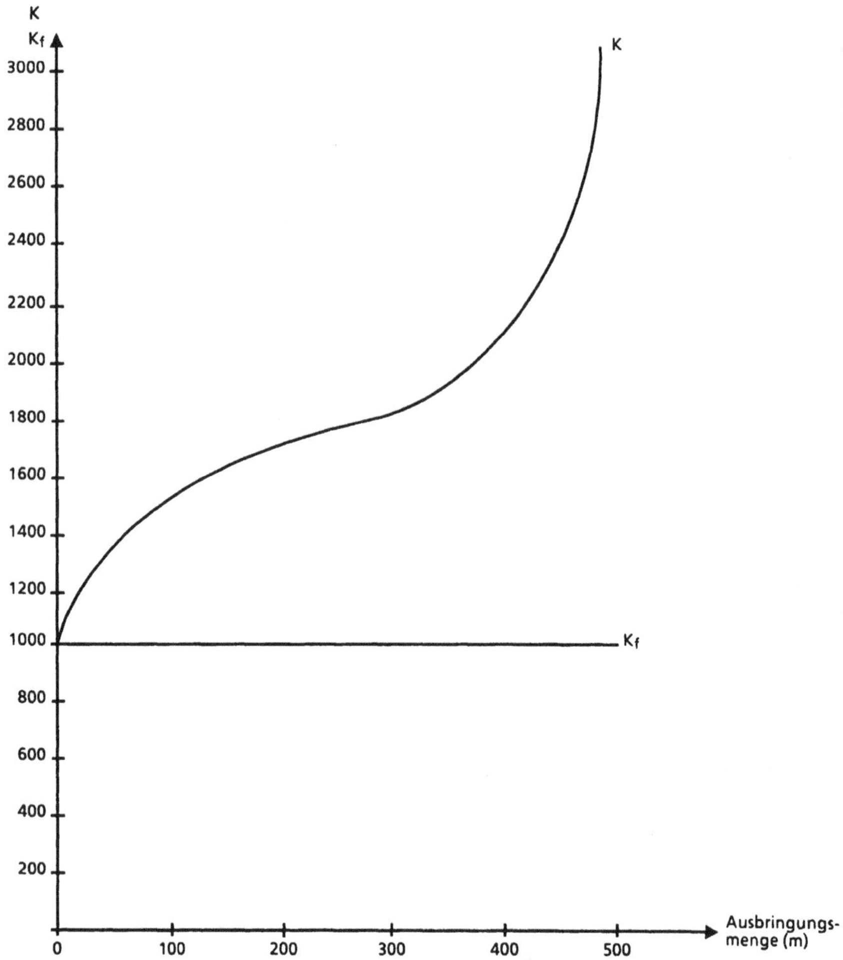

Abb.: s-förmige Gesamtkostenfunktion (K)

(3) Das Problem der zunehmenden Fixkostenbelastung und der abnehmenden Anpassungselastizität

Als Folge des schnellen technischen Fortschritts ist die Leistungserstellung im Durchschnit kapitalintensiver geworden. Für die eigentliche Produktion werden immer mehr Maschinen und maschinelle Anlagen und immer weniger Arbeitskräfte eingesetzt. In manchen Fällen ist der Einsatz von mehr Technik – wie erwähnt – auf den Wunsch der Unternehmensleitungen zurückzuführen, hohe Arbeitskosten durch niedrigere Betriebsmittelkosten (insbesondere Abschreibungen) zu ersetzen (= Rationalisierungsinvestition). Häufig ist die technische Neuerung mit einer Steigerung der quantitativen und qualitativen (Betriebsmittel)Kapazität verbunden, so daß für eine wirtschaftliche Nutzung der neuen Anlagen größere Absatzmengen und höhere Nachfragequalitäten erforderlich sind, was eine Tendenz zu größeren Betriebseinheiten auslöst und damit den ohnehin vorhandenen allgemeinen Konzentrationstrend verstärkt (s.a. S. 46, 332f.).

Mit zunehmender technischer und kapitalmäßiger Anlage-Intensität geht meist eine Abnahme der Elastizität des Leistungserstellungsprozesses in dem Sinne einher, daß sich die Anpassung der Produktion an Nachfrageveränderungen, insbesondere an Nachfragerückgänge, immer schwieriger gestaltet. Da die vorhandenen Betriebsmittel im allgemeinen nicht teilbar sind, lassen sich die Anlagen bei Beschäftigungsrückgang nicht abbauen, so daß die fixen Kosten auf das Stück bezogen ein umso größeres Gewicht bekommen, je weniger produziert wird.

Schmalenbach hat diesen betriebswirtschaftlich außerordentlich problemträchtigen Zusammenhang recht plastisch mit dem Hinweis umschrieben, daß die „fixen Kosten nach Sättigung schreien". Diese Sättigung setzt eine hohe Kapazitätsauslastung voraus, worin sich die eigentliche Anpassungsproblematik zeigt.

Ein aktuelles Beispiel hierfür bilden (neben den Werften) die Mineralölraffinerien, deren Kapazitätsauslastung nicht mehr ausreichend ist, und zwar vor allem aus zwei Gründen: Zum einen ist der Benzin- und Heizölverbrauch (zeitweilig) zurückgegangen bzw. nicht so stark gewachsen, wie ursprünglich einmal angenommen. Zum anderen gehen die Produzentenländer immer mehr dazu über, die Rohölverarbeitung (Raffination) schon im Gewinnungsland vorzunehmen. Hinzu kommt, daß unsere Raffinerien stark durch hohe Umweltschutzkosten belastet werden. Das nachstehende Schaubild und die Zeitungsnotizen illustrieren recht deutlich die Entwicklung dieser Situation und ihre Problematik.

Die mit zunehmender Anlage-Intensität geringer werdende Anpassungselastizität zeigt sich nicht nur bei quantitativen Nachfrageänderungen, sondern auch

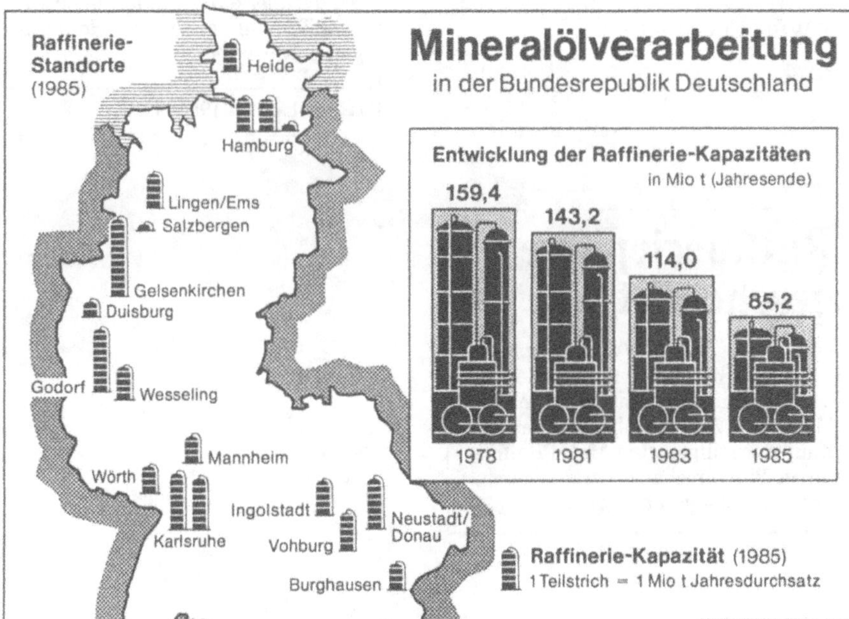

An der Küste geht manche Rechnung nicht auf

Mobil Oil schließt seine Raffinerie in Wilhelmshaven. Es geht nicht nur um 300 Arbeitsplätze, es geht um Sinn und Nutzen einer aufwendigen Infrastruktur-Politik zur Förderung der Wirtschaft. Und auch deshalb kämpft die Regierung in Hannover verbissen um den Fortbestand der Raffinerie – doch ohne große Chancen.

DIE WELT, 16.1.1985, S. 3

Wahl-Optionen

JB. – Da steht sie nun, die Acht-Millionen-Tonnen-Raffinerie Wilhelmshaven, die die Mobil Oil AG vor gut einem Jahr stillgelegt hat, und wartet auf ihr Schicksal. Bis zum 31. März gab es einen Vorvertrag für den Kauf durch die German Oil GmbH. Da die Iraner und die Saudis zur Zeit andere Probleme haben, als über den Kauf einer Großraffinerie in Deutschland nachzudenken, ist die German Oil bei diesen möglichen Partnern nicht rechtzeitig fündig geworden. Dann, so gerüchtete es, werde Mobil wohl die chinesische Karte aus dem Hut ziehen. Aber offenbar haben auch die Chinesen kein dringendes Bedürfnis. Also erhält die German Oil nun eine neue Chance. Diesmal reicht die Option bis Ende April. Wenn's dann immer noch nicht geklappt haben sollte, gibt es eine weitere Verlängerung. Bis Juni vermutlich, denn dann ist Wahl in Niedersachsen, und bis dahin soll die Raffinerie wenn schon keine Mineralölprodukte, so doch Hoffnungen produzieren.

DIE WELT, 9.4.1986, S. 13

Raffineriepläne gescheitert

dpa/VWD, **Hamburg**
Die Verhandlungen der German Oil AG, Hannover/Hamburg, mit der Mobil Oil AG, Hamburg, über den Kauf der stillgelegten Mobil-Raffinerie in Wilhelmshaven sind – zumindest vorerst – gescheitert.

DIE WELT, 5.5.1986, S. 13

bei qualitativen Nachfrageverschiebungen, jedenfalls dann, wenn Anlagen eingesetzt werden, die auf ein ganz bestimmtes (enges) Produkt ausgerichtet sind und die sich entweder überhaupt nicht oder nur mit großem Aufwand umstellen lassen, so daß eine Anpassung an qualitative Nachfrageänderungen praktisch ausgeschlossen ist.

Mit diesen Spezialeinrichtungen wird regelmäßig ein hohes Maß an Wirtschaftlichkeit bei der Produkterstellung erreicht, wenn langfristig mit einer großen Nachfrage nach genau diesem Produkt gerechnet werden kann. Fällt diese Voraussetzung jedoch im Laufe der Zeit weg, zeigt sich die Anpassungsproblematik mit aller Schärfe. Soll dieses Anpassungsrisiko vermieden bzw. eingeschränkt werden, und entscheidet man sich deshalb bei der Investition nicht für Spezial-, sondern für Mehrzweckmaschinen, so muß die dadurch erreichte hohe betriebstechnische Elastizität oft durch eine verhältnismäßig ungünstige Kostensituation erkauft werden. Dieses strukturelle Fertigungsverfahrensproblem verliert durch die an Bedeutung gewinnende Mikro-Elektronik an Brisanz, weil die neuen Technologien vielfach kostengünstige Umstellungen zulassen und damit eine größere Fertigungsflexibilität ermöglichen. Es scheint, daß mit der Verbreitung der Mikro-Elektronik in der Produktion die programmierbare Universalmaschine zu Lasten der Spezialmaschine an Gewicht gewinnt (s.a. S. 233).

Wenngleich auch mit der zunehmenden Kapitalintensität der Anlagen ihre fixen Kosten an Bedeutung gewinnen, so ist andererseits das Gewicht der Betriebsmittelabschreibungen an den gesamten Kosten eines Unternehmens – was meistens nicht vermutet wird – doch relativ gering, wie ein Blick in die Tabelle im vorliegenden Kapitel (S. 54) verdeutlicht. Im Vergleich zu den Material- und Lohnkosten sind die Abschreibungen im allgemeinen recht niedrig. Dies darf aber nicht dazu führen, anzunehmen, die fixen Kosten hätten in der Wirklichkeit dann doch keine besonders große Bedeutung. In der Realität hat der gesamte **Fixkostenblock** in den Unternehmungen im Durchschnitt zweifellos an **Gewicht gewonnen**.

Es haben ja nicht nur die Abschreibungen der Betriebsmittel und die Leasingraten den Charakter von fixen Kosten, sondern auch Teile anderer Kostenarten, so zum Beispiel die Raumkosten. Gesehen werden muß in diesem Zusammenhang auch die Tatsache, daß im Laufe der Zeit erhebliche Teile der Löhne und Gehälter zu fixen Kosten geworden sind. Das existierende Netz der sozialen Sicherung, das seine Fundierung nicht nur in Gesetzen, sondern auch in Tarifverträgen und Betriebsvereinbarungen hat, macht es vielfach schwierig und/oder teuer, sich im Falle von Beschäftigungsrückgängen von Mitarbeitern zu trennen, ganz abgesehen von den häufig relativ hohen Wiedereinstellungskosten (bzw. -schwierigkeiten) im Falle eines Beschäftigungsaufschwunges. Auch kann die Situation eintreten, daß zur Vermeidung politischer Kompliktionen an sich nötige (Massen)Entlassungen verzögert oder möglicherweise gar nicht durchgeführt werden. Etwas von seiner Brisanz verliert der personale Fixkosten- und Anpassungsdruck dann, wenn die Unternehmen zunehmend „Leiharbeitskräfte“, Quasi-Selbständige oder befristet eingestellte Arbeitnehmer beschäftigen (s. S. 258-283). Dieses aus betriebswirtschaftlicher Sicht sinnvolle Verhalten kann für die Betroffenen und die Gesellschaft neue Probleme mit sich bringen.

Die aufgezeigte Fixkostenproblematik verschärft sich noch dadurch, daß zahlreiche variable Kostenarten bei einem Rückgang der Beschäftigung nicht sofort, sondern erst mit einer zeitlichen Verzögerung angepaßt werden können. Der Abbau dieser Kosten (z.B. Versicherungskosten) geschieht langsamer als deren Aufbau bei zunehmender Beschäftigung, eine Situation, die als **Kostenremanenz** bezeichnet wird.

Sowohl die fixen Kosten wie auch die Kostenremanenz führen dazu, daß im Falle eines Nachfrage- und Beschäftigungsrückganges die Produktionskosten zum großen Teil überhaupt nicht oder nur mit erheblicher Verzögerung abgebaut werden können, so daß die Produktionsgesamtkosten auf weniger Produkte verteilt werden müssen, was bei Absatzpreisen mit sehr kleinen Gewinnspannen zur Folge haben kann, daß die großen marktstarken Unternehmen bei rückläufiger Nachfrage (eher) ihre Preise erhöhen, statt – wie in der Theorie vorgesehen – sie zu senken. Eine Preissenkung zur Verbesserung der Nachfragesituation läßt sich ertragsmäßig nur verkraften, wenn – wie in der Theorie angenommen – mit dem Beschäftigungsrückgang auch die Kosten der Produktion zurückgehen. Ist dies aber in der Realität immer weniger der Fall, bleibt den Unternehmen häufig gar keine andere Wahl als ihre Preise zu erhöhen, um auf diese Weise die – hoffentlich kurze – Durststrecke zu überwinden, d.h. die Gefahr der Zahlungsunfähigkeit und Überschuldung zu bannen, die beide Konkursgründe darstellen, worauf noch näher einzugehen ist (S. 125-128).

In einer solchen schwierigen Situation sind also die Unternehmen viefach gezwungen, ihre Kunden im Wege einer Preiserhöhung um eine „Durchhalteprämie" zu bitten, wie die FAZ (9.1.1975, S. 1) es genannt hat. Hierfür hat die **Volkswagenwerk AG** in der ersten Hälfte des Jahres 1974 ein klassisches Beispiel geliefert. Als ihre Umsätze stagnierten und sich die Ertragslage rapide verschlechterte, so daß eine Überschuldung nicht mehr auszuschließen war, sah sie sich praktisch gezwungen, innerhalb von zwei Monaten zwei Preiserhöhungen vorzunehmen, was manchenorts Kopfschütteln auslöste.

Preissenkungen unterbleiben in einer solchen Situation vielfach auch schon deshalb, weil nicht sicher ist, ob die Kunden diese Maßnahme durch Mehr-Kauf honorieren. Erst recht fragwürdig wird das Ergebnis solcher Preissenkungen, wenn die Konkurrenten diesem Beispiel folgen.

V. Die Leistungsverwertung (Absatz)

1. Der „Marktwiderstand" und das absatzpolitische Instrumentarium – eine Charakterisierung

Unternehmen in marktwirtschaftlichen Ordnungen müssen sich um die Verwertung, d.h. den Absatz ihrer Produkte und Dienstleistungen am Markt selbst bemühen. Nur wenn sie hierbei nachhaltig Erfolg haben, schaffen sie sich die Grundlagen für den dauerhaften Bestand der Unternehmung. Die Leistungsverwertung ist die letzte Stufe der im vorgehenden Kapitel behandelten Leistungserstellung. Wenn sich das produzierte Gut auf dem Markt nicht (oder nicht zu „vernünftigen" Preisen) absetzen läßt, ist im strengen ökonomischen Sinne gar keine Leistung entstanden; es sind vielmehr lediglich Kosten angefallen, die den betrieblichen Periodenerfolg (Gewinn) schmälern.

Auf dem **Markt** stoßen die Vorteilsstrebigkeit von Anbietern und Nachfragern zusammen. Es ist der Ort (die Stelle oder Institution), an dem sich durch das Zu-

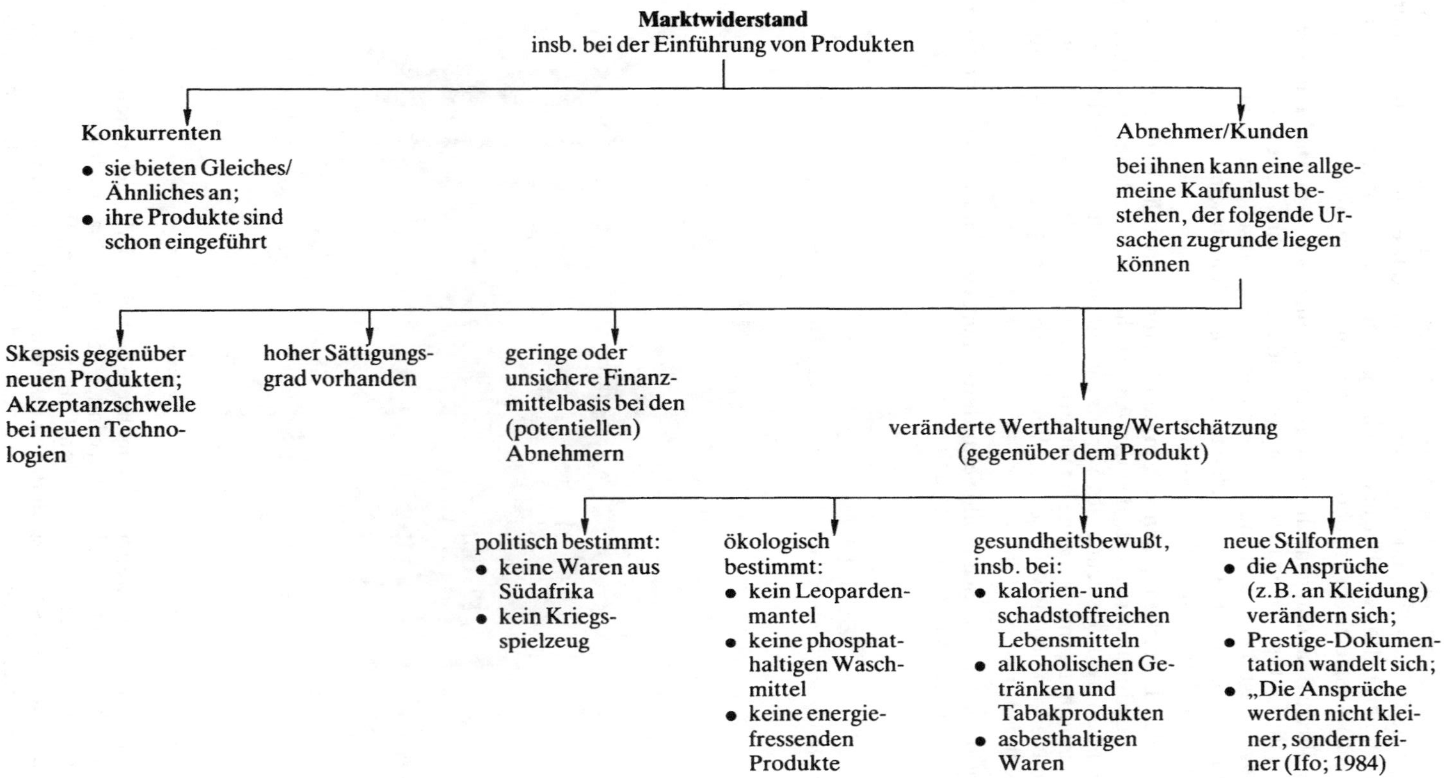
Marktwiderstand
insb. bei der Einführung von Produkten
Konkurrenten
• sie bieten Gleiches/Ähnliches an;
• ihre Produkte sind schon eingeführt
Abnehmer/Kunden
bei ihnen kann eine allgemeine Kaufunlust bestehen, der folgende Ursachen zugrunde liegen können
Skepsis gegenüber neuen Produkten; Akzeptanzschwelle bei neuen Technologien
hoher Sättigungsgrad vorhanden
geringe oder unsichere Finanzmittelbasis bei den (potentiellen) Abnehmern
veränderte Werthaltung/Wertschätzung (gegenüber dem Produkt)
politisch bestimmt:
• keine Waren aus Südafrika
• kein Kriegsspielzeug
ökologisch bestimmt:
• kein Leopardenmantel
• keine phosphathaltigen Waschmittel
• keine energiefressenden Produkte
gesundheitsbewußt, insb. bei:
• kalorien- und schadstoffreichen Lebensmitteln
• alkoholischen Getränken und Tabakprodukten
• asbesthaltigen Waren
neue Stilformen
• die Ansprüche (z.B. an Kleidung) verändern sich;
• Prestige-Dokumentation wandelt sich;
• „Die Ansprüche werden nicht kleiner, sondern feiner (Ifo; 1984)

sammentreffen von Angebot (Verkaufswünschen) und Nachfrage (Kaufwünschen) die Preisbildung und der Güteraustausch vollziehen. Der Markt koordiniert (steuert) also Angebot und Nachfrage und sorgt somit für einen (mengenmäßigen) Ausgleich der angebotenen und nachgefragten Güter.

Bei ihren Bemühungen, die produzierten Güter auf dem **Markt** abzusetzen, stoßen die Unternehmen regelmäßig auf **Widerstand**; ihn zu überwinden oder zu verringern, ist die eigentliche Aufgabe des absatzpolitischen Instrumentariums. Die Frage, worauf der Marktwiderstand zurückzuführen sein kann, versucht die vorstehende Übersicht zu beantworten.

In vielen Bereichen haben sich in den letzten Jahren die Marktbedingungen deutlich dadurch verändert, daß die Ansprüche der Abnehmer gestiegen sind und eine Individualisierung des Verbrauchs zu beobachten ist. Beides steht im Zusammenhang mit der zunehmenden Marktsättigung auf etlichen Gebieten. Hieraus ergibt sich ein wachsender Wettbewerb der Anbieter um den kaufkräftigen Kunden.

Das nachstehende Schaubild vermittelt einen gewissen Eindruck von vorhandenen „Sättigungen" bei ausgewählten Gütern.

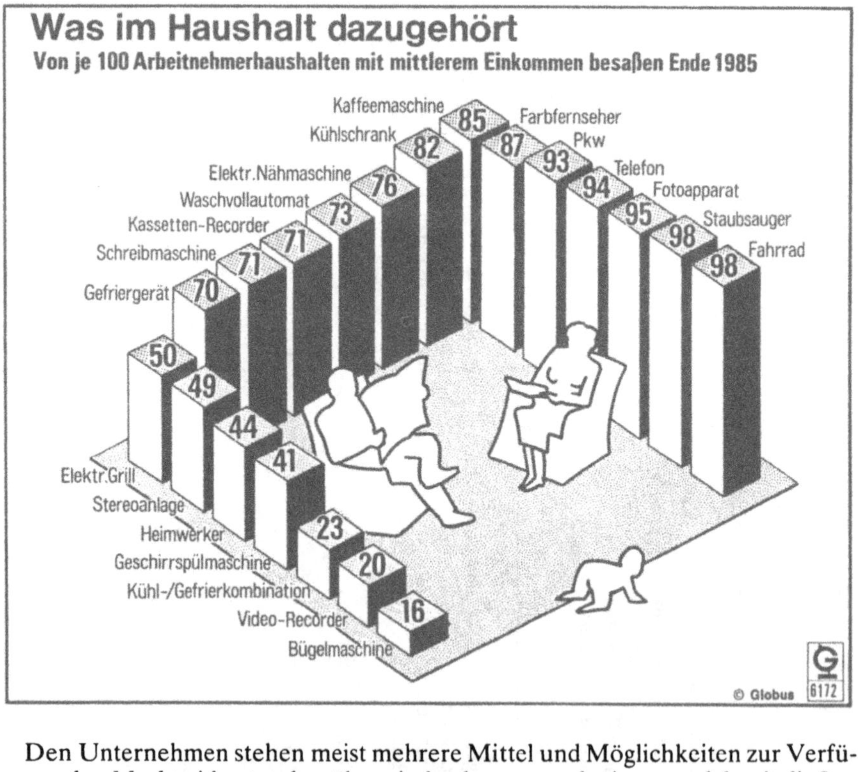

Den Unternehmen stehen meist mehrere Mittel und Möglichkeiten zur Verfügung, den Marktwiderstand zu überwinden bzw. zu reduzieren und damit die Lage auf den Absatzmärkten zu ihren Gunsten zu beeinflussen. Diesem Zweck dient der **Einsatz des absatzpolitischen Instrumentariums**. Zum absatzpolitischen Instrumentarium zählen vor allem die vier nachstehend genannten und noch näher zu behandelnden **Hauptinstrumente** Werbung, Produktgestaltung, Vertriebsmethoden und Preispolitik.

Die absatzpolitischen Bemühungen der Unternehmen werden manchmal auch unter dem Begriff **„Marketing"** zusammengefaßt. Im allgemeinen wird mit diesem Terminus jedoch eine Unternehmenskonzeption umschrieben, bei der das gesamte unternehmerische Handeln vom Markt her bestimmt wird, d.h., daß nicht mehr – wie früher zu Zeiten der Verkäufermärkte – erst einmal produziert wird und danach die Produkte sich ihren Absatz suchen; es werden vielmehr im Zeichen des heute in vielen Bereichen vorhandenen Käufermarktes alle betrieblichen Aktivitäten von vornherein auf die gegenwärtigen und zukünftigen Markterfordernisse ausgerichtet.

Für einen sinnvollen Einsatz des absatzpolitischen Instrumentariums und um eine realistische Produktions- und Absatzplanung treiben zu können, ist es notwendig, sich rechtzeitig mittels der **Marktforschung** einen Überblick über die Struktur und Tendenzen des Absatzmarktes zu verschaffen. Bei der Marktforschung geht es um die systematische Gewinnung von Informationen über die Bedarfsstruktur (die Nachfage), die Konkurrenz (das Angebot) und die möglichen Absatzwege.

Gerade auf dem Gebiet der Absatzpolitik zeigt sich ein wichtiges Strukturmerkmal von Unternehmen in marktwirtschaftlichen Systemen besonders deutlich, nämlich, daß die Unternehmen ihre gegenwärtigen Dispositionen regelmäßig auf der Grundlage mangelnder Transparenz und damit unsicherer Erwartungen treffen müssen. Deshalb besteht eine wichtige Aufgabe der Marktforschung darin, über die Beschaffung verläßlicher Vergangenheits-, Gegenwarts- und Zukunftsdaten die Voraussetzungen dafür zu schaffen, mittels Produktions- und Absatzplanungen sowie über den Einsatz der absatzpolitischen Instrumente das an sich Unberechenbare soweit wie irgend möglich berechenbar zu machen.

Im folgenden sind nun die wichtigsten absatzpolitischen Instrumente etwas näher zu kennzeichnen und insbesondere ihre rechtlichen Rahmenbedingungen aufzuzeigen. Zuvor soll mit der nachstehenden Übersicht eine zusammenfassende Charakterisierung der vier schon genannten absatzpolitischen Mittel gegeben werden.

2. Das absatzpolitische Instrumentarium im einzelnen

a) Die Werbung

Bei der Absatzwerbung, die auf vielfältige Art und Weise betrieben werden kann, geht es darum, den potentiellen **Nachfragern eine Ware (Leistung) bekanntzumachen** bzw. immer wieder ins Bewußtsein zu rücken und dabei die Bereitschaft zu wecken, die „beworbenen" Güter auch tatsächlich zu nutzen **und** sie bei der Werbung treibenden Unternehmung und nicht bei ihren Konkurrenten zu kaufen. „Werbung als selbständiges, absatzpolitisches Instrument liegt nur dann vor, wenn von Werbemitteln Gebrauch gemacht wird, um bestimmte Absatzleistungen zu erzielen ... (Es) läßt sich sagen, daß Werbung den **Versuch** darstellt, die Absatzbedingungen eines Unternehmens oder einer Gruppe von Unternehmungen (Gemeinschaftswerbung, R.S.) mit Hilfe des Einsatzes von Werbemitteln möglichst günstig zu gestalten" (GUTENBERG, Bd. II, 1984, S. 356, 358f.).

Absatzpolitisches Instrumentarium

Ziel: Soll helfen, den vorhandenen Marktwiderstand (s. S. 71) zu überwinden bzw. zu reduzieren.

Mittel (Instrumente)

Werbung

Sie soll den potentiellen Nachfragern die Ware (Leistung) bekanntmachen bzw. immer wieder ins Bewußtsein rücken und dabei die Bereitschaft wecken, die „beworbenen" Güter auch tatsächlich zu nutzen **und** sie bei der Werbung treibenden Unternehmung und nicht bei ihren Konkurrenten zu kaufen.

Produktgestaltung

Hierbei geht es um die bewußt in den Dienst der Leistungsverwertung gestellte Ausstattung einer Ware mit (verbesserten oder geänderten) Eigenschaften und Merkmalen, die beim potentiellen Nachfrager ein Bedürfnis nach gerade dieser Ware auslösen sollen.
Auch die generelle Neuschöpfung von Waren gehört hierher.

Vertriebsmethoden(-wege)

Es geht um die Frage nach der Wahl des zweckmäßigsten, d.h. des auf Dauer größten Erfolg versprechenden Vertriebsweges; z.B. darum, ob der Produzent die Ware selbst, d.h. direkt (z.B. über Filialen oder Reisende) an den Verbraucher oder Weiterverarbeiter vertreiben will oder ob dies indirekt, also über das Zwischenschalten von institutionellen Handelseinrichtungen (Groß- und Einzelhandel) geschehen soll.

Preispolitik

Hierbei handelt es sich um den Versuch, durch eine zweckmäßige Bestimmung des (Absatz)Preises **und** der eng damit verbundenen Lieferungs- und Zahlungsbedingungen (Konditionen) die Chancen für einen erfolgreichen Absatz der produzierten Güter möglichst günstig zu gestalten.
An sich ist in der (Theorie) der marktwirtschaftlichen Ordnung der Preis, der sich aus dem (mengenmäßigen) Verhältnis von Angebot und Nachfrage ergibt, ein Datum, auf das die Beteiligten wohl reagieren, das sie aber nicht selbst verändern können.
Weil die Marktwirklichkeit jedoch oft nicht den theoretischen Annahmen voll enspricht, haben Unternehmen meist sehr wohl eigene Preisgestaltungsspielräume.

Vielfach wird darauf hingewiesen, daß es die Aufgabe der Werbung sei, den Verbraucher/Abnehmer so gut wie nur irgend möglich über die am Markt vorhandenen Güter **zu informieren**, d.h. aufzuklären, wodurch die Markttransparenz erhöht werde. Dazu ist mit GUTENBERG (Bd. II, 1984, S. 360f.) zu sagen, „daß die Erhöhung der Markttransparenz nicht der ursprüngliche und beherrschende Zweck der Werbung sein kann, sondern, daß es sich hierbei mehr um eine Nebenwirkung der Werbung handelt, die sogar in ihr Gegenteil umschlagen kann ... Die Unternehmen treiben Werbung nicht im Interesse der Verbraucher oder Gebraucher, sondern in ihrem eigenen betrieblichen Interesse, das sich mit dem der Käufer decken kann ... Eine wirkliche Aufklärung über Güte und Preiswürdigkeit der angebotenen Ware vermag die Werbung nicht zu leisten. Dieser Effekt kann erst durch Erprobung erzielt werden".

Die Praxis bedient sich einer Fülle von Werbeträgern (= Medien bzw. Kommunikationskanälen), die der Darstellung und Verbreitung von Werbebotschaften dienen, z.B. Anzeigen in Zeitungen und Zeitschriften, Hörfunk- und Fernsehwerbung, Plakate an Litfaßsäulen und Anschlagtafeln, Postwurfsendungen und Handzettel. Einen Überblick über die **Aufwendungen** für die **wichtigsten Werbeträger** im Jahre 1986 gibt das nachstehende Schaubild aus der ZEIT (15.5.1987). Das zweite Schaubild macht die zwölf werbestärksten Branchen deutlich.

Wird in der Öffentlichkeit **Kritik an der** (Waren)**Werbung** geübt (z.B. wegen geringer Originalität oder starker Penetranz), so konzentriert sich diese auf die **Werbung für Markenartikel** einiger weniger Produktgruppen, die folgende Gemeinsamkeiten haben:

- Es handelt sich um Produkte, die regelmäßig gekauft werden (z.B. Waschmittel und Zigaretten).
- Es handelt sich um ausgereifte Produkte, deren qualitative Entwicklung weitgehend als abgeschlossen angesehen wird.
- Wenige Anbieter stehen in oligopolitischer Konkurrenz.
- Bei der Medienwahl werden Fernsehen und Hörfunk bevorzugt.

Bei der Werbung für diese Produkte geht es in erster Linie darum, die bisherigen Kunden bei der eigenen Marke zu halten; gleichzeitig wird versucht, Kunden der Konkurrenten zu sich herüber zu ziehen. Eine generelle Gesamtumsatzausweitung der betreffenden Anbieter ist vielfach nicht möglich, weil Sättigungsgrenzen erreicht sind.

„Es existiert ein kollektives Unterbewußtsein, daß ein Produkt, für das ständig geworben wird, ein gutes Produkt ist. Tatsächlich macht Werbung ja auch nur bei guten Produkten Sinn. Die beste Methode, einen Artikel mit fragwürdiger Qualität schnell umzubringen, ist, kräftig dafür zu werben".

HELMUT SIHLER, Präsident des Zentralausschusses der Werbewirtschaft (ZAW);
DIE WELT v. 5.11.1985, S. 14.

Wenn in Marktwirtschaften die Unternehmen selbst für den Absatz ihrer Produkte zu sorgen haben, so muß ihnen auch die **Werbung** für ihre Leistungen **erlaubt** sein. Das ist bei uns daher auch grundsätzlich der Fall. **Untersagt** ist die **Werbung** für einige wenige Berufe, nämlich für die sogenannten **freien Berufe**, z.B. den Rechtsanwälten, Steuerberatern, Wirtschaftsprüfern, Ärzten und Apo-

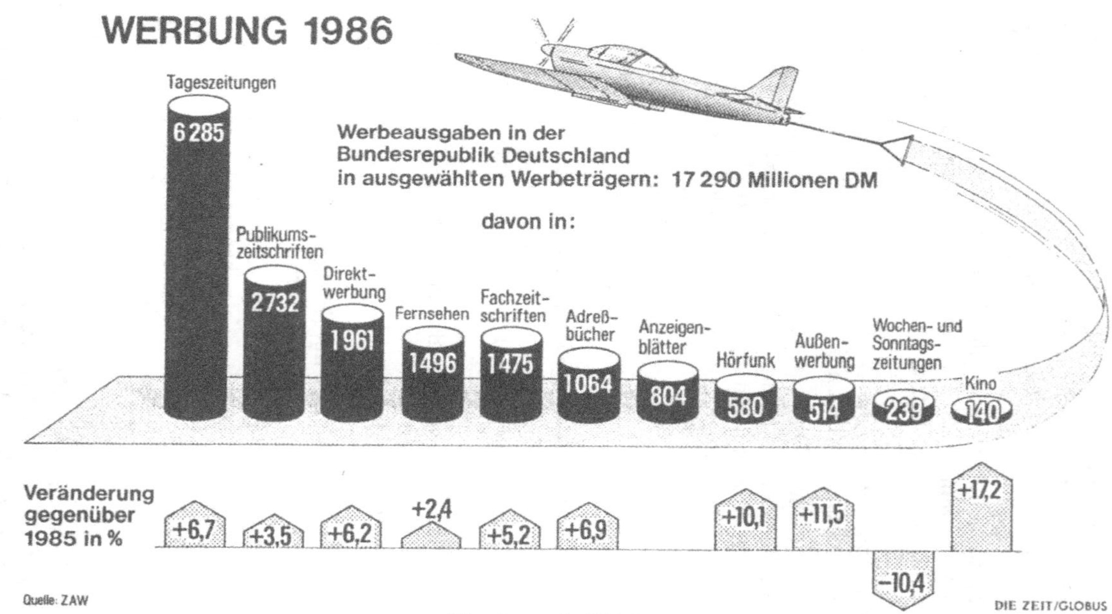

Wachsende Werbung

Mit meist kräftigen Zuwachsraten konnten im vergangenen Jahr die Werbeträger der Bundesrepublik glänzen. Spitzenreiter blieben mit deutlichem Abstand die Tageszeitungen. Am kräftigsten zugelegt hat die Kinowerbung. Erstmals berücksichtigt wurden in der Statistik des Zentralausschusses der Werbewirtschaft die Anzeigenblätter. Mit einem Umsatz von über 800 Millionen Mark kamen sie gleich auf Platz sieben. 530 Millionen Mark davon entfielen auf Anzeigenblätter, die von Zeitungsverlagen herausgegeben werden, 270 Millionen auf nicht gebundene Titel. Die neuen Medien haben bisher keine Verschiebung der Werbegelder bewirkt. Der Anteil der privaten TV-Sender an der Fernsehwerbung hat im vergangenen Jahr 2,4 Prozent betragen. 97,6 Prozent blieben bei den öffentlich-rechtlichen Anstalten.

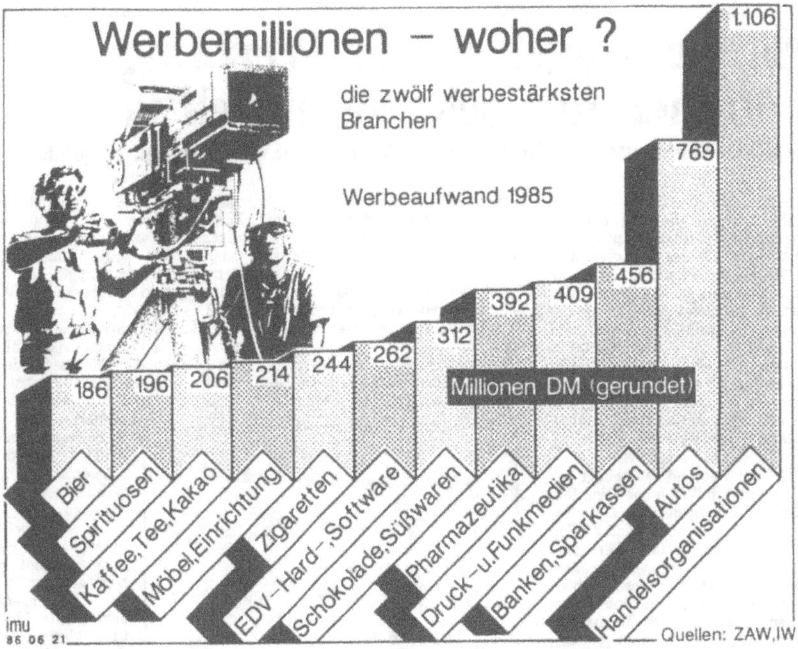

thekern. Sie sind damit praktisch ausschließlich auf die Mund-zu-Mund-Werbung ihrer Klienten bzw. Patienten angewiesen. In den Vereinigten Staaten von Amerika hat das Verfassungsgericht vor einiger Zeit das Werbeverbot für Rechtsanwälte aufgehoben, worauf prompt ein Anwalt inserierte „Scheidungen für 350 Dollar" seien bei ihm „im Angebot" (FAZ v. 9.8.1977, S. 9). Hierzu meinte die ZEIT (12.9.1980, S. 55): „Werbung hat die Qualität der Rechtsberatung in den USA nicht gemindert und ihre Kosten nicht erhöht. Im Gegenteil". Bei uns hat das Bundesverfassungsgericht mit seiner Entscheidung vom 14.7.1987 das anwaltschaftliche Werbeverbot erheblich relativiert.

Eindeutige strenge gesetzliche **Einschränkungen** bzw. **Beschränkungen der Werbung** bestehen bei uns vor allem für Heilmittelwerbung und im Lebens- und Genußmittelrecht, so z.B. das Verbot der Zigaretten-Werbung in Rundfunk und Fernsehen. Außerdem gelten eine Reihe von Selbstbeschränkungsabkommen einzelner Wirtschaftszweige und Werberichtlinien von Verbänden sowie internationalen Organisationen. Hierzu gehören z.B. die Verhaltensregeln des Deutschen Werberats (z.B. für Werbung mit und vor Kindern in Funk und Fernsehen, für Sportstadienwerbung und für Werbung mit unfallriskanten Bildmotiven). Vereinbarte Verhaltensregeln zur Werbe-Selbstbeschränkung existieren beispielsweise in der Spirituosenindustrie für die Werbung für alkoholische Getränke, in der pharmazeutischen Industrie und bei den Bausparkassen. Beim Deutschen Werberat, der sich aus Vertretern der Werbung treibenden sowie der Werbung konzipierenden und ausführenden Unternehmen (Agenturen u.ä.) zusammensetzt, besteht für Konsumenten eine Beschwerdemöglichkeit über Werbemaßnahmen der Wirtschaft (s. nachstehenden Zeitungsartikel).

Neben den bisher genannten Beschränkungen muß der Werbungtreibende darauf achten, daß seine Werbung nicht gegen die guten Sitten und damit gegen das Gesetz gegen den unlauteren Wettbewerb (UWG) von 1909 verstößt. Dieses

Entgleisungen in der Werbung kommen nur sehr vereinzelt vor

Zentralausschuß attestiert der Wirtschaft Gesetzestreue und Fingerspitzengefühl

HANNA GIESKES, **Bonn**

Die deutsche Werbung entgleist nur selten. Das ist das Fazit der Arbeitsbilanz 1986 des Deutschen Werberats, die das freiwillige Selbstkontroll-Gremium gestern in Bonn vorgelegt hat. Insgesamt 88 Werbeeinschaltungen in den Massenmedien sind aufgrund von Verbraucherbeschwerden gestoppt worden, „und das ist im Verhältnis zur gesamten Menge der täglichen Werbeeinschaltungen recht wenig", heißt es dazu beim Zentralausschuß der Deutschen Werbewirtschaft.

Der Dachverband bescheinigt den Anbietern von Waren und Dienstleistungen „über ausgeprägte Gesetzestreue hinaus ein hohes Maß an Fingerspitzengefühl bei ihren Werbeaktivitäten". Die Betroffenen schreiben dies nicht zuletzt dem vor 15 Jahren gegründeten Werberat unter dem Vorsitz des Siemens-Werbechefs Dankwart Rost zu, weil er den schwarzen Schafen in ihren Reihen beharrlich mit der rote Karte drohe; vor allem die bekannten Markenartikler sehen sich lieber vor, als daß sie dort anecken. Und wenn es zu Beanstandungen kommt, sind sie meist einsichtig.

So im Fall einer Anzeige für eine bestimmte Schuhmarke, auf deren linker Ecke zwei Füße mit den angepriesenen Schuhen abgebildet sind; ihr Träger steht auf der Dachkante eines Hochhauses, der Blick fällt in die Tiefe einer Straßenschlucht. Unter dem Foto steht der Satz: „Diesmal treff ich bestimmt die Frau meines Lebens." Diese Anzeige wurde sofort aus dem Verkehr gezogen, nachdem der Werberat der Firma klargemacht hatte, daß sie bedenkliche Wirkungen auf selbstmordgefährdete Personen haben könnte.

Ähnlich geschmacklos präsentierte sich die Kampagne einer Firma für Versand-Verpackungen: Sie warb in einer Anzeige mit dem Foto von John F. Kennedy und einer einmontierten Sprechblase mit dem Text: „Ihr Muster-Umschlag kam mir ungewöhnlich leicht vor". Die Firma sah die Geschmacklosigkeit ein und nahm die Anzeige zurück.

Einsichtig zeigte sich schließlich auch ein Möbel-Discounter, der mit einer fast nackten Frau auf sich aufmerksam zu machen suchte. Der Werberat schloß sich der Ansicht des Beschwerdeführers an, der es absurd fand, zwischen Möbeln und einer nackten Frau einen Bezug herstellen zu wollen, und beanstandete die Anzeige. Zwar reagierte der Händler nicht auf Briefe, aber er verzichtete darauf, diese Anzeige weiter zu schalten.

Insgesamt erledigte das Gremium im vergangenen Jahr 316 aus der Bevölkerung eingereichte Beschwerden; 39 davon betrafen Werbemaßnahmen außerhalb der Wirtschaft, für die der Werberat nicht zuständig ist (im Vorjahr waren es 52) sowie Vorgänge, die mit Werbung nichts zu tun haben. Bei den übrigen 277 Vorgängen (Vorjahr 209) erreichte der Werberat 88 Mal die Einstellung der jeweiligen Kampagne; in 13 Fällen kam es zu einer Änderung der Werbemaßnahme. Außerdem leitete er 16 Fälle an zuständige Stellen weiter – da der Werberat in der Grauzone zwischen erlaubter Werbung und Rechtsverletzung operiert, ist er für eindeutige Gesetzesverstöße nicht zuständig – und forderte 14 beschwerdeführende Firmen auf, ihre Rechte selbst wahrzunehmen. Zwei Beschwerden wies der Werberat wegen schwebender Gerichtsverfahren zurück, und 143 Eingaben fand er unbegründet (Vorjahr 111).

Schließlich sprach er auch eine Rüge aus – sie ist immer dann fällig, wenn ein Anbieter trotz begründeter Beschwerde des Gremiums seine Werbemaßnahme unverändert weiterfährt –, die den Betroffenen regelmäßig besonders schmerzt, weil sie veröffentlicht werden muß.

Die Verbraucher, die sich an den Werberat gewandt haben, ärgerten sich im vergangenen Jahr am häufigsten über Werbung für Glücksspiele, Kredite oder Versicherungen. Auf diesen Bereich entfielen 20 Prozent aller Beschwerden. Mit 15 Prozent an zweiter Stelle stehen Kampagnen für Autos und Kfz-Zubehör. Auch die im harten Konkurrenzkampf stehenden Produkte der Presse gerieten mit sechs Prozent aller Beschwerden wieder in die Schußlinie der Kritik, „aber mit abnehmender Tendenz", erläutert der Werberat in seiner Bilanz.

Die meisten Beschwerden betreffen Werbeanzeigen in Tageszeitungen (Medienanteil: 29 Prozent). Diese Spitzenstellung täusche aber, heißt es unter Hinweis auf die tägliche Erscheinungsweise der Tageszeitungen. Auf die Werbung in Publikumszeitschriften entfiel 19 Prozent der Kritik, zwölf Prozent auf Werbebriefe und sechs Prozent auf Fernsehspots. Inhaltliche Schwerpunkte habe es nicht gegeben, heißt es: „Individuelle Wertvorstellungen spielen bei den Eingaben nach wie vor die größte Rolle."

DIE WELT, 3.2.1987, S. 15

Gesetz enthält eine Reihe von Generalklauseln, die von der Rechtsprechung immer wieder konkretisiert werden. Auf dieser rechtlichen Grundlage ist z.B. die **irreführende** (täuschende) **Werbung** wettbewerbswidrig. „Wer die deutsche Rechtsprechung zur täuschenden Werbung verfolgt, wird sich dem Eindruck nicht verschließen können, daß die Gerichte mit großer Strenge verfahren ... (Es) ist keine Rechtsordnung bekannt, in der das Moment der Irreführung in der Werbung mit vergleichbarer Strenge beurteilt würde" (SCHRICKER/LEHMANN 1977, S. 28). Durch die 1986 erfolgte Novellierung des UWG haben Kunden (Abnehmer) das Recht erhalten, vom Kaufvertrag zurückzutreten, wenn sie zum Vertragsabschluß durch unwahre und irreführende Werbeangaben veranlaßt worden sind. Gleichzeitig wurde die Werbung mit sogenannten Lockvogelangeboten eingeschränkt: die Abgabe solcher Artikel darf nicht mehr mengenmäßig beschränkt werden, und Preisgegenüberstellungen (durchgestrichene Preise) sind ebenfalls unzulässig, ausgenommen bei unverbindlichen Preisempfehlungen.

Nicht erlaubt ist nach der Rechtsprechung auch die auf wahren Tatsachenbehauptungen aufbauende **vergleichende Werbung**, wenn sie herabsetzende Werturteile (Anprangerung) über die Konkurrenzprodukte enthält. Dieses grundsätzliche Verbot ist sehr umstritten. „In der rechtspolitischen Diskussion überwiegen heute die Stimmen, die für eine grundsätzliche Freigabe der vergleichenden Werbung durch den Gesetzgeber eintreten" (SCHRICKER/LEHMANN 1977, S. 42a[10]).

Außerordentlich schwer zu beantworten ist die Frage, was Werbung letztlich alles zu bewirken vermag, d.h. ob sie in der Tat jeden (Kauf)Wunsch erzeugen kann, für den die Werbungtreibenden Produkte bereithalten (s.a. PACKARD, 1964 und BRAND, 1978). Als weitgehend unbestritten kann wohl gelten, daß Werbemaßnahmen im Grunde nur dort Erfolg haben können, wo latente, wenn auch vielleicht zum Teil noch unbewußte Bedürfnisse ohnehin schon vorhanden sind.

Hierzu einige Stimmen aus Tageszeitungen:

Nicht auszurotten

hg – „Aggressive Autowerbung fördert aggressives Fahrverhalten". Diese schlichte Aussage, Ergebnis einer Studie der Bundesanstalt für Straßenwesen, hat dem Bundesverkehrsminister derart eingeleuchtet, daß er vor einiger Zeit die Automobilindustrie in aller Strenge darauf hinwies, man werde derlei Reklame in Zukunft „sehr kritisch" prüfen. Hat er doch recht, oder? Oder auch nicht. Inzwischen hat sich nämlich herausgestellt, daß die Zahl der Verkehrsopfer von Januar bis September dieses Jahres um 5,3 Prozent zurückgegangen ist – die tödlichen Unfälle nahmen gar um 13 Prozent ab – obwohl die Automobilindustrie zur gleichen Zeit geworben hat wie nie. Auch aggressiv geworben, um der lahmenden Nachfrage Beine zu machen.

Daraus folgt, daß die Experten in der Bundesanstalt für Straßenwesen nicht besonders sorgfältig gearbeitet haben können. Tatsächlich ist die Basis ihrer Untersuchung – zwei Zeitschriften und daraus nur wenige Anzeigen – ziemlich dürftig. Die Unverdrossenheit, mit der die Autoren dennoch von der Werbung auf das Fahrverhalten geschlossen haben, läßt vermuten, daß sie dieses Ergebnis haben wollten.

Offenbar ist der mythische Glaube an die gefährliche Macht der Werbung nicht auszurotten. Der Glaube, daß der Verbraucher in seiner grenzenlosen Beschränktheit alles in die Tat umsetzt, was ihm Anzeigen und Fernsehspots erzählen. Warum läßt Minister Dollinger nicht einmal verstärkt für den öffentlichen Nahverkehr werben – vielleicht mit ein paar hübschen Mädchen. Er würde schon sehen, was er davon hat.

DIE WELT, 6.12.1984, S. 11

Manager halten nicht viel von Werbung

Sch. FRANKFURT, 19. September. In den Führungsspitzen der deutschen Wirtschaft wird zwar jährlich über Werbeetats von rund 14 Milliarden DM entschieden. Doch das Ansehen der Werbung ist hier kleiner als sonst in der Bevölkerung: Über die Hälfte der Entscheidungsträger in der Wirtschaft steht der Werbung skeptisch gegenüber, während zwei Drittel der Deutschen die werbenden Produktionsinformationen der Hersteller und Anbieter von Dienstleistungen positiv bewerten. Darauf hat jetzt Volker Nickel vom Zentralausschuß der Werbewirtschaft (ZAW) unter dem Hinweis auf eine Studie der Verlagsgruppe Bauer aufmerksam gemacht. Als Folge des geringen Ansehens der Werbung klagten Werbeagenturen, aber auch Werbeleiter der Unternehmen selbst darüber, daß ihre Arbeit häufig noch auf der Chefetage „als fünftes Rad am Wagen", als notwendiges Übel der Unternehmenspolitik betrachtet werde. Allerdings bestehe ein Imagegefälle: Je größer das Unternehmen, desto höher das Ansehen der Werbung. Die Ursache für dieses Verhalten sieht Nickel vor allem in einer Wissenslücke: Die Chefs wüßten nicht genau, was Werbung ökonomisch zu leisten vermöge und was nicht.

Frankfurter Allgemeine Zeitung, 20.9.1983, S. 13

werbemärkte heute

Heilsbringer?

Der Kampf um Umsatz und Marktanteile ist zunächst einmal ein Kampf um Aufmerksamkeit, Glaubwürdigkeit und Sympathie. Beim Ringen um die Verbrauchergunst ziehen manche Produkte als Sieger hervor, viele andere freilich offenbaren sich als Flops.

Verständlich deshalb, daß – wenn es um die Werbung und ihren suggestiven Einfluß auf die Konsumenten geht – in Marketing-Etagen und Agentur-Offices der Ruf nach psychologischer Fundierung von Werbestrategien immer lauter wird. Für viele Produkt-Manager und Ideen-Brüter sind Psychologen die Heilsbringer in Märkten, die durch gleichrangige Produkte, harten Verdrängungswettbewerb und immer wählerischer werdende Verbraucher gekennzeichnet sind.

Manch erfolgsgewohnter Werbungtreibender hat inzwischen schmerzlich feststellen müssen, daß der Verbraucher von heute sich mit den alten Werbesprüchen („So weiß, weißer geht's nicht") nicht mehr hinter dem Ofen hervorlocken läßt. Wie kann also die Werbung in dieser Situation Wirkung entfalten?

Werbebotschaften werden besonders dann gut behalten, wenn sie einen Verbraucher aktiviert haben, d.h. wenn es gelungen ist, seine Gefühle zu berühren. In der Tat wird der größere Teil des Konsums nicht vom Kopf, sondern vom Herzen entschieden. So hängt bei vielen Produkten die Markenwahl im wesentlichen vom emotionalen Image und nicht von der Produktqualität ab. Zu den psychologischen „Rezepten", mit denen Kreative ihre Ideen zur Beeinflussung von Konsumentenentscheidungen auskochen, zählt z.B. die emotionale Konditionierung. Dabei wird dem Konsumenten immer wieder ein Produkt bzw. der Markenname zusammen mit stark emotionalen Reizen werblich präsentiert.

Gefühle, nicht Argumente, werden also transportiert. Ebenfalls bevorzugt angewendete Strategien sind Appelle an Kollektivbedürfnisse beim Publikum. Sehnsucht nach Geselligkeit, Prestige, sozialer Akzeptanz und elitärer Gruppenzugehörigkeit sind solche Motive. Andere Werbungtreibende wiederum appellieren an das Bedürfnis nach Anpassung, indem sie auf die Mehrheit der Konsumenten hinweisen. Eine weitere Werbemöglichkeit besteht darin, die Argumentation der Botschaft so speziell aufzubauen, daß sie insbesondere die Meinungsführer anspricht. Manche Werbestrategen bedienen sich auch der zweiseitigen Kommuniaktion, die vor dem Hintergrund von „Nachteilen" die Produkt-Vorteile glaubwürdig hervorzuheben versucht.

Auch für Dieter Münster, Geschäftsführer der Nürnberger Intensiv-Marketing GmbH, geht es nicht ohne Psychologie. Als einer, der in der deutschen Nachkriegswerbung von Anfang an dabei ist, gibt er jedoch zu bedenken, daß es vielerorts mit der richtigen Interpretation und Handhabung psychologischer Ergebnisse hapert. Sein Rat: „Schlauen Psychologen nicht blind vertrauen und den gesunden Menschenverstand nicht vergessen."

PETER ADE

HANDELSBLATT, 2.5.1984, S. 19

Zur Auseinandersetzung anregende (kontroverse?) Marketing(Werbe)Thesen

„Sicher hat Werbung den Luxus demokratisiert. Doch die Werbung hat den Luxus in vielen Bereichen auch zur Pflicht gemacht. Das hat oft fatale Auswirkungen.

Werbung ist Kommunikation. Aber fördert sie auch die Kommunikation? Ich habe da meine Zweifel.

Werbung macht unfrei, weil sie den Zugang zum Glück auf den Weg über die Ware beschränkt. Es ist ein Glück der Selbstbefriedigung".

Basilius Streithofen, DIE WELT, 16.2.1985, I.

„Ein Kernproblem unserer Wirtschaft sind gesättigte Märkte, auf denen die Produkte nur geringe Qualitätsunterschiede aufweisen.

Hier muß der Anbieter andere Wege suchen, um seine Marke von konkurrierenden Marken abzuheben. Dieser Weg ist die Vermittlung von markenspezifischen Konsumerlebnissen bzw. von eigenen Erlebniswerten.

In einer fortgeschrittenen Industrie- und Wohlstandsgesellschaft entwickeln sich die Produkte in zunehmendem Maße zu Medien für die emotionale Stimulierung und für die emotionale Ersatzbefriedigung der Konsumenten.

Wenn das Marketing auf gesättigten Märkten die – vorwiegend passiven – Konsumenten erreichen will, muß es dazu die geeigneten Sozialtechniken einsetzen".

Werner Kroeber-Riel, Wirtschaftswoche, 7.12.1984, S. 96-101.

„Es ist ein Phänomen der Wohlstandsgesellschaft, daß sich das Konsumverhalten zu einer emotional gesteuerten Kaufkraftverwendung verschiebt", doziert Karstadt-Vordenker Deuss über den Aufbruch von König Kunde in eine neue Erlebniswelt.

Capital 12/86, S. 222

AUF EIN WORT

» Es ist eine vordringliche Aufgabe im Möbelmarkt, dem Verbraucher die Erlebniswerte des Wohnens zu vermitteln, um im Wettbewerb mit anderen Branchen, z. B. Auto und Reisen, eine starke Position zu behaupten. «

Horst Lübke, geschäftsführender Gesellschafter Interlübke Gebr. Lübke GmbH & Co. KG, Rheda-Wiedenbrück. FOTO: DIE WELT

DIE WELT, 11.1.1986, S. 9

Abschließend sei noch darauf hinzuweisen, daß **auch in planwirtschaftlichen Ländern Warenwerbung** anzutreffen ist, wenngleich sie dort auch meist wegen der auf vielen Gebieten vorhandenen strukturellen Mangellagen wesentlich geringere praktische Bedeutung hat. Daß sie aber im Prinzip auch dort existiert und vergleichbare Aufgaben zu erfüllen hat, macht das folgende Zitat aus einer in der DDR erschienenen Veröffentlichung von MERKER/LEHM (1974, S. 99f.) deutlich: „Die Werbung hat planmäßig und systematisch das Bild der Verkaufseinrichtung beim Kunden zu prägen, um ihn für den Kauf von Waren oder für die Inanspruchnahme von Dienstleistungen zu gewinnen ... Die Werbung tut alles, um jeden Einkauf zu einer Freude zu machen. Mit ihrem positiven Anliegen unterscheidet sich die sozialistische Werbung prinzipiell von der Reklame in der kapitalistischen Gesellschaftsordnung".

b) Die Produktgestaltung

Bei der Produktgestaltung als absatzpolitischem Mittel geht es um die bewußt in den Dienst der Leistungsverwertung gestellte **Ausstattung einer Ware mit (verbesserten oder geänderten) Eigenschaften und Merkmalen**, die beim potentiellen Nachfrager ein Bedürfnis nach gerade dieser Ware auslösen sollen. Auch die generelle Neuschöpfung von Waren gehört mit hierher. „Besonders in den beiden letzten Jahrzehnten gewann die Produktpolitik als Marketing- und Wettbewerbsinstrument für Wachstum und Sicherung von Unternehmen erheblich an Gewicht. So entfällt ein großer Teil des Umsatzes vieler Unternehmen heute auf Erzeugnisse, die es vor wenigen Jahren noch nicht gegeben hat" (NIESCHLAG/DICHTL/HÖRSCHGEN 1985, S. 94).

Letztlich will man mit dem sich (etwas) von der Konkurrenz abhebenden Produktprogramm – so gut es geht – dem **(Preis)Wettbewerb ausweichen**. Von Produktgestaltung wird meist in dreifacher Hinsicht gesprochen:

(1) Es werden bestimmte Eigenschaften (z.B. technische, ästhetische oder gefühlsmäßige) bereits vorhandener Güter geändert und damit häufig auch veränderte Preisforderungen gestellt;
(2) von einem Gut werden mehrere Varianten (z.B. Typen, Zweitmarken) hergestellt und mit verschiedenen Preisen auf den Markt gebracht, so daß praktisch eine Art Preisdifferenzierung stattfindet;
(3) das Absatzprogramm wird erweitert oder verkleinert.

Bei der Produktgestaltung zeigt sich eine recht **enge Verbindung zur Werbung**. Dies wird besonders deutlich, wenn man sich vergegenwärtigt, daß es für die Wertschätzung einer Ware häufig nicht nur auf ihre (technische) Qualität, sondern auch auf ihre äußere Aufmachung und ihr Markenzeichen sowie vielfach auch stark auf die Verpackung ankommt. Mit zunehmendem Wohlstand (und zunehmender Marktsättigung) tritt oftmals der eigentliche technische oder funktionale Nutzen (Grundnutzen) eines Gutes immer mehr in den Hintergrund, zugunsten des mit dem Gut verbundenen **Zusatz- oder Geltungsnutzens**, wodurch die Produktgestaltung und die Werbebotschaften naturgemäß an Komplexität gewinnen, so z.B. wenn etwa das Gefühl oder die Atmosphäre vermittelt werden soll, ein dynamsicher, engagierter und erfolgreicher Mensch zu sein, wenn man dieses oder jenes Produkt (z.B. eine bestimmte Automarke) benutzt.

Zahlreiche Güter sind heute nur verkäuflich, wenn neben der rein technischen Ausstattung, die vielfach immer gleicher wird, auch die „emotionale Seite" stimmt (z.B. Aufmachung, Verpackung, Werbung, Service). „Die Produktdifferenzierung mittels markenspezifischer Konsumerlebnise (s. S. 82) ist keine bloße Produktkosmetik. Sie ist eine konsequente Anpassung an die emotionalen Bedürfnisse der Konsumenten" (KROEBER-RIEL, „Wirtschaftswoche", 7.12.1984, S.

100). Das Produkt als Ganzes – also einschließlich des gesamten Marketings – muß beim Kunden „ankommen", d.h. seinem Lebensgefühl entsprechen, das sich im Laufe der Zeit ändert. In der Regel greifen Grund- und Zusatznutzen ineinander über und werden von den Nachfragern nicht getrennt empfunden.

Nicht zuletzt wegen der großen Bedeutung, die der Zusatznutzen für ein Produkt und damit für seinen Absatzerfolg haben kann, spielt in der Produktgestaltung die Frage der bewußten Herausbildung von **Markenwaren** (Markenartikel, Handelsmarken) eine große Rolle, die dem Abnehmer die Vorstellung hoher Produktqualität und eines attraktiven Konsumerlebnisses vermitteln sollen.

> **AUF EIN WORT**
>
> ›› In stagnierenden Märkten bei hohem Qualitätsstandard vergleichbarer Marken, liegt das Schwergewicht der Markenführung in der Emotion und nicht in der Ratio. Marken müssen glaubwürdig emotionale Segmente besetzen. ‹‹
>
> **Josef Hattig, Geschäftsführer Marketing und Technik der Brauerei-Gruppe Beck GmbH & Co., Bremen.**
>
> FOTO: K. H. SUCHEFOR

DIE WELT, 24.1.1985, S. 9

Die Unternehmen sind in der **Produktgestaltung grundsätzlich frei**, abgesehen von bestimmten Kennzeichnungsvorschriften und zahlreichen rechtlichen Vorschriften oder quasi-rechtlichen (technischen) Normen auf einigen Gebieten, z.B. im Lebens-, Genuß- und Arzneimittelsektor, im Bereich der technischen Arbeitsmittel und im Bauwesen. Im Interesse des Gesundheits- und Verbraucherschutzes ist der Gesetz- und Verordnungsgeber seit einiger Zeit besonders aktiv in der Schaffung neuer Normen, die regelmäßig auch die Produktgestaltung berühren.

Bei der Produktpolitik spielt die Frage der **Lebensdauer der Produkte** eine erhebliche Rolle, und zwar in dreifacher Weise:

- Einmal geht es um den **ökonomischen Lebenszyklus** von Gütern, d.h. um die Frage, wie lange unter Konkurrenz- und Ertragsgesichtspunkten ein und dasselbe Produkt im Leistungsprogramm bleiben kann. Zahlreiche (Markenartikel)Produkte durchlaufen einen recht einheitlichen – seit einigen Jahren tendenziell kürzer werdenden – Lebenszyklus (Alterungsprozeß), nämlich Einführungs-, Wachstums-, Reife-, Sättigungs- und Schrumpfungsphase (s. NIESCHLAG/DICHTL/HÖRSCHGEN 1985, S. 168f.*.

- Zum zweiten gibt es eine **technische Nutzungsdauer** (Gebrauchsdauer) von Produkten: hier geht es um die Frage, wie qualitativ hochwertig ein Gut sein soll, d.h. mit welcher technischen Lebensdauer ein Produkt ausgestattet sein soll.
- Die dritte Art von Produkt-Lebensdauer berührt die Frage, ob die Unternehmen eine Produktpolitik betreiben, die bewußt auf eine (künstliche) **Verkürzung der Lebensdauer** hinausläuft. Vielfach wird behauptet, die Unternehmen bauten absichtlich Schwachstellen in die Produkte ein, um so zu einem schnelleren Verbrauch beim Kunden zu kommen (geplanter Verschleiß = Obsoleszenz) und damit vorzeitig Nachfrage nach Ersatzbeschaffung wirksam werden zu lassen.

Bei diesem generellen Vorwurf, der in Einzelfällen wohl nicht ganz von der Hand zu weisen ist, wird meist nicht genügend beachtet, daß es bei der Bestimmung der technischen Lebensdauer „niemals um eine maximale Lebensdauer eines Gerätes oder Kleidungsstückes geht; vielmehr handelt es sich ausschließlich um ein Optimierungsproblem, bei dem mehrere Faktoren zu berücksichtigen sind ..., deren Gewichtung bei der Optimierung im Zeitablauf wechseln kann" (RÖPER 1977, S. 187f.).

RÖPER macht dieses Optimierungsproblem am Beispiel der (immer länger gewordenen) Lebensdauer von Kfz-Reifen deutlich: „Hier haben außer der langen (Abriebs-)Lebensdauer folgende Einflußfaktoren in die Optimierungsüberlegungen einzugehen: Fahrkomfort, gute Federungseigenschaften, Abrollweichheit, gute Seitenführung und -stabilität, kurze Bremswege auf nasser und schmieriger Fahrbahn, geringe Aquaplaning-Gefahr, gute Zugkraftübertragung, niedriger Rollwiderstand (nicht zuletzt, um Kraftstoff zu sparen, R.S.), geringe Erwärmung und Betriebssicherheit bei hohen Geschwindigkeiten".

Die Notwendigkeit zur Optimierung (nicht zur Maximierung!) zeigt sich bei vielen Produkten auch darin, daß mit zunehmender Lebensdauer häufig die Wartungs-, Reparatur- und Betriebskosten steigen und die Frage der Sicherheit (hohe Störanfälligkeit) und der Umweltbelastung (z.B. Lärm, Schadstoffausstoß) sowie der Bequemlichkeit ein erhebliches Gewicht bekommt. So ist und bleibt es eben schwierig, aktuelle Technik und ein fast für die Ewigkeit gebautes Auto miteinander zu verbinden. Hinzu kommt, daß die Geräte im Laufe der Zeit meist unansehnlicher werden, so daß sich auch unter diesem Gesichtspunkt (Ästhetik, Prestige) für den Produktbenutzer die Frage nach der Dauer der Einsatzzeit des Gutes zu einer Optimierungsaufgabe entwickelt. Andererseits ist nicht zu übersehen, daß zahlreiche Produkte im Laufe der Zeit eine längere Lebensdauer erhalten haben, was die bei den Produzenten ankommende (Ersatz) Nachfrage keinesfalls günstig beeinflußt; so stieg zum Beispiel in der Bundesrepublik von 1970 bis

* Hierzu ein plastisches Beispiel: „Der Aufwand für die Produktion der hoch empfindlichen High-Tech-Produkte steigt ständig, doch die Phase, in der mit einer neuen Chipgeneration Geld zu verdienen ist, wird immer kürzer. Während der Preis des 64 Kilobit-Chips – er kann etwa vier Schreibmaschinenseiten speichern – noch sechs Jahre brauchte, um von über hundert Mark auf fünf Mark zu sinken, absolvierte sein Nachfolger, der 256 Kilobit-Chip, diesen Sturzflug in nur knapp drei Jahren. Der Grund: Eine Fehleinschätzung der Nachfrage führte zu riesigen Überkapazitäten" (DIE ZEIT, 1.8.1986, S. 17; s.a. S. 194 der vorl. Abhandlung).

Mitte der achtziger Jahre das Durchschnitts(lebens)alter der Lastwagen von 8,9 Jahren auf mehr als zehn Jahre.

Röper verneint das generelle Vorliegen einer bewußt geführten Unternehmens-Strategie zur Herabsetzung der Qualität und damit der Lebensdauer von Produkten, um so schneller zu neuer Nachfrage zu kommen, und weist darauf hin, „daß es fast undenkbar ist, daß angeblich vorhandene technologische Verschleißstrategien in Zentralverwaltungswirtschaften oder in marktwirtschaftlich organisierten Ländern unter dem Druck von Kriegen oder Krisen nicht abgestellt worden wären". In diesem Zusammenhang ist auch die nachstehende Notiz aus dem „Handelsblatt" vom 10.10.1978 (S. 48) aufschlußreich: „Laut dem sowjetischen Gosstandard (entspricht den DIN-Normen) sollen Glühbirnen ca. 1000 Stunden brennen. In Wirklichkeit erreicht jedoch kaum die Hälfte das vorgeschriebene Alter".

Daß die im nachstehenden Artikel erwähnte Reduzierung der Auto-Reparaturanfälligkeit auch ihre „Kehrseite" hat, macht die ZEIT-Notiz deutlich, in der der Original-Artikel allerdings etwas eigenwillig interpretiert wird.

Häufig wird, wenn von geplantem Verschleiß gesprochen wird, im Grunde gar nicht die Herabsetzung der technischen Lebensdauer, also der betrieblich-technische oder qualitative Verschleiß, sondern der **künstliche oder Imageverschleiß** gemeint, der auch als psychischer oder psychologischer Verschleiß bezeichnet wird. Hier wird als Folge von Produktdifferenzierungen, Werbestrategien, Moden, Nachahmungs- und Abwechslungswünschen sowie Differenzierungsbestrebungen bei den Abnehmern eine Präferenz für neue Produkte geschaffen, obwohl die alten noch einen beachtlichen Grundnutzen haben.

Hier zeigt sich ein uraltes, wohl systemindifferentes Problem, das mit wachsendem Wohlstand möglicherweise an Gewicht gewinnt, daß nämlich die Wertschätzung eines Gutes mehr nach seinem Zusatz(Geltungs)nutzen als nach seinem Grundnutzen beurteilt wird, weshalb ein Bedürfnis entsteht, das Gut nach einer bestimmten Zeit losgelöst von der noch vorhandenen technischen Nutzungsfähigkeit gegen ein neues zu tauschen. Dabei spielen ökonomische Überlegungen vielfach eine vollkommen untergeordnete Rolle. Ein Blick auf die von Zeit zu Zeit am Straßenrand für die Sperrmüllabfuhr bereitstehenden Güter bestätigt diese Zusammenhänge recht anschaulich.

Verkürzt wird die (wirtschaftliche) Lebensdauer vorhandener Produkte weiterhin dadurch, daß der **technische Fortschritt** neue, leistungssfähigere Geräte auf den Markt bringt – ein Problem das im allgemeinen nicht so negativ gesehen wird wie die Obsoleszenz.

c) Die Vertriebsmethoden (-wege)

Beim Einsatz des absatzpolitischen Instruments „Vertriebsmethode"geht es um die Frage nach der **Wahl des zweckmäßigsten**, d.h. des auf Dauer größten Erfolg versprechenden Absatzweges. Hierzu gehört auch die Entscheidung darüber, ob die betreffenden Produkte verkauft – was der Normalfall ist – oder vermietet (verpachtet) werden sollen.

Im Grunde genommen steht jede Unternehmung bei der Wahl der Absatzmethode vor der grundsätzlichen Frage, ob sie selbst die Ware **direkt** (z.B. über Filialen oder Reisende) an den Verbraucher oder Weiterverarbeiter vertreiben will oder ob dies **indirekt**, d.h. durch Zwischenschalten von institutionellen Handels-

HALTBARKEIT

Erzfeind bleibt der Rost

Um den Begriff des Langzeitautos ist es still geworden. Erfolge in Sachen Haltbarkeit und Wartung sind oft nur mit Kompromissen erreichbar.

In zwei Jahren begeht das Automobil seinen 100. Geburtstag. Und obwohl bei der Fertigungstechnik, der Metallurgie, der Werkstoffkunde und auch in der Petrochemie große Erfolge zu verzeichnen waren, zeigt es auch heute noch typische Verschleißerscheinungen samt der ärgerlichen Korrosion. Es verlangt zwecks Werterhaltung einen beträchtlichen Pflegeaufwand, der einen nicht unwesentlichen Anteil an den Betriebskosten ausmacht.

Vor einigen Jahren war deshalb das Thema Langzeitauto höchst aktuell. Doch es ist mittlerweile um diesen Begriff wieder still geworden. Ist ein Auto mit einer Lebenserwartung von 25 oder mehr Jahren also Utopie? Technisch wären langlebige Automobile durchaus möglich. Ob sie wirtschaftlich sinnvoll sind, bleibt zu bezweifeln. Der Besitzer eines Automobils braucht sich lediglich einen entsprechend frühen Vorgängertyp seines Fahrzeugs vorzustellen und mit ihm gedanklich auf die Reise zu gehen. Er wird dabei sehr bald erkennen: Das alte Ding entspricht – auch wenn es im Neuzustand ist – keineswegs den Ansprüchen unserer Tage. Auch die seinerzeit beliebte Vorstellung, man könne Automobile in Modulbauweise konzipieren und unmoderne Elemente gegen verbesserte austauschen, entpuppte sich bei näherer Betrachtung als Klein-Moritz-Vorschlag. Denn das würde bedeuten, bei jeder Überholung dieser Art höchst störende Kompromisse eingehen zu müssen.

Der Erzfeind des Autos ist noch immer der Rost. Die Mechanik pflegt in der Regel die Karosserie zu überleben. Aber selbst in 100 Jahren der Entwicklung blieb es beim Stahlblech für die Gehäusestruktur, weil es stark genug ist, den tagtäglich einwirkenden Kräften auf den fahrbaren Untersatz zu widerstehen und den Insassen bei einem Unfall ein gewisses Maß an Schutz zu bieten. Um

Autoschrottplatz bei Köln: Das Langzeitauto bleibt Illusion

den Rost zu begegnen, wurden verschiedene Verfahren entwickelt. Daß dennoch alle erdachten Schutzmaßnahmen nicht immer halten, was der Neuglanz verspricht, liegt zumeist an den Benutzern selbst. Rostlauben entstehen aus Kleinigkeiten, aus Kratzer oder durch Steinschlag. Werden zunächst kleine Wunden nicht sofort gesäubert und umgehend verschlossen, ist die Rostinfektion programmiert.

Es gibt natürlich Edelstahl, wie er zum Beispiel für die Außenhaut des berühmt-berüchtigten De Lorean-Sportcoupés oder für Porsches Experimentalkarosserien verwendet wurde. Doch dürften die Preise den normalen Geldbeutel überfordern.

Kunststoffe sind schon seit vielen Jahren im Visier der Techniker. Verbundkunststoffe sind korrosionsfest und können eingefärbt werden, erfordern aber eine völlig andere Konstruktion der Strukturen und eine völlige Umstellung der Fertigung.

Neben dem Rostfraß ist der mechanische Verschleiß die zweite wichtige Begleiterscheinung des Alterungsprozesses. Verschleiß findet vorzugsweise dort statt, wo es zu mechanischer Reibung kommt. Das heißt, an Lagern und Wellen, an Kolben und Zylinderlaufbahnen wie an den Belägen. Auch Kupplung und Zahnräder des Antriebs zwingen häufiger in die Werkstatt. Während heutzutage zum Beispiel der Reibbelag einer konventionellen Kupplung eine durchschnittliche Dicke von rund fünf Millimetern aufweist – sie hält je nach Fahrstil zwischen 50 000 und 100 000 Kilometer durch –, könnten schon leichte Veränderungen die Belagschicht verdoppeln. Ähnliches gilt für Reifenprofile und Bremsbeläge. Doch manches ist leichter gefordert als getan, so müßte beispielsweise der Bremszylinder entsprechend verlängert werden. Das aber bedeutet Mehrgewicht und höhere Kosten. Eine Möglichkeit wäre die Auswechselbarkeit der Beläge so zu vereinfachen, daß ein Wechsel einfach, schnell und kostengünstiger erfolgen kann.

Für die Minderung des Wartungsaufwandes ist indes in den letzten Jahrzehnten viel geschehen. Die Intervalle für die vorgesehenen Inspektionen haben sich erheblich verlängert: Ein 20 000-Kilometer-Abstand ist heute bereits normal. Doch vor allem für technisch uninteressierte Benutzer können zu lange Wartungsintervalle verhängnisvoll sein. Sie verlassen sich schlicht auf die angeratene Kilometerdistanz und nehmen Risiken in Kauf, die sich aus alltäglichem Fehlverhalten, wie beispielsweise gedankenloses Bordsteinfahren beim Einparken, ergeben können.

Bisher gelang es den Ingenieuren allerdings, den Betreibern wenigstens einen Teil der früher notwendigen Fahrzeugpflege abzunehmen. Es gibt inzwischen keine ständig zu betreuenden Schmierstellen mehr am Fahrwerk oder Antrieb. Rotierende Wellen von Pumpen und Rädern sind mit einer Dauerschmierung ausgerüstet; hydraulische Ventilstössel machen die früher periodisch nötige Ventilspiel-Einstellung überflüssig, und Zündanlagen mit kontaktloser Steuerung garantieren einen stets zur richtigen Zeit zündenden Funken. Ein Auto wird jedoch niemals die Lebensdauer eines Möbelstücks erreichen, denn dazu ist es viel zu großen Belastungen ausgesetzt.

Wirtschaftswoche, 21.9.1984, S. 146, 149

Gewerkschaften

Freude fehlt

Der IG Metall scheint es an der Fähigkeit zur Freude zu mangeln. Die Autoindustrie habe die Qualität ihrer Produkte in den vergangenen Jahren so gesteigert, daß die Reparaturanfälligkeit der Fahrzeuge immer geringer, die Wartungsintervalle länger geworden sind, heißt es in der Funktionärszeitschrift *Gewerkschafter*. Nennenswerter Ersatzbedarf trete erst nach fünf bis sechs Jahren auf, wird dann fast anklagend festgestellt. Das führe „zu einem rapiden Arbeitsplatzabbau" in den Kfz-Reparaturwerkstätten.

Vor einigen Jahren mußte sich die Industrie noch mit dem Vorwurf des „geplanten Verschleißes" herumschlagen. Kritiker warfen ihr vor, heimlich „Sollbruchstellen" in ihre Produkte einzubauen. Damit wolle sie die Kunden nach einer gewissen Zeit zum Kauf neuer Geräte zwingen. Jetzt läßt sich aus den Mitteilungen der IG Metall so etwas wie „geplante Arbeitsplatzvernichtung" herauslesen.

Die IG Metall wird sonst nicht müde zu behaupten, daß die Arbeitnehmer auf keine Mark verzichten können, ohne in Not und Elend zu geraten. Deshalb müßte sie es eigentlich freudig begrüßen, wenn ihre Mitglieder nun gleich Hunderte von Mark sparen, statt sie für überflüssige Reparaturen zu verschwenden. Übrigens: Wenn sie das Geld an anderer Stelle sinnvoller ausgeben können, schafft das dort neue Arbeitsplätze. *mj*

DIE ZEIT, 19.7.1985, S. 18

einrichtungen (Groß- und Einzelhandel) geschehen soll. In den weitaus meisten Fällen ist die Leistungverwertung ohne die Inanspruchnahme von Handelseinrichtungen nicht erfolgreich zu bewerkstelligen.

Während die Tätigkeit des **Einzelhandels** dadurch gekennzeichnet ist, daß der Absatz normalerweise an den Letztverbraucher – den privaten Haushalt – erfolgt, und zwar entweder über ein Ladengeschäft, ein Versandgeschäft oder über den ambulanten Handel, geht es beim **Großhandel** darum, daß er Waren aufkauft, die ohne weitere Verarbeitung an Wiederverkäufer (Einzelhandel) oder Weiterverarbeiter (Fertigungsbetriebe) abgesetzt werden.

Rechtliche Beschränkungen oder Begünstigungen bestimmter Betriebsformen des Handels bestanden in den letzten Jahrzehnten grundsätzlich nicht. Anders war das früher mit den Warenhäusern, für die schon das Preußische Warenhaussteuergesetz von 1900 und später das Dritte Reich Expansionserschwernisse brachten, ganz abgesehen von den zeitweiligen Behinderungen der Konsumgenossenschaften in der Vergangenheit. Seit einigen Jahren wird die Errichtung von (großflächigen) Verbrauchermärkten mittels sog. Ministererlasse und der 1977 neugefaßten und mit Wirkung vom 1.1.1987 geänderten Baunutzungsverordnung stark erschwert. Solche Behinderungen wurden früher und werden heute meist mit dem Schutz des herkömmlichen mittelständischen Handels (in den Innenstädten) begründet.

Verbrauchermärkte kritisieren Entwurf

hg. **Bonn**

Der Bundesverband der Selbstbedienungs-Warenhäuser (BdSW), Bonn, wertet den Entwurf eines neugefaßten Runderlasses zur Baunutzungsverordnung aus dem Düsseldorfer Ministerium für Landes- und Stadtentwicklung als „behördliches Mittel zur verstärkten Einflußnahme auf die Verhinderung von Verbrauchermärkten und SB-Warenhäusern auf der grünen Wiese durch Städte und Gemeinden“. Hier werde versucht, per Bauplanungsrecht Wettbewerbs- und Strukturpolitik zu machen, heißt es bei dem Verband.

Vor allem die strikte Zuordnung der Verkaufsflächengrößen zur Bedeutung der jeweiligen Kommune – Oberzentrum, Mittelzentrum oder Unterzentrum – sei willkürlich, weil dadurch Größenklassen festgeschrieben würden. Als „diskriminierend“ empfindet der Verband auch die Absicht der Behörde, innerhalb der Städte Nutzungsbeschränkungen für Einzelhandelsbetriebe vorzusehen.

DIE WELT, 18.1.1985, S. 13

Ob es hilft?

hg – Die bayerische Staatsregierung sorgt sich um die verbrauchernahe Versorgung ihrer Bürger auf dem Land. Darum will sie die Zahl möglicher Standorte für Großobjekte des Einzelhandels im Zuge der Fortschreibung des Landesentwicklungsprogramms von 756 auf 287 verringern. Ob es hilft? Auf die Dauer wohl kaum, denn der Versuch, kleinen Einzelhändlern dadurch das Überleben zu sichern, daß man sie gegen leistungsfähige Konkurrenz abschottet, findet sozusagen am untauglichen Objekt statt. Auch ohne den Wettbewerb durch Verbrauchermärkte werden sie nur dann überleben, wenn ihnen ihr Umsatz mindestens das Gehalt eines Facharbeiters sichert. Dazu müßten die Erlöse aber bei etwa drei Millionen Mark im Jahr liegen, und die sind auf dem Dorf nicht zu holen. Dort aber lebt die Zielgruppe, um deren Versorgung man sich in München Gedanken macht. Im übrigen wollen Dorfbewohner nicht „Tante Emma“, sondern Aldi. Ob die Staatsregierung das weiß?

DIE WELT, 25.6.1986, S. 11

Sieht man einmal davon ab, daß die Vertriebsmethoden (wie auch die übrigen absatzpolitischen Instrumente) nicht gegen die guten Sitten und damit gegen das Gesetz gegen den unlauteren Wettbewerb (UWG) verstoßen dürfen, so sind die Hersteller im Prinzip **frei** in ihrer Entscheidung, welche **Vertriebsmethode sie wählen** wollen und welchen Kundenkreis sie somit erfassen und wen sie nicht beliefern wollen, d.h. die Anbieter dürfen sich die **Nachfrager**, mit denen sie Geschäfte machen wollen, **selbst aussuchen** und auch den Kaufvertragsinhalt (z.B. Preis, Lieferungs- und Zahlungsbedingungen) individuell zu gestalten versuchen.

Lambsdorff kritisiert Baunutzungsverordnung

ap BONN. Der wirtschaftspolitische Sprecher der FDP-Fraktion im Bundestag, Otto Graf Lambsdorff, hat der Bundesregierung in Fragen des Einzelhandels „Etikettenschwindel" und Verstoß gegen die Regeln der Marktwirtschaft vorgeworfen. Lambsdorff erklärte in Bonn, die vom Kabinett beschlossene Änderung der Baunutzungsverordnung sei ein „Wettbewerbs-Verhinderungsgesetz und eine nur mühsam verdeckte Schutzzaunpolitik für bestimmte Einzelhandelsunternehmen". Die neue Verordnung senkt die Schwelle für die Ansiedlung neuer Supermärkte von 1500 auf 1200 Quadratmeter herab. Dazu meinte der frühere Bundeswirtschaftsminister, die Baunutzungsverordnung diene nicht, wie behauptet, der „vernünftigen" Ansiedlung großer Einzelhandelsbetriebe, sondern der Verhinderung neuer Supermärkte. „Die Verordnung schützt in Wirklichkeit nicht die kleinen und mittleren Einzelhandelsbetriebe, sondern hindert sie daran, in betriebswirtschaftlich sinnvolle Größenordnungen hineinzuwachsen.

Handelsblatt, 10.11.1986

„Die freie Bestimmung des Herstellers über den für seine Waren günstigsten Vertriebsweg ist ein wesentlicher Bestandteil der marktwirtschaftlichen Ordnung", schreibt die Bundesregierung in ihrer Stellungnahme zum Tätigkeitsbericht des Bundeskartellamts im Jahre 1977 (Bundestagsdrucksache 8/1925, S. V.)

Anders sieht diese Freiheit bei **marktbeherrschenden Unternehmen** (s. S. 97f.) aus. Insbesondere für sie hat das Kartellgesetz (§ 26) das **Diskriminierungsverbot** geschaffen, das eine besonders große Rolle bei den sogenannten Vertriebsbindungen spielt.

Die marktbeherrschenden Unternehmen dürfen ihre Abnehmer nicht ohne sachlich gerechtfertigten Grund unterschiedlich behandeln. Außerdem gilt generell, daß sehr langfristige unkündbare vertragliche Bindungen rechtlich unzulässig sein können, nämlich dann, wenn sie die wirtschaftliche Bewegungsfreiheit und Selbständigkeit des Vertragspartners in nicht hinnehmbarer Weise einschränken. Diese Problematik kann unter Umständen im Falle von Bierlieferungsverträgen der Brauereien und von Verträgen der Mineralölgesellschaften mit den Tankstellenhaltern vorliegen.

Viele Hersteller legen aus absatzpolitischen Gründen (z.B. Imagepflege) großen Wert darauf, daß ihre (Marken)Produkte nur über den herkömmlichen Fachhandel abgesetzt werden. Zu diesem Zweck verpflichten sie beispielsweise den von ihnen beziehenden Fachgroßhandel, seinerseits nur an den Facheinzelhandel zu liefern. Solche **Vertriebsbindungen** sind im Prinzip auch bei den marktbeherrschenden Unternehmen zulässig. Strittig ist häufig die Frage, ob nicht auch die neu in den Markt eindringenden Einzelhandelsformen, z.B. die (Selbstbedienungs)Verbrauchermärkte, durchaus in den einzelen Produktbereichen eine Fachhandelsfunktion erfüllen und deshalb gegenüber den eigentlichen Fachgeschäften nicht diskriminiert werden dürfen, d.h. ebenfalls zu den für die übrigen Abnehmer geltenden Konditionen beliefert werden müssen.

Ein solches **Diskriminierungsverbot** besteht nach § 26 GWB auch ohne das Vorliegen einer marktbeherrschenden Stellung des Anbieters, wenn der Nachfrager darauf angewiesen ist, die betreffende Ware in seinem Sortiment zu haben, um wettbewerbsfähig zu sein; er insoweit also praktisch **vom Hersteller bekannter Markenwaren** mit hoher Marktgeltung **abhängig** ist.

„Wir haben das mit wenig Freude zur Kenntnis genommen", kommentiert Professor **Rolf Rodenstock** die Klage von Karstadt, daß der wichtige Brillen- und Optikfabrikant die Fachabteilungen des Konzerns nicht beliefere. Rodenstock bekräftigt gleichwohl, daß sein Unternehmen auch künftig Warenhauskonzerne nicht beliefern, sondern den Vertrieb „fachgeschäftsorientiert" im engeren Sinne betreiben wolle. Zwar beschäftige auch Karstadt Meister und habe damit gewisse Elemente des Fachgeschäfts, räumt der Münchener Optik-Industrielle ein, „aber nach unserem Marktverständnis ist das nicht der richtige Ort, um dort unsere Produkte anzubieten und zu verkaufen". Rodenstock sieht es nicht als sinnvoll an, seine Markenpolitik zu ändern. Wenn jemand im Ausland Rodenstockgläser und -brillengestelle besorge, so wolle und könne man (nach den EG-Wettbewerbsregeln) allerdings nichts dagegen tun.

DIE ZEIT, 1.3.1985, S. 32

Das wettbewerbsrechtliche Diskriminierungsverbot gilt auch für den Fall, daß der marktstarke Partner nicht auf der Anbieter-, sondern auf der Nachfragerseite steht und versucht, den Anbieter (Hersteller, Lieferanten) zu diskriminieren. So zum Beispiel, wenn ein Nachfragemächtiger versucht, bei einem Anbieter Lieferungen durchzusetzen, die anderen Nachfragern verwehrt werden.

Zusammenfassend ist also festzuhalten, daß die grundsätzlich freie Partnerwahl im Geschäftsleben dadurch eingeschränkt werden kann, daß Anbieter oder Nachfrager über eine besonders große Marktstärke verfügen.

d) Preispolitik

Bei der Preispolitik geht es um den Versuch, durch eine zweckmäßige **Bestimmung des (Absatz)Preises und** der eng damit verbundenen **Lieferungs- und Zahlungsbedingungen** (Konditionen) die Chancen für einen erfolgreichen Absatz der produzierten Güter möglichst günstig zu gestalten.

(1) Der Preis in der Theorie

An sich ist in der Theorie der marktwirtschaftlichen Ordnung der **Preis**, der sich aus dem (mengenmäßigen) Verhältnis von Angebot und Nachfrage ergibt, ein **Datum**, auf das die Beteiligten wohl reagieren, das sie aber nicht selbst verändern können.

Geht man von dem (Normal)Fall aus, daß die (in großer Zahl vorhandenen) Nachfrager bei der Wahl der Nachfragemenge im Prinzip frei sind, d.h. mehr oder weniger nachfragen können, so zeigt sich, daß die nachgefragte Menge eine Funktion des Preises ist. Das bedeutet: Je höher der Preis, desto kleiner die nachgefragte Menge. Je nach Preishöhe kaufen die Nachfrager mehr oder weniger von dem betreffenden Produkt, so z.B. in der nachstehend schaubildlich wiedergegebenen Situation die Menge m_5 oder m_2. Auf der Absatzseite zeigt sich vom Prinzip her der ebenfalls in der Grafik wiedergegebene Sachverhalt, daß die Produzenten umso mehr anbieten (nämlich m_3), je höher der Absatzpreis ist, und umgekehrt (nämlich m_4).

Dort wo sich die Angebots- und Nachfragekurve schneiden, bildet sich bei der Menge m_1 der sogenannte Gleichgewichtspreis p_1. Hier bieten die Anbieter genau so viele Einheiten an, wie die Nachfrager bei diesem Preis kaufen wollen. Hier erhalten alle Nachfrager, die zu diesem Preis kaufen wollen, die von ihnen nachgefragte Menge. Bei diesem Preis stimmen also die angebotene und die nachgefragte Menge überein. Vergrößert sich das Angebot (z.B. von Obst und Gemüse durch eine gute Ernte) und bleibt die Nachfrage gleich, so ist das größer gewordene Angebot nur zu einem niedrigeren Preis absetzbar, d.h. die Angebotskurve verschiebt sich in diesem Falle nach rechts.

Die Situation, daß der Absatzpreis umso niedriger ist, je größer die abzusetzende Menge ist, führt dazu, daß bei größer werdendem Angebot automatisch die Preise sinken. Um einen solchen „Preisrutsch" als Folge eines relativ großen Angebots zu vermeiden, gibt es gelegentlich Bestrebungen von Erzeugern/Anbietern, die Angebotsmenge durch künstliche Verknappung (z.B. Vernichtung) gering und damit den Verkaufspreis hoch oder zumindest stabil zu halten. Dies kann für die Anbieter günstiger sein als die gesamte Ware (Ernte) zu einem sehr niedrigen Preis auf den Markt zu bringen. Zum „Erfolg" führen kann eine solche Vorgehensweise nur, wenn es sich um marktstarke und sich gleichförmig verhaltende Anbieter handelt. Dieses Verfahren findet auch auf EG-Ebene Anwendung.

Der in der nachstehenden Grafik angenommene Sachverhalt, daß die Nachfrage umso geringer ist, je höher der Preis ist und umgekehrt, liegt regelmäßig auch dann vor, wenn nur einige wenige große Anbieter (**Oligopolisten**) oder gar nur

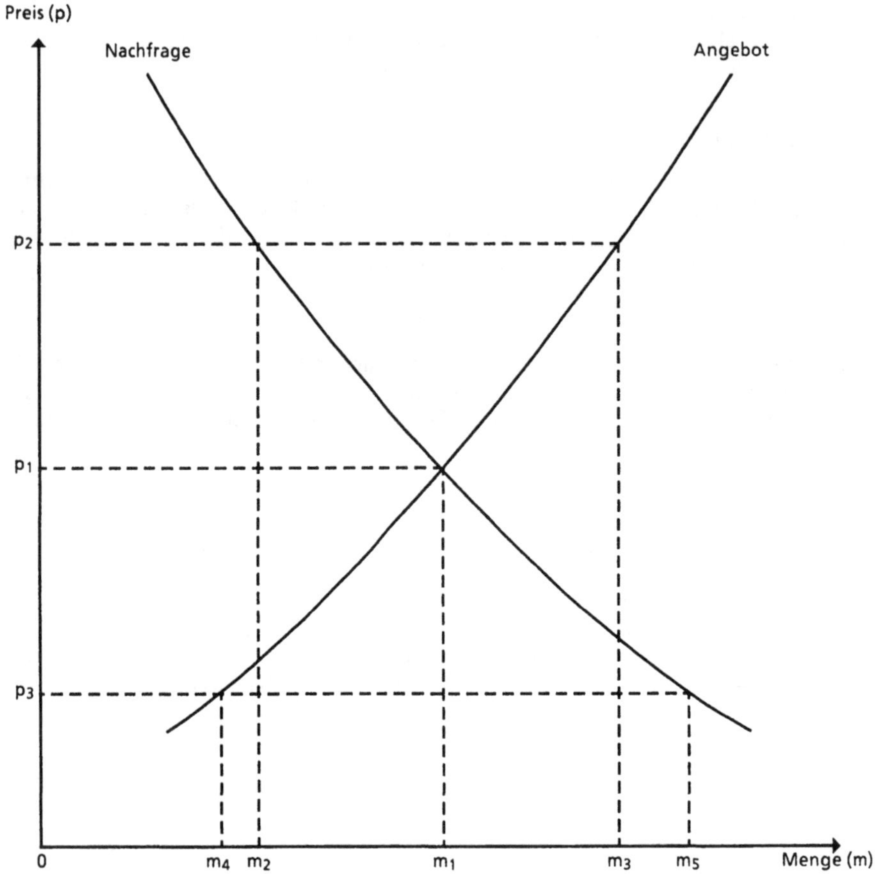

ein Anbieter (**Monopolist**) vorhanden sind. In den meisten Fällen sind die Nachfrager nicht unbedingt, d.h. immer mit gleicher Menge, auf das betreffende Produkt der Oligopolisten oder des Monopolisten angewiesen. Die Situation, daß ein (privater) Monopolist jeden beliebigen Preis nehmen kann, weil die Kunden ihre Nachfrage nicht oder nur geringfügig einschränken können, ist extrem realitätsfern. Solche Monopole sind überwiegend in staatlicher Hand (Elektrizität, Gas, Wasser, Personenverkehr).

Die in der Öffentlichkeit vielfach aufgeworfene Frage, ob ein geforderter oder ausgehandelter **Preis „gerecht"** oder „richtig" ist, wird in der Marktwirtschaft grundsätzlich nur vom Markt her beantwortet, und zwar auf der Basis der vorhandenen mengenmäßigen Angebots- und Nachfrageverhältnisse. Hier stimmen nicht staatliche Stellen oder die Anbieter selbst, sondern die Abnehmer mit ihrer Kaufentscheidung oder -unterlassung letztlich darüber ab, ob der geforderte Preis ihren Vorstellungen von der Wertschätzung des betreffenden Gutes entspricht oder nicht. Sind zu viele gegenteiliger Meinung, wird der Anbieter den Preis senken, insbesondere dann, wenn er mit Konkurrenten rechnen muß, die

Die mit Steuergeldern finanzierte **Vernichtung von Obst und Gemüse** in der Europäischen Gemeinschaft hat nach Angaben der Arbeitsgemeinschaft der Verbraucher (AgV) einen neuen Höchststand erreicht. Einem bisher unveröffentlichten Papier der Brüsseler EG-Kommission zufolge wurden im Wirtschaftsjahr 1986/87 mit 2,56 Millionen Tonnen fast 400 000 Tonnen mehr vernichtet als im Vorjahr, teilt die AgV mit. Das entspreche fast drei Prozent der EG-Jahresernte und etwa fünfzig Prozent der deutschen Jahresproduktion an Obst und Gemüse. Der weitaus größte Teil dieser Ware werde verfüttert, zu Alkohol verarbeitet oder auf den Müll gekippt. Weniger als zehn Prozent würden sozialen Zwecken zugeführt. Die Gesamtkosten für den Ankauf betrügen mindestens fünfhundert Millionen Mark, meint die AgV.

DIE ZEIT, 23.10.1987, S. 36

die Ware billiger anbieten. Die Preisreduzierung kann dazu führen, daß der Anbieter nicht einmal seine Kosten mit dem Preis hereinbekommt, von einem Überschuß (Gewinn) ganz zu schweigen.

(2) Kosten und Preise

Die elementare Preisbildungstheorie geht davon aus, daß als Begleiterscheinung von Nachfrage- und Produktionsrückgängen sich eine verminderte (Produktions) Kostenlast einstellt, wodurch dann die schrumpfenden Gesamterlöse leichter zu verkraften und sogar Preissenkungen möglich sind. Diese Automatik funktioniert heute jedoch bei zahlreichen (großen) marktstarken Unternehmen nicht mehr. Zwar ist es relativ leicht möglich, den mengenmäßigen Materialeinsatz an den veränderten Ausstoß anzupassen. Die Kosten für die kapitalintensiven Anlagen sinken jedoch nicht, und die Kosten für die menschliche Arbeitskraft sinken – wenn überhaupt – nur ganz langsam. Die Situation, daß die Kosten entweder überhaupt nicht oder nicht so schnell wie die Kapazitätsauslastung zurückgehen, führt vielfach dazu,daß (marktstarke) Unternehmen trotz oder wegen des zurückgehenden Umsatzes eine Preiserhöhung versuchen, um das finanzielle Gleichgewicht aufrechtzuerhalten (s.a. S. 70).

Bei der allgemeinen Fragestellung, ob und inwieweit entstandene (Produktions)Kostensteigerungen auf die Preise überwälzt werden können, ist es im Prinzip so, daß „nicht die Ansichten der Unternehmer über Kosten und Gewinnspannen darüber entscheiden, ob Überwälzungen möglich sind, sondern die Marktsituation mit all ihren gesamtwirtschaftlichen Rahmenbedingungen". Diese eindeutige, zweifellos richtige Auffassung hat der **SPD-Vorstand** in einer Argumentationshilfe zur Vermögensbildung auf dem Bundesparteitag 1973 in Hannover vertreten.

Im Prinzip haben in der Marktwirtschaft die Unternehmen **keinen Anspruch**, wenigstens ihre **Produktionskosten im Preis erstattet zu bekommen**. Deshalb können die Unternehmen andererseits auch nicht verpflichtet werden, bei ihren Preisforderungen nicht wesentlich über die Herstellungskosten hinauszugehen. Erzielt das Unternehmen einen beachtlich über den Kosten liegenden Preis und damit einen recht hohen Gewinn, so wird dies andere, gleichfalls nach Gewinn strebende Anbieter auf den Plan rufen, die dann ebenfalls – sofern dies technisch und patentrechtlich möglich ist – das betreffende Gut oder ein ähnliches Produkt anbieten, um so an der Gewinnrealisierung beteiligt zu werden. Da auf diese Weise das Angebot größer wird, sinkt mit dem Preis, der ja das Ergebnis von Angebot und Nachfrage ist, auch der erzielbare Gewinn. Ein **funktionierender Wettbewerb** auf dem Markt sorgt also dafür, daß die Gewinnbäume der Anbieter nicht in den Himmel wachsen.

(3) Der Preis in der Realität

Wenn die vorstehend (modellhaft) aufgezeigte Wirkungsweise des Wettbewerbs in der Praxis nicht immer anzutreffen ist, so hängt das damit zusammen, daß **die Marktwirklichkeit** eben **nicht überall modellmäßig strukturiert ist**. Das **marktwirtschaftliche Modell** in seiner **Urform** geht davon aus, daß Anbieter und Nachfrager so sehr **atomisiert** sind, d.h. so geringe Mengen anbieten oder nachfragen, daß sie auf das Marktgeschehen nur reagieren können, es aber nicht durch eigene Datensetzung direkt beeinflussen können.

In der Realität gibt es aber sowohl auf der Anbieterseite als auch auf der Seite der Nachfrager durchaus **Konzentrationsprozesse**, die eine eigene Datensetzung zulassen. Hinzu kommt, daß die **Markttransparenz**, die für eine schnelle Reaktion der Marktteilnehmer erforderlich ist, keinesfalls überall vorhanden ist. Zudem bestehen vielfach sachliche und/oder persönliche **Präferenzen** für bestimmte Anbieter oder Nachfrager.

Außerdem ist vielfach der **Marktzugang** für neue Anbieter erschwert. Dabei ist nicht nur an Patente zu denken, die ihren Besitzern ein zeitlich befristetes Monopol geben, sondern vor allen Dingen auch an die als Folge des technischen Fortschritts sich ergebende zunehmende Anlageintensität und die damit meist verbundene steigende Mindest-Betriebsgröße, die einen erheblichen Kapitalbedarf voraussetzt. Hieraus ergeben sich „natürliche" Beschränkungen des Marktzugangs, wodurch das Aufkommen neuer Wettbewerber erschwert wird. Automobile lassen sich unter wirtschaftlichen Gesichtspunkten eben nicht in kleinen oder mittleren Handwerksbetrieben herstellen, sondern nur in großen kapitalintensiven Unternehmen.

Das Auftreten relativ großer Anbieter muß nun aber keineswegs zu einer allgemeinen Verschlechterung der Abnehmerversorgung führen. Häufig ist gerade das Gegenteil zu beobachten. Erst die Tatsache, daß mehrere **große leistungsfähige Anbieter** miteinander im **harten Wettbewerb** stehen, übt einen **starken Rationalisierungsdruck** aus, der regelmäßig zu relativ niedrigen Herstellungskosten und damit meist auch zu entsprechend günstigen Preisen für die Kunden führt (s.a. S. 331f.).

Auch Unternehmen mit einem erheblichen Marktanteil müssen immer mit dem Problem leben, daß, wenn sie die Preise zu sehr anheben, die Abnehmer die Produkte der **Konkurrenz** vorziehen oder daß als Folge des hohen Preises **Ersatzgüter** mit niedrigeren Preisen auf den Markt kommen, so zum Beispiel – wenn das Benzin zu teuer wird – möglicherweise irgendwann einmal aus Kohle gewonnenes Benzin. Darüber hinaus wirken bei Gütern, die für die Allgemeinheit besondere Bedeutung haben, die häufig auftretenden **Negativ-Reaktionen** der Medien, Politiker und des Kartellamts auf Preiserhöhungen in gewisser Weise als Preisbremse. Dennoch soll keineswegs verkannt werden, daß durch wettbewerbswidriges Verhalten von Unternehmen (z.B. über Absprachen) oder das Vorliegen besonderer Marktstärke oder in Krisensituationen im Einzelfall Preisstellungen zustande kommen können, die von der Ordnungspolitik her bekämpft werden müssen, z.B. über eine strenge Anwendung des Kartellgesetzes.

(4) Marktbeherrschende Unternehmen und Preisüberwachung

Die betriebliche Preispolitik geht grundsätzlich nur die Unternehmen und ihre Abnehmer an. Auch das **Kartellamt** ist nicht generell für die Preispolitik der Unternehmen zuständig. Initiativ werden kann das Kartellamt allerdings, wenn Preisabsprachen erfolgen oder andere wettbewerbsbeschränkende Vereinbarungen getroffen werden oder wenn es sich um marktbeherrschende Unternehmen handelt. Während Preisabsprachen und andere wettbewerbsbeschränkende Vereinbarungen generell verboten sind, besteht für **marktbeherrschende Unternehmen** zusätzlich die **Mißbrauchsaufsicht** durch das Bundeskartellamt, d.h. das Kartellamt kann einschreiten, wenn diese Unternehmen ihre marktbeherrschende Stellung beim Einsatz absatzpolitischer Instrumente (oder auf dem Beschaffungsmarkt; Stichwort: Nachfragemacht) mißbräuchlich ausnutzen*.

Im Sinne des Kartellgesetzes (§ 22 Abs. 1) ist ein Unternehmen **marktbeherrschend**, soweit es als Anbieter oder Nachfrager einer bestimmten Art von Waren oder gewerblichen Leitungen

(1) ohne Wettbewerber ist oder keinem wesentlichen Wettbewerb ausgesetzt ist oder

(2) eine im Verhältnis zu seinen Wettbewerbern überragende Marktstellung hat; hierbei sind außer seinem Marktanteil insbesondere seine Finanzkraft, sein Zugang zu den Beschaffungs- oder Absatzmärkten, Verflechtungen mit anderen Unternehmen sowie rechtliche oder tatsächliche Schranken für den Marktzutritt anderer Unternehmen zu berücksichtigen.

Die Kartellbehörde kann marktbeherrschende Unternehmen, die ihre marktbeherrschende Stellung auf dem Markt mißbräuchlich ausnutzen, das mißbräuchliche Verhalten untersagen und Verträge für unwirksam erklären. Weiter-

* Einschreiten muß das Bundeskartellamt auch, wenn Produzenten versuchen, ihren Abnehmern die Weiterverkaufspreise (oder andere Geschäftsbedingungen) vorzuschreiben. Seit der Kartellgesetznovelle von 1973 ist die sog. Preisbindung zweiter Hand (vertikale Preisbindung) mit Ausnahme von Verlagserzeugnissen verboten. An die Stelle vertikaler Preisbindung ist vielfach die „unverbindliche Preisempfehlung" getreten, die grundsätzlich erlaubt ist. Schließt der Hersteller allerdings mit seinen Abnehmern (Einzelhändlern) Handelsvertreterverträge ab, so kann er diesen auch die Endverbraucherpreise vorschreiben; so vom Bundesgerichtshof am 15.4.1986 zum Telefunken-Partnerschaftssystem entschieden (Betriebs-Berater 1986, S. 1387-1393).

hin kann die Kartellbehörde seit dem 1.5.1980 (4. Kartellrechtsnovelle) auch einem Unternehmen, das auf Grund seiner gegenüber **kleinen und mittleren Wettbewerbern überlegenen Marktmacht** in der Lage ist, die Marktverhältnisse wesentlich zu beeinflussen, ein Verhalten untersagen, das diese Wettbewerber unmittelbar oder mittelbar unbillig behindert und geeignet ist, den Wettbewerb zu beeinträchtigen.

Der vom Kartellamt zu führende Nachweis des Vorliegens einer marktbeherrschenden Stellung **und** eines mißbräuchlichen Verhaltens hieraus gestaltet sich regelmäßig außerordentlich schwierig. Deshalb waren die bisherigen Aktivitäten des Bundeskartellamts in dieser Frage auch nicht sehr erfolgreich. Wichtig ist in diesem Zusammenhang auch die Tatsache, daß das Kartellamt **keine generelle** (vorbeugende) **Preisüberwachung** ausüben darf. So heißt es in der regierungsamtlichen Begründung zur 4. Kartellrechtsnovelle 1980: „Eine allgemeine preisliche Verhaltenskontrolle ist aufgrund § 22 nicht zulässig".

Dennoch wird man der Mißbrauchsaufsicht nicht jede preisbremsende Wirkung absprechen können. Vielfach wird sie allein schon dadurch wirken, daß sie überhaupt existiert, weil die marktbeherrschenden Unternehmen die „Prangerwirkung" vermeiden möchten, die in der Öffentlichkeit entsteht, wenn das Kartellamt aufgrund von Preiserhöhungen Ermittlungsverfahren einleitet.

Stimmen aus dem Bundeskartellamt:

„Für die Öffentlichkeit stand Mitte der 70er Jahre die Mißbrauchsaufsicht über die Preise marktbeherrschender Unternehmen im Vordergrund des Interesses, da es in vielen Bereichen der Wirtschaft zu abrupten Preissteigerungen gekommen war. Mehrere Verfahren, von denen eines zu einer langjährigen gerichtlichen Auseinandersetzung geführt hat, haben die prinzipiellen Schwierigkeiten deutlich gemacht, die der direkten Preishöhenkontrolle in einer Marktwirtschaft im Wege stehen.

Seit dem Ende der 70er Jahre hat die veränderte gesamtwirtschaftliche Lage, die durch stagnierende Märkte, beschleunigten Strukturwandel und eine erhebliche strukturelle Arbeitslosigkeit gekennzeichnet ist, für eine erneute Akzentverlagerung der Tätigkeit des Bundeskartellamtes gesorgt. Während die Preismißbrauchsaufsicht angesicht der konjunkturellen Entwicklung und einer erhöhten Wirksamkeit des Außenwettbewerbs in den Hintergrund getreten ist, muß sich das Bundeskartellamt vermehrt mit Problemen der Nachfragemacht und der Behinderung kleiner und mittlerer Unternehmen im Wettbewerb mit Großbetrieben beschäftigen".

Quelle: Tätigkeitsbericht 1981/82 des Bundeskartellamts

(5) Gesetzliche Preisobergrenzen

Sieht man einmal von dem Fall marktbeherrschender Unternehmen und einigen anderen Sonderfällen ab (z.B. Teile des Verkehrsgewerbes, der Energiewirtschaft, der Versicherungen sowie des Wohnungsmarktes), so **darf ein Unternehmen seine Produkte grundsätzlich so teuer wie möglich verkaufen**. Eine nicht sehr wirksame rechtliche Grenze ergibt sich allenfalls aus § 138 BGB, wonach ein Rechtsgeschäft, das gegen die guten Sitten verstößt, nichtig ist, also nicht erfüllt werden muß. Ein solches Rechtsgeschäft liegt insbesondere dann vor, wenn jemand durch Ausbeutung der Notlage, des Leichtsinns oder der Unerfahrenheit seines Kontrahenten sich für eine Leistung einen Preis zahlen läßt, der in auffälligem Mißverhältnis zu der Leistung steht.

Auf dieser Grundlage hat der Bundesgerichtshof am 10.7.1980 einen Kreditvertrag aus dem Jahre 1974, in dem ein effektiver Jahreszins von 30 Prozent gefordert wurde, für sittenwidrig und damit nichtig erklärt. Um die rechtlich gerade noch zulässige Höhe von Ratenkreditzinsen (-kosten) insbesondere von Teilzahlungskreditinstituten wird seit einigen Jahren besonders heftig gestritten.

RATENKREDITE

Verbraucherverbände klagen, Verträge sind oft sittenwidrig

PETER JENTSCH, **Bonn**

Die Verbraucherverbände haben den Gesetzgeber gestern aufgefordert, die Rechtsstellung von Kreditnehmern zu verbessern. Zugleich warf die Arbeitsgemeinschaft der Verbraucher (AGV) den Teilzahlungsbanken vor, Kreditverträge „sittenwidrig" abzuschließen und Zinsen zu verlangen, die „um 85 Prozent über dem marktüblichen Zins" lägen. Der Bankenfachverband Konsumenten- und gewerbliche Spezialkredite (BKG) und die Kundenkreditbank (KKB) haben die Vorwürfe als „haltlos" zurückgewiesen.

Die AGV gründet ihre Vorwürfe auf ihre seit Juli 1983 laufende „Kreditaktion", in deren Rahmen sie nach eigenen Angaben 45 000 Kreditverträge von 25 000 Verbrauchern auf überhöhte Zinsen und belastende Geschäftsbedingungen überprüft hat. Allein im Bereich der Verbraucher-Zentrale Hamburg seien bei 6266 Verträgen mit einem Kreditvolumen von 154 Millionen Mark von den Teilzahlungsbanken zu Unrecht 22 Millionen Mark gefordert worden.

Die AGV fordert vom Gesetzgeber in Anlehnung an den SPD-Entwurf eines „Kreditwuchergesetzes" ein Verbot der Kreditkündigung bei unverschuldetem Rückzahlungsverzug. Darüber hinaus sollen Zahlungen auf fällige Restsalden nicht nur auf Zinsen und Kosten, sondern auch auf die Hauptschuld angerechnet werden. Schließlich fordert die AGV ein Verbot der Lohnabtretung.

Der Bankenfachverband und die KKB schlossen überhöhte Zinsen für Ratenkredite „schon aufgrund des harten Wettbewerbs der Banken untereinander" aus. Teilzahlungsbanken müßten aber aufgrund ihrer besonderen Kostenstruktur höhere Zinsen berechnen als andere Kreditinstitute. Im übrigen lasse auch die Anpassung der Allgemeinen Geschäftsbedingungen an die Rechtsprechung keinen „Wucher" zu.

DIE WELT, 24.9.1985, S. 13

Ebenfalls auf der Basis des § 138 BGB hat das Oberlandesgericht Celle in einer rechtskräftigen Entscheidung vom 15.10.1980 den Preis von DM 300,–, den die Besitzerin eines Nachtlokals in einem Dorf einem 20jährigen Gast für eine Flasche Sekt in Rechnung gestellt hatte, für rechtlich unzulässig erklärt.

Neben dem allgemeinen Wucherparagraphen (§ 138 BGB) und dem Mietwucherparagraphen (§ 5 Wirtschaftsstrafgesetz) gab es bis Mitte 1986 den speziellen Zins-Wucherparagraphen (§ 247 BGB), der in seinem Absatz I dem Schuldner das nicht ausschließbare Recht gab, ein Darlehen mit einem vereinbarten Zinssatz von mehr als sechs Prozent nach Ablauf von sechs Monaten vorzeitig mit einer Kündigungsfrist von sechs Monaten zu kündigen. Zu solchen Kündigungen kam es vielfach in Niedrigzinsphasen, wenn zuvor in einer Hochzinsphase recht hohe Zinssätze für Kreditaufnahmen hingenommen werden mußten. Aus diesem Grunde drängten Banken und Versicherungen seit 1977 auf eine Änderung bzw. Streichung des Paragraphen.

Inzwischen ist der § 247 durch den § 609a BGB ersetzt worden, der dem Schuldner unterschiedliche Kündigungsmöglichkeiten für festverzinsliche und variabel verzinsliche Kredite einräumt: Bei festverzinslichen Darlehen gibt es kein Kündigungsrecht für die Dauer der jeweiligen Zinsbindung; solche Darlehen können jedoch spätestens nach zehn Jahren gekündigt werden. Ein festverzinslicher Verbraucherkredit kann nach einer unkündbaren Vorlaufzeit von sechs Monaten mit einer Frist von drei Monaten gekündigt werden. Darlehen mit variablem Zinssatz sind jederzeit mit einer Frist von drei Monaten kündbar.

Ein aufsehenerregendes Urteil hat das Landgericht Lübeck (in erster Instanz) Anfang 1987 zu einem Ratenkreditvertrag gefällt, worüber der nachstehende Zeitungsartikel berichtet. In diesem Fall hat das Gericht die Sittenwidrigkeit des Kreditvertrages nicht in der Zinshöhe, sondern in der vereinbarten Ratenhöhe gesehen.

(6) Gesetzliche Preisuntergrenzen

In den bisherigen Ausführungen wurde immer nur die Problematik zu hoher Preisforderungen behandelt und überhaupt nicht auf die Frage eingegangen, ob die Unternehmen **zu jedem beliebig niedrigen Preis** und damit auch unter den Selbstkosten ihre Waren anbieten dürfen. Hierzu führen Baumbach/Hefermehl (1983, S. 605f.) aus: „Der Gewerbetreibende hat die Freiheit, seine Preise herabzusetzen, wie es ihm beliebt und hierbei die Mitbewerber zu unterbieten. Ob er gewinnt oder verliert, ist seine Sache; dem Recht freier Preisgestaltung entspricht das damit verbundene Risiko. Nach den persönlichen Kosten des Verkäufers läßt sich der Marktpreis nicht bestimmen ... Dient das Unterbieten dazu, das eigene Unternehmen durch Geschäftsabschlüsse mit Dritten unmittelbar zu fördern, so ist das Verhalten des Unterbieters wettbewerbseigen; dient es dagegen dazu, zunächst den Mitbewerber aus dem Weg zu räumen, um sodann freie Bahn für den eigenen Absatz zu haben und den Preis künftig allein zu bestimmen, so ist das Verhalten wettbewerbswidrig". In diesem Fall könnten die so bedrängten Konkurrenten nach § 1 des Gesetzes gegen den unlauteren Wettbewerb (UWG) auf Unterlassung und Schadenersatz klagen.

Außerdem kann hier, wenn es sich um ein marktbeherrschendes Unternehmen oder um ein Unternehmen mit überlegener Marktmacht gegenüber kleinen und mittleren Wettbewerbern handelt, auch das Bundeskartellamt gegen solche zu niedrigen Preise einschreiten (§ 37a Abs. 3 GWB). Auf dieser rechtlichen Basis versucht das Bundeskartellamt, in bestimmten Fällen Untereinstandspreis-Verkäufe zu verhindern; es bemüht sich, die Akteure solcher Sonderangebotsaktionen insbesondere im Lebensmitteleinzelhandel zu einer Zurückhaltung (Selbstbeschränkung) bei dem Einsatz dieses absatzpolitischen Instruments zu bewegen, und zwar zum Schutz der kleinen und mittleren Wettbewerber. Diese auch wettbewerbspolitisch umstrittenen Selbstbeschränkungsbemühungen scheinen eine gewisse Wirkung gehabt zu haben (s. Zeitungsartikel a. S. 103-105).

Ratenkredite

Neue Meßlatte für Wucher

Zu hohe Monatsraten verstoßen nach einem Urteil des Landgerichts Lübeck gegen die guten Sitten / Von Bernhard Blohm

Im Streit zwischen Kreditnehmern und Verbraucherverbänden auf der einen und den Teilzahlungsbanken auf der anderen Seite über Wucherkredite hat das Landgericht Lübeck ein aufsehenerregendes Urteil gefällt.

1970 legte ein junger Mann, der heute als einfacher Angestellter im öffentlichen Dienst arbeitet, mit einem Kredit über 5000 Mark für sein erstes Auto ein solides Fundament für einen Schuldenturm. Der erreichte bis 1982 die stolze Höhe von genau 63 024,20 Mark. Dafür mußte die inzwischen vierköpfige Familie zuletzt monatlich 526 Mark an die Düsseldorfer Allkreditbank zahlen, und das bei einem Nettoeinkommen von insgesamt 2507 Mark im Monat. „Wir haben gezahlt, was wir konnten", meint der Familienvater heute, „und so manches Mal wußten wir nicht, was wir morgen essen sollten."

Die Familie geriet 1982 mit den fälligen Ratenzahlungen in Rückstand, und nach Stundungen, Pfändungen und neuen Zahlungsvereinbarungen kündigte die Bank Ende Oktober 1985 den Kreditvertrag und forderte einen Betrag von insgesamt 34 652,26 Mark auf einmal zurück. Die Summe konnte das überschuldete Ehepaar natürlich nicht aufbringen, und so klagte die Düsseldorfer Bank vor dem Lübecker Landgericht auf Rückzahlung des gesamten Betrages zuzüglich 1,8 Prozent Zinsen pro Monat.

Das Landgericht Lübeck hat unter dem Vorsitzenden Richter Wolfgang Neskovic die Klage der Bank im Dezember vergangenen Jahres als unbegründet abgewiesen. „Bei dieser Entscheidung", sagt Neskovic, „kam es nicht darauf an, ob die Bank unverhältnismäßig hohe Kreditzinsen von ihrem Kreditnehmer forderte." Die Nichtigkeit des Kreditvertrages nach Paragraph 138 Absatz 1 des Bürgerlichen Gesetzbuches, dem sogenannten Wucherparagraphen, ergebe sich vielmehr aus „einer Gesamtwürdigung der den Beklagten aus dem

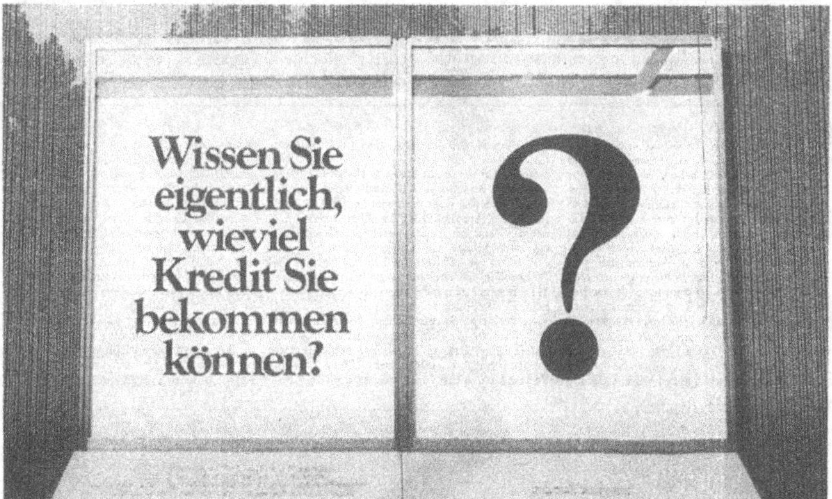

Darlehensvertrag obliegenden Verpflichtungen im Verhältnis zu ihrer der Klägerin bekannten Leistungsfähigkeit."

Im Klartext: Die Bank gab dem Ehepaar, obwohl sie die Einkommens- und Vermögensverhältnisse kannte, einen Kredit, bei dem die monatlichen Rückzahlungsraten weit über den finanziellen Möglichkeiten der Kreditnehmer lagen. Die vereinbarten Raten, rechnete das Gericht vor, führen dazu, daß das verbleibende Einkommen unter die Pfändungsfreigrenze sinkt, der Familie also weniger als das Existenzminimum zum Leben bleibe.

Zum Zeitpunkt des Vertragsabschlusses, 1982, habe der pfändbare Betrag bei einem Nettoeinkommen von 2507 Mark und Unterhaltspflichten für drei Personen bei 396,60 Mark gelegen, ab April 1984 sogar nur noch bei 282 Mark. Tatsächlich hätte die Familie aber mindestens 130 Mark mehr, nämlich 526 Mark zurückzahlen müssen. Durch den Kreditvertrag, so heißt es in der Urteilsbegründung, wurde die Familie dazu gezwungen, für einen Zeitraum von zehn Jahren unter Bedingungen zu leben, die mit dem im Grundgesetz verankerten Recht auf ein menschenwürdiges Leben und mit dem Sozialstaatsprinzip nicht vereinbar seien.

Auch wenn die Familie bei äußerster Anstrengung in der Lage wäre, einen Teil ihrer Verpflichtungen zu erfüllen, käme sie auf Lebenszeit nicht mehr von ihren Schulden herunter, weil alle Teilzahlungen, so wie es im Bürgerlichen Gesetzbuch geregelt ist, zunächst auf Zinsen und Kosten angerechnet werden. Für die Tilgung bleibt dann in der Regel nichts mehr übrig.

Um aus diesem Teufelskreis herauszukommen, meint das Landgericht, bleibt der Familie nur die Alternative, monatliche Raten zu zahlen, die sie zwangsläufig unter die Armutsgrenze drängen würden, oder aber, sich möglicherweise „durch kriminelle Handlungen" aus der auswegslosen Situation zu befreien.

„Ein Ratenkreditvertrag, der einen Kreditnehmer in solch eine unannehmbare Lage führt, ist sittenwidrig und damit unwirksam", erklärt Neskovic, „auch die Banken müssen in sozialstaatliche Verantwortung genommen werden." Wer dennoch solche Verträge abschließe, dürfe nicht erwarten, daß eine Rechtsordnung, die sich dem Schutz der Menschenwürde und dem Sozialstaatsprinzip verschrieben habe, solche Verträge billige. Es sei daher ein Verstoß gegen die guten Sitten, wenn bei langjährigen Ratenkrediten die monatlichen Belastungen erheblich höher lägen als der pfändbare Betrag, der über das sich aus Paragraph 850 c der Zivilprozeßordnung (ZPO) ergebende Existenzminimum hinausgehe. Ein solcher Kreditvertrag sei null und nichtig und der Kreditnehmer daher nicht zur Zahlung von Zinsen und Gebühren verpflichtet.

Bisher haben deutsche Gerichte Ratenkredite nur dann für sittenwidrig und somit unwirksam erklärt, wenn zwischen Leistung und Gegenleistung ein offenkundiges Mißverhältnis bestand. Als grober Anhaltspunkt für ein sittenwidriges Kreditgeschäft gilt dabei ein vereinbarter Kreditzins, der mindestens um hundert Prozent über einem von der Deutschen Bundesbank ermittelten durchschnittlichen Kreditzinssatz, dem sogenannten Schwerpunktzins, liegt.

Neskovic will das in seinem Urteil aufgeführte Existenzminimum wie eine zweite große Meßlatte für die Sittenwidrigkeit eines Ratenkreditgeschäfts verwenden, die unabhängig von der Hundert-Prozent-Regel anzuwenden wäre. „Die Kammer ist sich bewußt", sagt Neskovic in der mündlichen Verhandlung, „daß wir mit diesem Urteil einen Stein ins Wasser geworfen haben, daß hierdurch den Teilzahlungsbanken die wirtschaftliche Grundlage entzogen werden könnte."

Niemand weiß, wie viele Kreditnehmer in ähnlicher Lage sind wie die vierköpfige Familie. Aber fürchten müssen die Teilzahlungsbanken einen solchen „Rechtsmaßstab" für ihre Geschäfte allemal. Noch ist das Urteil allerdings nicht rechtskräftig. Wolfgang Hölscher, Prokurist bei der Allkreditbank in Düsseldorf, möchte zu der Niederlage seines Instituts in der ersten Instanz nur soviel sagen: „Das Urteil müssen wir erst noch prüfen. Aber so wie es aussieht, werden wir es sicherlich vor dem Oberlandesgericht in Schleswig anfechten."

DIE ZEIT, 27.2.1987, S. 28

Nicht zuletzt vor dem Hintergrund solcher Bemühungen hat der wissenschaftliche Beirat beim Bundeswirtschaftsminister 1986 die Warnung aufgestellt: „Es kommt darauf an zu verhindern, daß aus dem Gesetz gegen Wettbewerbsbeschränkungen ein Gesetz wird, das Wettbewerbsbeschränkungen ermöglicht und ihre Anwendung erzwingt".

Schutz vor Fanatikern

hg – „Gesetzwidrige Wettbewerbsbeschränkung unter Beteiligung des Kartellamtspräsidenten" – so nennt der ehemalige Vorsitzende der Monopolkommission, Ernst-Joachim Mestmäcker, Karttes Bemühungen vom Herbst vergangenen Jahres, die Großen im Handel zu einem Verzicht auf Verkäufe unter dem Einstandspreis zu bewegen. Seit Anfang Januar verzichten sie tatsächlich darauf, ihre kleinen Wettbewerber mit Niedrigpreisstrategien zu ärgern. Den Ärger hat jetzt Wolfgang Kartte.

In der Tat ist das Gentlemen's Agreement der Händler eine Wettbewerbsbeschränkung. Und es ist sicher ungewöhnlich, wenn der oberste Kartellbeamte solches anregt. Denn von Gesetzes wegen hat er ja nicht Mittelständler vor großen Wettbewerbern zu schützen, sondern den Wettbewerb vor Beschränkungen. Und so gesehen hat Mestmäcker recht.

Man kann es freilich auch anders sehen: Damals im Herbst beschwor der Präsident, das drohende Gespenst eines generellen Verbots der Verkäufe unter dem Einstandspreis im Rahmen der Novelle zum Gesetz gegen den unlauteren Wettbewerb, die seit einiger Zeit wieder diskutiert wird. Sie träfe groß und klein gleichermaßen. Und Beamte würden nachrechnen, ob der Kaufmann nicht zu niedrig kalkuliert hat.

Das sei zweifellos das größere Übel, hat der Kartellamtspräsident zur Verteidigung seiner unorthodoxen Methode vorgebracht. Und so gesehen hat auch er recht. Er will nicht den Mittelständler vor Wettbewerb schützen, sondern den Wettbewerb vor Mittelstandsfanatikern; die nämlich wollen nicht weniger als eine gesetzlich vorgeschriebene Wettbewerbsbeschränkung.

DIE WELT, 13.1.1984, S. 9

„Gelöbnis" zeigt Wirkung

Frankfurt (dpa/VWD) – Verkäufe des Lebensmitteleinzelhandels unter dem Einstandspreis nehmen ab. Dies ergab eine Auswertung von Anzeigen in Tageszeitungen für zwölf ausgewählte Wirtschaftsräume in der Bundesrepublik, die von der co op AG (Frankfurt) für das zweite Halbjahr 1984 vorgenommen wurde. Nach einer kontinuierlichen Steigerung derartiger Verkäufe bis in den November hinein sei im Dezember eine spürbare Reduzierung dieser Angebote registriert worden. Die Analysten kommen zu dem Schluß, daß das „Berliner Gelöbnis" und die Bemühungen des Bundeskartellamts in Sachen Untereinstandspreis-Verkäufe Wirkung zeigten.

DIE WELT, 16.2.1985, S. 9

Berliner Gelöbnisse wird es künftig nicht mehr geben. „Davon habe ich die Nase voll", gestand **Wolfgang Kartte,** Präsident des **Bundeskartellamts.** In den letzten beiden Jahren hatte der oberste Wettbewerbshüter der Nation jeweils im Herbst die Crème von Einzelhandel und Markenartikelindustrie nach Berlin eingeladen, um sie mit nachdrücklichen Appellen und sanften Drohungen zu fairen Wettbewerbsmethoden zu überreden. Vor allem Untereinstandspreise durch die aggressiven Discounter und ungerechtfertigte Rabattgewährung der Markenartikelindustrie – nicht selten auf massiven Druck der Großen im Handel – hatten in den letzten Jahren immer wieder zu Beschwerden beim Kartellamt geführt. Das Berliner Gelöbnis hat da ganz offensichtlich Linderung geschaffen.

Künftig wollen Handel und Industrie nun auf eine Schiedsstelle beim **Deutschen Industrie- und Handelstag** (DIHT) setzen. Einladungsschreiben für eine erste Sondierung im Oktober, ob auch alle mitmachen wollen, sind schon abgeschickt. Hans Werner Hinz, Wettbewerbsreferent beim DIHT: „Eine Verfahrensordnung haben wir schon entworfen."

Wolfgang Gehrmann

DIE ZEIT, 12.7.1985, S. 24

„Schärfere Aufsicht"

Bremen (dpa/VWD) – Die Mittelstandsvereinigung der CDU macht sich für eine Verschärfung der Kartellaufsicht zum Schutz des Einzelhandels stark. Die angestrebte Selbstbeschränkung der Wirtschaft habe nicht funktioniert, beklagte der Bundesvorsitzende der Vereinigung, Gerhard Zeitel. Die bisherigen Wettbewerbsgesetze seien zu wenig auf eine „Kontrolle der Verhaltensweisen" im Sinne eines „fairen Leistungswettbewerbs" abgestellt.

DIE WELT, 25.3.1986, S. 13

Exempel

hg – Das ist schwer zu begreifen – die Beamten aus dem Bundeskartellamt stochern verbissen in der Kalkulation von Massa herum, obwohl sie immer wieder versichern, daß eine Kontrolle des Verhaltens von Unternehmen nur in Ausnahmefällen sinnvoll ist. Ist Karl-Heinz Kipp mit seinen 26 Verbrauchermärkten eine solche Ausnahme? Eigentlich kaum, denn so groß ist er nun wieder auch nicht. Aber er stört die schöne Harmonie, die Kartellamtschef Kartte mit den führenden deutschen Lebensmittelhändlern im vergangenen Oktober hergestellt hatte. Um Nachahmungen zu verhindern, soll nun offenbar ein Exempel statuiert werden. Und deshalb versucht man den Beweis, daß bei Massa „willkürlich" kalkuliert worden ist, wobei die Beamten mit ihrer langjährigen Büroerfahrung natürlich genau wissen, wie es richtig ist. Wenn Kipp es geschickt anstellt, kann das ein längerer Streit um die Grundsätze der Kostenrechnung werden. Und weil es da keine „richtigen" oder „falschen" Methoden gibt, wird am Ende wohl niemand mehr etwas begreifen.

DIE WELT, 30.7.1985, S. 11

Gute Lösung?

hg – Was macht er mit dem Geld, der Händler, den die Industrie mit Boni, Sonderrabatten und allerlei Zuschüssen füttert? Da gibt es verschiedene Lösungen: Die beste wäre, einen Rennstall zu finanzieren oder ein eigenes Flugzeug. Dann hat wenigstens er etwas davon. Wenn es ihm allerdings einfällt, seine Reptilienfonds zur Senkung der Preise zu benutzen, damit seine Kunden etwas davon haben, dann ist das ganz schlecht: Er riskiert ein Verfahren wegen des Versuchs, mit Preisschleuderei Konkurrenten zu verdrängen, und er riskiert überdies den Zorn seiner Lieferanten, weil er durch Verramschen den Ruf ihrer Produkte ruiniert. Ja, warum geben sie ihm dann so großzügig Sonderrabatte? Haben sie sich nicht im „Berliner Gelöbnis" verpflichtet, mit der Unsitte dieser „Sonderrabatte ohne Gegenleistung" aufzuhören? Die meisten großen Handelsunternehmen haben seitdem auf Unterpreis-Angebote verzichtet. Was die wohl jetzt mit dem Geld machen? Vielleicht kaufen sie ja damit kleinere Wettbewerber auf – ob das eine gute Lösung ist?

DIE WELT, 9.8.1985, S. 9

Zusammenfassend ist zur Preispolitik darauf hinzuweisen, daß zweifellos in den meisten Sektoren nach wie vor der Preis das wichtigste absatzpolitische Mittel ist, andererseits aber mehr und mehr zu beobachten ist, daß mit wachsendem Wohlstand und zunehmender Gütersättigung Absatzerfolge oft immer weniger über einen niedrigen Preis zu erzielen sind. Es werden vielmehr verstärkt andere verkaufspolitische Aspekte in den Vordergrund gestellt, so z.B. das Design, der Service, die Werbung, die Absatzmethode und nicht zuletzt das Unternehmens-Image.

VI. Die Finanzen des Unternehmens

1. Das finanzielle Gleichgewicht (Wesen)

Wie schon ausgeführt (s. S. 56), wird der güterliche Kreislauf von einer Finanzsphäre umgeben. Für beide ist eine Art Gleichgewicht anzustreben, das im Falle des güterlichen Leistungsprozesses in der Aufrechterhaltung einer (ständigen) Produktions- und Absatzbereitschaft besteht.

Für die Finanzprozesse definiert SCHIERENBECK (1987, S. 289) die Gleichgewichtssituation wie folgt: „Eine Unternehmung befindet sich im finanziellen Gleichgewicht, wenn sowohl die Erfüllung der finanziellen Ansprüche der Unternehmensträger an die Unternehmung als auch die Existenz der Unternehmung selbst kurz- und längerfristig gesichert erscheinen".

Um dieses Gleichgewichtsziel zu erreichen, ist außer für eine befriedigende Gewinnerwirtschaftung (oder wenigstens Verlustvermeidung) dafür zu sorgen, daß das Unternehmen ständig in der Lage ist, seinen fälligen finanziellen Verpflichtungen nachzukommen (= Liquiditätssicherung, Zahlungsbereitschaft, Zahlungsfähigkeit) und die Überschuldung zu vermeiden.

Die Aufrechterhaltung der Liquidität ist eine existentielle Rahmenbedingung einer jeden Unternehmung, weil der Eintritt der Zahlungsunfähigkeit einen zwingenden Konkursgrund darstellt. Die vorhandenen liquiden Mittel (Kasse, Bank) und die zukünftigen Einnahmen müssen also ausreichen, um die jeweils fälligen Ausgaben tätigen zu können. Die Situation der Überschuldung, die dadurch gekennzeichnet ist, daß die Schulden größer sind als das Vermögen, ist nur bei Kapitalgesellschaften (z.B. AG und GmbH) ein Konkursgrund.

Stark beeinflußt wird das finanzielle Gleichgewicht von der Finanzstruktur und dem Finanzfluß (dem finanziellen Kreislauf). Aus diesem Grunde sollen diese beiden Bereiche im folgenden etwas näher in ihrer Kernproblematik verdeutlicht und ihre Bedeutung für das finanzielle Gleichgewicht aufgezeigt werden.

2. Die Finanzstruktur – dargestellt anhand der Bilanz

Weil sich die im Unternehmen vorhandene Finanzstruktur in der alljährlich zu einem bestimmten Stichtag aufzustellenden Bilanz widerspiegelt, soll zunächst ganz knapp das Wesen der Bilanz, d.h. ihre beiden Seiten Aktiva und Passiva, skizziert werden.

a) Charakterisierung der beiden Bilanzseiten

Zur Veranschaulichung wird nachstehend eine stark zusammengefaßte reale Bilanz wiedergegeben.

In der Bilanz stehen sich Vermögen (Aktiva) und Kapital (= Eigen- und Fremdkapital = Passiva) gegenüber. Auf der **Aktivseite** der Bilanz werden in komprimierter Form die im Unternehmen vorhandenen (arbeitenden) Vermögensgegenstände mit ihren zu Buche stehenden Werten deutlich gemacht (z.B. Gebäude, Maschinen, Warenlager, Forderungen, Kassenbestand). Die Aktiv-

Dortmunder Union - Schultheiss Brauerei AG

Berlin und Dortmund

Zusammengefaßter Jahresabschluß

Bilanz zum 31. Dezember 1986

Aktiva	31.12.1986 TDM	31.12.1985 TDM	Passiva	31.12.1986 TDM	31.12.1985 TDM
Sachanlagen	187.316	193.946	Grundkapital	151.000	151.000
Beteiligungen	124.238	119.877	Gesetzliche Rücklage	139.970	139.970
Ausleihungen mit einer Laufzeit von mindestens vier Jahren	70.327	69.678	Sonderposten mit Rücklageanteil	5.060	5.782
Vorräte	34.757	37.099	Pauschalwertberichtigung zu Forderungen	2.807	2.806
Forderungen aus Lieferungen und Leistungen	33.404	32.318	Pensionsrückstellungen	198.149	193.940
Flüssige Mittel, Wertpapiere	72.432	44.443	Andere Rückstellungen	52.673	42.392
Forderungen an verbundene Unternehmen	82.266	76.987	Langfristige Verbindlichkeiten	20.365	20.987
Sonstige Aktiva	24.026	58.064	Kurzfristige Verbindlichkeiten	43.836	51.887
			Verbindlichkeiten gegenüber verbundenen Unternehmen	2.789	2.472
			Bilanzgewinn	12.117	21.176
	628.766	632.412		628.766	632.412

Berlin und Dortmund, den 6. Juli 1987 — Der Vorstand

seite zeigt also, in welchen Vermögensgegenständen das im Unternehmen arbeitende Kapital gebunden ist, d.h. wie es angelegt (verwendet) ist.

Die Vermögens(Aktiv)Seite der Bilanz wird meist in Anlage- und Umlaufvermögen unterteilt. Dabei werden zum **Anlagevermögen** diejenigen Gegenstände gezählt, die dazu bestimmt sind, **dauernd** – also sehr langfristig – dem Unternehmen zu dienen. Das Anlagevermögen wird oftmals weiter unterteilt in Sachanlage-Vermögen (Grundstücke, Gebäude, Maschinen) und Finanzanlage-Vermögen (Beteiligungen an anderen Unternehmen und langfristige Ausleihungen). Beim **Umlaufvermögen** werden diejenige Vermögensgegenstände aufgeführt, die entweder schon Finanzmittel sind oder aber doch schnell in eine liquide Form überführt werden können und sollen, so zum Beispiel die Warenvorräte und die Forderungen aus Warenlieferungen und Leistungen.

Die **Passivseite** zeigt, **wer** die Mittel (das Kapital) zur Verfügung gestellt hat, die zur Anschaffung (Finanzierung) der auf der Aktivseite stehenden Wirtschaftsgüter erforderlich sind. Sie zeigt, in welcher Höhe die Kapitaleigner (Gesellschafter, Aktionäre) Eigenkapital und die Kreditgeber (Banken, Warenlieferanten) Fremdkapital aufgebracht haben. Daneben finden sich auf der Passivseite der Bilanz häufig noch Rückstellungen, deren Bildung den zu versteuernden Gewinn mindert. Die Rückstellungen stellen im Prinzip Verbindlichkeiten dar, die in einer oder mehrerer Hinsicht ungewiß sind, z.B. die noch zu zahlende Gewerbesteuer, deren Höhe noch nicht endgültig festliegt. Fremdkapital und Eigenkapital ergeben zusammen das im Unternehmen arbeitende Gesamtkapital.

Die Passivseite der Bilanz gibt also Auskunft über die Mittelherkunft (Kapitalgeber), und die Aktivseite macht die Mittelverwendung deutlich.

Im Grunde genommen stellen die linke und die rechte Seite der Bilanz nichts grundlegend Verschiedenes dar. Sie sind vielmehr nur zwei Seiten derselben Medaille, weshalb auch die Summen beider Seiten immer gleich sind. Die beiden Bilanzseiten Aktiva und Passiva werden lediglich von verschiedenen Aspekten aus gesehen. Während auf der Aktivseite die konkreten Vermögensgegenstände ausgewiesen sind, zeigt die Passivseite die Eigentums(Kapital)verhältnisse, d.h. die Rechte an diesem Vermögen.

Die summenmäßige Gleichheit der beiden Bilanzseiten ergibt sich zwangsläufig daraus, daß das Eigenkapital als Differenz zwischen Vermögen und Schulden errechnet wird. Mit anderen Worten: Es werden im Wege der Inventur (= körperlichen Bestandsermittlung) die Vermögensgegenstände ermittelt und mit Werten versehen. Dasselbe geschieht bei den Verbindlichkeiten. Wenn danach die beiden Gesamtsummen (Vermögen und Schulden) miteinander saldiert werden und die sich ergebende Differenz auf der Seite der Bilanz eingesetzt wird, die vor der Substraktion die kleinere Summe auswies, führen beide Bilanzseiten zur selben Summe.

Normalerweise ist die Summe der Vermögensgegenstände größer als die Summe der Schulden, so daß das Eigenkapital auf der Passivseite erscheint. Im umgekehrten Falle steht das „Eigenkapital“ auf der linken Seite der Bilanz. Diese Situation der Überschuldung ist bei den Kapitalgesellschaften ein Konkursgrund. Ist das Eigenkapital aufgezehrt (z.B. durch Verluste), gehört das Unternehmen faktisch nicht mehr den Eigenkapitalgebern (Anteilseignern) sondern den Gläubigern.

b) Das Wesen von Eigen- und Fremdkapital

Es ist grundsätzlich davon auszugehen, daß jede unternehmerische Tätigkeit mit Kapitaleinsatz verbunden ist. Bei dem eingesetzten Kapital kann es sich um Eigenkapital und/oder Fremdkapital handeln. Allerdings wird es kaum möglich sein, eine Unternehmung nur durch Fremdkapital zu finanzieren, weil in einem solchen Falle das unternehmerische Risiko allein bei den Gläubigern läge, die an den Chancen des Unternehmens nicht teilhaben. Unter diesen Voraussetzungen würde sich nur schwerlich ein Kapitalgeber finden, der zu einer Kreditgewährung (= Fremdfinanzierung) bereit wäre. Daher steht regelmäßig am Anfang einer Unternehmensgründung die Eigenkapitalaufbringung.

Gekennzeichnet ist das **Eigenkapital** vor allem durch

- eine langfristige Anlage (Bindung)
- einen von der Erfolgslage abhängigen Ertrag (Gewinn, Dividende)
- die Haftung für die Unternehmensverbindlichkeiten und
- das Recht einer Beteiligung an der unternehmerischen Willensbildung (Unternehmensleitung) sowie
- der Teilhabe an einem etwaigen Liquidationserlös im Falle der Unternehmensauflösung.

Gebildet wird das Eigenkapital aus den Geld- und/oder Sacheinlagen (= Eigenfinanzierung = Beteiligungsfinanzierung) der wirtschaftlichen Eigentümer (Inhaber, Gesellschafter, Aktionäre, Genossen) und aus den im Laufe der Zeit erzielten und im Unternehmen verbleibenden Gewinnen (= Selbstfinanzierung).

Das Eigenkapital besteht nicht nur aus dem auf der Passivseite der Bilanz unter den verschiedensten Bezeichnungen ausgewiesenen Nominal-Eigenkapital (z.B.

dem AG-Grundkapital, dem GmbH-Stammkapital, dem OHG-Gesellschafterkapital, dem eG-Geschäftsguthaben*), sondern auch aus den in manchen Bilanzen aufgeführten offenen Rücklagen (Reserven), die überwiegend aus einbehaltenen versteuerten Gewinnen stammen. Daneben können auch noch stille Rücklagen(Reserven) vorhanden sein, die ebenfalls Eigenkapitalcharakter haben, jedoch nicht (ohne weiteres) aus der Bilanz ersichtlich sind, z.B. Grundstücke, deren Wert im Laufe der Zeit gestiegen ist, die aber mit ihrem ursprünglichen Anschaffungswert in der Bilanz stehen, weil der Gesetzgeber ein Überschreiten des Anschaffungswertes in der Bilanz nicht zuläßt.

Mit dem Eigenkapital darf nicht die Vorstellung von einer besonders liquiden Finanzmittelposition verbunden werden. Das Eigenkapital wird – wie das Fremdkapital – zur Finanzierung des im Unternehmen arbeitenden Anlage- und Umlaufvermögens verwendet; es steckt also in den verschiedensten Vermögensgegenständen, vor allem in den Betriebsmitteln, Werkstoffen, den Forderungen aus Warenlieferungen und den Bankguthaben.

Das ebenfalls auf der Passivseite der Bilanz stehende **Fremdkapital** (= Gläubigerkapital = Kreditkapital = Verbindlichkeiten = Schulden) ist vornehmlich charakterisiert durch

- fest vereinbarte, also zeitlich befristete Rückzahlungstermine
- eine von der Ertragslage unabhängige, konstante Verzinsung und
- das Fehlen eines Beteiligungsrechts an der unternehmerischen Willensbildung.

Die Kosten des Fremdkapitals (die Zinsen) müssen auch dann gezahlt werden, wenn beispielsweise aufgrund einer sehr geringen Kapazitätsauslastung (Beschäftigung) oder eines Preisverfalls der abzusetzenden Güter Gewinne nicht erwirtschaftet werden. Dagegen haben die das Eigenkapital aufbringenden wirtschaftlichen Eigentümer in dieser Situation keinen Anspruch auf Zahlung einer Dividende, so daß eine Liquiditätsbelastung nicht entsteht. Aufgebracht wird das Fremdkapital (= Fremdfinanzierung) durch Kreditgewährung vor allem von seiten der Banken und der Warenlieferanten**. Hinzuweisen ist noch darauf, daß in der Praxis auch Übergangsformen zwischen Eigen- und Fremdkapital vorkommen.

Die Aufnahme von Fremdkapital ist regelmäßig nur dann möglich, wenn ein nach Auffassung des Kreditgebers ausreichender Bestand an Eigenkapital vorhanden ist. Hier zeigt sich die kreditwirtschaftliche Funktion des Eigenkapitals, die darin besteht, daß auftretende Verluste zunächst zu Lasten des Eigenkapitals gehen und erst, wenn das Eigenkapital aufgezehrt ist, auch das Fremdkapital in Mitleidenschaft ziehen. Insofern stellt das Eigenkapital eine Art Substanzschutz für das Fremdkapital dar.

---

* Im Falle der Aktiengesellschaft und der GmbH hat das Bilanzrichtliniengesetz vom 19.12.1985 die bisherigen Nominal-Eigenkapitalbezeichnungen „Grundkapital" und „Stammkapital" durch den Begriff „Gezeichnetes Kapital" ersetzt.

** Zu den allgemeinen Interessenlagen und Zielen der Fremd- und Eigenkapitalgeber sei auf die Ausführungen auf den Seiten 8-13 verwiesen.

c) Die Relation von Eigen- und Fremdkapital (vertikale Eigenkapitalquote und Verschuldungsgrad)

Von grundsätzlicher Bedeutung für das finanzielle Gleichgewicht ist die Frage, welchen Anteil das Eigenkapital und das Fremdkapital am Gesamtkapital, d.h. an der Bilanzsumme, haben. Hierbei geht es um die Begriffe vertikale **Eigenkapitalquote** (= Eigenmittelquote) und **Fremdkapitalquote** (= Verschuldungsgrad).

Während die vertikale Eigenkapitalquote den (prozentualen) Anteil des Eigenkapitals an dem Gesamtkapital (= Bilanzsumme) ausdrückt, bildet die Differenz zwischen dem Gesamtkapital (= 100%) und der vertikalen Eigenkapitalquote den Fremdkapitalanteil, d.h. die Fremdkapitalquote oder den Verschuldungsgrad.

$$\text{Eigenkapitalquote} = \frac{\text{Eigenkapital} \times 100}{\text{Gesamtkapital}}$$

$$\text{Fremdkapitalquote} = \frac{\text{Fremdkapital} \times 100}{\text{Gesamtkapital}}$$

Der Gesetzgeber schreibt den Unternehmen kein bestimmtes Eigenkapital vor, sieht man einmal von dem erforderlichen Mindesteigenkapital bei der Gründung der Aktiengesellschaft (100000 DM) und der GmbH (50000 DM) ab. Auch legt er nicht fest, in welchem zahlenmäßigen Verhältnis Eigenkapital und Fremdkapital zueinander stehen müssen. Lediglich für Banken und Versicherungen wird ein „angemessenes haftendes Eigenkapital" gefordert.

- Stand und Entwicklung der Eigenkapitalquote

In der Praxis zeigt sich in der Eigenkapitalausstattung eine große Vielfalt. Es gibt Unternehmen, deren Gesamtkapital (Eigenkapital + Fremdkapital = Bilanzsumme) zu 50 oder 60% aus Eigenkapital besteht, während andere nur 20 bis 30% haben.

Große Unterschiede zeigen sich auch bei einem Vergleich der vertikalen Eigenkapitalquote in verschiedenen Ländern, was das nachstehende Schaubild aus dem Jahre 1983 illustriert.

Insgesamt ist zum Stand und zur Entwicklung der Eigenkapitalquote – und damit auch des Verschuldungsgrades – festzuhalten, daß die durchschnittliche bilanzielle Eigenkapitalausstattung bei uns in den letzten Jahren zeitweilig eine sinkende Tendenz hatte (zu der vielfältige Ursachen beigetragen haben können) und daß die Eigenkapitalquote in den einzelnen Branchen sehr unterschiedlich ist. Diese Zusammenhänge macht auch das nachstehende Schaubild aus der ZEIT (3.12.1982, S. 24) deutlich. In den Jahren 1984-1987 hat sich die bilanzielle Eigenkapitalsituation wieder etwas gebessert (s.a. S. 116f.).

Bei der AEG-Telefunken AG lag die vertikale Eigenkapitalquote des Inlandskonzerns 1981, also vor der Beantragung des Vergleichsverfahrens, bei 9,5%. Einen besonders niedrigen Eigenkapitalanteil am Gesamtkapital haben bei uns die Banken. Er liegt bei drei bis fünf Prozent.

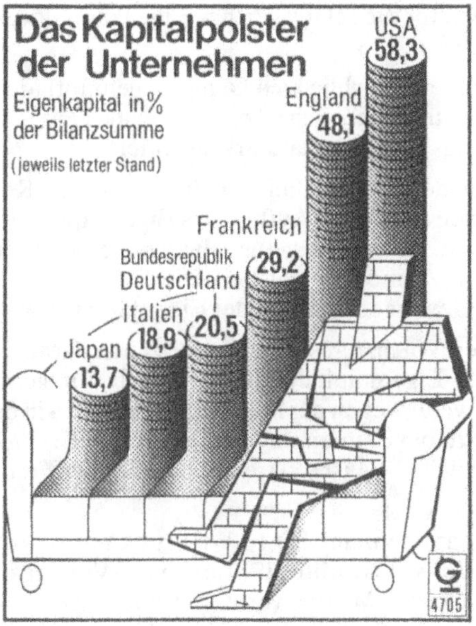

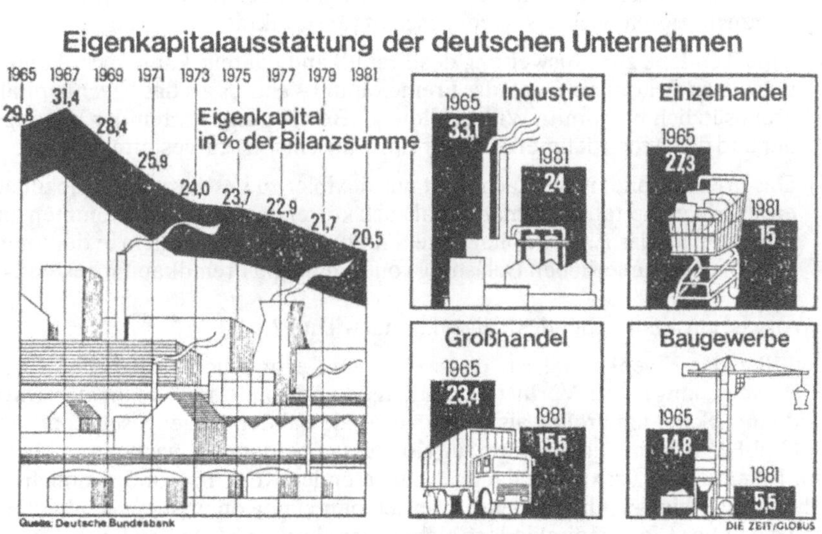

Eigenmittel: Die Basis wird schwächer

Die Erträge der Unternehmen standen 1981, so ergab jetzt eine Analyse der Deutschen Bundesbank, stark unter Druck. Und darin sehen die Währungshüter den entscheidenden Grund für die anhaltende Schwäche der Eigenmittel*basis* deutscher Firmen. Seit 1965 hat sich der Anteil der Eigenmittel an der Bilanzsumme deutlich verschlechtert. Damals betrug er noch fast dreißig Prozent, 1981 waren es gerade noch 20,5 Prozent. Diese Verschlechterung ist in allen bedeutenden Wirtschaftszweigen zu beobachten. Besonders schlecht ist unterdes die Eigenkapitalbasis im Baugewerbe – 1981 waren es nur noch 5,5 Prozent. Die Unternehmen geraten so in einen fatalen Kreislauf: Sie sind zunehmend auf Fremdkapital angewiesen, damit aber steigt der Zinsaufwand, was wiederum die Erträge außerordentlich stark drückt.

- Mögliche Ursachen für die relativ geringe Eigenkapitaldecke in der Bundesrepublik

(1) Kriegseinwirkungen einschließlich Demontagen, Inflationen und Währungsreform haben bei uns erhebliche Teile des Unternehmenspotentials zerstört und damit auch das Eigenkapital stark dezimiert.

(2) Die Ertragslage der Unternehmen läßt infolge des Kosten- und Wettbewerbsdrucks einen forcierten Aufbau des Eigenkapitals über die Gewinneinbehaltung nicht zu. Hierzu trägt eine relativ hohe Besteuerung der (Nominal) Erträge und des Vermögens mit bei. Die Problematik verschlimmert sich noch, wenn die Gewinnentnahmen der Eigentümer relativ hoch sind.

(3) In Zeiten starken Wachstums wird im Vertrauen darauf, daß diese Entwicklung anhält, der Eigenkapitalbildung vielfach nur geringe Beachtung geschenkt, zumal wenn wegen der hohen Sparguthaben in der Bevölkerung unschwer Kredite zu bekommen sind und es für den Erfolg einer Investition ja grundsätzlich gleichgültig ist, ob sie mit Eigen- oder Fremdkapital finanziert wird.

In diesem Zusammenhang hat F. Wilhelm Christians, Vorstandsmitglied der **Deutschen Bank AG**, Mitte 1981 in einem Vortrag darauf hingewiesen, daß wegen des scharfen Wettbewerbs in der Kreditwirtschaft den Unternehmen in der Vergangenheit die Fremdmittelbeschaffung bei den Banken zu leicht und bequem gemacht worden sei. Aufschlußreich ist auch die Äußerung des Vorstandsvorsitzenden der **AEG-Telefunken AG**, Heinz Dürr, im AEG-Telefunken-report Juli 1981 (S. 3): „Vielleicht ist es dem Konzern in der Vergangenheit oft zu leicht gemacht worden, mit immer neuen Schulden über die nächsten Runden zu kommen“, und die WELT (31.12.1981, S. 11) meint: „Böse Zungen behaupten, die Banken gäben lieber Kredite, als Aktien zu plazieren, weil das Kreditgeschäft für sie lukrativer sei“.

(4) Eine Tendenz zur Ausweitung des Fremdkapitalanteils kann auch dadurch mit zustande kommen, daß das Fremdkapital – anders als das Eigenkapital – grundsätzlich nicht mit (Willensbildungs)Beteiligungsrechten der Kreditgeber und der Arbeitnehmervertreter (im Aufsichtsrat) ausgestattet ist.

(5) Das Fremdkapital ist vielfach nicht nur flexibler zu beschaffen und abzubauen als Eigenkapital, es ist manchmal auch kostengünstiger zu bekommen und zu nutzen als das Eigenkapital, eine Situation, wie sie vor allem in der unterschiedlichen steuerlichen Belastung von Eigen- und Fremdkapital besteht.

- Wozu ist ein „hinreichendes“ Eigenkapital wichtig?

Je größer das Eigenkapital ist, desto eher wird es möglich sein, für eine vergleichsweise lange Zeit Verluste aufzufangen und somit der Gefahr der **Überschuldung** (Schulden größer als Vermögen), die bei der Aktiengesellschaft und der GmbH ein zwingender Grund zur Konkursanmeldung ist, wirksam zu begegnen. Einem in der Praxis viel häufiger auftretenden Konkursgrund, nämlich der **Zahlungsunfähigkeit**, die für alle Unternehmen eine Konkursursache darstellt, kann ein hohes Eigenkapital jedoch nicht in der gleichen Weise erfolgreich entgegentreten, weil es regelmäßig in nicht-liquiden Vermögensgegenständen angelegt ist.

Deshalb ist es ohne weiteres möglich, daß auch bei einer relativ hohen Eigenkapitalausstattung eine Zahlungsunfähigkeit eintritt. In der Praxis kommt es gelegentlich vor, daß Unternehmen trotz eines verhältnismäßig hohen Eigenkapitalanteils zahlungsunfähig werden und zusammenbrechen, während andere über längere Zeit ohne jegliches Eigenkapital auskommen. Dennoch ist unter Liquiditätsgesichtspunkten ein relativ hohes Eigenkapital grundsätzlich positiv zu werten, weil das Eigenkapital im Prinzip dem Unternehmen unbefristet zur Verfügung steht und auch nicht mit Zinszahlungsverpflichtungen belastet ist.

Tendenziell wird man davon ausgehen können, daß mit zunehmender Verschuldung das Existenzrisiko der Unternehmung wächst. Ein solches Risiko kann sich einmal daraus ergeben, daß es in wirtschaftlich angespannten Zeiten Schwierigkeiten machen kann, die finanziellen Belastungen des Fremdkapitals (Zinsen und Tilgung) zu tragen. Mit anderen Worten: die Zahlungsverpflichtungen aus bestehenden Kreditverträgen können zu einer Liquiditätsanspannung und unter Umständen sogar zur Illiquidität führen, insbesondere dann, wenn kurzfristig gewährte Kredite im Unternehmen langfristig angelegt sind und wider Erwarten nicht verlängert werden. Zudem wird durch eine hohe Fremdkapitalquote, die ja die Kehrseite der niedrigen Eigenkapitalquote ist, die Erfolgsrechnung stark mit Zinsaufwendungen belastet und damit unter Umständen eine Gewinnerwirtschaftung unmöglich gemacht.

Ein weiteres Problem hoher Verschuldung ergibt sich regelmäßig daraus, daß sich mit zunehmender Fremdfinanzierung die weiteren Kreditbeschaffungsmöglichkeiten verschlechtern, vor allem, weil sich das Haftungspotential verringert. Außerdem muß damit gerechnet werden, daß die Kreditgeber, wenn sie überhaupt noch zur weiteren Kreditgewährung bereit sind, wegen des wachsenden Verschuldungsgrades einen Risikozuschlag zum Zins, d.h. einen höheren Zins, fordern werden.

Gesehen werden muß auch das Problem, daß der Kreditnehmer mit steigender Gesamtverschuldung wirtschaftlich immer abhängiger von den Kreditgebern werden kann, weil in einer solchen finanziellen Situation vielfach die faktischen Mitspracherechte der Kreditgeber (insbesondere der Banken) zunehmen. Des weiteren kann eine ungenügende, durch nicht ausreichende Erträge verursachte sinkende Eigenkapital-Ausstattung die unternehmerische Investitionsbereitschaft beeinträchtigen, insbesondere dann, wenn die Fremdkapitalzinsen relativ hoch sind. Auf die ganz generelle Frage, ob in der Eigenkapitalquote überhaupt ein wichtiger Investitionsindikator gesehen werden kann, ist gleich einzugehen.

- Ist die Eigenkapitalquote überhaupt so dramatisch gesunken, und welche Bedeutung hat sie für die Investitionsneigung?

Manchmal wird angezweifelt*, ob die Eigenkapitalquote in der Vergangenheit überhaupt tatsächlich so generell gesunken ist, wie das vielfach behauptet wird, oder ob hier nicht (neuartige) finanzwirtschaftliche Entscheidungen ein mehr nur optisch verändertes Ergebnis herbeigeführt haben. Hierzu meint zunächst ganz allgemein die **Kreditanstalt für Wiederaufbau** in ihrem Geschäftsbericht (1982, S. 38) aufgrund umfangreicher Bilanzuntersuchungen: „Das seit Mitte der 50er Jahre zu beobachtende Sinken der Eigenmittelquote kann ganz unterschiedliche Ursachen haben. Dafür kommen in Frage Veränderungen der Vermögensstruktur, die stärkere Nutzung bzw. das verbesserte Angebot langfristiger Fremdmittel sowie die Entwicklung der Renditen oder des Wachstums. Es ist ungeklärt, in welchem Maße die einzelnen Faktoren zum Gesamtverlauf beigetragen haben".

Im Anschluß an diese generelle Aussage hebt die **Kreditanstalt für Wiederaufbau** einen wichtigen Erklärungssatz hervor, indem sie ausführt: „So ist etwa die in erster Linie steuerlich bedingte überproportionale Zunahme eigenkapitalähnlicher langfristiger Fremdmittel von hoher Bedeutung für das Abnehmen der Eigenmittelquote". Gemeint sind damit in erster Linie die besonders in großen Unternehmen eine erhebliche Rolle spielenden steuerfrei gebildeten Pensionsrückstellungen, die zwar vom Prinzip her Fremdkapital darstellen, aufgrund ihrer relativ langen Laufzeit und ihrer teilweisen Ungewißheit (z.B. wegen der nicht vorhersehbaren Auszahlungshöhe) jedoch bis zu einem gewissen Grad durchaus eigenkapitalähnliche Züge tragen.

So meinte denn auch der frühere BDI-Präsident H. J. LANGMANN in der Frankfurter Allgemeinen Zeitung (22.5.1982, S. 15): „Viele Unternehmen haben im letzten Jahrzehnt für die betriebliche Altersversorgung in erheblichem Umfang Kapital angesammelt, das ihnen praktisch dauernd, zumindest aber für sehr lange Zeiten, zur Verfügung steht und mit dem sie wirtschaften können ... Die Pensionsrückstellungen verdrängen ... allmählich die langfristigen Verbindlichkeiten, so daß die Gesellschaften unabhängiger von Banken oder Versicherungen hinsichtlich ihres Bedarfs an langfristigem Fremdkapital werden". Damit ergibt sich dann die Situation, daß in diesem Fall auch weniger Eigenkapital als Substanzschutz für das von außen kommende, geringer werdende Fremdkapital benötigt wird; gesehen werden muß hierbei allerdings auch, daß nicht alle Unternehmen, die Rentenverpflichtungen ihren Mitarbeitern gegenüber eingegangen sind, auch die dafür erforderlichen Rückstellungen gebildet haben. Da für Betriebsrenten-Verpflichtungen bisher ein Passivierungs**wahl**recht bestand, haben Unternehmen mit nicht so guter Ertragslage vielfach keine oder keine ausreichenden Rückstellungen gebildet (s.a. S. 173).

Auf die engen Zusammenhänge der Entwicklung des Eigenkapitals und der Rückstellungen weist auch das **Institut der deutschen Wirtschaft** (iwd 19.2.1987, S. 5) hin: „Im gleichen Maße, wie die Eigenkapitalquote der Unternehmen gesunken ist, stieg der Anteil der Rückstellungen. Die Rückstellungen deutscher Unternehmen betrugen 1985 genau 18,7 Prozent der Bilanzsumme. 1970 waren es erst 9,5 Prozent. Die Zunahme der Rückstellungen geht rund zur Hälfte auf

* Zweifel melden z.B. nicht nur die im folgenden zitierte **Kreditanstalt für Wiederaufbau** und die **Deutsche Bundesbank**, sondern auch das DGB-eigene **WSI-Institut** (s. SCHEIBE-LANGE u.a.) an.

Pensionszusagen ... zurück ... So konnte der Schrumpfungs-Prozeß beim Eigenkapital durch die Ausweitung der Rückstellungen ausgeglichen werden – allerdings nur rechnerisch". Die gemachte Einschränkung läßt sich in der Praxis – wie auch das vorstehende Zitat von LANGMANN zeigt – stark relativieren (s.a. S. 173 der vorl. Abh.).

Weitere mögliche Erklärungsansätze für die mehr optisch als tatsächlich so geringere Eigenmittelausstattung der Unternehmen umschreibt die **Kreditanstalt für Wiederaufbau** (a.a.O.) wie folgt:

- Vorhandene stille Reserven stellen Eigenmittel dar und bewirken, daß die tatsächliche Eigenmittelquote deutlich über der ausgewiesenen Quote liegt.
- Das Verhältnis des Sachanlagevermögens zur Bilanzsumme, eine wichtige Bestimmungsgröße der Eigenmittelquote, ist stark gesunken*, ein Verlauf, der z.B. von technischen Veränderungen, aber auch von der wachsenden Bedeutung des Anlageleasings gefördert wird (und auch von der vielfach zu beobachtenden Zunahme der Finanzanlage-Investitionen beeinflußt wird, R.S.).
- Schließlich sei auf den starken Anstieg kurzfristiger Verbindlichkeiten und Forderungen hingewiesen. Dieser strukturelle Trend zu ertragsunabhängigen Bilanzverlängerungen führt zur Abnahme der Eigenmittelquote und der Quote des Anlagevermögens zugleich.

Zu dem zuletzt genannten Punkt hat sich die **Deutsche Bundesbank** in ihrem Monatsbericht Oktober 1978 (S. 17) wie folgt geäußert: „Der Rückgang der Eigenmittelquote dürfte zum Teil auch darauf zurückzuführen sein, daß der ‚monetäre Überbau' der Unternehmen in den letzten Jahren außerordentlich stark gewachsen ist, daß mit anderen Worten Forderungen und Verpflichtungen der Unternehmen stärker wuchsen als ihr Sachvermögen in Anlagen und Vorräten ... Dies führte zu einer Verlängerung der Bilanzen, ohne daß insoweit eine Notwendigkeit bestanden hätte, das Eigenkapital entsprechend mitwachsen zu lassen". Interessant und informativ ist in diesem Zusammenhang auch der vielfach zu hörende Hinweis, daß sich insbesondere Großunternehmen in zunehmendem Maße als „Finanziers" betätigen. THORMÄHLEN und MICHALK umschreiben diesen Sachverhalt im „Wirtschaftsdienst" (1983/II, S. 92) mit folgenden Worten: „Produktionsunternehmen haben möglicherweise zunehmend die Rolle von Banken übernommen, indem sie sich verschulden, um ihrerseits Kredit zu gewähren (Bilanzverlängerung). Hier ist vor allem auch an die Kreditbeziehungen zwischen Lieferanten und Abnehmern oder zwischen in- und ausländischen Niederlassungen von Unternehmungen zu denken. Die Bilanzstruktur der Produktionsunternehmen nähert sich damit der von Banken, die traditionell extrem niedrige Eigenkapitalquoten haben".

Unabhängig davon, wie sich im einzelnen die Eigenkapitalquote auch darstellen mag, läßt sich – wie schon erwähnt – ganz allgemein feststellen, daß mit **steigender Verschuldung** das existenzielle **Unternehmensrisiko** tendenziell **größer** wird, weshalb die Bundesregierung auch zu Recht in ihrem Jahreswirtschaftsbericht 1983 darauf hinweist, daß „die Eigenkapitalquote der Unternehmen ein

* Die Sachanlagen haben sich von 1970 bis 1985 von 35,7 Prozent der Bilanzsumme auf 28 Prozent verringert (GRUHLER 1987, S. 27); „Immaterielle Investitionen (für Forschung, Entwicklung, Software-Erstellung, Weiterbildung) spielen ... eine immer gewichtigere Rolle ... Investitionen in zusätzliche Sachanlagen verlieren an Gewicht" (iwd 14.5.1987, S. 4).

wichtiger Maßstab für ihre Widerstandsfähigkeit gegen Krisen ist". Andererseits ist aber auch gleichzeitig anzuerkennen, daß zumindest die allgemeine Investitionsbereitschaft weniger von der Eigen-/Fremdkapitalquoten, sondern mehr von den Ertragserwartungen der Investoren beeinflußt wird. Daher ist FLASSBECK und KOLL (Wirtschaftswoche v. 20.5.1983, S. 78) in ihrer Auffassung zuzustimmen: „Eine Eigenkapitalquote könnte auf 100 Prozent steigen, ohne daß auch nur im geringsten etwas gegen die Investitionsschwäche gewonnen wäre".

So ist es ohne weiteres möglich, daß bei einem sich abschwächenden Unternehmenswachstum die Eigenkapitalquote steigt, weil nicht mehr so viel investiert und Fremdkapital abgebaut wird. Letzten Endes kommt es nicht nur für den Kreditgeber, sondern auch für alle anderen am Unternehmen Beteiligten weniger auf statische Eigenkapital- und Fremdkapitalquoten, sondern mehr auf die Entwicklung der Ertrags- und Liquiditätslage an, und hierfür ist es grundsätzlich unerheblich, ob für die Finanzierung des Betriebsmittelapparates und des Leistungserstellungs- und -verwertungsprozesses überwiegend Eigen- oder Fremdkapital zur Verfügung steht.

Insofern ist der **Kreditanstalt für Wiederaufbau** (a.a.O.) zu folgen, wenn sie meint, daß es für jedes Unternehmen eine eigenständige, individuelle Finanz- und Bilanzpolitik geben muß und daß daher normative Aussagen über eine für alle Unternehmen „richtige" Eigenmittelquote kaum möglich sind. Auch THORMÄHLEN und MICHALK ist zuzustimmen, wenn sie ihre Analyse zur Eigenkapitalausstattung deutscher Unternehmen im „Wirtschaftsdienst" (1983/II, S. 95) mit folgender Zusammenfassung abschließen: „Insgesamt bleibt festzuhalten, daß die isoliert betrachtete Eigenkapitalquote weder ein geeigneter Indikator für die Investitionsschwäche noch ein sinnvolles Ziel für die (staatliche) Wirtschafts- und Finanzpolitik sein kann. Um es überspitzt auszudrücken: Weniger die Eigenkapitallücke als die Rentabilitätslücke ist Ausdruck der Wachstums- und Beschäftigungskrise in der Bundesrepublik".

Letztlich in die gleiche Richtung gehend formulierte der frühere BDI-Präsident H. J. LANGMANN (FAZ 22.5. 1982, S. 15): „Den Unternehmen fehlt es, im allgemeinen und als Durchschnittsaussage formuliert, nicht so sehr an Geld im landläufigen Sinne für neue Investitionen, sondern an Gewinn aus ihrem bestehenden Geschäft". Die Rentabilitätssituation hat sich in den Jahren 1984-1987 ebenso gebessert wie die Eigenkapitalquote; allerdings muß in diesem Zusammenhang auch gesehen werden, daß befriedigende Gewinne allein noch nicht überall zwangsläufig zu einem Boom bei den Sachanlage-Investitionen führen (s.a. S. 180-186).

Daß das (Eigen)Kapital nicht **die** Schwäche oder **der** Engpaßfaktor der westdeutschen Wirtschaft ist, geht auch aus der nachstehenden Grafik hervor, die das Ergebnis einer im Auftrage der WELT (30.12.1986, S. 13) anonym durchgeführten Befragung von Vorstandsvorsitzenden und Geschäftsführern der größten deutschen Unternehmen wiedergibt.

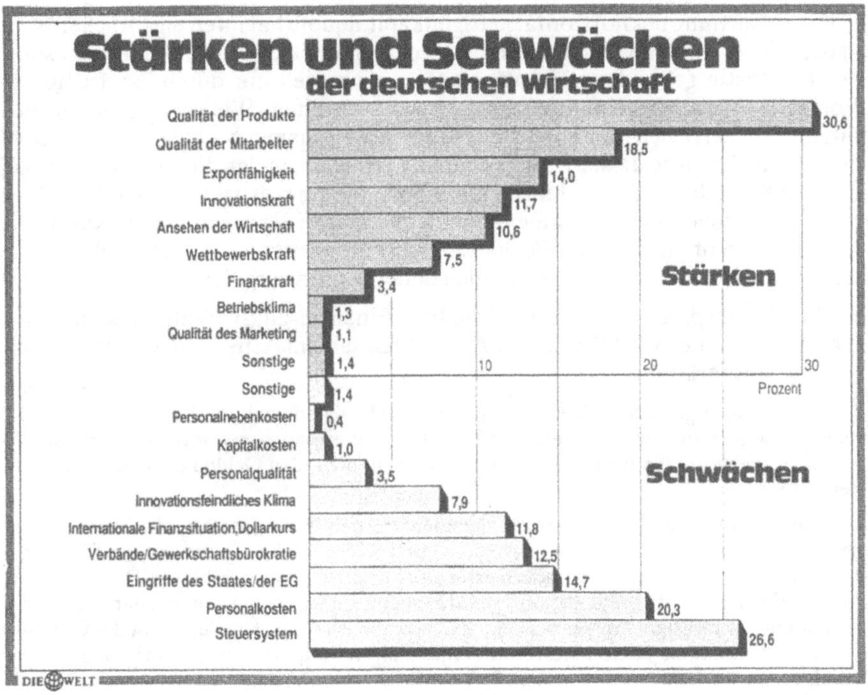

d) Die Relation von Eigenkapital und Anlagevermögen (horizontale Eigenkapitalquote)

Neben der vertikalen Eigenkapitalquote ist für die Aufrechterhaltung des finanziellen Gleichgewichts auch die horizontale Eigenkapitalquote von grundsätzlicher Bedeutung. Die horizontale Eigenkapitalquote gibt an, in welcher prozentualen Höhe das als dauerhaft geltende vorhandene Eigenkapital zum Anlagevermögen steht, d.h. es wird die Frage untersucht, inwieweit das langfristig gebundene Anlagevermögen durch ebenfalls langfristig zur Verfügung stehendes Eigenkapital finanziert ist.

Wie die vertikale Eigenkapitalquote zeigt auch die horizontale Eigenkapitalquote in der Realität eine große Vielfalt. Rechtliche Normen für die Einhaltung einer ganz bestimmten Relation bestehen auch hier nicht, abgesehen von Kreditinstituten und Versicherungen.

Ähnlich wie die vertikale Eigenkapitalquote ist auch die horizontale Eigenkapitalquote in den einzelnen Ländern sehr unterschiedlich. So gibt GRUHLER (1976, S. 38) für das Jahr 1973 beispielsweise folgende Ziffern an

- für Großbritannien 98%
- für die USA 85%
- für Schweden 51%
- für die Bundesrepublik 56% und
- für Japan 43%.

Die Ermittlung der horizontalen Eigenkapitalquote hat ihren eigentlichen Sinn in der Zielvorstellung, daß im Interesse der Sicherheit des Unternehmensbestandes langfristig gebundene Vermögensteile prinzipiell nur durch langfristig zur Verfügung stehendes Kapital finanziert werden sollten. Wie wichtig dies grundsätzlich ist, zeigt sich immer wieder bei Firmenzusammenbrüchen. Ganz besonders deutlich wurde dieser Zusammenhang vor allem in der Weltwirtschaftskrise der dreißiger Jahre dieses Jahrhunderts, als die kurzfristigen Auslandskredite, die die deutsche Industrie aufgenommen und langfristig vor allem für Rationalisierungsinvestitionen verwendet hatte, nicht verlängert und damit eine Welle von Zusammenbrüchen und schweren finanziellen Krisen ausgelöst wurde.

Auf ähnlich problemträchtige, aktuellere Finanzierungsvorgänge macht Claus Dertinger (in der WELT v. 25.1.1986, S. 9) in seinem Artikel „Riskante Innovationen" aufmerksam:

> „Was vorsichtige Banker besorgt macht und inzwischen auch die Bankenaufseher hat hellwach oder aktiv werden lassen, sind Kredit- und Wertpapieroperationen von meist großen Unternehmen, die zwar an den Banken vorbeilaufen, den Geldhäusern dennoch Risiken aufbürden.
>
> Stein des Anstoßes ist die Finanzierung über ‚Euro-Note-Fazilitäten', die in verschiedenen Formen wie NIFs (note issuing facilities) und RUFs (revolving underwirting facilities) in den letzten beiden Jahren geradezu explosionsartig zugenommen haben. Das sind trickreiche Finanzgeschäfte, mit denen Unternehmen langfristigen Kapitalbedarf durch die Aufnahme kurzfristiger Gelder decken, aber – und das ist der ‚Knüller' – mit der Garantie von Banken, daß die Kette hintereinandergeschalteter kurzfristiger Finanzierungen nicht abreißt ...
>
> Für die Schuldner sind das geradezu phantastische Konstruktionen, die ein äußerst flexibles Finanzmanagement ermöglichen. Und das vor allem zu Zinsen, die deutlich unter den langfristigen Kapitalmarktsätzen liegen ... Gefährlich sind die neuen Finanzierungstechniken, weil sie nur bei Schönwetterbedingungen an den Finanzmärkten funktionieren".

Doch nun zurück zur eigentlichen horizontalen Eigenkapitalquote, also dem rechnerischen (bilanziellen) Verhältnis von Anlagevermögen und Eigenkapital: Wird das Anlagevermögen nicht voll vom Eigenkapital gedeckt, so wird im allgemeinen erwartet, daß es dann wenigstens durch die Summe von Eigenkapital und langfristigem Fremdkapital finanziert sein sollte. Ist allerdings das langfristig gebundene, nur langsam wieder in eine liquide Form zu überführende Anlagevermögen nicht voll durch Eigenkapital und langfristiges Fremdkapital gedeckt, so muß dies nicht das sichere Ende der Unternehmung bedeuten, jedenfalls dann nicht, wenn die Ertrags- und Liquiditätsverhältnisse sich dauerhaft recht günstig gestalten.

Andererseits muß der Sachverhalt, daß das Eigenkapital das Anlagevermögen bei weitem überdeckt, nicht immer ein verläßlicher Grund zur Beruhigung sein, weil diese Bilanzrelation auf dem problemreichen Sachverhalt beruhen kann, daß das betreffende Unternehmen mit verhältnismäßig alten Anlagen und damit auch geringen Bilanzwerten arbeitet, z.B. weil ihm die für Neuinvestitionen erforderlichen Mittel fehlen. Eine relativ günstige horizontale Eigenkapitalquote kann auch darauf beruhen, daß der Sachmittelapparat nicht gekauft, sondern gemietet (geleast) und somit nicht im Anlagevermögen aufgeführt ist; im Gegensatz zu den gekauften Anlagen jedoch mit hohen laufenden Zahlungen (Miete) verbunden ist, die die Liquidität stark belasten können.

e) Zusammenfassende Beurteilung von Finanzstruktur-Kennziffern

Die vorstehenden Ausführungen zum Aussagehalt von vertikalen und horizontalen Eigenkapitalquoten werfen die Frage auf, warum solche Quoten (= Kennziffern) ermittelt werden, wenn ihre Aussagekraft so begrenzt ist. Dazu ist zu sagen, daß die betreffenden Ziffern, so problematisch sie grundsätzlich auch sind, in der Praxis dennoch Hilfsdienste leisten können. Hierfür ist allerdings erforderlich, daß man die Werte nicht isoliert, sondern im Zusammenhang mit anderen Daten betrachtet, und sie vor allem im Vergleich zu anderen Unternehmen und auch im Zeitablauf sieht, um so die Entwicklungsrichtung erkennen zu können. Stellt man hierbei eindeutige Trends bzw. Abweichungen z.B. vom Branchendurchschnitt fest, so kann dies durchaus einen wichtigen Informationswert haben, unter Umständen nicht zuletzt deshalb, weil der Betrachter so veranlaßt werden kann, über die Ursachen der ermittelten Entwicklung weitere Nachforschungen anzustellen.

In der Literatur und Praxis befinden sich zahlreiche Versuche, zweckmäßige Relationen von Eigen- und Fremdkapital und die Verhältnisse der verschiedenen Kapitalarten zu Anlage- und Umlaufvermögen durch allgemeine Finanzierungsregeln zu bestimmen. Schon die Vielzahl solcher Regeln macht deutlich, daß keine ein logisch begründetes optimales Verhältnis angibt und somit auch nur sehr bedingt einen Beitrag zur Beurteilung des finanziellen Gleichgewichts leisten kann. Dies nicht zuletzt deshalb, weil es nur schwer möglich ist, von den in der Bilanz enthaltenen Bestandsgrößen auf zukünftige Zahlungsströme (Einnahmen und Ausgaben) zu schließen.

Die vorstehenden Ausführungen werden deutlich gemacht haben, daß die beispielhaft genannten Finanzstruktur-Kennziffern allenfalls den Charakter von **Faustregeln** haben können, worin auch die Ursache dafür zu sehen ist, daß der Gesetzgeber sich grundsätzlich nicht um die Normierung von allgemeinen Finanzierungsregeln bemüht. Eine gewisse Ausnahme bilden, ihrer großen volkswirtschaftlichen Bedeutung wegen, die Kreditinstitute und Versicherungen.

f) Vergleich und Aussagegehalt von Bilanz und Gewinn- und Verlustrechnung

Neben der aus der Bilanz ersichtlichen Finanzstruktur leistet die Erfolgslage, die ihren zahlenmäßigen Niederschlag in der Gewinn- und Verlustrechnung (GuV) findet, einen Beitrag zum finanziellen Gleichgewicht. Bilanz und Gewinn- und Verlustrechnung werden regelmäßig unter dem Begriff „Jahresabschluß" zusammengefaßt. Zur Veranschaulichung wird nachstehend eine stark zusammengefaßte reale Gewinn- und Verlustrechnung wiedergegeben.

Die alljährlich für einen bestimmten, abgelaufenen Zeitraum aufzustellende Gewinn- und Verlustrechnung (Erfolgsrechnung) gibt einen wichtigen Anhaltspunkt für die Beurteilung der Erfolgslage der Unternehmung (Gewinn oder Verlust). Die Erfolgsrechnung macht wichtige finanzwirtschaftliche Zusammenhänge deutlich, die auf das finanzielle Gleichgewicht einwirken.

Während also die Bilanz stichtagsbezogen Vermögen und Schulden einander gegenüberstellt, zeigt die Gewinn- und Verlustrechnung die Komponenten (Quellen) des Erfolgs, d.h. sie zeigt die in einem Zeitraum angefallenen Erträge und Aufwendungen auf.

Will man Schlüsse aus der Gewinn- und Verlustrechnung für das finanzwirtschaftliche Gleichgewicht ziehen, so ist es wichtig, darauf zu achten, daß die in

Dortmunder Union - Schultheiss Brauerei AG

Berlin und Dortmund

Zusammengefaßter Jahresabschluß

Gewinn- und Verlustrechnung für 1986

	1986 TDM	1985 TDM
Umsatzerlöse	602.162	600.090
Bestandsverminderung	1.569	1.439
Andere aktivierte Eigenleistungen	116	122
Gesamtleistung	600.709	598.773
Materialeinsatz	166.709	177.123
Rohertrag	434.000	421.650
Erträge aus Beteiligungen	21.327	24.014
Andere Erträge	60.202	68.355
	515.529	514.019
Personalaufwendungen	194.227	197.173
Abschreibungen	64.402	59.473
Steuern vom Einkommen, Ertrag, Vermögen	15.128	22.792
Sonstige Steuern	48.605	49.407
Andere Aufwendungen	181.086	164.031
	503.448	492.876
Jahresüberschuß	12.081	21.143
Gewinnvortrag	36	33
Bilanzgewinn	12.117	21.176

Berlin und Dortmund, den 6. Juli 1987 — Der Vorstand

der GuV enthaltenen Aufwendungen (z.B. für den Materialeinsatz, die menschlichen Arbeitsleistungen und die Betriebsmittel; s.a. Tabelle auf Seite 54) und die Erträge (z.B. aus den Umsätzen für die verkauften Waren und aus Geldanlagen) nicht ohne weiteres mit Zahlungen (Geldab- und -zufluß) im selben Zeitraum gleichzusetzen sind, wenngleich sie meist auch im Zusammenhang mit Zahlungen stehen. Diese Zahlungen können mit dem Zeitpunkt der Aufwandsbuchung zusammenfallen (z.B. bei der Lohnzahlung), sie können aber auch vor der Aufwandsbuchung erfolgt sein (z.B. bei Abschreibungen auf eine bar bezahlte Anlage), auch kann die Zahlung erst nach der Aufwandsbuchung anfallen (z.B. im Falle der Bildung von Rückstellungen oder der Bezahlung einer auf Kredit gekauften Ware, die schon vor ihrer Bezahlung verbraucht worden ist). Entsprechendes gilt auch für die Erträge. So sagt die GuV-Position „Umsatzerlöse" nichts darüber aus, ob die Umsätze auch tatsächlich in dem Zeitraum, auf den sich die GuV bezieht, bezahlt oder ob sie auf Kredit verkauft oder ob für die Umsätze schon in einer früheren Periode Vorauszahlungen geleistet worden sind.

Diese Zusammenhänge auf der Ertragsseite können dazu führen, daß trotz guter Umsätze und relativ hoher Gewinne die Liquidität (Zahlungsfähigkeit) angespannt ist. Auch läßt sich von einer Umsatzsteigerung gegenüber dem Vorjahr nicht ohne weiteres auf eine Gewinnverbesserung schließen. Es gibt in der Praxis durchaus Situationen, in denen die Aufwendungen (noch) schneller steigen als die Umsätze, was manchmal erst im nachhinein bemerkt wird; weiter gibt es Perioden, in denen der Umsatzzuwachs von einem Preisverfall begleitet wird. Beide Fälle beeinflussen die Erfolgslage – und regelmäßig auch die Liquidität – negativ.

In der GuV werden nicht nur die Quellen des Erfolges aufgezeigt, sondern es wird auch durch die Saldierung von Erträgen und Aufwendungen das erfolgsmäßige Unternehmensergebnis in Form von Gewinn oder Verlust sichtbar, das allerdings nicht – wie schon erwähnt – unmittelbar etwas über die Liquidität bzw. ihre Beeinflussung aussagt. Die Zahlungsfähigkeit muß gegenwarts- und zukunftsbezogen existieren. Bilanz und Gewinn- und Verlustrechnung sind jedoch Instrumente, die in erster Linie Vergangenes aufzeigen.

Für eine Bewertung des allgemeinen Informationsgehaltes von Bilanz und Gewinn- und Verlustrechnung kommt noch ein weiteres hinzu, das sich in einer alten Regel der Bilanzierungspraxis zeigt, daß nämlich die mit einer erfolgsmäßig guten Bilanz dargestellte Situation in Wirklichkeit meist besser ist als das ohnehin erfreuliche Erfolgsbild, während bei Vorliegen einer schlechten Bilanz unterstellt werden kann, daß hier die tatsächlichen Verhältnisse noch schlechter sind als sie in der „geschönten" Bilanz zum Ausdruck kommen.

Mit anderen Worten: Ist die Erfolgslage des Unternehmens ausgezeichnet, werden die Unternehmensleiter versuchen, den auszuweisenden Gewinn nicht zu groß werden zu lassen, um nicht unnötig die Begehrlichkeit der Aktionäre, des Finanzamtes und der Mitarbeiter herauszufordern. Ist die Erfolgslage schlecht, wird das bilanzierende Unternehmen bestrebt sein, die Bilanz und die Gewinn- und Verlustrechnung so zu gestalten, daß sie noch ein einigermaßen freundliches Bild ergeben, um die Kapitalgeber nicht zu beunruhigen, was existenzgefährend sein könnte. Solche „Bilanzpolitiken" sind möglich, weil die im Jahresabschluß darzustellende Vermögens- und Erfolgslage zwangsläufig zu einem erheblichen Teil auf Schätzungen (Bewertungen) beruht (s.a. S. 170-173).

3. Der Finanzfluß – seine Quellen und Planung

Die eigentliche betriebliche Finanzierungsfunktion, bei der es um die Beschaffung, den Einsatz und die Steuerung der finanziellen Mittel geht, kann als ein ständig sich wiederholender dynamischer Prozeß gesehen werden, der aus einem Finanz(Kapital)fluß besteht. Ein solcher Finanzfluß wird im nachstehenden Schaubild dargestellt.

Wie das Schaubild zeigt, existieren zwei grundsätzlich verschiedene Möglichkeiten der Finanzmittelbeschaffung, nämlich die interne und die externe Finanzmittelzuführung. So können einerseits Finanzmittel im Wege des betrieblichen Leistungserstellungs- und Leistungsverwertungsprozesses durch den Verkauf/Absatz von Gütern und Dienstleistungen (= Umsatz) beschafft werden. Dieser Hauptanwendungsfall der **Innenfinanzierung** wird im Schaubild durch die Doppelpfeile angedeutet.

Finanzmittel können auch losgelöst vom betrieblichen Umsatzprozeß von außen aufgebracht werden, indem externe Kapitalgeber dem Unternehmen Finanzmittel zur Verfügung stellen (= **Außenfinanzierung**, im Schaubild durch einfache Pfeile gekennzeichnet). Bei dieser Betrachtungsweise werden die wirtschaftli-

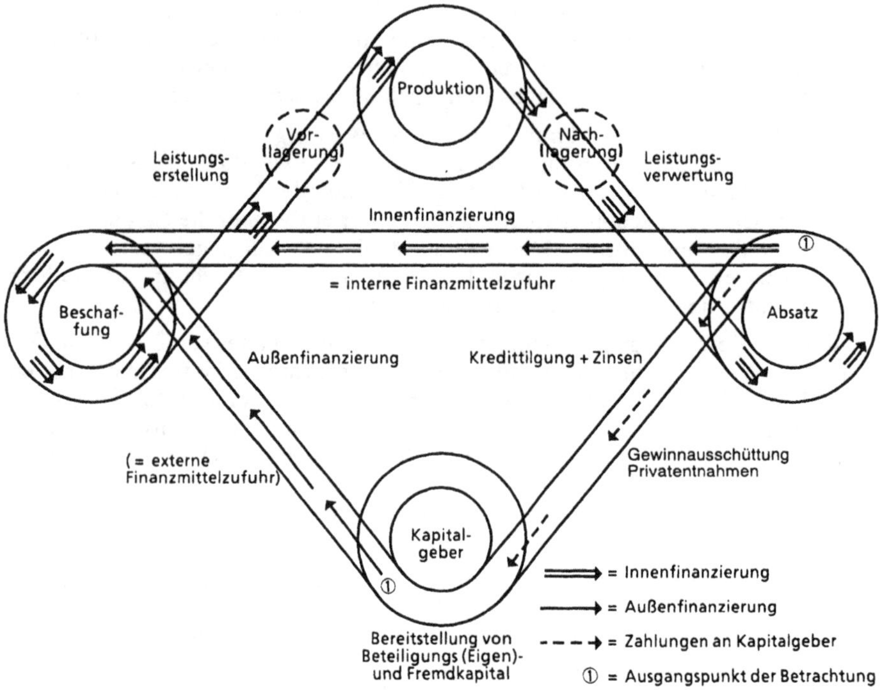

Abb.: Der Finanzfluß der Unternehmung

chen Eigentümer der Unternehmung, die das Eigenkapital zur Verfügung stellen, mit zu den externen Kapitalgebern gezählt.

Neben den eben genannten Finanzierungsformen (Eigen- und Fremdfinanzierung sowie der Finanzierung aus Umsatzprozessen) gibt es noch einige weitere Fälle der Innen- und Außenfinanzierung. Sie sind in dem den Normalfall darstellenden vorstehenden Schaubild aus Gründen der Übersichtlichkeit nicht gesondert aufgezeigt. In der folgenden Übersicht, die einen Überblick über die wichtigsten Arten der Außen- und Innenfinanzierung gibt, sind sie mit enthalten. Auf die in der Übersicht bei der Außenfinanzierung genannte Finanzmittelzufuhr durch Subventionen ist im letzten Abschnitt des vorliegenden Kapitels etwas näher einzugehen.

Im betrieblichen Alltag können zahlreiche Faktoren auftreten, die den Finanzfluß stören. Dabei können größere Störungen leicht zu einer Gefahr für den Bestand der Unternehmung werden, wenn sie nicht rechtzeitig erkannt und angemessene Abhilfemaßnahmen eingeleitet werden.

Damit die Störfaktoren nicht zur Zahlungsunfähigkeit führen, ist neben einer nachhaltigen Ertragskraft (Gewinnerwirtschaftung) eine leistungsfähige **Finanz- bzw. Liquiditätsplanung** erforderlich, die dafür sorgt, daß die Einzahlungen und Auszahlungen sich so entwickeln, daß das Unternehmen nicht nur in der Gegenwart, sondern auch in der Zukunft zahlungsfähig ist. Dies zu erreichen, ist für den Unternehmensbestand – zumindest in kurzfristiger Sicht – noch wichtiger als die Erwirtschaftung eines zufriedenstellenden ökonomischen Erfolges. Ohne Ge-

Außenfinanzierung = externe Finanzmittelzufuhr			Innenfinanzierung = interne Finanzmittelzufuhr			
Beteiligungs- (eigen)-finanzierung	**Fremd-**finanzierung	**Subventions-**finanzierung	Finanzierung durch **Umsatzprozesse**	Finanzierung durch **Kapitalerträge**	Finanzierung durch **Abschreibungen** und **Rückstellungen**	Finanzierung durch **Vermögens-umschichtungen**
Zuführung von haftendem **Eigen-kapital** durch Inhaber, Gesellschafter, Aktionäre, Genossen	**Inanspruchnahme** kurz-, mittel- oder langfristiger **Kredite**, z.B. in Form von Bankkrediten, Lieferantenkrediten, Kundenanzahlungen und Aufnahme von Obligationen (Anleihen)	**Staatliche Finanzhilfen** oder **Steuervergünstigungen**	Zuführung von Finanzmitteln über den betrieblichen **Umsatzprozeß**, d.h. über den (regulären) Verkauf von Waren und Dienstleistungen	Zufluß von Finanzmitteln aus **Finanzanlagen**, z.B. aus Beteiligungen an anderen Unternehmen oder aus langfristigen Ausleihungen	Möglicher Finanzierungseffekt durch ein **zeitliches** Auseinanderfallen von verrechenbaren Aufwendungen und den damit verbundenen (späteren) Auszahlungen, z.B. im Falle von Maschinen(Anlagen)-Abschreibungen und von Pensionsrückstellungen	Schaffung von Finanzmitteln durch die **Umwandlung** von an sich nicht zum Verkauf bestimmten Vermögensgegenständen in liquide Mittel, so durch die Veräußerung von Anlagegegenständen (Grundstücken) oder durch den Verkauf von Forderungen (Factoring)

Abb.: Übersicht über die wichtigsten Finanzierungsarten

winn kann ein Unternehmen eine gewisse Zeit existieren, ohne Zahlungsfähigkeit grundsätzlich nicht.

Aufgabe der Finanzplanung kann es jedoch nicht sein, ständig möglichst viele Zahlungsmittel bereitzuhalten. Weil nicht benötigte Finanzmittel keinen oder nur einen geringen Beitrag zur Ertragsentstehung leisten, kommt es darauf an, nur gerade so viele Zahlungsmittel zur Verfügung zu haben, daß die fälligen Zahlungsverpflichtungen erfüllt werden können. Dieses Optimierungsproblem ist im allgemeinen recht schwierig zu lösen, weil sowohl die Zahlungseingänge als auch die -ausgänge nur zum Teil exakt feststehen, man also vielfach gezwungen ist, mit Schätzwerten (Wahrscheinlichkeiten) zu arbeiten.

Solche Schätzungen sind – wenn sie sorgfältig vorgenommen werden – regelmäßig solange annehmbar, solange „normale" Entwicklungen und Verhältnisse vorliegen. Sie versagen aber häufig, wenn außergewöhnliche Ereignisse eintreten, wie z.B. eine Vertrauenskrise in die Solidität des Unternehmens, die dann zum Run der Gläubiger auf ihr Geld führen kann, gegen den auch eine noch so sorgfältige Finanzplanung möglicherweise machtlos ist. Ein außergewöhnliches Ereignis kann auch darin bestehen, daß plötzlich Gefahren auf der Einzahlungsseite auftreten, so z.B. als Folge eines unerwartet schlechten Absatzes und/oder einer äußerst schleppenden Zahlungsweise der Kunden bzw. des Zusammenbruchs eines Groß-Kunden (Schuldners).

Auch bei einer noch so sorgfältigen Finanzplanung ist es nicht auszuschließen, daß gelegentlich unerwartet finanzielle Engpässe auftreten. Manche Engpässe werden allerdings schon durch die Finanzplanung deutlich, indem für einen zukünftigen Zeitpunkt oder Zeitraum eine Finanzmittelunterdeckung (d.h. Auszahlungen sind größer als Einzahlungen) sichtbar wird. In solchen Fällen besteht eine wichtige unternehmenspolitische Aufgabe darin, die drohende Zahlungslücke so schnell wie möglich zu schließen. In der nachstehenden Tabelle sind beispielhaft einige Möglichkeiten genannt, die helfen können, eine Zahlungsmittelunterdeckung zu beseitigen.

Maßnahmen zur *Verbesserung* der Einzahlungsseite	Maßnahmen zur *Entlastung* der Auszahlungsseite
• Absatz verstärkt nur gegen Barzahlung • Forcierte Eintreibung von (fälligen) Außenständen • Verkauf von Forderungen (Factoring) • Aufnahme von neuen Krediten • Liquidierung von langfristig gebundenen Vermögensteilen (Verkauf von Anlagegegenständen) • Eigenkapitalerhöhung durch Geldeinlagen der Inhaber	• Verschiebungen des Kaufes von Investitionsgütern • Leasing statt Kauf eines Investitionsgutes • Hinausschieben von Bestellungen, die mit sofortigen Zahlungen verbunden sind • Verlängerung der Kreditfristen, unter Umständen durch eigenmächtiges Hinausschieben der Rechnungsbegleichung • Verzicht auf Gewinnausschüttungen • Reduzierung der Privatentnahmen der Inhaber

Abb.: Möglichkeiten zur Beseitigung einer Zahlungsmittelunterdeckung

Zusammenfassung:

Die Frage, welche tatsächlichen finanzwirtschaftlichen Voraussetzungen vorliegen müssen, damit das finanzielle Gleichgewicht erhalten bleibt, ist außerordentlich schwer zu beantworten. So können weder eine relativ günstige (vertikale) Eigenkapitalquote noch ein ausgezeichneter Umsatz oder Gewinn (Jahresüberschuß) eine absolute Gewähr dafür bieten, daß das Unternehmen ständig zahlungsfähig ist. Andererseits ist es auch möglich, daß trotz vorhandener hoher Liquidität im Laufe der Zeit eine Überschuldung eintritt. Es ist existenzielle Aufgabe der Unternehmensleitung, dafür zu sorgen, daß die beiden Konkursgründe (Zahlungsunfähigkeit und Überschuldung) und damit die Gefahr des Zusammenbruchs des Finanzflusses und des Unternehmens nicht eintreten.

4. Der Zusammenbruch der Finanzen

a) Die beiden Konkursgründe: Zahlungsunfähigkeit und Überschuldung

Unternehmen, die zahlungsunfähig oder – im Falle von Kapitalgesellschaften – überschuldet sind, müssen beim Amtsgericht die Eröffnung eines Konkurs- oder Vergleichsverfahrens beantragen. Der Konkursantrag kann auch von den Gläubigern gestellt werden. Beim Konkurs, der seine gesetzliche Grundlage in der Konkursordnung v. 10.2.1877 hat, geht es um die zwangsweise (geordnete) Auflösung von ganzen Unternehmen.

Zahlungsunfähigkeit ist nach der Konkursordnung (§ 102) insbesondere dann anzunehmen, wenn die Zahlungseinstellung erfolgt ist. Allgemeiner läßt sich die Zahlungsunfähigkeit mit dem Unvermögen des Unternehmens kennzeichnen, den sofort fälligen finanziellen Verpflichtungen im wesentlichen nachzukommen. Die Zahlungsunfähigkeit geht also über eine bloße Zahlungsstockung hinaus, bei der lediglich ein vorübergehender Liquiditätsengpaß vorliegt.

Bei der **Überschuldung** handelt es sich darum, daß das vorhandene Vermögen (nach Auflösung etwaiger stiller Reserven) nicht mehr die Schulden deckt, d.h. ein einmal vorhanden gewesenes Eigenkapital ist durch Verluste (und/oder Privatentnahmen) verlorengegangen. Oder mit anderen Worten: Das „Eigenkapital" steht jetzt auf der linken Seite der Bilanz bzw. im Falle der GmbH und der Aktiengesellschaft, deren nominales Eigenkapital rechnerisch konstant gehalten werden muß, ist der ausgewiesene Verlust höher als das bilanzielle Eigenkapital.

Während die **Zahlungsunfähigkeit für alle Unternehmen ein Konkursgrund** ist, gilt dies für die **Überschuldung nicht**. Sie führt nur bei denjenigen Unternehmen zum Konkurs, bei denen keine unbeschränkte persönliche Haftung für die Unternehmensverbindlichkeiten besteht. D.h. im Gegensatz zur Aktiengesellschaft und GmbH braucht eine Einzelunternehmung, OHG und KG im Falle einer Überschuldung keinen Konkurs anzumelden, es sei denn, die persönlich haftenden Gesellschafter der OHG oder KG bestehen nur aus juristischen Personen, deren Haftung zwangsläufig auf ihr Gesellschaftsvermögen beschränkt ist. Diese gesellschaftsrechtliche Konstruktion liegt regelmäßig im Falle der GmbH & Co KG vor.

Bedeutend häufiger als die Überschuldung kommt die **Zahlungsunfähigkeit** als Konkursgrund vor, d.h. diese Unternehmen waren nicht in der Lage, die Zahlungsströme (Einzahlungen und Auszahlungen) so zu gestalten, daß ständig ausreichende finanzielle Mittel zur Bezahlung der fälligen Verpflichtungen vorhanden waren. Eine solche für den Unternehmensfortbestand „tödliche" Situation kann auch trotz Vorliegens einer positiven Umsatz- und Ertragslage eintreten und ist auch bei einer relativ hohen Eigenkapitalquote möglich.

b) Das Konkurs- und Vergleichsverfahren

Das nachstehende Schaubild vermittelt einen Eindruck von der zahlenmäßigen Entwicklung der aufgrund von Zahlungsunfähigkeit oder Überschuldung beantragten Konkurs- und Vergleichsverfahren, die zusammenfassend vielfach Insolvenzen genannt werden. Zu der Frage, wer denn nun letztlich für die vielen Unternehmens-Zusammenbrüche verantwortlich ist und zu der Frage, wie sich die Zahl der Unternehmensneugründungen entwickelt, sei auf die Ausführungen auf den Seiten 200-205 verwiesen.

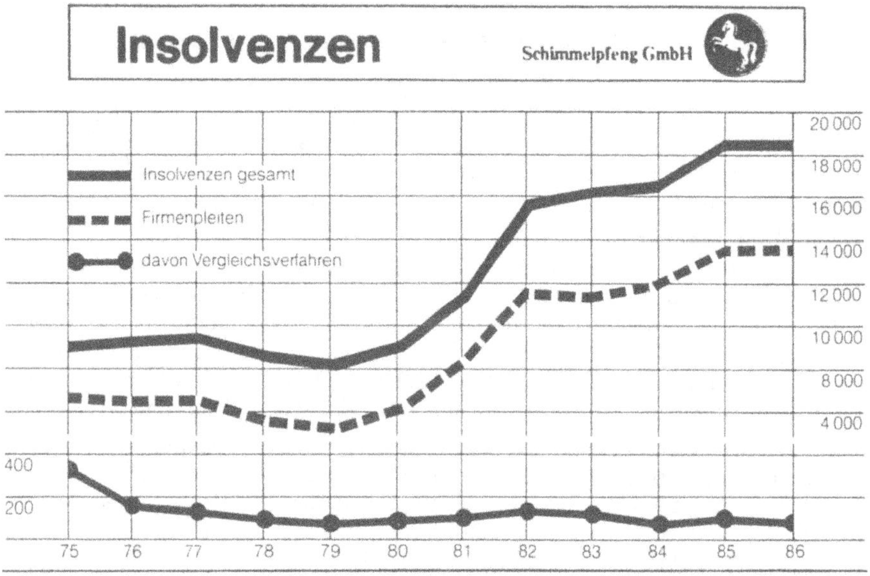

Einem Antrag auf **Eröffnung des Konkursverfahrens** wird nur stattgegeben, wenn das verfügbare Unternehmensvermögen wenigstens ausreicht, um die Kosten des Konkursverfahrens zu decken. Dies ist seit Jahren bei drei Viertel der Konkursanträge nicht der Fall, so daß das Konkursverfahren dann mangels Masse entweder gar nicht erst eröffnet oder später eingestellt wird. Dies hat regelmäßig zur Folge, daß die Betriebsaufgabe ohne eine geordnete Abwicklung erfolgt.

Der Grund für diese **Massearmut** ist vor allem darin zu sehen, daß sich bestimmte Gläubiger (vor allem Banken und große Warenlieferanten) umfangreiche Kreditsicherungsrechte (z.B. Sicherungsübereignungen, Forderungsabtretungen, Eigentumsvorbehalte, Hypotheken) an dem vorhandenen Unternehmensvermögen haben einräumen lassen, wodurch das im Konkursverfahren verwertbare Vermögen stark reduziert wird. Dies ist auch der Hauptgrund dafür, daß die Konkursdeckungsquote bei den nichtbevorrechtigten, einfachen Gläubigern (z.B. kleinen Handwerkern) außerordentlich gering ist. Sie erhalten im Durchschnitt nur drei bis fünf Prozent ihrer Forderungen aus der Konkursmasse bezahlt. Dieser recht geringe Satz wird manchmal etwas sarkastisch auch „Konkursdividende" genannt.

Die **Arbeitnehmer** werden im Hinblick auf etwaige rückständige Löhne und Gehälter bei den Konkursen und Vergleichen weitgehend befriedigt*. Hierfür sorgt das Konkursausfallgesetz von 1974, mit dem das Arbeitsförderungsgesetz (AFG) und die Konkursordnung ergänzt wurden.

Nach dem Arbeitsförderungsgesetz sind rückständige Löhne und Gehälter sowie Sozialversicherungsbeiträge für die letzten drei Monate vor Eintritt der Zahlungsunfähigkeit in voller Höhe gesichert. Das Konkursausfallgeld wird aus einem bei der Bundesanstalt für Arbeit zu führenden Fonds gezahlt, der aus Umlagen der Unternehmen gespeist wird. Mit der Zahlung des Konkursausfallgeldes durch das Arbeitsamt tritt die Bundesanstalt für Arbeit in die Lohnforderungen der Arbeitnehmer ein und versucht, die gezahlten Beiträge vom Konkursverwalter wieder hereinzuholen. Etwaige bestehende betriebliche Rentenzusagen sind seit 1975 ebenfalls gesichert. Sie gehen im Falle der Zahlungsunfähigkeit auf den Pensions-Sicherungs-Verein in Köln über, dessen Finanzierung ebenfalls durch Umlagen der Betriebe erfolgt, die eine betriebliche Altersversorgung haben. Die beiden vorstehend genannten gesetzlichen sozialen Sicherungen im Falle von Unternehmenszusammenbrüchen lösen allerdings nicht das Problem, daß die Arbeitnehmer mit der Betriebsschließung ihren bisherigen Arbeitsplatz verlieren.

Eine gewisse Ähnlichkeit mit dem Konkurs hat der gerichtliche **Vergleich**. Die Konkursantragspflicht bei Zahlungsunfähigkeit und Überschuldung kann durch die Anmeldung eines gerichtlichen Vergleichsverfahrens abgewendet werden. Ein gerichtliches Vergleichsverfahren kann nur bei Vorliegen einer dieser beiden Konkursgründe eingeleitet werden. Rechtsgrundlage ist die Vergleichsordnung v. 26.2.1935.

Während es beim Konkurs um eine zwangsweise Auflösung des Unternehmens geht, handelt es sich beim Vergleichsverfahren regelmäßig um den Versuch, über einen erheblichen Schuldenerlaß (Erlaß- oder Sanierungsvergleich) die Fortführung der Unternehmung sicherzustellen.

Ein gerichtlicher Vergleich kann nur zustande kommen, wenn den Gläubigern eine Vergleichsquote von mindestens 35% ihrer Forderungen zugesichert wird und die Gläubiger dem Schuldenerlaß mehrheitlich zustimmen. Weil diese Mindestquote meist nicht zu erreichen ist, haben die gerichtlichen Vergleichsverfahren an den gesamten gerichtlichen Insolvenzverfahren (s. vorst. Schaubild) nur einen Anteil von knapp einem Prozent.

Seit einigen Jahren gibt es Bestrebungen des Gesetzgebers, das Konkurs- und Vergleichsrecht zu reformieren. Hierzu meinte die „Wirtschaftswoche" (8.2.1985, S. 22-24): „Das Reformvorhaben hat alle Chancen, auf die lange Bank geschoben zu werden". Am 1.11.1985 schrieb die „Wirtschaftswoche" (S. 18): „Der als Jahrhundertwerk gepriesenen Reform droht die Beerdigung zweiter Klasse".

Die Reform zielte zeitweilig darauf ab, vor allem im Interesse der Erhaltung von Arbeitsplätzen zwangsweise Liquidationen möglichst einzudämmen. Zu die-

* Weniger günstig ist die Situation bei etwaigen Sozialplanforderungen.

sem Reformansatz meint W. ENGELS („Wirtschaftswoche“, 5.4.1985, S. 116): „Insolvenzen beruhen oft auf schlechtem Management ... Interesse an Konkursvermeidung haben das Management und die Gläubiger – Arbeitnehmerinteressen werden nur vorgeschoben ... Wer Konkurse verhindern will, zerschlägt nur das Thermometer, das die Unterkühlung anzeigt“. Später rückte der Schutz der Gläubiger als Ziel der Reform in den Vordergrund (s. „Wirtschaftswoche“, 10.10.1986, S. 28). Das weitere Schicksal der Insolvenzreform ist schwer zu prognostizieren.

c) Die stillen Liquidationen

Eine zahlenmäßig viel größere Bedeutung als die zuvor behandelten Betriebsauflösungen durch Konkurse haben die stillen Liquidationen, die vielerlei Ursachen (s. Schaubild G 4813) haben können. So ist allein im Einzelhandel in den Jahren von 1960 bis 1974 im Jahresdurchschnitt die Zahl der selbständigen Existenzen um rund 7000 zurückgegangen, davon mehr als 80% im Nahrungs- und Genußmittelbereich. Im Handwerk hat sich die Zahl der Betriebe von 1960 bis 1974 um jährlich durchschnittlich rund 13000 verringert, und in der Landwirtschaft ist die Zahl der Betriebe von 1960 bis 1985 fast um die Hälfte zurückgegangen, nämlich auf rd. 721000.

Statistische Angaben: Umfrage der Industrie- und Handelskammern in Nordrhein-Westfalen und Niedersachsen, 1983

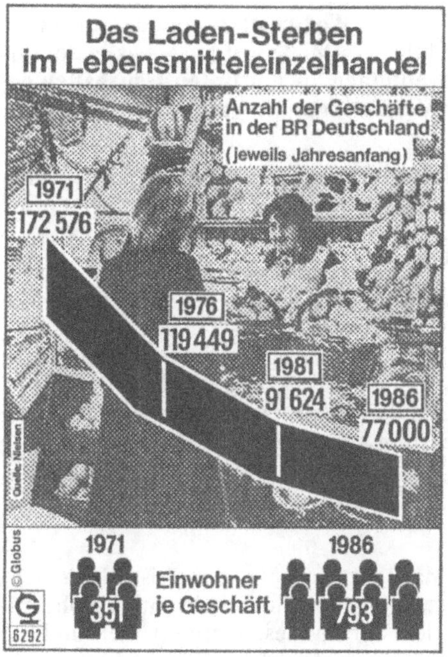

Widerspruch

hg – „Es lohnt sich nicht mehr." Dies sei der häufigste Beweggrund für Einzelhändler, ihr Geschäft aufzugeben, haben jetzt etliche Industrie- und Handelskammern in Nordrhein-Westfalen und Niedersachsen herausgefunden; die Verdienstmöglichkeiten seien zu gering. Zweifellos hat ein kleiner Einzelhändler kaum je die Chance, ein reicher Mann zu werden. Und wenn er gar Lebensmittel verkauft, dann muß er auch noch ziemlich viel arbeiten: Früh um fünf am Großmarkt das frische Gemüse holen und abends nach Ladenschluß die Bücher führen. Da kommt am Ende nur ein magerer „Stundenlohn" heraus. Trotzdem ist diese Antwort erstaunlich, denn was wird der Einzelhändler, der aufgibt, anschließend tun? Vom Ersparten leben? Dann aber müßte es sich doch gelohnt haben. Oder zum Arbeitsamt gehen? Da sind die Chancen auch nicht besonders gut. Wissen wir nicht andererseits aus dem Handwerk, daß der Drang in die Selbständigkeit um so stärker wird, je größer das Heer der Arbeitslosen ist? Für die Verbände des Handels mag es sich lohnen, diesem Widerspruch nachzugehen.

DIE WELT, 23.8.1983

5. Die Subventionen – eine Finanzierungsform besonderer Art

Zunehmend werden bei der Darstellung der Unternehmensfinanzierung auch die Subventionen als eine (wenn auch etwas aus dem Rahmen fallende) Form der Außenfinanzierung (s. S. 122f.) genannt. Dabei ist zunächst darauf hinzuweisen, daß diese Finanzierungsart – im Gegensatz zur Eigen- und Fremdfinanzierung – nicht in allen Betrieben anzutreffen ist.

In den Unternehmensbilanzen sind die Subventionen nicht enthalten, weil mit ihrer Gewährung keine Eigen- oder Fremdkapitalgeberposition begründet wird. Subventionen leisten vielmehr einen direkten Beitrag zur Verbesserung der Aufwands- und Ertragslage und schlagen sich damit unmittelbar in der Erfolgsrechnung, der Gewinn- und Verlustrechnung, nieder.

Doch was sind Subventionen?

Bei den Subventionen handelt es sich um nicht rückzahlbare **staatliche Finanzhilfen** und **steuerliche Vergünstigungen**, die beide aus den unterschiedlichsten

Gründen gewährt werden und einem ganzen **Wirtschaftszweig** oder einzelnen **Unternehmen** zugutekommen. In beachtlichem Maße werden – was in der Öffentlichkeit weniger bekannt ist – Subventionen auch **privaten Haushalten** gewährt, so z.B. in Form von finanziellen Vergünstigungen bei der Sparförderung, dem Wohnungsbau und dem Wohngeld.

Allgemeine **Gründe für die Subventionierung** von Unternehmen sind regelmäßig die wirtschaftliche (Not)lage volkswirtschaftlich oder gesellschaftspolitisch förderungswürdiger Wirtschaftszweige oder einzelner Unternehmen. Dabei werden die staatlichen Hilfen vor allem gewährt

- zur Erhaltung von Betrieben oder Wirtschaftszweigen (Erhaltungssubventionen)*
- zur Anpassung von Betrieben oder Wirtschaftszweigen an neue Bedingungen (Anpassungssubventionen)
- zur Förderung der Produktivität und des Wachstums von Betrieben oder Wirtschaftszweigen (Produktivitäts-/Wachstumssubventionen).

Subventionen können vom Bund, von den Ländern und den Gemeinden gewährt werden. In der Praxis zeigen die Unternehmenssubventionen eine außerordentlich große Vielfalt.

Das offiziell vorliegende Zahlenmaterial über die Subventionen ist alles andere als eindeutig und vollständig. Die Schätzungen der (Jahres)Subventionshöhe reichen von 67 Milliarden (Subventionsbericht der Bundesregierung) über rund 120 Milliarden (Kieler Institut für Weltwirtschaft und Bund der Steuerzahler) bis zu 210 Milliarden Deutsche Mark (DGB/WSI; C. Schäffer 1987).

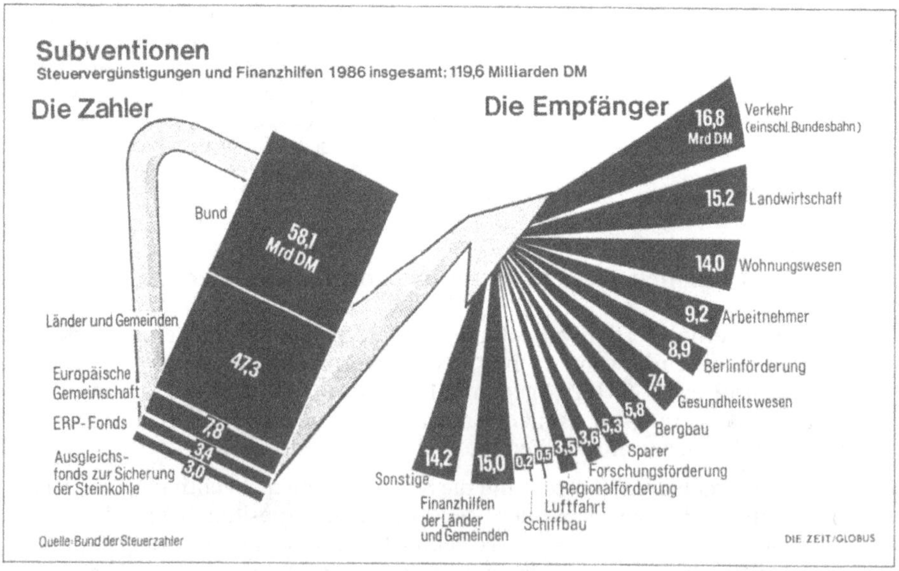

DIE ZEIT, 14.8.1987, S. 22

* „80 Prozent aller Subventionen fließen in die Struktur-Erhaltung" (Otto Graf Lambsdorff, DIE WELT, 11.1.1986, S. 7).

Obgleich in der Öffentlichkeit ein großes Unbehagen gegenüber Subventionen besteht, haben einmal eingeführte Subventionen im allgemeinen ein zähes Leben. An sich sollen **Subventionen** nur subsidiär gewährt werden, d.h. als (vorübergehende) **Hilfe zur Selbsthilfe**. Die Einhaltung dieser Maxime setzt allerdings eine Erfolgskontrolle der Subventionen voraus, die sich jedoch meist schwierig gestaltet, weil die einzelnen Zielsetzungen der Hilfen häufig nicht so scharf fixiert sind, wie es für eine wirksame Überwachung nötig wäre.

Eine längerfristige Subventionsgewährung hat nicht selten ein Anwachsen ihrer Beträge zur Folge und ist vielfach mit einzel-oder gesamtwirtschaftlichen Fehlinvestitionen verbunden. Manche Subventionen haben einen deutlich strukturkonservierenden Charakter, der Anpassungen verzögert und erschwert. „Allzu leicht geraten die Subventionsempfänger in die Versuchung, ihre Energie mehr auf weitere Hilfen und Schutzmaßnahmen als auf die Wiedergewinnung ihrer Ertragskraft zu richten. Staatliche Subventionierung, insbesondere im Übermaß und auf Dauer gewährt, lähmt den Willen zur privaten Selbsthilfe" (Otto Graf Lambsdorff, Frankfurter Allgemeine Zeitung, 10.2.1979).

AUF EIN WORT

„Steuerberater werden heute öfter danach gefragt, wie man an Subventionen herankommt, als danach, wie man Steuern spart"

Dr. Heinz Sebiger

Vorstandsvorsitzender der Nürnberger Steuerberatungs-Genossenschaft DATEV (DIE WELT, 4.7.1987, S. 11)

Mit **Subventionen** ist es vielfach **wie** mit **Drogen**. An beide kann man sich schnell gewöhnen und nur schwer wieder entwöhnen. Die Subventionen genießen bei den Empfängern eine hohe Wertschätzung, vor allem deshalb, weil es sich hier um Hilfen handelt, für die meist ein nennenswerter individueller Einsatz nicht erforderlich ist. Mit anderen Worten: Es sind Erträge, für deren Bezug die Empfänger im allgemeinen keine – oder keine umfangreichen – eigenen Leistungen zu erbringen haben, und solche Einkünfte sind nun einmal generell – wie Erbschaften – recht beliebt. Bei den Subventionen liegt also praktisch eine Art aufwandsloses Einkommen vor, dessen Legalität häufig nur schwer zu überwachen ist. Dies ist denn auch der Grund, warum der Weg vom berechtigten Subventionsbezug zum **Subventionsschwindel** häufig nicht weit ist.

„Das Phänomen der Subventions-Kriminalität ist nicht so sehr Ausdruck einer allgemeinen ‚Verwilderung der wirtschaftlichen Sitten'. Vielmehr spiegelt sich darin der besondere Charakter der Subventionen als einer zumindest teilweise unentgeltlichen Vergabe von Leistungen ohne marktgerechte Gegenleistung wider. Es handelt sich hierbei um einen ‚kriminogenen Faktor', der kriminelles Verhalten oder Manipulation am Rande des Strafrechts (‚Deliquenz') geradezu provoziert: Der Verzicht auf die Kontrollinstanz des Marktes verleitet zur Erschließung oder mißbräuchlichen Verwendung von Subventionen sowie zur Umgehung von Vorschriften" (E. SIMMLER, Wirtschaftswoche 25.11.77, S. 26).

> Zweieinhalbtausend Unternehmer bekamen Ende Juli Post vom Bonner Wirtschaftsministerium. Die per Computer erstellten Briefe eröffneten den „sehr geehrten Damen und Herren", daß sie sich keine Hoffnungen mehr auf beantragte Subventionsmillionen machen können. Die ungewöhnliche Aktion war nötig geworden, weil Unternehmer im großen Stil öffentliche Gelder mit falschen Angaben unrechtmäßig einstreichen wollten. Unternehmensberater haben dabei kräftig mitgemischt und ließen sich horrende Erfolgshonorare zusichern. Jetzt ermittelt die Staatsanwaltschaft.

DIE ZEIT, 21.8.1987, S. 17

Auf weiten Strecken gleicht das Subventions-Feld einem Dickicht, das den Überblick erschwert und deshalb auch zu der nachstehend glossierten Erscheinung geführt hat.

> **Sünden-Katalog**
>
> **MV.** Keiner blickt mehr durch: Die Politiker nicht, die ständig neue Steuererleichterungen, Existenzgründungsprogramme und regionale Förderprogramme anbieten, und auch die Unternehmer und Unternehmen nicht, die von diesen teilweise fragwürdigen Wohltaten profitieren sollen. Ein Frankfurter Verlag hat jetzt diese Informationslücke für sich genutzt: Politiker wie Wirtschaftler können in „Der Deutsche Subventionsführer" nachschlagen, für welchen von insgesamt 26 förderungswürdigen Investitionszwecken aus insgesamt 275 Töpfen Geld zu holen ist. Und damit dieser 747 Seiten starke Katalog indirekter Investitionslenkung nicht zu schnell veraltet, plant der Herausgeber jährlich zwei Ergänzungslieferungen. Da braucht man nicht mehr den nächsten Subventionsbericht der Bundesregierung abzuwarten, um zu wissen, wie viel die Politiker dem Staat und wie wenig sie dem Markt zutrauen: Je dicker der Subventionsführer wird, um so dünner wird hierzulande die marktwirtschaftliche Substanz.

Frankfurter Allgemeine Zeitung, 19.7.1979

ANZEIGE

Dipl.-Kfm. Frank Litza GmbH

Subventionsberatung

Wir beraten Sie individuell und zuverlässig.

Bitte fordern Sie unseren Informationsbrief an.

Europa-Center, 1000 Berlin 30, Telefon (0 30) 25 49 31 22

Frankfurter Allgemeine Zeitung, 24.8.1987, S. 13

Noch zwei vielsagende Stimmen:

Sachverständigenrat

- Jahresgutachten 1980/81 (Tz. 335)

Die Subventionswirtschaft ist seit langem ein Ärgernis; gleichwohl ist es in den vergangenen Jahren nicht gelungen, sie einzuschränken. Im Gegenteil, die Subventionen sind Jahr für Jahr angestiegen.

Wegen der massiven und vielfältigen Interessen, die von einem Abbau der Subventionen betroffen wären, bedarf es offensichtlich besonderer Umstände, um dabei erfolgreich zu sein.

- Jahresgutachten 1985/86 (Tz. 261, 260)

Der eklatante Mißerfolg beim Subventionsabbau kann heute nicht mehr an Unkenntnis der Subventionsfolgen liegen. Es mangelt an politischer Durchsetzungskraft. Im Kampf gegen die Subventionen scheint sich vielfach Resignation breitzumachen.

In vielen Bereichen ist schon längst die Situation eigetreten, daß mit neuen Subventionsforderungen nicht ein Versagen des Marktes, sondern die Schäden der staatlichen Eingriffe kuriert werden sollen.

Union geht auf Distanz zu Subventionsabbau

HEINZ HECK, Bonn

Die Bonner Unionsfraktion steckt jetzt in der Forderung nach Subventionsabbau deutlich zurück. Jedenfalls hat ihre „Arbeitsgruppe Haushalt" gestern empfohlen, den Subventionsabbau bis zur Rückkehr besserer wirtschaftlicher Verhältnisse hinauszuschieben.

„Wer weitere namhafte Beträge bei den Ausgabesubventionen kürzen wollte", heißt es, „müßte in Feldern hoher politischer Priorität wie Bergbau, Werften, Stahl, Gemeinschaftsaufgaben, Landwirtschaft, Berlin-Verkehr und Wohnungswesen tief in die Substanz gehen. Dies ist nicht gewollt." Deshalb zwinge vor allem die Situation einiger Krisenbranchen zur Zeit dazu, beim Subventionsabbau einen Widerspruch „zwischen Anspruch und Ergebnis" hinzunehmen, der spätestens bei einer nachhaltigen Änderung der wirtschaftlichen Lage aufgelöst werden müsse.

DIE WELT, 10.11.1983

Den „tatsächlichen Versuch“ des Bundesfinanzministers, die Subventionen abzubauen, karikiert WOLTER im Deutschen Allgemeinen Sonntagsblatt vom 15.7.1984 (S. 18) recht treffend.

„Donnerwetter! Stoltenberg geht aber wieder forsch ran – an die Mäuse!“

Heeremann für weitere Milliarden-Subventionen

dpa/vwd BREMERHAVEN. Der Präsident des Deutschen Bauernverbandes, Constanin Freiherr von Heeremann, hat von der Bundesregierung weitere Subventionen in Höhe von 15 bis 20 Mrd. DM gefordert. In einem Interview der „Nordsee-Zeitung“ meinte Heeremann, dieser Betrag sei notwendig, um vorhandene und falsch ausgerichtete Subventionen zu beseitigen.

Handelsblatt, 29.10.1987

„Sehr richtig! Bei dem da!"
Zeichnung: Deutsches Allgemeines Sonntagsblatt/Wolter, 6.9.1987, S. 10

Eine umfangreiche, großzügige Subventionspraxis, die sich – wie gezeigt – in demokratischen Gesellschaften leicht ausbreitet, nicht zuletzt, weil die Politiker die Subventionsfrage immer auch mit einem Blick auf ihr Wähler- und Förderer-potential sehen (müssen), kann eine Tendenz entstehen lassen, die ein großer Satiriker vor rund 60 Jahren wie folgt charakterisiert hat:

„Wenn's gut geht, wirft sich der Unternehmer in die Brust;
sein Verdienst beruht auf seinem Verdienst,
und weil er das Risiko getragen hat,
will er auch den Hauptanteil des Gewinnes für sich.

Wenn's schief geht, sind die Umstände daran schuld.
Dann muß der Staat einspringen und das Defizit decken,
denn Kohlengruben, Stahlwerke und die Landwirtschaft
dürfen nicht Not leiden.
Und sie leiden auch keine Not,
weil sie notleidend sind.

Auf alle Fälle aber kann der Unternehmer nichts dafür,
er trägt die Verantwortung, und wir tragen ihn".

KURT TUCHOLSKY *(1930)*

Es scheint, daß das allgemeine Unbehagen an den Subventionen wächst, was auch das nachstehende inhaltsträchtige Statement der Banken zeigt.

DIE WELT, 1.10.1984, S. 7

Nachwort:

Die vorstehenden kritischen Ausführungen hatten in erster Linie solche Subventionen im Auge, die gewissermaßen nach dem Gießkannenprinzip und auf Dauer verteilt werden, wovon es sehr viele gibt. Nicht bestritten werden soll jedoch, daß in besonders gelagerten Einzelfällen Subventionen sehr wohl eine wichtige gesellschaftliche Funktion haben können und dann auch zu rechtfertigen sind. Allerdings meint der **Sachverständigenrat** zur Begutachtung der gesamtwirtschaftlichen Entwicklung in seinem Jahresgutachten 1985/86 (Tz. 261): „Für Subventionen kann es gute Gründe geben. Solche guten Gründe waren aber in der Praxis nur in wenigen Fällen für die Gewährung von Subventionen gegeben; und selbst in diesen wenigen Fällen sind sie inzwischen meist weggefallen. Auch ohne Begründung besteht die Masse der Subventionen fort".

Zweiter Teil: Der Betrieb als Sozialsystem

Während im vorstehenden der Betrieb mehr als ein produzierendes System betrachetet wurde, soll im folgenden auf das betriebliche Sozialsystem eingegangen werden. Das heißt: es sollen jetzt in erster Linie solche Fragen behandelt werden, die direkt oder indirekt die zwischenmenschlichen Beziehungen im Betrieb und ihre Auswirkungen auf die betriebliche Umwelt berühren. Hierzu werden fünf Themenkomplexe behandelt, nämlich

- Die Leitung (Führung) des Betriebes
- Das Arbeitsverhältnis
- Der Lohn- und Gewinn-Aspekt
- Die Sicherung des Unternehmensbestandes und des Arbeitsplatzes
- Stand und Entwicklung der Arbeitsorganisation und der Arbeitsbedingungen.

Dabei wird so vorgegangen, daß zunächst in den beiden folgenden Kapiteln ein grober Überblick über die wichtigsten Elemente und Zusammenhänge der Unternehmensleitung und des Arbeitsverhältnisses gegeben wird, die in den anschließenden drei Kapiteln vertieft werden.

I. Die Leitung (Führung) des Betriebes

1. Betriebsführung – eine systemindifferente Funktion?

Es herrscht weitgehend Übereinstimmung darüber, daß Unternehmen (Betriebe) geführt werden müssen. Diese Notwendigkeit ergibt sich daraus, daß eine Stelle im Unternehmen vorhanden sein muß, die die „generelle Richtung", des „Systems Betrieb" festlegt und die darauf achtet, daß das gesamte betriebliche Handeln in diese Richtung verläuft.

Zu diesem Zweck muß diese Stelle – in der Praxis Betriebsleitung, Unternehmensleitung, Vorstand, Geschäftsführung, Unternehmensführung oder Management genannt – dafür sorgen, daß **Entscheidungen** gefällt werden. Diese Entscheidungen sollen sicherstellen, daß die vorhandenen und die zu beschaffenden Produktionsfaktoren bestmöglich (optimal) kombiniert (eingesetzt) werden.

Auf diese Weise sollen eine kostengünstige Produktion und ein ertragreicher Absatz erreicht werden. Bei dieser vielfältigen Aufgabe hat die Unternehmensführung nicht zuletzt darauf zu achten, daß die Mitarbeiter so geführt werden (Personalführung), daß sie gleichzeitig einen hohen Grad an Leistungsbereitschaft **und** an Zufriedenheit erreichen.

In der Marktwirtschaft leitet sich das Recht, ein Unternehmen zu führen, grundsätzlich aus dem Eigenkapitaleinsatz (Eigentum) ab. Trotz dieser Situation kann – wie gleich noch deutlicher wird – davon ausgegangen werden, daß „die Unternehmensleitung zu großen Teilen von Sachzwängen geprägt ist, die überwiegend systemindifferent (= wirtschaftssystemunabhängig, R.S.) und nur zum kleineren Teil spezifisch kapitalistisch sind. Diese Sachzwänge gelten keineswegs lückenlos, mögen auch in Einzelpunkten beeinflußbar sein, werden wohl auch oft nur als Vorwand vorgeschoben; sie sind aber nicht im ganzen zu beseitigen. Wer den Ausdruck ‚Sachzwang' wegen einer oft mißbräuchlichen Verwendung ablehnt, kann auch von institutionellen Notwendigkeiten sprechen – was aber in der Sache nichts ändert" (K. Chmielewicz, 1975, S. 105).

Daß die vorstehende These einen hohen Grad an Plausibilität in sich birgt, deutet schon das nachstehende Schaubild an, das einen Überblick über Elemente und Phasen der Betriebs- und Unternehmensführung gibt.

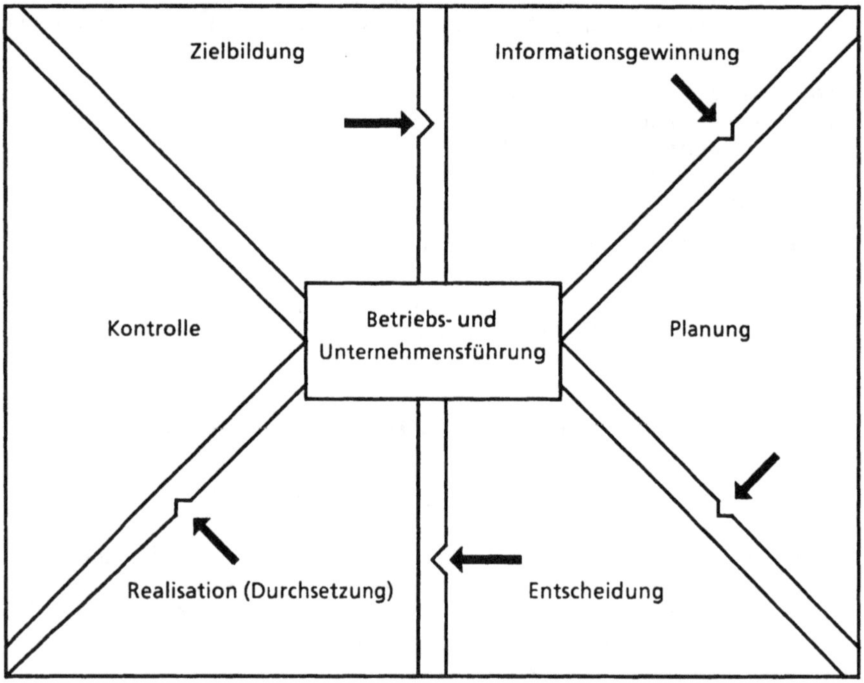

Abb.: Elemente und Phasen der Betriebs- und Unternehmensführung

2. Gegenstände und Ablauf von Führungsentscheidungen

In den Betrieben fällt regelmäßig eine Fülle von Unternehmensführungsentscheidungen an, die ganz unterschiedliche Fragen regeln.

Die wichtigsten Unternehmensführungsentscheidungen lassen sich wie folgt einteilen:

- Entscheidungen, die sich auf die **Struktur** des Betriebes beziehen. Dazu gehören insbesondere Entscheidungen über das zu erstellende Produkt, den Standort, die Betriebsgröße und die Rechtsform.
- Entscheidungen, die auf den eigentlichen **Betriebs-Ablauf** gerichtet sind, die also betriebliche Funktionen im Auge haben, wozu insbesondere Entscheidungen über Einkauf, Produktion und Absatz zählen.

- Entscheidungen, die den arbeitenden **Menschen** im Betrieb betreffen; hierbei handelt es sich um personalwirtschaftliche Unternehmensführungsentscheidungen, die sich vornehmlich auf die Personalplanung, Personalbeschaffung, den Personaleinsatz und die Personalentwicklung beziehen.

Bei den wahrzunehmenden **Führungsaufgaben** geht es um **Wahlakte**, d.h. es sind in die Zukunft gerichtete Entscheidungen zwischen mehreren für den erfolgreichen Unternehmensfortbestand besonders bedeutsamen Alternativen zu treffen. Dies ist ein grundlegendes Merkmal einer jeden Entscheidung. Weiterhin sind Entscheidungen durch ihren Prozeßcharakter gekennzeichnet, d.h. Entscheidungsfindungen durchlaufen grundsätzlich mehrere Phasen, wenngleich das im Einzelfall optisch auch nicht immer ganz deutlich wird.

Die **Phasen** eines Entscheidungsprozesses lassen sich (rein gedanklich) wie folgt darstellen:

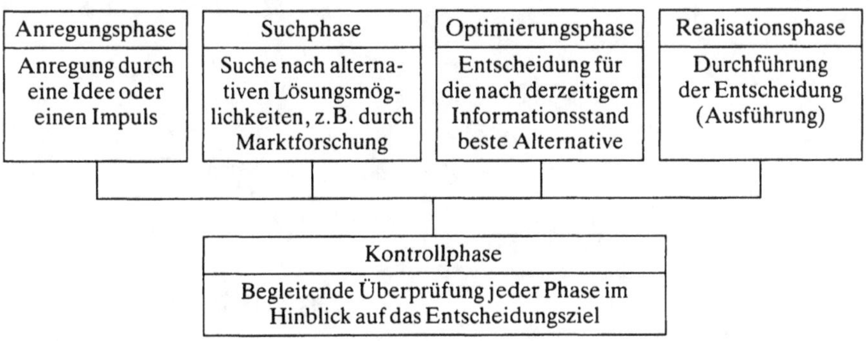

Abb.: Phasen eines Entscheidungsprozesses

Führungsentscheidungen gestalten sich oft **recht schwierig**, vor allem deshalb, weil sich vielfach nicht mit großer Wahrscheinlichkeit vorhersagen läßt, welche Folgen eine aufgrund einer Führungsentscheidung eingeleitete Maßnahme haben wird. Es gibt Entscheidungen, die nahe an der Grenze des Glücksspiels liegen, während bei anderen Entscheidungen die Konsequenzen mit an Sicherheit grenzender Wahrscheinlichkeit abzusehen sind. Meist muß eine Vielzahl von Faktoren, die erst in der Zukunft ihre nicht sicher vorhersehbare Wirkung entfalten, schon im Zeitpunkt der Entscheidung bedacht und bewertet werden. Dies führt dazu, daß man oft erst im Nachhinein weiß, ob eine Entscheidung richtig oder falsch war.

Ein Entscheidungsprozeß ist vielfach nicht zuletzt auch deshalb schwierig, weil an ihm normalerweise nicht nur eine einzelne Person, sondern eine Vielzahl von Personen mit recht unterschiedlichen Vorstellungen und Interessen beteiligt ist. Dies kann dazu führen, daß immer weitere Alternativplanungen (unterschiedliche Entscheidungsvorschläge) entwickelt werden und die eigentliche Entscheidung nur mühsam und stark verzögert zustande kommt. Möglich ist es auch, daß sich die der eigentlichen Entscheidung vorangehenden Phasen der Planung in der Realität manchmal ganz anders gestalten, als im vorstehenden mit der Aneinderreihung von Anregungs-, Such-, Optimierungs-, Realisierungs- und Kontrollphase erklärt.

Eine solche ungewöhnliche Art des Planungs- bzw. Entscheidungsprozesses illustriert die folgende Karikatur:

... MANAGEMENT by PLANNING

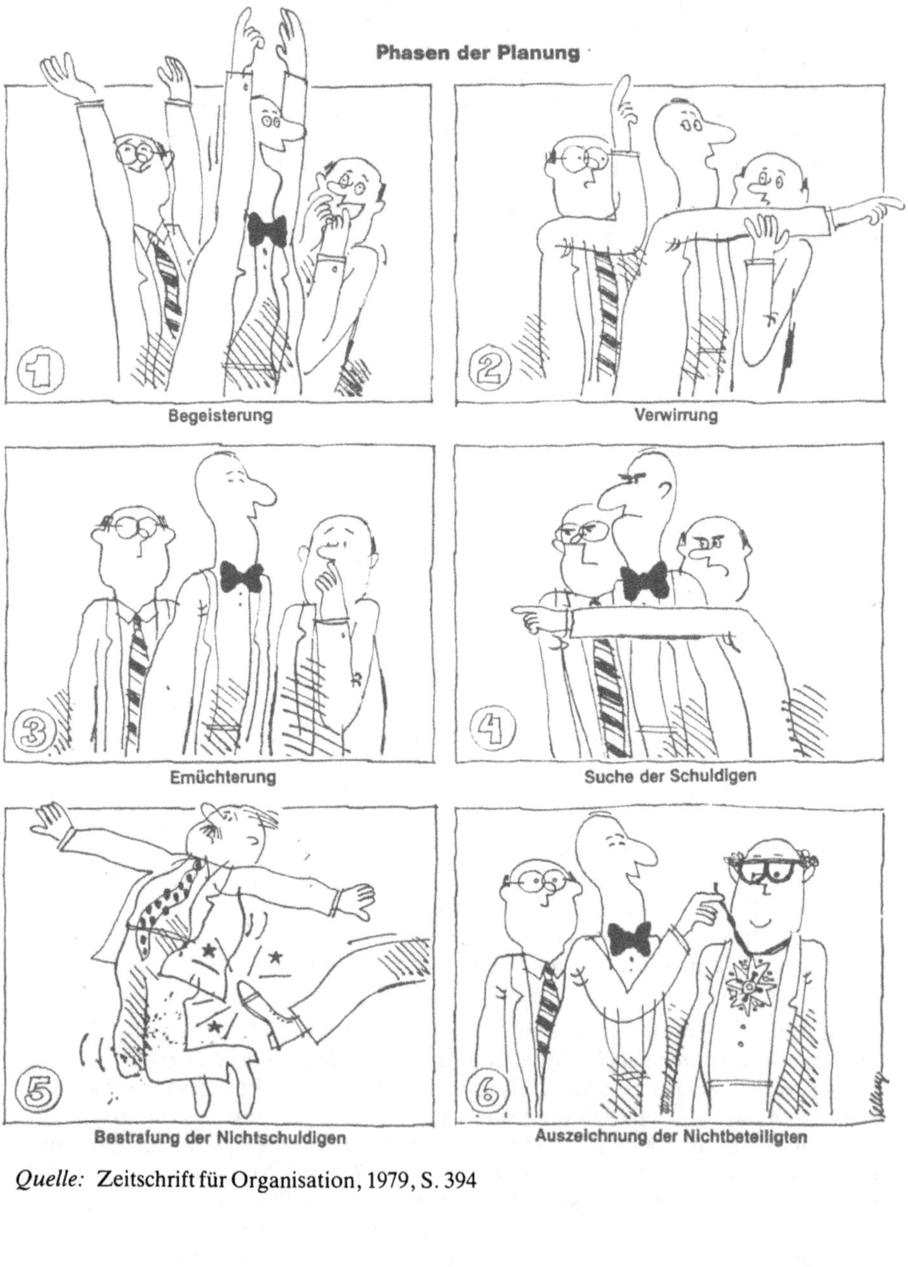

Quelle: Zeitschrift für Organisation, 1979, S. 394

3. Die betriebliche Organisationsstruktur

Damit aus der im Betrieb vorhandenen „Anhäufung" von menschlicher Arbeitskraft und sachlichen Mitteln ein zielgerichtetes, leistungsfähiges System wird, bedarf es einer aus den konkreten Aufgaben abzuleitenden gefügehaften Ordnung seiner Glieder/Elemente, d.h. es ist eine **Organisation** erforderlich. Daß dies nötig ist, ergibt sich regelmäßig schon daraus, daß in der Realität die eigentliche Betriebsführungsfunktion meist auf mehrere hierarchische Ebenen verteilt wird, weil im allgemeinen schon bei mittlerer Betriebsgröße eine Arbeitsteilung auch bei den Führungsaufgaben vorgenommen werden muß, da die anfallenden Aufgaben einer komplexen Unternehmensführung nicht mehr von einer Einzelperson bewältigt werden können.

Damit stellt sich dann zwangsläufig die Frage, wie eine solche Arbeitsteilung von Führungsaufgaben (Leitung) organisiert werden kann, d.h. es geht hier um die Schaffung eines Systems von **Regeln** zur Steuerung zielgerichteter betrieblicher Aktivitäten.

Wichtigstes Merkmal der Organisation in diesem instrumentellen Sinne ist die (hierarchische) Verknüpfung der Glieder des Gesamtsystems, d.h. die Regelung der Anordnungsbefugnisse und Verantwortlichkeiten und damit der Über- und Unterordnung (= Leitungsgefüge).

In der Praxis sind zahlreiche Formen eines solchen Leitungsgefüges – auch Organisationsstruktur oder Organigramm genannt – anzutreffen. Sie sind nicht nennenswert gesetzlich geregelt und zeigen eine große Vielfalt. Allerdings kehren in der betrieblichen Praxis einige typische „Grundmuster" immer wieder. Es handelt sich dabei im wesentlichen um funktionale und divisionale Organisationsstrukturen sowie um Organisationsstrukturen mit Stabstellen, die im folgenden kurz charakterisiert werden sollen.

Die nachstehenden Leitungsschaubilder enthalten auch die Belegschaftsvertretung, den **Betriebsrat**. In einschlägigen Abbildungen zum Leitungsgefüge fehlt der Betriebsrat regelmäßig. Nun ist zwar der Betriebsrat auch nicht Bestandteil der Unternehmensleitung („Der Betriebsrat darf nicht durch einseitige Handlungen in die Leitung des Betriebes eingreifen", § 77 Betriebsverfassungsgesetz), und er wird auch nicht von der Unternehmensleitung eingesetzt und ist ihr auch nicht unterstellt, andererseits ist er aber doch als „institutionalisierte Nebenhierarchie", wie SCHELSKY den Betriebsrat einmal bezeichnet hat, an zahlreichen Unternehmensentscheidungen beteiligt.

- Funktionale Organisationsstruktur

Im Falle der funktionalen Organisationsstruktur ist der Leitungsaufbau aus den betrieblichen **Grundfunktionen** (Beschaffung, Produktion, Absatz und Verwaltung) abgeleitet. Die sachkompetenten Leiter dieser betrieblichen Funktionsbereiche (Hauptabteilungen) erhalten von dem ihnen übergeordneten obersten Leitungsorgan (Unternehmensführung) Weisungs- und Anordnungsbefugnisse gegenüber den Mitarbeitern in ihren Abteilungen. Je nach Unternehmensgröße sowie Art und Umfang der Aufgaben werden in der betrieblichen Praxis weitere Unterabteilungen eingerichtet, die dann den Hauptabteilungen direkt unterstellt sind, wie auch das folgende Schaubild zeigt.

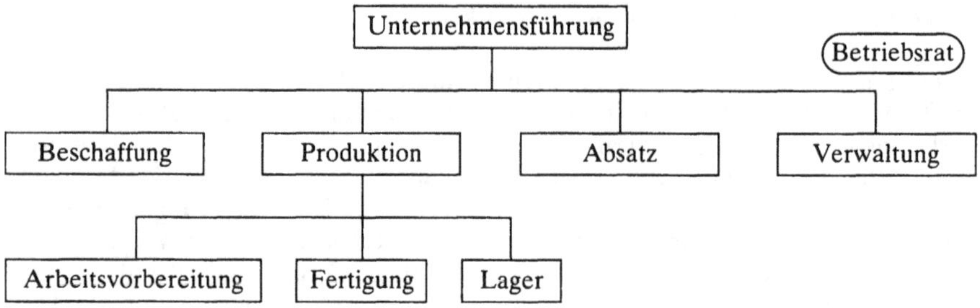

Abb.: Funktionale Organisationsstruktur

- Divisionale (Sparten)Organisationsstruktur

Die divisionale Organisationsstruktur wird aus den einzelnen Produktbereichen (Sparten) abgeleitet und daher auch Spartenorganisation genannt. Hauptkennzeichen einer divisionalen Organisationsstruktur ist die weitgehende **organisatorische Selbständigkeit** jedes einzelnen **Produktbereiches** (Sparte, Division) im Betrieb. D.h., jede Sparte „organisiert" die Beschaffung ihrer Rohstoffe, den Produktionsablauf und den Absatz ihrer Produkte selbst. Die dabei anfallenden Verwaltungstätigkeiten werden ebenfalls von der einzelnen Sparte selbständig ausgeübt. Anordnungsbefugnisse des Spartenleiters bestehen nur für den eigenen Produktbereich und nicht etwa spartenübergreifend.

Spartenübergreifende Führungskompetenz hat nur die oberste Unternehmensleitung. Eine divisionale Organisationsstruktur findet man häufig in Unternehmen mit stark voneinander abweichenden Produktarten, die unterschiedliches Expertenwissen bei der Leistungserstellung und -verwertung erfordert.

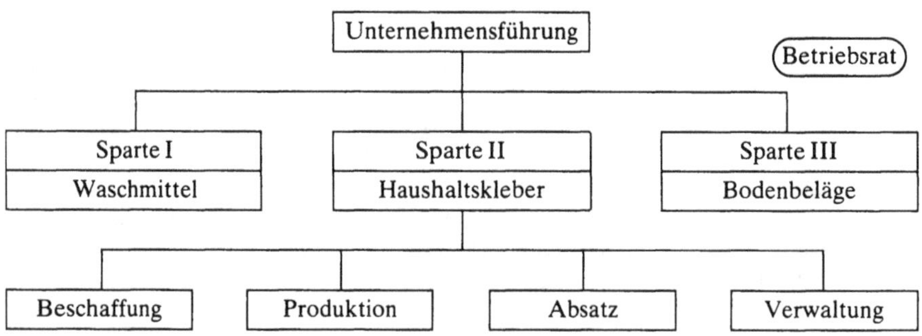

Abb.: Divisionale Organisationsstruktur (Spartenorganisation)

- Organisationsstrukturen mit Stabstellen

Die vorstehend skizzierten Leitungsgefüge in Form einer funktionalen und divisionalen Organisationsstruktur werden in der Praxis vielfach um sog. **Stabstellen** ergänzt. Die Stabstelle besteht aus Experten, die Spezialaufgaben zu bearbeiten, aber selbst grundsätzlich keine Weisungskompetenz haben. Die Inhaber von Stabstellen sind vielmehr Entscheidungsgehilfen (Berater) der Führungsebene, der sie zugeordnet sind, so z.B. die Juristen in der Rechtsabteilung. Die nachstehenden Schaubilder zeigen eine funktionale und eine divisionale Organisationsstruktur, ergänzt um die als Kreise dargestellten Stabstellen.

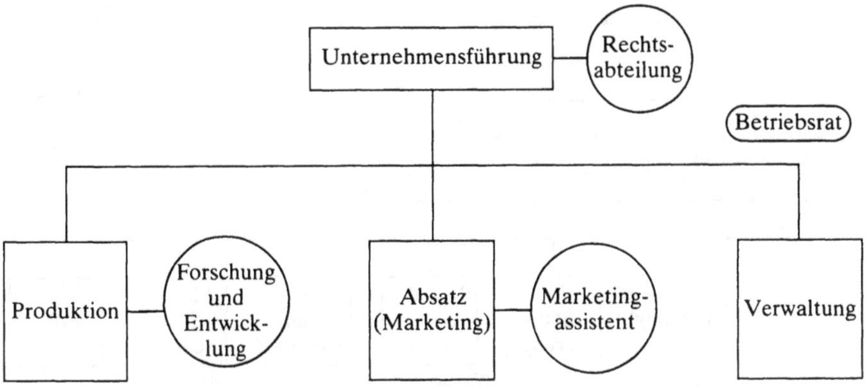

Abb.: Funktionale Organisationsstruktur mit Stabstellen

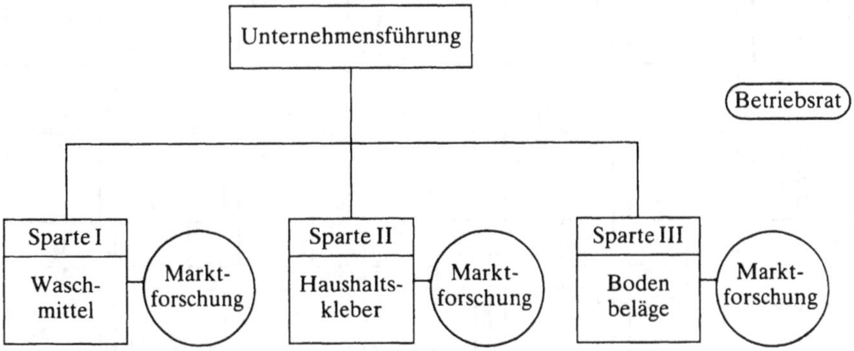

Abb.: Divisionale Organisationsstruktur mit Stabstellen

Eine Variante der Stabstellen sind solche betrieblichen Dienstleistungsstellen, die bestimmte Serviceleistungen für eine ganze Reihe von Unternehmensabteilungen erbringen, so vielfach die Datenverarbeitungsabteilungen. Hinsichtlich der Personalabteilung liegt eine Besonderheit meist in der Weise vor, daß etwa die Mitarbeiter in Bezug auf die Gehaltsfestsetzung und ähnliche Fragen der Personalabteilung unterstellt sind, während sie bei allen anderen Fragen aber dem zuständigen Abteilungsleiter unterstehen.

- Praktische Bedeutung als Organisationsstruktur hat auch das **Matrix-Management**, bei dem für bestimmte Produkte (Sparten) oder Projekte hierauf spezialisierte Manager verantworlich sind. Für die verschiedenen sonstigen betrieblichen Funktionen (z.B. Marketing) werden Fachabteilungen eingerichtet, die die Produkt- oder Projektmanager mit den nötigen Spezialleistungen „versorgen". Eine solche Produkt-Matrix-Organisation ist im folgenden Schaubild enthalten.

Neben der formalen oder formellen Organisation existieren in der Realität häufig noch **informelle Organisationsstrukturen**, die von der formalen mehr oder weniger weit abweichen können. In diesen Bereich gehören die von der Soziologie recht intensiv untersuchten informellen Gruppen. Während die formellen Gruppen bewußt von der Unternehmensleitung geschaffen werden, bilden sich

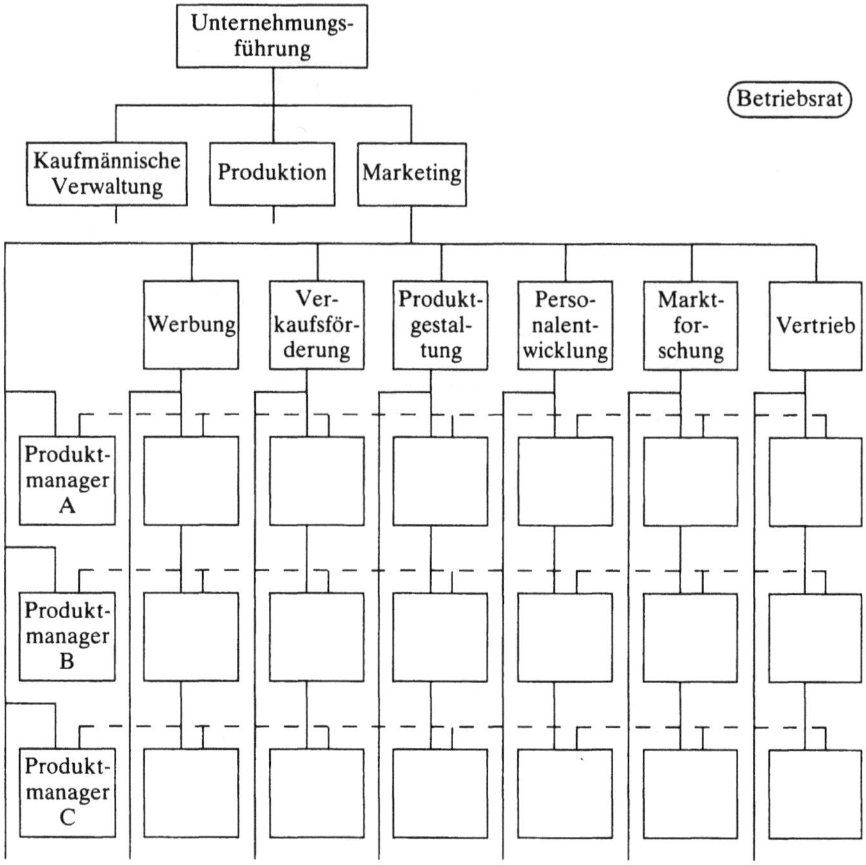

Abb.: Produkt-Matrix-Organisation

die informellen aufgrund von Sympathie oder/und Sachzwängen, und zwar innerhalb der offiziellen Gruppen wie auch über die offiziellen Gruppengrenzen hinaus.

Für die Schaffung zweckmäßiger Organisationsstrukturen und leistungsfähiger Informationssysteme ist das Wissen um das Bestehen und die Wirkungszusammenhänge informeller Gruppen naturgemäß wichtig, wenngleich sie von offizieller Seite möglicherweise auch nur wenig beeinflußbar sind und auch recht instabil sein können. Andererseits bringen die informellen Gruppe mit den von ihnen herausgebildeten informellen Kommunikationswegen und Verhaltensregeln vielfach erst die nötige Flexibilität für einen erfolgreichen Betriebsablauf; bei differenzierter werdenden Arbeitsabläufen wird es für das Management immer schwieriger, alle Phasen des Arbeitsprozesses einschließlich seiner zahlreichen außergewöhnlichen Situationen bis ins Detail zu erfassen und sinnvoll zu regeln, so daß das „Funktionieren", und damit die „Pflege" der informellen Gruppen für den Leistungserstellungsprozeß immer wichtiger wird.

Naisbitt konstatiert in diesem Zusammenhang (in: psychologie heute, Jan. 1984, S. 31) einen viel weitergehenden Trend, den er wie folgt formuliert:

„Die gesellschaftliche Herrschaftspyramide bröckelt. Informelle Netzwerke kleiner Gruppen bestimmen das Leben und die Arbeit der Zukunft, deren Probleme in hierarchischen Strukturen gar nicht zu lösen sind".

Ähnlich äußern sich PETERS und WATERMAN (s.S. 252). Auf neuere Entwicklungen der betrieblichen Organisationsstruktur wird bei der Behandlung der Arbeitsorganisation und der Arbeitsbedingungen eingegangen (s.S. 251-257).

4. Die Betriebs- und Unternehmensverfassung

Das Recht, die Unternehmung zu führen, ist in unserer Gesellschaftsordnung – wie schon erwähnt – vom **Kapitaleinsatz abgeleitet.** Mit der Zurverfügungstellung von Eigenkapital erwirbt der Kapitalgeber regelmäßig Leitungsfunktionen. Diese Leitungsfunktionen kann er selbst ausüben, wie dies besonders häufig im Falle von Einzelunternehmen und offenen Handelsgesellschaften vorkommt. Der Eigenkapitalgeber kann aber auch fremde Personen mit der Wahrnehmung der Unternehmensleitung beauftragen, wie dies bei größeren Aktiengesellschaften die Regel ist.

Auf jeden Fall hat der Eigenkapitalgeber grundsätzlich die Möglichkeit, über sein **gesellschaftsrechtliches Stimmrecht** auf die Untenehmensleitung einzuwirken.

Damit neben den „Kapital"-Interessen auch die Interessen der Beschäftigten (Arbeitnehmer) angemessen zur Geltung kommen können, d.h. bei der Betriebsführung berücksichtigt werden, hat der Gesetzgeber im Laufe der Zeit ein umfangreiches Arbeitnehmer – **Mitbestimmungsrecht** geschaffen, das sich zum Teil auch auf die Einsetzung (Wahl) der Unternehmensleitung bezieht.

Heute werden die Unternehmensleiter, soweit ihre Bestellung durch den Aufsichtsrat von Kapitalgesellschaften (Aktiengesellschaften) erfolgen muß, maßgeblich mit von den Belegschaftsvertretern im Aufsichtsrat bestellt. Bei den Einzelfirmen und den Personengesellschaften (Offene Handelsgesellschaft, Kommanditgesellschaft) werden die Unternehmensleiter nach wie vor nur von den Eigenkapitalgebern eingesetzt. Vielfach sind hier Eigenkapitalgeber und Unternehmensleiter in einer Person vereinigt, d.h. identisch.

Außer über die Arbeitnehmervertreter im Aufsichtsrat (großer Kapitalgesellschaften) erfolgt die Geltendmachung von Arbeitnehmer-Interessen über den Betriebsrat. Für diese beiden Arbeitnehmer-Mitbestimmungsbereiche haben sich die Begriffe Betriebs- und Unternehmensverfassung herausgebildet.

Je nachdem, ob die gesetzlichen Mitbestimmungregeln sich in erster Linie auf den Betrieb* oder mehr auf die Unternehmung* beziehen, wird zwischen Betriebs- und Unternehmensverfassung unterschieden. Dabei geht es bei der **Betriebsverfassung** um die Regelung der Wahrnehmung von Belegschaftsinteressen

* Anders als im allgemeinen Sprachgebrauch wird im Mitbestimmungsrecht zwischen Betrieb und Unternehmen unterschieden. „Betrieb definieren die Juristen als die organisatorische Einheit, die einen bestimmten arbeitstechnischen Zweck verfolgt. Beim Unternehmen kommt es auf die Einheit der wirtschaftlichen Zielsetzung an. Beispiel: Bei der Kaufhof AG ist die gesamte Aktiengesellschaft mit allen Kaufhäusern das Unternehmen. Betrieb hingegen ist jeder einzelne ‚Kaufhof'" (ZÖLLNER/MIKOSCH, Bd. I, 1979, S. 27).

durch die betriebliche Arbeitnehmervertretung, den Betriebsrat, während es sich bei der **Unternehmensverfassung** darum handelt, daß hier Arbeitnehmerinteressen zusätzlich durch Arbeitnehmervertreter in den Unternehmensorganen – insbesondere im Aufsichtsrat – vertreten werden.

„Von **Betriebsverfassung** spricht man, soweit es um die Beteiligung des Betriebsrats geht. Der Betrieb ist (in diesem Falle, R.S.) nicht mehr ein beliebig durch den Arbeitgeber formbares Gefüge; er wird vielmehr ‚verfaßt', indem er eine Konstitution erhält, die auch für den Arbeitgeber verbindlich ist" (ZÖLLNER/MIKOSCH, Bd. I, 1979, S. 26).

Eine Betriebsverfassung im Sinne des Betriebsverfassungsgesetzes existiert allerdings nur dort, wo es einen Betriebsrat gibt. Dies ist in zahlreichen Betrieben, insbesondere kleinen und mittleren, nicht der Fall (s.a.S. 152).

Der Betriebsrat ist eine Institution, die **neben** den gesetzlich oder satzungsmäßig vorgeschriebenen Betriebs- und Unternehmensorganen besteht, während es bei der Unternehmensverfassung darum geht, daß hier Arbeitnehmervertreter in die gesellschaftsrechtlich vorgesehenen oder durch das Mitbestimmungsrecht vorgeschriebenen Gesellschaftsorgane **integriert** werden, die ursprünglich allein von den Kapitaleignern besetzt wurden. Auf diese Weise sollen die Arbeitnehmer auch an der Auswahl und Kontrolle der Unternehmensleiter beteiligt werden, woran der Betriebsrat als solcher nicht beteiligt ist. Soweit Arbeitnehmervertreter dem Aufsichtsrat angehören, sind diese zu einem Teil regelmäßig auch Mitglieder des Betriebsrats.

Die vorstehenden Ausführungen zur Betriebs- und Unternehmensverfassung werden im folgenden Kapitel durch den Abschnitt „Die Arbeitnehmer-Mitbestimmung" ergänzt.

II. Das Arbeitsverhältnis

Wie schon die früheren Ausführungen gezeigt haben, ist die menschliche Arbeitskraft ein besonders wichtiger Faktor bei der Leistungserstellung. Die von den Arbeitnehmern für den Betrieb zu erbringende Leistung erfolgt im Rahmen eines Arbeitsverhältnisses, das durch einen Arbeitsvertrag zustande kommt. Im folgenden soll das Arbeitsverhältnis in seinen Grundzügen dargestellt werden.

1. Charakterisierung

Die Partner (Parteien) des Arbeitsverhältnisses (Arbeitsvertrages) heißen in der juristischen Fachsprache „Arbeitnehmer" und „Arbeitgeber". In der Wirschaftspraxis wird der juristische Arbeitnehmerbegriff vielfach durch den Begriff „Mitarbeiter" ersetzt.

Als **Arbeitnehmer** kann angesehen werden, wer sich als Nicht-Selbständiger (Arbeiter oder Angestellter) aufgrund eines privatrechtlichen, auflösbaren Vertrages zur Arbeitsleistung in einem Arbeitsverhältnis (in einem Betrieb) verpflichtet.

Der Arbeitsvertragspartner des Arbeitnehmers, der **Arbeitgeber**, läßt sich kennzeichnen als (natürliche oder juristische) Person, die wenigstens einen Arbeitnehmer beschäftigt. Der Arbeitgeber gibt dem Arbeitnehmer also Gelegenheit zur Arbeit und damit zum Gelderwerb. Unter **Arbeit** ist in diesem Zusammenhang eine Tätigkeit zu verstehen, die auf Einkommenserzielung in einem Lohn-Arbeitsverhältnis abzielt.

In polit-ökonomischen Diskussionen wird häufig darauf hingewiesen, daß Arbeitgeber und Arbeitnehmer eigentlich inhaltlich genau umgekehrt definiert werden müßten, weil doch der die Arbeit Leistende in Wirklichkeit Arbeit **gebe** (und damit im Grunde Arbeitgeber sei) und sein Kontrahent diese Arbeit nur entgegen**nehme** und damit in Wirklichkeit Arbeitnehmer sei. Dieser Ansatz rührt her von Friedrich Engels, der im Vorwort zur dritten (von ihm betreuten) Auflage von Band I des Marx'schen „Kapitals" im Jahre 1883 schieb: „Es ist in dieser dritten Auflage kein Wort geändert, von dem ich nicht bestimmt weiß, daß der Verfasser es selbst geändert hätte. Es konnte mir nicht in den Sinn kommen, in das ‚Kapital' den landläufigen Jargon einzuführen, in welchem deutsche Ökonomen sich auszudrücken pflegen, jenes Kauderwelsch, worin z.B.derjenige, der sich für bare Zahlung von andern ihre Abeit geben läßt, der Arbeit**geber** heißt, und Arbeit**nehmer** derjenige, dessen Arbeit ihm für Lohn abgenommen wird".

Zöllner (1983, S. 50) meint zu dieser begrifflichen Problematik, daß „für solche Verbalprüderie kein Anlaß besteht, weil die juristische Begriffsbildung dem allgemeinen Sprachgebrauch folgt". Altmann (1985, S. 33) konstatiert: „Man müßte von Arbeitsplatzgeber und -nehmer sprechen, dann wäre die sprachliche Unlogik bereinigt".

Die im folgenden näher zu behandelnden rechtlichen Gestaltungsfaktoren des Arbeitsverhältnisses lassen sich schematisch wie folgt darstellen:

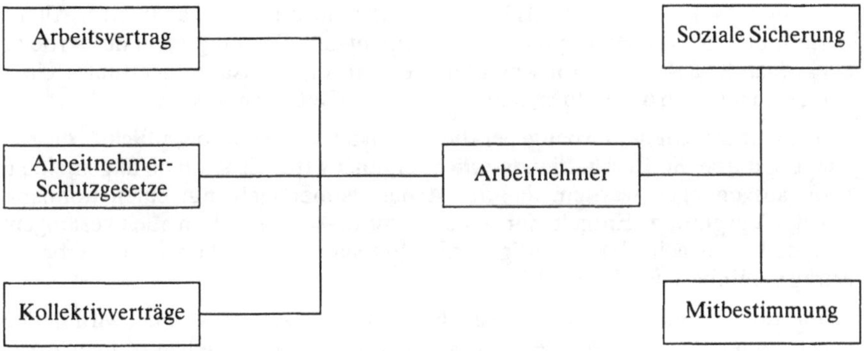

Abb.: Rechtliche Gestaltungsfaktoren des Arbeitsverhältnisses

2. Der (individuelle) Arbeitsvertrag

Der zwischen Arbeitnehmer und Arbeitgeber abzuschließende privatrechtliche Arbeitsvertrag, der seine allgemeine gesetzliche Grundlage im Bürgerlichen Gesetzbuch (§§ 611ff.;Dienstvertrag) hat, ist grundsätzlich an keine besondere Form gebunden. Er kann also auch mündlich geschlossen werden. In der Praxis wird allerdings mehr und mehr die schriftliche Form vorgezogen. Vielfach ist dies auch in Tarifverträgen so vorgesehen, die zwischen Gewerkschaften und Arbeitgeberverbänden (oder einzelnen großen Unternehmen) abgeschlossen werden.

Unabhängig davon, ob der Arbeitsvertrag schriftlich oder nur mündlich geschlossen worden ist, enthält er für beide Seiten eine Reihe von Rechten und Pflichten.

Die wichtigsten Rechte und Pflichten des Arbeitsvertrages lassen sich in folgender Weise zusammenfassen:

Arbeitnehmer

- Arbeitspflicht
- Weisungsgebundenheit (Gehorsamspflicht)
- Treuepflicht

Arbeitgeber

- Lohnzahlungs- und Beschäftigungspflicht
- Weisungsrecht (Direktionsrecht)
- Fürsorgepflicht.

Diese elementaren Rechte und Pflichten sind Bestandteil eines jeden Arbeitsverhältnisses, und zwar auch dann, wenn sie nicht ausdrücklich im Arbeitsvertrag angesprochen worden sind. Sie sind nun etwas näher zu charakterisieren.

Die Hauptpflicht des Arbeitnehmers besteht darin, die vereinbarte **Arbeitsleistung persönlich zu erbringen** bzw. dem Arbeitgeber die Arbeitsbereitschaft zur Verfügung zu stellen. Wegen der Vielfalt der unterschiedlichen Situationen in der täglichen Arbeitswelt wird die zu erbringende Arbeitsleistung im allgemeinen nur im groben Rahmen umschrieben und nicht bis in alle Einzelheiten festgelegt.

Die Präzisierung der jeweils konkret auszuführenden Arbeiten und der Arbeitsbedingungen übernimmt der Arbeitgeber im Rahmen des ihm zustehenden **Direktions-** oder **Weisungsrechts**, das mit jedem Arbeitsverhältnis verbunden ist. Insoweit unterliegt der Arbeitnehmer einer **Weisungsgebundenheit**, die vielfach auch – und zwar früher mehr als heute – Gehorsamspflicht genannt wird. Allerdings unterliegen die Hauptpflichten selbst nicht dem Weisungsrecht des Arbeitgebers (s.a. S. 264). Eine Einschränkung erfährt das Weisungsrecht unter Umständen auch durch das Mitbestimmungsrecht des Betriebsrates.

Die Hauptpflicht des Arbeitgebers besteht in der **Lohnzahlungspflicht***, die regelmäßig durch die **Beschäftigungspflicht** ergänzt wird. Es kann im allgemeinen davon ausgegangen werden, daß der Arbeitnehmer nicht nur einen Lohnanspruch – Vergütung (Entgelt) für seine Leistung – hat, sondern auch verlangen kann, daß er tatsächlich beschäftigt wird, und zwar mit Aufgaben, die im Arbeitsvertrag vereinbart worden sind.

Eine Lohnzahlung ohne eine tatsächlich erbrachte Arbeitsleistung wird heute weithin als nicht mit der Würde des Menschen vereinbar angesehen. Zudem wäre in einem solchen Fall der Arbeitnehmer gehindert, seine beruflichen Fähigkeiten zu erhalten und fortzubilden und damit auch behindert, seine Persönlichkeit zu entfalten. Daher hat die Rechtsprechung des Bundesarbeitsgerichts mittlerweile ganz allgemein und nicht etwa nur für gehobene Berufe einen Beschäftigungsanspruch festgestellt. Letztlich ableiten läßt sich dieser Beschäftigungsanspruch aus dem Grundgesetz, und zwar aus Art. 1 Abs. 1 „Unantastbarkeit der Würde" und Art. 2 Abs. 1 „Freie Entfaltung der Persönlichkeit".

* Zum Lohnaspekt im einzelnen s. S. 158-176

Das Bundesarbeitsgericht hat in seiner Entscheidung vom 27.2.1985 den Beschäftigungsanspruch wie folgt charakterisiert bzw. begründet:

„Der Arbeitnehmer hat im Rahmen eines bestehenden Arbeitsverhältnisses einen Anspruch auf tatsächliche Beschäftigung, soweit nicht überwiegende schutzwerte Interessen des Arbeitgebers entgegenstehen. Die besondere Interessenlage im Arbeitsverhältnis gebietet, daß die Arbeitsleistung nicht nur als ein Wirtschaftsgut, sondern auch als Ausdruck der Persönlichkeit des Arbeitnehmers verstanden wird.

Rechtsgrundlage für den Beschäftigungsanspruch ist das Arbeitsvertragsrecht, das im BGB nicht geschlossen geregelt ist. Der Beschäftigungsanspruch ist abzuleiten aus den §§ 611, 613 BGB in Verbindung mit § 242 BGB. Bei der Auslegung der Generalklausel des § 242 BGB sind auch die Wertentscheidungen der Art. 1 und 2 des Grundgesetzes zu berücksichtigen".

Neben der Arbeits- und Gehorsampflicht hat der Arbeitnehmer eine **Treuepflicht** einzuhalten, d.h. es besteht für ihn eine Verpflichtung zu treuem Handeln. So beispielsweise zur Verschwiegenheit im Hinblick auf wichtige Betriebsinterna. Der Arbeitnehmer darf dem Arbeitgeber nicht willentlich materiellen oder immateriellen Schaden zufügen; der Arbeitnehmer muß vielmehr versuchen, solche Schäden und Gefahren abzuwenden. Die Treuepflicht des Arbeitnehmers schließt allerdings nicht das Recht aus, seine eigenen berechtigten Interessen gegenüber dem Arbeitgeber zu verfolgen.

Das Pendant der Arbeitnehmer-Treuepflicht ist die **Fürsorgepflicht** des Arbeitgebers seinem Arbeitnehmer gegenüber, d.h. der Arbeitgeber muß den Arbeitnehmer vor allem im Hinblick auf sein Leben und seine Gesundheit schützen und zu diesem Zweck beispielsweise die Betriebsräume, Vorrichtungen und Gerätschaften in betriebssicherem Zustand erhalten. Darüber hinaus hat der Arbeitgeber auch das Eigentum des Arbeitnehmers, das dieser mit an den Arbeitsplatz bringt (z.B. sein Auto) zu schützen. Des weiteren muß der Arbeitgeber im Rahmen seiner Fürsorgepflicht auch dafür sorgen, daß der Arbeitnehmer vor immateriellen Schädigungen geschützt wird.

Die vorstehend genannten Rechte und Pflichten sind – wie erwähnt – **immer** Bestandteil eines Arbeitsverhältnisses, also unabhängig davon, wie ausführlich über sie etwas im Arbeitsvertrag gesagt worden ist. Darüber hinaus kann der Arbeitsvertrag eine ganze Reihe weiterer vereinbarter Rechte und Pflichten enthalten, so z.B. die Zusage einer betrieblichen Altersrente oder flexible Arbeitszeitregelungen.

3. Gesetzliche Arbeitnehmerschutzrechte

Neben dem Arbeitsvertrag bestehen zahlreiche gesetzliche Vorschriften, die für das Arbeitsverhältnis automatisch gelten und die den Arbeitnehmer in seiner unselbständigen Stellung schützen sollen. Letztlich dient diesem Zweck das gesamte Arbeits- und Sozialrecht, das im Laufe der Zeit immer umfangreicher geworden ist. Es lassen sich nachstehende vier Hauptbereiche des gesetzlichen Arbeitnehmerschutzes unterscheiden; sie enthalten unabdingbare Mindestbedingungen, die in der Praxis vielfach noch durch (kollektiv)vertragliche Vereinbarungen verbessert werden.

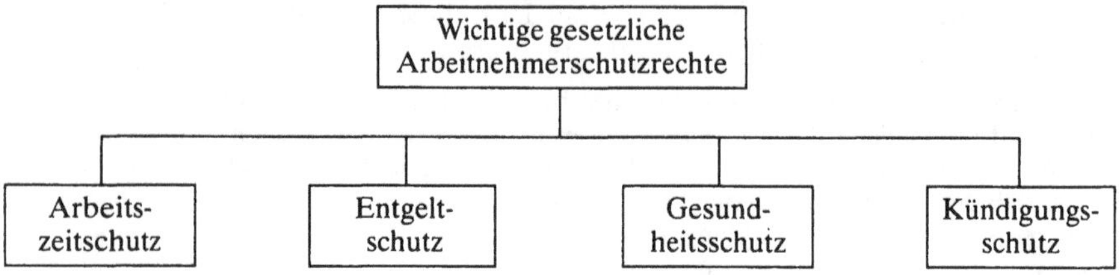

- Arbeitszeitschutz

Die Arbeitszeitordnung (AZO) enthält eine allgemeine Regelung der regelmäßigen werktäglichen Höchstarbeitszeit (acht Stunden). Spezielle Arbeitszeitbestimmungen für bestimmte Personengruppen finden sich im Jugendarbeitsschutzgesetz, im Mutterschutzgesetz und im Ladenschlußgesetz.

- Entgeltschutz

Vor allem geregelt im Bundesurlaubsgesetz, das jedem Arbeitnehmer in jedem Kalenderjahr einen Anspruch auf bezahlten Erholungsurlaub von mindestens 18 Werktagen gewährt, und im Lohnfortzahlungsgesetz sowie im § 616 BGB, wonach Arbeitnehmer bei Arbeitsunfähigkeit durch Krankheit bis zur Dauer von sechs Wochen ihren vollen Lohnanspruch gegenüber dem Arbeitgeber behalten.

- Gesundheitsschutz

Er ist vor allem in § 120a der Gewerbeordnung geregelt, wonach „die Arbeitsräume, Betriebsvorrichtungen, Maschinen und Gerätschaften so einzurichten und zu unterhalten sind und der Betrieb so zu regeln ist, daß die Arbeiter gegen Gefahren für Leben und Gesundheit ... geschützt sind“. Weitere wichtige gesetzliche Grundlagen des Gesundheitsschutzes sind § 618 Abs. 1 BGB, das Gesetz über Betriebsärzte, Sicherheitsingenieure und andere Fachkräfte für Arbeitssicherheit (Arbeitssicherheitsgesetz) sowie die Arbeitsstättenverordnung. Außerdem bestehen für bestimmte Arbeitnehmergruppen Beschäftigungsverbote im Hinblick auf besonders belastende Arbeiten, so z.B. für werdende Mütter und für Jugendliche.

- Kündigungsschutz

Nach dem Kündigungsschutzgesetz sind Kündigungen, die sozial ungerechtfertigt sind, rechtsunwirksam (s.a. S. 206-209). Ebenso sind Kündigungen unwirksam, bei denen nicht zuvor die Belegschaftsvertretung, der Betriebsrat, gehört worden ist. Ein besonderer Kündigunsschutz besteht vor allem für Betriebsratsmitglieder, Schwerbehinderte und Schwangere.

4. Die Kollektivverträge/Gesamtvereinbarungen

„Das Arbeitsrecht begnügt sich nicht damit, gesetzliche Schutzregeln aufzustellen, sondern nützt zur Wahrnehmung von Arbeitnehmerinteressen auch sog. **kollektive Einrichtungen**: vor allem den Betriebsrat und die Gewerkschaft. Diese Einschaltung ist notwendig, weil der einzelne Arbeitnehmer mit der vollen Wahrnehmung seiner Interessen im Arbeitsvertrag überfordert wäre, und zwar überfordert auch dann, wenn ihm das Gesetz durch Schutzbestimmungen unterstützend zur Seite steht. Der Gesetzgeber braucht die kollektiven Instanzen, weil er selber gar nicht alles regeln kann, was der betriebliche Alltag an Entscheidungen fordert" (ZÖLLNER/MIKOSCH, Bd. I, 1979, S. 26).

In der Praxis wird der rechtliche Inhalt des Arbeitsverhältnisses oft in starkem Maße von sog. **Gesamtvereinbarungen** beeinflußt bzw. angereichert. Diese Gesamtvereinbarungen (auch Kollektivverträge genannt) existieren in der Form des **Tarifvertrages**, der zwischen Gewerkschaften und Arbeitgeberverbänden (oder einzelnen Unternehmen) abgeschlossen wird, und der **Betriebsvereinbarung**, die zwischen der Unternehmensleitung und der Belegschaftsvertretung, dem Betriebsrat, geschlossen wird. Enthalten die Gesamtvereinbarungen günstigere Regelungen als der Einzelarbeitsvertrag oder sind sie umfassender (besser) als die gesetzlichen Arbeitnehmerschutzrechte, so werden die Regelungen der Gesamtvereinbarungen Bestandteil des Arbeitsverhältnisses. Die in den Gesamtvereinbarungen enthaltenen Regelungen können im Wege einzelvertraglicher Absprache über-, aber nicht unterschritten werden; d.h. die Kollektivverträge haben den Charakter von Mindestbedingungen.

Die **Betriebsvereinbarung** regelt vor allem solche Fragen, die üblicherweise nicht von einer einzelvertraglichen Regelung oder einem Tarifvertrag erfaßt werden. Nach § 77 Abs. 3 des Betriebsverfassungsgesetzes gilt das Primat des Tarifvertrages. Die in einer Betriebsvereinbarung regelbaren Fragen zeigen in der Praxis eine große Vielfalt. Anzutreffen sind z.B. die Festlegung des Beginns und des Endes der täglichen Arbeitszeit einschließlich der Pausen sowie Vereinbarungen über die Praktizierung einer Gewinn- und Kapitalbeteiligung der Belegschaft und die Festlegung von Richtlinien für die Personalauswahl.

Während die Betriebsvereinbarung prinzipiell für alle Arbeitsverhältnisse des betreffenden Betriebes gilt, ist das beim **Tarifvertrag** grundsätzlich anders. An den Tarifvertrag gebunden sind rein rechtlich nur die Mitglieder der Tarifparteien, d.h. auf Arbeitnehmerseite alle diejenigen Arbeitnehmer, die Mitglied der den Tarifvertrag abschließenden Gewerkschaft sind. In der Praxis werden jedoch die im Tarifvertrag vereinbarten Leistungen regelmäßig auch den Nichtorganisierten gewährt (s.a. S. 166).

5. Der Sozialversicherungsschutz

Arbeitnehmer sind grundsätzlich kranken-, renten- und arbeitslosenversicherungspflichtig. Die hierfür zu zahlenden Beiträge (ca. 36 Prozent der Bruttolohnsumme*) werden je zur Hälfte vom Arbeitnehmer und Arbeitgeber getragen. Daneben besteht die Verpflichtung des Arbeitgebers, seine Mitarbeiter gegen Arbeitsunfälle zu versichern; die Versicherungsprämie hierfür beträgt je nach Gefahrenklasse zwischen ein und zehn Prozent (im Mittel zwei bis drei Prozent) der Bruttolohnsumme und ist allein vom Arbeitgeber zu tragen.

* Für 1988 gelten folgende Beitragssätze: Rentenversicherung: 18,7%; Krankenversicherung (im Durchschnitt): 13%; Arbeitslosenversicherung: 4,3%

Die gesetzliche Verpflichtung zur Renten-, Kranken- und Arbeitslosenversicherung wird in einigen vom Gesetz genannten Ausnahmefällen durchbrochen. So sind insbesondere die „geringfügig Beschäftigen“ – das sind Arbeitnehmer, die weniger als 15 Stunden in der Woche erwerbstätig sind und dabei nicht mehr als 440,– DM pro Monat verdienen – von der gesetzlichen Sozialversicherung befreit (s.a. S. 260).

Von solchen Sonderfällen abgesehen, sind Arbeiter und Angestellte – unabhängig von der Höhe ihres Arbeitsentgelts – immer renten- und erwerbslosenversicherungspflichtig. Im Hinblick auf die Krankenversicherungspflicht besteht ein Unterschied zwischen Arbeitern und Angestellten. Während die Arbeiter unabhängig von der Höhe ihres erzielten Lohnes immer krankenversicherungspflichtig sind, gilt dies für Angestellte nur dann, wenn ihr regelmäßiger Jahresarbeitsverdienst 54000,– DM (monatlich 4500,– DM) nicht übersteigt (Stand 1988).

Bei relativ hohen Arbeitseinkommen werden die Sozialversicherungsbeiträge nicht nach dem tatsächlichen Verdienst, sondern nur bis zur Höhe der sogenannten Beitragsbemessungsgrenzen erhoben.

6. Die Arbeitnehmer-Mitbestimmung

Die kollektiven Institutionen Betriebsrat und Gewerkschaft spielen nicht nur – wie gezeigt – bei der Aushandlung von Gesamtvereinbarungen eine erhebliche Rolle. Sie sind sehr stark auch in der über die Gesamtvereinbarungen hinausgehenden, gesetzlich vorgesehenen Mitbestimmung engagiert, bei der es um die institutionelle Teilnahme der Arbeitnehmer oder ihrer Vertreter an der Gestaltung und inhaltlichen Festlegung der Willensbildungs- und Entscheidungsprozesse im Betrieb* und im Unternehmen* geht, und zwar zum Zwecke der Berücksichtigung von Belegschaftsinteressen bei diesen Entscheidungen.

Die wichtigste **rechtliche Grundlage** für die Mitbestimmung der Arbeitnehmer in den Betrieben bildet das **Betriebsverfassungsgesetz** (BetrVG) vom 15.1.1972. Es gilt grundsätzlich für alle Betriebe mit mindestens fünf Arbeitnehmern. Wahrgenommen werden die Mitbestimmungsrechte der Belegschaft nach dem Betriebsverfassungsgesetz durch den **Betriebsrat**.

Das Betriebsverfassungsgesetz verlangt nicht, daß in den Betrieben Betriebsräte gebildet werden müssen. Entfaltet die Belegschaft oder eine im Betrieb vertretene Gewerkschaft keine (nachhaltige) Initiative zur Wahl eines Betriebsrates, so kommt diese Institution nicht zustande. In sehr vielen kleinen und mittleren Betrieben gibt es darum keinen Betriebsrat. Auch in größeren Unternehmen macht es manchmal Schwierigkeiten, einen (funktionsfähigen) Betriebsrat zu installieren (s. **Rheinisches Journalistenbüro** 1987). Schätzungen gehen davon aus, daß es für rund fünf Millionen Beschäftigte – das sind mehr als ein Fünftel aller Arbeitnehmer – keinen Betriebsrat gibt.

Initiativen zur Betriebsratswahl dürfen vom Arbeitgeber nicht behindert werden (§ 20 BetrVG). Kommt es nicht zur Bildung (Wahl) eines Betriebsrates, so können die Arbeitnehmer ihre Mitbestimmungsrechte aus dem Betriebsverfas-

* Zum Begriff s. Fußnote auf S. 145

sungsgesetz nicht nutzen. Dazu ein Beispiel aus dem öffentlichen Dienst, für den anstelle des Betriebsverfassungsgesetzes das Personalvertretungsgesetz (mit dem Personalrat) gilt.

Einsatz. Beamten wird, wenn auch nicht in jedem Fall zu Recht, gern mangelnder Eifer nachgesagt. Für die Vertretung der eigenen Interessen galt das jedoch nie. Dies ändert sich offensichtlich: Als erste aller Bundesbehörden hat das Bundesaufsichtsamt für das Kreditwesen keinen Personalrat mehr. Die Belegschaft verzichtete auf ihre gesetzlich verbrieften Mitwirkungsrechte, weil sich niemand bereit fand zu kandidieren. Der bisherige Personalratsvorsitzende Jürgen Boye, der bis Ende März amtierte, kennt den Grund für die Null-Bock-Mentalität seiner Kollegen: Zu dem insgesamt rückläufigen Engagement kommt die Abneigung, sich zur täglichen Arbeit eine zusätzliche Belastung einzuhandeln.

Wirtschaftswoche, 3.5.1985, S. 23

Für Betriebsräte beim Mittelstand

Mittelständische Unternehmen sollten die Wahl von Betriebsräten unterstützen, und zwar auch in den Betrieben, in denen es noch keine Arbeitnehmervertretungen gebe. Dazu forderte der Vorsitzende des Bundesverbandes Junger Unternehmer (BJU), Joachim F. Meier, seine Unternehmerkollegen anläßlich der Hannover-Messe auf. Denn das Betriebsverfassungsgesetz habe sich bewährt, wo Unternehmer und Betriebsräte es „kooperativ handhaben" würden.

Nur in einer Kooperation zwischen Unternehmern und Arbeitern ist es nach Meinung des BJU möglich, die gegenwärtigen und zukünftigen schweren wirtschaftlichen und gesellschaftlichen Probleme zu lösen. Es sei bedauerlich, daß statt dessen der DGB einen Konfliktkurs steuere, indem er in seinem Grundsatzprogramm erstmals neu aufgenommen habe, daß die sozialen und gesellschaftlichen Auseinandersetzungen durch den Interessensgegensatz zwischen Kapital und Arbeit geprägt seien. Arbeitnehmer und Unternehmer, so Meier, hätten vielmehr ein gemeinsames Interesse von Vollbeschäftigung und voller Kapazitätsauslastung. sz

DIE WELT, 3.4.1981

Gewählt wird der Betriebsrat von den Belegschaftsangehörigen für die Dauer von drei Jahren; dabei sind Wiederwahlen zulässig. In den Betriebsrat gewählt werden können nur Arbeitnehmer des Betriebes. Die Zahl der Betriebsratsmitglieder richtet sich nach der Belegschaftsstärke. Die Betriebsratsmitglieder sind weiter von ihrem Arbeitgeber zu entlohnen, und die Betriebsratsmitglieder sind von ihrer beruflichen Tätigkeit ohne Minderung des Arbeitsentgelts zu befreien, wenn und soweit es nach Umfang und Art des Betriebes zur ordnungsgemäßen Durchführung ihrer Aufgabe erforderlich ist.

Damit der Betriebsrat die Interessen der Beschäftigten wirkungsvoll vertreten kann, genießt er einen besonderen Kündigungsschutz. Der Arbeitgeber kann Betriebsratsmitgliedern nur aus einem wichtigen Grunde kündigen. Für eine solche außerordentliche Kündigung ist die Zustimmung des Betriebsrats oder eine gerichtliche Entscheidung erforderlich.

Obgleich der Betriebsrat der „soziale Gegenspieler" des Arbeitgebers ist, hat das Betriebsverfassungsgesetz insgesamt doch weniger auf Konfrontation und mehr auf Kooperation zwischen Unternehmensleitung und Betriebsrat abgestellt. Dies kommt deutlich in der Generalklausel des § 2 Abs. 1 zum Ausdruck, wonach „Arbeitgeber und Betriebsrat ... vertrauensvoll ... zum Wohl der Arbeitnehmer und des Betriebes zusammenarbeiten".

An der praktischen Ausgestaltung der Betriebs- und Unternehmensverfassung sind die Arbeitnehmer-Koalitionen, nämlich die **Gewerkschaften**, nachhaltig beteiligt. Zwar ist der Betriebsrat ein betriebliches und kein gewerkschaftliches Interessenvertretungsorgan der Belegschaft, andererseits hat der Gesetzgeber aber eindeutig im Betriebsverfassungsgesetz (§ 2 Abs. 1) festgelegt, daß „Arbeitgeber und Betriebsrat ... vertrauensvoll und im Zusammenwirken mit den im Betrieb vertretenen Gewerkschaften ... zusammenarbeiten".

Daß diese Zusammenarbeit in der Praxis auch tatsächlich geschieht, dafür sorgt nicht zuletzt die Tatsache, daß die Betriebsratsmitglieder zu rund 90 Prozent einer Gewerkschaft angehören, bei einem ansonsten vorhandenen durchschnittlichen gewerkschaftlichen Organisationsgrad von 35 Prozent. Zudem haben die im Betrieb vertretenen Gewerkschaften im Betriebsverfassungsgesetz auch eigenständige Rechte erteilt bekommen, so zum Beispiel das Teilnahmerecht an Betriebsversammlungen und das Initiativrecht zur Bildung eines Betriebsrates („Geburtshilfe").

Auch in den Aufsichtsräten, die sich nach dem Montanmitbestimmungsgesetz von 1951 und dem Mitbestimmungsgesetz von 1976 paritätisch aus Arbeitnehmer- und Kapitaleignervertretern zusammensetzen, haben die Gewerkschaften Sitz und Stimme.

Neben einer Reihe allgemeiner Aufgaben (§§ 75, 80) liegen die entscheidenden Mitbestimmungsrechte des Betriebsrates bei den sozialen, personellen und wirtschaftlichen Angelegenheiten des Betriebes. Dabei gilt generell, daß die Mitbestimmungsrechte bzw. -möglichkeiten bei den sozialen Angelegenheiten (§§ 87-89) am stärksten und bei den wirtschaftlichen Angelegenheiten (§§ 106-113) am schwächsten sind. Dazwischen liegen die personellen Angelegenheiten (§§ 92-105). Die nachstehenden beiden Schaubilder verdeutlichen die Aufgabenbereiche des Betriebsrats.

Wird ein (Groß)Betrieb in der Rechtsform einer juristischen Person (z.B. einer Aktiengesellschaft) geführt, so findet hier – wie erwähnt – neben der Mitbestimmung über den Betriebsrat auch noch eine **Mitbestimmung im Kontrollorgan** der Unternehmung, dem **Aufsichtsrat**, statt. Das heißt: In diesen Fällen haben Arbeitnehmervertreter, die zu einem Teil auch Betriebsfremde (z.B. hauptamtliche Gewerkschaftsfunktionäre) sein können, neben den Vertretern des Kapitaleigentums (Aktionäre) Sitz und Stimme im Aufsichtsrat.

Dem Recht der unternehmensbezogenen Mitbestimmung unterliegen nur solche Gesellschaftsformen, bei denen eine persönliche Haftung der Kapitaleigner mit ihrem gesamten Vermögen nicht vorliegt. Das heißt, eine Unternehmensverfassung im Sinne des Mitbestimmungsrechts der Arbeitnehmer gibt es nicht bei Einzelunternehmen, offenen Handelsgesellschaften und Kommanditgesellschaf-

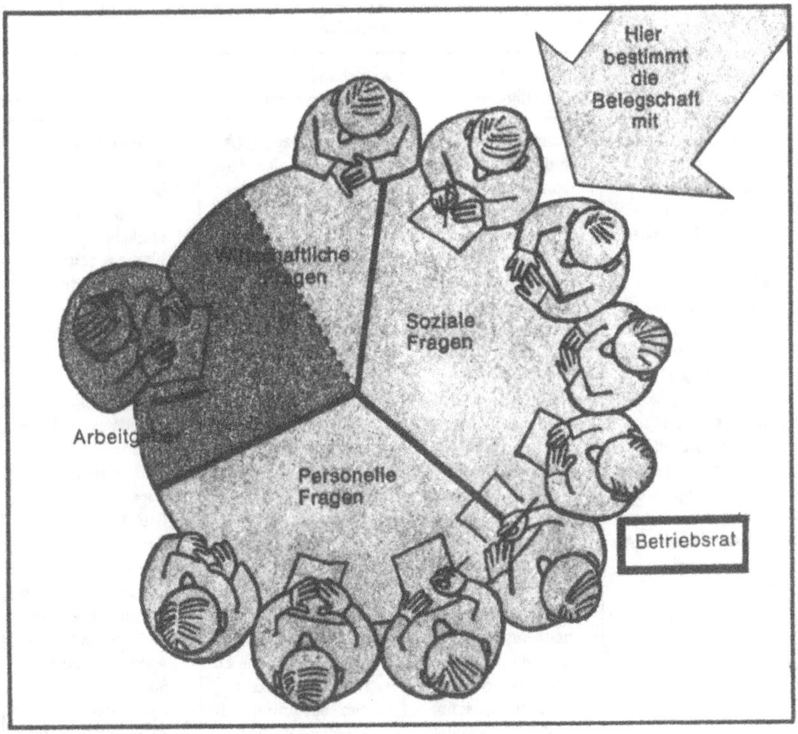

Quelle: Der Betrieb 1, Bachem Verlag, Köln, 1979, S. 82

Betriebsratsaufgaben

Aufgaben im allgemeinen Bereich	Aufgaben im sozialen Bereich	Aufgaben im personellen Bereich	Aufgaben im wirtschaftlichen Bereich
o Interessenvertretung der Belegschaft o Überwachung der Einhaltung der Gesetze und Vereinbarungen, die dem Schutz der Arbeitnehmer dienen o Weiterleitung berechtigter Beschwerden an den Arbeitgeber o Eingliederung Schwerbehinderter und sonstiger schutzbedürftigerArbeitnehmer o Vorbereitung der Wahl der Jugendvertretung o Abhalten von Betriebsversammlungen	o Abschluß von Arbeitsordnungen (Tragen von Schutzkleidung, Rauchverbot, Torkontrollen, usw.) o Beginn und Ende der täglichen Arbeitszeit sowie der Pausen o Gleitende Arbeitszeit, Überstunden, Sonderschichten o Aufstellen von Entlohnungsgrundsätzen (Zeitlohn, Prämien, Akkord) o Zeit, Ort und Art der Lohn- und Gehaltszahlung o Aufstellung eines Urlaubsplans o Überwachung der Arbeitnehmer durch Stechuhren, Filmkameras, usw. o Verwaltung der betrieblichen Sozialeinrichtungen o Unfallverhütung o Betriebliches Vorschlagswesen o Vermögenswirksame Leistungen	o Personalplanung (Auswahlrichtlinien, Formulierung von Einstellungs- und Personalfragebogen, . . .) o Förderung der beruflichen Aus- und Weiterbildung o Entfernung betriebsstörender Arbeitnehmer o In Unternehmen mit mehr als 20 Arbeitnehmern ist der Betriebsrat von jeder . . . – Einstellung – Entlassung – Ein- und Umgruppierung – Versetzung zu unterrichten. Verweigert er innerhalb einer Woche seine Zustimmung, so kann diese auf Antrag des Arbeitgebers durch das Urteil des Arbeitsgerichtes ersetzt werden	o Mitbestimmungsrecht bei geplanten Betriebsänderungen, wenn dadurch wesentliche Nachteile für die Arbeitnehmer zu erwarten sind, z. B.: o Stillegung des Betriebes oder wesentlicher Teile o Verlegung des Betriebes oder wesentlicher Teile o Zusammenschluß mit anderen Betrieben o Grundlegende Änderung der Betriebsorganisation o Einführung neuer Arbeitsmethoden und Fertigungsverfahren. o Aufstellung eines Sozialplanes zur Milderung der Folgen einer Betriebsänderung

Quelle: Gabler Schülerlexikon Wirtschaft, 2. Aufl., Wiesbaden 1982, S. 32

ten. Bei ihnen findet die Arbeitnehmer-Mitbestimmung nur in der Betriebsverfassung, d.h. über den Betriebsrat, statt, sofern ein solcher existiert.

Unternehmensverfassungsrechtliche Arbeitnehmer-Mitbestimmungsregelungen existieren bei der Aktiengesellschaft, der Kommanditgesellschaft auf Aktien, der bergrechtlichen Gewerkschaft, der GmbH, der eingetragenen Genossenschaft und dem Versicherungsverein auf Gegenseitigkeit. Durch die Arbeitnehmer-Mitbestimmungsregelungen in den Organen dieser Rechtsformen wird die „Binnenstruktur der einzelnen Gesellschaftsformen teilweise erheblich verändert" (Richardi, Bd. I, 1979, S. 159).

Die Zahl der Sitze, die die Arbeitnehmerseite im Aufsichtsrat innehat, reicht von einem Drittel bis zur Hälfte; je nachdem, welches der drei vorhandenen Gesetze auf das betreffende Unternehmen Anwendung findet. Das nachstehende Schaubild gibt hierzu eine Übersicht.

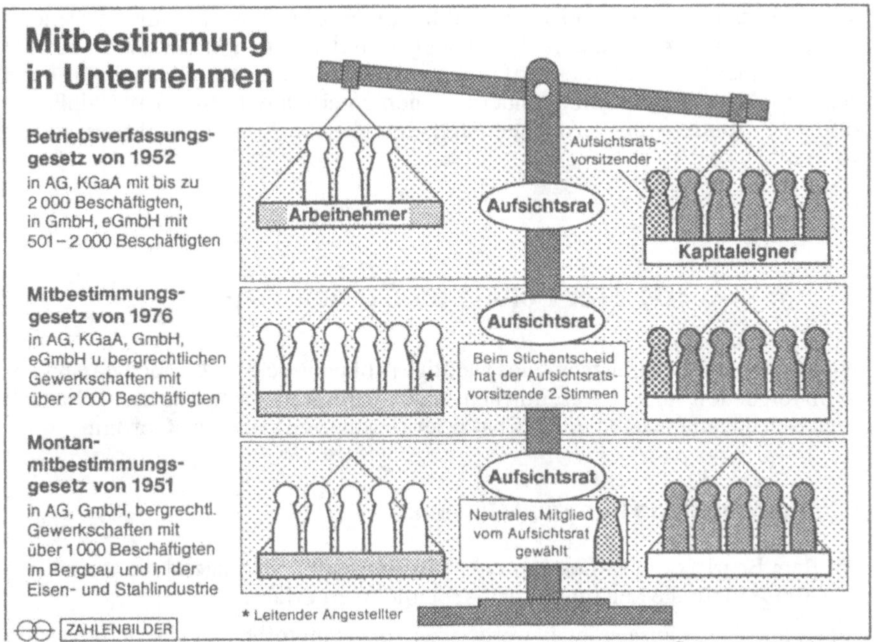

243 521

Zu den **Hauptaufgaben des aktienrechtlichen Aufsichtsrats**, für deren Wahrnehmung nach dem Mitbestimmungsrecht nun auch die Arbeitnehmervertreter mit zuständig sind, gehört es

- die Mitglieder des Vorstands (Leitungsorgans) auf die gesetzlich vorgeschriebene Dauer von (jeweils) längstens fünf Jahre zu bestellen, sowie sie unter Umständen vorzeitig abzuberufen und
- die Geschäftsführung des Vorstands zu überwachen;
- darüber hinaus kann die Satzung oder der Aufsichtsrat bestimmen, daß der Vorstand bestimmte Arten von Geschäften (besonders wichtige) nur mit Zustimmung des Aufsichtsrats vornehmen darf.

Die Arbeitnehmervertreter im Aufsichtsrat der genannten Gesellschaftsformen sind den Aufsichtsratsmitgliedern der Kapitalseite rechtlich gleichgestellt. Damit sind sie auch an wichtigen unternehmenspolitischen Entscheidungen maßgeblich beteiligt.

Anders ist die **Situation** in der **Betriebsverfassung**, d.h. beim Betriebsrat. Seine Funktionen liegen gerade nicht bei den wirtschaftlichen Entscheidungen, sondern vor allem im sozialen und personellen Bereich. Für die eigentlichen wirtschaftlichen Angelegenheiten ist in der Betriebsverfassung ein vom Betriebsrat zu bildender Wirtschaftsausschuß vorgesehen, demgegenüber der Unternehmer eine umfassende Informations- und Beratungspflicht über wirtschaftliche Angelegenheiten (§ 106) hat.

Im Falle von geplanten Betriebsänderungen (§ 111), die wesentliche Nachteile für die Belegschaft zur Folge haben können, hat der Unternehmer allerdings den Betriebsrat rechtzeitig und umfassend zu unterrichten und die geplanten Betriebsänderungen mit dem Betriebsrat mit dem Ziel zu beraten, zu einem Interessenausgleich oder einem Sozialplan zu kommen. Eine Zustimmungsnotwendigkeit des Betriebsrates zu den eigentlichen wirtschaftlichen Maßnahmen besteht nicht, weshalb HANAU/ADOMEIT (1978, S. 109) meinen: „Der Betriebsrat kann den Arbeitgeber nicht daran hindern, seinen unternehmerischen Entschluß auszuführen, sondern nur erreichen, daß ihm die Ausführung teuer zu stehen kommt".

III. Der Lohn- und Gewinn-Aspekt

Weil Lohn und Gewinn zweifellos wichtige problemträchtige Größen darstellen, ist im folgenden auf ihre wesentlichen Aspekte etwas näher einzugehen. Dies soll beginnen mit einer allgemeinen Charakterisierung von Lohn und Gewinn.

1. Zum Wesen von Lohn und Gewinn

Mit dem Begriff des Lohnes im weiteren Sinne wird überwiegend die Vergütung (das Entgelt) für die Leistungen des Arbeitnehmers erfaßt.

Es kann davon ausgegangen werden, daß die Hauptpflicht des Arbeitgebers in der Zahlung von Entgelt (Lohn) für die von dem Arbeitnehmer zur Verfügung gestellte Arbeitskraft (-bereitschaft) besteht. Auf seinen Lohn, der in der Praxis verschiedene Bezeichnungen haben kann, erwirbt der Arbeitnehmer einen von der jeweiligen Ertragslage der Unternehmung unabhängigen Rechtsanspruch. An Gewinn und Verlust des arbeitgebenden Unternehmens ist der Arbeitnehmer regelmäßig nicht beteiligt.

Im Gegensatz zum Lohn, der – unabhängig von der jeweiligen Erfolgslage – immer zu zahlen ist, gibt es keinen Rechtsanspruch auf Gewinn(entstehung). Der Gewinn ist vielmehr eine Differenz(rest)größe (Erträge minus Aufwendungen), die in Abhängigkeit von der jeweiligen Ertragssituation schwankt und daher auch negativ sein kann (Verlust). „Der Gewinn ist ein Residuum, d.h. ein Rest, nicht notwendigerweise ein kleiner" (Sachverständigenrats-Gutachten 1972/73, Tz. 503).

SCHULT (1984, S. 104) ist der Auffassung, daß der Gewinn in der Praxis nur selten eine Restgröße darstelle, weil die Gewinnhöhe auch das Ergebnis von Machtstrukturen sei. Mit anderen Worten: Die Eigenkapitalgeber bzw. die Unternehmensleiter würden statt einer Gewinnreduzierung oder Verlustentstehung die Ansprüche der anderen am Unternehmen Beteiligten zurückdrängen. Daß dies in der Realität auch tatsächlich versucht wird, ist nicht zu bestreiten. Allerdings führt das nicht immer (gleich) zum Erfolg. Es sind in der Praxis zahlreiche Unternehmen (auch große) anzutreffen, die mehr oder weniger lange Zeit keine Gewinne erwirtschaften, so daß die Eigenkapitalgeber im Gegensatz zu den Arbeitnehmern und den Fremdkapitalgebern leer ausgehen.

Werden Gewinne erwirtschaftet – und das ist ja glücklicherweise die Regel –, so werden mit dem Gewinn die Zurverfügungstellung von Eigenkapital und – falls die Eigenkapitalgeber das Unternehmen selbst leiten, z.B. als Einzelunternehmer oder vollhaftende Gesellschafter einer Handelsgesellschaft – auch ihre persönliche Arbeitsleistung abgegolten. Der Gewinn wird regelmäßig zu einem erheblichen Teil (als Dividende) an die Eigenkapitalgeber ausgeschüttet*; der Rest verbleibt im Unternehmen und dient der Stärkung der Finanz- und Investitionskraft des Unternehmens. Oftmals wird die Gewinneinbehaltung auch dazu benutzt, um in späteren Jahren, wenn einmal keine Gewinne erwirtschaftet werden können, doch noch zu einer Gewinn-Ausschüttung aus früher erzielten Gewinnen zu kommen.

Die heute vorherrschende gesellschaftliche und rechtliche Lohn- und Gewinnregelung in der Arbeitswelt führt zu einer Situation, die von der Zeichnerin Hogli wie folgt karikiert wird.

Gewinnbeteiligung

Der in der vorstehenden Karikatur geschilderte „Sachverhalt" findet seine Begründung darin

- daß der Arbeitnehmer einen von der jeweiligen Erfolgslage **un**abhängigen Lohnanspruch hat und
- er somit – im Gegensatz zum (Eigen)Kapitalgeber – kein Verlustrisiko trägt (von dem auf anderer Ebene liegenden Arbeitsplatzrisiko abgesehen) und
- der (Nur)Arbeitnehmer deshalb auch keine Gewinnpartizipation beanspruchen kann.
- Da also die Kapitaleigner – und nicht die Arbeitnehmer – das finanzielle Risiko tragen, fällt allein den Kapitalgebern der nach Abzug aller Aufwendungen (vor allem für Material, Löhne, Zinsen und Abschreibungen) verbleibende Gewinn(rest) zu.
- Weil die Gewinne nur den Eigenkapitalgebern zufließen und weil die Arbeitnehmer bisher so gut wie gar nicht als Eigenkapitalgeber ihres arbeitgebenden Unternehmens fungieren, existiert im Hinblick auf den Vermögens**zuwachs**, der sich durch Gewinnentste-

* Im Jahre 1980 wurden rd. 65% der erwirtschafteten Jahresüberschüsse deutscher Aktiengesellschaften an die Aktionäre ausgeschüttet.

hung und Gewinneinbehaltung ergibt, eine Situation, die der Bundesminister für Arbeit und Sozialordnung, NORBERT BLÜM, in seinem Redemanuskript für den DAG-Bundeskongreß 1983 in Hamburg wie folgt umschrieben hat: „In der Vergangenheit hat sich im Bereich des Produktivkapitals die Vermögensverteilung entsprechend der Gewohnheit der Tauben vollzogen, die ja bekanntlich dahin fliegen, wo schon Tauben sind".

2. Lohn/Gewinn – ein (systemabhängiger) Interessengegensatz?

Lohn und Gewinn stehen in einem gewissen Spannungs-Verhältnis, das daher rührt, daß der **Lohn** grundsätzlich **verschiedene Aspekte für** Arbeitnehmer und Arbeitgeber hat.

Für den Arbeitgeber stellt der Lohn Ausgaben, Aufwendungen und Kosten dar und beeinflußt damit – isoliert betrachtet – die Erfolgs- und Liquiditätslage des Unternehmens negativ. Für den Arbeitnehmer bildet der Lohn im allgemeinen die einzige Einkommenquelle und damit die finanzielle Basis für seinen Lebensunterhalt und Lebensstandard.

Gleichzeitig ist der Lohn (die Höhe) als Vergütung für die erbrachte Arbeitsleistung ein wesentlicher Faktor der persönlichen Anerkennung und damit auch der Motivation. Dieser Aspekt wird mit zunehmender Bildung, hohem Wohlstand und damit verbundener Befriedigung der Grundbedürfnisse immer wichtiger. In Zukunft wird er sicher stärker als bisher bei der betrieblichen Lohnfindung zu berücksichtigen sein.

Aus der unterschiedlichen Bedeutung des Lohnes für Arbeitnehmer und Unternehmer ergibt sich ein prinzipieller Interessengegensatz, der bei einzelwirtschaftlicher Betrachtungsweise besonders leicht zu erkennen ist. Der Arbeitnehmer ist grundsätzlich an hohen und steigenden Löhnen interessiert, da er bei gleichbleibendem Preisniveau seinen materiellen Lebensstandard nur durch einen höheren Lohn verbessern kann. Das unternehmerische Gewinnstreben ist hingegen von dem Bemühen getragen, die Erträge (Leistungen) möglichst groß werden zu lassen und die Aufwendungen (Kosten) möglichst gering zu halten, wozu auch die Löhne gehören. Vom Gewinnerzielungsinteresse her wäre es also plausibel, möglichst niedrige Löhne zu zahlen.

Hier zeigt sich allerdings recht schnell ein **Optimierungsproblem:** Weil ein niedriger oder ungerechter Lohn im allgemeinen eine demotivierende Wirkung und damit einen negativen Einfluß auf die zu erbringende Arbeitsleistung hat, ist der Lohn grundsätzlich immer im Spannungsverhältnis von Kosten einerseits und der Auswirkung der Lohn**höhe** auf die Arbeitsmotivation und damit auf das Arbeitsergebnis andererseits zu sehen.

In gesamtwirtschaftlicher Sicht muß beim Lohn naturgemäß auch noch seine Nachfragefunktion bedacht werden, die auf die Unternehmen insgesamt meist positiv zurückwirkt. Diesen Sachverhalt drückt BÖHRS (1980, S. 25) – etwas übertrieben – so aus: „Der Unternehmer hat eingesehen, daß die Bedeutung des Lohnes als Träger von Kaufkraft nicht weniger wichtig ist als die kalkulatorische Betrachtung des Lohnes als Kostenfaktor". Diese Auffassung hat unter gesamtwirtschaftlichen Aspekten zweifellos Bedeutung. In einzelwirtschaftlicher Sicht, das heißt aus der Position des lohnzahlenden Betriebes, gilt der behauptete Zusammenhang, der die Interessen der Arbeitnehmer und der Arbeitgeber über die Nachfragefunktion des Lohnes einander näher bringen soll, nicht in jedem Falle. Hierfür sind folgende Gründe zu nennen:

- Die Lohnerhöhungen werden nicht oder kaum für den Kauf von Produkten verwendet, die das Unternehmen herstellt, das die Lohnerhöhung gewährt;
- der Lohnaufwand des Unternehmens (die Lohnkostenerhöhung) ist wesentlich höher als die daraus entstehende potentielle kaufkräftige Nachfrage, und zwar vor allem durch die gesetzlichen Sozialabgaben auf den Lohn, die sich Arbeitgeber und Arbeitnehmer teilen, und durch den Lohnsteuerabzug;
- es ist nicht sicher, daß die dem Arbeitnehmer verbleibende Nettolohnerhöhung für den Konsum verwendet wird; ein erheblicher Teil der Lohnerhöhung wird möglicherweise (zunächst) dem Sparen zugeführt.

Ein weiteres Spannungsverhältnis kann sich im Hinblick auf die Löhne zwischen Belegschaft und Unternehmensleitung daraus ergeben, daß unabhängig vom Gewinnstreben prinzipiell **alle** Unternehmenstypen das systemunabhängige Wirtschaftlichkeitsprinzip zu beachten haben, d.h. die Unternehmensleitungen sind gehalten, sich um eine sparsame Verwendung der im allgemeinen knappen bzw. knapp zu haltenden Einsatzgüter zu bemühen. Nur so ist eine bestmögliche Leistungserstellung und damit eine optimale Güterversorgung der Verbraucher möglich. In marktwirtschaftlichen Ordnungen werden die Unternehmen vor allem durch den Wettbewerb zur Einhaltung des Wirtschaftlichkeitsprinzips gezwungen.

Ein solcher Zwang kann auch von der tariflichen Lohnpolitik ausgehen, die sich mit ihren Löhnen an der durchschnittlichen Leistungsfähigkeit der Branche orientiert, so daß die weniger ertragreichen Unternehmen (auch) von der Lohnkostenseite her einem Druck zur Senkung der Produktionsstückkosten ausgesetzt sind (= Rationalisierung). In den 50iger Jahren plädierte der damalige Leiter des Wirtschaftswissenschaftlichen Instituts des DGB, Viktor Agartz, für eine expansive, aggressive gewerkschaftliche Lohnpolitik mit dem Ziel, die Unternehmen zu Rationalisierungen zu zwingen. Sie sei "das wirksamste Mittel, die Betriebe laufend zu höherer Rationalität anzuhalten, die Produktivität zu steigern und damit die Lohnexpansion zu fundamentieren" (Agartz 1953, S. 246; s.a. S. 418 der vorl. Abh.)

Das Wirtschaftlichkeitsprinzip gilt prinzipiell für alle Einsatzgüter, also auch für die menschliche Arbeitskraft. Im Vergleich zu den anderen Produktionsfaktoren ergibt sich jedoch hinsichtlich des Faktors Personal eine Besonderheit, die aus dem Umstand resultiert, daß es sich bei diesem Faktor um ein menschliches Lebewesen handelt, das einen Anspruch auf würdevolle Behandlung hat. Dies wird auch vom Gesetzgeber und von den Sozialpartnern in vielfältiger Weise unterstützt, wodurch Wirtschaftlichkeitsüberlegungen zurückgedrängt werden. Hinzu kommt die Tatsache, daß das Ergebnis der menschlichen Arbeitsleistung nicht nur von den äußeren (technischen) Arbeitsbedingungen und einer zweckmäßigen Kombination der Produktionsfaktoren (Organisation) abhängt. Es wird auch ganz erheblich von der Art der Personalführung, den Mitbestimmungsmöglichkeiten sowie dem Lohn beeinflußt. Diese drei (Behandlungs)Einflußfaktoren sind bei den Einsatzgütern Betriebsmittel und Werkstoffe nicht vorhanden.

Zu der bei uns vielfach anzutreffenden gesellschaftspolitischen **Einschätzung des Gewinnes** meint Nell-Breuning (1974, S. 65): „In der Sicht des deutschen (im Gegensatz zu der des amerikanischen, R. S.) Arbeiters ist der Profit ‚vorenthaltener Lohn‘ und als solcher aufs tiefste verabscheuenswert; unsere deutschen Gewerkschaften sehen es als ihre Aufgabe an, die Unternehmensgewinne so klein wie möglich zu halten und, wenn es ginge, sie völlig zu unterdrücken" (s.a. S. 15).

Dabei können sich doch eigentlich die Arbeitnehmer (und ihre Vertreter) beglückwünschen, die in leistungsfähigen, ertragsstarken Unternehmen arbeiten. Hier ist ihnen eine relativ hohe Sicherheit gegeben, daß sie nicht arbeitslos werden und daß sie verhältnismäßig hohe Löhne und Sozialleistungen erhalten bzw. sie erfolgversprechend fordern können. Zudem sind in solchen Unternehmen auch die sonstigen Arbeitsbedingungen vielfach besser als in ertragsschwachen Unternehmen. Diese Zusammenhänge werden mittlerweile auch von den Belegschaften und ihren Gewerkschaften durchaus anerkannt. Dies macht GILLIES (WELT 27.6.1983, S. 2) beispielhaft mit seinen folgenden Ausführungen deutlich.

„‚Wer Geld anlegt, will auch verdienen'. Dieser Ausspruch stammt nicht aus dem Schatzkästlein deutschen Börsenhumors, sondern vom Vorsitzenden der Industriegewerkschaft Chemie, HERMANN RAPPE. Er wendet sich damit gegen die Vorschläge grüner oder linker Hauptversammlungsbesucher, die Dividenden von Aktiengesellschaften zugunsten von Sozial- oder Umweltausgaben streichen wollen. Ein Gewerkschaftler ficht für die Dividende? Lange haben wir solches nicht vernommen. Auf die Dividende seien nicht nur Tausende von Belegschaftsaktionären und ihrer Hinterbliebenen angewiesen, meint RAPPE, sondern ihr Ausfall berühre die Bonität des Unternehmens, letztlich gefährde dies die Arbeitsplätze".

Es wäre jedoch falsch, anzunehmen, daß nur die in der Markwirtschaft vorherrschenden Privatunternehmen Gewinne erzielen wollten und in anderen Unternehmenstypen (z.B. in öffentlichen Unternehmen) sowie in sozialistischen Betrieben das Streben nach Überschüssen völlig fehlte. Im Grunde genommen ist nicht nur das Prinzip der Wirtschaftlichkeit, sondern auch das Streben der Betriebe nach **Gewinn weitgehend wirtschaftssystemunabhängig**. Dazu zwei Zitate aus der DDR (s.a. S. 16f.):

„Ein wichtiger Gradmesser für die geleistete Arbeit in den volkseigenen Betrieben der Industrie ... ist der Gewinn. Er bildet die wichtigste Quelle zur Bestreitung der Ausgaben des sozialistischen Staates und gleichzeitig zur Finanzierung der erweiterten Reproduktion sowie zur Erhöhung des Prämienfonds und der kulturellen und sozialen Leistungen für die Werktätigen".*

„Der Gewinn ist ein Geldausdruck für im Produktionsprozeß geschaffenes und beim Absatz der Erzeugnisse realisiertes Mehrprodukt".**

3. Lohngerechtigkeit und Lohnfindung

Es kann im allgemeinen davon ausgegangen werden, daß der Arbeitnehmer einen möglichst hohen Lohn anstrebt und/oder einen gerechten Lohn realisiert sehen möchte. Bei der Frage nach der Lohngerechtigkeit zeigt sich jedoch recht schnell, daß der Gerechtigkeitsbegriff keineswegs eindeutig festlegbar und damit

* Berichte zur Direktive des VIII. Parteitages der SED zum Fünfjahresplan für die Entwicklung der Volkswirtschaft der DDR in den Jahren 1971 bis 1975, Berichterstatter: Genosse **Willi Stoph**, Berlin (Ost) 1971, S. 31, zitiert bei: Autorenkolletiv: Sozialistische Betriebswirtschaft (Lehrbuch), 2. Aufl., Berlin (Ost) 1974, S. 220.

** Autorenkollektiv: Sozialistische Betriebswirtschaft (Lehrbuch), 2. Aufl., Berlin (Ost) 1974, S. 220.

nur wenig operational ist. Dies gilt unabhängig davon, auf welcher rechtlichen Basis die Lohnkonkretisierung im einzelnen erfolgt, sei es der (Einzel)Arbeitsvertrag, der Tarifvertrag oder u.U. auch die Betriebsvereinbarung.

Im Vordergrund der lohnpolitischen Diskussion steht im allgemeinen das Gerechtigkeitspostulat in zweifacher Form, nämlich in der Forderung nach bedarfsgerechter und nach leistungsgerechter Entlohnung. Dabei dominiert in der Wirtschaftspraxis heute die Entlohnung nach der Leistung.

Auch bei der Anknüpfung der **Entlohnung** an die **Leistung** ist eine wichtige Frage nur sehr schwer befriedigend zu beantworten, nämlich die, was „leistungsgerecht" konkret bedeutet. KOSIOL (1962, S. 21) ist der Meinung, daß „vom betriebswirtschaftlich-ökonomischen Standpunkt aus die menschliche Arbeitsleistung in der Unternehmung dann gerecht (unternehmensgerecht) entgolten wird, wenn sie nach ihrem ökonomischen Wert für die Unternehmung bemessen wird und somit den Anteil erhält, den sie zum Ertrag bzw. Gewinn der Unternehmung beigesteuert hat". Damit ergibt sich die Aufgabe, diesen Anteil zu bestimmen. Um die hiermit verbundene betriebswirtschaftliche und soziale Problematik hinreichend verdeutlichen zu können, muß man sich folgende Daten vor Augen führen:

- Zum Zeitpunkt der Fertigstellung eines Produkts steht häufig noch nicht fest, wann das Produkt verkauft werden kann, welcher Erlös zu erzielen ist und wann der Erlös eingehen wird. Der in der Regel über kein nennenswertes Vermögen verfügende Arbeitnehmer kann aber den bei der Fertigstellung des Produkts noch unbestimmten Verkaufserlös nicht abwarten. Er fordert daher eine vom Verkaufserlös unabhängige Entlohnung und verzichtet damit praktisch auf die Gewinnchancen aus der Produktverwertung. Gleichzeitig wird er mit der Lohnzahlung vom Absatzrisiko befreit. Diese „Annahmen" finden ihren rechtlichen Niederschlag im Arbeitsvertrag. Aus diesen Gründen besteht letztlich auch kein Anspruch auf eine Beteiligung der Arbeitnehmer an dem erzielten Gewinn, wie auch keine Verpflichtung zur Verlustmittragung besteht.
- Auch in den Fällen, in denen der Arbeitnehmer warten kann bzw. die Leistungsverwertung (Absatz) sich recht schnell und kontinuierlich an die Leistungserstellung anschließt, bleibt das Problem der Aufteilung des aus dem Verkauf des Gutes erzielten Erlöses auf die an seiner Entstehung beteiligten Faktoren bestehen. Dies gilt für den Erlös des einzelnen Produktes genauso wie für den Gesamterfolg (Gewinn oder Verlust) der Unternehmung. Ein solches Aufteilungproblem besteht nur dann nicht, wenn keine (fremden) Arbeitskräfte beschäftigt werden; eine Situation, die bei den weiteren Überlegungen außer acht bleiben kann. Das Aufteilungsproblem besteht unabhängig davon, wer Eigentümer der Produktionsmittel ist.
- Der Erfolg einer Unternehmung wird von den betrieblichen Produktionsfaktoren gemeinsam erzielt, also von der menschlichen Arbeit (dispositive und ausführende Arbeitsleistungen) und von den sachlichen Mitteln (Kapital). Daneben beeinflussen naturgemäß die wechselnden Marktlagen den Unternehmungserfolg. „Die Frage, ein wie großer Teil (dieses Erfolges, R.S.) jeweils der Arbeit, dem Kapital und der Unternehmerleistung zuzurechnen ist, ist wissenschaftlich nicht zu beantworten. Das Produkt ist ein komplexes Ergebnis der Gemeinschaftsleistung aller Faktoren, und der Anteil etwa der Arbeit am Produkt ist genauso wenig feststellbar wie etwa der Anteil des Regens am Wachstum der Pflanze" (E. ARNDT, 1957, S. 12).
- Das geschilderte Zurechnungsproblem läßt sich nur in der Weise „lösen", daß die an der Produktentstehung und -verwertung beteiligten Faktoren bewertet werden. Es ist also im Wege der Bewertung festzulegen, wie hoch der Anteil der sachlichen Mittel, der ausführenden Arbeitsleistung und des dispositiven Faktors (Unternehmungsleitung) an dem erzielten Erfolg ist. Eine solche auf Schätzung beruhende Zurechnung enthält naturgemäß erhebliche subjektive Momente des Bewertenden. Man denke in diesem Zusammenhang

nur an das Problem der Bestimmung und Zurechnung von Abschreibungen, Rückstellungen und Betriebsbereitschaftskosten auf die einzelnen Produkte oder auf das Gesamtergebnis und an die Festsetzung des auf die eigentliche Unternehmerleistung entfallenden Erfolgsanteils. Diese praktisch nicht ausräumbaren Schwierigkeiten verhindern objektiv richtige oder gerechte Lösungen, so daß immer nur Kompromißregelungen möglich sind, die allerdings von den Beteiligten als relativ gerecht empfunden werden sollten.

Ist der Gesamtanteil festgelegt, der der Belegschaft zukommen soll, so stellt sich sogleich eine zweite Zurechnungsproblematik, nämlich die nach der Bewertung (Differenzierung) innerhalb des Faktors Arbeit. Auch hier gibt es keine allgemeinverbindlichen, unproblematischen Lösungen.

Die aufgezeigten Probleme der Zurechnung ergeben sich in allen Unternehmungen, in denen im Wege einer Kombination von sachlichen Mitteln und fremder menschlicher Arbeitskraft Produkte erstellt werden. Deshalb werfen die skizzierten Zurechnungsfragen im Prinzip auch in den sozialistischen Ländern die gleichen grundsätzlichen Probleme auf. Das Zurechnungsproblem existiert nur in Ein-Mann-Betrieben nicht.

Die aus jedem betrieblichen Leistungserstellungsprozeß zwangsläufig erwachsenen Zurechnungsschwierigkeiten machen deutlich, daß es eine objektive oder absolute Lohngerechtigkeit weder für den einzelnen Arbeitnehmer noch für die Gesamtbelegschaft geben kann. Oder mit anderen Worten: Es ist in der konkreten Arbeitswelt keine Lohnhöhe denkbar, von der man sagen könnte, sie sei im Hinblick auf das erzielte Gesamtergebnis des Betriebes für das Individuum oder für das Kollektiv Belegschaft absolut gerecht. Hieran kann auch – wie noch näher zu zeigen ist – eine Beteiligung der Belegschaft am Unternehmensgewinn nichts Grundlegendes ändern. Es ist vielmehr E. Schäfer (1980, S. 285) zuzustimmen, wenn er meint, daß die bei der Gewinnbeteiligung zu beantwortende, scheinbar nur technische Frage nach dem Maßstab des der Belegschaft (und dem einzelnen) zukommenden Erfolgsanteils zwangsläufig das Problem der Lohngerechtigkeit auf anderer Ebene (nämlich der der Gewinnverteilung) wieder aufleben läßt.

Der gerechte Lohn

Die Frage nach dem gerechten Lohn ist so alt wie die Arbeit selbst. Aber noch niemand hat eine Antwort gefunden, die immer und überall gegolten, die jeden zufriedengestellt hätte. Diese Antwort wird es auch nicht geben. Warum?

Des Rätsels Lösung ist einfach. Es gibt keine Arbeit, die automatisch einen bestimmten Lohn nach sich zieht. Die Stunde Schneeschippen kostet nicht unbedingt immer und überall 12 DM und die Stunde Maschinenschreiben nicht generell 16 DM.

Die Gesellschaft bewertet jede Tätigkeit. Wenn hier von „Gesellschaft" gesprochen wird, so ist damit die herrschende Grundanschauung aller Menschen in einem Land gemeint. Sie bildet sich in der Auseinandersetzung der Einzel- und der Gruppeninteressen. Eine Gesellschaft, die wissenschaftliche Tätigkeit hoch einschätzt, wird für die Arbeit eines Professors, eines Chemikers oder eines Arztes mehr bezahlen als für die eines ungelernten Arbeiters; eine Gesellschaft, die kultische Handlungen zur Versöhnung der Götter für das wichtigste hält, wird dem Priester mehr Ansehen und mehr Einkommen zugestehen als eine materialistisch orientierte Gesellschaft, die Religion als nutzlos betrachtet. In einer demokratischen Gesellschaft werden Löhne und Gehälter enger beieinander liegen als in einer hierarchisch strukturierten. In einer feudalen Gesellschaft sind Einkommen (und Vermögen) anders verteilt als in einer Gesellschaft mit marktwirtschaftlicher Ordnung oder mit zentraler Wirtschaftsverwaltung.

Die Bewertung ist im allgemeinen kein bewußter Vorgang. Natürlich gehen Gesichtspunkte, wie die Knappheit bestimmter Arbeitskräftegruppen, die Schwierigkeit der Tätigkeit, die Länge der Ausbildung, Alter und Familienstand und ähnliches in die Bewertung ein. Es gibt auch Methoden, mit deren Hilfe sich messen läßt, inwieweit das eine oder andere Merkmal erfüllt ist – so etwa die analytische Arbeitsbewertung zur Erfassung der Anforderungen am Arbeitsplatz. Aber bereits bei der Auswahl und Gewichtung dieser Merkmale fallen wiederum Entscheidungen, die letztlich auf gesellschaftliche Wertvorstellungen zurückgehen.

Der gerechte Lohn, ein Ergebnis gesellschaftlicher Wertvorstellungen. Das hat unter anderem zweierlei zur Folge:

Der Lohn ist nicht beliebig manipulierbar. Es würde unserem Gerechtigkeitsempfinden grob widersprechen, wenn ein Lediger bei gleicher Arbeitsleistung mehr bekäme als ein Verheirateter mit drei Kindern und das nur, weil er ledig ist. Wir würden uns auch wundern, wenn etwa eine Hilfskraft ein höheres Einkommen hätte als ein Kraftfahrzeugmechaniker. Die Lohnrelationen bleiben, solange sich die Bewertungsmaßstäbe nicht ändern.

Die Maßstäbe für die Lohnfindung ändern sich nur ganz allmählich. Die gesellschaftlichen Wertvorstellungen wandeln sich nämlich nicht von heute auf morgen. Selbst Revolutionen sind keine Augenblicksereignisse; ihnen gehen lange Jahre der Gärung, geistiger Unruhe und Auseinandersetzung voraus. Häufig wechseln dann nur noch die Machthaber. So erklärt sich, daß Lohnstrukturen in bestimmten Ländern über Jahrzehnte hin gleich bleiben, daß also etwa „traditionell" die Bergleute in Deutschland lange Zeit an der Spitze der Lohnskala lagen. Hieraus erklärt sich auch, daß wir heute, nachdem wir längst in einer Leistungsgesellschaft leben, teilweise noch nach Systemen entlohnen, die in einer Bildungsgesellschaft entstanden sind, in der nicht die konkrete Leistung, sondern die Ablegung einer Prüfung über die Höhe des Einkommens entschied.

Obwohl wir den einen Lohn als gerecht, den anderen als ungerecht ansehen, vermag doch niemand anzugeben, wieviel genau ein Arbeiter für seine Leistung erhalten muß. Die gesellschaftlichen Wertvorstellungen sind zwar der Maßstab für die Bewertung: sie sind aber kein Maßstab, der eine Feinabstimmung erlaubt.

Quelle: Wolfgang Hromadka: Tariffibel, 3. Aufl., Köln 1987, S. 6f.

Auch die Tarifverträge, in denen ja üblicherweise die Löhne festgelegt werden, ändern im Prinzip kaum etwas daran, daß es eine objektive oder absolute Lohngerechtigkeit nicht gibt. Allerdings ist mit dem Abschluß des Tarifvertrages, den die voneinander unabhängigen Tarifvertragsparteien in eigener Verantwortung und im wesentlichen ohne staatliche Einflußnahme abschließen (**Tarifautonomie**), eine gewisse Gewähr dafür gegeben, daß die Löhne und die sonstigen vereinbarten Arbeitsbedingungen insgesamt eine sachlich gerechtfertigte Regelung gefunden haben. Das Bundesarbeitsgericht drückt dies in seinem Urteil vom 10.6.1980 mit folgenden Worten aus: „Tarifverträge sind dazu bestimmt, einen tatsächlichen Machtausgleich zwischen Arbeitnehmern und Arbeitgebern zu schaffen. Sie bieten eine materielle Richtigkeitsgewähr. Normalerweise ist also davon auszugehen, daß ihre Regelungen den Interessen beider Seiten gerecht werden und keiner Seite ein unzumutbares Übergewicht vermitteln".

Im Grunde genommen kommt also mit dem Abschluß von Tarifverträgen eine Art (Lohn)Gerechtigkeit zustande; jedenfalls wird dies von den Beteiligten überwiegend so empfunden. Weil dies für die Funktionsfähigkeit der Arbeitswelt außerordentlich wichtig ist, ist es nötig, daß Institutionen existieren, die auch tatsächlich einen akzeptablen Interessenausgleich herbeiführen können. Dazu gehören vom Staat und vom Arbeitgeber unabhängige, starke und verantwortungsbewußte **Gewerkschaften**, deren Autorität sowohl von der Arbeitgeberseite als auch von den eigenen Mitgliedern anerkannt wird.

Wie schon erwähnt, werden bei uns Löhne heute weitgehend durch Tarifverträge festgelegt, die zwischen Gewerkschaften und Arbeitgeberverbänden oder – in Ausnahmefällen – einzelnen Unternehmen abgeschlossen werden. Staatliche Lohnfestsetzungen existieren nicht. Vom Prinzip her gelten die Tarifverträge nur für die organisierten Arbeitnehmer, d.h. für die Mitglieder der den Tarifvertrag abschließenden Gewerkschaft. Die Praxis aber gewährt die im Tarifvertrag vereinbarten Leistungen regelmäßig auch den Nichtorganisierten.

Das Bundesarbeitsgericht führte in diesem Zusammenhang in seinem Aussperrungs-Urteil vom 10.6.1980 aus: „Der erkämpfte Tarifvertrag entfaltet zwar seine normative Wirkung nur für die tarifgebundenen Arbeitnehmer, praktisch werden jedoch die Nichtorganisierten stets gleichgestellt. Unter anderem aus koalitionspolitischen Gründen vermeiden die Arbeitgeber jede Schlechterstellung derjenigen Arbeitnehmer, die sich keiner Gewerkschaft angeschlossen haben".

Auf nichtorganisierte Arbeitnehmer und Arbeitgeber findet ein Tarifvertrag dann zwingend Anwendung, wenn der Tarifvertrag auf Antrag einer Tarifvertragspartei vom Bundesarbeitsminister im Einvernehmen mit einem aus je drei Vertretern der Spitzenorganisationen der Arbeitgeber und der Arbeitnehmer bestehenden Ausschuß für **allgemeinverbindlich erklärt** worden ist (§ 5 Tarifvertragsgesetz). Von den circa 36000 bestehenden Tarifverträgen waren am 1.8.1983 582 Tarifverträge, die rund 4 Millionen Arbeitnehmer (= 20 Prozent der Lohnabhängigen) erfaßten, für allgemeinverbindlich erklärt. Die für allgemeinverbindlich erklärten Tarifverträge betreffen vor allem das Baugewerbe, die Textilindustrie, das Bäckerhandwerk, den Groß-, Außen- und Einzelhandel sowie das Hotel- und Gaststättengewerbe.

Während die Tarifverträge sich ursprünglich stark auf die eigentlichen Löhne konzentrierten, zeigt sich heute eine große Fülle von weiteren tarifvertraglichen Regelungstatbeständen, von deren Vielfalt das nachstehende Schaubild einen Eindruck vermittelt.

Auf die Frage, ob die allgemeinen Gesetzmäßigkeiten von Angebot und Nachfrage auch auf dem Arbeitsmarkt gelten sowie auf das Problem, ob in Zukunft tariflich vereinbarte Arbeitsbedingungen in bestimmten Fällen unterschritten werden dürfen und auf die mit dem Abschluß von Tarifverträgen vielfach verbundenen Arbeitskämpfe, ist im dritten Teil der vorliegenden Abhandlung noch ausführlicher einzugehen.

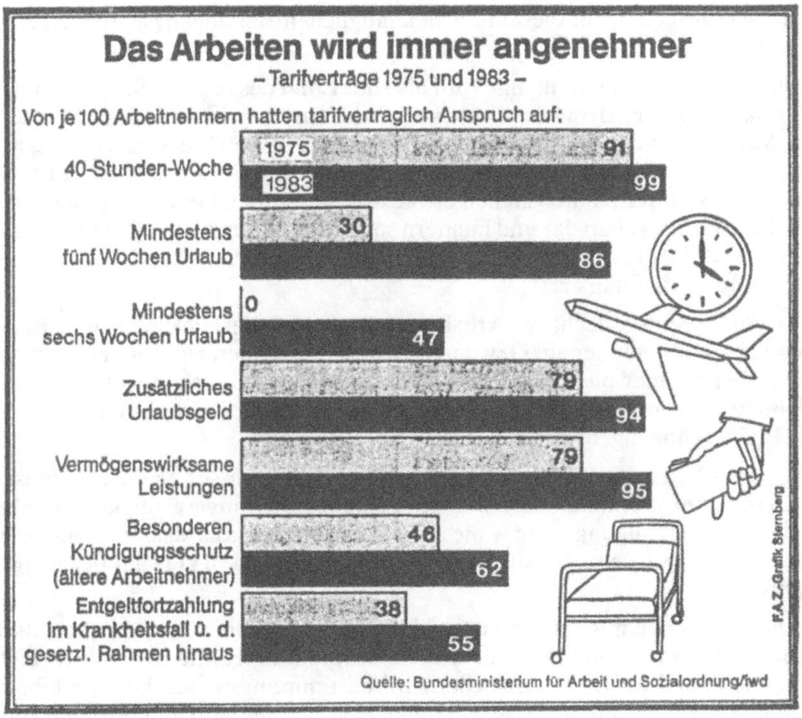

Frankfurter Allgemeine Zeitung, 17.4.1984

4. Die Beteiligung der Arbeitnehmer an Gewinn und Kapital der Unternehmen

In der Praxis kommt es vor, daß Betriebe ihre Mitarbeiter (freiwillig) an dem Gewinn und manchmal auch am Unternehmenskapital beteiligen (s. R. SCHULTZ 1987).

Die Beteiligung der Mitarbeiter am Gewinn des arbeitgebenden Unternehmens ist vom Prinzip her der **betrieblichen Sozialpolitik** zuzurechnen. Auch die Einführung der Gewinnbeteiligung erfolgt – wie die der übrigen betrieblichen Sozialleistungen (z.B. einer Betriebsrente) – freiwillig. Die Besonderheit der Gewinnbeteiligung innerhalb der betrieblichen Sozialleistungen besteht darin, daß sie nur zum Tragen kommt, wenn tatsächlich ein Gewinn erzielt worden ist, während die sonstigen betrieblichen Sozialleistungen im allgemeinen nicht so streng erfolgsabhängig sind.

Unter **Gewinnbeteiligung** ist eine vom Arbeitgeber den Arbeitnehmern für ihre Arbeitsleistung über das tarif- oder einzelvertraglich vereinbarte Entgelt hinaus gewährte Teilhabe an einer **(Gesamt)Erfolgsgröße** des Unternehmens zu verstehen, wobei diese Beteiligung nach einem eindeutig festgelegten Verfahren erfolgt. Für diese Beteiligungs-Situation ist in der Praxis und Literatur eine große Begriffsvielfalt (z.B. Ertrags-, Leistungs- und Ergebnisbeteiligung) anzutreffen, die im wesentlichen auf die zahlreichen möglichen Beteiligungsbasen zurückzuführen ist.

Durch die Gewinnbeteiligung wird also der **Lohn** des Arbeitnehmers um einen erfolgsabhängigen Ertragsanteil **ergänzt**. Insofern ist es auch nur logisch, daß die den Mitarbeitern zufließenden Gewinnbeteiligungsbeträge steuerrechtlich als Lohn betrachtet werden, d.h. der Arbeitnehmer hierauf Lohnsteuer zu zahlen hat. Für das Unternehmen stellen die auszuschüttenden Gewinnbeteiligungsanteile Betriebsausgaben dar und mindern somit den zu versteuernden Gewinn. Insofern wird die Gewinnbeteiligung zu einem Teil aus ersparten Unternehmens-(Ertrags)steuern finanziert.

An dem Rechtsgeflecht des **Arbeitsverhältnisses** ändert sich durch eine Beteiligung der Arbeitnehmer am Gewinn ihres arbeitgebenden Unternehmens nichts. Der Arbeitnehmer bleibt weiterhin Lohnempfänger. Er erhält lediglich – unter bestimmten Voraussetzungen – zusätzlich zu seinem Lohn noch eine Art (variable) Lohnergänzung, nämlich die Gewinnbeteiligung.

Mit der Aufrechterhaltung des Lohnarbeitsverhältnisses bleibt ebenfalls das mit dem Arbeitsverhältnis verbundene Problem der **Lohngerechtigkeit** bestehen. Die Gewinnbeteiligung kann – wie schon erwähnt – weder das Problem des gerechten Lohnes lösen noch die Frage nach dem gerechten Gewinn befriedigend beantworten.

Auch entstehen mit der reinen Gewinnbeteiligung, die nur an das Arbeitsverhältnis anknüpft, keine zusätzlichen **Mitbestimmungsrechte** für die beteiligten Arbeitnehmer. Solche (zusätzlichen) Mitbestimmungsrechte können hier nur dann entstehen, wenn die Gewinnbeteiligung mit einer anschließenden Kapitalbeteiligung verknüpft wird **und** die beteiligten Arbeitnehmer zu „richtigen“ Eigenkapitalgebern werden.

Mit der **Kapitalbeteiligung** ist grundsätzlich – wie auch bei der Gewinnbeteiligung – eine Beteiligung oder Beteiligungsmöglichkeit **aller** Belegschaftsmitglieder gemeint und nicht der Fall, daß einzelne Mitarbeiter Kapitalanteile (z.B. Aktien) des Unternehmens besitzen. Vielfach kommt eine Kapitalbeteiligung der Arbeitnehmer durch die Einbehaltung von Gewinnbeteiligungsanteilen der Belegschaft zustande. Gelegentlich bringen die Arbeitnehmer aber auch selbst Mittel für eine Kapitalbeteiligung auf bzw. ergänzen die im Wege einer Gewinnbeteiligung angesammelten und einbehaltenen Beiträge durch eigene Kapitaleinzahlungen.

Bei der Beteiligung der Belegschaft am Kapital des arbeitgebenden Unternehmens kann es sich entweder um die Beteiligung am Eigenkapital oder am Fremdkapital handeln. Möglich sind aber auch Beteiligungsformen, die eine Art Mischung von beiden darstellen, z.B. bestimmte Ausprägungen der stillen Gesellschaft.

Außer (oder anstelle) am arbeitgebenenden Unternehmen kann der Arbeitnehmer naturgemäß auch an anderen Unternehmen finanziell beteiligt sein, indem er beispielsweise Aktien anderer Gesellschaften besitzt. Daneben sind Formen vorstellbar und auch schon gefordert worden, bei denen die Arbeitnehmer durch die Zwischenschaltung von **Fonds**, an denen sie Anteile halten, indirekt an einer ganzen Branche oder an allen (großen) Unternehmen der gesamten Volkswirtschaft finanziell beteiligt sind; die Fonds ihrerseits sind direkt an den Unternehmen beteiligt. Eine solche Idee, die zu einer gerechteren Vermögensverteilung und einer anderen Verteilung von wirtschaftlicher Macht führen soll, wird von einem Teil der DGB-Gewerkschaften verfolgt; andere bekämpfen diesen Weg. Mittlerweile werden auch von der CDU/CSU/FDP-Bundesregierung fondsähnliche Vermögensbildungs-Gedanken verfolgt (s. R. SCHULTZ 1987, S. 189f.).

Ob den Arbeitnehmern mit einer Kapitalbeteiligung wirklich zusätzliche **Mitbestimmungsrechte** zuwachsen, die hier nun an den Kapitaleinsatz geknüpft und in den Unternehmensorganen auszuüben sind, hängt von der konkreten vertraglichen Ausgestaltung der Kapitalbeteiligung ab. Und hier scheint auf der Kapitaleigner-Seite eine Tendenz zu bestehen, solche Möglichkeiten recht klein zu halten oder gar auszuschalten.

Ebenso wie die Gewinnbeteiligung berührt regelmäßig auch eine Kapitalbeteiligung der Belegschaft rein rechtlich das **Arbeitsverhältnis** überhaupt nicht. Das Lohnarbeitsverhältnis bleibt grundsätzlich auch nach der Einführung einer Kapitalbeteiligung bestehen. An dem Rechten/Pflichtengefüge des Arbeitsverhältnisses ändert sich prinzipiell nichts. Das verstehen viele Arbeitnehmer, die gleichzeitig (Mit)Kapitalgeber an „ihrem" arbeitgebenden Unternehmen sind, nicht. Es will ihnen beispielsweise nicht in den Kopf, daß sie, die sie nun doch auch wirtschaftliche Miteigentümer sind, anläßlich von Arbeitskämpfen ausgesperrt und bei schlechter wirtschaftlicher Lage des Unternehmens sogar entlassen werden können. Sie übersehen, daß sie nach wie vor Arbeitnehmer sind – mit allen sich daraus ergebenden Konsequenzen.

Auch wenn das Lohn-Arbeits-Verhältnis und ebenso die Betriebs- und Unternehmensverfassung durch eine Gewinn- und Kapitalbeteiligung an sich rein formal nicht berührt werden, so ist es faktisch dennoch möglich, daß sich gewisse Änderungen dergestalt einstellen, daß die beteiligten **Arbeitnehmer** nach der Einführung einer Gewinn- und/oder Kapitalbeteiligung in ihrem Verhalten (leichte) **Züge** von **Kapitalgeber-** oder **Unternehmermentalität** an den Tag legen, was die einen (Unternehmerseite) vielleicht auch mit der Beteiligung beabsichtigen, und die anderen (Gewerkschaften) eher fürchten.

Allgemeingültige Aussagen zu den einzelwirtschaftlichen Erfolgen praktizierter Arbeitnehmer-Beteiligungen gestalten sich meist schwierig*, weil die Wirkungen der Beteiligungen nicht exakt von den übrigen Einflußfaktoren getrennt werden können bzw. vielfach bei bestimmten Ergebnissen von Beteiligungs-Unternehmen zumindest für den Außenstehenden nicht eindeutig zu beantworten ist, ob diese Ergebnisse nun die Folge (Wirkung) der Arbeitnehmer-Beteiligung sind oder ob die (günstigen) Daten die Einführung der Arbeitnehmer-Beteiligung ausgelöst, also verursacht haben.

Dafür ein Beispiel: Wenn der Bundesarbeitsminister N. BLÜM in einem Informationsblatt seines Ministeriums vom Dezember 1983 meint „Alle Skeptiker sollte es nachdenklich stimmen, daß Beteiligungsunternehmen im Schnitt wirtschaftlich gesünder sind und motiviertere Belegschaften haben", so ist dem hinzuzufügen, daß es gut möglich und auch wahrscheinlich ist, daß in diesen betreffenden Fällen auch schon vor der Einführung der Mitarbeiter-Beteiligung eine

* Die gesamtwirtschaftlichen Auswirkungen sind ebenfalls schwer zu fassen, nicht zuletzt deshalb, weil das volkswirtschaftliche Gewicht der Arbeitnehmer-Beteiligungen außerordentlich gering ist.

günstige ökonomische und soziale Effizienz bestanden hat. Gewinnbeteiligungsverfahren (mit in der Regel anschließender Kapitalbeteiligung) jedenfalls werden bevorzugt von solchen Unternehmen eingeführt, die über eine nachhaltige Ertragskraft und damit günstige Finanzierungsdaten verfügen, was nicht zuletzt auch die Mitarbeiter-Motivation günstig beeinflussen dürfte.

Sind die betrieblichen Arbeitsbedingungen (insbesondere die Arbeitsplatzsicherheit, die Löhne und Sozialleistungen, die Arbeitsorganisation sowie die Führungs- und Mitbestimmungsfragen) bestgestaltet, so **können** gut durchdachte finanzielle Arbeitnehmer-Beteiligungen sich zu einer Art „Krönung" der sozialökonomischen Zusammenarbeit entwickeln; vorausgesetzt, daß ein hohes Informationsniveau über alle mit der finanziellen Beteiligung zusammenhängenden Fragen und ihre gesamtgesellschaftlichen Rahmenbedingungen besteht sowie ein gewisses Maß an sozialer Phantasie und Utopie für solche Wege in der Arbeitswelt vorhanden ist.

5. Die Gewinnhöhe – eine weithin diffuse Größe?

Es scheint, daß in der Öffentlichkeit im allgemeinen anerkannt wird, daß die Zurverfügungstellung von Eigenkapital wenigstens einen moralischen Anspruch auf eine Vergütung hat. Über die Angemessenheit einer solchen Entschädigung wird allerdings gerne gestritten, und über die tatsächlichen Gewinnhöhen bestehen vielfach geradezu phantastische Vorstellungen. Dies gilt insbesondere für die **Umsatzrendite**, die den Anteil des Gewinnes am Umsatz (Erlös) angibt.

Es besteht in nahezu allen Bevölkerungskreisen eine geradezu „bodenlose Unkenntnis über Gewinne in der Wirtschaft", wie der Titel einer Umfragestudie der

Der Gewinn, die unbekannte Größe

gil. **Bonn**

Über die Frage, wieviel Reingewinn ein Industrieunternehmen „übrig" behält, haben die Deutschen eine irrwitzig unrealistische Vorstellung. Neun von zehn Bürgern schätzen die Gewinne auch nicht annähernd zutreffend ein, sie vermuten sie zehnmal so hoch wie sie wirklich sind. Eine Umfrage von Marplan im Auftrag des Instituts der deutschen Wirtschaft brachte andererseits das kuriose Ergebnis, daß die Befragten den Betrieben gleichwohl dennoch höhere Gewinne durchaus zugestehen.

„Was schätzen Sie, bleibt als Gewinn übrig, wenn ein Industrieunternehmen für hundert Mark Waren verkauft – und zwar nach Abzug aller Kosten und Steuern?" lautete die Frage. 23 Prozent antworteten, es blieben 50 Mark als Gewinn übrig, 34 Prozent schätzten 20 Mark, 21 Prozent tippten auf zehn Mark Gewinn, zehn Prozent glaubten, die Unternehmen behielten fünf Mark übrig. Nur knapp fünf Prozent der Befragten kamen der Realität nahe: rund zwei Mark verbleibt den Betrieben als Nettorendite.

Diese Fehleinschätzung zieht sich mit Abstufungen quer durch alle Bevölkerungsschichten. Leitende Angestellte bewiesen noch am meisten Realismus: Jeder fünfte von ihnen gab einen zutreffenden Tip ab. Allerdings vermutet auch die knappe Hälfte der Leitenden den Gewinn in utopischen Größenordnungen von zehn bis 50 (statt zwei) Prozent. Beamte und andere Angestellte stuft das Institut noch als einigermaßen gut informiert ein; denn etwa jeder Siebte traf zumindest die wirkliche Größenordnung.

SEITE 2:
Die wundersamen Legenden

Die Arbeitnehmerschaft wird von den Demoskopen als „äußerst gering informiert" eingestuft. Nur knapp vier Prozent gaben die richtige Antwort, 65 Prozent dagegen vermuten extrem höhere als die tatsächlichen Gewinne. Auch die Mitgliedschaft in einer Gewerkschaft bietet keine Gewähr für bessere Information.

Als bemerkenswert bezeichnet es das Institut, daß die Mehrheit dennoch den Unternehmen höhere Gewinne gönnt. Fast ein Drittel billigt den Firmen eine Nettoumsatzrendite von 20 Prozent zu – zehnmal mehr, als tatsächlich erwirtschaftet wird. Ein Zehntel meint gar, die Betriebe könnten am Jahresende ruhig 30 Prozent Gewinn abzweigen. 12 Prozent der Befragten halten dagegen die tatsächlichen zwei Prozent für ausreichend. Dies lasse darauf schließen, „daß die breite Öffentlichkeit den Unternehmen durchaus angemessene Gewinne zugesteht," kommentiert das unternehmernahe Institut.

Angaben über den Nettojahresüberschuß der Industrie-Aktiengesellschaften liegen für 1985 noch nicht vor. Das Institut vermutet jedoch, daß sich die Gewinne seit 1983 (1,2 Prozent) deutlich auf etwa zwei Prozent erholt hätten.

DIE WELT, 21.1.1986, S. 1

Industrie- und Handelskammer zu Koblenz vom September 1981 heißt. Auf die Frage, wieviel Prozent Gewinn nach Abzug aller Kosten dem Unternehmer in der Industrie bzw. im Einzelhandel von DM 100,– Umsatz verbleiben, gaben die Befragten im Durchschnitt 36,4% (für die Industrie) bzw. 31,6% (für den Einzelhandel) an. In der Realität liegt der Gewinnanteil am Umsatz (= Umsatzrendite) durchschnittlich bei etwa zwei bis drei Prozent (s. Tabelle auf Seite 54).

Für den wirtschaftlichen Eigentümer ist die **Eigenkapitalrendite**, d.h. die Rentabilität des von ihm aufgebrachten Kapitals, die wichtigste Erfolgsgröße. Sie drückt aus, wie hoch sich das eingesetzte Eigenkapital „verzinst" hat, d.h. wie groß der Überschuß der Erträge über die Aufwendungen war und in welchem prozentualen Verhältnis dieser Überschuß (Gewinn) zum Eigenkapital steht.

Über die tatsächliche Höhe der Eigenkapitalrendite läßt sich kaum etwas Allgemeingültiges sagen, weil sie in der Realität außerordentlich unterschiedlich ist. Dies macht auch die nachstehende Tabelle deutlich, in der für mehrere Aktiengesellschaften die Dividenden für 1986 aufgezeigt werden. In dieser Übersicht wird die Dividende – also die Gewinnausschüttung an die Aktionäre – auf drei verschiedene Basen bezogen, nämlich

- einmal die Dividende je Aktie auf den Aktiennennbetrag von 50,– DM
- im zweiten Falle wird die an die Aktionäre insgesamt ausgeschüttete Dividendensumme in Beziehung gesetzt zum gesamten bilanziellen Eigenkapital (= Grundkapital + offene Rücklagen)
- schließlich wird der Dividendenertrag je Aktie im Verhältnis zum Börsenkurs der Aktie betrachtet.

Bei den in der nachstehenden Übersicht in den beiden letzten Spalten ausgewiesenen relativ niedrigen Eigenkapitalrenditen darf nicht übersehen werden, daß für eine längerfristige Betrachtung von Aktienerträgen auch die Kursentwicklung und evtl. Bezugsrechtserlöse mit zu berücksichtigen sind, wie überhaupt generell bei längerfristigen Erfolgsbetrachtungen neben den laufenden Erträgen die Entwicklung der Vermögenssubstanz des Beteiligungsobjekts mit einbezogen werden muß. Vor diesem Hintergrund konstatiert Welzk (1986, S. 42): „Wer all seine Erträge auf Siemens-Aktien seit 1973 wieder bei Siemens angelegt hat, hat sein Vermögen – trotz Ölschock und Weltwirtschaftskrise – in zehn Jahren verdreifacht. Der kleine Sparbuchhalter dagegen konnte mit einem Zinsgewinn von etwa 50% nicht einmal die Geldentwertung dieses Jahrzehnts ausgleichen".

In der Öffentlichkeit ist gelegentlich die Auffassung zu hören, daß die in den offiziellen Bilanzen ausgewiesenen Gewinne (die auch der vorstehenden Tabelle zugrunde liegen) in der Wirklichkeit doch wohl viel höher seien. Ein Streit über die tatsächliche Gewinnlage ist möglich, weil die Bilanz und die Gewinn- und Verlustrechnung zahlreiche Positionen enthalten, die nicht durch objektive Messungen, sondern durch Bewertungen und damit durch Schätzungen zustande kommen.

Jörg Huffschmid meint im „Mitbestimmungsgespräch" (1978, S. 133): „Es liegt die Vermutung nahe, daß die tatsächliche Gewinnsituation der Unternehmen in der Regel nicht so katastrophal ist, wie sie dargestellt wird". Um diese Vermutung zu untermauern, nimmt er sich veröffentlichte Jahresabschlüsse vor und erhöht die ausgewiesenen Gewinne durch zahlreiche Hinzurechnungen, indem er Teile der Aufwendungen kürzt und diese Kürzungen dem Gewinn hinzufügt. So werden zum Beispiel die Löhne und Gehälter um die Aufwendungen für

Dividenden ausgewählter Aktiengesellschaften für das Geschäftsjahr 1986

Dividenden / Gesellschaften	Dividende bezogen auf den Aktien-Nennbetrag von 50,– DM		Dividendensumme bezogen auf das bilanzielle Eigenkapital (= Grundkapital + offene Rücklagen) in %	Dividende bezogen auf den Börsenkurs am 30.12.1986	
	DM	%		Kurs DM	Dividende: Kurs %
Volkswagen AG, Wolfsburg	10,00 (15,63)* (für Stammaktien)	20 (31,3)*	4,6 (7,2)*	430,00	2,3 (3,6)*
Elbschloß-Brauerei AG, Hamburg	keine Dividende, da Verlust erwirtschaftet			300,00	– –
Karstadt AG, Essen	8,00 (12,50)	16 (25,0)	4,2 (6,6)	479,00	1,7 (2,6)
Deutsche Lufthansa AG, Köln	3,50 (5,47)	7 (10,9)	4,7 (7,3)	176,50 (Stammaktien)	2,0 (3,1)
Allianz Aktiengesellschaft Holding, München	12,00 (18,75)	24 (37,5)	3,5 (5,5)	2295,00	0,5 (0,8)
Deutsche Bank AG, Frankfurt	17,– (26,56) (incl. 5,00 Bonus)	34 (53,1)	6,7 (10,4)	825,00	2,1 (3,2)

* In Klammern Dividende einschließlich Körperschaftsteuergutschrift

Vorstand und Aufsichtsrat gekürzt. Außerdem wird bei den Aufwendungen für die betriebliche Alterversorgung der Mitarbeiter nur der tatsächlich gezahlte Rentenbetrag und nicht die mittels Rückstellungen erfaßten Aufwendungen für später zu zahlende Renten anerkannt. Stark gekürzt werden auch die sonstigen Aufwendungen und die Abschreibungen. Nach einer so von HUFFSCHMID vorgenommenen neuen „Rechnung" erhöht sich im Falle der Siemens-Bilanz für das Geschäftsjahr 1976/77 die Umsatzrendite von 2,6 auf 11,8 Prozent und die Eigenkapitalrendite von 7,6 auf 34,3 Prozent.

Dem auch vorkommenden Fall, daß die ausgewiesenen Gewinne höher sind als die tatsächlichen erwirtschafteten, schenkt HUFFSCHMID keine Aufmerksamkeit. Zu dieser vor allem aus einer Ertragsschwäche herrührenden Problematik fragt der Finanzpraktiker CARL ZIMMERER im „Blick durch die Wirtschaft" (5.1.81, S. 1): „Weiß man denn nicht, daß wahrscheinlich die Hälfte unserer Unternehmen schon für 1979 noch nicht einmal die steuerrechtlich zulässigen Höchstabschreibungen vorgenommen hat, daß man die Rückstellungen weit weniger dotiert hat als das betriebswirtschaftlich erforderlich gewesen wäre und daß man in die Vorratsbewertung beileibe keine Bildung stiller Reserven – wie das noch vor zwanzig Jahren gang und gäbe war – eingebaut hat?", und die ZEIT (4.12.81, S. 31) meint: „Die Zeiten, in denen die Kleinaktionäre mißtrauisch die Jahresbilanzen durchforschten, um festzustellen, ob die Verwaltungen nicht doch irgendwo versteckt halten, was sich zur Aufstockung der Dividende heranziehen ließe, sind – bis auf Ausnahmefälle – vorüber. Heute kommt es vielmehr darauf an, sich zu vergewissern, daß allen erkennbaren Risiken auch ausreichend Rechnung getragen wird".

WOLFRAM ENGELS konstatiert in diesem Zusammenhang in der Wirtschaftswoche (5.4.1985, S. 116): „Von Bilanzwahrheit kann in Deutschland keine Rede mehr sein. Es soll allein vier Konzerne in der Bundesrepublik geben, die wegen Überschuldung Konkurs anmelden müßten, hätten sie ihre Pensionsverpflichtungen ordnungsgemäß passiviert". Die „Süddeutsche Zeitung" schreibt am 1.6.1985 zu dieser Problematik: „Nach den Berechnungen und Schätzungen der Wirtschaftsprüfer der **Treuarbeit** haben deutsche Unternehmen ihren Mitarbeitern Betriebsrenten im Wert von 120 Milliarden DM verbindlich zugesagt, aber dafür nur 80 Milliarden DM zurückgestellt". Das bisherige Rückstellungs**wahl**recht für Pensionsverpflichtungen hat durch das Bilanzrichtlinien-Gesetz eine Änderung dergestalt erfahren, daß nach dem 31.12.1986 gemachte Pensionszusagen zu passivieren sind.

WELZK (1986, S. 36) macht auf eine andere Tendenz aufmerksam, wie sie insbesondere bei großen, gutgehenden Unternehmen zu beobachten ist und die darin besteht, alle möglichen zukünftigen Risiken in der Bilanz als Verbindlichkeiten (Rückstellungen) aufzunehmen, was zu einem geringeren Gewinnausweis und einer damit verbundenen verminderten Steuerlast sowie zu einer niedrigeren Eigenkapitalquote führt. Das Ausmaß dieser Rückstellungsbildung hänge weniger von der Risikoabdeckung als vielmehr von der Finanzkraft der betreffenden Unternehmen ab, meint WELZK.

Die **Deutsche Bundesbank** umschreibt denselben Sachverhalt in ihrem Monatsbericht (Nov. 1987, S. 17) mit folgenden Worten: „Für die Bemessung der Zuführungen zu Rückstellungen ist naturgemäß auch die Bilanzpolitik maßgeblich; in Jahren mit gutem Gewinn können solche Positionen besser dotiert werden als bei schlechtem Geschäftsgang".

6. Gewinn und Lohn im Falle von Leistungsstörungen

Der betriebliche Leistungsprozeß kann durch Leistungsstörungen der verschiedensten Art beeinträchtigt werden. Gemeint sind im folgenden vor allem Störungen im Hinblick auf die im Arbeitsvertrag versprochenen Leistungen und Gegenleistungen. Es stellt sich in diesen Situationen die Frage nach den Folgen solcher Leistungsstörungen für Lohn und Gewinn. Bei diesem Komplex sollen **drei Fallgruppen** herausgegriffen und ihre Konsequenzen verdeutlicht werden.

• Da ist zunächst der Fall, daß der **Arbeitgeber** den **Arbeitnehmer nicht beschäftigen kann**, weil zum Beispiel der Materialnachschub nicht klappt oder die kurzfristig erwarteten Anschlußaufträge nun doch nicht (rechtzeitig) hereinkommen. Für diese und ähnliche Hinderungsgründe hat der Arbeitgeber dennoch dem Arbeitnehmer den vereinbarten Lohn zu zahlen. Es geht hier und bei ähnlichen Hinderungsgründen um die sogenannte **Betriebsrisikolehre**. Nach der vom Reichsgericht entwickelten und vom Bundesarbeitsgericht übernommenen Betriebsrisikolehre muß der Arbeitgeber grundsätzlich auch dann den Lohn fortzahlen, wenn beispielsweise wegen Auftragmangels oder technischer Störungen nicht weitergearbeitet werden kann, der Grund also in der Sphäre des Betriebs – deshalb früher auch Sphärentheorie genannt – liegt.

Nach der (alten) Sphärentheorie hängt die Pflicht zur Lohnzahlung bei Leistungsstörungen davon ab, von welcher Sphäre die Störung ausgeht. „Grundsätzlich werden alle Betriebsstörungen der Sphäre des Arbeitgebers zugerechnet, da er den Betrieb organisiert und den Gewinn daraus zieht. Man sagt auch: Störungen des Arbeitsprozesses gehören zum **Betriebsrisiko** des Arbeitgebers“ (Hanau/Adomeit 1986, S. 210).

Anders stellt sich die Situation dar, wenn Arbeitnehmer deshalb nicht weiterbeschäftigt werden können, weil die Störung, wie beim Streik, aus der Sphäre der Belegschaft kommt. Dann braucht das bestreikte Unternehmen auch an nicht streikende Arbeitnehmer, die aufgrund des Arbeitskampfes nicht arbeiten können, keinen Lohn zu zahlen.

Diese Regelung gilt nicht ohne weiteres, wenn die Leistungsstörung auf die **Fern**wirkungen eines **Streiks** zurückzuführen ist. In einem solchen Fall **kann** der Lohnanspruch erlöschen. Das Bundesarbeitsgericht hat dies in seiner Entscheidung vom 22.12.1980 wie folgt formuliert:

• • „Soweit die Fernwirkungen eines Streiks für die kämpfenden Parteien Bedeutung gewinnen, weil sie deren Verhandlungsstärke beeinflussen*, müssen sie im Arbeitskampfrecht berücksichtigt werden. Insoweit kann den betroffenen Arbeitgebern das Beschäftigungs- und Lohnrisiko nicht aufgebürdet werden, weil sie sonst stärker belastet würden als die unmittelbar bestreikten Arbeitgeber“.

Von erheblicher Bedeutung ist in diesem Zusammenhang auch die folgende Feststellung des Bundesarbeitsgerichts in der Entscheidung vom 22.12.1980:

• • „Eine Verlagerung des Lohnrisikos auf die Arbeitnehmer aus arbeitskampfrechtlichen Gründen kommt nur dann in Betracht, wenn nicht die eigentliche Ursache in einer unternehmerischen Fehldisposition zu finden ist. Das Ar-

* Ein solcher Fall ist z. B. dann anzunehmen, wenn die für den mittelbar betroffenen Betrieb zuständigen Verbände mit den unmittelbar kampfführenden Verbänden identisch oder doch organisatorisch eng verbunden sind; so ein Leitsatz der BAG-Entscheidung.

beitskampfrecht darf nicht dazu dienen, dem Arbeitgeber vorübergehend das wirtschaftliche Marktrisiko abzunehmen".

Unter Umständen können die genannten Störungen dazu führen, daß der Arbeitgeber Kurzarbeit beim Arbeitsamt anmeldet (§ 63ff. AFG), was zur Folge haben soll, daß die Arbeitnehmer einen Teil ihres Lohns für die ausgefallenen Arbeitsstunden vom Arbeitsamt erhalten. Eine ähnliche Regelung existiert für das Baugewerbe bei witterungsbedingtem Arbeitsausfall (§ 83ff. AFG) in der Schlechtwetterzeit (1.11.-31.3.).

- Eine andere Leistungsstörung kann darin liegen, daß der Arbeitnehmer infolge einer (unverschuldeten) **Erkrankung** nicht arbeiten kann. In diesem Falle muß der Arbeitgeber, wenn es sich um einen Angestellten handelt, nach § 616 II BGB bis zu sechs Wochen den Lohn fortzahlen. Diese für Angestellte schon seit 1930 existierende Regelung gilt mittlerweile durch das Lohnfortzahlungsgesetz vom 27.6.1969 auch für Arbeiter. Im Falle von kleineren Betrieben (nicht mehr als zwanzig Arbeitnehmer) erhält der Arbeitgeber die während der Krankheit an die Arbeiter fortgezahlten Löhne zu achtzig Prozent von den Krankenkassen erstattet. Mit dem Lohnfortzahlungsgesetz wurde ein weiterer wichtiger Schritt zur rechtlichen Gleichstellung von Angestellten und Arbeitern getan.

- Die dritte Fallgruppe von Leistungsstörungen besteht darin, daß der **Arbeitnehmer** schuldhaft **schlechte Arbeit** leistet und somit Schaden anrichtet. Diese in der Praxis ebenfalls eine große Rolle spielende Situation und ihre Rechtsfolgen skizzieren HANAU/ADOMEIT (1986, S. 183f.) wie folgt:

„Die Arbeitspflicht verpflichtet den Arbeitnehmer zur Arbeit unter Anwendung der nach den Umständen gebotenen und dem Arbeitnehmer zumutbaren Sorgfalt. Außerdem trifft den Arbeitnehmer die Schutzpflicht (§ 242 BGB), darauf zu achten, daß er bei der Arbeit keine Rechtsgüter und Vermögensinteressen des Arbeitgebers verletzt. Werden diese Pflichten schuldhaft verletzt, ist der Arbeitnehmer dem Arbeitgeber ... zum Schadensersatz verpflichtet ...

Indessen zeigt sich im Arbeitsverhältnis besonders deutlich, daß die Verschuldenshaftung des BGB, die den Schädiger schon bei leichter Fahrlässigkeit für den ganzen Schaden haften läßt, den modernen Verhältnissen nicht mehr gerecht wird. Sie wäre für die Arbeitnehmer, die mit immer höheren Vermögenswerten zu tun haben, viel zu hart, da sie schon bei leichtem Verschulden ruinösen Schadensersatzansprüchen ausgesetzt würden. Dies wäre um so unbefriedigender, als die Ersatzleistungen der regelmäßig finanzschwachen Arbeitnehmer das Ersatzinteresse der Arbeitgeber doch nicht decken können. Eine ausreichende Sicherung gegen Schadensfälle kann der Arbeitgeber nur durch finanzielle Reserven und vor allem durch Versicherung erreichen. Auf die Haftung der Arbeitnehmer ist er allenfalls bei nicht versicherbaren Risiken angewiesen – und für diese kann man die Arbeitnehmer schon gar nicht einstehen lassen.

Freilich kann die Haftung der Arbeitnehmer gegenüber dem Arbeitgeber nicht gänzlich beseitigt werden, da dies zu schlechter und unsorgfältiger Arbeitsweise verleiten könnte. Dies hat die Rechtsprechung zu folgender Mittellösung veranlaßt, die früher mit der Fürsorgepflicht des Arbeitgebers, heute mehr mit seinem Betriebsrisiko begründet wird: Die Pflicht des Arbeitnehmers (und des Auszubildenden), dem Arbeitgeber den Schaden zu ersetzen, den er in Ausführung seiner Dienstleistung verschuldet hat, ist bei **gefahrgeneigter** (schadensgeneigter) **Arbeit** beschränkt.

Die Arbeit ist gefahrgeneigt, wenn sich der Arbeitnehmer zur Zeit des Schadensereignisses in einer Situation befunden hat, in der erfahrungsgemäß auch einem sorgfältigen Arbeitnehmer Fehler unterlaufen, die zwar vermeidbar waren, mit denen aber angesichts der menschlichen Unzulänglichkeit gerechnet werden mußte. Entscheidend ist also die Gefahrträchtigkeit der konkreten Situation, in der der Schaden entstanden ist, nicht der generelle

Charakter der Arbeit. Die Tätigkeit eines Kraftfahrers gilt in der Regel als gefahrgeneigt, außer wenn der Schaden nicht durch einen Fehler beim Lenken entsteht, sondern z.B. beim Aufladen oder der Gerätekontrolle. Auch eine im allgemeinen ungefährliche Tätigkeit kann im Einzelfall gefahrgeneigt werden, z.B. wegen Übermüdung des Arbeitnehmers.

Liegt gefahrgeneigte Arbeit vor, gilt eine eigenartige Haftungstrias:

- **Vorsatz** oder **grobe Fahrlässigkeit** des Arbeitnehmers hinsichtlich des Schadens: grundsätzlich volle Haftung (eine zusätzliche Haftungsbegrenzung erreicht das BAG durch hohe Anforderungen an die **grobe** Fahrlässigkeit: Es muß sich um eine auch subjektiv schlechthin unentschuldbare Fehlleistung handeln. Die Beweislast trägt der Arbeitgeber, dem nicht einmal der Anscheinsbeweis erlaubt wird);
- **mittlere Fahrlässigkeit** des Arbeitnehmers: Schadensteilung unter Abwägung von Verschulden des Arbeitnehmers und Betriebsrisiko des Arbeitgebers;
- **leichteste Fahrlässigkeit** des Arbeitnehmers: keine Haftung".

Am 23.3.1983 hatte das Bundesarbeitsgericht entschieden, daß auch die Haftung für mittlere Fahrlässigkeit entfällt, der Arbeitnehmer also bei gefahrgeneigter Arbeit dem Arbeitgeber nur noch für Vorsatz und grobe Fahrlässigkeit verantwortlich ist. Diese Auffassung hat das Bundesarbeitsgericht mit seinem Spruch vom 24.11.1987 korrigiert. Damit ist das Gericht wieder zu der herkömmlichen Haftungstrias zurückgekehrt.

In seiner Entscheidung vom 12.2.1985 ist der Dritte Senat des Bundesarbeitsgerichts zu der Auffassung gekommen, daß unter Umständen Haftungserleichterungen für den Arbeitnehmer auch dann eingreifen müssen, wenn keine gefahrgeneigte Arbeit vorliegt. Da diese Frage außerordentlich bedeutsam und im Schrifttum umstritten ist und da der Große Senat des Bundesarbeitsgerichts im Jahre 1957 die Beschränkung der Arbeitnehmerhaftung nur für Fälle der gefahrgeneigten Arbeit vorgesehen hat, war eine Vorlage des Urteils vom 12.2.1985 an den Großen Senat erforderlich. Zu einer Entscheidung hierüber ist der Große Senat jedoch nicht gekommen, da die in dem Urteil vom 12.2.1985 unterlegene Seite kurz vor dem vom Großen Senat anberaumten Termin (26.5.1987) alle Ansprüche anerkannt und damit eine endgültige rechtliche Klärung unmöglich gemacht hat.

Der betriebliche Leistungserstellungs- und -verwertungsprozeß kann naturgemäß von zahlreichen weiteren Störungen begleitet sein, die die Erfolgslage und damit den Gewinn belasten. Soweit der Arbeitnehmer nicht für diese Störungen haftbar gemacht werden kann (wovon im Regelfall auszugehen ist), sind sie dem Organisationsrisiko des Arbeitgebers zuzurechnen, das heißt, er hat die Folgen dieser Leistungsstörungen zu tragen, weil er ja auch im Erfolgsfalle Anspruch auf den erzielten Gewinn hat. Um dem mit dem Eigenkapitaleinsatz verbundenen Verlustrisiko entgegenwirken zu können, steht dem Eigenkapitalgeber ein Recht auf Teilhabe an der unternehmerischen Willensbildung zu.

IV. Die Sicherung des Unternehmensbestandes und des Arbeitsplatzes

Unternehmen sind auf **Dauer** angelegte Einrichtungen. Dafür zu sorgen, daß der Unternehmensbestand gesichert und – wenn irgend möglich – noch ausgebaut wird, ist Hauptaufgabe der Unternehmens**leitung**. Hierfür ist eine außerordentlich qualifizierte, entscheidungsfreudige Unternehmensführung erforderlich. Deshalb wird auf sie im vorliegenden Kapitel näher einzugehen sein.

Gelingt es, den Unternehmensbestand dauerhaft zu sichern, so ist dies für alle am Unternehmen Beteiligten, insbesondere auch für Arbeitnehmer, eine recht günstige Perspektive. Allerdings ist damit noch nicht für alle Arbeitnehmer und auf alle Zeit auch ihr Arbeitsplatz sicher. Wie die Rechtsordnung diesen möglichen Interessenkonflikt regelt, ist ebenfalls im vorliegenden Kapitel deutlich zu machen.

Für die Sicherung des Unternehmensbestandes und damit auch der Arbeitsplätze ist es besonders wichtig, daß das Unternehmen mit Produkten auf den Markt kommt, die auch tatsächlich nachhaltig verlangt werden, d.h. das Unternehmen muß dauerhaft wettbewerbsfähig sein. Zu diesem Zweck ist es gezwungen, ständig über die neueste technisch-organisatorische „Ausrüstung" zu verfügen. Das heißt, das Unternehmen muß so in Betriebsmittel **und** Mitarbeiter **investieren**, daß ein erfolgreicher Unternehmensbestand möglich wird.

Investitionen bilden vielfach aber auch gleichzeitig einen Risikofaktor, jedenfalls dann, wenn sie sich nachträglich als Fehlinvestitionen herausstellen; aber auch im Erfolgsfalle können Investitionen, insbesondere Rationalisierungsinvestitionen, für die Arbeitnehmer zu einer Belastung werden. Aus diesen Gründen ist im vorliegenden Kapitel auch näher auf die Investitionsproblematik einzugehen, und zwar im Hinblick auf ihre Auswirkungen auf den Unternehmensbestand und auf die Arbeitsplatzsicherheit.

Im folgenden ist nun das Phänomen der Sicherung des Unternehmensbestandes und des Arbeitsplatzes anhand folgender Thematiken zu behandeln

- Die Investitionen als **eine** Voraussetzung erfolgreichen Wirtschaftens
- Die Leistungsfähigkeit der Unternehmensleitung
- Die rechtliche Absicherung des Arbeitsplatzes.

1. Die „richtigen" Investitionen – eine Voraussetzung erfolgreichen Wirtschaftens

a) Wesen und Investitionsarten

Investitionen werden üblicherweise definiert als **Geldausgaben** für den Erwerb von **Vermögensgegenständen**. In der Praxis versteht man im allgemeinen unter Investitionen diejenigen Geldausgaben, die für die Anschaffung von Gegenständen des in der Bilanz erscheinenden **Anlagevermögens** (d.h. des dauerhaft gebundenen Sach- und Finanzanlagevermögens) gemacht werden.

Größere Bedeutung erlangt seit längerem eine ganz andere Investitionsart, nämlich die **Bildungs-Investition** (s.a. S. 240-251, 429-432). Bei den Bildungs-Investitionen erfolgen die Geldausgaben nicht für das Sach- oder Finanzanlagever-

mögen, sondern für die menschliche Arbeitskraft, das **Humanvermögen**. Mit anderen Worten: Es wird in „Geist-Kapital" investiert. Diese Investitionsausgaben erscheinen allerdings nicht als Aktivum in der Bilanz. Sie gehen vielmehr sofort als Aufwand in die Gewinn- und Verlustrechnung und belasten das finanzielle Jahresergebnis.
Dazu ein **Beispiel:**
Die **Siemens AG** hat im Geschäftsjahr 1985/86 für die Aus- und Weiterbildung 719 Mio. DM aufgewendet; in Sachanlagen investierte sie 4,6 Mrd. DM, und für Finanzanlage-Investitionen wurden 1,5 Mrd. DM eingesetzt.

Nachdenkenswert ist die folgende Aussage von Fritz Raidt: „Eine stellenweise überzüchtete Betriebswirtschaftslehre sollte endlich die Personalinvestition als Investition anerkennen, wenn man ihr wohl auch so schnell nicht zumuten kann, sie als eine Primärinvestition einzustufen" (DIE WELT 11.12.1986, S. 6).

AUF EIN WORT

»Das wichtigste Kapital steht nicht in der Bilanz, nämlich die Qualität unserer Mitarbeiter.«

Hubertus Moser, Vorsitzender des Vorstandes der Sparkasse der Stadt Berlin. FOTO: DIE WELT

DIE WELT, 20.10.1986, S. 13

Das nachstehende Schaubild verdeutlicht die Unterteilung der Investitionen in Sachanlage-, Finanzanlage- und Bildungs-Investitionen, jeweils mit ihren weiteren Untergliederungen. Die folgenden Betrachtungen konzentrieren sich auf die Sachanlage-Investitionen. Auf die bei dem Sachanlagevermögen eine große Rolle spielenden Ersatz-, Erweiterungs- und Rationalisierungsinvestitionen wird in dem Abschnitt „Arbeitnehmer und Investitionen" (S. 186-190) eingegangen.

b) Kriterien für Investitionsentscheidungen

Investitions-Überlegungen werden prinzipiell unter dem Gesichtspunkt angestellt, ob sich die Geldausgaben für eine **Investition „lohnen"**, d.h. ob sich mit ihnen ein (finanzieller) Erfolg erzielen läßt; ob sie **vorteilhaft** sind. Mit anderen Worten: Investitionen werden regelmäßig nur vorgenommen, wenn die als Folge der Investition erwarteten Einnahmen größer sind als die langfristig gebundene Investitionsausgabe und die voraussichtlichen sonstigen mit der Investition verbundenen zukünftigen Ausgaben und anderweitigen Belastungen. Die Vorteilhaftigkeit von Investitionen ist im Regelfall also in finanziellen Größen zu sehen. Sie schlagen sich im Erfolgsfalle als Kostensenkungen und/oder Ertragsverbesserungen im Unternehmen nieder.

Für die Beurteilung der Vorteilhaftigkeit einer evtl. vorzunehmenden Investition sind zahlreiche **zukünftige Daten und Entwicklungen zu erfassen**, die vielfach nur im Schätzwege zu gewinnen und daher regelmäßig mit erheblicher Unsicherheit verbunden sind. Dies zeigt sich deutlich bei der zum Zwecke der **Produktionskostenermittlung** erforderlichen Schätzung der wirtschaftlichen Nut-

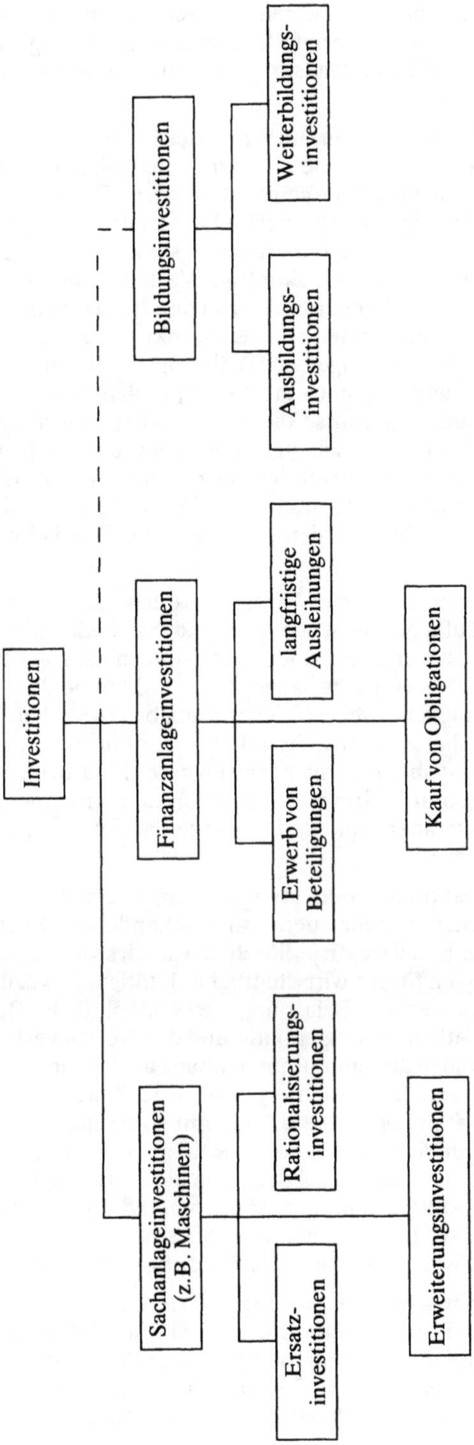

Abb.: Investitionsarten

zungsdauer des Investitionsgutes und seiner durchschnittlichen Kapazitätsauslastung sowie den mit der Investition anfallenden laufenden Ausgaben, so zum Beispiel für Energie, menschliche Arbeitskraft, Zinsen, Umweltschutz und Humanisierungsauflagen.

Um die mit einer Investition vermutlich erzielbaren **Einnahmen schätzen** zu können, müssen Annahmen über die Absatzmöglichkeiten der mit dem Investitionsgut herzustellenden Produkte gemacht werden. Die zukünftigen Absatzchancen werden regelmäßig von zahlreichen Faktoren beeinflußt, die im Investitionszeitpunkt meist nur schwer zu überblicken sind. Man denke in diesem Zusammenhang insbesondere an das zukünftige Verhalten der Konkurrenten, an das Erscheinen neuer (ähnlicher) Produkte, an den Bedarfswandel, die Entwicklung der Verbraucher-Einkommen, die Konjunktur und die staatliche Wirtschaftspolitik und an Veränderungen der Währungsrelationen. Gesehen werden muß in diesem Zusammenhang auch die Tatsache, daß durch die relativ hohen Masseneinkommen und -ersparnisse die Verbraucher in ihren Ausgaben- und Sparentscheidungen immer unabhängiger und damit unberechenbarer werden. Hinzu kommt noch, daß vor allem infolge des Erreichens von Sättigungsgrenzen der **Ersatz**bedarf zahlreicher Güter immer weniger dringlich wird bzw. durchaus längere Zeit hinausgeschoben werden kann (so zum Beispiel bei Möbeln und Kleidungsstücken).

Die Schwierigkeiten einer exakten Investitionsrechnung erhöhen sich vielfach noch dadurch, daß häufig gar **nicht alle Vor- und Nachteile** einer neuen Investition **eindeutig rechnerisch erfaßbar** sind, aber dennoch bei einer Investitionsentscheidung ein erhebliches Gewicht haben können. Man denke z.B. daran, daß die neuen Anlagen möglicherweise weniger Platz beanspruchen, ein geringeres Gewicht haben, einfacher zu bedienen sind, weniger Lärm entwickeln oder über ein höheres, im Moment aber noch nicht einsetzbares Maß an Güte und Präzision verfügen oder daß bestimmte Einrichtungen von den Arbeitnehmern als angenehmer (und damit humaner) empfunden werden als andere und deshalb angeschafft werden.

Von erheblicher praktischer Bedeutung für die Beurteilung der Erfolgsaussichten von Investitionen ist neben den bisher behandelten Daten die **Einschätzung der allgemeinen gesellschaftspolitischen Entwicklung**, d.h. insbesondere der **Rahmenbedingungen** für die wirtschaftliche Betätigung, wozu beispielsweise gehören können: die steuerliche Belastung, die Geldpolitik der Bundesbank, die Wechselkurse, die staatliche Energiepolitik und die Wettbewerbspolitik der Regierung. Zu nennen sind in diesem Zusammenhang auch gerichtliche und administrative Innovations- und Investitionserschwernisse bzw. -hemmnisse, z.B. in Form von Entsorgungsauflagen, die die gesamtgesellschaftlichen Investitions-Folgekosten(lasten) mindern sollen, gleichzeitig aber die einzelwirtschaftlichen (Investitions)Kosten erhöhen. Je nachdem, wie die Unternehmer dieses gesamtgesellschaftliche „Investitionsklima" empfinden und die anderen kosten- und ertragsmäßigen Daten von Investitionen einschätzen, werden sie neuen Investitionsvorhaben mehr positiv oder eher ablehnend gegenüberstehen.

Eine relativ pessimistische Einschätzung der zukünftigen Entwicklung führte in den vergangenen Jahren wiederholt dazu, daß die Unternehmer erhebliche Teile der für Investitionen einsetzbaren Mittel nicht für risikoreiche Sachanlage-Investitionen (z.B. Maschinen und Gebäude) verwendeten, sondern – wie die Deutsche Bundesbank in ihrem Monatsbericht vom Mai 1977 (S. 21) zeigt – in risikoarmen festverzinslichen Wertpapieren (oder als Festgeld auf Bankkonten) anlegten, weshalb CLAUS DERTINGER in der WELT (21.9.1977, S. 13) meinte: „Eine Rentnermentalität greift um sich im Unternehmerlager". Ein solches Verhalten, das zu dem Satz geführt hat, Unternehmer seien „Unterlasser", trägt naturgemäß zur – seit längerem zu beobachtenden – Veralterung des Betriebsmittelbestandes bei, wodurch mittel – und langfristig neue Probleme insbesondere für die Arbeitsproduktivität, die Konkurrenzfähigkeit und damit auch für die Arbeitsplatzsicherheit entstehen können. Die Problematik hat sich jedoch in der jüngsten Zeit in einigen Bereichen etwas entspannt.

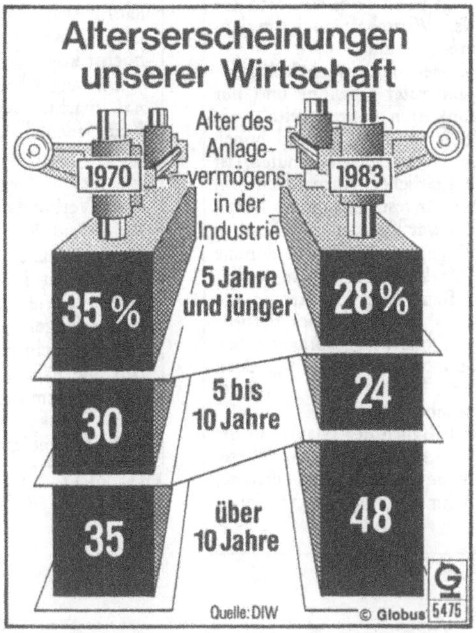

„Unternehmerische Sachinvestition oder Investition in Finanzanlagen? Diese Frage ist gegenwärtig ein zentrales Thema bei wirtschafts- und zunehmend auch sozialpolitischen Diskussionen in der Bundesrepublik. Nicht nur von Arbeitnehmer- und Gewerkschaftsseite, sondern von fast allen politischen Gruppierungen wird beklagt, daß bundesdeutsche Unternehmen ihre zum Teil stark gestiegenen Gewinne nur unzureichend in neue arbeitsplatzschaffende Investitionen einsetzen. Stattdessen engagiert man sich in Finanzinvestments verschiedener Art – vor allem im Zins-Eldorado USA.

Bundesfinanzminister GERHARD STOLTENBERG brachte dieses Problem kürzlich auf folgende Formel: ‚Alle Unternehmen, die durch unsere Stabilitätspolitik und die relative Zurückhaltung der meisten Gewerkschaften bei den Tarifverhandlungen ihre Ertragslage erheblich verbessern konnten, haben jetzt eine Bringschuld. Sie sollten sinnvoll investieren, anstatt ihr Geld bei Banken oder in anderer Form zu deponieren'. Dieser hochoffizielle Appell scheint wieder einmal aufs neue die alte marktwirtschaftliche Weisheit von der relativen Schwäche staatlicher Einflußnahmen auf das investitionspolitische Handeln privater Unternehmen zu bestätigen.

Altwirtschaftsminister KARL SCHILLER hat dies vormals treffend durch den Satz zum Ausdruck gebracht: Der Staat kann die Pferde (sprich: Investoren) durch Schaffung entsprechend gesamtwirtschaftlicher Rahmenbedingungen lediglich zur Tränke führen, saufen

Investionen

Wenig Trost

Die Bundesbank sagt es auf nüchtern-zurückhaltende Weise. „Von der Eigenfinanzierung her", so schreibt die Notenbank in ihrem jüngsten Monatsbericht, „dürften jedenfalls gute Voraussetzungen gegeben sein, daß sich die Investitionstätigkeit der Wirtschaft auch im laufenden Jahr kräftig entfalten kann."

Kein Zweifel, die Kassen der großen Industrieunternehmen sind dank guter Gewinne und nur mäßig steigender Lohnkosten so gut gefüllt wie seit langem nicht. Doch von entsprechend hohen Investitionen, die neue Arbeitsplätze schüfen, ist wenig zu sehen. Die spärlichen Ausnahmen von der unternehmerischen Investitionsunlust bieten da nicht einmal Trost. Zwar läßt sich zum Beispiel die BASF ein neues Engagement die satte Summe von drei Milliarden Mark kosten. Doch bezahlt wird damit nicht der Bau neuer Fabriken in der Bundesrepublik, sondern der Kauf eines Farbenkonzern in den USA. Ohne Frage verhalten sich die BASF-Manager ökonomisch vernünftig, denn der amerikanische Markt bietet bessere Zukunftschancen als der europäische.

Verloren geht dabei lediglich der Glaube an die wohl etwas schlichte wirtschaftspolitische These, daß schon genügend neue Beschäftigung entstehe, wenn man die Unternehmen nur kräftig verdienen lasse. *wge*

DIE ZEIT, 24.5.1985, S. 18

☆

Den höchsten Einsatz im Milliarden-Spiel mit Übernahmen wagte der Chemiekonzern **Hoechst:** 5,9 Milliarden Mark. Ob er sich lohnen wird? Branchenbeobachter setzen da mehr als ein Fragezeichen. Für die höchste Summe, die je ein deutscher Aufkäufer für eine amerikanische Gesellschaft bezahlt hat, erwarb Hoechst das Chemieunternehmen **Celanese Corporation** und kaufte sich damit vor allem in den Chemiefaser-Markt ein, einer höchst konjunkturanfälligen Sparte.

Das angesehene *Wall Street Journal* machte den Hoechstern den Kauf jedenfalls mit der Bemerkung mies: „Celanese ist entschieden *low-tech*." Den *high-tech*-Bereich der Verbundwerkstoffe für die Luft- und Raumfahrtindustrie von Celanese hatte sich schon vorher Konkurrent **BASF** gesichert. Dennoch feierte Konzernchef **Wolfgang Hilger** die Akquisition als „großen Schritt in die Zukunft". Auf alle Fälle haben die Hoechster jetzt auf dem amerikanischen Markt ihre Konkurrenten Bayer und BASF überholt.

DIE ZEIT, 2.1.1987, S. 22

müssen sie schon selbst. Heute ist indessen nicht das ‚Saufen der Pferde' das eigentliche Problem, sondern vielmehr das ‚was sie saufen'" (B. Neuhof 1985, S. 25).

Für das Jahr 1985 konstatiert die Deutsche Bundesbank zu den Finanzierungsverhältnissen der Unternehmen: „Bei der Mittelverwendung haben sich die Gewichte weiter von der Geldvermögensbildung zur Sachvermögensbildung hin verschoben" (Monatsberichte Nov. '86, S. 18). Die Ursache hierfür hängt zum großen Teil mit der in den beiden nachstehenden Schaubildern gezeigten Renditen-Entwicklung für festverzinsliche Wertpapiere und für Sachanlageinvestitionen zusammen.

Die in dem Schaubild G 6055 angedeutete Entwicklung kommentiert die ZEIT (15.5.1987, S. 31) mit folgenden Worten: „Viele Unternehmer scheinen den Geschmack am risikoreichen Investitions-Engagement in der Tat wiederentdeckt zu haben – doch nicht zu Hause, sondern im Ausland ... Der Drang des Kapitals über die Grenze ist bereits seit Mitte der siebziger Jahre unverkennbar. Seitdem investieren deutsche Unternehmen mehr im Ausland als Ausländer bei uns".

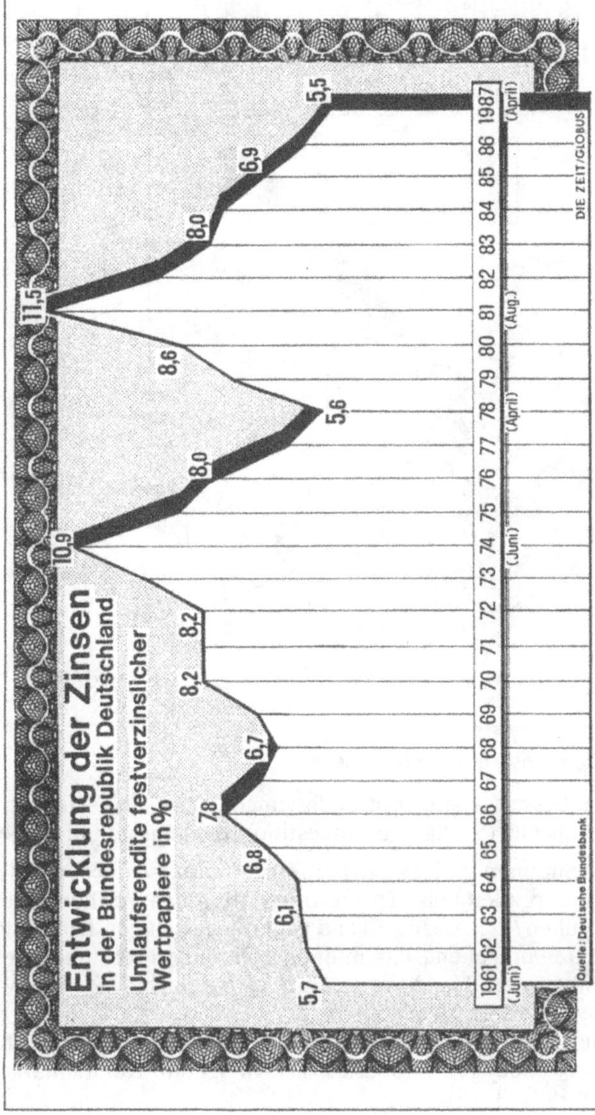

Neues Zins-Tief

Der bundesdeutsche Kapitalmarktzins ist mittlerweile so niedrig wie schon lange nicht mehr. Im April dieses Jahres betrug die Umlaufrendite festverzinslicher Wertpapiere 5,5 Prozent – weniger noch als im gleichen Zeitraum vor neun Jahren. Seit dem Zins-Hoch im August 1981, als der Kapitalmarktzins noch 11,5 Prozent betrug, sind die Zinsen Jahr für Jahr gesunken. Der Grund für diesen Trend: wiedergewonnene Preisstabilität im Inneren und die Stärke der Mark nach außen. Bei stabilen Preisen sind nämlich auch niedrige Zinsen attraktiv, weil die Zinserträge nicht durch Teuerung aufgezehrt werden. Und dank der starken Mark ist eine Geldanlage auch für Ausländer interessant.

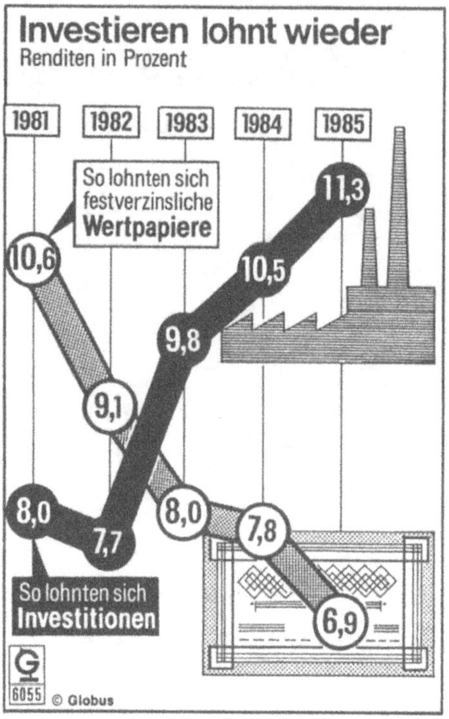

Stimmen zu den vollen Unternehmens-Kassen

die sich aufgrund verbesserter Angebotsbedingungen eingestellt – jedoch nicht zu einer außergewöhnlichen (Sachanlage)Investitionsdynamik geführt haben

- „Die gigantischen Summen sind ebenso beruhigend wie erschreckend. Beruhigend, weil es sich auf prallen Polstern gut ruhen läßt (doch welcher Unternehmer sollte schon ruhen?) ... Beängstigend sind die gewaltigen Dimensionen, weil den Beobachter umgehend das mulmige Gefühl packt, hinter solchen Geldgebirgen könnten sich Handlungsdefizite verbergen" (J. Weber, WELT 25.7.1987, S. 79).
- „Die Unternehmen sitzen auf riesigen Liquiditätspolstern, für die sie offenbar keine anderen Verwendungen finden als die Anlage am Kapitalmarkt" (B. Blohm, ZEIT 14.8.1987, S. 16).

Interessant ist in diesem Zusammenhang auch die folgende iwd-Feststellung vom 10.3.1988: „Im Durchschnitt der Jahre 1980 bis 1986 erwirtschafteten deutsche Unternehmen rund 40 Prozent ihres Gewinnes aus Finanzanlagen. Von 1965 bis 1969 waren es durchschnittlich lediglich 23 Prozent".

„Unter Anspielung auf die Keynes'sche These, daß sich die westlichen Volkswirtschaften in den 30er Jahren in einer **‚Liquiditätsfalle'** fingen (weil man kurzfristig erhaltene Kredite langfristig investiert hatte, R.S.), sieht der Nobelpreisträger Paul Samuelson heute die Gefahr, daß die Unternehmen in eine **‚Risiko-Falle'** tappen. In dem Maße, wie die Unternehmer über den Gang der wirtschaftlichen Entwicklung verunsichert sind, setzen sie bei der Abwägung von

Geld und Investitionen

mth. Über viele Jahre hinweg hat die Deutsche Bundesbank auf die mangelnde Eigenkapitalausstattung der deutschen Unternehmen hingewiesen. Nun wartet die Bank mit einer erfreulichen Nachricht auf: Sinkende Rohstoffkosten und Zinsen haben im vergangenen Jahr bewirkt, daß die Erträge gestiegen sind. Die Unternehmen nutzten diesen Mittelzufluß zur Aufstockung der Liquidität, der Rücklagen und zum Abbau der Verschuldung. Das Ergebnis ist eine steigende Eigenkapitalquote und eine Verbesserung der Finanzierungsstruktur. Ein Grund zum Jubeln? Zwei Entwicklungen trüben dieses an sich positive Bild. Zum einen sind die Umsätze der Unternehmen im vergangenen Jahr um 2 Prozent gesunken. Das deutet auf die schwierige Wettbewerbsposition auf den Weltmärkten hin. Zum anderen ist die günstige Finanzausstattung, von der die Bundesbank berichtet, auch ein Anzeichen dafür, daß die Unternehmen zögern, zu investieren. Die gute Ertragslage wird offenbar nicht als dauerhaft betrachtet. Man legte sich lieber ein Polster für schlechtere Zeiten an. Als Motiv für Investitionen wird ohnehin immer häufiger Rationalisierung angegeben. Es fehlt in vielen Fällen der Mut zur Expansion. So wachsen die Kassenbestände und die Finanzanlagen, ohne daß dieses Geld immer auch in Aufträge, Investitionen und Arbeitsplätze fließt.

Frankfurter Allgemeine Zeitung, 24.11.1987, S. 13

DIE WELT, 25.7.1987

Neuinvestitionen ‚die Risiken zu hoch an'. Bei höherem Risikoansatz wird der Ertragswert künftiger Investitionen heruntergesetzt mit der Folge, daß auch die Investitionsbereitschaft abkühlt" (Handelsblatt 17.10.1977, S. 6), was sich auf Unternehmensbestand und Arbeitsplätze negativ auswirken kann.

Eine solche, die Risiken sehr hoch einschätzende Verhaltensweise kann zu einem **Teufelskreis** dergestalt führen, daß die befürchtete Entwicklung nur deshalb eintritt, weil viele an sie glauben und sich so verhalten, als käme sie bestimmt. Es handelt sich hierbei um die auch in anderen Lebensbereichen anzutreffende Gesetzmäßigkeit der sich selbst erfüllenden Prophezeiung. Eine entgegengesetzte Annahme und entsprechende Verhaltensweisen können auch zu einem positiven Ergebnis führen: „Kaum eine andere Nachricht kann die Investitionsneigung eines Unternehmens so beflügeln wie die Meldung, daß die Konkurrenz ihre Anlagen ausbauen will" (Informationsdienst des Instituts der deutschen Wirtschaft, 16.11.78, S. 2), was ebenfalls zu Problemen (z.B. Überkapazitäten) führen kann.

c) Arbeitnehmer und Investitionen

Die **Entscheidungen über** die Vornahme von **Investitionen** werden bei uns – im Gegensatz zu den Planwirtschaften – grundsätzlich **autonom** und **dezentral** von den einzelnen Unternehmen (Unternehmensleitungen) getroffen.

Ebensowenig wie der **Staat** ist der einzelne **Mitarbeiter** an den Investitionsentscheidungen beteiligt. Rein rechtlich gesehen hat weder der Arbeitnehmer selbst noch seine betriebliche Vertretung, der **Betriebsrat**, Beteiligungsrechte an den Investitionsentscheidungen. Gerade der Betriebsrat hat seine eigentlichen Aufgaben und Rechte nicht im wirtschaftlichen, sondern vor allem im sozialen und personellen Bereich.

Im Falle von Großunternehmen sind die Arbeitnehmer jedoch regelmäßig über ihre Vertreter im **Aufsichtsrat** an den Investitionsentscheidungen beteiligt. In den Satzungen dieser Unternehmen ist im allgemeinen vorgesehen, daß besonders wichtige Investitionen der vorherigen Zustimmung des Aufsichtsrates bedürfen.

Für die Arbeitnehmer relativ unproblematisch sind meist die Ersatz- und die Erweiterungsinvestitionen. Bei der **Ersatzinvestition** geht es darum, daß eine verbrauchte (abgeschriebene) Anlage durch eine neue ersetzt wird. Um eine Art von Ersatzinvestition handelt es sich auch, wenn eine noch funktionsfähige, nur teilweise abgeschriebene Maschine gegen eine neu auf den Markt gekommene, leistungsfähigere ausgetauscht wird, wodurch unter Umständen weniger Arbeitskraft benötigt wird.

Mit einer **Erweiterungsinvestition** wird die Kapazität des Betriebes vergrößert, d.h. es werden zusätzliche Anlagen geschaffen, z.B. der Kraftfahrzeugpark vergrößert oder eine weitere Fabrikhalle errichtet, wodurch regelmäßig neue Arbeitsplätze geschaffen werden. Häufig ist allerdings auch schon die Ersatzinvestition mit einem Kapazitätserweiterungseffekt verbunden, da infolge des im Grunde ständig wirksamen technischen und organisatorischen Fortschritts die neuen (Ersatz)Einrichtungen vielfach eine höhere Leistungsfähigkeit haben und oftmals auch mit einem Rationalisierungseffekt verbunden sind.

Werden nicht rechtzeitig Ersatz- und Erweiterungsinvestitionen vorgenommen, so kann dies zu einer Belastung der betrieblichen Leistungsfähigkeit und damit auch der Arbeitsplätze führen.

Stärker als von der Ersatz- und Erweiterungsinvestition wird die Arbeitnehmer-Position im allgemeinen von der **Rationalisierungsinvestition** tangiert. Bei der Rationalisierungsinvestition werden Anlagen beschafft, die eine kostengünstigere Produktion ermöglichen, d.h. niedrigere Durchschnittskosten je produziertes Stück aufweisen; eine Situation, die vielfach auch schon bei Ersatzinvestitionen auftritt, wenn die neuen Anlagen wirtschaftlicher arbeiten. Häufig wird mit einer Rationalisierungsinvestition die Kapitalausstattung pro Arbeitsplatz (Kapitalintensität) erhöht und der rein mengenmäßige Einsatz menschlicher Arbeitskraft verringert.

Von ihrem Wesen her ist die Rationalisierungsinvestition nicht darauf angelegt, die Betriebskapazität zu vergrößern. In der Praxis ist das aber dennoch oft der Fall, weil die neuen Anlagen meist nicht nur kostengünstiger produzieren, sondern vielfach auch noch einen größeren Mengenausstoß ermöglichen.

Ob sie wollen oder nicht: Die Unternehmen werden praktisch vom Wettbewerb, d.h. von der Konkurrenz, gezwungen, die leistungsfähiger gewordenen Anlagen anzuschaffen, also Rationalisierungsinvestitionen vorzunehmen. Dies wird im Prinzip auch von unseren Gewerkschaften anerkannt.

Durch Rationalisierungsinvestitionen sowie durch eine zweckmäßigere Gestaltung der Arbeitsbedingungen (Arbeitsorganisation) verbessern die Unternehmen ihre Kostensituation und damit ihre Leistungsfähigkeit; die Unternehmen erhöhen so die **Arbeitsproduktivität** (Produktmenge je Arbeitskraft) und leisten damit einen wichtigen Beitrag zur Schaffung bzw. Aufrechterhaltung ihrer Ertragskraft und Wettbewerbsfähigkeit. Gleichzeitig ist die hohe Arbeitsproduktivität eine wesentliche Voraussetzung für einen relativ hohen Lebensstandard.

So meint denn auch der **Wissenschaftliche Beirat** beim Bundeswirtschaftsministerium in einem Gutachten vom Juli 1977 über Rationalisierungsinvestitionen: „Ohne Rationalisierungsinvestitionen sind Produktivitätssteigerungen, die die Vorbedingung für den Einkommensanstieg oder die Verringerung der Arbeitszeit bei vollem Lohnausgleich darstellen, auf die Dauer nicht möglich".

Einen Eindruck von dem Ausmaß der Produktivitätssteigerungen der letzten Jahrzehnte vermitteln die beiden folgenden Schaubilder.

Bei den Überlegungen zur Vornahme von Rationalisierungsinvestitionen spielen nicht nur die eigentlichen Produktionskosten der Anlagen und die Ausbringungsmenge eine wichtige Rolle. Von Bedeutung ist vielfach auch die Frage, ob die neuen in der Anschaffung meist teureren Anlagen mit weniger menschlicher Arbeitskraft auskommen, also in der Lage sind, **Lohnkosten einzusparen**. In diesem Fall wird dann häufig die im Vergleich zum Kapital noch teurer gewordene menschliche Arbeitskraft zum Teil durch vermehrten Kapitaleinsatz zu ersetzen versucht, was zu einem Problem für die davon betroffenen Arbeitnehmer werden kann, wenn nicht gleichzeitig im Wege von Erweiterungsinvestitionen genügend neue Arbeitsplätze geschaffen werden.

Obgleich Rationalisierungsinvestitionen an sich eine natürliche Erscheinung jeder fortschreitenden wirtschaftlichen Entwicklung sind, waren sie in den letzten Jahren doch oft mit erheblich mehr sozialem Zündstoff verbunden als früher. Der eigentliche Grund hierfür ist darin zu sehen, daß in wachstumsschwächeren Zeiten der **Anteil der Erweiterungsinvestitionen an den Gesamtinvestitionen zurückgeht**, so daß nicht mehr so viele neue Arbeitsplätze geschaffen werden, an denen die durch Rationalisierung freigewordenen Arbeitnehmer neue Beschäftigungsmöglichkeiten finden können.

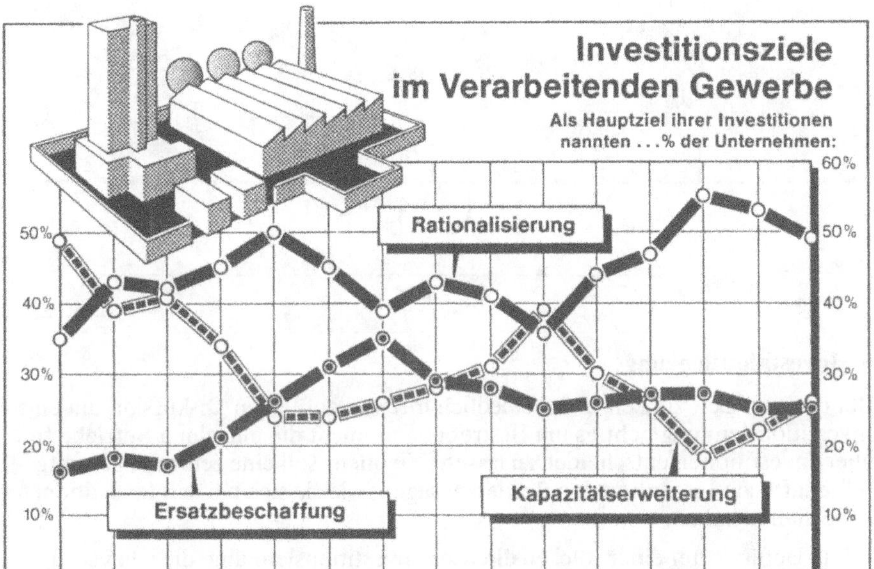

479 840

Dadurch wird das **Spannungsverhältnis** größer, das sich darin zeigt, daß einerseits Rationalisierungen (insbesondere Rationalisierungsinvestitionen) zur Aufrechterhaltung der Wettbewerbsfähigkeit und damit auch zur Sicherheit der Arbeitsplätze unumgänglich sind, andererseits so aber auch gleichzeitig Arbeitsplätze gefährdet werden.

Stark zugenommen – und zwar als Folge von Investitionen – hat in den letzten Jahrzehnten die durchschnittliche Kapitalausstattung der Arbeitsplätze. Einen Eindruck von dieser Entwicklung vermittelt das nachstehende Schaubild, in dem reale – also preisbereinigte – Werte enthalten sind. Als Hintergrundinformation für die Schaubildbetrachtung ist sicher der Hinweis von Nutzen, daß seit 1950 sich die Produktion je Beschäftigten in der Industrie verfünffacht und in der Landwirtschaft sogar versiebenfacht hat.

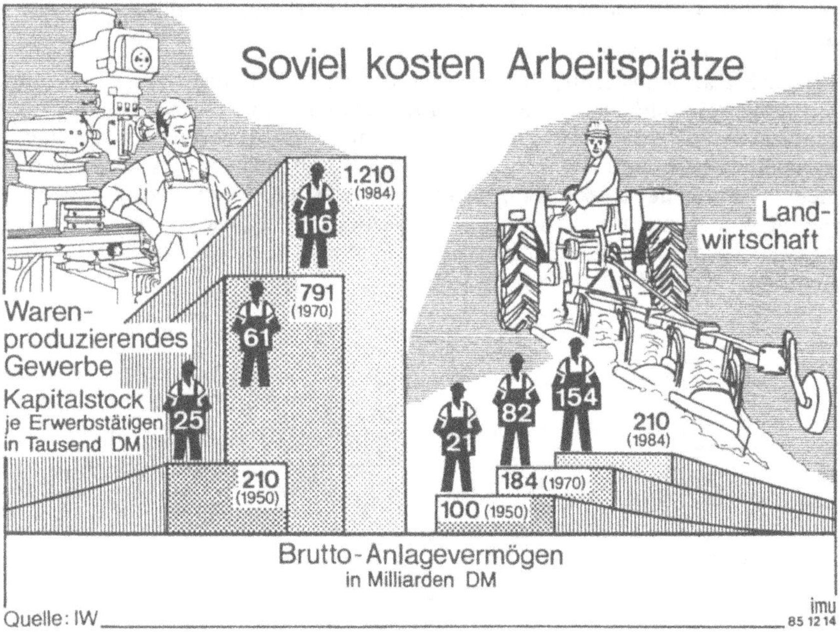

d) Investitionslenkung

Bei der von Zeit zu Zeit unterschiedlich intensiv geführten Diskussion um eine Investitionslenkung geht es um Bestrebungen, nicht die einzelnen Betriebe frei über Investitionen entscheiden zu lassen. Vielmehr soll eine zentrale, gesamtgesellschaftliche Institution den Betrieben sagen, wie sie sich bei den Investitionen zu verhalten haben.

Die Befürworter einer solchen **direkten** Investitionslenkung, die von verschiedensten gesellschaftlichen Gruppierungen gefordert wird, möchten auf diese Weise dafür sorgen, daß bestimmte Güter, die sie für überflüssig halten, nicht weiter produziert werden. Dafür möchten sie aber andere Güter, denen sie eine hohe „gesellschaftliche Nützlichkeit" bescheinigen und die ihrer Meinung nach heute nicht in ausreichendem Maße angeboten werden, herstellen lassen und gleichzeitig auch mehr Beschäftigungsmöglichkeiten (Arbeitsplätze) schaffen.

Eine konsequent durchgeführte direkte Investitionslenkung würde das bestehende Wirtschaftssystem stark verändern und dabei u.a. auch die Tarifautonomie weitgehend außer Kraft setzen. Im Gegensatz zur direkten Investitionslenkung existiert bei uns schon seit langem eine Art **indirekte** Investitionslenkung

Deutscher Gewerkschaftsbund

„Umfang und Art der Investitionstätigkeit bestimmen maßgeblich die Konjunkturlage und künftige Entwicklung einer Volkswirtschaft. Fehlleitungen von Kapital und Arbeitskraft sind ebenso wie Arbeitslosigkeit und Nichtausschöpfung der wirtschaftlichen Wachstumsmöglichkeiten eine Belastung des Lebensstandards. Deshalb müssen im privatwirtschaftlichen wie im öffentlichen Bereich die Investitionen mit den strukturellen und konjunkturellen Erfordernissen der Gesamtwirtschaft abgestimmt werden.

Grundlage der Investitionslenkung ist der Aufbau eines Systems der Information, der Koordination und Erfolgskontrolle. Dazu ist

- das Instrumentarium der Wirtschafts- und Sozialberichterstattung auszubauen;
- die Publizitätspflicht der Unternehmen auch im Sinne einer gesellschaftsbezogenen Rechnungslegung zu erweitern;
- eine Investitionsmeldestelle einzurichten, der die großen Unternehmen und Konzerne ihre Investitionsvorhaben und deren beschäftigungspolitische Folgen anzuzeigen haben."

Quelle: DGB-Grundsatzprogramm 1981

Bundesvereinigung der Deutschen Arbeitgeberverbände

„Es ist eine Illusion, anzunehmen, daß sich mit derartigen Investitionsdirigismen (Investitionslenkung oder -kontrolle) ein Mehr an Wirtschaftswachstum und ein höherer Beschäftigungsgrad erreichen lasse. Denn das Investitionsrisiko, das durch die Marktübersicht und Marktnähe des einzelnen Unternehmens in Grenzen gehalten wird, würde bei zentralisierten Investitionsentscheidungen unübersehbare Größenordnungen annehmen. Diese Gefahr ließe sich nur dann eindämmen, wenn es möglich wäre, exakte Prognosen über die mittelfristige Entwicklung der einzelnen Wirtschaftsbranchen aufzustellen. Diese Voraussetzung läßt sich jedoch in unserer Wirtschaftsordnung nicht erfüllen. Vielmehr zeigt die Erfahrung, daß Branchenprognosen mit erheblich größeren Unsicherheiten behaftet sind als jede globale Orientierung. Deshalb wäre jede Fehlentscheidung der Planungsbehörde mit weit größeren negativen gesamtwirtschaftlichen Auswirkungen verbunden als eine Fehlinvestition eines einzelnen Unternehmens, die bei freien Märkten und intensivem Wettbewerb relativ schnell als solche erkannt und aufgrund der Flexibilität des marktwirtschaftlichen Prozesses überwunden wird. Im Unterschied zur Marktwirtschaft bliebe im System der Investitionsdirigismen die Verantwortung für Fehlinvestitionen anonym und der Sanktionsmechanismus des Marktes würde ausgeschaltet. Jede Art von Investitionsdirigismus würde aber nicht nur den Wachstumsprozeß und damit den Beschäftigungsstand beeinträchtigen, sondern wäre auch mit einem Verlust an Freiheit verbunden ...

Derartige Eingriffe, die auf eine Anonymisierung und Kollektivierung des Unternehmerrisikos hinauslaufen, würden nicht nur die Stellung des Unternehmers in der Wirtschaft in Frage stellen, sie hätten vielmehr auch entscheidende Rückwirkungen auf die Tarifautonomie und letztlich sogar auf die individuelle Konsum- und Arbeitsplatzwahl. Gegenüber allen Investitionsdirigismen bestehen daher schwerwiegende ordnungspolitische Bedenken."

Quelle: Bundesvereinigung der Deutschen Arbeitgeberverbände, Jahresbericht 1976 seitens des Staates. Eine solche Lenkung geschieht vor allem über eine gezielte Gewährung von staatlichen Subventionen.

Der **Deutsche Gewerkschaftsbund (DGB)** und die **Bundesvereinigung der Deutschen Arbeitgeberverbände (BDA)** vertreten in ihren Stellungnahmen zur Investitionslenkung (naturgemäß) unterschiedliche Meinungen, wie die Ausführungen auf Seite 191 zeigen.

2. Der dispositive Faktor

a) Wesen und Bestandteile

Dispositive Arbeitsleistungen liegen vor, wenn es sich um Arbeiten handelt, die mit der Leitung und Lenkung der betrieblichen Vorgänge in Zusammenhang stehen. Solche Arbeiten werden von einer Person oder Personengruppe vorgenommen, die die Produktionsfaktoren zu einer produktiven Einheit kombiniert. Die Person oder Personengruppe, die den dispositiven Faktor bildet, hat die Aufgabe, das Unternehmen zu führen, d.h. sie verkörpert die Institution und Funktion **„Unternehmensführung"**.

Das Wesen der (Funktion) Unternehmensführung läßt sich mit Ulrich (1970, S. 318) umschreiben als die „Gesamtheit aller Bestimmungshandlungen in der Unternehmung, d.h. jener Vorgänge, welche das zukünftige Verhalten des Systems Unternehmung festlegen". Dieser weit gefaßte Führungsbegriff bezieht sich auf das **Gesamt**system Unternehmung, d.h. auf alle Produktionsfaktoren und die mit ihnen zusammenhängenden Fragen.

Der **Führungsprozeß** selbst wird in der Literatur meist in die drei nachstehend genannten Elementarteile (Teilprozesse) zerlegt:

(1) Willensbildung (= Zielfixierung)
(2) Willensdurchsetzung (= Entscheidung, Anordnung)
(3) Willenssicherung (= Kontrolle, Überwachung).

Die Unternehmensführung bedient sich einer Reihe wichtiger Führungs(Management)instrumente, vor allem der Planung, Organisation und Kontrolle. Alle drei können wesentlich dazu beitragen, die Führungsentscheidungen auf eine sicherere Basis zu stellen, d.h. das Risiko von Fehlentscheidungen (und damit von Fehlentwicklungen) zu verringern. Diese drei Führungsinstrumente sind im folgenden kurz zu charakterisieren.

Die **Planung** läßt sich umschreiben als Vorschau, als Setzung zukünftiger Ziele und Fixierung der zu dieser Zielerreichung einzusetzenden Mittel. Schult (1984, S. 92) kennzeichnet die Planung als „systematische Entscheidungsvorbereitung durch Vergleich der realisierbaren Alternativen ... Ein unsystematisches Vorgehen oder das Fehlen jeglicher Entscheidungsvorbereitung kann man als Improvisation bezeichnen".

Bei der **Organisation** handelt es sich (im Sinne des instrumentellen Organisationsbegriffs) um ein System von Regeln, d.h. im Falle von Unternehmen um offizielle (formale) Regeln zur Steuerung zielgerichteter betrieblicher Aktivitäten. Wichtiges Merkmal der Organisation ist die hierarchische Verknüpfung der Glieder des Gesamtsystems, d.h. die Regelung der Anordnungsbefugnisse und der Verantwortlichkeiten und damit der Über- und Unterordnung (s.a. S. 141-145).

Anders als Planung und Organisation, die in die Zukunft gerichtete Führungsinstrumente darstellen, ist die **Kontrolle** (Überwachung) ein Führungsmittel, das zunächst lediglich auf vergangenes betriebliches Geschehen gerichtet ist. Mit der Kontrolle wird festgestellt, ob das, was in der Vergangenheit festgelegt, d.h. entschieden worden ist, zu dem erwünschten Ergebnis geführt hat oder nicht. Es handelt sich bei der Kontrolle also um einen Vergleich von einem SOLL (Norm, Ziel) mit einem IST (dem tatsächlich Erreichten).

Im folgenden ist nun etwas näher auf die Planung und Kontrolle marktwirtschaftlicher Betriebe sowie auf die Frage einzugehen, wer für die Unternehmenszusammenbrüche verantwortlich ist. Zu den allgemeinen Aspekten von Führung und Organisation sei auf die Ausführungen im Abschnitt „Die Leitung (Führung) des Betriebes" (S. 137-146) verwiesen.

b) Planung und Kontrolle marktwirtschaftlicher Betriebe

Viele Menschen haben Schwierigkeiten, das Verhältnis der Planung marktwirtschaftlicher Unternehmen und der zentralen staatlichen Planung und Lenkung der Betriebe in planwirtschaftlich organisierten Volkswirtschaften zu erfassen. Vielfach meinen sie, in der Marktwirtschaft gäbe es überhaupt keine Planung. In politischen Diskussionen wird manchmal behauptet, daß in der Marktwirtschaft, in der eine zentrale Planung und Steuerung der Güterproduktion und -verteilung fehlt, das reinste Chaos herrsche, im Gegensatz zu der Zentralverwaltungswirtschaft, wo die Entwicklung auf allen Gebieten planmäßig verlaufe. Das DGB-Grundsatzprogramm von 1949 sprach davon, daß volkswirtschftliche Planung im Gegensatz zu der chaotischen Marktwirtschaft stehe.

Dafür, daß im Alltag der Marktwirtschaften dieses Chaos nicht ausbricht, sondern meist eine relativ flexible Güterversorgung erfolgt, sorgt die Tatsache, daß in Marktwirtschaften sehr wohl viel und umsichtig geplant wird, allerdings nicht zentral durch staatliche Stellen, sondern dezentral von den einzelnen Unternehmungen aufgrund umfassender Marktbeobachtungen. Daß sich die auf dieser Grundlage getroffenen, in die Zukunft gerichteten Entscheidungen manchmal nachträglich als Fehlentscheidungen herausstellen, läßt sich dabei nicht übersehen; ist doch weder das Verhalten der Abnehmer noch das der Konkurrenten und Lieferanten sicher vorhersehbar, ebenso wenig die politische Entwicklung und die Entwicklung des technischen Fortschritts und der Energieversorgung sowie der Witterung, so daß gewisse einzelwirtschaftliche Friktionen auch bei noch so sorgfältiger betriebswirtschaftlicher Planung nahezu unausweichlich sind.

Allerdings machen es die dezentralen Planungen und Aktivitäten der Unternehmen möglich, daß die Auswirkungen von Fehlentscheidungen regelmäßig nur einzelne Unternehmen und nicht – wie bei zentraler Planung – die ganze Branche oder gar die gesamte Volkswirtschaft treffen und vor allen Dingen auch nicht die staatliche Autorität belasten. Bei einer individuellen, dezentralen Planung kann davon ausgegangen werden, daß es neben dem Unternehmer, der den Bedarf zu gering einschätzt, auch einen geben wird, der ihn zu hoch veranschlagt, so daß sich die Fehlentscheidungen ausgleichen können. Allerdings gibt es von dieser Regel auch wieder gravierende Ausnahmen. So hat sich zum Beispiel vor einigen Jahren die westeuropäische Chemiefaserindustrie total in der Weise verplant, daß sie ein viel zu großes Wachstum auf diesem Gebiet angenommen und entsprechende Kapazitäten ausgebaut hat, die wegen der geringeren Nachfrage bei weitem nicht auslastbar waren und daher die Erfolgslage der betreffenden Unternehmen stark belasteten und Arbeitsplätze gefährdeten. Das gleiche gilt für die Raffinerien der westdeutschen Mineralölgesellschaften (s. S. 67f.).

Massenstrategie

Wb. – Das Knirschen ist unüberhörbar: In das immer höher tourende Getriebe des Marktes der Personal Computer ist ein wenig Sand geraten. Das US-Unternehmen Apple, nach eigener Einschätzung (die auch andere Gesellschaften für sich geltend machen) Marktführer in diesem Segment der Computerei, hat angesichts ansehnlicher Geräte-Halden die Notbremse gezogen und eine Woche „Produktions-Ferien" eingelegt. Auch von Konkurrenten ist zu hören, daß das enttäuschende Weihnachtsgeschäft in den USA nicht ohne Probleme verkraftet wurde. Das Dilemma ist hausgemacht. Alle Anbieter (vor allem in den Konsumgüter-orientierten Bereichen) haben sich auf dieselbe Strategie festgelegt: Über niedrige Preise zu so hohen Stückzahlen zu kommen, daß ebendiese Preise im nachhinein auf eine vernünftige Kalkulationsgrundlage gestellt werden können. Dieses Vorgehen, das zwangsläufig mit enormen Kapazitätsausweitungen verbunden ist, ist nur für einzelne Vorreiter sinnvoll – verfahren alle gleich, ist die Katastrophe kalkulierbar. Man darf gespannt sein, wer sie überlebt.

DIE WELT, 21.3.1985, S. 13

Ein gespenstisches Rennen ist im Gange: Seit 1977 in den Vereinigten Staaten Pionier-Firmen wie Apple, Commodore und Tandy das Geschäft mit dem preiswerten Kleinstcomputer für den persönlichen Gebrauch entdeckten, damit binnen weniger Jahre Milliardenumsätze machten und satte Gewinne einstrichen, traten über dreihundert Unternehmen auf demselben Markt an – die meisten als Neugründungen, aber auch die mächtigste Computerfirma der Welt ist dabei: IBM.

Das Gespenstische an dem massenhaften Wettlauf: Fachleute räumen bestenfalls einem guten Dutzend der Teilnehmer Überlebenschancen ein. Der hundertfache Firmentod ist programmiert.

„Nur zehn Hersteller", meint Erik Hargesheimer, Deutschland-Chef des angesehenen Marktforschungsunternehmens International Data Corp. (IDC), „werden den Kampf überleben." Der hektisch wachsende Markt, so Hargesheimer, „ist von Anbietern überbesetzt. Mehr als der Hälfte fehlt jedes kaufmännische Denken."

DIE ZEIT, 19.4.1985, S. 25

„Ohne Rücksicht auf Nachfrage und Preise hat die japanische Elektroindustrie jahrein, jahraus Superkapazitäten aufgebaut und obendrein Chip-Modelle schnellstmöglich durch leistungsstärkere ersetzt. Die unausweichliche Folge: Preiseinbrüche und Haldenproduktion".

DIE ZEIT, 27.12.1985, S. 30

Wenngleich also die individualistisch und dezentral durchgeführte Unternehmensplanung alles andere als problemfrei ist, so wird man andererseits aber doch auch nicht annehmen können, daß staatliche Stellen oder zentrale Kollektive generell über bessere Einsicht in den komplexen wirtschaftlichen Ablauf und größeren ökonomischen Sachverstand verfügen als die Summe der unter Konkursrisiko stehenden, selbständig operierenden Unternehmensleiter; sie werden vom Markt **und** von den Kapitaleignern gezwungen, im Falle von Fehlplanungen recht schnell zu Kurskorrekturen zu kommen.

Eine unvoreingenommene Beobachtung der Realität insbesondere der planwirtschaftlichen Länder macht diese Problematik deutlich. Recht aufschlußreich ist in diesem Zusammenhang auch die nachstehende Information von SCHMIDT-HÄUER in der ZEIT (20.4.1979, S. 3): „Im vergangenen Sommer besuchte eine Delegation der sowjetischen Plankommission ‚GOSPLAN' die Siemens AG. Die Staatsplaner waren völlig überrascht, wie weit in der Bundesrepublik vorausgeplant wird. Sie bekundeten spontan Interesse an einem Austausch, um Erfahrungen der langfristigen Planung zu sammeln".

Eine generelle Planungs- bzw. Unternehmensführungsproblematik ergibt sich vielfach daraus, daß man sich nicht intensiv genug bemüht, alle beschaffbaren **Informationen**, die die Planung fundieren könnten, zu erhalten. Manchmal ist auch die Situation zu beobachten, daß die Daten zwar vorhanden sind, jedoch die aus ihnen ableitbaren Entwicklungen übersehen oder verdrängt werden. Sie werden ignoriert, weil die sich ankündigenden Tendenzen mit zahlreichen Unbekannten und Unbequemlichkeiten verbunden sind und somit – wie die meisten Fortschritte oder Veränderungen – zunächst von Ängsten und Widerständen begleitet werden. So ist zum Beispiel bei uns deutlich zu beobachten gewesen, daß viele Unternehmen jahrelang die schon frühzeitig erkennbare Konkurrenz-Bedrohung aus Japan (und später auch aus den südasiatischen Staaten Südkorea, Taiwan, Hongkong, Singapur und Malaysia) überhaupt nicht ernsthaft registriert und schon gar nicht adäquat darauf reagiert haben. Daß eine solche Verhaltensweise mittel- und langfristig negative Konsequenzen für Unternehmen und Arbeitsplätze nach sich ziehen muß, liegt auf der Hand und ist in manchen Sektoren offenkundig.

Interessant ist in diesem Zusammenhang auch ein Ergebnis, das die Projektgemeinschaft Ifo-Institut, Fraunhofer-Institut und Infratest in einem 1979 für drei Bundesministerien erstellten Gutachten über die Auswirkungen des technischen Fortschritts auf Wirtschaft und Arbeitsmarkt gebracht hat. Hiernach erwarten die Gewerkschaften im allgemeinen eine zügigere Durchsetzung technologischer Neuerungen in der Industrie als die Arbeitgeber.

Dazu ist anzumerken, daß die Gewerkschaften doch wohl insgesamt keineswegs besonders fortschrittsgläubig oder technikfreundlich eingestellt sind. Sie gehen aber aufgrund bisheriger Erfahrungen davon aus, daß technologische Innovationen mit einer gewissen Zwangsläufigkeit auch ihren Weg in die Betriebe finden, was ja auch der eigentliche Sinn des technischen Fortschritts ist.

Die Gewerkschaften registrieren dies besonders aufmerksam, weil solche Neuerungen auf ihre Mitglieder, die Arbeitnehmer, im allgemeinen nachhaltige Auswirkungen haben. Deshalb gehen sie davon aus, daß sich hieran auch in Zukunft nichts ändern wird, während Unternehmensleitungen manchmal offenbar der Meinung (oder Hoffnung!) sind, daß die eine oder andere erst in Umrissen erkennbare technische oder organisatorische Neuerung nicht so schnell kommen wird oder irgendwie an ihnen vorüberzieht. Zu einer solchen Verhaltensweise der Unternehmensleitungen kann auch die Tatsache mit beitragen, daß unternehmerische Überlegungen, wie auf einen möglichen technischen Fortschritt zu reagieren sei, im allgemeinen recht schnell umfangreiche Arbeitnehmer-Mitbestimmungsprozesse in Aktion treten lassen, von einer möglicherweise aufkommenden Beunruhigung der Belegschaft ganz abgesehen, die man ebenfalls vermeiden möchte.

Stimmen zur Qualität der Unternehmensleiter

Wirte oder Manager?

Mit der Innovationslust europäischer Firmenlenker ist es nicht weit her. Arthur D. Little International, Consultants von Rang, fanden heraus, daß nur jeder vierte europäische Manager an die wachsende Bedeutung von Innovationen in der Zukunft glaubt. Die ökonomische Wissenschaft hat für das antiunternehmerische Muckertum den entsprechenden Begriff gefunden: das Risk-Return-Paradox – die Angst des gutverdienenden Unternehmens vorm Risiko. Psychologen fanden auch eine Erklärung: die Angst etablierter Manager vor kreativen Köpfen. Joseph A. Schumpeter, der die ökonomische Theorie der Innovation formulierte, lange bevor das Wort bekannt war, nannte Innovation das Ergebnis schöpferischer Zerstörung. Und Schumpeter meinte es mit den Unternehmern gut. Doch deren legitime Nachfolger wollen davon offensichtlich nichts wissen. Schließlich zerstören nur Verrückte, was sie aufgebaut haben. Die Folge: Management by abwimmeln. Kein Wunder: Anders als in den USA verzeiht das Wirtschaftssystem hierzulande keine Bruchlandung. So werden Manager zu Abwicklern, die statt Zukunft Vergangenheit managen. Schumpeter, der den dynamischen Unternehmer adelte, fand auch für die bangen Abwickler einen Namen: „Wirt“. Und das weiß man ja: Wer nichts wird, wird Wirt.

Heinz Welz

Wirtschaftswoche, 7.3.1986, S. 68

Deutsche Manager gelten in den USA als Musterknaben

Unternehmen profitieren von ihren Technikern im Management

KARRIERE, 15.5.1987. Langfristige Unternehmensstrategie, solide technische Ausbildung für Facharbeiter und Manager und intensive Erfahrungen im Ausland sind die Rezepte, mit denen die deutschen Unternehmen trotz schwachen Wirtschaftswachstums und harter Mark sich im Weltmarkt ... behaupten. Eines ihrer Geheimnisse: Was früher als Schwäche galt, wird heute als Stärke anerkannt. Im Vergleich zu Unternehmen in den USA ... sitzen in deutschen Vorständen mehr Techniker, Ingenieure, Chemiker und Physiker, vielfach auch als Vorstandsvorsitzende.

„Fleißige Manager, aber wenig kreativ"

NÜRNBERG, 31. Mai (dpa/vwd). „Die europäischen Unternehmen und Universitäten produzieren nach wie vor einen Überschuß an fachlich zwar qualifizierten und fleißigen, meist aber nur wenig kreativen und kaum genialen Führungskräften." Dieses Fazit zog Professor Hans Werner von der „Kaderschmiede" für Führungskräfte in Fontainebleau (Frankreich) auf einem Kongreß der Internationalen Vereinigung der Studenten der Wirtschaftswissenschaften: „Die Personalvorstände der Unternehmen verwalten da, wo sie erneuern und kontrollieren dort, wo sie vertrauen sollten." Der Leiter des Deutsch-Japanischen Wirtschaftsförderungsinstituts, Karl Heinz Meid, verwies darauf, daß in Japan nicht das gelernte Fachwissen Respekt genieße, sondern die Fähigkeit des einzelnen zur Integration in das Sozialgefüge.

Frankfurter Allgemeine Zeitung, 1.6.1987

Zur unternehmerischen Aktivität in den USA schreibt die „Wirtschaftswoche" (16.1.1987, S. 48f.): „Unter US-Managern geht die Angst um vor einer unheimlichen Krankheit: der sogenannten Corpocracy – ein Gebrechen, für das sich bislang nur staatliche Verwaltungen anfällig zeigten, nämlich ein Ausschlag von aufgeblähter, nicht leistungsfähiger, sich selbst genügender Unternehmensbürokratie". In diesem Zusammenhang und vor dem Hintergrund des riesigen Handelsbilanzdefizits der Vereinigten Staaten erhob (der 1987 verstorbene) US-Handelsminister Baldrige den Vorwurf, kurzsichtige Unternehmerentscheidungen hätten ganz wesentlich zum Verlust der amerikanischen Wettbewerbsfähigkeit beigetragen: „Es gibt keine Entschuldigung dafür, und die Schuld trifft allein die Manager, nicht die Regierung und nicht die Gewerkschaften" (DIE WELT 31.12.1986, S. 3; s.a. DER SPIEGEL 20.4.1987, S. 160-177, und S. 43f. der vorl. Abh.)

Was die **Kontrolle** marktwirtschaftlicher Betriebe angeht, so ist dazu zunächst zu sagen, daß eine Überwachung durch gesellschaftliche Institutionen nicht stattfindet; außer in Fragen, die die Sicherheit der Betriebsanlagen, Umweltschutzauflagen u.ä. betreffen. Ihrer großen gesamtwirtschaftlichen Bedeutung wegen bestehen gewisse staatliche Überwachungsregeln für Kreditinstitute und Versicherungsunternehmen.

Grundsätzlich wacht aber nicht der Staat oder eine andere zentrale Institution darüber, daß die Betriebe „sinnvolle" Arbeit leisten, sondern das erzielte rechnerische Ergebnis zeigt an, ob der Betrieb erfolgreich war oder nicht.

Da die Kapitaleigner danach streben, daß die Betriebe Überschüsse erwirtschaften, achten sie selbst darauf, daß dieses auch tatsächlich geschieht und daß vor allen Dingen wirtschaftlich gearbeitet wird. Sind die Eigentümer und die Be-

Führungsfehler sind am teuersten

Eine Reform unseres Aktienrechts ist notwendig / Von Reinhard Mohn

Das deutsche Aktienrecht unterscheidet sich in vielen Punkten grundlegend von den Regeln, die in anderen großen Industrieländern für die Führung und Kontrolle von Kapitalgesellschaften gelten. Diese Unterschiede sind keineswegs immer positiv. Eklatante Führungsmängel in großen Aktiengesellschaften der Bundesrepublik werfen vielmehr die Frage auf, ob die Konzeption des deutschen Aktiengesetzes den heutigen Anforderungen entspricht. Es scheint mir offensichtlich zu sein, daß die dem Aufsichtsrat und dem Vorstand übertragenen Aufgaben nicht im Sinne des Gesetzgebers durchgeführt werden. Vor allem die dem Aufsichtsrat zugewiesene Kontrollfunktion wird sehr häufig nicht ausreichend wahrgenommen.

Um so erstaunlicher ist, wie uneinsichtig dieses Thema in der Theorie abgehandelt wird. In unserem Lande gibt es in der vorwiegend mit Juristen besetzten Unternehmensrechtskommission praktisch keine Zweifel an der Funktionstüchtigkeit des Aktiengesetzes. Mag auch eine endlose Kette von offenkundigen Führungsfehlern und Firmenzusammenbrüchen die Zweckmäßigkeit des Aktiengesetzes in Frage stellen, eine Erschütterung der extrem theoretisch angelegten Position unseres Führungskonzeptes ist nicht zu beobachten. Angesichts der eminenten Bedeutung der Funktion der Wirtschaft und insbesondere der Großbetriebe für den Lebensstandard ist es erstaunlich, wie wenig Interesse den Führungsfragen entgegengebracht und mit welcher Ruhe unstrittiges Führungsversagen von der Öffentlichkeit hingenommen wird. Man bedauert bei gravierenden Fehlentwicklungen zwar die für den Mitarbeiter menschlich harten Folgen, aber nur selten wird gefragt, welche führungstechnischen Fehler diese Entwicklungen möglich gemacht haben. Meine These: Es ist höchste Zeit, Konzeption und Wirkungsweise der Führung in den Großbetrieben der Wirtschaft einer kritischen Prüfung zu unterziehen.

Die notwendige und über den Erfolg des Unternehmens entscheidende Qualifikation des Vorstands existiert häufig recht zufällig und eher historisch bedingt. Am Status quo wird kaum gerüttelt. Der Vorstand beachtet selbstverständlich die Bestimmungen des Aktiengesetzes. Er ist dabei aber häufig mehr daran interessiert, sich und seine Leistung vor dem Aufsichtsrat zu präsentieren, als den tatsächlichen Stand der Unternehmenssituation darzustellen. Die Abhängigkeit des Vorstands vom Aufsichtsrat macht diese Verhaltensweise verständlich. Im übrigen betrachtet der Vorstand den Aufsichtsrat häufig eher als einen Störenfried, der mit seinen geringen unternehmensspezifischen Kenntnissen wenig hilfreich ist.

Minimaler Wirkungsgrad

Auch der Aufsichtsrat beachtet selbstverständlich die Bestimmungen des Aktiengesetzes und hält sich an die vorgeschriebenen Pflichtübungen. Der so zustandekommende Arbeitseinsatz und Wirkungsgrad sind minimal und unzureichend. Der Informationsstand gestattet keine wirksame Intervention. Diese Aussage gilt nicht nur für Sachfragen, sondern auch für wichtige personelle Beurteilungen. Geht in einer großen Firma etwas schief, zeigt die Fehleranalyse immer die gleichen Fakten: Der Vorstand hat nicht ausreichend informiert, der Aufsichtsrat nicht rechtzeitig und ausreichend reagiert. Dieser Mißstand existiert in Wirklichkeit in viel gravierenderem und häufigerem Ausmaß, als es der Öffentlichkeit bekannt wird.

Die theoretisch einleuchtende Führungskonzeption des deutschen Aktiengesetzes wird deshalb in der Praxis nicht realisiert. Hauptgrund ist die überzogene Trennung von Exekutive und Kontrolle. Dieses Prinzip hat dazu geführt, daß die unerläßliche Kooperation zwischen den beiden Parteien unzureichend ausgebildet ist. Nicht selten wird der Aufsichtsrat als lästige Opposition empfunden und nicht – wie es sein müßte – als Hilfe bei der Führung des Unternehmens.

Der zweite Grund für das Scheitern der Führungskonzeption unseres Aktiengesetzes liegt in der Tatsache, daß die Aufsichtsratsmitglieder mit ihrem Mandat faktisch überfordert sind. Es ist nicht möglich, angesichts der umfangreichen und komplexen Kontrollaufgabe über ausreichende Informationen zu verfügen und dann in den üblichen vier Halbtagssitzungen pro Jahr die zugedachte Funktion auszuüben. In Zukunft wird dies angesichts der immer schwierigeren Führungsaufgaben noch viel weniger möglich sein.

Diese negative Analyse wirft die Frage auf, in welcher Form das grundsätzlich sinnvolle und richtige dualistische Führungsprinzip reformiert werden könnte. Folgende Überlegungen dazu könnten weiterführen:

Die Exekutive eines Unternehmens darf nicht nur als eine Führungshierarchie verstanden werden. Zentralistische Führungsstrukturen, möglicherweise auf einen einzigen Mann ausgerichtet, sind in unserer Zeit nicht nur überholt, sondern darüber hinaus für Erfolg und Kontinuität des

Unternehmens extrem gefährlich. Die Exekutive muß aus einer Pyramide der Führungskräfte bestehen, die eine sehr breite Basis besitzt. Nur eine solche Führungspyramide kann der Führungsaufgabe entsprechen und zugleich die Sicherung der Kontinuität in der Unternehmensführung gewährleisten. Deshalb muß es die vornehmste Aufgabe von Aufsichtsrat und Vorstand sein, eine adäquate Führungspyramide aufzubauen. Dazu ist eine umfassende Führungsplanung erforderlich.

Wird diese Aufgabe gelöst, so sind alle anderen Aufgaben, die sich dem Aufsichtsrat stellen, relativ unbedeutend und einfach zu lösen. Daß es einem Unternehmen langfristig nicht gelingt, Führungskräfte zu entwickeln, deutet auf schwere Versäumnisse bei der Planung der personellen Führungskomponente hin. Allzu oft werden Aufsichtsräte dann mit der Situation konfrontiert, daß ein Vorstandsmitglied ausscheidet und keine Vorsorge für die Nachfolge getroffen wurde. Ohne Zweifel ist ein solcher Wechsel im Vorstand für das Unternehmen teuer und risikoreich.

Häufig werden in Wirklichkeit die dem Aufsichtsrat vorbehaltenen Personalfragen vom Vorstand so weit vorbereitet, daß sie praktisch als entschieden gelten können. Dies gilt im übrigen nicht nur für die Berufung von Vorstandsmitgliedern, sondern auch für die Berufung von Aufsichtsratsmitgliedern. Theorie und Praxis gehen hier ziemlich weit auseinander.

Die Aufsichtsratsarbeit unterliegt inzwischen in unserem Lande gewissen Formen, an die man sich hält. Man trifft sich im Jahr zu drei bis vier Tagungen. Üblicherweise ist die Vorbereitung der Aufsichtsratsmitglieder durch schriftliche Unterlagen eher unzureichend. Angesichts der zuvor beschriebenen Einstellung vieler Vorstände und der eher dürftigen Informationsbasis der Aufsichtsräte bemüht man sich auf beiden Seiten, Konflikte zu vermeiden. Mancher Vorstand nutzt die Gelegenheit, sich zu präsentieren und eine „Motivationsveranstaltung" zu inszenieren. Der Aufsichtsrat – insbesondere auch bei mitbestimmten Unternehmen – ist nicht ausreichend informiert, um kritische Fragen zu stellen und möchte nicht gern den Frieden stören. Hier ist oft genau die Harmonisierung eingetreten, die das Aktiengesetz unter allen Umständen vermeiden wollte.

Obwohl das Gesetz eine Beratung des Vorstands durch den Aufsichtsrat nicht vorschreibt, findet in manchen deutschen Firmen eine sehr positiv zu bewertende Beratung statt. Sie kann unterschiedliche Formen annehmen, zum Beispiel als kritischer Dialog, als konstruktive Kritik, als Mitarbeit in den Ausschüssen und in manch anderer Form. Einzelne Mitglieder des Aufsichtsrats leisten in dieser Form in der Tat hervorragende Führungsbeiträge. Der Aufsichtsrat insgesamt, insbesondere aber die Mitarbeitervertreter sind zu einer solchen konstruktiven Mitarbeit allerdings kaum in der Lage.

Kenntnisse fehlen

Viele Aufsichtsräte müssen sich deshalb in ihrer Funktion auf die Mitwirkung in Grundsatzfragen beschränken. Und auch hier fehlt manchem Aufsichtsratsmitglied die für die Entscheidungen notwendige Kenntnis in Führungsfragen. Damit wird der Aufsichtsrat deutlich überfordert. Dies gilt ganz besonders für die Mitarbeitervertreter im Aufsichtsrat. Nur wenige Aufsichtsratsmitglieder sind auf Grund ihrer Qualifikation in der Lage, Personalentscheidungen im Bereich der Exekutive zu treffen. Die Kenntnis der betroffenen Personen einerseits und fundierte Führungserfahrung andererseits sind unerläßliche Prämissen.

Die Hauptschuld an dieser Entwicklung trägt die falsche Konzeption des Aktiengesetzes, welches zu stark auf Überwachung und Sicherheit abgestellt ist. Richtiger wäre es, in erster Linie eine optimale Führungsleistung anzustreben.

Wenn wir den derzeitigen Zustand in der Führungsspitze unserer Unternehmen bessern wollen, müssen wir nicht unbedingt das deutsche Aktiengesetz ändern, wir müssen aber seine Schwächen erfassen und das dualistische System besser praktizieren. Es ist eine führungstechnisch optimale Organisationsform. Erst aus einer positiven Einstellung zum dualistischen Führungssystem kann sich ein konstruktives Verhältnis zum Aufsichtsrat und seiner Funktion ergeben. Die Initiative für die Kooperation beider Gremien muß nämlich in erster Linie von der Exekutive ausgehen. Der Vorstand muß Kritik und Beratung des Aufsichtsrats oder einzelner seiner Mitglieder suchen und den Dialog als Führungshilfe begreifen. Die Bereitschaft der Aufsichtsratsmitglieder zur Mitarbeit ist häufig sehr viel größer als die Neigung, dies zu nutzen.

Wenn die Zusammenarbeit beider Gremien konstruktive Beiträge erbringen soll, muß selbstverständlich auch eine ausreichende personelle Qualifikation aller Beteiligten vorhanden sein. Das bedeutet, daß die Vertretung großer Firmen und Namen im Aufsichtsrat sehr viel weniger wert ist als die Mitarbeit von Personen mit Führungserfahrung. Das bedeutet, daß auch mit der unguten Tradition gebrochen werden muß, Aufsichtsratsmandate nahezu erblich zu machen. Wir sollten mehr Mut haben, die Kontinuität der Besetzung der Aufsichtsräte zu unterbrechen, beispielsweise durch Einführung von satzungsmäßig festgelegten Altersgrenzen.

Natürlich sehe ich die Schwierigkeit, Aufsichtsratsmitglieder zu gewinnen, die hinsichtlich Qualifikation und Zeitbedarf den heutigen und zukünftigen Aufgabenstellungen entsprechen können. Doch diese Schwierigkeiten halte ich für überwindbar – zum Beispiel durch hauptberuflich tätige Mitglieder. Insbesondere der Aufsichtsratsvorsitzende sollte voll für seine Aufgabe zur Verfügung stehen. Im Normalfall sollte der ehemalige Vorstandsvorsitzende berufen werden. Er kennt das Unternehmen und die handelnden Personen. Zwar kann sich bei ihm auch auf Grund seiner Erfahrung eine gewisse Betriebsblindheit ergeben; diese sollte jedoch von den anderen Aufsichtsratsmitgliedern ausgeglichen werden können. Der Einwand, daß ein solcher Aufsichtsratsvorsitzender praktisch dann weiterhin die Unternehmensexekutive darstellt, erscheint mir nicht gravierend.

Die Berufung von anderen haupt- oder nebenberuflich tätigen Aufsichtsräten ist nicht unproblematisch. Entstammen sie dem Unternehmen, sind die gleichen positiven Voraussetzungen wie beim ehemaligen Vorstandsvorsitzenden zu vermuten. Handelt es sich jedoch um Außenstehende, so wird ihre Integration in die Aufsichtsratsarbeit nicht einfach sein. Besser sind wahrscheinlich „Berufsaufsichtsräte", aber nur dann, wenn sie eigene Erfahrung in der Führung eines Unternehmens erworben haben.

Die Arbeit von haupt- oder nebenberuflich tätigen Aufsichtsräten muß allerdings unter diesen Umständen ganz anders vergütet werden, als dies bisher in der Bundesrepublik üblich ist. Ein hauptberuflich tätiger Aufsichtsratsvorsitzender muß sicher so gut bezahlt werden wie ein exzellentes Vorstandsmitglied.

Die Aufsichtsratsarbeit kann auch auf andere Art noch verbessert und intensiviert werden – etwa durch Ausschüsse, wie sie in unserem Lande, aber auch in Amerika üblich sind. Insbesondere empfiehlt sich die Einsetzung eines spezifischen „Prüfungsausschusses". Diese aktive Prüfungsinitiative des Aufsichtsrats ist eine notwendige Ergänzung zu dem vom Vorstand an den Aufsichtsrat herangetragenen Informationsmaterial. Der Aufsichtsrat und insbesondere haupt- oder nebenberuflich tätige Mitglieder sollten sich in ihrer Arbeit zudem durch die Einsetzung von Assistenten und die Inanspruchnahme von Stabsstellen des Unternehmens entlasten. Auch die Heranziehung externer Prüfungsgesellschaften und Experten empfiehlt sich.

Bei der fast unerträglichen Belastung aller guten Führungskräfte in unserem Lande ist die von mir vorgeschlagene Intensivierung der Aufsichtsratsarbeit nicht leicht zu realisieren. Doch die großen Vorteile und Möglichkeiten des dualistischen Führungsprinzips rechtfertigen diese Anstrengung. Führungsfehler sind die teuersten, die sich ein Unternehmen oder eine Volkswirtschaft leisten kann. Deshalb ist eine Evolution der bisherigen führungstechnischen Konzeption der großen Unternehmen überfällig.

Reinhard Mohn ist Aufsichtsratsvorsitzender der Bertelsmann AG, deren Aktien sich mehrheitlich im Besitz der Familie Mohn befinden.

DIE ZEIT, 5.4.1985, S. 34

triebsleiter identisch, so werden sie praktisch nur vom Markt kontrolliert, ob sie erfolgreich arbeiten.

Wollen die Eigentümer fremde Personen mit der Leitung des Unternehmens beauftragen, wie dies bei großen Aktiengesellschaften die Regel ist, so steht ihnen das Recht auf Auswahl und Abwahl dieser Leiter sowie auf Überwachung der Geschäftsführung zu. Im Falle der Aktiengesellschaft werden diese Eigentümerfunktionen im gesetzlich vorgeschriebenen **Aufsichtsrat** ausgeübt, der in den meisten Fällen mittlerweile paritätisch mit Kapitaleigner- und Arbeitnehmervertretern besetzt ist. Bei einer solchen Aufsichtsratszusammensetzung sind die Unternehmensleiter (Vorstand) nicht nur den Kapitaleignervertretern, sondern auch den Arbeitnehmervertretern verantwortlich, von denen sie ja auch mitgewählt werden.

Eine gewisse Hilfe bei der Ausübung seiner Funktionen erhält der Aufsichtsrat von dem Jahresabschlußprüfer **(Wirtschaftsprüfer)**, der allerdings lediglich die Ordnungsmäßigkeit der Rechnungslegung und nicht auch die Geschäftsführung zu prüfen hat.

Über die Effizienz der (Überwachungs)Tätigkeit der Aufsichtsräte gehen die Meinungen weit auseinander. Diese Problematik veranschaulicht recht gut der vorstehende Artikel von Reinhard Mohn (s.a. Bleicher 1987, Theisen 1987 und die Reihe „Aufsichtsräte" in der ZEIT 27.2., 6., 13., 20.3.1987).

c) Die Verantwortung für Unternehmenszusammenbrüche

Gutenberg (Bd. I, 1983, S. 135) sieht eine der Hauptaufgaben der Unternehmensleitung darin, den Expansionsprozeß zu steuern und zu beherrschen, dem alle Unternehmen, die unter marktwirtschaftlichen Bedingungen existieren, unterliegen; diese Unternehmen „haben eine gewisse natürliche Tendenz, ihr Geschäftsvolumen zu erweitern". Dem ist hinzuzufügen, daß in bestimmten Phasen eher die Steuerung einer auf vielfältigen Ursachen beruhenden Unternehmensstagnation oder -schrumpfung im Vordergrund stehen kann. Die dann auftretenden Führungsfragen sind tendenziell schwieriger lösbar als solche, die im Wachstumstrend anfallen.

Gelingt es nicht, den Unternehmensbestand zu sichern und kommt es zu Zusammenbrüchen, so ist es für den außenstehenden Betrachter im allgemeinen nicht ganz einfach, die eigentlichen Gründe für die Unternehmenszusammenbrüche zu erkennen. Bei der Suche nach **Konkursgründen** wird oft nach endogenen (internen, innerbetrieblichen) Ursachen – z.B. unzweckmäßige betriebliche Organisation und schlechte Personalführung, zu geringes flüssiges (Eigen)Kapital –, für die ausschließlich die Unternehmensleitung verantwortlich ist, und exogenen (externen, zwischenbetrieblichen) Ursachen – z.B. Konjunktureinbrüche und finanzieller Zusammenbruch eines Geschäftspartners – unterschieden.

Wenngleich es für die Unternehmensleitung auch außerordentlich schwierig sein mag, die Auswirkungen der exogenen Faktoren rechtzeitig zu erfassen und in den Griff zu bekommen, darf doch nicht übersehen werden, daß es mit zur Aufgabe der Unternehmensführung gehört, gerade auch die Entwicklung in diesem Bereich sorgsam zu beobachten und geeignete Vorsorge vor negativen Überraschungen zu treffen.

In einer Marktwirtschaft gibt es keine generellen staatlichen Aktivitäten zum Schutz vor Unternehmenszusammenbrüchen. Vielmehr soll die mit der unternehmerischen Betätigung verbundene **Haftung** der Eigenkapitalgeber für die Unternehmensverbindlichkeiten helfen, Firmenzusammenbrüche zu vermeiden. Diesen Zusammenhang formuliert Eucken (1965, S. 242) wie folgt: „Die unbeschränkte Haftung der Unternehmer hat in einer Wettbewerbsordnung den Zweck, daß die Unternehmer unter dem Druck der unbeschränkten Haftung vorsichtig disponieren, genau prüfen, ob und wie sie Kapital investieren und was sie produzieren, und daß sie bei Mißerfolgen automatisch ausscheiden. Zur Wettbewerbsordnung gehört die unbeschränkte Haftung. Ihr Abbau ... beeinträchtigt das Funktionieren dieser Ordnung".

Zu der realen Bedeutung dieser Ordnungsfunktion der unbeschränkten Haftung ist eine kritische Anmerkung zu machen: So wie sich tendenziell mit wachsendem Wohlstand in breiten Bevölkerungskreisen ein verstärktes Bestreben beobachten läßt, sich gegen alle möglichen Risiken zu sichern bzw. zu versichern, zeigt sich auch in den Unternehmen die Tendenz, das unternehmerische Risiko durch vielfältige Maßnahmen der **Haftungsbeschränkung** gering zu halten (z.B. über Rechtsformengestaltung) und somit das zwangsläufig existierende Risiko zu einem erheblichen Teil auf die Gläubiger zu verlagern.

Die starke Zunahme der Firmenzusammenbrüche seit 1979 (S. Schaubild a. S. 126) hat in der Öffentlichkeit wiederholt die Frage aufgeworfen, wer denn nun die vielen Pleiten verschuldet hat oder wer für sie letztlich verantwortlich ist. Insbesondere von **gewerkschaftlicher Seite** wird gelegentlich behauptet, daß für die Zusammenbrüche wohl vor allem Managementfehler verantwortlich zu machen seien. Stellvertretend für solche Stimmen aus den Reihen der Gewerkschaften sei Karl-Heinz Janzen, geschäftsführendes Vorstandsmitglied der IG Metall („Metall-Pressedienst" v. 4.8.1982) zitiert:

> „Mißmanagement in der Unternehmensführung ist die Hauptursache für die Rekord-Konkurs-Welle, von der gegenwärtig die deutsche Metallindustrie heimgesucht wird. Der Pleitegeier nistet in den Chefetagen und nicht an der Drehbank".

Andere Stellen, insbesondere aus dem **Unternehmerlager**, sehen die Situation naturgemäß meist anders. So hat zu dieser auch ordnungspolitisch brisanten „Schuld"-Frage das **Institut der deutschen Wirtschaft e.V.**, Köln, Mitte des Jahres 1982 folgendes ausgeführt:

> „Die starke Zunahme der Insolvenzen geht in erster Linie auf die allgemeine Konjunkturschwäche, den merklich angewachsenen Verschuldungsdruck in den Unternehmen (der Eigenkapitalanteil am Gesamtkapital nimmt ab) sowie auf die angespannte Ertragslage zurück ... Daß die jüngste Häufung von Insolvenzen nicht, wie vielfach behauptet, mit einer allgemeinen Verschlechterung des deutschen Managements zu tun hat, macht eine simple Überlegung klar: Es ist unwahrscheinlich, daß sich die ‚dispositiven Fähigkeiten' einer Volkswirtschaft innerhalb kürzester Zeit verändern. Vielmehr liegt auf der Hand, daß die Verschlechterung der wirtschaftlichen Rahmenbedingungen die Hauptursache der Pleitenwelle ist" (iw-trends 3/82, iwd 30/82).

Das vorstehende Statement ist zweifellos nicht falsch. Allerdings enthält es auch nicht die ganze Wahrheit. Zum Wesen des erfolgreichen Unternehmers gehört es nun auch einmal zwingend, mit veränderten Rahmenbedingungen fertig zu werden. Bei gleichbleibenden Rahmenbedingungen bräuchte man ja eigentlich gar nicht den allgemein hoch geschätzten eigenverantwortlich handelnden Unternehmer. Im Falle von konstant bleibenden Rahmenbedingungen könnten die Betriebe auch von Beamten „verwaltet" werden.

In den früheren Wachstumsjahren spielte die Frage der Managerqualität in öffentlichen Diskussionen eine weit weniger große Rolle, was auch nicht weiter verwunderlich ist. Ein wirtschaftlicher Aufwärtstrend, wie wir ihn bei uns über längere Zeit durchgängig hatten, ist nun einmal von den Unternehmensleitern sehr viel leichter und problemloser zu steuern als eine stagnierende oder gar schrumpfende Entwicklung, bei der Wachstum vielfach nur noch auf der Kostenseite besteht. Im Stagnations- oder Schrumpfungsprozeß zeigt sich besonders deutlich, daß ein Teil der Unternehmensleiter eben den in diesen Phasen steigenden Anforderungen nicht gewachsen ist.

Managementfehler als Mitursachen für Fehlentwicklungen von Unternehmen sieht auch Alfred Herrhausen, Vorstandsvorsitzender der Deutschen Bank AG, von dem nachstehendes Zitat stammt:

> „Ausschlaggebend, und zwar ganz eindeutig ausschlaggebend, für die Fehlentwicklung ist die Gewinnkompression der letzten Jahre. Die Erträge reichen bei vielen Unternehmen einfach nicht aus, der Kostendruck war schlicht und ergreifend zu stark. Deshalb ist die Eigenkapitalquote auf gefährlich niedrige Werte gerutscht. Die zweite Ursache sehe ich in einem Mangel an Flexibilität des Managements" (in „Manager-Magazin 7/1982).

In schwierigen Zeiten wird eben besonders schnell deutlich, ob die Unternehmensleiter in der Lage sind, die „Kosten in Schach zu halten", worin Goetz Briefs eine der Hauptaufgaben der Unternehmer sieht. Ein weiterer Beitrag der Unternehmensleitung zur Unternehmensstabilität besteht darin, neben den Kosten auch die Privatentnahmen der Inhaber in (engen) Grenzen (in Schach) zu halten – ein Problem, das ebenfalls bei vielen Unternehmenszusammenbrüchen eine nicht zu unterschätzende Rolle spielt.

Zweifellos sind Firmenzusammenbrüche für die daran Beteiligten (Arbeitnehmer, Kapitalgeber, Lieferanten, Kunden und Staat) eine wenig erfreuliche Perspektive. Andererseits ist in einer Marktwirtschaft, in der ein fast uneingeschränktes Recht auf unternehmerische Betätigung besteht, das Zusammenbruchsrisiko auch nicht vollständig ausschaltbar. Im Gegenteil. So meint der Kölner Konkursrichter Wilhelm Uhlenbruck („Wirtschaftswoche", 22.7.1977, S. 27):

„Ohne Konkurs ist keine freie Marktwirtschaft denkbar, denn jedes intakte und vom Grundsatz des freien Wettbewerbs beherrschte Wirtschaftssystem setzt voraus, daß lebensunfähige Unternehmen oder unseriöse Unternehmer eliminiert werden".

Der SPIEGEL (Nr. 33/1982) hat diesen Zusammenhang auf die griffige, etwas weiterführende Formel gebracht:

„Firmenzusammenbrüche gehören zum Kapitalismus wie Käuferschlangen zum Sozialismus".

In sozialistischen Ländern werden kranke Betriebe meist durch immer neue (staatliche) Kapitalzufuhr am Leben gehalten. In marktwirtschaftlichen Ländern geschieht dies nur in (zunehmenden!?) Ausnahmefällen, und zwar über Subventionen (s. S. 129-136). Allerdings mehren sich auch bei uns die Stimmen, die meinen, daß eine Zusammenbruchsgefahr faktisch nur bei bestimmten Unternehmen, insbesondere kleinen und mittleren, bestehe, da bei den sehr großen Unternehmen der Staat praktisch gezwungen werde, vor allem im Interesse der Erhaltung der (vielen) Arbeitsplätze vielfältige Überlebenshilfen zu gewähren.

So meint Wilhelm Uhlenbruck (1977, S. 311): „Je bedeutender die wirtschafts-, sozial- und strukturpolitischen Auswirkungen einer Insolvenz erscheinen, um so eher ist heute der Staat nicht nur im Vorfeld der Insolvenz, sondern auch nach Eintritt des Konkursgrundes zu Stützungsaktionen und Sanierungshilfen bereit".

»Weil Du klein bist, darfst Du sterben.« · *P. Bensch*

In die gleiche Richtung zielen die folgenden Ausführungen von M. Miegel (ZEIT 26.6.1987, S. 23): „Ein Unternehmen, das eine bestimmte Größe erreicht hat, wird in unserer Wirtschafts- und Sozialordnung zur öffentlichen Angelegenheit, zum Politikum. Von dem Moment an, indem sich ein Bürgermeister für die Arbeitsplätze in einem Unternehmen X oder ein Minister für die Arbeitsplätze in einem Wirtschaftszweig Y verbürgen, gelten für diese andere Gesetze. Der Markt wird ausgeschaltet". Hans-Ulrich Klose hat diese Zusammenhänge 1978, als er noch Bürgermeister von Hamburg war, in folgende Worte gefaßt: „Wir intervenieren vielfach zugunsten der Wirtschaft, was im Ergebnis heißt, daß wir uns ziemlich handfest als Reparaturbetrieb des Kapitalismus betätigen ... Ich interveniere doch unentwegt, um Unternehmen zu erhalten, die nach den Regeln der Marktwirtschaft eigentlich vom Markt gewischt wären. Ich tue das, um Arbeitsplätze zu erhalten. Ich tue das, mindestens auf Zeit, an den Gesetzen des Marktes vorbei" (KONKRET 12/1978, S. 9f.).

Viele Menschen haben Schwierigkeiten zu verstehen, daß bei uns auch in der Situation einer allgemeinen Verbesserung der gesamtwirtschaftlichen Lage die Zahl der Firmen-Zusammenbrüche sehr hoch bleibt. Für diesen Sachverhalt gibt es eine einleuchtende Erklärung, die recht anschaulich in dem nachstehenden Artikel von Michael Jungblut enthalten ist. Die von Jungblut so deutlich herausgestellte zunehmende Unternehmensgründungslust hängt naturgemäß auch damit zusammen, daß manche Arbeitnehmer und Arbeitslose einen „letzten Versuch" im Selbständigmachen sehen, um ihre berufliche Lage und persönliche Perspektive zu verbessern.

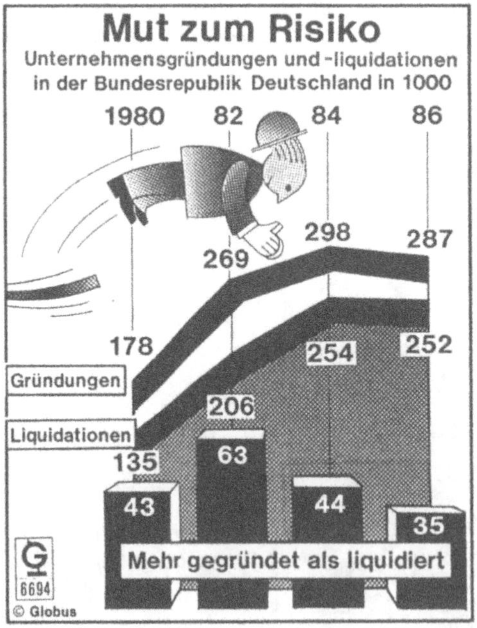

Die Zahl der Pleiten steigt und steigt. Aber das ist die Kehrseite einer an sich erfreulichen Entwicklung

Wer nichts wagt...

Der Pleitegeier zieht nach wie vor seine Kreise über der deutschen Wirtschaft. Wer erwartet hatte, daß nach vielen Jahren der Krise die Zahl der Unternehmenszusammenbrüche abnehmen würde, weil die große Mehrzahl der wackligen Firmen mit zu wenig Eigenkapital, veralteten Anlagen und Produkten oder schläfrigem Management schon lange aus dem Markt ausgeschieden sein müßten, sieht sich getäuscht. Obwohl sich die wirtschaftliche Lage in den letzten Jahren stabilisiert hat, die Gewinne und Umsätze kräftig steigen und der Export floriert wie selten zuvor, ebbt die Pleitenwelle nicht ab.

Im Gegenteil: Zwischen 1979 und 1980 hat sich die Zahl der Konkurse und Vergleichsverfahren von 8319 auf rund 17 000 nahezu verdoppelt. Wie der Fachverlag Rentrop ermittelt hat, ist vorläufig auch keine Besserung in Sicht, denn im ersten Halbjahr 1985 gab es wiederum 16 Prozent mehr Konkursverfahren als zur gleichen Zeit des Vorjahres. Dabei sind in dieser Zahl nicht einmal die Firmenzusammenbrüche enthalten, bei denen eine Eröffnung des Konkursverfahrens mangels Masse abgelehnt wurde.

Noch größer ist die Zahl der Firmenlöschungen. In aller Stille und ohne ihre Geschäftspartner auf einem Berg unbezahlter Rechnungen sitzen zu lassen, schieden in den ersten sechs Monaten 1985 13 998 Betriebe aus dem Markt aus.

Grund zum Erschrecken? Hinter diesen Zahlen steht manches tragische Schicksal, oft das Ende alter Familienunternehmen, mancher geplatzte Traum vom unternehmerischen Erfolg – und natürlich auch der Verlust zahlreicher Arbeitsplätze von abhängig Beschäftigten. Doch eine isolierte Darstellung der Pleitenrekorde und Unternehmenslöschungen vermittelt – wie so viele Statistiken – nur die halbe Wahrheit. Denn das Firmensterben ist zu einem guten Teil die Kehrseite einer durchaus erfreulichen Entwicklung, nämlich einer noch höheren Zahl von Neugründungen. Waren es zu Beginn der wirtschaftlichen Krise Mitte der siebziger Jahre vor allem marode alte Unternehmen, die nicht mehr die Kraft hatten, in dem rauheren Klima zu überleben, so sind heute unter den Pleitekandidaten sehr viele Neugründungen.

Denn auch hier gibt es einen Boom, nicht nur bei den Pleiten. Fast zwanzigtausend junge Unternehmen wurden allein in den ersten sechs Monaten dieses Jahres ins Handelsregister eingetragen. Noch weit höher dürfte die Zahl der Neugründungen sein, bei denen zunächst nur ein Gewerbeschein beantragt, aber kein Eintrag ins Handelsregister vorgenommen wird.

Unausweichliche Folge einer wieder zunehmenden Unternehmungslust und einer – erfreulicherweise – wieder wachsenden Risikobereitschaft bei Hochschulabsolventen, jungen Managern und Erfindern ist freilich, daß auch die Zahl der Fehlschläge steigt.

Sofern mit einer Firmengründung nicht von vornherein betrügerische Absichten verfolgt werden, sind Fehlschläge weder ein Drama, noch gar eine Schande. In den USA, wo selbst ein gescheiterter Jungunternehmer für seinen Wagemut mit gesellschaftlicher Anerkennung rechnen kann, gilt bei den Finanziers solcher Wagnis-Gründungen die Faustformel: Wenn nur eine von zehn geförderten Firmengründungen ein Erfolg wird, hat sich das Geschäft schon gelohnt. Diese Regel gilt nicht nur für den Gewinn, den der *Venture Capitalist* dann einstreicht, sie gilt auch für die neu geschaffenen Arbeitsplätze. Nicht zuletzt dieser Einstellung haben es die Amerikaner zu verdanken, daß dort in den letzten Jahren Tausende von erfolgreichen, dynamischen Unternehmen und Millionen neuer Arbeitsplätze entstanden.

Michael Jungblut

DIE ZEIT, 12.7.1985, S. 17

3. Die arbeitsrechtliche Bestandssicherung des Arbeitsplatzes

Nachdem im vorstehenden einige betriebswirtschaftliche Instrumente behandelt worden sind, die helfen können, das Unternehmen und damit auch die Arbeitsplätze zu stabilisieren, ist im folgenden nun auf die (arbeits)rechtliche Seite der Absicherung des Arbeitsplatzes einzugehen; das heißt, es geht hier um die rechtliche Position des Arbeitnehmers im Hinblick auf den Bestandsschutz seines Arbeitsplatzes.

a) Gründe für die Bestandssicherung

Für den Regelfall kann davon ausgegangen werden, daß die **(Lohn)Arbeit** der einzige oder doch der ganz entscheidende **Weg** ist, auf dem der Arbeitnehmer die finanziellen Mittel für die **Bestreitung** seines **Lebensunterhalts** erwirbt. Insofern ist er meist schon unter finanziellen Gesichtspunkten auf einen Arbeitsplatz angewiesen, von dem Aspekt einer möglichen Selbstverwirklichung oder Selbstbestätigung sowie gesellschaftlicher Anerkennung in einem regulären Arbeitsverhältnis einmal abgesehen.

Zwar erhalten die Betroffenen heute nach dem Arbeitsförderungsgesetz für den Fall drohender oder tatsächlicher **Arbeitslosigkeit** in der Regel beachtliche **staatliche Hilfen**, für die die Arbeitslosen – in der Zeit, als sie selbst im Arbeitsprozeß standen – und die Arbeitgeber finanzielle Beiträge an die Arbeitslosenversicherung geleistet haben. Anders als zu Zeiten der Weltwirtschaftskrise der 30er Jahre steht den meisten Arbeitslosen heute ein Netz sozialer Sicherungen zur Verfügung (s. SALOWSKY/SEFFEN 1987), mit dem der Entstehung großer materieller Not während einer relativ kurzzeitigen Arbeitslosigkeit vorgebeugt wird. Dabei darf allerdings das Problem nicht übersehen werden, daß die Arbeitslosigkeit nicht nur ein materielles, sondern regelmäßig auch ein menschliches, d.h. ein **psycho-soziales Problem** ist, das nicht zuletzt – insbesondere bei längerer Erwerbslosigkeit – auch die Wiedereingliederung in den Arbeitsprozeß erschwert. Auf die gesamtgesellschaftlichen Probleme der Arbeitslosigkeit ist im Dritten Teil der vorliegenden Abhandlung noch näher einzugehen.

Auch wenn es für Arbeitsplatzsuchende kein eindeutiges, einklagbares Recht auf Arbeit gibt (s. S. 304-318) und für die „Arbeitsplatzbesitzer“ keine uneingeschränkte rechtliche Garantie auf Erhalt des Arbeitsplatzes besteht, so ist andererseits das Arbeitsrecht aber doch bemüht, dem Arbeitnehmer einen gewissen Schutz vor einer sachlich ungerechtfertigten Auflösung des Arbeitsverhältnisses durch den Arbeitgeber zu gewähren. Dies zeigt sich besonders deutlich darin, daß die Arbeitsvertragsparteien nicht vollkommen frei sind in der Gestaltung des Inhalts des Arbeitsvertrages. „Das Arbeitsrecht mißtraut (vielmehr, R.S.) dem Einzelvertrag ... Es läßt sich begreifen als ein einziges großes Kontrollsystem gegenüber der Vertragsfreiheit“ (HANAU/ADOMEIT 1986, S. 33f.). Dabei unterstellt das Arbeitsrecht, daß der Arbeitnehmer tendenziell der schwächere Partner des Arbeitsverhältnisses ist und deshalb rechtlich geschützt werden muß.

Der Gesetzgeber und mehr noch die Rechtsprechung gehen davon aus, daß **Arbeitsverhältnisse** normalerweise **auf Dauer**, d.h. unbefristet begründet werden, wie ja auch die Betriebe selbst auf Dauer angelegte Institutionen sind. Solche Arbeitsverhältnisse unterliegen dann einem **allgemeinen Schutz vor Kündigungen** durch den Arbeitgeber.

b) Der allgemeine Kündigungsschutz

Zur allgemeinen arbeitsrechtlichen Bestandssicherung des Arbeitsplatzes gehört zunächst die Regelung, daß vor jeder Kündigung der Betriebsrat zu hören ist und der Arbeitgeber ihm die Gründe für die Kündigung mitzuteilen hat. Eine ohne Anhörung des Betriebsrates ausgesprochene Kündigung ist unwirksam (§ 102 I BetrVG).

Unabhängig hiervon gilt in Betrieben, die außer den Auszubildenden wenigstens sechs Arbeitnehmer haben (deren regelmäßige Arbeitszeit wöchentlich 10

Stunden oder monatlich 45 Stunden übersteigt), der allgemeine Kündigungsschutz nach dem Kündigungsschutzgesetz vom 10.8.1951 (in der Fassung vom 25.8.1969) für solche Arbeitnehmer, deren Arbeitsverhältnis zum Zeitpunkt der (Arbeitgeber)Kündigung länger als sechs Monate bestanden hat.

Ein weitergehender Kündigungsschutz besteht vielfach in Tarifverträgen für ältere, langjährig im Unternehmen tätige Mitarbeiter. Für bestimmte Arbeitnehmergruppen, die der Gesetzgeber für besonders schutzbedürftig hält, existiert ebenfalls ein weitergehender (gesetzlicher) Kündigungsschutz, so zum Beispiel für Schwerbehinderte, werdende Mütter und Betriebsratsmitglieder.

Um einen Eindruck von dem allgemeinen Kündigungsschutz zu bekommen, wird nachstehend der wesentliche **Inhalt des § 1 Kündigungsschutzgesetz** wiedergegeben:

1) Die Kündigung des Arbeitsverhältnisses gegenüber einem Arbeitnehmer ... ist rechtsunwirksam, wenn sie sozial ungerechtfertigt ist.

2) Sozial ungerechtfertigt ist die Kündigung, wenn sie nicht durch Gründe
   - die in der Person (Beispiel: Der Chauffeur wird blind) oder
   - in dem Verhalten des Arbeitnehmers liegen (Beispiel: Der Arbeitnehmer schafft es nur ausnahmsweise, pünktlich zum Arbeitsbeginn zu erscheinen),
     oder
   - durch dringende betriebliche Erfordernisse, die einer Weiterbeschäftigung des Arbeitnehmers ... entgegenstehen (Beispiel: Starker Umsatz- und Auftragsrückgang),

   bedingt ist.
   Die Kündigung ist auch sozial ungerechtfertigt, wenn
   - die Kündigung gegen eine (Auswahl)Richtlinie nach § 95 des Betriebsverfassungsgesetzes verstößt;
   - der Arbeitnehmer an einem anderen Arbeitsplatz ... weiterbeschäftigt werden kann*

   ...
   Sozial ungerechtfertigt ist die Kündigung auch dann, wenn die Weiterbeschäftigung des Arbeitnehmers nach zumutbaren Umschulungs- oder Fortbildungsmaßnahmen oder eine Weiterbeschäftigung des Arbeitnehmers unter geänderten Arbeitsbedingungen möglich ist und der Arbeitnehmer sein Einverständnis hiermit erklärt*.
   Der Arbeitgeber hat die Tatsachen zu beweisen, die die Kündigung bedingen.

3) Ist einem Arbeitnehmer aus dringenden betrieblichen Erfordernissen ... gekündigt worden, so ist die Kündigung trotzdem sozial ungerechtfertigt, wenn der Arbeitgeber bei der Auswahl des Arbeitnehmers soziale Gesichtspunkte nicht oder nicht ausreichend berücksichtigt hat; auf Verlangen des Arbeitnehmers hat der Arbeitgeber dem Arbeitnehmer die Gründe anzugeben, die zu der getroffenen sozialen Auswahl geführt haben. Satz 1 gilt nicht, wenn betriebstechnische, wirtschaftliche oder sonstige berechtigte betriebliche Bedürfnisse die Weiterbeschäftigung eines oder mehrerer bestimmter Arbeitnehmer bedingen und damit der Auswahl nach sozialen Gesichtspunkten entgegenstehen.

---

* Im Hinblick auf die in § 1 Abs. 2 Kündigungsschutzgesetz genannte alternative Beschäftigungsmöglichkeit hat das Bundesarbeitsgericht in seinem Urteil vom 27.9.1984 folgende Leitsätze aufgestellt:
- Der Arbeitgeber muß nach dem Grundsatz der Verhältnismäßigkeit vor jeder Beendigungskündigung von sich aus dem Arbeitnehmer eine beiden Parteien zumutbare Weiterbeschäftigung auf einem freien Arbeitsplatz auch zu geänderten Bedingungen anbieten.
- Unterläßt es der Arbeitgeber, dem Arbeitnehmer vor Ausspruch einer Beendigungskündigung ein mögliches und zumutbares Änderungsangebot zu unterbreiten, dann ist die Kündigung sozial ungerechtfertigt, wenn der Arbeitnehmer einem vor der Kündigung gemachten entsprechenden Vorschlag zumindest unter Vorbehalt zugestimmt hätte.

Der Arbeitnehmer hat die Tatsachen zu beweisen, die die Kündigung als sozial ungerechtfertigt im Sinne des Satzes 1 erscheinen lassen.

Kommt ein Betrieb (mit mehr als 20 Arbeitnehmern) zu dem Ergebnis, daß aus wirtschaftlichen Gründen eine **Betriebseinschränkung** (§ 111 BetrVG) erfolgen muß und zu diesem Zweck **mehrere Arbeitnehmer entlassen** werden müssen, so kann dies dazu führen, daß der Betriebsrat für die zu Entlassenden einen **Sozialplan** nach § 112 BetrVG mit dem Arbeitgeber aushandelt. In ihm wird ein (finanzieller) Ausgleich der wirtschaftlichen Nachteile, die dem Arbeitnehmer infolge der Entlassung entstehen, vereinbart.

Sozialplan für die Männer von HDW: 12 Monatsgehälter

Eigener Bericht
hk. **Hamburg**, 1. November
Der Vorstand der Howaldtswerke-Deutsche Werft AG (HDW) in Hamburg stellt die geplante Entlassung von 160 Mitarbeitern um drei Monate zurück und zahlt 1194 anderen, deren Entlassung schon vollzogen ist oder bevorsteht, insgesamt 20,6 Millionen Mark Abfindung – durchschnittlich 12 Monatsbezüge. Das ist der Inhalt des Sozialplans, auf den sich der Werftvorstand und der Betriebsrat gestern abend nach 36stündiger Verhandlung einigten. Ursprünglich wollte der Vorstand nicht mehr als 12,7 Millionen Mark für den Sozialplan ausgeben. Der Betriebsrat hatte 25 Millionen Mark gefordert.

Gleichzeitig mit dem Sozialplan vereinbarten Vorstand und Betriebsrat eine flexiblere Arbeitszeit-Regelung für die verbleibenden 1900 Belegschaftsmitglieder. Überstunden sollen (mit Ausnahme der Zuschläge) nicht mehr bezahlt, sondern nach Möglichkeit abgebummelt werden.

Der HDW-Sozialplan sieht die Zahlung von Abfindungen schon nach vier (vorher fünf) Jahren Betriebszugehörigkeit vor. Alle, die entlassen werden, bekommen darüber hinaus ein Monatsgehalt zusätzlich und vermögenswirksame Leistungen sowie ein Jubiläumsgeld auch dann, wenn am Jubiläum noch zwei Jahre fehlen.

Hamburger Abendblatt, 1.11.1983

Ein Arbeitnehmer, der glaubt, daß seine Kündigung sozial ungerechtfertigt ist und der sich hiergegen wehren will, muß innerhalb von drei Wochen nach Zugang der Kündigung **Klage** beim Arbeitsgericht auf Feststellung **erheben**, daß das Arbeitsverhältnis durch die Kündigung nicht aufgehoben ist. Andernfalls wird die Kündigung, auch wenn sie noch so ungerechtfertigt ist, rechtens.

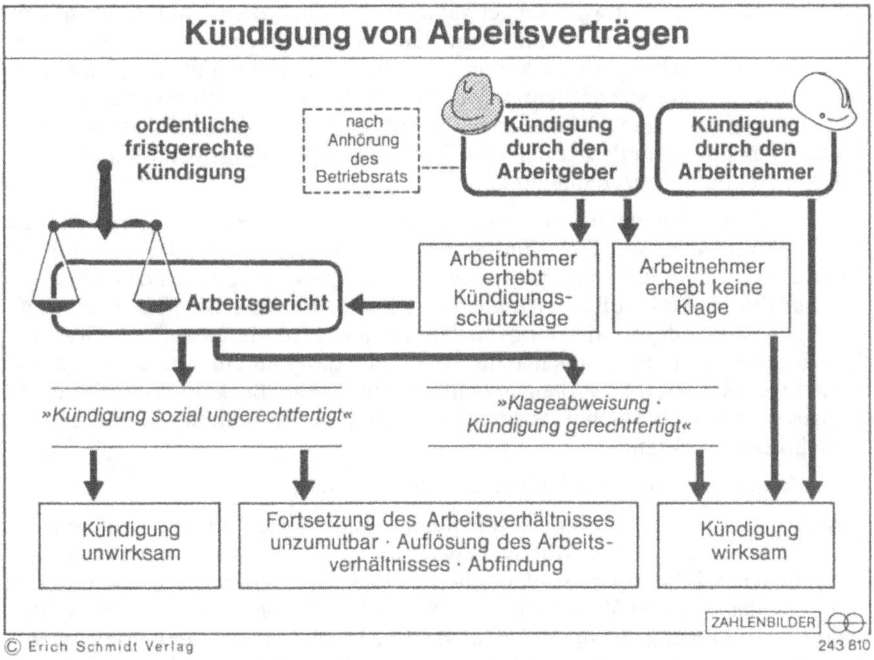

Eine recht gute **Gesamtwertung des Kündigungsschutzes** bringen HANAU/ADOMEIT (1986, S. 234f.) indem sie eine Antwort auf die Frage zu geben versuchen: „Wie ist der sozialpolitische Wert des Kündigungsschutzes insgesamt einzuschätzen, welches Maß an Arbeitsplatzsicherheit garantiert er dem Arbeitnehmer?". Die beiden Autoren meinen hierzu:

„Der Arbeitnehmer erhält vor allem eine Handhabe gegen willkürliche Kündigungen, für die keine berechtigten Interessen des Arbeitgebers bestehen. Dagegen gewährt das Kündigungsschutzgesetz nur geringen Schutz gegen Arbeitsplatzverlust infolge Konjunkturrückgangs, Rationalisierung oder Strukturkrise. Denn zu den ‚dringenden betrieblichen Erfordernissen', die eine ordentliche Kündigung rechtfertigen, zählt auch und vor allem der Wegfall des Arbeitsplatzes aus solchen Gründen.

Dabei ist sogar die gerichtliche Kontrolle beschränkt, denn das Arbeitsgericht kann nicht nachprüfen, ob die vom Arbeitgeber verfügte Schließung von Betrieben oder Betriebsteilen (oder von anderweitigen Betriebseinschränkungen, R.S.) wirklich erforderlich oder bei anderer Unternehmensplanung vermeidbar war oder ist, außer bei offenbar unvernünftigen oder willkürlichen Unternehmerentscheidungen.

Der Arbeitgeber muß aber im einzelnen dartun, wieweit sich seine wirtschaftliche Lage verschlechtert hat und wie sich das auf den Arbeitsplatz des gekündigten Arbeitnehmers auswirkt. Auch werden Stillegungen (und andere Betriebseinschränkungen, R.S) nicht als erforderlich anerkannt, wenn die Überwindung der Krise auf andere, für die Arbeitnehmer weniger einschneidende Weise möglich ist, insbesondere durch Kurzarbeit.

Ferner kann der Betriebsrat in Betrieben mit in der Regel mehr als 20 wahlberechtigten Arbeitnehmern Sozialpläne durchsetzen, die den Arbeitnehmern Abfindungen, Übergangshilfen usw. gewähren, wenn sie ihren Arbeitsplatz durch Betriebsänderung verlieren (§§ 111, 112 BetrVG).

Im übrigen ist der entlassene Arbeitnehmer, wenn er keinen neuen Arbeitsplatz findet, auf die Arbeitslosenversicherung angewiesen".

In der Vergangenheit war es regelmäßig so, daß ein Arbeitnehmer, der seinen Kündigungsschutzprozeß gewann, trotzdem nicht wieder in seinen Betrieb zurückkam. Die Arbeitsgerichte konnten sich auch in diesem Fall nicht zu einem unbedingten Weiterbeschäftigungsanspruch durchringen. Stattdessen erhielt der obsiegende Kläger eine Abfindung. Das heißt: Der Kündigungsschutzprozeß war immer mehr zu einem Prozeß um eine finanzielle Abfindung „verkommen", wie Kritiker dies häufig bezeichneten.

Diese Praxis soll nach einer Entscheidung des Bundesarbeitsgerichts vom 27.2.1985 verändert werden. Künftig erhält ein Arbeitnehmer, der in erster Instanz, also vor dem Arbeitsgericht, seinen Prozeß gewinnt, grundsätzlich bis zum rechtskräftigen Abschluß des Kündigungsschutzprozesses einen Weiterbeschäftigungsanspruch, den er allerdings noch mit einem besonderen Antrag (Beschäftigungsklage) geltend machen muß. Während des Laufens des Kündigungsschutzprozesses vor dem Arbeitsgericht besteht regelmäßig kein Weiterbeschäftigungsanspruch; ein solcher Anspruch entsteht jedoch, wenn die Kündigung offensichtlich unwirksam ist.

Der folgende Artikel verdeutlicht die neue Situation.

Außer durch die schon im vorstehenden Artikel genannten „Schlupflöcher", die ein „Ausbrechen" des Arbeitgebers aus dem Weiterbeschäftigungsanspruch ermöglichen, wird zunehmend versucht, den Beschäftigungsanspruch dadurch zu vereiteln, daß nach der Verkündung des Weiterbeschäftigungsurteils eine zweite, dritte ... Kündigung nachgereicht wird, d.h. es finden **„Kettenkündigungen"** statt, die vielfach wohl den Charakter von „Trotzkündigungen" haben. Hanau/Adomeit (1986, S. 234) formulieren diese Verhaltensweise und ihre Konsequenzen wie folgt: „Mancher Arbeitgeber hilft sich selbst: Er wiederholt Kündigung nach Kündigung, so daß die Gerichte zu keiner Entscheidung über den Bestand des Arbeitsverhältnisses und die Weiterbeschäftigung kommen können. Das geht aber nur, wenn an den Kündigungen etwas dran ist, denn offenbar unwirksame Kündigungen sind unerheblich" (s.a. Zeitungsnotizen auf S. 213f.).

c) Die Ausschaltung des Bestandsschutzes

Der vorstehend skizzierte Kündigungsschutz kommt nur zur Anwendung, wenn das betreffende Arbeitsverhältnis ganz bestimmte Voraussetzungen erfüllt. Liegen diese nicht vor, entfällt der gesetzliche Kündigungsschutz. Für die Nicht-Anwendung des Kündigungsschutzgesetzes kommen außer dem Fall, daß der Arbeitnehmer noch nicht sechs Monate in dem Betrieb beschäftigt ist, vor allen Dingen die nachstehenden drei Fallgruppen in Betracht.

- Da ist zunächst noch einmal die im Kündigungsschutzgesetz enthaltene, auf **Kleinbetriebe** ausgerichtete Vorschrift zu nennen, nach der der allgemeine Kündigungsschutz nicht anzuwenden ist, wenn der betreffende Betrieb nicht wenigstens sechs Arbeitnehmer (ausschließlich Auszubildende) beschäftigt, deren regelmäßige Arbeitszeit wöchentlich zehn Stunden oder monatlich 45 Stunden übersteigt. Auch hier „zeigt sich, daß Kleinbetriebe ein Raum verdünnten Arbeitsrechts sind" (Hanau/Adomeit 1986, S. 229).

Diese gesetzliche Regelung „soll den besonderen Verhältnissen der Kleinbetriebe Rechnung tragen. Der Inhaber eines Kleinbetriebes wird durch den Zwang zur Fortsetzung eines ihm nicht mehr erwünschten Arbeitsverhältnisses infolge der wesentlich engeren Zusammenarbeit persönlich und im Hinblick auf die kleineren Verhältnisse vielfach auch finanziell schwerer belastet als der Inhaber eines Groß- oder Mittelbetriebes. Auf

KÜNDIGUNGSSCHUTZ

Löcher im Grundsatz

Der Weiterbeschäftigungsanspruch des gekündigten Arbeitnehmers während des Kündigungsschutzprozesses wurde Anfang dieses Jahres vom Großen Senat des BAG bestätigt. Die jetzt bekanntgewordene Urteilsbegründung zeigt jedoch deutlich die Schlupflöcher auf.

Während der Gesetzgeber in den letzten Monaten bestrebt war, den Bestandsschutz von Arbeitsverhältnissen zu vermindern, ging die Rechtsprechung des Bundesarbeitsgerichts den umgekehrten Weg. Bis zur Entscheidung des BAG vom 27. Februar 1985 war die Trennung sogar quer durch die Arbeitsgerichte und Landesarbeitsgerichte hindurchgegangen. Einzelne Kammern ein und desselben Gerichts hatten den Weiterbeschäftigungsanspruch während des Kündigungsschutzprozesses zugesprochen, während andere ihn grundsätzlich abgelehnt hatten.

Diese Unsicherheit wurde nun durch die Entscheidung des Großen Senats des BAG beseitigt. Seit Frühjahr dieses Jahres geben die Gerichte ausnahmslos dem Beschäftigungsantrag des Arbeitnehmers statt, sobald die erste Instanz die Kündigung des Arbeitgebers für unwirksam erklärt hat.

Nahezu sieben Monate hat das BAG gebraucht, um die Entscheidungsgründe, die diesen Beschluß seines Großen Senats tragen, den Parteien zuzustellen. Wenn diese Entscheidungsgründe erst einmal in der Fachpresse veröffentlicht sein werden, wird es mit der pauschalen Einhelligkeit, mit der die erst- und zweitinstanzliche Praxis in den vergangenen Monaten den Weiterbeschäftigungsanträgen der Arbeitnehmer stattgegeben hat, vermutlich wieder vorbei sein.

Der Schwerpunkt der Entscheidung liegt sicherlich in den umfangreichen Ausführungen des BAG zur rechtlichen Grundlage des von ihm grundsätzlich bejahten Weiterbeschäftigungsanspruchs des gekündigten Arbeitnehmers. Praktische Bedeutung werden jedoch vor allem die Passagen der Entscheidung haben, die den Arbeitgebern die Möglichkeit bieten, eine Weiterbeschäftigung des gekündigten Arbeitnehmers für die Dauer des Kündigungsschutzprozesses zu verhindern. Hier hat das BAG deutliche Hinweise gegeben, wie der Arbeitgeber zukünftig argumentieren muß, um den

Weiterbeschäftigungsantrag zu unterlaufen.

Für die Praxis wichtig sind die folgenden drei Schwerpunkte des BAG:

1. Für die Zeit zwischen Ablauf der Kündigungsfrist und dem Urteil erster Instanz – auch dies können bei manchen Arbeitsgerichten Monate sein – hat der Arbeitnehmer regelmäßig kein Recht auf Weiterbeschäftigung. Nur wenn die Kündigung offensichtlich unwirksam ist, kann der Arbeitnehmer während dieser Zeit eine Weiterbeschäftigung durch einstweilige Verfügung durchsetzen. Dies setzt aber voraus, daß sich schon aus dem eigenen Vortrag des Arbeitgebers ohne Beweiserhebung und ohne daß ein Beurteilungsspielraum gegeben wäre, jedem Kundigen die Unwirksamkeit

der Kündigung geradezu aufdrängen muß. Die Unwirksamkeit der Kündigung muß in diesem Falle ohne jeden vernünftigen Zweifel in rechtlicher und tatsächlicher Hinsicht offen zutage liegen. Dies wird nur in den seltensten Kündigungsfällen gegeben sein.

2. Sobald das Arbeitsgericht in erster Instanz der Kündigungsschutzklage des Arbeitnehmers stattgegeben hat, ist auf dessen Antrag hin der Arbeitgeber zur tatsächlichen Weiterbeschäftigung zu den bisherigen Arbeitsbedingungen zu verurteilen. Regelmäßig begründet allein die Unsicherheit über den endgültigen Ausgang des Kündigungsschutzprozesses in den möglichen Folgeinstanzen noch nicht ein überwiegendes Interesse des Arbeitgebers an einer Nichtbeschäftigung des Arbeitnehmers nach Erlaß des erstinstanzlichen Urteils. Grundsätzlich ist deshalb der Arbeitnehmer weiter zu beschäftigen.

3. Wenn jedoch weitere Gesichtspunkte hinzukommen, aus denen sich im jeweiligen Einzelfall ein überwiegendes Interesse des Arbeitgebers ergibt, den Arbeitnehmer nicht weiter zu beschäftigen, ist der Weiterbeschäftigungsantrag zurückzuweisen. Das BAG denkt dabei vor allem an solche Umstände, die auch im bestehenden Arbeitsverhältnis den Arbeitgeber zur vorläufigen Freistellung des Arbeitnehmers berechtigen würden. Als Beispiel hat das BAG den Fall des Arbeitnehmers genannt, der unter dem Verdacht des Verrats von Betriebsgeheimnissen steht. Auch in anderen Fällen eines etwa strafbaren Verhaltens des Arbeitnehmers oder wenn Schädigungen des Arbeitgebers konkret zu erwarten sind, scheidet eine Weiterbeschäftigung aus. Außerdem kann sich ein überwiegendes schutzwertes Interesse des Arbeitgebers auch aus der Stellung des gekündigten Arbeitnehmers im Betrieb und der Art seines Arbeitsbereichs ergeben. Auch für den Fall einer unzumutbaren wirtschaftlichen Belastung des Arbeitgebers scheidet die Weiterbeschäftigung aus.

Nach Auffassung des Kölner Rechtsanwalts Ulrich Weber, der sich auf das Gebiet des Arbeitsrechts spezialisiert hat, bietet diese Rechtsprechung des BAG dem Arbeitgeber bei sorgfältiger Vorbereitung der Kündigung und bei vollständigem Sachvortrag im Kündigungsschutzprozeß die realistische Chance, bei begründeten Kündigungen auch während des Verfahrens die Weiterbeschäftigung des Arbeitnehmers zu verhindern. Insbesondere bei Vertrauensstellungen oder anderen höherwertigen Beschäftigungen ist dem Arbeitgeber bei schwerwiegenden verhaltensbedingten Beanstandungen eine Weiterbeschäftigung des Arbeitnehmers nicht mehr zuzumuten. Bei betriebsbedingten Kündigungen bedarf es demgegenüber der schonungslosen Offenlegung der schlechten wirtschaftlichen Situation des Arbeitgebers, um eine Weiterbeschäftigung auszuschließen.

Weber geht davon aus, daß die Einigkeit in der Arbeitsgerichtsbarkeit beim Weiterbeschäftigungsanspruch des gekündigten Arbeitnehmers wieder passé ist. Es ist zu befürchten, daß zukünftig die Instanzgerichte jeweils entsprechend ihrer früheren Haltung zum Weiterbeschäftigungsanspruch geringere oder höhere Ansprüche an den Sachvortrag des Arbeitgebers zur Unzumutbarkeit der Weiterbeschäftigung stellen werden. ■

Wirtschaftswoche Nr. 42, 11.10.1985

Bundesrichter zu Kettenkündigungen

Ein klares Ja – aber

Eberhard von Kuenheim, Vorstandsvorsitzender der Bayerischen Motorenwerke (BMW), soll einmal erklärt haben, lieber nehme er eine Beugehaft in Kauf, als das – inzwischen siebenmal – entlassene ehemalige Betriebsratsmitglied Peter Vollmer wieder in der Berliner BMW-Filiale arbeiten zu lassen.

Wenn dies zutrifft und Kuenheim dabei bleibt, müßte er möglicherweise schon bald mit Bußgeld oder Haft dafür einstehen: Daß Vollmer – zeitweise – hätte weiterbeschäftigt werden müssen, hat nun auch das Bundesarbeitsgericht (BAG) höchstrichterlich entschieden. Und ein „überwiegendes" Interesse Vollmers an einer künftigen Weiterbeschäftigung hat der 2. Senat in Kassel auch bereits erkannt. Das nächste Wort hat (wieder) das Landesarbeitsgericht in Berlin: Es soll – nach einer vom BAG verlangten umfassenden Interessenabwägung – entscheiden, ob die Werkstore für Vollmer wieder geöffnet werden müssen.

Was die Bundesrichter damit generell (und erstmals) zur Zulässigkeit von Ketten- oder auch „Trotzkündigungen" erklärten, haben sich die Gewerkschaften gewiß eindeutiger erhofft: Wenn ein rechtswidrig entlassener Arbeitnehmer einen gerichtlich bestätigten Anspruch auf Weiterbeschäftigung in der Tasche hat, geht dieser Anspruch nicht durch eine weitere Kündigung verloren, die offensichtlich unwirksam ist; etwa weil sie aus denselben oder ähnlichen Gründen wie die erste ausgesprochen wurde. Wenn sich freilich ein Arbeitgeber neue und dazu auf den ersten Blick fundierte Entlassungsgründe einfallen läßt – und das steht zwischen den Zeilen der Kasseler Entscheidung –, ist der gerichtlich bestätigte Anspruch auf Weiterbeschäftigung erst einmal dahin. Es ist also eine „Ja-aber-Entscheidung", die das hohe Gericht im Namen des Volkes verkündete.

Im BMW-Streit, der schon als „Kündigungskrieg" die Runde machte, ist es übrigens die 44. Gerichtsentscheidung. Dieser „Krieg" begann mit der Anfechtung der Betriebsratswahlen im Frühjahr 1984. Wegen der harten Auseinandersetzungen um die Anfechtung und wegen der Flugblätter, die sie verbreiteten, wurden Vollmer und zwei weitere Kollegen fristlos entlassen. Sobald die Kündigungen für unwirksam erklärt und BMW vorerst zur Weiterbeschäftigung verurteilt wurde, schickte das Unternehmen einen neuen „blauen Brief". Innerhalb weniger Monate hatten die drei zusammen 18 Kündigungen in der Tasche, sieben – meist fristlose – verbuchte allein das ehemalige Betriebsratsmitglied Vollmer, und der Vorrat an Gründen schien unerschöpflich: Störung des Betriebsfriedens, Schädigung des Ansehens von BMW, Verdacht der Unterschlagung vertraulicher Papiere – und schließlich sogar Streikgefahr für den Fall, daß Vollmer wieder an seinen Arbeitsplatz zurückkehrt.

Weder Berliner Gerichtsentscheidungen (das Arbeitsgericht erklärte inzwischen alle sieben Kündigungen für unwirksam) noch drohende Bußgelder – ersatzweise eine Haftstrafe für Kuenheim – brachten BMW dazu, Vollmer wieder an seinen Arbeitsplatz zu lassen. Sollte das Landesarbeitsgericht nach der in Kassel verlangten umfassenden Interessenabwägung erneut den Weiterbeschäftigungsanspruch Vollmers bestätigen, wird sich wohl endgültig und vielleicht noch deutlicher zeigen, wer der Stärkere ist: BMW oder die Gerichte. *Anne Riedel*

Deutsches Allgemeines Sonntagsblatt, 5.1.1986, S. 10

BERLIN, 24. August. Auch nach über zwei Dutzend verlorenen Arbeitsgerichtsprozessen kämpft die Firmenleitung der Berliner BMW-Werke weiterhin um einen der Chef-Etage genehmen Betriebsrat des West-Berliner Motorradwerkes. Wenige Monate, nachdem drei kritische Betriebsratsmitglieder im Dezember vergangenen Jahres nach jahrelangem Rechtsstreit durch alle Instanzen ihre Recht beim Bundesarbeitsgericht in Kassel durchgesetzt hatten, sprach die Firmenleitung jetzt einem der drei, dem Arbeiter Peter Vollmer, eine neue, fristlose Kündigung aus. Begründet wurde diese damit, der 47jährige habe bei seiner Einstellung vor acht Jahren verschwiegen, daß er ein Architekturstudium abgeschlossen habe, und durch Erbschaft Vermögens-Millionär, also eigentlich kein Arbeiter sei.

Frankfurter Rundschau, 25.8.1987, S. 1

BMW muß Betriebsrat weiter beschäftigen

dpa BERLIN. Das Arbeitsgericht Berlin hat BMW dazu verurteilt, das Betriebsratsmitglied Peter Vollmer weiter zu beschäftigen. Nach der Entscheidung ist das Arbeitsverhältnis zwischen BMW und Vollmer weder nichtig noch durch Anfechtung oder Kündigung aufgelöst worden (Aktz.: 10 Ca 291/87). Die BMW AG hatte das Arbeitsverhältnis angefochten und zudem eine „vorsorgliche" fristlose Kündigung mit der Begründung ausgesprochen, Vollmer habe bei seiner Einstellung als Maschinenarbeiter 1979 frühere Ausbildungen verschwiegen — darunter ein Architekturstudium — und damit den Arbeitgeber „arglistig getäuscht". Außerdem habe er beim Werben um Spenden nach früheren Kündigungen sein Millionenvermögen verschwiegen und damit auch die BMW-Belegschaft, in deren Interesse der Arbeitgeber fürsorgend habe eingreifen müssen, betrogen.

Handelsblatt, 29.10.1987, S. 8

der anderen Seite aber ist die Folge, daß ein sehr erheblicher Teil des Handwerks, der kleineren Ladengeschäfte, der bäuerlichen Betriebe und der Betriebe von Angehörigen der freien Berufe aus dem Kündigungsschutz herausgenommen ist, obwohl auch bei ihnen eine Kündigung, die keinerlei Rücksicht auf die Dauer der Betriebszugehörigkeit des Arbeitnehmers, die von ihm in der Vergangenheit geleisteten Dienste, seine heutige Lage, seine Familienverhältnisse usw. nimmt, im stärksten Maße sozialwidrig sein kann ...

Den besonderen, an sich nicht zu leugnenden Bedürfnissen der Kleinbetriebe hätte auch durch die Rechtsprechung bei Würdigung des Einzelfalles Rechnung getragen werden können, weshalb denn auch in der Wissenschaft schon lange die Ausdehnung des Kündigungsschutzes auf alle Betriebe gefordert worden war" (Hueck, 1980, § 23 Anm. 4).

In den Kleinbetrieben, von denen es sehr viele gibt, gilt also das Kündigungsschutzgesetz nicht. Das bedeutet nun allerdings nicht, daß hier vom Arbeitgeber vollkommen willkürlich Kündigungen ausgesprochen werden können. Ist der gekündigte Arbeitnehmer der Meinung, daß dies geschehen ist, so muß er vor dem Arbeitsgericht versuchen, feststellen zu lassen, daß das „Rechtsgeschäft" der Kündigung, weil es gegen die guten Sitten verstößt, nichtig ist (§ 138 I BGB). Diese Prozedur ist im Zweifel schwieriger als der Kündigungsschutzprozeß, bei dem es um den konkreteren Sachverhalt geht, ob die Kündigung sozial ungerechtfertigt und damit rechtsunwirksam ist.

Das Arbeitsgericht Reutlingen hält die Herausnahme der Kleinbetriebe aus dem allgemeinen Kündigungsschutz für verfassungswidrig. Es hat deshalb am 11.12.1986 dem Bundesverfassungsgericht die Frage zur Prüfung vorgelegt, ob diese Bestimmung des Kündigungsschutzgesetzes mit dem Grundgesetz vereinbar ist.

- Ausgeschaltet wird der Kündigungsschutz auch dann, wenn die Auflösung des Arbeitsverhältnisses nicht durch eine Arbeitgeber-Kündigung erfolgt, sondern der **Arbeitnehmer** – aus welchen Gründen auch immer – die **Kündigung erklärt** oder wenn zwischen den Vertragsparteien ein Vertrag über die Auflösung des Arbeitsvertrages **(Aufhebungsvertrag)** geschlossen wird.

Wird der Aufhebungsvertrag in erster Linie deshalb geschlossen, um so den Kündigungsschutz zu umgehen, so kann dieses Rechtsgeschäft, weil es gegen ein gesetzliches Verbot oder gegen die guten Sitten verstößt, nichtig sein (§§ 134 I, 138 I BGB). Das gleiche Ergebnis kann sich einstellen, wenn der Arbeitnehmer die Kündigung auf Druck des Arbeitgebers ausgesprochen hat.

Zur verbindlichen Feststellung des juristischen Tatbestandes „Nichtigkeit des Rechtsgeschäfts“ muß der Arbeitnehmer einen Prozeß vor dem Arbeitsgericht führen und versuchen, vom Gericht feststellen zu lassen, daß das Arbeitsverhältnis durch das betreffende Rechtsgeschäft nicht aufgehoben worden ist, weil es gegen ein Gesetz oder die guten Sitten verstößt.

Kündigungsschutz

Das Kündigungs- und das Kündigungsschutzrecht darf durch eine einzelvertragliche Vereinbarung zwischen Unternehmer und Beschäftigten nicht umgangen werden. Nach Ansicht des Bundesarbeitsgerichts (2 AZR 294/83 vom 13. 12. 1984) liegt eine Umgehung dieser die Arbeitnehmer schützenden Betimmungen vor, wenn sich ein Arbeitnehmer mit seinem Chef darauf einigt, daß das Arbeitsverhältnis zum Urlaubsende aufgelöst wird und der Arbeitnehmer nur dann einen Anspruch auf Weiterbeschäftigung zu den bisherigen Arbeitsbedingungen hat, wenn er die Wiedereinstellung bis zu einem genau bestimmten Termin nach Urlaubsende beantragt. Im konkreten Fall entschied das Bundesarbeitsgericht, daß ein türkischer Gastarbeiter, der erst nach dem Stichtag aus dem Urlaub zurückkam, Anspruch auf Weiterbeschäftigung hatte.

DIE WELT, 16.2.1986, S. 10

- Ausgeschaltet wird der Kündigungsschutz weiterhin dann, wenn das **Arbeitsverhältnis** automatisch, also **ohne Kündigung, endet**, so insbesondere **durch Fristablauf**. Es gibt keine gesetzlichen Vorschriften, die den Abschluß befristeter Arbeitsverträge grundsätzlich untersagen. Allerdings geht das Arbeitsrecht prinzipiell davon aus, daß Arbeitsverträge im Normalfall unbefristet geschlossen werden. Dies ist denn auch der Grund, warum die Rechtsprechung der Arbeitsgerichte für den Abschluß von befristeten Arbeitsverträgen grundsätzlich verlangt, daß für eine solche Befristung **sachliche Gründe** vorliegen müssen, wodurch nicht zuletzt eine Umgehung des gesetzlichen Kündigungsschutzes erschwert werden soll; ausgenommen von dieser Regelung sind Kleinbetriebe, wenn für sie das Kündigungsschutzgesetz ohnehin nicht gilt (s. aber S. 215).

  Die Anforderungen, die die Gerichte an die sachlichen Gründe stellen, sind regelmäßig umso höher, je länger die Befristung erfolgt. Der Abschluß eines Arbeitsvertrages bis zur Dauer von sechs Monaten ist im allgemeinen rechtlich relativ problemlos. Dies ist nicht zuletzt deshalb verständlich, weil ja auch das Kündigungsschutzgesetz erst bei einem unbefristeten Arbeitsverhältnis, das länger als ein halbes Jahr bestanden hat, den Kündigungsschutz eintreten läßt.

  Werden mehrere Arbeitsverträge mit ein und derselben Person aneinandergereiht, so kann dadurch der Kündigungsschutz nach dem Kündigungsschutzgesetz in Gefahr geraten. Damit dieses nicht geschieht, sieht die Rechtsprechung meist in dem wiederholten, lückenlosen Abschluß von befristeten Arbeitsverträgen mit ein und derselben Person einen sogenannten **Kettenarbeitsvertrag** und behandelt diese Situation dann wie ein unbefristetes Arbeitsverhältnis mit dem dazugehörigen Kündigungsschutz.

  Die Situation, daß der Abschluß von befristeten Arbeitsverträgen über sechs Monate hinaus im allgemeinen besonderer sachlicher Gründe bedarf, die auch noch von den Arbeitsgerichten überprüft werden können, und daß bei hintereinander geschalteten Arbeitsverträgen von jeweils bis zu sechs Monaten diese leicht als Kettenarbeitsvertrag gedeutet werden können, macht die Einsetzung des Instruments des befristeten Arbeitsvertrages schwierig bzw. risikoreich. Dies führt denn auch vielfach dazu, daß im Falle eines größeren Arbeitsanfalles statt der Einstellung von befristeten Aushilfskräften lieber Überstunden gefahren oder Leiharbeitskräfte beschäftigt werden.

  Damit diese den Arbeitsmarkt nicht entlastenden betrieblichen Verhaltensweisen möglichst wenig praktiziert werden, hat der Bundestag in seinem am 19.4.1985 verabschiedeten **Beschäftigungsförderungsgesetz** u.a. eine vorübergehende Lockerung der Praktizierung befristeter Arbeitsverträge beschlossen.

Nach dem Beschäftigungsförderungsgesetz ist es bis zum 1. Januar 1990 zulässig, die einmalige Befristung eines Arbeitsvertrages bis zur Dauer von eineinhalb Jahren zu vereinbaren, wenn

- der Arbeitnehmer neu eingestellt wird* oder
- der Arbeitnehmer im unmittelbaren Anschluß an die Berufsausbildung nur vorübergehend weiterbeschäftigt werden kann, weil kein Arbeitsplatz für einen unbefristet einzustellenden Arbeitnehmer zur Verfügung steht.

* Der ursprüngliche Gesetzentwurf hatte den Abschluß eines befristeten Arbeitsvertrags nur für den Fall vorgesehen, daß der (befristete) Arbeitsvertrag mit einem arbeitslos gemeldeten Arbeitnehmer abgeschlossen wird.

Eine Neueinstellung im obigen Sinne liegt nicht vor, wenn zu einem vorhergehenden befristeten oder unbefristeten Arbeitsvertrag mit demselben Arbeitgeber ein enger sachlicher Zusammenhang besteht. Ein solcher enger sachlicher Zusammenhang ist insbesondere anzunehmen, wenn zwischen den Arbeitsverträgen ein Zeitraum von weniger als vier Monaten liegt.

Die Befristung kann in beiden genannten Fällen auf zwei Jahre ausgeweitet werden, wenn der Betrieb noch nicht länger als sechs Monate besteht oder wenn er nicht mehr als zwanzig Arbeitnehmer beschäftigt.

In der amtlichen Begründung heißt es zu der vorstehenden Regelung im Beschäftigungsförderungsgesetz:

„In der Phase konjunktureller Wiederbelebung sollen die Arbeitgeber veranlaßt werden, eine Verbesserung ihrer Auftragslage auch den Arbeitslosen* zugute kommen zu lassen, indem sie mit ihnen zumindest befristete Arbeitsverträge abschließen. Es soll verhindert werden, daß die Arbeitgeber eine Stabilisierung der Auftragslage abwarten und zunächst in Überstunden ausweichen ...

Für den Arbeitssuchenden ist eine – wenn auch zunächst nur befristete – Arbeit besser als gar keine Arbeit. Für ihn besteht zudem die Chance, daß der befristete Arbeitsvertrag in einen unbefristeten Arbeitsvertrag mündet, wenn sich die konjunkturelle Erholung fortsetzt. Die Erfahrungen mit zeitlich befristeter Beschäftigung auf Grund von Arbeitsbeschaffungsmaßnahmen zeigen, daß Arbeitnehmer im Anschluß daran Aussicht auf einen Dauerarbeitsplatz haben.

Ziel des Gesetzentwurfs ist es nicht, den traditionell üblichen unbefristeten Arbeitsvertrag durch einen befristeten Vertrag zu ersetzen. Der unbefristete Arbeitsvertrag mit seinem gesetzlichen Kündigungsschutz ist und bleibt die sozialpolitisch wünschenswerte Regelung. Er hat sich bewährt und entspricht dem Zweck unseres Arbeitsrechts, dem Arbeitnehmer, der zur Bestreitung seines Lebensunterhalts auf die Einkünfte aus dem Arbeitsverhältnis angewiesen ist, einen Dauerarbeitsplatz zu schaffen und ihn im Rahmen des wirtschaftlich Möglichen vor dem Verlust des Arbeitsplatzes zu schützen. Das unbefristete Arbeitsverhältnis dient im allgemeinen auch den Interessen des Arbeitgebers an qualifizierten und erfahrenen Arbeitnehmern und ermöglicht ihm die erforderlichen mittel- und langfristigen Dispositionen ...

Spätestens nach Ablauf des Übergangszeitraums bis zum 31. Dezember 1991 ist auf Grund der zur Verfügung stehenden demographischen Daten damit zu rechnen, daß sich die Arbeitsmarktsituation entspannt hat".

Die nachstehenden beiden Zeitungsartikel und die vorstehende amtliche Begründung machen die sehr unterschiedlichen Einschätzungen des Beschäftigungsförderungsgesetzes deutlich.

Schwierige Klassen-Arbeit

Von Peter Gillies

Wir sind eine überaus rigorose Gesellschaft: Bei einem der wichtigsten Güter, der Arbeit, kennen wir nur das Entweder-Oder. Ein bißchen Arbeit, Beschäftigung auf Zeit, einen Job zu einem etwas niedrigeren Lohn – das wären eigentlich hervorragende Alternativen zur Null-Arbeit, zur Erwerbslosigkeit. Aber das Beharren der Arbeitsbesitzer auf ihren Besitzständen hat derart tätige Solidarität bisher verhindert.

Die Zwei-Klassen-Gesellschaft von Arbeitsbesitzern und Arbeitslosen, die sich zu verfestigen droht, muß gesprengt werden. Das gestern vom Bundestag verabschiedete Beschäftigungsförderungsgesetz ist ein Enthärter dieser Klassenbildung. Die Frage, warum ein ertragreiches Unternehmen lieber dauernd Überstunden fährt, als einen Arbeitslosen einzustellen, fordert Politik wie Gewerkschaften heraus. Beide kennen natürlich die Antwort: Es ist einfach zu riskant, wegen einer guten, aber nicht überschaubaren Auftragslage einen neuen Mitarbeiter mit allen finanziellen und sozialen Garantien einzustellen.

Norbert Blüm hat recht mit der Formel, daß befristete Arbeit besser sei, als unbefristet stempeln zu gehen. Jeder sichere Arbeitsplatz war irgendwann einmal ein höchst unsicherer Arbeitsplatz. Indem man also „unsichere", weil befristete Jobs schafft, öffnet man den Erwerbslosen den Einstieg in ein – möglicherweise – sicheres Arbeitsverhältnis. Ein Blick in die Nürnberger Statistik untermauert dies: rund 240 000 Arbeitslose suchen gar keinen vollen Arbeitsplatz, sondern begehren nur teilweise Beschäftigung.

Die Lockerungsübungen im Arbeitsrecht enthalten keine Vollbeschäftigungsgarantie. Sie stellen eine Offerte dar, gleichermaßen gerichtet an Unternehmen, Gewerkschaften und Betriebsräte. Die aus den Fugen geratene Kritik der Opposition verkennt, daß augenblicklich die Arbeitslosen größerer Solidarität bedürfen als die Arbeitsbesitzer. Mit ihrer überzogenen Polemik gegen einen vernünftigen Ansatz verweigern SPD und Grüne ein sinnvolles Experiment. Den Schaden hätten die Arbeitslosen.

DIE WELT, 20.4.1985, S. 2

„Beschäftigungsförderungsgesetz" baut Arbeitnehmerrechte ab und gefährdet Dauerarbeitsplätze

Wieder heuern und feuern!

Das „Geschenk" der Bundesregierung ausgerechnet auch noch zum Tag der Arbeit heißt „Beschäftigungsförderungsgesetz 1985". Nach den abschließenden Beratungen am 19. April 1985 im Deutschen Bundestag – der Bundesrat will am 26. April zustimmen – soll es nun am 1. Mai in Kraft treten. Dieses Gesetz verdient aber eher den Namen „Entlassungsförderungsgesetz". Nach den in den letzten Jahren bereits vollzogenen Leistungskürzungen und Beitragserhöhungen bei den sozialen Sicherungssystemen, nach den Verschlechterungen beim Jugend- und Frauenarbeitsschutz und für Behinderte geht es nun an die Arbeitnehmerrechte allgemein. Zur angeblichen Förderung der Beschäftigung wird mit einem Federstrich abgeschafft, was die Arbeitnehmer und ihre Gewerkschaften in jahrzehntelangen Kämpfen durchsetzen mußten. Der alte Grundsatz „Heuere und feuere" soll wieder mehr Geltung bekommen.

Auch wenn diese ganze Sammlung von Gesetzesänderungen den schönen Titel „Beschäftigungsförderungsgesetz 1985" trägt, darf man sich nicht täuschen lassen. Diesen Namen verdient das Gesetz nicht. Die meisten Neuregelungen sind nicht geeignet, zusätzliche Arbeitsplätze zu schaffen und die allgemeine Beschäftigungssituation zu verbessern. Genau das Gegenteil wird eintreten. Soziale Schutzrechte, durch jahrzehntelange Gewerkschaftsarbeit mühsam erkämpft, werden rigoros abgebaut. Befristete Arbeitsverhältnisse und mehr Leiharbeit gefährden Stammbelegschaften. Das Kündigungsschutzrecht, längst zu einem Abfindungsrecht verkommen, wird weiter ausgehöhlt und die betriebliche Mitbestimmung bei Sozialplanregelungen weitgehend außer Kraft gesetzt. Wo heute noch das Mutterschutzgesetz gilt, können künftig Arbeitsverträge einfach auslaufen – statt Mutterschaftsurlaub heißt die Konsequenz Arbeitslosigkeit.

Die schrankenlose Zulassung von befristeten Arbeitsverträgen greift in grundgesetzlich geschützte Positionen ein. In Werkhallen und Büros wird es zwei Gruppen von Arbeitnehmern geben – mit und ohne Kündigungsschutz. Daraus entsteht ein gefährliches Druckmittel für die Personalpolitik der Betriebe – Ausweitung von Unternehmerfreiheiten auf Kosten von Arbeitnehmerrechten. Der Grundsatz der Gleichbehandlung, das Grundrecht der Berufsfreiheit und das Sozialstaatsprinzip werden verletzt.

Der DGB-Vorsitzende Ernst Breit hatte in einem Brief an alle Abgeordneten kurz vor der Abstimmung im Interesse aller Arbeitnehmer und der vielen Arbeitslosen noch einmal mit aller Eindringlichkeit appelliert, dem rigorosen Abbau der gerade in Krisenzeiten notwendigen und bewährten Arbeitnehmerschutzrechte die Zustimmung zu versagen. Aber mit der konservativen und wirtschaftsliberalen Mehrheit wurde im Bundestag in namentlicher Abstimmung mit 248 gegen 182 Stimmen dieses Gesetzesvorhaben auch gegen die verfassungsrechtlichen Bedenken renommierter Rechtswissenschaftler durchgepaukt.

Betrachtet man die einzelnen Veränderungen, mit der die Bundesregierung „zu einer beschleunigten Einstellung von Arbeitslosen im Konjunkturaufschwung und zur Ausweitung der Teilzeitarbeit" beitragen will, werden Erinnerungen wach. Jawohl, das haben wir doch alles schon einmal gehört. Nachzulesen ist es in den politischen Glaubensbekenntnissen und Thesenpapieren der Herren Lambsdorff (vormals Bundeswirtschaftsminister), Haimo George (sozialpolitischer Sprecher der CDU/CSU-Bundestagsfraktion) und Ernst Albrecht (CDU-Ministerpräsident in Niedersachsen). Das, was diese Herren als ihre Vorstellungen von der „Wende" niedergeschrieben haben, wird nun Schritt für Schritt in die Praxis umgesetzt.

Das „Beschäftigungsförderungsgesetz" enthält auch einige Regelungen, die positiv beurteilt werden können. Der schlimme, rückschrittliche Gesamtcharakter des Gesetzeswerks wird dadurch aber nicht geändert.

Peter Hüttenmeister

Quelle: gp Gewerkschaftspost – Zeitung der IG Chemie-Papier-Keramik, 5/1985, S. 6

Zu den Erfahrungen mit dem Beschäftigungsförderungsgesetz*

Zeitverträge brachten mehr Arbeitsplätze

HH, **Bonn**

Die Änderung des Beschäftigungsförderungsgesetzes hat zur Schaffung neuer Arbeitsplätze geführt. Das ergab eine Umfrage der Bundesvereinigung der Deutschen Arbeitgeberverbände, an der sich 2 264 Unternehmen mit 1,7 Millionen Beschäftigten aus 16 Wirtschaftszweigen beteiligt haben. Fast drei Viertel der Betriebe haben bis Ende vergangenen Jahres von der seit dem 1. Mai 1985 bestehenden Möglichkeit Gebrauch gemacht, Arbeitnehmer befristet einzustellen. Fast die Hälfte der Arbeitsverträge auf Zeit habe der Vergrößerung des Personalbestands gedient.

Hauptmotive für derartige Verträge seien zeitlich begrenzter, zum Beispiel saisonaler Arbeitskräftebedarf (60,5 Prozent) und die Ungewißheit künftiger Entwicklungen (33,6 Prozent). Die Betriebe, so der Verband, „haben das Beschäftigungsförderungsgesetz also in dem Sinne genutzt, mehr Arbeit nicht durch Überstunden, sondern durch Einstellungen zu bewältigen". Zusätzlich öffne die Befristung auch das Tor zu einem Dauerarbeitsverhältnis. Schon zum Zeitpunkt der Befragung beabsichtigten die Betriebe, ein Viertel der befristeten in unbefristete Arbeitsverhältnisse umzuwandeln.

DIE WELT, 29.7.1986, S. 7

„Zeitvertrag eine Brücke aus der Arbeitslosigkeit"

tl. **Bremen/Bonn**

Zu einem heftigen Streit über das Beschäftigungsförderungsgesetz ist es am Wochenende zwischen Regierung und Gewerkschaft gekommen. „Dieses Gesetz ist der Versuch der Bundesregierung, den Teufel der Massenarbeitslosigkeit mit dem Belzebub rechtloser Arbeitsverhältnisse auszutreiben", sagte der Vorsitzende der IG Metall, Franz Steinkühler, vor Funktionären seiner Organisation in Bremen. Der Parlamentarische Staatssekretär im Bundesarbeitsministerium, Wolfgang Vogt, erklärte dagegen in Bonn, alle Erfahrungen belegten, daß zunächst befristete Arbeitsverträge als „Brücke aus der Arbeitslosigkeit in die Arbeit" hilfreich seien.

Das Gesetz, so Steinkühler, habe nicht zur Schaffung zusätzlicher Arbeitsplätze angeregt, sondern die Zahl der befristeten Arbeitsverträge stark ansteigen lassen. Seitdem es erlaubt sei, auch auf Dauerarbeitsplätzen Arbeitnehmer mit Zeitverträgen einzustellen würden in vielen Firmen Stammbelegschaften abgebaut und durch Leute ersetzt, die befristete Verträge erhielten. Dem entgegnete Vogt, die IG Metall habe mit einer eigenen Befragung unter Betriebsräten ermittelt, daß 60 Prozent der zunächst befristeten Arbeitsverträge bereits nach einem Jahr in unbefristete umgewandelt worden seien. Steinkühler betreibe „Prinzipienreiterei und Rechthaberei auf dem Rücken der Arbeitslosen".

DIE WELT, 26.1.1987, S. 4

* Einen guten Erfahrungsüberblick gibt auch Heinz Michaels in der ZEIT (23.1.1987, S. 29) mit seinem Artikel „Brücke ins Ungewisse/Arbeit auf Zeit hat bisher vor allem den Unternehmern genützt".

Hemmschuh für Zeitarbeitsverträge

Öffentlicher Dienst: Gewerkschaft Erziehung und Wissenschaft gewinnt wichtigen Prozeß

S. L. **Kassel**

Das Beschäftigungsförderungsgesetz vom 26. 4. 1985 – von der Bundesregierung in der Absicht konzipiert, Arbeitgeber zum Abschluß befristeter Arbeitsverträge zu ermuntern und dadurch die Arbeitslosenziffer zu senken – wird nicht mehr lange praktiziert werden können. Dafür sorgt eine Grundsatzentscheidung des Siebten Senats des Bundesarbeitsgerichts (7 AZR 315/86 vom 25. 9. 1987), die zwar zunächst für den öffentlichen Dienst gilt, aber Auswirkungen auch auf die Privatwirtschaft haben dürfte.

In einem von der Gewerkschaft Erziehung und Wissenschaft (GEW) gegen die Tarifgemeinschaft deutscher Länder angestrengten Musterprozeß haben die Richter in der roten Robe in Kassel deutlich gemacht, daß das Beschäftigungsförderungsgesetz keinen Vorrang gegenüber tariflichen Beschränkungen von Zeitarbeitsverträgen im öffentlichen Dienst hat.

Strittige Protokollnotiz

Die GEW gewann auf der ganzen Linie. Bereits das Arbeitsgericht Bonn hatte am 27. 5. 1986 ihrer Klage entsprochen. Dank der (relativ seltenen) Zulassung der Sprungrevision – das heißt, der Möglichkeit, das Landesarbeitsgericht als zweite Instanz zu überspringen und den Rechtsstreit zwei bis drei Jahre früher zum Bundesarbeitsgericht zu bringen – konnte in diesem Fall, der Auswirkungen auf die mit rund 2500 Lehrern abgeschlossenen Zeitverträge haben dürfte, schnell entschieden werden.

Die Bundesrichter bestätigten der GEW, daß die in den „Sonderregelungen für Zeitangestellte, Angestellte für Aufgaben von begrenzter Dauer und für Aushilfsangestellte" zum Bundesangestelltentarifvertrag (SR 2 y BAT) festgelegten Bedingungen zugunsten der Arbeitnehmer den Bestimmungen des Beschäftigungsförderungsgesetzes vorgehen. Während nach diesem Gesetz befristete Arbeitsverhältnisse bei einer Neueinstellung ohne weitere Voraussetzungen zulässig sind, schreibt eine Protokollnotiz zu SR 2 y BAT vor, daß im Rahmen dieser Sonderregelung Zeitangestellte nur eingestellt werden dürfen, „wenn dafür sachliche Gründe oder Gründe in der Person des Arbeitnehmers gegeben sind".

Die Tarifgemeinschaft deutscher Länder ging nach Inkrafttreten des Beschäftigungsförderungsgesetzes davon aus, daß dieses Gesetz die Hürde der Protokollnotiz zu SR 2 y BAT beseitigt habe und ermunterte ihre Mitglieder in einem Rundschreiben vom 15. 5. 1985 indirekt zum großzügigeren Abschluß von Zeitarbeitsverträgen, indem sie die Ansicht verbreitete, die Sonderregelung 2 y BAT sei nicht mehr anwendbar; die Tarifgemeinschaft deutscher Länder empfahl ein neues, von ihr entworfenes Vertragsmuster zur Verwendung.

Die einzelnen Bundesländer haben daraufhin entsprechend dieser Empfehlung befristete Arbeitsverträge abgeschlossen, ohne daß dafür sachliche Gründe vorlagen. Wie man nun sieht, hatte das einen Bumerangeffekt; das Bundesarbeitsgericht folgte der Ansicht der GEW, daß die SR 2 y BAT als günstigere Bestimmung dem Beschäftigungsförderungsgesetz vorgehe und daher nach wie vor anwendbar sei.

Privatwirtschaft betroffen

Auch aus Sinn und Zweck, aus dem systematischen Zusammenhang und aus der gesetzlichen Entstehungsgeschichte lasse sich nicht mit der erforderlichen Eindeutigkeit entnehmen, daß der Gesetzgeber mit dem Beschäftigungsförderungsgesetz in bestehende, für den Arbeitnehmer günstigere Tarifverträge eingreifen wollte.

Nach der Überzeugung des Bundesarbeitsgerichtes stelle die Protokollnotiz zu SR 2 y BAT eine Tarifnorm dar, die zugunsten des Arbeitnehmers von der gesetzlichen Befristungsregelung im Beschäftigungsförderungsgesetz abweicht.

Die GEW hat mit dieser Grundsatzentscheidung zum zweiten Mal beim Bundesarbeitsgericht Erfolg gehabt; vor Jahren erreichte sie durch einen ähnlichen Musterprozeß die Umwandlung zahlreicher befristeter in unbefristete Arbeitsverhältnisse. Ihr Erfolg dürfte sich aber auch auf die Privatwirtschaft auswirken.

DIE WELT, 20.10.1987, S. 19

Außer über eine (zulässige) Befristung des Arbeitsverhältnisses besteht eine weitere Möglichkeit des Ausschlusses des Kündigungsschutzes darin, daß bisherige Arbeitnehmer in eine Beschäftigungsform überwechseln, in der sie nicht mehr im rechtlichen Sinne eine Arbeitnehmer-Position innehaben, sondern eine Art Selbständigen-Position (z.B. „freie Mitarbeiter") ausüben. Auf diesen problemträchtigen, vermutlich an Bedeutung gewinnenden Aspekt neuer Beschäftigungsformen* ist im folgenden Kapitel näher einzugehen. Ebenso auf den Fall, daß Arbeitgeber sich „vorbehalten", die zunächst im Arbeitsvertrag festgelegte Arbeitszeit später im Wege des Weisungsrechtes einseitig nach Bedarf zu reduzieren, was das Bundesarbeitsgericht und das Beschäftigungsförderungsgesetz einzuengen versuchen (s. S. 263-265).

* S. Thomas Gesterkamp: Ob Kaufhaus oder Spedition – immer mehr Unternehmen ersetzen Festangestellte durch formal Selbständige – „Zeiten wie vor Bismarck". In: Deutsches Allgemeines Sonntagsblatt, 7.6.1987, S. 10.

(Übersicht)

Die arbeitsrechtliche (gesetzliche) **Sicherung des Arbeitsplatzes**

- Der allgemeine Kündigungsschutz
  - Betriebsverfassungsgesetz (BetrVG; § 102: Anhörung des Betriebsrates)
  - Kündigungsschutzgesetz (KSchG)
- Der besondere Kündigungsschutz
  - Schwerbehinderte
  - Schwangere
  - Betriebsratsmitglieder
  - Wehr- und Zivildienstleistende
  - Auszubildende
- Die Ausschaltung des Bestandsschutzes
  - Noch nicht sechs Monate im Betrieb
  - Kleinbetriebe
  - Aufhebungsvertrag
  - Befristeter Arbeitsvertrag
  - Beschäftigung von (Quasi)-Selbständigen
  - Leiharbeit

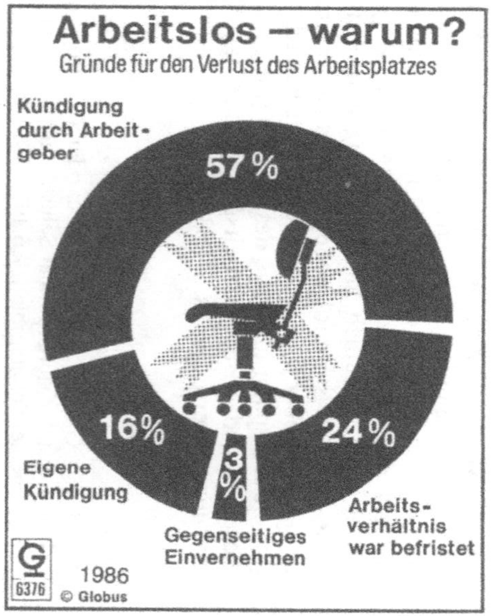

V. Stand und Entwicklung der Arbeitsorganisation und der Arbeitsbedingungen

In diesem letzten Kapitel zum „Betrieb als Sozialsystem" geht es um die Frage,

- wie sich die Arbeitsorganisation und die damit verbundenen allgemeinen Arbeitsbedingungen im Laufe der Zeit verändert haben,
- wie sie sich heute darstellen und
- wie sie sich vermutlich weiter entwickeln werden.

Dieser relativ komplexe Sachverhalt soll in vier Abschnitten behandelt werden:

1) Vom Taylorismus über die human relations zum kooperativen Führungsstil
2) Die neue Technik-
   eine Renaissance des Taylorismus
   oder das Ende der Arbeitsteilung?
3) Neue Anforderungen an Mitarbeiter, Führungskräfte, betriebliche Weiterbildung und Organisationsstruktur
4) Zur (arbeits)rechtlichen und sozialen Bedeutung neuerer Beschäftigungsformen.

1. Vom Taylorismus über die human relations zum kooperativen Führungsstil

Als zu Beginn der Industrialisierung die ersten Fabriken gegründet wurden, übernahm man – zumal andere Vorbilder fehlten – den Führungsstil von Kirche, Staat und Militär, der auf Befehl und Gehorsam beruhte, also eine Art Führung, die heute als **autoritär** bezeichnet wird.

Bei diesem Führungsprinzip entscheidet der Vorgesetzte ohne Anhören oder Mitwirkung der Mitarbeiter. Zum Bild des autoritären Führungsstils gehört weiterhin die Vorstellung, daß der Vorgesetzte für alles verantwortlich ist, was seine Mitarbeiter ausführen, und daß er alles übersieht, mehr weiß und mehr kann als seine Untergebenen.

Dafür ein Beispiel aus einer Fabrik-Ordnung der Augsburger Kammgarn-Spinnerei aus dem Jahre 1846:

> „Kein Arbeiter soll eine in Unordnung gerathene Maschine berühren, wenn auch nur die kleinste Ausbesserung daran zu machen wäre, sondern den Werkmeister herbeirufen.
> Dawiderhandelnde werden mit einer Geldbuße von 2 Taglöhnen bestraft".

Für die Organisierung von Arbeits- und Führungsprozessen hat seinerzeit die von Frederick Winslow Taylor Anfang dieses Jahrhunderts vorgelegte **„wissenschaftliche Betriebsführung"** (The Principles of Scientific Management) große Bedeutung erlangt.

Taylor wollte den Arbeitern nicht mehr – was bis dahin noch in gewissem Rahmen möglich war – die Entscheidung über die Art und Weise der Arbeitsausführung selbst überlassen. Vielmehr sollte nach seinen Vorstellungen das Management von sich aus die „Geheimnisse rationellen Arbeitens" erforschen und zu Regeln, Arbeitsanweisungen und Vorschriften formulieren.

TAYLOR ging davon aus, daß es für jede Aufgabe eine „beste Arbeitsmethode" gibt, die unabhängig ist von den individuellen Eigenschaften und Fähigkeiten des Mitarbeiters. Diese (optimale) Arbeitsmethode sei am besten über eine strenge Trennung von Hand- und Kopfarbeit zu erreichen. Die Kopfarbeit ihrerseits sollte nach TAYLOR stark spezialisiert werden. Dies zeigt sich besonders deutlich in dem von ihm entwickelten Funktionsmeistersystem, das dem einzelnen Arbeiter acht Vorgesetzte bescherte.

Nach TAYLOR ist die Arbeit straff zu überwachen, vor allem auch daraufhin, ob der Arbeiter die vorgeschriebene Arbeitsmethode anwendet. TAYLOR wollte ausdrücklich von der nach seiner Meinung unberechenbaren individuellen Initiative der Arbeitnehmer abrücken; der Arbeiter hat das – und nur das – zu machen, was seine Vorgesetzten vorgedacht haben.

TAYLOR setzte sich entschieden für Einzelarbeitsplätze ein. Diese Form der Arbeitsorganisation sei um vieles effizienter als die Arbeit in Gruppen.

Motiviert werden sollten die Mitarbeiter durch die Vorgabe einer eindeutig quantifizierten Aufgabe und einen mit der Leistung unmittelbar verbundenen Lohnanreiz (eine Art Prämienlohn). TAYLOR meinte, der Arbeiter sei froh, wenn man ihm konkret sage, welche Arbeitsmenge von ihm erwartet werde; dann werde er mit großer Befriedigung die Erreichung des gesteckten Zieles verfolgen.

Für TAYLOR, der – wie damals die Regel – von einem sehr einfachen (bzw. einseitigen) **Menschenbild** ausging (s. nachstehendes „Gespräch mit Schmidt"), bestand eine Harmonie zwischen den Interessen des Unternehmens und denen des Mitarbeiters; beide seien im Grunde (nur) am Geldverdienen interessiert.

Einen plastischen Eindruck von den Vorstellungen und dem Menschenbild TAYLORS gibt das folgende „Gespräch", das in TAYLORS „Wissenschaftlicher Betriebsführung" (1913, S. 47f.) enthalten ist und mit dem TAYLOR den Kern seiner „Lehre" deutlich machen will. Mit diesem Gespräch soll gezeigt werden, wie der Eisenverlader Schmidt dazu zu bringen ist, statt bisher 12,5 Tonnen Roheisen pro Tag in Zukunft täglich 47 Tonnen Roheisen zu verladen und dabei „seine Lebensfreude jedoch nicht zu stören, ihn im Gegenteil froh und glücklich darüber zu machen". Zu diesem Zweck wurde in etwa folgende Unterhaltung geführt:

»Schmidt, sind Sie eine erste Kraft?«

»Well, – ich verstehe Sie nicht.«

»O ja, Sie verstehen mich ganz gut. Ich möchte wissen, ob Sie eine erste Kraft sind oder nicht?«

»Ich kann Sie nicht verstehen.«

»Heraus mit der Sprache! Ich möchte wissen, ob Sie eine erste Kraft sind oder einer, der den übrigen billigen Arbeitern gleicht. Ich möchte wissen, ob sie Doll. 1,85 pro Tag verdienen wollen oder ob Sie mit Doll. 1,15 zufrieden sind, d.h. mit dem, was diese billigen Leute da bekommen.«

»1,85 Doll. pro Tag verdienen wollen, heißt man das eine erste Kraft? Well, dann bin ich so einer.«

»Sie machen mich ärgerlich. Freilich wollen Sie 1,85 Doll. pro Tag, das will jeder. Sie wissen recht gut, daß das sehr wenig damit zu tun hat, ob Sie eine erste Kraft sind. Antworten Sie endlich auf meine Fragen und stehlen Sie mir nicht meine Zeit! Kommen Sie hierher; sehen Sie diesen Haufen Roheisen?«

»Ja.«
»Sehen Sie diesen Waggon?«
»Ja.«
»Wenn Sie eine erste Kraft sind, dann laden Sie dieses Roheisen morgen für 1,85 Doll. in den Waggon! Nun wachen Sie auf und antworten Sie auf meine Fragen! Sagen Sie mir, sind Sie eine erste Kraft oder nicht?«
»Well, bekomme ich 1,85 Doll., wenn ich diesen Haufen Roheisen morgen auf den Wagen da lade?«
»Ja, natürlich, und tagtäglich, jahraus, jahrein bekommen Sie 1,85 Doll. für jeden solchen Haufen, den Sie verladen; das ist, was eine erste Kraft tut.«
»Well, dot's all right. Ich kann also dieses Roheisen morgen für 1,85 Doll. auf den Wagen laden und bekomme das jeden Tag, ja?«
»Gewiß, gewiß.«
»Well, dann bin ich eine erste Kraft.«
»Nur langsam, guter Freund! Sie wissen so gut wie ich, daß eine erste Kraft vom Morgen bis zum Abend genau das tun muß, was ihr aufgetragen ist. Sie haben diesen Mann schon vorher gesehen, nicht?«
»Nein, nie.«
»Wenn Sie nun eine erste Kraft sind, dann werden Sie morgen genau tun, was dieser Mann Ihnen sagt, und zwar von morgens bis abends. Wenn er sagt, Sie sollen einen Roheisenbarren aufheben und damit weitergehen, dann heben Sie ihn auf und gehen damit weiter! Wenn er sagt, Sie sollen sich niedersetzen und ausruhen, dann setzen Sie sich hin! Das tun Sie ordentlich den ganzen Tag über. Und was noch dazu kommt, keine Widerrede! »Eine erste Kraft« ist ein Arbeiter, der genau tut, was ihm gesagt wird, und nicht widerspricht. Verstehen Sie mich? Wenn dieser Mann zu Ihnen sagt: Gehen Sie!, dann gehen Sie, und wenn er sagt: Setzen Sie sich nieder!, dann setzen Sie sich und widersprechen ihm nicht.«

Am Ende des Gesprächs meint Taylor:
„Das scheint wohl eine etwas rauhe Art, mit jemanden zu sprechen, und das würde es auch tatsächlich sein einem gebildeten Mechaniker oder auch nur einem intelligenten Arbeiter gegenüber. Jedoch bei einem Mann von der geistigen Unbeholfenheit unseres Freundes ist es vollständig angebracht und durchaus nicht unfreundlich, besonders da es seinen Zweck erreichte, sein Augenmerk auf die hohen Löhne zu lenken, die ihm in die Augen stachen, und ihn ablenkte von dem, was er wahrscheinlich als unmöglich harte Arbeit bezeichnet hätte, wenn er darauf aufmerksam gemacht worden wäre".

Zur historischen Einschätzung des in den USA aufgekommenen Taylorismus meint Lauterburg (1978, S. 57): „Der Taylorismus war die logische Konsequenz des damaligen sozialen Entwicklungsstandes. Die Arbeiter waren größtenteils Analphabeten vom Lande, die froh waren, ein paar Dollar zu verdienen, um für ein paar Tage oder Wochen über die Runden zu kommen. Ohne Zerlegung der Arbeitsvorgänge in leicht zu erlernende und leicht auszuführende Einzelschritte wären die damals erzielten Fortschritte der industriellen Leistung undenkbar gewesen".

Daß die menschlichen Arbeitsantriebe entgegen der Auffassung Taylors nicht auf die Angst vor den Folgen der Nichterfüllung einer Aufgabe und auf den Lohn reduziert werden können, zeigten Ende der zwanziger Jahre dieses Jahrhunderts deutlich die **Untersuchungen in den Hawthorne-Werken** der Western Electric Company in Chicago, die unter der Leitung von Elton Mayo stattfanden und einen großen Bekanntheitsgrad erlangten.

Bei diesen Untersuchungen, über die recht ausführlich Roethlisberger (1954) berichtet, ging es darum, Zusammenhänge zwischen (technischen) Arbeitsbedingungen und Arbeitsergebnissen aufzuzeigen. Zu diesem Zweck wurden bei einer Gruppe von Arbeitern die physischen (äußeren) Arbeitsbedingungen (Beleuchtung, Pausen usw.) verändert. Daraufhin stellte man wie erwartet fest, daß sich die Arbeitsproduktivität der untersuchten Gruppe mit der Verbesserung der Arbeitsbedingungen leicht erhöhte.

Die große Überraschung zeigte sich jedoch im Verhalten der Kontrollgruppe, bei der die Arbeitsbedingungen konstant gehalten wurden. Anders als angenommen, stieg auch in der Kontrollgruppe die Arbeitsproduktivität an. Dieses läßt sich damit erklären, daß bisher unbekannte Motivationsfaktoren in der Kontrollgruppe dadurch zur Wirkung kamen, daß die Mitglieder der Kontrollgruppe aus der Masse der übrigen Arbeitnehmer herausgehoben und somit in gewisser Weise in den Mittelpunkt des Interesses gerückt wurden, was sich auf die Arbeitsfreude und das Arbeitsergebnis positiv auswirkte. Diese Zusammenhänge wurden zusätzlich bestätigt, als man die Arbeitsbedingungen bei der Untersuchungsgruppe bewußt verschlechterte (z.B. Schummerlicht), diese jedoch weiterhin Höchstleistungen erbrachte.

Aus den Ergebnissen der umfangreichen Hawthorne-Untersuchungen konnte u.a. der Schluß gezogen werden, daß „Bedürfnisse nach Anerkennung, Sicherheit und Zusammengehörigkeit für die Moral und Produktivität eines Mitarbeiters wichtiger sind als die physischen Arbeitsbedingungen, unter denen er tätig ist" (Grothus, 1972, S. 17); hierbei spielen nicht zuletzt die informellen Gruppen eine wesentliche Rolle. Diese Zusammenhänge fanden bei Taylor kaum Aufmerksamkeit. Sie wurden und werden für die Arbeitswelt aber immer wichtiger, was im folgenden noch näher zu zeigen ist.

Nach den Hawthorne-Untersuchungen glaubten viele Psychologen, daß die Verhaltensweisen der Menschen am Arbeitsplatz stärker von Gefühlen als von rationalen Erwägungen gesteuert werden. Da man weiter annahm, daß diese Gefühle überwiegend sozialer Herkunft sind, konzentrierten sich die Bemühungen der Betriebspsychologen darauf, die **zwischenmenschlichen Beziehungen (human relations)** im Betrieb zu verbessern und insbesondere auch den ebenfalls durch die Hawthorne-Untersuchungen deutlicher zutage getretenen informellen Gruppen mehr Aufmerksamkeit zu schenken. Die zu diesem Zwecke eingeleiteten Maßnahmen erstreckten sich u.a. auf die Umgangsformen im Betrieb, die Verbesserung der Sozialräume und die Erreichung einer größeren innerbetrieblichen Lohngerechtigkeit.

Die human relations schafften das Scientific Management nicht ab, aber sie relativierten es. Nicht zuletzt aufgrund der Ergebnisse der Hawthorne-Untersuchung wurden im Laufe der Zeit erhebliche **Schwächen der „wissenschaftlichen Betriebsführung"** sichtbar. Es erwies sich zum Beispiel als schwierig, das technische Know-how der Arbeitsverrichtung bis ins letzte zu erfassen, vor allem, weil die Arbeiter im allgemeinen aus Furcht vor einer Erhöhung der Leistungsvorgaben nicht bereit sind, die von ihnen bei der Arbeitsausführung angewendeten Verfahren preiszugeben.

Außerdem wurde immer deutlicher, daß es „eine beste Arbeitsmethode" nicht oder nicht für jede Arbeit gibt. Verschiedene Menschen erzielen mit verschiedenen Methoden gleich hohe Leistungen oder mit gleichen Methoden unterschiedliche Ergebnisse, wodurch die Vorgabe allgemeingültiger Daten außerordentliche problematisch wird. „Auch die vom Scientific Management geforderte Arbeitsteilung stieß auf Grenzen: Je stärker die Arbeit geteilt wird, um so monotoner (d.h. weniger motivierend) wird sie, um so kompliziertere Koordinierungsprobleme entstehen, und um so unangenehmer sind die Folgen nicht reibungsloser Koordinierung, um so mehr greift das das Unternehmensziel aus dem Auge verlierende ‚Abteilungsdenken' um sich, um so weniger fühlen sich die Mitarbeiter für die Aufgabe verantwortlich usw." (GROTHUS, 1972, S. 19).

„Als besonders schwierig erweist sich die von TAYLOR geforderte straffe Kontrolle. Der Erfindungsgabe der Mitarbeiter, die Leistungsmeßdaten zu verfälschen, sind nahezu keine Grenzen gesetzt. Die Mitarbeiter scheinen ihre ganze – für die Arbeitsgestaltung nicht mehr erwünschte – Kreativität in die Bemühungen zu stecken, das Unternehmen zu täuschen. Wenn nun das Unternehmen seinerseits die Kontrollen verstärkt, wird der Erfindungsreichtum der Mitarbeiter erneut – und erfolgreich – herausgefordert. Das Betriebsklima verschlechtert sich, die Fluktuation wächst, die Kontrollen werden teurer usw." (GROTHUS, 1972, S. 21). Auch die von TAYLOR gewünschte Zuteilung der Arbeit in kleinen Losen erweist sich mit zunehmender Komplizierung der betrieblichen Leistungserstellung als immer schwieriger. Selbst mit aufwendigen Steuerungsmethoden ist es zumeist nicht möglich, alle anfallenden Arbeiten lückenlos aneinanderzufädeln, so daß Leerlauf bzw. eine gespielte Geschäftigkeit entsteht.

Es ist GROTHUS (1972, S. 21) zuzustimmen, wenn er meint, daß die von TAYLOR geforderte strikte Trennung zwischen Planung, Vorbereitung und Kontrolle einerseits und Ausführung andererseits mehr Probleme zu erzeugen als zu beseitigen vermag. Häufig befolgen die Arbeiter die ihnen bis ins letzte vorgeschriebenen Arbeitsmethoden nicht genau, wodurch vielfach erst eine reibungslose Leistungserstellung möglich wird. Was geschehen kann, wenn die Arbeiter sich streng an die ins Detail gehenden Arbeitsanordnungen und Verfahrensregeln halten, zeigen deutlich die gelegentlich durchgeführten streikähnlichen Aktionen „Dienst nach Vorschrift".

Die Schwächen des Taylorismus und die gesellschaftlichen **Veränderungen nach dem II. Weltkrieg** ließen die betriebliche Personalführung nicht unberührt. Insbesondere machte die zunehmende Demokratisierung in zahlreichen Lebensbereichen auch vor den Betrieben nicht halt. Mündige Staatsbürger wollten nun auch in den Betrieben als Persönlichkeit behandelt werden. Starre Vorschriften und Vorgaben, die sich nicht zwingend aus dem Leistungsprozeß heraus begründen lassen, wurden und werden als störend empfunden und als mit der Menschenwürde unvereinbar angesehen.

Mittlerweile hat sich mehr und mehr die Erkenntnis durchgesetzt, daß für eine erfolgreiche **Personalführung** die Berücksichtigung der **Interessen der Mitarbeiter** eine wichtige Rolle spielt. Diese „Einsicht" rührt zum einen von einem gestärkten Selbstbewußtsein der Mitarbeiter her, das seinerseits beeinflußt wird von dem größer gewordenen Informations- und (Aus)Bildungsstand und der lange vorhanden gewesenen Vollbeschäftigung und der damit verbundenen Knappheit von Arbeitskräften. Zum anderen wird mehr und mehr deutlich, daß Produktivitätsfortschritte immer schwerer (nur) über eine intensiv betriebene Arbeitsteilung zu erreichen sind, oder anders formuliert: Es wächst die Überzeugung, daß für die Erreichung von Wettbewerbsvorteilen die „sozialen Innovationen" immer wichtiger werden (s.a. S. 242).

Heute hat sich eine erfolgreiche **Personalführung zwei (Haupt)Aufgaben** zu stellen:

- Die eine Hauptaufgabe der Personalführung besteht darin, die Mitarbeiter so zu motivieren, daß sie die erwarteten Beiträge zur Erreichung der Unternehmensziele erbringen (Produktivitäts-/Leistungsaspekt = ökonomische Effizienz).
- Die andere, ebenso wichtige Aufgabe der Personalführung ist darauf gerichtet, solche Arbeitsbedingungen zu schaffen, die es den Mitarbeitern zugleich ermöglichen, auch ihre eigenen Ziele im Betrieb zu verfolgen und zu erreichen (Zufriedenheitsaspekt = soziale Effizienz).

Die heutige Personal- oder Menschenführung muß diese beiden Kriterien mehr denn je vereinigen. Dabei ist es für den Vorgesetzten nicht immer einfach, das richtige Maß an Leistungsorientierung und Mitarbeiterorientierung zu finden. Die Schaffung und dauerhafte Aufrechterhaltung eines Gleichgewichtes zwischen diesen beiden Polen – dem der ökonomischen und dem der sozialen Effizienz – ist als eine Art Führungskunst anzusehen, deren Erfolg stark von dem tatsächlich praktizierten **Führungsstil** abhängt.

Mit dem Begriff „Führungsstil" wird ganz allgemein die Art und Weise umschrieben, in der die Führung konkret ausgeübt wird. Dabei unterscheiden sich die möglichen Ausprägungen eines Führungsstils vor allem darin, in welchem Umfang der Vorgesetzte seine Mitarbeiter in den Willensbildungs- und Entscheidungsprozeß einbezieht. Je nach Einbeziehung bzw. Nicht-Einbeziehung unterscheidet man zwischen dem kooperativen und dem autoritären Führungsstil.

In der betrieblichen Praxis können die Übergänge zwischen diesen beiden Führungsstilarten fließend sein, wie das nachstehende Schaubild (Kontinuum) mit einer Auswahl der Mischformen auf der Skala vom autoritären bis hin zum kooperativen Führungsstil zeigt. Das Schaubild macht auch auf den wichtigen Sachverhalt aufmerksam, daß auch ein extrem kooperativer Führungsstil nicht ohne ein Mindestmaß an Elementen des autoritären Führungsstils auskommt – gleiches gilt auch umgekehrt.

Wenngleich in der Praxis auch zahlreiche „Vermischungen" von Führungsstilelementen bei der praktischen Personalführung anzutreffen sind, so wird man tendenziell doch davon ausgehen können, daß ein mehr kooperativer Führungsstil dem heutigen Zeitgeist eher entspricht und bessere Führungsergebnisse bringt als ein autoritärer Führungsstil. Der Zwang, verstärkt kooperative Führungs- und Zusammenarbeitsformen zu praktizieren, ergibt sich auch aus den neuen technisch-organisatorischen Produktionsbedingungen, auf die im folgenden näher eingegangen wird.

In einem engen Zusammenhang mit der zweckmäßigen Gestaltung der Arbeitsorganisation und der Frage des Führungsstils steht der Aspekt der **Humanisierung**, der in den letzten Jahrzehnten ebenfalls an Gewicht gewonnen hat. Bei der Humanisierung, die sich auf zahlreiche menschliche Lebensbereiche beziehen kann, handelt es sich um eine Tätigkeit oder um ein Bemühen, eine Situation menschlicher zu gestalten.

Die Humanisierung in der Arbeitswelt möchte die Arbeitsbedingungen verbessern. Dabei ist zu beachten, daß es sich um die Arbeitsbedingungen im weitesten Sinne handeln muß. Andernfalls kann es geschehen, daß die Unternehmensleitung sich damit zufriedengibt, wenn sie die eine oder andere Arbeitsbedingung (z.B. die Monotonie) verbessert und übersieht, daß für das Wohlbefinden der Arbeitnehmer vielleicht noch belastendere Arbeitsbedingungen vorhanden sind (z.B. im Führungsbereich oder in der Lohnstruktur). Wichtig ist also das Bemühen um die Schaffung von identifikations- und persönlichkeitsfördernden Arbeits- und Organisationsstrukturen (s.a. S. 240-257).

Kontinuum der Führungsstile

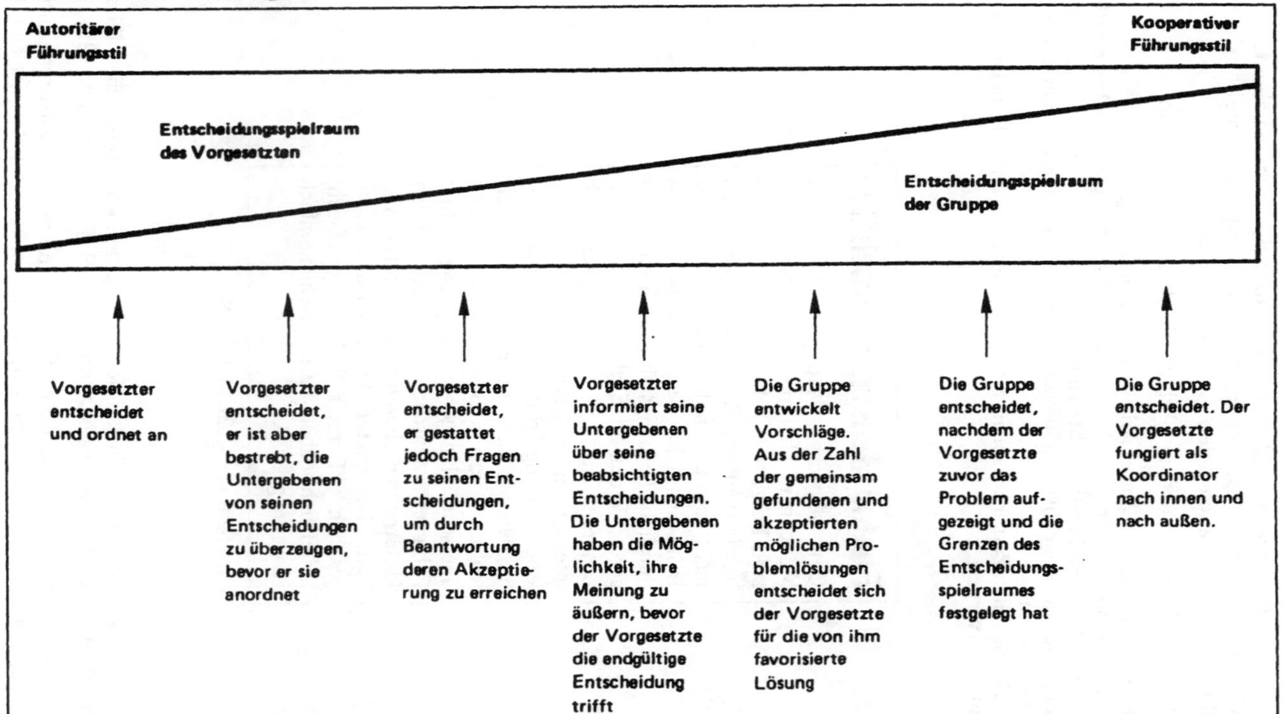

Quelle: Robert Tannenbaum / Warren H. Schmidt: How to Choose a Leadership; Pattern, in: Harvard Business Review, Vol. 36, No. 2, March–April 1958, S. 96; entnommen aus: Rainer Marr / Michael Stitzel: Personalwirtschaft, München 1979, S. 118.

Der komplexe Humanisierungsbegriff wird vielfach durch den ebenfalls recht umfassenden Begriff der „menschengerechten Gestaltung der Arbeit" ersetzt, eine Formulierung, die sich auch in den §§ 90, 91 BetrVG findet.

Ulich (1983, S. 112) bezeichnet eine Arbeitstätigkeit als human, die

- die psychophysische Gesundheit des Arbeitenden nicht schädigt,
- sein psychosoziales Wohlbefinden nicht – oder allenfalls vorübergehend – beeinträchtigt
- seinen Bedürfnissen und Qualifikationen entspricht
- individuelle und/oder kollektive Einflußnahme auf Arbeitsbedingungen und Arbeitssysteme ermöglicht und
- zur Entwicklung seiner Persönlichkeit im Sinne der Förderung seiner Handlungskompetenz beizutragen vermag.

Faktor Mensch unterschätzt

Den deutschen Managern macht der Münchner Unternehmensberater Roland Berger ein dickes Kompliment. Die bundesdeutsche Wirtschaft zeichne sich nicht nur durch hohe Qualifikation ihrer Industriearbeiter aus, sondern auch durch die Leistungsfähigkeit ihrer Manager. „Weder an Sach- noch an Fachkenntnis, noch in der Fähigkeit, sich international zu bewegen, werden deutsche Führungskräfte von ihren amerikanischen oder japanischen Kollegen übertroffen", meint Berger. Doch hätten deutsche Manager einen Mangel: Ihre Fähigkeit, Menschen zu führen, hält der Unternehmensberater für unterentwikkelt. „Der Faktor Mensch wird zu wenig gesehen." Bergers Erklärungsversuch: „Vielleicht haben die Deutschen einfach zu wenig gestreikt."

Wirtschaftswoche, 22.11.1985, S. 8

Das nachstehende Schaubild verdeutlicht die beiden grundsätzlichen **Dimensionen menschengerechter Arbeitsgestaltung** (nach R. Fischer 1978, S. 135).

Wenn man sich mit der Frage der Zweckmäßigkeit von Arbeitsorganisation, Arbeitsbedingungen einschließlich Führungsstil beschäftigen will, ist es nötig, sich Klarheit über die **Arbeitnehmer-Erwartungen** in der Arbeitswelt zu verschaffen. Dabei zeigt sich dann, daß es außerordentlich schwer ist, allgemeingültige Aussagen über **die** Erwartungen **der** Arbeitnehmer zu machen. Dazu sind die Menschen und die Bedingungen, unter denen sie arbeiten und leben (müssen), zu unterschiedlich. Dennoch wird man – bei aller Vorsicht – davon ausgehen können, daß heute in unserer Arbeitswelt neben dem Verlangen nach einem ausrei-

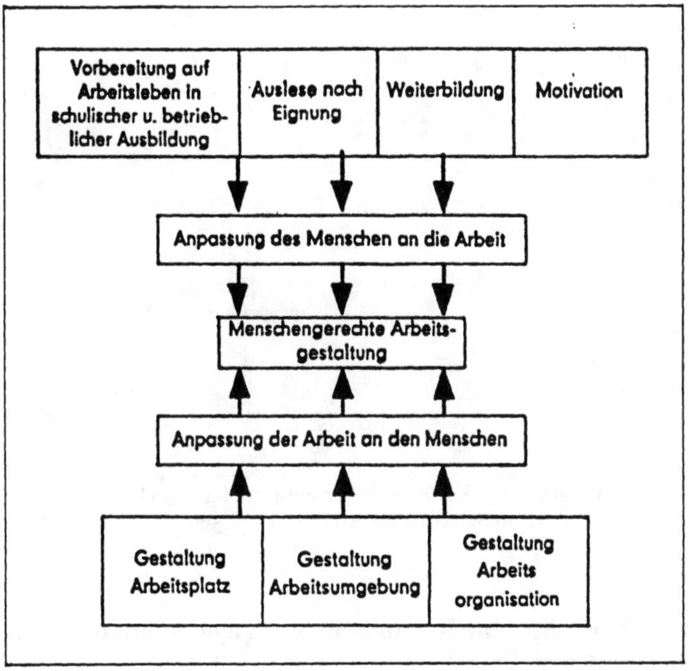

chenden **und** gerechten Einkommen vor allem folgende **Wünsche** (Interessen, Bedürfnisse) vorhanden und daher bei der Personalführung zu beachten sind:

- Die meisten Menschen möchten auf Dauer (Arbeitsplatzsicherung!) sinnvolle Arbeit leisten und wissen, für welche Aufgaben sie und nur sie zuständig sind.
- In diesem Bereich möchten viele Menschen weitgehend selbständig arbeiten und disponieren.
- Sie möchten nicht nur über Sinn und Zweck ihrer Arbeit informiert sein; sie wünschen auch fundierte Informationen über die voraussichtliche Entwicklung an ihrem Arbeitsplatz und in ihrem Arbeitsumfeld sowie Beteiligungsmöglichkeiten an Entscheidungen bei den betrieblichen und personellen Veränderungen.
- Sie legen auf gute, zeitgemäße Arbeitsbedingungen Wert, wozu nicht nur die technisch-organisatorischen, sondern auch die sozialen Bedingungen gehören.
- Sie sind an materiellem und sozialem Aufstieg interessiert.
- Sie schätzen die Erfolgs(Ergebnis)kontrolle mehr als die unverhofft vorgenommene Verhaltenskontrolle.
- Sie bevorzugen die Selbst(Eigen)kontrolle gegenüber der Fremdkontrolle durch den Vorgesetzten.

Der nachstehende Dialog kann möglicherweise **eine** Hilfestellung bei der Beantwortung der Frage sein, warum es so schwer ist, allgemeingültige Aussagen über **die** Wünsche **der** Menschen in der Arbeitswelt zu machen.

Ein Südseeinsulaner saß unter einem Kokosnußbaum und ruhte sich aus, als er von einem vorbeigehenden Europäer angesprochen wurde.

„Was", fragte der Europäer, „tust Du für Dich, während Du dort faul herumsitzt? Warum beschäftigst Du Dich nicht und entwickelst Deine Felder, die Minen und baust neue Städte auf?"

„Wozu?" fragte der Südseeinsulaner.

„Um die Wirtschaft in Gang zu bringen", sagte der Europäer.

„Wozu Wirtschaft?"

„Damit kann man eine Menge Geld verdienen."

„Wozu braucht man Geld?"

„Für Geld kann man sich Freizeit erkaufen."

„Was kann man mit der Freizeit anfangen?"

„Man kann sich ausruhen."

„Wozu das alles", fragte der Südseeinsulaner, „wenn ich mich ohnehin gerade ausruhe?"

Zeitschrift für Organisation, Nr. 5/1978, S. 256; nach einer Idee von Heinrich Böll, die er 1963 eine „Anekdote zur Senkung der Arbeitsmoral" genannt hat.

2. Die neue Technik – eine Renaissance des Taylorismus oder das Ende der Arbeitsteilung?

Noch bis Anfang der 80er Jahre dieses Jahrhunderts dominierte ganz allgemein die Vorstellung, der industrielle Leistungserstellungsprozeß werde immer mehr durch weitgehend automatisierte Großanlagen (Fließbänder, Fertigungsstraßen u.ä.) beherrscht, die auf Massenfertigung bzw. Großserien ausgerichtet und auf strenger Arbeitsteilung aufgebaut sind. Dabei werde der Mensch eine immer geringere Rolle spielen. Eigentlich sei er in diesem Prozeß, weil nicht so exakt planbar wie die Betriebsmittel, nur ein „Störfaktor", den es im Prinzip durch immer mehr Technik-Einsatz auszuschalten gelte.

So hatten z.B. KERN/SCHUMANN (1977) in ihrer industrie-soziologischen Untersuchung von 1970 folgende (von mir stark zusammengefaßte) Hauptthesen im Hinblick auf die Entwicklung der industriellen Arbeitsprozesse vertreten:

- Mechanisierung und Automatisierung zerstückeln die Arbeitsgänge immer mehr und verringern damit die Anforderungen am Arbeitsplatz; der Mensch wird hier immer mehr zum „Datenfütterer" bzw. „Handlanger" für die Automaten mit der Folge, daß viele herkömmliche Facharbeiter unterfordert und letztlich überflüssig werden.
- Dem „dequalifizierten" Industriearbeiter steht eine kleine hochspezialisierte und hochbezahlte Mannschaft von Fachkräften gegenüber, die Programmierungs-, Wartungs- und Bedienungsaufgaben wahrnimmt.

Diese Thesen sind inzwischen stark ins Wanken geraten. Dazu haben nicht zuletzt KERN/SCHUMANN selbst mit einer neuen Untersuchung (1985a) beigetragen. Sie räumen jetzt ein, daß die Entwicklung in den von ihnen in der neuen Studie untersuchten Kernsektoren der Industrie (Werkzeugmaschinenbau, Automobilindustrie sowie chemische Industrie) anders als ursprünglich erwartet verlaufen ist.

Diesen anderen Verlauf erklären KERN/SCHUMANN (1985a, S. 15f.) wie folgt: „Ein Novum ist fraglos die Perfektionierung der Mikroelektronik durch Entwicklung funktionsreicher, billig herstellbarer Mikroprozessoren, die sich durch vielfältigste Verwendbarkeit auszeichnen und die in der Fertigung für die verschiedensten Zwecke der Steuerung und Regelung eingesetzt werden können.

Durch die Mikroprozessoren wird jene bereits in den 50er Jahren beginnende Automation, die zunächst nur für Großbetriebe mit Massenfabrikation Bedeutung gewinnen konnte, weil sie die große Serie, den durchstandardisierten Produktionsprozeß und hohe Kapitalkraft voraussetzte, durch eine Lösung komplettiert, die Automation und Flexibilität zu kompatiblen Größen werden läßt".

Zu der so entstandenen Flexibilität der Fertigungsprozesse hat nicht zuletzt auch die in großem Umfang neu auf den Markt gekommene hochleistungsfähige Informationstechnologie erhebliche Beiträge geleistet; mit den neuen Informationsmitteln (Schreib- und Rechenautomaten, Bildschirmgeräte, EDV) kann der Mitarbeiter-Zugriffshorizont auf Technik und Organisation erheblich ausgeweitet werden, was wiederum eine wichtige Voraussetzung für flexible Fertigungsstrukturen ist.

Es wird mehr und mehr deutlich, daß die flexiblen Fertigungstechniken den steigenden Ansprüchen des Marktes an Produktqualität und Produktheterogenität (Variantenvielfalt) eher gerecht werden als die „starren" Systeme zu Beginn der 70er Jahre, die auf „Einheitsprodukte" ausgerichtet waren.

Der Umgang mit flexibel handhabbaren Leistungsapparaturen verlangt von den mit ihnen arbeitenden Arbeitnehmern nicht nur Bedienungskenntnisse, wozu vielfach auch Programmierfähigkeiten gehören, sondern auch ein umfassendes Verständnis für technisch-organisatorische Zusammenhänge. Daher kommt den in diesen Systemen tätigen Menschen auch eine ganz andere (höhere) Bedeutung zu, und es geht – anders als noch vor einiger Zeit angenommen – nicht mehr in erster Linie um die Frage, wie man am besten den Menschen (als Störfaktor) möglichst weit aus der Produktion ausschalten kann.

Bei einer Analyse der derzeitig vorherrschenden Produktionsstrukturen und -bedingungen ist davon auszugehen, daß tendenziell die Abnehmeransprüche an die Qualität der Produkte steigen. Eine hohe Produktqualität bzw. Fehlerfreiheit kann jedoch nicht allein von der Technik sichergestellt werden, zumal dann nicht, wenn diese wegen der erforderlichen Produktvariationen häufig umgestellt werden muß. Da zudem das Auftreten und die Behebung von Fehlern meist teuer und folgenschwer ist (Image), wird es zunehmend wichtiger, die Einsicht zu befolgen, daß Qualität auf Dauer nicht dadurch herbeigeführt werden kann, daß umfassende Kontrollen der menschlichen Arbeit auf allen Produktionsstufen durchgeführt werden, ganz abgesehen davon, daß auch sie teuer und von erheblicher sozialer Problematik sein können.

Qualität ist verläßlich nicht in Produkte hineinzuprüfen. Sie muß schon bei der Leistungserstellung dadurch sichergestellt werden, daß alle Beteiligten ständig ihren Ehrgeiz darein setzen, daß gar nicht erst Mängel in die Produkte hineinkommen. Dieses Ziel läßt sich mit „denkarmen" Strukturen – wie dem Taylorismus – nicht erreichen. Vor diesem Hintergrund ist die nachstehende Forderung des früheren Daimler-Benz-Vorstandsvorsitzenden WERNER BBREITSCHWERDT zu sehen: „Wo Qualitätsfragen auftauchen, ist jeder zu sofortigem Handeln verpflichtet" (DIE ZEIT 30.1.1987, S. 35).

AUF EIN WORT

„Es ist immer teurer, Fehler zu machen, als von Anfang an einwandfrei zu arbeiten. Wenn wir unsere Zeit nicht mit der Suche und Behebung von Fehlern verbringen müssen, dann gewinnen wir Zeit, um die Qualität unserer Arbeit und unserer Produkte ständig zu verbessern.“

Eberhard Knoblauch, Vorsitzender der Geschäftsführung der Hewlett-Packard GmbH, Böblingen.
FOTO: DIE WELT

DIE WELT, 9.3.1987, S. 13

Während bei TAYLOR das (Mit)denken der Mitarbeiter immer bedeutungsloser werden sollte (s. „Gespräch“ auf S. 224f.), weil es nur störte, kommt man mittlerweile (wohl doch) immer mehr zu der Einsicht, daß alle „große“ Technik schnell an Grenzen stößt, wenn der Mensch sie nicht mit Geschicklichkeit, Umsicht, Kreativität, Phantasie und hohem Verantwortungsbewußtsein begleitet. Die neue Technik (und Organisation) ist eben nur so gut, wie der Mensch, der mit ihr zu tun hat; dies gilt auch für den Computer, der den mitdenkenden, selbständig handelnden und entscheidenden Mitarbeiter nicht überflüssig macht, sondern ihn gerade voraussetzt. PIORE/SABEL (1985, S. 289) meinen sogar: „Die Heraufkunft des Computers hat die menschliche Kontrolle über den Produktionsprozeß wiederhergestellt; die Maschine ist wieder dem, der sie bedient, untergeordnet*.

Insofern kann auch von einer Renaissance des Taylorismus bei den neuen Produkionstechniken keine Rede sein; eher ist das Gegenteil wahrscheinlich, nämlich ein Ende des Taylorismus. Zu dieser Einschätzung sollen noch einmal KERN/SCHUMANN (1985a, S. 322f.) zitiert werden.

„Ein zentrales Ergebnis unserer Studie ist die Wiedereinführung und Verankerung von Produktionsintelligenz als Voraussetzung und Folge der neuen Produktionskonzepte. Man trifft heute in wichtigen Bereichen der Industrie auf eine markt- und produktökonomische Konstellation, die keine Rationalisierung nach tayloristischem Muster mehr trägt. Kapitalverwertung selbst erfordert den Umbruch in der Nutzung von Arbeitskraft. Je mehr die Produktionskonzeptionen auf die Erzeugung hochkomplexer Qualitätsartikel hinauslaufen und die Produktionskonzepte auf den breitflächigen Einsatz der neuen Technologien abzielen, um so mehr bietet sich als optimales Arbeitseinsatzkonzept der ganzheitlichere Aufgabenzuschnitt und die breitere Verwendung von Qualifikationen an ...

---

* Auf die mit den neuen (Informations)Technologien möglicherweise verbundenen sozialen Gefahren (Verringerung der zwischenmenschlichen Kommunikation) ist im folgenden Abschnitt noch einzugehen.

Deshalb sprachen wir in bezug auf die industriellen Kernsektoren vom möglichen Ende der Arbeitsteilung ... Höhere Produktivität ist unter den gegenwärtigen Umständen ohne pfleglicheren, ‚aufgeklärteren' Umgang mit der lebendigen Arbeit nicht zu bekommen – das ist eine Erfahrung, die auch das Kapital machen muß. Nicht nur als Mittel ressourcenschonender materieller Reproduktion, sondern auch als Medium verbesserter industrieller Arbeit stellen die neuen Produktionskonzepte insofern wenigstens keimhaft gesellschaftlichen Fortschritt dar"*.

Ähnlich äußert sich FRANZ STEINKÜHLER, Vorsitzender der Industriegewerkschaft Metall: „Ich habe vor wenigen Tagen noch einmal den alten Adam Smith gelesen, der vor 200 Jahren schon Forderungen aufgestellt hat, die heute noch aktuell sind. Nämlich, daß arbeitsteilige Fertigungsweise im Grunde zur Entmündigung der Menschen führt ... Wir können heute feststellen, daß neue Techniken die Chance bieten, diese arbeitsteilige Fertigungsweise und die damit tatsächlich einhergegangene Entmündigung von Arbeitnehmern aufzuheben ... Selbstbewußtsein in der Arbeit kann man nicht entwickeln, wenn man im 1,5 Sekunden-Takt den ganzen Tag dieselben Handgriffe verrichten muß. Selbstbewußtsein kann man entwickeln, wenn man in großen Arbeitszusammenhängen Selbstverantwortung und Kreativität einbringen kann. Ich muß sagen, diese neuen Techniken bieten die Chance, genau solche Arbeitsformen durchzusetzen" (DIE WELT 16.10.1986, S. 6).

AUDI-Personalvorstand POSTH (1985, S. 46) konstatiert: „Ein herausragendes Kennzeichen der neuen Arbeitsstrukturen ist es, daß die Mannschaft an den Fertigungslinien Kompetenzen nicht nur des Personals der Fachwerkstätten – wie etwa Reparatur und Wartung – erhält, sondern auch vom Bedeutungsverlust produktionssteuernder Funktionen bei den Meistern lebt".

Daß bei den skizzierten Entwicklungen dem Faktor Personal eine andere, höhere Bedeutung zukommt, und daß dies zunehmend auch in der Industrie so gesehen wird, zeigen auch die nachstehenden drei Statements von Topmanagern.

Das „Ende der (alten) Arbeitsteilung" und die Anforderungen der neuen Produktionskonzepte verringern die Bedeutung von solchen Arbeitstugenden**, die eng mit dem tayloristischen Organisationsansatz verbunden waren. Bei der alten Technik standen vor allem folgende (puritanische) Mitarbeiter-Tugenden im Mittelpunkt:

- Pünktlichkeit,
- Disziplin,
- Genauigkeit,
- Fleiß,
- Gehorsam.

* Zu einer ähnlichen Einschätzung kommen auch BAETHGE/OBERBECK (1986) im Hinblick auf Angestelltentätigkeiten. Sie stellen fest: „Es spricht sehr vieles dafür, daß im Bereich der kaufmännischen und verwaltenden Tätigkeiten nicht-tayloristische Einsatzformen der neuen Techniken der Erreichung der Unternehmensziele besser dienen und von höherer ökonomischer Effizienz sind als eine tayloristische Arbeitsorganisation" (S. 29).

** Tugend ist hier gemeint im Sinne von Eigenschaften.

AUF EIN WORT

„Wenngleich man alle neuen Technologien dadurch beschreiben kann, daß sie höher automatisiert sind, so folgt daraus sicherlich nicht das Gespenst einer menschenleeren Fabrik. Vielmehr geht es weniger um die quantitative Anpassung der Mitarbeiterzahl als um eine andere Struktur der notwendigen Qualifikation. Die wesentlichen Ressourcen eines Unternehmens sind und bleiben die Mitarbeiter."

Dr. Karl-Josef Neukirchen, Vorsitzender der Geschäftsführung der SKF GmbH, Schweinfurt. FOTO: SKF

DIE WELT, 24.3.1986

AUF EIN WORT

„Wirtschaftlicher Erfolg und gut motivierte Mitarbeiter bedingen sich gegenseitig. Die Einsatzbereitschaft und Kreativität der Mitarbeiter kann durch kein noch so ausgeklügeltes Organisations- und Planungssystem ersetzt werden. Hier stehen wir vor einem tiefgreifenden Strukturwandel, der unser Führungsverhalten und unsere Personalpolitik nachhaltig beeinflußt."

Dr. Karlheinz Kaske, Vorsitzender des Vorstandes der Siemens AG, Berlin/München FOTO: JUPP DARCHINGER

DIE WELT, 25.5.1985

AUF EIN WORT

„Kein Unternehmen darf es sich leisten, Können und Engagement der Mitarbeiter brach liegen zu lassen. Dabei muß man auch in der Lage sein, Fehler zu entschuldigen. Denn diese sind nur dann problematisch, wenn sie häufiger sind als positive Aktivitäten."

Rainer Liebich, Vorsitzender der Geschäftsführung der NCR GmbH, Augsburg FOTO: FRED SCHÖLLHORN

DIE WELT, 4.3.1986

Auf ihr Vorhandensein und ihre ständige Praktizierung achteten die Vorgesetzten sehr. Viele Vorgesetzte sahen (und sehen) dies als ihre eigentliche Führungsaufgabe an. Selbstverständlich bleiben die genannten Tugenden weiterhin nötig, aber ihr Gewicht relativiert sich dadurch, daß andere Tugenden hinzukommen, die genau so wichtig (oder noch wichtiger) sein können. Dies macht das folgende Zitat von G. Schmidtchen (1984, S. 66) recht deutlich: „Fleißig sind die Maschinen", von demjenigen, der mit ihnen arbeitet, werden andere (neue, zusätzliche) Tugenden erwartet.

Bei der „neuen" Technik (und Organisation) dominieren folgende Arbeitstugenden, die zu einem Teil stark kommunikative Züge tragen:

- Fähigkeit und Bereitschaft zur Teamarbeit, wozu Offenheit, Spontaneität, eigene Meinung, Mut, Zuhören-Können, Humor und soziale Verträglichkeit gehören,
- Verständnis für technisch-organisatorische Zusammenhänge und für soziale Prozesse,
- Abstraktionsfähigkeit, Phantasie und Kreativität,
- Lernfähigkeit und -bereitschaft,
- Konfliktvermeidungs- bzw. -lösungspotential,
- Schnelle Auffassungsgabe und hohe Flexibilität,
- Hohes Verantwortungsbewußtsein (für Produkt, Leistungserstellung und Mitarbeiter).

Diese neuen (kommunikativen) Tugenden*, die vor allem auf das „zwischenmenschliche Miteinander" gerichtet sind, und die im Grunde in allen entwickelten Produktions- und Dienstleistungsprozessen immer wichtiger werden und die bei Taylor gar nicht vorkommen, lassen sich nicht so leicht sicherstellen. Dies hängt nicht zuletzt mit unserem Bildungssystem zusammen, in dem sich wesentliche Wertvorstellungen unserer Gesellschaft widerspiegeln. Zu diesen Zusammenhängen meint Schmidtchen (Rheinischer Merkur, 1.6.1985), dessen Aussagen im Kern vom Nixdorf-Personalvorstand Voll bestätigt werden; s. Wirtschaftswoche, 19.6.1987, S. 34f.:

„Unser Bildungssystem produziert ... massenhaft Fehlverhalten. Wir wollen kreative Kinder, aber unsere Lehrpläne verdrängen das Spielerische. Geistige Leistungsfähigkeit wollen wir produzieren, aber gewöhnen Kindern das Denken ab. Wir predigen Einfallsreichtum, aber prämiieren Konformismus. Autonomie ist das Ziel unserer Bildungseinrichtungen, aber sie begünstigen Anpassungsfeiglinge ...

Unsere Gesellschaft prämiiert Entschlossenheit und Entschiedenheit. Kreative Lösungen aber kommen oft aus langen Phasen des Zweifels, der Ambivalenz, des Zögerns, aus gemischten Gefühlen. Unsere Kultur tendiert zu rigiden Rationalitätsforderungen und Beweisregeln. Vorläufiges, unverantwortliches Denken erweckt den Verdacht der Unzuverlässigkeit und Unkontrollierbarkeit. Denken bevor man spricht, lautet die Regel. Das Denken soll von vornherein auf das Konsensfähige reduziert werden ... Aber:

Fantasie ist im Grunde nach anarchistisch, sie folgt assoziativen Eigengesetzlichkeiten und verweigert sich der Strukturvorgabe".

* s.a. Schmidtchen (1984).

So ist es denn auch kein Wunder, daß alle Prozesse von Fantasie und Kreativität meist recht schnell das allgemeine Ordnungs- und Kontrollphänomen berühren und häufig mit ihm kollidieren.

Quelle: Rheinischer Merkur, 1.6.1985

Dazu eine Kontrast-Meldung:

Gehört den lässigen Typen die Zukunft?

KARRIERE, 12.6.1987. Für dieses Jahr kam die Neuigkeit aus Mainz zu spät, denn die Auswahlverfahren für die Besetzung von Ausbildungsplätzen in Industrie und Verwaltung sind längst abgeschlossen. Für die kommenden Auswahlrunden aber haben Deutschlands Personalchefs jetzt ganz neue Kriterien an die Hand bekommen. Zwei Mainzer Soziologen fanden nämlich heraus, daß nicht den fleißigen und leistungsorientierten Jugendlichen die Zukunft gehört, sondern denen, die das Recht für sich in Anspruch nehmen, „alles nicht so eng zu sehen". Jugendlichen mit lässiger und freizeitorientierter Lebensauffassung helfe ihre selbstbewußte Anspruchshaltung dann auch im Berufsleben weiter. In die Schublade also mit den formalisierten Leistungstests? Schwärmen stattdessen die Personalreferenten künftig auf Tennisplätze, in Discotheken und Computerclubs aus, um dort ihre Bewerberauswahl vorzunehmen?

Denn gerade den freizeitorientierten Jugendlichen räumt die Mainzer Studie ja die besten Zukunftschancen ein. Ganz sicherlich müssen sich Eltern nach diesen Untersuchungsergebnissen nicht länger graue Haare wachsen lassen, wenn ihre Abkömmlinge eher aktive und variationsreiche Freizeitvergnügen als schulische und berufliche Leistungen im Kopf haben. Ob sich Jugendliche aber, die sich im kommenden Jahr um einen Ausbildungsplatz bewerben wollen, an der Studie ein Beispiel nehmen sollten, wird davon abhängen, ob die Personalchefs tatsächlich „alles nicht so eng sehen". rch

Es leuchtet ein, daß die mit der neuen Produktions- und Informationstechnologie an Bedeutung gewinnenden sozialen Qualifikationen anders entwickelt und funktionsfähig gehalten werden müssen als die früher so wichtigen und auch heute naturgemäß notwendigen fundierten (engen) fachlichen Qualifikationen. Das heißt: Es ist jetzt eine grundsätzlich andere Art von Arbeitsorganisation, Personalführung und Personalentwicklung erforderlich, worauf im nächsten Abschnitt näher einzugehen ist.

Dieses Umdenken-Müssen vor allem des Managements begründet BRIAM (Wirtschaftswoche, 27.3.1987, S. 139) wie folgt: „Man kann nicht die modernste Technologie installieren, aber die hierarchischen Verhältnisse beim alten, das heißt bei Befehl und Gehorsam, lassen". Auf diesen Aspekt ist ebenfalls im folgenden Abschnitt näher einzugehen.

Der Katalog der neuen Anforderungen (Tugenden) macht deutlich, daß es für gering Qualifizierte und wenig entwicklungs(lern)fähige Menschen immer schwieriger wird, einen für sie passenden dauerhaften Arbeitsplatz zu finden. Arbeitsplätze mit längerfristig geringen Anforderungen an die menschliche Arbeitskraft werden mit Sicherheit immer mehr zurückgehen, nicht zuletzt, weil an solchen Arbeitsplätzen vielfach besonders leicht die menschliche Arbeit durch technische Einrichtungen zu ersetzen ist. Daß dies allerdings auch nicht immer problemlos ist, macht die nachstehende Zeitungsnotiz deutlich.

Übellaunige Roboter verweigern Arbeit

SAD, **Tokio**

Bereits fünf Wochen nach der Eröffnung der japanischen „Expo '85" in Tsukuba bei Tokio zeigen viele der fortgeschrittenen Roboter-Entwicklungen erhebliche Krankheitssymptome. Die Roboter, die eigentlich Symbole für die zukunftsweisenden Aspekte der japanischen Elektronik-Industrie sein sollten, leiden an „Überarbeitung" und „Ermüdung", ja weisen „depressive Züge" auf, wie der Roboter-Experte, Professor Masahiro Mori, gestern bestürzt erläuterte. „Viele Roboter gehorchen auf einmal nicht mehr. Einer, der sich nach links drehen sollte, stieß statt dessen nur einen Schrei aus. In einem Pavillon bekamen die Roboter einen steifen Hals und konnten ihren Antennenkopf nicht mehr drehen." Nach Ansicht Moris liegt die Ursache für ihr Kränkeln an mikroskopisch kleinen Staubteilchen, die sich in den hochempfindlichen Sensoren festgesetzt haben. Die Folge: „Die Roboter sind übellaunig und verweigern mehr und mehr die Arbeit."

DIE WELT, 23.4.1985, S. 26

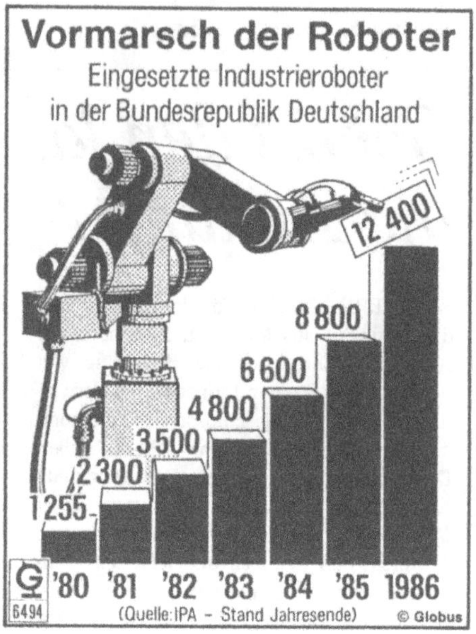

3. Neue Anforderungen an Mitarbeiter, Führungskräfte, betriebliche Weiterbildung und Organisationsstruktur

Die neuen, sich vielfach schnell verändernden Produktions- und Informationstechniken sowie der in weiten Bereichen größer gewordene Wettbewerbsdruck auf den Absatzmärkten und Veränderungen in den gesellschaftlichen Wertvorstellungen lassen die Anforderungen an Mitarbeiter und Führungskräfte ständig wachsen. Diese Faktoren führen mit Sicherheit dazu, daß die betriebliche/berufliche **Weiterbildung** (Personalentwicklung) weiterhin einen hohen Stellenwert behält bzw. noch **an Gewicht gewinnt**.

Die neuen Produktions- und Informations-Technologien machen (permanente) Weiterbildungsprozesse erforderlich, die die Beschäftigten zum **Umgang mit der neuen Technik befähigen** und vor allem auch ihre Akzeptanz vermitteln. „Der technische Wandel, der Siegeszug der Elektronik und Mikroprozessoren, der Einsatz von Robotern, die Technisierung in den Verwaltungen geben dem einzelnen Mitarbeiter kaum eine realistische Chance, sich auf früher erworbenen

Fähigkeiten und Fertigkeiten auszuruhen. Er lernt entweder dazu und erwirbt neue Qualifikationen, oder seine berufliche Zukunft wird unsicher" (HAASE 1984, S. 149).

Zum zweiten gewinnt die betriebliche Bildungsarbeit dadurch an Bedeutung, daß sie zunehmend Beiträge zur Verbesserung der bereichs- und fachübergreifenden **Kommunikation** leisten und so mit dafür sorgen muß, daß eine möglichst reibungsarme und kundenfreundliche Leistungserstellung möglich wird. Die Erreichung dieses Zieles ist in Anbetracht der im Durchschnitt zunehmenden Kapitalintensität der Arbeitsplätze (s. Schaubild a. S. 190), der vielfach komplexer gewordenen Arbeitsorganisation und des hohen Konkurrenzdrucks immer dringlicher geworden.

Unabhängig von den eben genannten Faktoren erhält die betriebliche Weiterbildung ein größeres Gewicht vor allem dadurch, daß die Mitarbeiter auf allen Ebenen zunehmend **höhere Anforderungen** an die **Qualität der Zusammenarbeit** und vor allem an die **Personalführung** stellen, wodurch ein verstärktes Führungskräftetraining erforderlich wird. „Die Mitarbeiter verhalten sich heute wesentlich selbstbewußter als früher. Sie sind kritischer, wollen sich nicht belehren lassen" (SCHLITZBERGER, DIE WELT 15.5.1987, S. 11).

Aus den meisten der für die zunehmende Bedeutung der betrieblichen Weiterbildung vorhandenen Gründe wird deutlich, daß sowohl die bloße Vermittlung von fachlich-technischem Wissen als auch die Schaffung von **Sozialkompetenz** im weitesten Sinne an Gewicht gewinnen. Die Sozialkompetenz soll die Mitarbeiter in die Lage versetzen, eigene Beiträge zur Problemerkennung und zur sach- und sozialangemessenen Konfliktbewältigung zu leisten. Dieser Weiterbildungsansatz, der vermutlich noch an Bedeutung gewinnen wird, zeigt sich deutlich in den heute in der betrieblichen Weiterbildung schwerpunktmäßig angewandten Verfahren. Dabei nimmt die Kommunikation ein besonders großes Gewicht ein, weil „überall da, wo kommunikative Fähigkeiten verkümmern, die Menschen immer unfähiger werden, Konflikte auszutragen" (ATTESLANDER, ZEIT v. 20.12.1985, S. 42).

In Anbetracht der für die zunehmende Bedeutung der Weiterbildung vorhandenen, vorstehend genannten Ursachen ist es nur natürlich, daß in der betrieblichen Erwachsenenbildung das **pädagogisch-psychologische** Handwerkszeug an Gewicht gewinnt, mit dem eine **Aktivierung** aller Teilnehmer des **Bildungsprozesses** möglich wird; dies wird zunehmend als die wichtigste Voraussetzung für den Erwerb persönlicher Ressourcen vor allem im Hinblick auf eine größere Sozialkompetenz angesehen.

Die eigentliche pädagogische Aufgabe der in der betrieblichen Weiterbildungsarbeit hauptberuflich tätigen Experten entwickelt sich mehr und mehr dahin, **Methodenwissen** zu erarbeiten und anzubieten bzw. zu vermitteln, so daß „vor Ort", d.h. in den Abteilungen, Arbeitsgruppen usw. damit gearbeitet werden kann, also Lernprozesse initiiert, organisiert und realisiert werden können. Damit werden die eigentlichen Weiterbildungsfachleute immer mehr zu Beratern und vielfach auch zu Initiatoren und Betreuern von Lernprozessen. Dabei wird es in Anbetracht zunehmend schneller veraltender (technischer) Fertigkeiten immer wichtiger, Zusammenhänge und Wege erfolgreichen Lernens aufzuzeigen.

Als Beispiele für die heute verstärkt einzusetzenden pädagogisch-psychologischen Methoden, die vielfach unter dem Begriff **„aktive Lehr- und Lernmethoden"** zusammengefaßt werden, lassen sich vor allem nennen:

- Moderations- und Präsentationstechniken
- Kommunikationstraining/Gesprächsführung
- Problem- und Konfliktlösungsmethoden
- Kreativitätsförderung
- Fallstudien, Rollen- und Planspiele
- Teamtraining/Teamteaching.

Diese teilnehmeraktivierenden Verfahren sind nicht zuletzt darauf ausgerichtet, das Lernen in der Gruppe zu fördern und als Ergebnis einen Beitrag zur **Verhaltens**änderung oder Verhaltensstabilisierung bzw. Verhaltenssicherheit zu leisten. Mit Verhaltenssicherheit ist nicht gemeint, für jeden denkbaren Fall eine (Patent)Lösung parat zu haben – dies wäre Taylorismus –, sondern es geht darum, eine „Verhaltenssouveränität"* zu entwickeln, die es Mitarbeiter und/oder Führungskraft ermöglicht, für jede Situation eine dieser Situation angemessene, aus eigener Autonomie zu treffende Entscheidung zu fällen, die zu einem Tun **oder** Unterlassen führt.

Weil sich das Hauptziel der betrieblichen Weiterbildung mehr und mehr auf die **Entwicklung der Persönlichkeit** des Mitarbeiters und der Führungskraft richtet, um so zu besserer Zusammenarbeit (Kooperation) zu kommen, ist die Beherrschung und Praktizierung anspruchsvoller Weiterbildungsmethoden, d.h. der Einsatz einer diesem Ziel angemessenen Didaktik unumgänglich.

Es ist eine **Didaktik** erforderlich, die in erster Linie darauf abstellt, möglichst **hierarchiefreie Gruppen-Lernprozesse zu initiieren,** zu strukturieren und einen sozial, emotional und intellektuell befriedigenden Bildungsverlauf anzustreben. Wenn die These von Kern/Schumann (1985a, S. 81) akzeptiert wird, daß der neue Facharbeiter vor allem „geschickt, diagnosefähig und verhaltenssouverän" sein muß, so leuchtet ein, daß dies nicht nur zu Veränderungen in der Personalführung führen muß; sie macht auch deutlich, daß zur Vermittlung dieser „neuartigen" Qualifikationen ganz andere Weiterbildungsmethoden als früher erforderlich sind, wo es meist „nur" darum ging, bloßes technisches Fachwissen zu vermitteln.

Daß ein ganz anderer Ansatz von betrieblicher Weiterbildung insbesondere auch im Hinblick auf die Personalführung und die allgemeinen Organisationsstrukturen nötig wird, ergibt sich nicht zuletzt aus dem folgenden, zweifellos richtigen Umstand, daß „der Zeitpunkt absehbar ist, wo Wettbewerbsfähigkeit ganz wesentlich über soziale Innovation – also die Verbesserung der Organisation wie der Beziehungen der Menschen in ihr – gesichert werden muß, weil kein Betrieb mehr für längere Zeit auf technisch-ökonomischem Gebiet nennenswerte Vorteile gegenüber der Konkurrenz erzielen wird" (K. H. Rüssmann, manager magazin, 8/1982, S. 81).

Friedrich Fürstenberg sieht für die Notwendigkeit sozialer Innovationen noch einen anderen Begründungszusammenhang: „Als Ergänzung der technologischen Innovation sind auch soziale Innovationen erforderlich, um in unserer Arbeitswelt das menschliche Engagement zu gewährleisten" (Handelsblatt, 13./14.12.1985, S. 37). Ähnlich sieht dies auch Naisbitt (psychologie heute, Januar 1984, S. 31): „Keine neue Technologie ohne mehr menschlichen Kontakt – die

---

* Siehe folgendes Zitat von Kern/Schumann.

Höherentwicklung der Technologie und der menschlichen Bedürfnisse laufen parallel. Deshalb werden neue Techniken nur akzeptiert, wenn ein zwischenmenschlicher und spiritueller Ausgleich geschaffen wird". Diese Zusammenhänge werden noch deutlicher, wenn man die folgende Aussage von HANS H. SCHLITZBERGER (1985, S. 224) auf sich wirken läßt: „In der hochtechnisierten komplexen Arbeitswelt spielen Emotionen eine bedeutendere Rolle als Logik und Vernunft. Es scheint so, als ob dieser Gesichtspunkt viel zu wenig beachtet würde, obwohl seine Bedeutung ständig wächst".

Die in den vorstehenden drei Zitaten angedeuteten sozialen Problemlinien erlangen besondere Bedeutung dann, wenn die neuen Produktions- und Informationstechnologien einen Trend zur Verringerung der menschlichen Kontakte auslösen bzw. verstärken. Zu einer solchen leicht bei Arbeiten an Computern eintretenden Situation meint SCHOCH (1987, S. 252): „Die innerbetriebliche Kommunikation wird immer mehr reduziert. Man hat ja jetzt einen Computer. Hier sehe ich die große Gefahr, daß das persönliche Gespräch, das für den sozialen Kontakt und die gute Arbeitsleistung wichtig ist, darunter leidet. Das Gespräch wird ‚demontiert'. Menschen haben eine Sprache! Nimmt man ihnen diese Sprache weg, dann treten Mangelerscheinungen auf. Regelmäßige Kontakte, Aussprachen, Informationen u.a.m. werden immer wichtiger".

In diese Richtung zielt auch der folgende Appell von HAEFNER (1985, S. 278): „Wir brauchen eine **drastische** Entwicklung der Menschlichkeit, um mit der rasanten Technologieentwicklung mithalten zu können. Hieran müssen die Einrichtungen der Erwachsenenbildung intensiv arbeiten".

Die Notwendigkeit, der betrieblichen Weiterbildung im weiteren Sinne verstärkt Beachtung zu schenken, machen auch die folgenden Ausführungen von SCHMIDTCHEN (1986, S. 47f.) deutlich, die von den nicht zu übersehenden wachsenden beruflichen Anforderungen in der Arbeitswelt ausgehen und nach ihren Auswirkungen auf die Arbeitszufriedenheit fragen:

> „Anforderungen sind noch keine Belastungen. Zu Belastungen werden Anforderungen erst dann, wenn Mitarbeiter keine Kompetenz, keine Mittel, keine Unterstützung haben, um damit fertig zu werden ... Mitarbeiter werden mit Belastungen um so eher fertig, je größer ihre Ressourcen sind ...
>
> Der Ressourcenreichtum hat sich als eine selbständige Motivationsvariable herauskristallisiert. Mit Ressourcen sowohl persönlicher als auch organisatorischer Art steht man einfach besser da im Betrieb, fühlt sich nicht ohnmächtig, lebt in der Erwartung, auch unerwarteten Situationen und Belastungen begegnen zu können ... Diese Beobachtungen legen es nahe, ganz allgemein den Ressourcenreichtum der Mitarbeiter zu fördern durch Fortbildung oder durch eine systematische organisatorische Unterstützung, die Schaffung von Rückgriffsmöglichkeiten auf die Ressourcen der Organisation, wenn es notwendig ist ...
>
> Wenn Mitarbeiter im Arbeitsprozeß persönliche und organisatorische Ressourcen mit Erfolg zur Anwendung bringen können, leiden sie nicht unter den Anforderungen, sondern wachsen daran. Die Herstellung neuer Gleichgewichte zwischen Anforderungen und Kompetenz unter Einschluß der Verfügbarkeit organisatorischer Ressourcen ist ein Zukunftsfeld der Personalentwicklung und Arbeitsplatzgestaltung".

Die Veränderungen in den technologischen Strukturen und die sich wandelnden Anforderungen an die sozialen Prozesse machen das nachstehende bildungspolitische Plädoyer von KERN/SCHUMANN (1985a, S. 324) verständlich, nämlich die „Ausrichtung der Bildungsprozesse an einem umfassenden Qualifikationsbegriff (keine Beschränkung auf prozeßspezifische Fähigkeiten; Orientierung an souveräner Berufsarbeit; vielfältige, berufliche wie private Anwendbarkeit der

Kenntnisse und Fähigkeiten)". Eine etwas weitergehende Begründung dieser Forderung erfolgt auf Seite 246f. des vorliegenden Abschnitts.

Es kann – wie schon erwähnt – generell davon ausgegangen werden, daß die Zahl der erhöhte Anforderungen stellenden Arbeitsplätze in Wirtschaft und Verwaltung zunimmt und die Zahl der Arbeitsplätze zurückgeht, an denen nur ausführende, rein mechanische Tätigkeiten zu verrichten sind. „Maschine und Automat entheben den Menschen von der Kraftanstrengung, legen ihm aber Steuerungs- und Überwachungstätigkeiten auf, die in erhöhtem Maße geistige Überlegungen von ihm verlangen.

Seine Aufgabe verlegt sich vom Vollzug zur Lenkung der Abläufe. Sie wird komplexer, abstrakter und erfordert mehr und mehr einen Überblick über Systeme. Die gewaltig gestiegenen Investitionskosten drängen zu einer rationellen Ausnützung der teuren Sachmittel. Fehler werden kostspieliger, und ihre Vermeidung verlangt eine stete Konzentration. Selbst an Stellen, an denen die Automation zu einer Senkung der geistigen Anforderungen führt, tritt häufig eine erhöhte Verantwortung ein. Der ausführende Mitarbeiter wird zu einer Art ‚Vorgesetztem', nämlich zum Vorgesetzten großer Werte verkörpernder und mit einer ungeheuren Leistungskraft ausgestatteter Maschinen und Anlagen" (Haase 1984, S. 150f.).

Die seit längerem zu beobachtende enorme Wissensexplosion führt dazu, daß das bei den Mitarbeitern vorhandene Wissen **und** Können immer mehr unter den im Arbeitsprozeß Tätigen geteilt werden muß und daß in diesem Prozeß, der ja auch den Charakter einer neuen Art von Arbeitsteilung hat, die Aufgabe „Koordinierung und Zusammenführung" eine zunehmende Bedeutung erlangt. Es liegt auf der Hand, daß sich unter diesen Bedingungen auch stark die bisherige **Stellung des Vorgesetzten** verändert bzw. er sein (Führungs)Verhalten den neuen Situationen anpassen muß.

„So wird die Kontrolle – wohl die bisher wichtigste Aufgabe des direkten Vorgesetzten – in den automatisierten Arbeitsplatz integriert. Der Mitarbeiter braucht nicht mehr den Kontrolleur, um seiner Arbeitsaufgabe gerecht zu werden, vielmehr ist er auf eine Person angewiesen, die gleichzeitig Diskussionspartner, Informationsgeber und Koordinator mit anderen Arbeitsplätzen ist, das heißt mehr Assistent als Disziplinierer. Dem widerspricht heute immer noch die Auffassung vieler direkter Vorgesetzter davon, was ihre Aufgabe ist und worauf ihre Autorität beruht. Automation bedeutet auch, daß der Mitarbeiter direkten Kontakt mit dem Stabspersonal haben muß – was früher auf dem Dienstweg geschah und einen Teil der Autorität etwa des Meisters ausmachte. Wir brauchen also Vorgesetzte, die nicht sich, sondern ihre Mitarbeiter aufbauen, um ihr Wissen und ihr Verantwortungsbewußtsein zum Tragen zu bringen" (Haase 1984, S. 155).

Stach formuliert so: „Wir brauchen Führungskräfte, die nicht nur in der Lage sind, immer selbstbewußtere, besser ausgebildetere und kritische Menschen zu führen, sondern die auch für die Vorgänge in Politik und Gesellschaft Verständnis aufbringen" (Karriere, 8.5.1987, K 2).

Es leuchtet ein, daß in diesem Zusammenhang die eigentliche fachlich-technische Kompetenz des Vorgesetzten immer weniger ausreicht, seine Führungsfunktion umfassend zu erfüllen. Hinzukommen muß mehr und mehr eine fundierte Sozialkompetenz, die zu einem ganz erheblichen Teil durch (Weiter)Bildungsprozesse erlernbar ist. „Es ist immer wieder erstaunlich zu erfahren, wie

Personalentwicklung

Veränderte Bedingungen in der Arbeitswelt, ausgelöst durch einen immer schneller fortschreitenden technischen Wandel, zeigen nicht nur Auswirkungen auf das Anforderungsniveau der Mitarbeiter. Auch die Einstellung der Mitarbeiter zur Arbeit hat sich in den vergangenen Jahren deutlich gewandelt.

Führungsverhalten und Aufgabenverteilung der Vorgesetzten werden immer kritischer betrachtet. Chef-Anweisungen werden stärker auf ihren Sinn hinterfragt und nicht mehr autoritätsgläubig akzeptiert, für den eigenen Leistungsbeitrag wird zunehmend eine entsprechende Anerkennung erwartet, der Umgang mit dem Vorgesetzten ist von stärkerer Sensibilität geprägt.

In diesem Spannungsfeld zwischen moderner Technik und zunehmend selbstbewußten und kritischen Mitarbeitern kann die Personalentwicklung eine Hilfestellung sein, eine gemeinsame sozialverträgliche Zukunft zwischen Unternehmen und Mitarbeitern sichern.

Personalentwicklung erhält in diesem Zusammenhang eine erweiterte Bedeutung. Trotz hoher technischer Anforderungen an viele Mitarbeiter verschiebt sich das Gewicht der Personalentwicklung immer stärker von fachlichen Aspekten auf den zwischenmenschlichen und emotionalen Bereich.

Mittlerweile hat sich auch bei den Personalchefs die Einsicht durchgesetzt, daß sich die Personalentwicklung – konventionell primär auf die Zielgruppe der Nachwuchskräfte mit deutlichem Potential für höhere Aufgaben fixiert – stärker an den Bedürfnissen derer ausrichten muß, die nicht zu den wenigen gehören, die den schnellen Weg nach oben antreten können. Moderne Personalentwicklung in diesem Sinne bedeutet, auch diejenigen zu fördern, die nicht im „grellen Scheinwerferlicht" stehen, sondern sich durch kontinuierliche solide Leistungen auszeichnen und durch hohes Engagement sowie stetige Verläßlichkeit wesentlich zum Unternehmenserfolg beitragen.

Diese Mitarbeiter in persönliche Entwicklungsprogramme, aber auch in Veränderungsprozesse der Organisation einzubeziehen ist notwendig, um eine leistungsfördernde Identifikation mit dem Unternehmen sicherzustellen. Gehen diese Mitarbeiter in der Unternehmenshierarchie unter, so besteht mittelfristig die Gefahr der „inneren Kündigung" oder des Unternehmenswechsels. wfr

KARRIERE, 27.3.1987

wenig bestausgebildete Männer über zwischenmenschliche Kompetenz verfügen", berichtet die Psychotherapeutin WALTRAUD KRUSE (Hamburger Abendblatt, 15./16.3.1986, S. 90). Und LUTZ von ROSENSTIEL meint: „Vielen Managern fehlt vor allem Verhaltens-Flexibilität, Sensibilität für die Umgebung" (manager magazin 4/86, S. 173).

Daß das Vorhandensein hoher außerfachlicher Qualifikationen immer dringlicher wird, machen auch die folgenden Ausführungen von THEO SOMMER (ZEIT, 2.1.1987, S. 1) deutlich: „Das (technische, R.S.) Malheur ist unabhängig vom jeweiligen (politischen, R.S.) System, ebenso wie die Reaktion darauf ... In Cape Canaveral (Challenger-Unglück, R.S.), Tschernobyl und Basel war das Verhaltensmuster überall dasselbe. Erst das Nichtverstehenwollen, dann das Nichteingestehenwollen; die verzweifelte Hartnäckigkeit, mit der geleugnet wird, daß etwas eingetreten ist, was nach Herkommen und Anleitung nicht hätte eintreten dürfen; die Beschwichtigung des Publikums durch Verdunkelung; das Leugnen unabsehbarer Folgen; zuerst die gespielte Unschuld der Zuständigen, am Ende,

Top-Manager ohne Führungsqualitäten?

Die Chefs und ihr Ruf

HA **Düsseldorf** – Die leitenden Männer in europäischen Unternehmen sind meistens eigensinnige Alleinherrscher, von persönlichem Ehrgeiz oder Lust an der Macht getrieben und ohne wichtige Führungsqualitäten – jedenfalls in den Augen ihrer engsten Mitarbeiter. Das ist das Ergebnis einer Umfrage, die die Düsseldorfer „Wirtschaftswoche" jetzt veröffentlicht hat.

In ganz Europa hatte das Brüsseler Management Centre Europe 1500 Mitarbeiter aus den mittleren und höheren Führungsebenen ausgewählter Unternehmen nach ihrem Wunsch-Vorgesetzten gefragt. Fast alle antworteten, ein idealer Unternehmensleiter müsse in erster Linie zuhören können (93 Prozent) und in der Lage sein, ein gutes Team um sich zu versammeln (96 Prozent).

Nur jeder zweite Manager billigt seinem eigenen Chef jedoch diese Führungsqualitäten zu. Nur 44 Prozent waren der Meinung, ihr Boß könne zuhören; 56 Prozent fanden, er habe eine gute Mannschaft.

Im übrigen waren 65 Prozent der Befragten der Meinung, ihr Chef sei ein „eigensinniger Autokrat", dessen berufliche Motivation Ehrgeiz (63 Prozent), Lust an der Macht (59 Prozent) oder schlicht Geldgier (40 Prozent) sei. 28 Prozent kritisieren ihre Vorgesetzten als „unbarmherzig streng", 37 Prozent als „sehr berechnend".

Hamburger Abendblatt, 8.1.1988, S. 21

unter dem Druck der Öffentlichkeit, die Aufdeckung der Tatsachen, die Enthüllung des Mängelkatalogs, die Liste der Versäumnisse und Verstöße. Die Technokraten der amerikanischen Raumfahrtbehörde handelten da nicht anders als die kommunistischen Manager von Tschernobyl und die kapitalistischen Manager von Basel: fehlsam, feige – wie Menschen eben sind".

Vor diesem Hintergrund bekommt die These aus der Führungsphilosophie von Christian Dräger zusätzliches Gewicht: „Es gibt kein Problem, das sich nicht auf ein Personalproblem reduzieren ließe" („Wirtschaftswoche", 14.3.1986, S. 170).

Kern/Schumann (1985b, S. 34, 36) wollen nicht zuletzt als Folge der neuen Produktions- und Informationstechnik zu sozialen Fortschritten auch – oder gerade – in den Arbeitsprozessen kommen, wodurch stark die Personalentwicklung und Personalführung berührt werden. Kern/Schumann hegen (zu Recht) ein Mißtrauen gegenüber einem modischen Trend, die Fortschrittshoffnungen auf den Bereich jenseits von Arbeit zu fixieren. Problematisch erscheint ihnen diese Verengung, um nicht zu sagen Vereinseitigung aus einer ganzen Reihe von Gründen; sie fahren dann wie folgt fort:

„So sicher es angesichts der Produktivkraftentwicklung ist, daß man sich zumindest mittel- und langfristig auf eine erhebliche Verminderung der Arbeitszeit einrichten kann: Selbst für die heute gerade antretende Generation wird Erwerbstätigkeit mit Sicherheit mehr sein als eine Randsituation oder ein Übergangsphänomen. Arbeit hat zwar als Medium und Zentrum der Lebensinterpretation Konkurrenz bekommen, doch bleibt sie für den Vollarbeiter – und diesen muß man bei solchen Überlegungen als den nach wie vor vorherrschenden Fall unterstellen – eine so wichtige Handlungssphäre, daß Identitätsbildung

Führungskräfte brauchen soziale Kompetenzen

KARRIERE, 10.10.1986. Gänzlich unbestritten ist und bleibt, daß „Führen" in Wirtschaftsunternehmen nicht nur eine Frage der Fachkompetenz ist. Wenn auch die Ausbildung – vor allem an den Schulen und Hochschulen – fast ausschließlich auf die Wissensvermittlung ausgerichtet ist, so gilt dennoch bei allen Absolventen solcher Ausbildung – falls sie nicht im Wissenschaftsbereich bleiben wollen – der Konsens, daß noch zusätzliche, außerfachliche Qualifikationen vonnöten sind, will man Führungsaufgaben meistern.

Angesprochen und gefordert wird da in erster Linie die Persönlichkeit des Hochqualifizierten. Fachidioten sollen draußen bleiben. Wer sich hinter Büchern verbirgt, in sein Arbeitskämmerlein zurückzieht, wird nicht führen können. Kontakt-, Team- und Integrationsfähigkeiten werden gebraucht – wie auch ein breites Wissen und analytisches Denkvermögen, das die Grenzen der eigenen Fachwissenschaft sprengt. Dies ist deshalb vonnöten, weil im arbeitstäglichen Miteinander Probleme, ja Konflikte verschiedenster Art – häufig fast untrennbar verknotet und verwebt, auftreten, die erkannt, durchschaut und mit Pfiff und Geschick gelöst sein wollen.

Die Eigenschaften, die der Führungskraft helfen, diese Klippen zu meistern, werden gerne mit dem Begriff „soziale Kompetenz" belegt, der allerdings ebenso vielschichtig und mehrdeutig ist, wie die Situationen, die mit dieser Kompetenz angegangen werden sollen. Für Anthony van Hoboken von der international operierenden Unternehmensberatung TASA International bedeutet er die Fähigkeit eines Unternehmers oder eines Spitzenmanagers, „seine Firma derart zusteuern, daß Umfeldkonflikte die Unternehmenszielsetzungen nicht beeinträchtigen". Vielen Unternehmen – so van Hoboken –wird die Tatsache deutlich, daß Leistung von Menschen ausgeht, die ein bestimmtes geistiges Umfeld schaffen, um ihre Möglichkeiten entfalten zu können. Dies gilt nicht nur in den Beziehungen zu allen Mitarbeitern, sondern auch zu den Kunden, den Lieferanten, den Industrieunternehmen in der Nachbarschaft, den umliegenden Gemeinden etc. Denn viele unternehmerische Entscheidungen haben Auswirkungen auf das gesellschaftliche Umfeld, das deshalb nicht nur berücksichtigt, sondern mit dem auch ständig kommuniziert werden muß, um die richtigen Entscheidungen treffen zu können. Diese müssen eigentlich immer Kompromisse sein und setzen deshalb Einsichten in die sozialen Notwendigkeiten voraus. hps

nicht losgelöst von Arbeit erfolgen kann und die Perspektive der Lebensautonomie ohne mehr Autonomie in der Arbeit eine Täuschung bleibt.

Die Zergliederung des Lebenszusammenhangs in anspruchsloses Tun in der Arbeit und anspruchsvolles Handeln danach stellt die Subjekte vor so schwierige Koordinations- und Verarbeitungsprobleme, daß eine stabile Auflösung nach oben hin selten gelingt ...

Erstmals in der Geschichte des Industriesystems wird es mit der Neoindustrialisierung möglich, ... die Voraussetzungen für kompetentes, selbstbewußtes Verhalten im Arbeitsprozeß entscheidend zu verbessern ...

Sicher: Die Systemhaftigkeit von Industrieproduktion und die damit verbundene Festlegung der Grunddaten von Arbeit sind im Prinzip unveränderbar. Doch kann heute immerhin der Durchbruch zur Professionalität von Industriearbeit gelingen – eine Zäsur, durch die nicht nur die Ansatzpunkte für Persönlichkeitsentwicklung im Arbeitsprozeß verbessert, sondern mit der (indem eben dieses gelingt) auch die Voraussetzungen für autonomes Tun außerhalb der Arbeit erhöht werden.

Diese innerindustriellen Entwicklungen lassen die Arbeitszeitverkürzungen, die in der Phase der Neoindustrialisierung durch welche gesellschaftlichen Konflikte hindurch auch immer kommen werden, in einem neuen Licht erscheinen.

Der außerhalb der Arbeit gewonnene Spielraum kann nur zu einem Feld selbstbestimmter Eigentätigkeit werden, wenn es von Menschen besetzt ist, die im Arbeitsprozeß nicht erschöpft und zerstört worden sind. Und auch umgekehrt gilt: Nur solche Arbeiter, die ihre Identität auch aus einem eigenen Lebenszusammenhang gewinnen, können die Regulationsmöglichkeiten im Arbeitsprozeß offensiv wahrnehmen".

Bei diesen Prozessen werden Personalentwicklung, Mitarbeiter-Information und die Beteiligung der Beschäftigten an organisatorischen Änderungen (Organisationsentwicklung) immer wichtiger. Persönliche Identifikation mit dem Produkt und dem Betrieb ist schließlich nur von ausreichend beteiligten und informierten Mitarbeitern zu erwarten. Das gleiche gilt, wenn es darum geht, Verständnis für technisch-soziale Prozesse zu wecken bzw. Einsicht in betriebliche Sachnotwendigkeiten zu erzeugen. Daß dieses mehr und mehr eingesehen wird, macht auch die nachstehende Äußerung des **Instituts der deutschen Wirtschaft** in seinem iwd-Informationsdienst (4.6.1981, S. 2) deutlich:

„Die rechtzeitige Beteiligung und Mitwirkung der betroffenen Arbeitnehmer am Arbeitsplatz scheint ein zwingendes Gebot zu sein. Dies übrigens ist ein wichtiger Wettbewerbsvorteil japanischer Unternehmen, in denen die gemeinschaftliche Erarbeitung von Problemlösungen zwischen Management und Mitarbeitern ständige Praxis ist".

Zeichnung: Deutsches Allgemeines Sonntagsblatt/Jan Tomaschoff (21.4.1985, S. 10)

Wenn Unternehmen sich fürchten, einen Zauberlehrling aufzuwecken

Weiterbildung von Führungskräften setzt Erwartungen und kritisches Potential frei

Von SABINE RAU

Betriebliche Weiterbildung ist während der vergangenen Jahre zu einem wichtigen Faktor der Bildungslandschaft geworden. Diese Entwicklung hat auch nicht vor den Türen der Führungskräfte haltgemacht. Hinzu kam, daß viele Märkte von Anbieter- zu Nachfragemärkten wurden. Der Wettbewerb ist schärfer geworden, nur innovative Konzepte können das Überleben eines Unternehmens sichern.

Weiterbildung wurde also vor allem als Motivationsfaktor, als Innovationsfaktor und als Argument im Wettbewerb um hochqualifizierte Mitarbeiter verstanden. Relativ bald jedoch mußte man feststellen, daß Weiterbildung – vor allem von Führungskräften – auch Gefahren birgt:

Wenn Weiterbildung etwas bewegen soll, muß sie das kritische Potential der Mitarbeiter aktivieren, indem sie Wissen über Zusammenhänge vermittelt, Instrumente zur Hinterfragung zur Verfügung stellt und ähnliches. Dies führt aber auch dazu, daß Mitarbeiter, die bisher routinemäßig gewisse Arbeiten abgewickelt haben und sich mit Unwegsamkeiten arrangiert hatten, „aufgeweckt" werden. Weiterbildung weckt Erwartungen.

In dem Wecken von Erwartungen und der Aktivierung kritischen Potentials liegt die Chance, aber auch das Risiko betrieblicher Weiterbildung. Die Sensibilisierung von Führungskräften für den Gap zwischen Anspruch und Realität kann analog zu Goethes Zauberlehrling schnell zu jenen Besen werden, die man gerne wieder zum Verschwinden bringen möchte. Sind die Rahmenbedingungen eines Unternehmens so, daß die Umsetzung des Gelernten nicht oder nur gegen Widerstände möglich ist, werden aus geweckten die enttäuschten Erwartungen.

Nun wäre der einfache Schluß hieraus, es sei eine vernünftige Lösung, Weiterbildung ohne Aktivierung des kritischen Potentials der Mitarbeiter zu betreiben. Weiterbildung würde in diesem Fall als Gratifikation und somit als Motivationsfaktor verstanden, wobei der Schwerpunkt nicht auf Weiterbildung, sondern auf Bestätigung bereits vorhandenen Wissens und somit in der Unterstützung bestehender Strukturen und Verhaltensweisen liegen würde.

Hier ist die Grenze zur Manipulation schnell erreicht. Sobald Teilnehmer solcher Weiterbildungsmaßnahmen die Absicht durchschauen, wird sie zum Bumerang. Die Mitarbeiter fühlen sich nicht ernst genommen, werden eher demotiviert als motiviert und denken über die Beweggründe des Unternehmens, dies zu tun, nach. Bevor eine manipulativ einsetzende Weiterbildung zu solcherart negativen Ergebnissen führt, scheint es also ratsam, gänzlich auf sie zu verzichten.

Welche Voraussetzungen müssen geschaffen, welche Randbedingungen betrachtet werden, damit Weiterbildung von Führungskräften nicht dysfunktional wirkt?

Weiterbildung muß ein integrativer Bestandteil eines in sich abgestimmten Personalplans sein, der wiederum integrativer Bestandteil der strategischen Planung des Unternehmens ist. Eine derart verstandene Weiterbildung ist ein Baustein eines Ganzen.

Weiterbildungsmaßnahmen dieser Art bauen auf einer Beschreibung und Analyse des quantitativen und qualitativen Personalbestands der Gegenwart auf sowie der Extrapolation des Bedarfs für die Zukunft. Zum anderen gehen Analysen des Unternehmens und darauf aufbauende strategische Pläne als Grundlage in die Gestaltung von Weiterbildungsmaßnahmen ein.

Ziel sollte es sein, die Führungskräfte in Abstimmung mit der Unternehmenskultur gezielt auf die Anforderungen der Zukunft einerseits vorzubereiten, andererseits – soweit die Unternehmenskultur dies zuläßt – den Führungskräften einen Gestaltungsspielraum für eben diese Zukunft zu schaffen. Hierfür müssen gewisse Rahmenbedingungen bestehen oder geschaffen werden:

Kritik muß „erlaubt" sein, darf nicht als Netzbeschmutzung oder Hochverrat geahndet werden. Zweitens müssen die Weiterbildungsmaßnahmen auf Akzeptanz und Unterstützung auch auf höchster Unternehmensebene stoßen. Drittens muß die Umsetzung des Gelernten möglich und erwünscht sein. Schließlich muß diese Umsetzung eventuell durch notwendige organisatorische Veränderungen unterstützt werden.

Diese allgemeingültigen Rahmenbedingungen für eine erfolgreiche Durchführung von Weiterbildung müssen auf die besonderen Gegebenheiten des jeweiligen Unternehmens abgestimmt werden. Sie sind in diesem Sinne also als notwendige, aber nicht immer schon hinreichende Bedingungen zu verstehen.

Weiterbildung, insbesondere von Führungskräften, wirkt nur unter gewissen Rahmenbedingungen aktivierend, motivierend und für das Unternehmen konstruktiv. Bevor also solche Maßnahmen eingeleitet werden, sollte ein Unternehmen sich fragen, ob es bereit ist, kritisches Potential freizusetzen, hieraus resultierende Veränderungsvorschläge zu prüfen und gegebenenfalls umzusetzen.

Die Autorin ist wissenschaftliche Mitarbeiterin des „Universitätsseminars der Wirtschaft", Schloß Gracht in Erftstadt-Liblar.

DIE WELT, 4.2.1987, S. 14

Im vorstehenden wurde angedeutet, daß in der Personal- und Unternehmensführung vielfach eine zu geringe Verhaltens-Flexibilität und eine nicht ausreichende Sensibilität für die Umgebung besteht. Diese problemträchtige Situation hängt nicht zuletzt mit einem Phänomen zusammen, auf das Frederic Vester (1986, S. 9f.) immer wieder eindringlich aufmerksam macht.

Vester führt uns ein Dilemma unserer Zeit vor Augen, nämlich, daß wir die Wirklichkeit zwar mit allen Partien unseres Gehirns aufnehmen, aber glauben, sie nur mit einem beschränkten Teil verstehen zu dürfen. Dies liegt nach Vester nicht zuletzt darin begründet, „wie Schulen und Universitäten die Welt präsentieren: als Sammelsurium getrennter Elemente und nicht als das, was sie ist, nämlich als ein großes **vernetztes System**.

Zusammenfassung der zur Zeit vorherrschenden, für die Personalentwicklung relevanten Bedingungen

Markt
- Wettbewerbsdruck gewachsen
- Sättigungsgrenzen sichtbar
- Ansprüche an Produktqualität und -vielfalt gestiegen
- Produkt-Lebens-Zyklen werden kürzer
- Auftreten ökologischer Fragestellungen

Technik
- Mikroelektronik/Mikroprozessoren lassen Automation und Flexibilität zu kompatiblen Größen werden
- Informationstechnologie vergrößert Mitarbeiter-Zugriffshorizont

Sozialbeziehungen
- Informations- und (Aus)Bildungsstand der Mitarbeiter gewachsen
- Selbstbewußtsein und Sensibilität der Arbeitnehmer zugenommen
- Anforderungen an Qualität der Arbeitsbedingungen einschließlich der Personalführung gestiegen
- Artikulationsbereitschaft im Hinblick auf Mißstände und sachwidrige Zwänge gewachsen
- Wertewandel: „Die Nachkriegszeit mit ihrem Nachhall straffer Ordnungsprinzipien geht sichtlich zu Ende. Die Bereitschaft ist vorbei, sich kritiklos und kurzgeschoren reglementieren zu lassen“ (FAZ 1987)

F o l g e r u n g e n h i e r a u s

- Fehlerarmut muß zunehmen
- Soziale Innovationen werden wichtiger
  „Es ist der Zeitpunkt absehbar, wo Wettbewerbsfähigkeit ganz wesentlich über soziale Innovation – also die Verbesserung der Organisation wie der Beziehungen der Menschen in ihr – gesichert werden muß, weil kein Betrieb mehr für längere Zeit auf technisch-ökonomischem Gebiet nennenswerte Vorteile gegenüber der Konkurrenz erzielen wird“ (Rüßmann 1982)

- Arbeitsteilung à la Taylor verliert an Bedeutung
- Arbeitnehmer benötigen neben Bedienungskenntnissen **und** Programmierfähigkeiten auch umfassendes Verständnis für technisch-organisatorische Zusammenhänge
- Der neue Facharbeiter muß vor allem „geschickt, diagnosefähig und verhaltenssouverän“ sein (Kern/Schumann 1985)

- Neue (Arbeits)Tugenden (kommunikative) gewinnen an Gewicht zu Lasten puritanischer
- Vorgesetztenfunktion wandelt sich
  „Wir brauchen Vorgesetzte, die nicht sich, sondern ihre Mitarbeiter aufbauen…“ (Haase 1984)
- Hierarchien werden anders (flacher)
  „Man kann nicht die modernste Technologie installieren, aber die hierarchischen Verhältnisse beim alten, das heißt bei Befehl und Gehorsam, lassen“ (Briam 1987)

Neue Aufgaben/Tendenzen in der Personalentwicklung
- Die Vermittlung von Sozialkompetenz wird immer wichtiger
- Aktive Lehr- und Lernmethoden einsetzen („Betroffene zu Beteiligten machen“)
- Methodenwissen gewinnt an Bedeutung

Ein System, dessen Gesetzmäßigkeiten wir weitgehend ignorieren, dessen Wechselspiel wir nicht beachten, weil seine Behandlung die Fachdisziplinen überschreitet, und das deshalb in unseren Hörsälen und Forschungsstätten keinen Platz findet. Damit aber findet genau dort die Realität, wie sie ist, keinen Platz, und wir können immer weniger erwarten, daß aus jenen Hörsälen die Lösung kommen wird, mit der wir unsere Wirklichkeit meistern können.

Das, was den Fehlentscheidungen von Behörden, Planern, Politikern und Wirtschaftlern zugrundeliegt, ist also weder mangelnde Intelligenz des einzelnen noch Bösartigkeit, sondern wahrscheinlich hauptsächlich jenes durch die Art unserer Ausbildung vermittelte einseitige Verständnis der Wirklichkeit, das Fehlen von Grundkenntnissen der Systemgesetzmäßigkeiten, die die Befähigung geben würden, das Verhalten eines Systems und damit seine Überlebensfähigkeit zu beurteilen".

Daß auch auf diesem Problemfeld die Personalentwicklung etwas zum Guten bewegen kann, dürfte unschwer einleuchten.

Mit der immer notwendiger werdenden Verlagerung von Entscheidungen hin zu dem Mitarbeiter (unabhängig von seiner hierarchischen Stellung), der das nötige (Spezial)Wissen und Können hat sowie über die kompetente Mannschaft verfügt, verliert die „alte" Hierarchie ihren Monopolcharakter als einzige Verbindungslinie zwischen den vorhandenen Stellen. Es treten vielmehr neben der Hierarchie horizontale Verbindungen auf, die neue Formen der Zusammenarbeit beinhalten (HAASE 1984, S. 159). Diese neuen Formen sind mehr an der gemeinsamen (fach- und stufenübergreifenden) Aufgabe und weniger an Hierarchie-Ebenen orientiert.

In diesem Zusammenhang gewinnen die **informellen Gruppierungen** zunehmend an Bedeutung (s.a. S. 143-145); vielfach stehen ihrer Funktionsfähigkeit heute noch überlieferte Organisationsstrukturen mit ihren starren Hierarchien und Dienstwegen entgegen. Allerdings scheint sich hier eine neue Entwicklung anzubahnen, die JÜRGEN HAUSCHILDT (1985, S. 4) aus der **Peters-Waterman-Studie** im Hinblick auf amerikanische Verhältnisse wie folgt abgeleitet hat: „Effiziente Unternehmen verzichten bewußt auf eine schulbuchmäßige Regelung ihrer Aufbauorganisation, um Innovationsvorsprünge zu gewinnen; die Hierarchie wird zweitrangig".

Tendenziell scheint das Bild der **betrieblichen Hierarchie** (etwas) in Bewegung zu geraten und ein **anderes Aussehen** zu bekommen (s.a. BÜHNER 1986). Dies hängt zunächst einmal damit zusammen, daß die Gruppe derjenigen Arbeitnehmer, die nur (einfache) ausführende Tätigkeiten verrichtet, immer kleiner wird und gleichzeitig ein starker Anstieg von Funktionsträgern mit mittlerer und höherer Qualifiaktion zu beobachten ist. Dies kann dazu führen,daß der klassische Pyramidenaufbau sich in eine Birnenform verwandelt, was M. RICHTER (1985, S. 65, 67) wie folgt veranschaulicht:

Bisher:

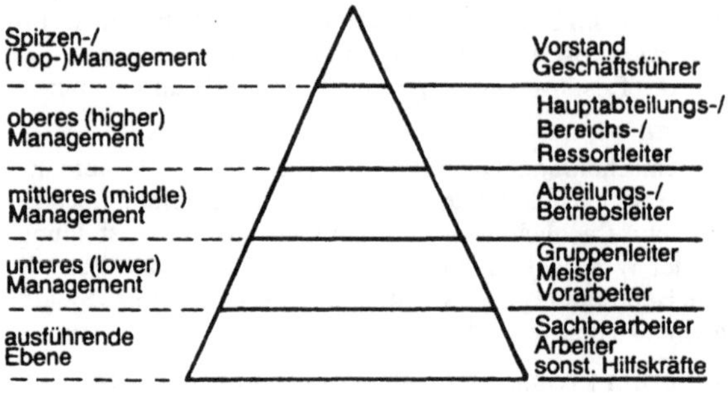

Neue Tendenz:

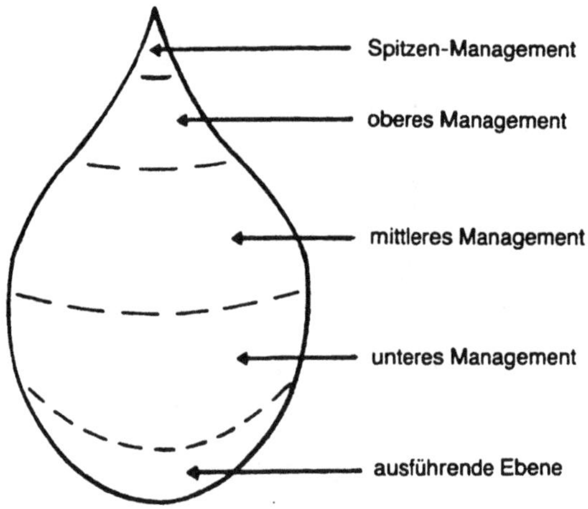

Darüber hinaus zeigt sich eine weitere Tendenz. Sie geht dahin, die Zahl der **Hierarchie-Stufen** zu **verringern**. „Wenn in US-Unternehmen überlegt wird, was entbehrlich wäre, so ist nicht selten von einer Verminderung der Führungsebenen um 50 oder gar 75 Prozent die Rede" (PETERS/WATERMAN 1984, S. 358).

Es sind heute oftmals nicht mehr so viele Ebenen nötig oder erwünscht. Vielleicht waren sie in der bisherigen Fülle auch früher nicht nötig. Aber heute stören sie mehr; zum einen deshalb, weil man sich so lange „Dienstwege" immer weniger leisten kann, und zum anderen, weil jede Hierarchisierung, da sie Status, Ansehen und Einfluß vergibt, gleichzeitig die hiermit nicht so gut ausgestatteten Posten abwertet und damit nicht zur bestmöglichen Leistungserstellung **und** Zusammenarbeit motiviert, was aber immer notwendiger wird. RÜSSMANN spricht hier recht plastisch von der demotivierenden Wirkung der „Abwertungshierarchie" (manager magazin 8/1982, S. 75f.).

Vielfach geht mit der neuen Technik und Organisation ein Bedeutungsverlust des bisherigen unteren und mittleren Managements einher. Dazu trägt nicht zuletzt die Tatsache bei, daß aufgrund des besser gewordenen (Aus)Bildungsstandes der Arbeitnehmer und einer leistungsfähigen Informationstechnologie die herkömmliche Mitarbeiterüberwachung durch die Vorgesetzten an Gewicht verliert. Führen diese Entwicklungen konsequenterweise zum Wegfall von Hierarchiestufen, so entsteht eine flachere hierarchische Pyramide mit der Folge, daß so (mehr) Raum für Entscheidungen auf den unteren (Arbeitsplatz)Ebenen und damit für den einzelnen Mitarbeiter geschaffen wird.

Zu den Gründen für weniger Hierarchiestufen meint HERMANN RAPPE (im presse-dienst der IG Chemie-Papier-Keramik vom 19.4.1986, S. 5): „Die neue Technik kann genutzt werden, um mehr Informationen an jedem Arbeitsplatz bereit zu stellen, so daß die Entscheidungen dort getroffen werden können, wo die Probleme anfallen. Denken und Handeln können wieder mehr oder weniger in einer Person oder Arbeitsgruppe zusammengeführt werden, Entscheidungen können vor Ort in der Abteilung oder am Arbeitsplatz gefällt werden. Für derart organisierte Arbeitsprozesse mit neuen Techniken werden nicht mehr so viele Hierarchie-Ebenen benötigt".

Praktische Beispiele für Hierarchie-Abbau:

- „Durch einen Abbau von Hierarchie will der Spitzenverband der deutschen Industrie **(BDI)** flexibler werden ... Die drei Stufen in der bisherigen Organisation der Geschäftsführung ‚hemmen die erforderliche Flexibilität und erziehen zu hierarchischem Denken' – heißt es in einer Verbandsmitteilung. Das soll nun besser werden: Analog einem in der Wirtschaft bewährten Organisationsprinzip wurde die bisher zweiköpfige Hauptgeschäftsführung per 1. April auf vier Personen erweitert. Zugleich verzichtet der BDI auf die Hierarchiestufe der Hauptabteilungen. Damit laufen Entscheidungsprozesse nur noch durch zwei Leitungsebenen: Hauptgeschäftsführung und Abteilungsleiter" (Wirtschaftswoche Nr. 21 · 16.5.1986, S. 28).
- Auch die **HEW** Hamburgische Electricitäts-Werke AG ist – wie sie in ihrer Werkzeitschrift 7/1986 berichtet – bestrebt, zu einer neuen leistungsfähigeren Organisationsstruktur zu kommen, bei der auch „die Zahl der Hierarchiestufen verringert werden soll". In diesem Zusammenhang meint der HEW-Vorstandsvorsitzende ROLAND FARNUNG: „Wir alle kennen das ‚eherne Gesetz', nach dem einmal existierende Organisationseinheiten ... von sich aus Kräfte in Richtung auf eine weitere Untergliederung hin entwickeln. Mit der Reduzierung der Zahl der Organisationseinheiten auf allen Ebenen soll diesem aufwendigen Trend entgegengewirkt werden" (DIE SAMMELSCHIENE 7/1986, S. 4).

Der Vor-Gesetzte

Zeichnung: M. Szewczuk (1954)

Mit dem Abbau von herkömmlichen Hierarchiestufen (manchmal aber auch unabhängig davon) geht gelegentlich der Aufbau von Parallel- und Projekthierarchien einher, die von ausgesprochenen Spezialisten (ohne Personalführungsverantwortung) besetzt werden. Auf diese Weise läßt sich das in der traditionellen Führungshierarchie enge Angebot an Aufstiegs- und/oder Verdienstchancen ausweiten. Zufriedenstellende Ergebnisse wird eine solche Hierarchievielfalt (s. nachst. Schaubilder) zweifellos nur bringen, wenn nicht nur eine vertikale, sondern auch eine horizontale Durchlässigkeit besteht.

Die vielfältigen Entwicklungen der Arbeitsorganisation und der Arbeitsbedingungen, die in den vorstehenden drei Abschnitten aufgezeigt bzw. angedeutet worden sind, werden in der Übersicht von BRAUNE-KRICKAU a. S. 257 zusammengefaßt; die genannten Trends dürften zu einem Teil erst in der Zukunft deutlicher sichtbar werden.

Die wichtigsten der im vorstehenden Abschnitt angedeuteten Zusammenhänge und Entwicklungen werden in der zusammenfassenden Bewertung am Ende der vorliegenden Abhandlung noch einmal präzisiert.

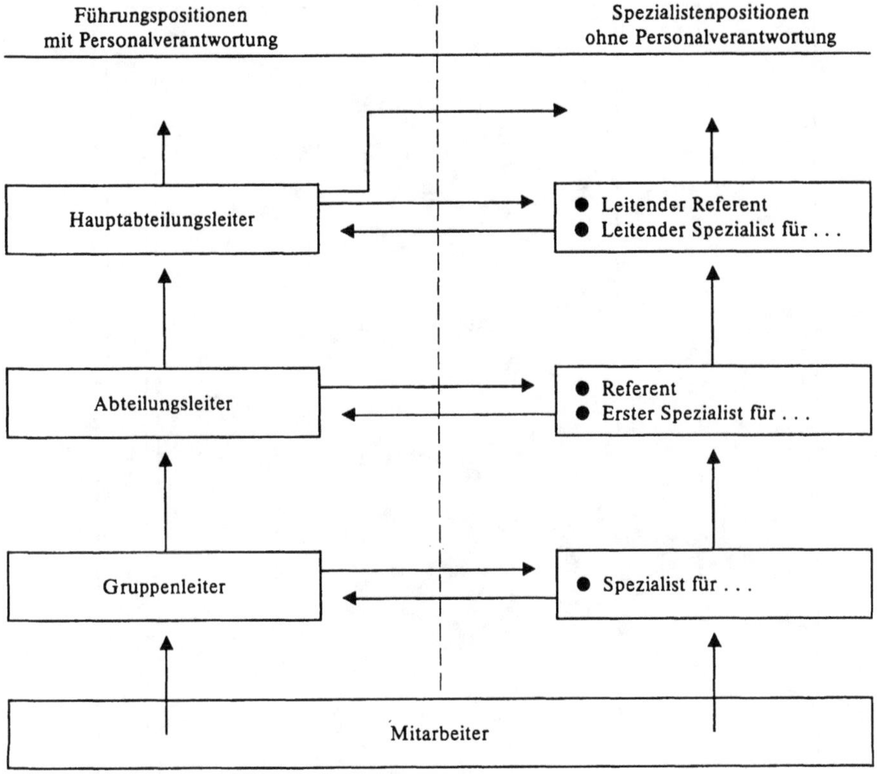

Abb.: Parallelhierarchie (Bahlmann, 1983, S. 322)

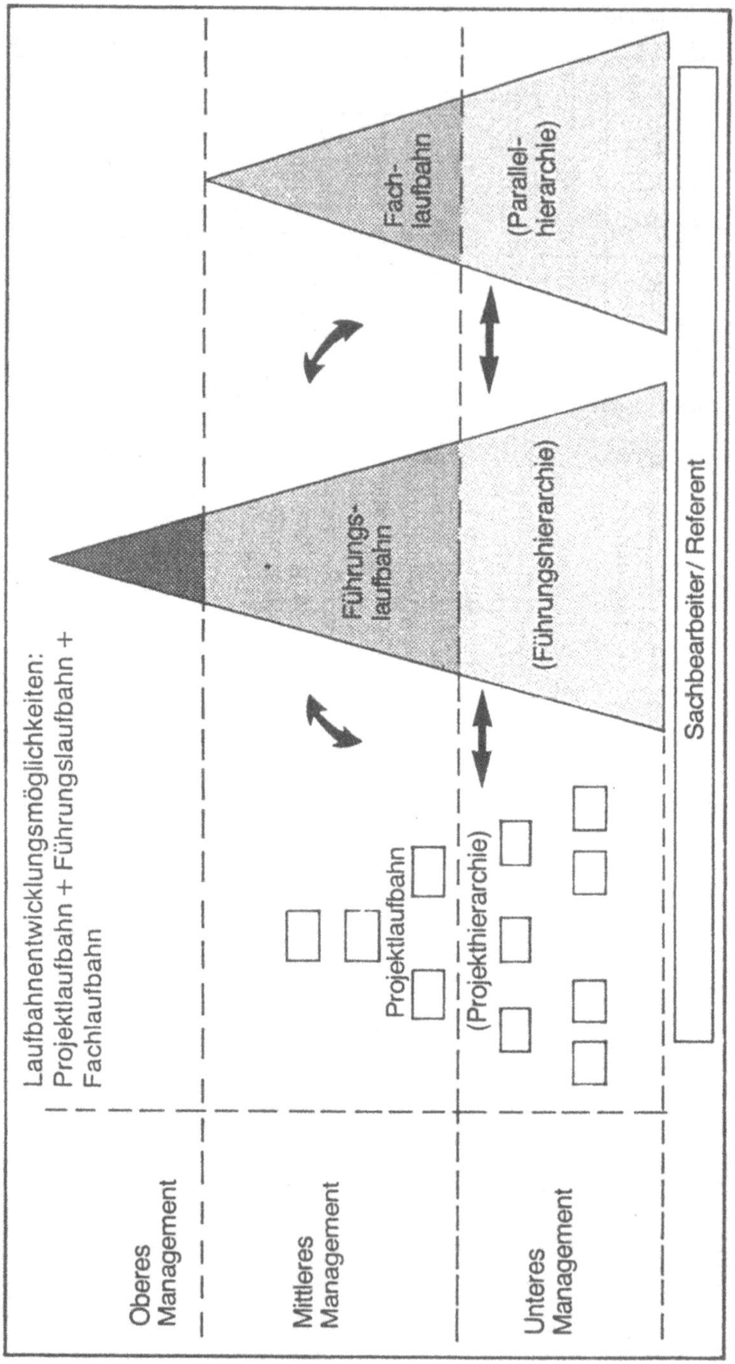

Quelle: M. Domsch, in KARRIERE, 19.9.1986, K 3.

Der Trend geht

eher weg von ...	eher hin zu ...
• Fremdkontrolle	• Selbstkontrolle auf allen Ebenen
• Verhaltenskontrolle*	• Ergebnis-(Erfolgs-)kontrolle*
• Einzelverantwortung als alleinigem Prinzip	• Kollektiver Verantwortung (Teams, beratende Gremien, Projektgruppen)
• einsamer Entscheidung und Anweisung	• Beratung und Aushandlung mit Konsens
• strikter Arbeitsteilung mit monotonen, eng umrissenen Aufgaben	• anforderungsreicheren, lose umrissenen Aufgaben und Integration von Planungs-, Denk- und Kontrollaufgaben in die Arbeit
• »one man – one job« als Organisationsprinzip	• Gruppen als den kleinsten organisatorischen Bausteinen, die die Aufgabenverteilung in der Gruppe selbst regeln
• positionsgebundener Autorität	• fachlicher (und persönlicher)* Autorität
• Nichteinmischung von unten	• Mitsprache und Mitentscheidung
• Organigramm, Hierarchie, Pyramide	• Vernetzung, funktionsorientierter Zusammenarbeit
• einseitig ökonomisch ausgerichteter Zielsetzung des Unternehmens	• Komplexer Zweckausrichtung mit ökonomischer *und* sozialer Zielsetzung.

* Von mir eingeführt, R. S.

Quelle: Braune-Krickau, 1983, S. 323f.

4. Zur (arbeits)rechtlichen und sozialen Bedeutung neuerer Beschäftigungsformen

Seit einiger Zeit haben sich eine ganze Reihe von Beschäftigungsformen entwikkelt, die stark von dem herkömmlichen Arbeitsverhältnis (dem Normalarbeitsverhältnis) abweichen; das bei uns (bisher) übliche Arbeitsverhältnis ist vor allem durch vier Merkmale gekennzeichnet:

- es wird auf unbefristete Zeit abgeschlossen,
- es wird eine wöchentliche Arbeitszeit von ca. 37-40 Stunden vereinbart,
- die wöchentliche Arbeitszeit wird meist recht gleichmäßig auf fünf Tage verteilt (arbeitsfrei sind der Sonnabend und der Sonntag),
- der Arbeitnehmer ist in die betriebliche Organisation des Arbeitgebers (den Betrieb) integriert.

Neben dem schon auf den Seiten 216-221 behandelten befristeten Arbeitsvertrag sind vor allem folgende neuartige Beschäftigungsformen zu beobachten, die im folgenden kurz skizziert und problematisiert werden sollen:

- (Traditionelle) Teilzeitarbeit
- Job Sharing (Partner-Teilzeitarbeit)
- Kapazitätsorientierte variable Arbeitszeit (Kapovaz)
- „Freiberufliche" (Heim)Arbeit bzw. Beschäftigung als (Quasi)Selbständiger
- Leiharbeit
- Arbeitgeberwechsel ohne Arbeitsplatzwechsel.

a) (Traditionelle) Teilzeitarbeit

Es gibt eine ganze Reihe von Menschen, die keinen Wert auf ein **Vollzeit**arbeitsverhältnis legen. Sie wollen deutlich weniger als die übliche regelmäßige wöchentliche Arbeitszeit erwerbstätig sein (z.B. zehn oder zwanzig Stunden die Woche). Dies trifft gegenwärtig insbesondere für Frauen zu, die zum Beispiel wegen der Betreuung der Kinder und/oder des Ehemanns (Partners) nicht volltags arbeiten können oder wollen. Der Anteil der Frauen an der Gesamtzahl der Teilzeitbeschäftigungen liegt über 90%. Teilzeitarbeit ist oft mit relativ anspruchsloser Tätigkeit und entsprechend niedriger Entlohnung verbunden.

Die Zahl der teilzeitbeschäftigten Arbeitnehmer hat im Laufe der Zeit sowohl absolut als auch relativ zugenommen. Der Anteil der Teilzeitbeschäftigten an der Gesamtzahl der Beschäftigten wird je nach Schätzmethode auf 8% bis 15% beziffert. In der Arbeitswelt werden derzeit deutlich mehr Teilzeitarbeitsplätze gesucht als angeboten. So waren beispielsweise Ende Juni 1986 unter der Gesamtzahl der Arbeitslosen von rund 2,1 Millionen über zehn Prozent Erwerbslose, die eine Teilzeitbeschäftigung suchten. Offene Stellen für Teilzeitarbeit gab es zur selben Zeit 16242.

Einen Eindruck von der Verbreitung der Teilzeitarbeit in westlichen Industrieländern gibt das nachstehende Schaubild.

Das seit dem 1.5.1985 in Kraft befindliche Beschäftigungsförderungsgesetz will auch die Verbreitung von Teilzeitarbeit fördern. In der amtlichen Begründung zum Beschäftigungsförderungsgesetz heißt es zum Komplex Teilzeitarbeit: „Der Gesetzentwurf zielt darauf ab, die Teilzeitarbeit sozial verträglicher zu gestalten und auf diesem Wege zu ihrer weiteren Ausbreitung beizutragen. So kann eine wirksame arbeitsrechtliche Absicherung der Teilzeitarbeit vollbeschäftigten Ar-

beitnehmern den Übergang zur Teilzeitarbeit erleichtern und damit zusätzliche Teilzeitarbeitsplätze schaffen".

Das Beschäftigungsförderungsgesetz hat für die Teilzeitarbeit folgende Regelungen geschaffen:

§ 2

Verbot der unterschiedlichen Behandlung

(1) Der Arbeitgeber darf einen teilzeitbeschäftigten Arbeitnehmer nicht wegen der Teilzeitarbeit gegenüber vollzeitbeschäftigten Arbeitnehmern unterschiedlich behandeln, es sei denn, daß sachliche Gründe eine unterschiedliche Behandlung rechtfertigen.

(2) Teilzeitbeschäftigt sind die Arbeitnehmer, deren regelmäßige Wochenarbeitszeit kürzer ist als die regelmäßige Wochenarbeitszeit vergleichbarer vollzeitbeschäftigter Arbeitnehmer des Betriebes. Ist eine regelmäßige Wochenarbeitszeit nicht vereinbart, so ist die regelmäßige Arbeitszeit maßgeblich, die im Jahresdurchschnitt auf eine Woche entfällt.

§ 3

Veränderung von Dauer oder Lage der Arbeitszeit

Der Arbeitgeber hat einen Arbeitnehmer, der ihm gegenüber den Wunsch nach einer Veränderung von Dauer oder Lage seiner Arbeitszeit angezeigt hat, über entsprechende Arbeitsplätze zu unterrichten, die in dem Betrieb besetzt werden sollen. Die Unterrichtung kann durch Aushang erfolgen.

Eine darüber hinausgehende Förderung der Teilzeitarbeit sieht das Beschäftigungsförderungsgesetz in zwei weiteren Paragraphen vor, die sich auf das Job Sharing (Arbeitsplatzteilung) und auf das Arbeitsverhältnis mit kapazitätsorientierter variabler Arbeitszeit (Kapovaz) beziehen; auf diese beiden Formen einer besonderen Teilzeitarbeit wird in den beiden folgenden Abschnitten näher eingegangen.

Für die grundsätzliche Fragestellung, wann ein Arbeitsverhältnis besteht und damit eine Arbeitnehmerposition existiert, für die dann auch die Arbeitnehmerschutzrechte (z.B. Urlaubsgesetz und Kündigungsschutzgesetz) gelten, ist es unerheblich, ob ein Voll- oder Teilzeitarbeitsverhältnis besteht. Dies gilt auch für Teilzeitarbeit mit besonders niedrigen Arbeitszeiten und Einkommen. So zum Beispiel auch für die auf beiden Seiten sehr beliebten Arbeitsverträge mit einer wöchentlichen Arbeitszeit unter 15 Stunden **und** einem Monatsverdienst von unter DM 440,–. Dies sind die sog. geringfügig Beschäftigten (s. § 8 Sozialgesetzbuch IV). In diesem Falle besteht keine Sozialversicherungspflicht*, d.h. es sind sowohl vom Arbeitnehmer als auch vom Arbeitgeber keine Beiträge zur Kranken-, Renten- und Erwerbslosenversicherung zu zahlen, so daß einem solchen (Teilzeit)Arbeitnehmer aus dieser Beschäftigung auch keine Versicherungsansprüche erwachsen.

Hierzu meint Renate Faerber (Deutsches Allgemeines Sonntagsblatt, 28.4.1985, S. 5): „Derartige Arbeitsverhältnisse werden immer beliebter – überwiegend dort, wo Frauen arbeiten. Die Folge ist: Keine Absicherung bei Krankheit, keine eigene Rente; die Karriere als spätere Sozialrentnerin wird programmiert". Wolfgang Vogt, Staatssektretär im Bundesarbeitsministerium, warnte (in der WELT 25.10.1985, S. 11): „Wir sehen mit großer Sorge, daß die Zahl der geringfügig Beschäftigten immer mehr ansteigt"**. Bundesarbeitsminister Blüm sieht in diesen Kleinstarbeitsverhältnissen über weite Strecken den großangelegten Versuch, die Pflichten des Sozialstaates zu umgehen und kündigt deshalb an, diesem Mißbrauch einen Riegel vorzuschieben (ZEIT 20.3. 1987, S. 5).

Die Tatsache, daß solche 440-DM-Beschäftigungsverhältnisse sozialversicherungsfrei sind, führt nicht dazu, daß die Beschäftigten keinen Arbeitnehmerstatus erwerben. Arbeitsrechtlich sind sie Arbeitnehmer wie die anderen Beschäftigten auch, so daß ihnen beispielsweise auch der Kündigungsschutz nach dem Kündigungsschutzgesetz zusteht, wenn die dort genannten Voraussetzungen (s. S. 206-209) vorliegen. Daß die allgemeinen Arbeitnehmerschutzrechte auch für Teilzeitbeschäftigte und insbesondere auch für die geringfügig Beschäftigten, wenig Verdienenden, gelten, ist vielfach nicht bekannt.

* Für das aus einer solchen Tätigkeit erzielte Entgelt „hat der Arbeitgeber die pauschale Lohnsteuer (von 10 Prozent, R.S.) zu übernehmen" (§ 40 Abs. 3 S. 1 EStG). Das Bundesarbeitsgericht hat am 5.8.1987 entschieden, daß der Arbeitgeber diese Steuer auf den Arbeitnehmer abwälzen kann.

** „Kriminell wird es, wenn ein Beschäftigter gleich dreimal als Mitarbeiter jeweils unter anderem Namen geführt wird und dann dreimal 410 DM (neuerdings 440 DM, R.S.) kassiert – lohnsteuer- und sozialversicherungsfrei. In solchen Fällen stecken Arbeitgeber und Arbeitnehmer meist unter einer Decke ... Häufig nutzen Arbeitnehmer die geltende Praxis aber auch ohne Wissen der Arbeitgeber aus. Wer an einem Tag als Putzhilfe tätig ist, den zweiten als Aushilfe beim Metzger, den dritten beim Bäcker, den vierten als Babysitter verbringt und am fünften schließlich im Biergarten kellnert, der kommt dank der 410-Mark-Regel zu einem auskömmlichen abgabefreien Einkommen, ohne daß die jeweiligen Arbeitgeber voneinander wissen" (ZEIT 4.4.1986, S. 29).

Als ein Beitrag zur Erreichung einer größeren Sozialverträglichkeit der Teilzeitarbeit ist der am 13.4.1987 erstmalig für einen großen Tarifbereich abgeschlossene Tarifvertrag über Teilzeitarbeit zu werten, der zwischen der IG-Chemie-Papier-Keramik und dem Bundesarbeitgeberverband Chemie zustande gekommen ist. Dem ist am 6.10.1987 ein Teilzeit-Tarifvertrag für den öffentlichen Dienst gefolgt.

Tarif-Modell der Chemie gilt als eine Pioniertat

Neue Regelung über Teilzeitarbeit wird von allen gelobt

tl. Bonn

„Ein Durchbruch, der die Teilzeitarbeit aus ihrem Ghettodasein befreit." oder: „Tarifpolitische Pionierarbeit zugunsten der Betroffenen". So bewertete gestern die Bundesregierung den Tarifvertrag zur Regelung von Teilzeitarbeit in der chemischen Industrie. Die SPD spricht von einem „richtungsweisenden Erfolg insbesondere für alle teilzeitbeschäftigten Frauen."

Nach dem Abkommen von IG Chemie und Bundesarbeitgeberverband Chemie sollen die derzeit rund 40 000 teilzeitarbeitenden Chemiearbeiter und -angestellten in der Regel grundsätzlich nicht weniger als vier Stunden pro Tag arbeiten und anteilmäßig Urlaub sowie alle Zuschläge und Vergünstigungen bekommen, die auch den Ganztagsbeschäftigten zustehen. Nur in Ausnahmefällen dürfen einzelne Arbeitnehmer so wenig Stunden ableisten, daß sie unter der Pflichtgrenze für die Sozialversicherung von 430 Mark pro Monat liegen. In diesen Fällen müssen die Unternehmer die Mitarbeiter aber auf die Risiken aufmerksam machen: Versicherungsschutz gibt es nicht, da keine Beiträge zur Renten-, Kranken- und Arbeitslosenversicherung bezahlt werden.

Künftig können die Chemie-Mitarbeiter auch ihre Arbeitsplätze tauschen. Die Unternehmer sollen sie von frei werdenden Stellen unterrichten, wenn sie von der Voll- in die Teilzeitarbeit gehen wollen oder umgekehrt. Für Berufsanfänger verabredeten beide Seiten eine Sonderregelung. Wenn ein Unternehmen nicht genug Vollzeitarbeitsplätze hat, um alle Lehrlinge nach der Ausbildung zu übernehmen, können diese zunächst in Teilzeitarbeit beschäftigt werden.

Beide Seiten definierten, daß Teilzeitarbeit dann vereinbart wurde, wenn die Arbeitszeit des Mitarbeiters unter der regelmäßigen Arbeitszeit von derzeit noch 40 Stunden pro Woche liegt. Die Unterschreitung kann auch innerhalb von bis zu sechs Monaten durchschnittlich erreicht werden - das heißt, ein Mitarbeiter, der in einer Woche oder einem Monat mehr, in der anderen Woche oder dem anderen Monat weniger arbeitet, ist teilzeitbeschäftigt, wenn er innerhalb von sechs Monaten durchschnittlich unter der regelmäßigen Arbeitszeit von 40 Stunden liegt. Die Betriebsräte sollen künftig auch für Teilzeitbeschäftigte im gesetzlich gesteckten Rahmen eintreten können.

DIE WELT, 15.4.1987, S. 12

b) Job Sharing (Partner-Teilzeitarbeit)

Bei dieser Beschäftigungsart, die eine besondere Form der Teilzeitarbeit ist, geht es darum, daß zwei oder mehr Personen sich einen Vollzeitarbeitsplatz (und natürlich auch den Lohn) teilen. Den so Beschäftigten wird es überlassen oder zur Pflicht gemacht, die jeweilige Arbeitsplatzbesetzung selbst zu regeln; sie haben lediglich sicherzustellen, daß der Arbeitsplatz innerhalb der normalen Betriebszeit funktionsfähig ist.

Die DGB-Gewerkschaften, die der Teilzeitarbeit ohnehin meist skeptisch gegenüberstehen, lehnen Job Sharing kategorisch ab. Sie fürchten ein Unterlaufen der Schutzvorschriften des Arbeitsrechts. Die DAG-Position zu dieser Beschäftigungsform ist moderater.

Das Beschäftigungsförderungsgesetz bemüht sich – wie auch im Falle der (traditionellen) Teilzeitarbeit – die Arbeitsplatzteilung sozial verträglich zu gestalten. Zu diesem Zweck wird beispielsweise die Verpflichtung der Arbeitnehmer zur gegenseitigen Vertretung und die „partnerbedingte Kündigung" durch den Arbeitgeber beschränkt. Hierfür wurde der § 5 dcs Beschäftigungsförderungsgesetzes geschaffen, der folgenden Wortlaut hat:

§ 5

Arbeitsplatzteilung

(1) Vereinbart der Arbeitgeber mit zwei oder mehr Arbeitnehmern, daß diese sich die Arbeitszeit an einem Arbeitsplatz teilen (Arbeitsplatzteilung), so sind bei Ausfall eines Arbeitnehmers die anderen in die Arbeitsplatzteilung einbezogenen Arbeitnehmer zu seiner Vertretung nur auf Grund einer für den einzelnen Vertretungsfall geschlossenen Vereinbarung verpflichtet. Abweichend von Satz 1 kann die Pflicht zur Vertretung auch vorab für den Fall eines dringenden betrieblichen Erfordernisses vereinbart werden; der Arbeitnehmer ist zur Vertretung nur verpflichtet, soweit sie ihm im Einzelfall zumutbar ist.

(2) Im Falle einer Arbeitsplatzteilung ist die Kündigung des Arbeitsverhältnisses eines Arbeitnehmers durch den Arbeitgeber wegen des Ausscheidens eines anderen Arbeitnehmers aus der Arbeitsplatzteilung unwirksam. Das Recht zur Änderungskündigung wegen des Ausscheidens eines anderen Arbeitnehmers aus der Arbeitsplatzteilung und zur Kündigung des Arbeitsverhältnisses aus anderen Gründen bleibt unberührt.

(3) Die Absätze 1 und 2 sind entsprechend anzuwenden, wenn sich Gruppen von Arbeitnehmern auf bestimmten Arbeitsplätzen in festgelegten Zeitabschnitten abwechseln, ohne daß eine Arbeitsplatzteilung im Sinne des Absatzes 1 vorliegt.

Die praktische Ausgestaltung und Bedeutung des Job Sharing umschreiben Glaubrecht/Wagner/Zander (1988, S. 266) wie folgt:

- Regelmäßig beschränkt sich das job sharing auf die unteren Gehaltsklassen; die Ausweitung aufs Management spielt sich einstweilen exklusiv in der Literatur ab.
- Partner-Teilzeitarbeit ist ein typisches Zweitverdiener-Arrangement, d.h. in der Regel handelt es sich bei den Partnern um Frauen.
- Die Initiative geht üblicherweise von den Arbeitnehmern aus; die Unternehmen halten sich sichtlich zurück.

- Schwerpunkte der Partner-Teilzeitarbeit – wenn man davon angesichts der kleinen Zahl bekanntgewordener Anwendungsfälle überhaupt sprechen will – sind Verwaltung und Dienstleistung.

Arbeitsplatzteilung bei Klöckner-Moeller

Rund 100 Mitarbeiterinnen bei der Klöckner-Moeller GmbH haben einen Vertrag für einen geteilten Arbeitsplatz. Klöckner-Moeller ist ein Unternehmen der elektrotechnischen Industrie und beschäftigt insgesamt 3600 Mitarbeiter.

Das Konzept des „geteilten Arbeitsplatzes" wurde in diesem Unternehmen 1981/82 eingeführt: zwei Halbtagskräfte teilen sich einen Arbeitsplatz. Ewald Thelen, der Leiter des Zentralbereich Soziales bei Klöckner-Moeller, lobte in Frankfurt die höhere Arbeitsqualität gerade bei diesen Mitarbeiterinnen.

Wichtig beim Konzept des geteilten Arbeitsplatzes: Jede Mitarbeiterin, die sich mit einer Kollegin einen Arbeitsplatz teilt, erhält einen eigenen Vertrag. Und damit ist auch sichergestellt, daß etwa bei der Kündigung der einen halben Arbeitskraft nicht gleichzeitig auch die andere ihren Arbeitsplatz verliert.

Im übrigen aber sind die beiden „Halben" aufeinander angewiesen: Eine gleichzeitige Beschäftigung am Arbeitsplatz ist nicht möglich, die Mitarbeiterinnen müssen sich über Arbeitszeiten (und Urlaubszeiten!) abstimmen.

Das Modell läuft offensichtlich. Thelens Kommentar: „Wir wollen keinen in dieses Modell hineinzwingen".

Betriebswirtschafts-Magazin 3/1985, S. 11

c) Kapazitätsorientierte variable Arbeitszeit (Kapovaz)

Bei dieser Beschäftigungsform, die ebenfalls eine Art von Teilzeitarbeit ist, geht es darum, daß eine arbeitsvertragliche Vereinbarung dergestalt geschlossen wird, daß der Arbeitgeber berechtigt ist, die Arbeitszeit hinsichtlich ihrer Lage und vielfach auch hinsichtlich des Gesamtumfangs entsprechend dem jeweiligen Arbeitsanfall zu variieren, d.h. es geht hierbei praktisch um „Arbeit auf Abruf". Besonders starke Anwendung findet diese Beschäftigungsart, die im einzelnen vielfältig ausgestaltet sein kann, im Einzelhandel.

Es ist unschwer zu erkennen, daß mit solchen Regelungen, wenn sie nicht Mindestschutzbedingungen enthalten, für den Arbeitnehmer ein außerordentlich großes Beschäftigungs- **und** Einkommensrisiko entstehen kann; jedenfalls dann, wenn ein bestimmtes Arbeitsdeputat nicht fest vereinbart ist und der Arbeitgeber in diesem Falle den Arbeitsabruf auch außerordentlich niedrig halten kann.

Deshalb hat das Bundesarbeitsgericht in seiner Entscheidung vom 12.12.1984 festgestellt, daß eine arbeitsvertragliche Vereinbarung, die den Arbeitgeber bei arbeitszeitabhängiger Vergütung berechtigen soll, den Umfang der Arbeitszeit „von Fall zu Fall" innerhalb eines zeitlichen Rahmens oder bis zu einer zeitlichen Höchstgrenze zu bestimmen, eine objektive Umgehung von zwingenden Vor-

Bei Anruf Arbeit – Warten auf Arbeit. Aber nicht jeden Tag kommt ein Anruf. Manche Betriebe lassen die Pauschalkräfte mehrmals täglich nach Bedarf kommen. Diese Arbeitsverhältnisse werden mit dem bedeutend und wichtig klingenden Namen „Kapovaz" (kapazitätsorientierte variable Arbeitszeit) umschrieben. In Wirklichkeit führen solche Arbeitsverhältnisse ins vorige Jahrhundert und werfen den Arbeitnehmer auf den Stand von Tagelöhnern zurück.

Foto: Bindrim/laif

gp Gewerkschaftspost – Zeitung der IG Chemie-Papier-Keramik, 3/1987, S. 7

schriften des Kündigungs- und Kündigungsschutzrechtes darstellt und daher nach § 134 BGB nichtig ist. Das allgemeine Weisungsrecht des Arbeitgebers, so das Bundesarbeitsgericht, habe stets nur eine Konkretisierungsfunktion hinsichtlich der im Arbeitsvertrag enthaltenen Rahmen-Arbeitsbedingungen. Der Umfang der beiderseitigen Hauptleistungspflichten (Vergütungs- und Arbeitspflicht) unterliege nicht dem allgemeinen Weisungsrecht des Arbeitgebers. Diese Arbeitsbedingungen könnten lediglich durch Gesetz, Kollektiv- oder Einzelarbeitsvertrag gestaltet werden. Die einseitige Festlegung des Umfangs der Arbeitszeit (und damit des Verdienstes) übersteigt nach Meinung des Bundesarbeitsgerichts die Grenzen des dem Arbeitgeber zustehenden Weisungsrechts.

Nach der Verkündung dieses BAG-Urteils meinte die **Gewerkschaft Handel-Banken-Versicherungen**, nunmehr seien drei von vier Verträgen über Arbeitszeit nach Abruf, die die Arbeitgeber mit ihren Beschäftigten ausgehandelt hätten, rechtswidrig und damit nichtig (FAZ 6.4.1985).

„Eine klare Absage hat die DAG einer Schaffung von Teilzeitarbeitsplätzen durch Einführung sogenannter kapazitätsorientierter variabler Arbeitszeiten erteilt. Diese und vergleichbare Teilzeitarbeitsplätze verlagern das Betriebsrisiko von der Arbeitgeber- auf die Arbeitnehmerseite, was aus grundsätzlichen Erwägungen nicht gebilligt werden kann" (DAG Informationen des Bundesvorstandes, Bereich Rechtsabteilung, 17.5.1985, S. 11).

Das Beschäftigungsförderungsgesetz hat auch zur kapazitätsorientierten variablen Arbeitszeit einen Paragraphen geschaffen, der einen Beitrag zur sozialen Verträglichkeit dieser Beschäftigungsform leisten soll. Er lautet:

§ 4

Anpassung der Arbeitszeit an den Arbeitsanfall

(1) Vereinbaren Arbeitgeber und Arbeitnehmer, daß der Arbeitnehmer seine Arbeitsleistung entsprechend dem Arbeitsanfall zu erbringen hat, so muß zugleich eine bestimmte Dauer der Arbeitszeit festgelegt werden; ist eine bestimmte Dauer der Arbeitszeit nicht festgelegt worden, so gilt eine wöchentliche Arbeitszeit von zehn Stunden als vereinbart.

(2) Der Arbeitnehmer ist zur Arbeitsleistung nur verpflichtet, wenn der Arbeitgeber ihm die Lage seiner Arbeitszeit jeweils mindestens vier Tage im voraus mitteilt.

(3). Ist in der Vereinbarung die tägliche Dauer der Arbeitszeit nicht festgelegt, so ist der Arbeitgeber verpflichtet, den Arbeitnehmer jeweils für mindestens drei aufeinanderfolgende Stunden zur Arbeitsleistung in Anspruch zu nehmen.

Es scheint, daß die vorstehende gesetzliche Regelung dazu geführt hat, daß der Abschluß von Arbeitsverträgen über kapazitätsorientierte vaiable Arbeitszeit im Sinne von § 4 Beschäftigungsförderungsgesetz nicht zugenommen hat; verstärkt jedoch abgeschlossen werden Verträge über ein jeweils vom Arbeitgeber für den akuten Bedarf angebotenes Tagespensum.

d) „Freiberufliche" (Heim)Arbeit bzw. Beschäftigung als (Quasi)Selbständiger

Bei dieser Beschäftigungsform geht es darum, daß die (bisherigen) Arbeitnehmer nicht mehr eine Arbeitnehmer-Position im strengen Rechtssinne innehaben, sondern eine Art Selbständigen-Position (z.B. als „freie Mitarbeiter") ausüben. Eine solche Tendenz wird durch die in den letzten Jahren verstärkt auf den Markt gekommenen neuen Informationstechnologien stark gefördert, die es ermöglichen, die Arbeit in der Wohnung des Arbeitnehmers (oder an einem anderen Ort*) zu erledigen.

In diese Kategorie gehören aber auch die offensichtlich zunehmenden Fälle, daß bisher von den Betrieben selbst (intern) erbrachte Leistungen aus Kostengründen auf externe Vertragspartner übertragen werden, die sich zum Teil aus den bisherigen Beschäftigten rekrutieren. Dazu schreibt GESTERKAMP (1987):

„Vielfach wird Beschäftigten gekündigt, um ihnen dieselbe Arbeit auf freiberuflicher Basis wieder anzubieten – etwa in der Speditionsbranche ... Immer mehr Transportfirmen fordern ihre angestellten Kraftfahrer auf, als Subunternehmer auf eigene Rechnung weiterzumachen ... Verlage und Druckereien umgeben sich mit einem ‚Kranz' von selbständigen Dienstleistungsbetrieben, die Aufgaben wie Satz, Anzeigenakquisition, Verwaltung oder Buchführung übernehmen ... Die Liste läßt sich fortsetzen: Bauunternehmer entlassen Arbeiter, um sie einige Tage später, mit einem Werkvertrag in der Tasche, wieder auf die Baustelle zu schicken".

Daß sich hinter solchen Formen neuer (Quasi)Selbständigkeit häufig erhebliche ökonomische **und** soziale Probleme verbergen, ist nicht zu übersehen. Zu dieser Problematik sei verwiesen auf eine in Arbeit befindliche Untersuchung von UDO MAYER und ULRICH PAASCH, die den Titel trägt „Neue Selbständigkeit oder: die Flucht aus Arbeitsrecht und Mitbestimmung" (s. Arbeitsrecht im Betrieb, 3/1987, S. 57-60).

Bekannt und arbeitsrechtlich geregelt ist seit langem die **Heimarbeit**. Handelt es sich bei den neuen Beschäftigungsformen um Tätigkeiten im Sinne des Heimarbeitsgesetzes vom 14.3.1951, so gelten die Beschäftigten als arbeitnehmerähnliche Personen. Das Heimarbeitsgesetz mit seinen 34 Paragraphen regelt die Beschäftigungsverhältnisse von Heimarbeitern, Hausgewerbetreibenden und Zwischenmeistern.

„Heimarbeiter, Hausgewerbetreibende und Zwischenmeister sind zwar keine Arbeitnehmer, da sie nicht persönlich von einem Arbeitgeber und dessen Weisungsrecht (= Direktionsrecht) abhängig sind. Wegen der großen wirtschaftlichen Abhängigkeit von ihren Auftraggebern und der aus der vereinzelten Arbeitssituation folgenden faktischen Unfähigkeit, die eigenen Interessen organisiert wahrzunehmen, werden die genannten Personen durch das Heimarbeitsgesetz wie Arbeitnehmer und zum Teil noch stärker geschützt (Arbeitsschutz, allgemeiner Gefahrenschutz, Entgelt- und Kündigungsschutz). Überdies werden sie in zahlreichen anderen arbeitsrechtlichen Vorschriften den Arbeitnehmern gleichgestellt.

In der Bundesrepublik sind noch ca. 140000 ‚klassische' Heimarbeiter registriert (etwa 90% sind Frauen). Davon sind über die Hälfte in der Spiel- und Schmuckwarenherstellung beschäftigt.

Daneben sind neue Formen von häuslicher Tätigkeit im Dienste anderer zu beobachten: die Auslagerung von textverarbeitenden Tätigkeiten in die Wohnung der Beschäftigten. Die Entwicklung der elektronischen Technik wird völlig neue Probleme schaffen. Wegen der Anbindung an zentrale Speicheranlagen und der von diesen ausgehenden Arbeitsvorgaben geht ein wesentlicher Vorzug der klassischen Heimarbeit verloren: die Möglichkeit der Arbeitszeiteinteilung nach eigener Wahl. Nunmehr gibt es Arbeitsbereitschaft rund um die Uhr und Arbeitseinsätze ‚quer' zur häuslichen Zeiteinteilung. Arbeitsrechtlich gilt es dabei zu fragen, ob dann überhaupt noch das Merkmal der ‚selbstgewählten Arbeitsstätte' (§ 2

* Zum Beispiel in einem kleinen von mehreren Beschäftigten gemeinsam genutzten Nachbarschaftsbüro im Wohngebiet.

Abs. 1) und damit Heimarbeit vorliegt. Es spricht viel dafür, die Tätigkeit an sog. on-line-Arbeitsplätzen nicht als Heimarbeit, sondern als ausgelagerte abhängige Arbeit zu qualifizieren" (Kittner 1987, S. 671).

Die folgenden Ausführungen sollen sich schwerpunktmäßig auf solche neueren (ausgelagerten) Beschäftigungsformen beziehen, bei denen die (häusliche) Textverarbeitung im Vordergrund steht. Den „ausgelagerten" Tätigkeiten können ganz unterschiedliche rechtliche Formen zugrundeliegen, so vor allem

- das bisher übliche Arbeitsverhältnis,
  wenn die Beschäftigten zeitlichen Beschränkungen bei ihrer Tätigkeit unterliegen.
  In diesem Falle ändert sich nur der Beschäftigungs**ort** (die Beschäftigten sind jetzt Fern-Arbeitnehmer);
  das gesamte Arbeits- und Sozialrecht findet weiterhin Anwendung.
- Ein Beschäftigungsverhältnis nach dem Heimarbeitsgesetz,
  wenn die Beschäftigten in der zeitlichen Gestaltung ihrer Arbeit frei sind;
  die so Beschäftigten gelten dann als arbeitnehmerähnliche Personen, für die ein Teil des Arbeits- und Sozialrechts gilt.
- Freie Mitarbeiter,
  befinden sie sich in starker wirtschaftlicher Abhängigkeit von **einem** anderen Unternehmen, so gelten sie ebenfalls als arbeitnehmerähnliche Personen. Liegen diese Voraussetzungen nicht vor, so sind sie rechtlich als (freie) Unternehmer (Selbständige) zu behandeln.
- Unternehmer (Selbständige),
  für die Tätigkeit eines selbständigen Unternehmers gilt nicht das Arbeitnehmerschutzrecht, und es besteht grundsätzlich keine Sozialversicherungspflicht.

Für die Beantwortung der Frage, welches Rechtsverhältnis im Einzelfall vorliegt, kommt es auf die tatsächlichen wirtschaftlichen Gegebenheiten und nicht auf die ausdrückliche Deklaration der Beteiligten an. Daß die Betroffenen ein Gewerbe angemeldet haben und steuerrechtlich als Selbständige behandelt werden, führt also nicht zwangsläufig dazu, daß diesen Personen jeglicher arbeitsrechtlicher Schutz verlorengeht.

Die Frage nach der tatsächlichen Rechtsform ist vor allem vor dem Hintergrund des Betriebsverfassungsgesetzes interessant. Das Betriebsverfassungsgesetz will mit den Bestimmungen des § 6 Abs. 1 Satz 2 und Abs. 2 Satz 2 alle Personen, die Arbeiter- oder Angestelltentätigkeit in ihrer eigenen Wohnung oder selbstgewählten Betriebsstätte, aber in der Hauptsache für den fraglichen Betrieb verrichten, dem Schutz des Betriebsrats unterstellen, und zwar ohne Rücksicht darauf, ob es sich rechtlich um eine selbständige oder unselbständige Beschäftigung handelt.

Aus diesem Grunde kommt es nach einer Entscheidung des Landesarbeitsgerichts München vom 30.11.1984 auch nicht darauf an, ob der in Heimarbeit Tätige einen Gewerbebetrieb beim Gewerbeamt angemeldet hat oder ein kaufmännisches Grundgeschäft betreibt. Auch die Frage, ob als Selbständiger Rechnungen gestellt werden und Mehrwertsteuer berechnet wird, ist unerheblich. Entscheidend ist allein, daß es sich der Art der Tätigkeit nach um eine gewerbliche oder Angestelltentätigkeit handelt und daß diese Arbeit überwiegend für den Betrieb ausgeführt wird, in welchem Umfang auch immer. Nur bei einer echten unternehmerischen Tätigkeit, bei der am Markt werbend aufgetreten wird, um über entsprechende Investitionen und einen Preiswettbewerb Tätigkeiten an sich zu ziehen, die bisher in den Betrieben verrichtet wurden, könne nicht mehr von Heimarbeit im Sinne des § 6 BetrVG gesprochen werden.

Im folgenden ist nun etwas näher auf die **Heimtextverarbeitung** – vielfach auch Tele-Arbeit genannt – einzugehen. Einen Eindruck von der Entwicklung solcher Heim-Arbeitsplätze im Ausland vermitteln die folgenden drei Pressemitteilungen. Die in ihnen zum Ausdruck kommende Euphorie hat inzwischen erhebliche Dämpfer bekommen, wie nachstehend noch näher zu zeigen ist.

Der Trend ins traute Heim

Aus den Vereinigten Staaten liegen einige Schätzungen über den mutmaßlichen Umfang der neuen Heimarbeit im Laufe der nächsten Jahre vor:

□ Manche Institute gehen davon aus, daß bis 1990 etwa 15 bis 20 Prozent der amerikanischen Angestellten zu Hause arbeiten – die National Science Foundation prognostiziert für die Jahrhundertwende einen Anteil der Tele-Heimarbeiter in Höhe von 40 Prozent.

□ Eine MIT-Studie schätzt für 1990 sogar zehn Millionen US-Heimarbeiter.

Fragt man nach den Motiven, weshalb vor allen Dingen in den USA eine doch beträchtliche Expansion der neuen Heimarbeit angenommen wird, so trifft man vor allem auf die Erwägung, daß der Kostendruck der Büroarbeitsplätze für die Unternehmen zu groß werde. Schon heute haben in den USA die Büroangestellten-Arbeitsplätze einen Anteil von rund 25 Prozent an den allgemeinen Geschäftskosten, 1990 sollen es nach Schätzungen bis zu 45 Prozent sein.

Drei Trends lassen sich bei der Entwicklung der neuen Heimarbeitsplätze ausmachen:

□ Innovationstrend: Journalisten, Programmierer, Systemingenieure, also eine kleine Leistungselite probiert neue Arbeitsformen mit geringer Abhängigkeit aus. Wirtschaftliche Kriterien sind hierbei nicht vorherrschend.

□ Trend zur Integration von Behinderten: Auch bei dieser Gruppe stehen wirtschaftliche Erwägungen nicht im Vordergrund.

□ Trend zur Verlagerung klassischer Tätigkeiten: Datenerfassung, Textverarbeitung. Dies betrifft vor allem Frauen, wirtschaftliche Kriterien stehen eindeutig im Vordergrund.

Solche Arbeitsfelder sind dann für folgende Berufe prädestiniert: Programmierer, Übersetzer, Architekten, Techniker, Gutachter, Rechtsanwälte, Juristen, Redakteure, Grafiker, Rechercheure, technische Diagnostiker, Datenerfasser, technische Zeichner, Lehrer, Prozeßsteuerer, Sachbearbeiter, Werbefachleute.

Wirtschaftswoche, 25.1.1985, S. 64

GROSSBRITANNIEN / Immer mehr freie Mitarbeiter

Für Firmen von Vorteil

WILHELM FURLER, London

Firmen, die Heimarbeiter und freie Mitarbeiter einsetzen, schneiden ertragsmäßig im Schnitt deutlich besser ab als jene, die von der Möglichkeit nicht Gebrauch mchen. Im übrigen setzt sich diese Art des Arbeitskräfte-Einsatzes in Großbritannien immer stärker durch. Zu diesem Ergebnis kommt eine Studie, die vom britischen Arbeitsministerium angefertigt wurde.

Darin heißt es weiter, daß die durch diese Art von Arbeit erzielte Flexibilität selbst ein bedeutender Faktor für die Expansion eines Unternehmens sein kann, oder auch ganz einfach dessen Chancen verbessert, eine Rezessionsphase zu überstehen. Während Heimarbeit noch immer in erheblichem Umfang in der schrumpfenden britischen Textilindustrie anzutreffen sei, greife sie sowie der Einsatz freier Mitarbeiter immer rascher auch auf expandierende Wirtschaftsbereiche über. Das gelte ganz besonders für die Informations-Technologie, aber auch für die Büroarbeit allgemein und sogar für Posten im Management-Bereich.

Den Statistiken des Arbeitsministeriums zufolge arbeiten gegenwärtig knapp 1,7 Millionen Briten als Heimarbeiter oder freie Mitarbeiter. Das sind rund sieben Prozent aller britischen Arbeitskräfte. Ende der sechziger Jahre lag diese Zahl noch bei geschätzten 1,1 Millionen. Zunächst war man davon ausgegangen, daß sich die rund eine Million deutlich verringern würde, da die Bereiche, auf die diese Arbeitsform konzentriert war, schrumpften.

In der Studie wird allerdings auch eingeräumt, daß Bezüge und Sozialleistungen für außenstehende Arbeitskräfte grundsätzlich und zum Teil erheblich unter denen für fest Angestellte liegen. Im übrigen sei nur ein geringer Teil von ihnen gewerkschaftlich organisiert. Gegenüber kurzfristigen Schwankungen im Arbeitskräfte-Bedarf seien sie besonders anfällig, da sie generell als „zweite Arbeitskräfte" angesehen würden.

DIE WELT, 2.5.1984, S. 12

Neuer Trend in den USA: Einzug ins Computerheim

Kalifornien erweist sich wieder einmal als Trendsetter-Staat der USA. Während ganz Amerika von Heimcomputern spricht, bauen die Kalifornier schon Computerheime. In Sacramento wurde jetzt der Welt erste Computer-Wohnsiedlung eröffnet. Es handelt sich um einen Baukomplex von 360 Einfamilienhäusern, die alle mit einem sogenannten Teleport-Raum ausgestattet sind. In diesem Zimmer findet der Hausbesitzer bei seinem Einzug einen serienmäßig installierten, leistungsstarken Personalcomputer vom Typ Apple Macintosh 512K samt Telefon-Interface und Verkabelung vor, um sich problemlos an das vielfältige amerikanische Computernetz oder an eine der zahlreichen Datenbanken anschließen zu können. Die Häuser sind in erster Linie für die schnell wachsende Zielgruppe der sogenannten Telecommuter gedacht, die zu Hause am Computer arbeiten und mit ihrem Arbeitgeber im Datenaustausch kommunizieren. In den Vereinigten Staaten gibt es derzeit rund 100000 Telecommuter, davon sind die meisten in Kalifornien beheimatet. Bei einigen kalifornischen Unternehmen der Softwarebranche beträgt der Anteil der Telecommuter bis zu 75 Prozent der Belegschaft.

Wirtschaftswoche, 22.2.1985, S. 6

Nachstehend sollen die wichtigsten Positionen der Sozialpartner bei uns zu diesen neuen Arbeitsformen wiedergegeben werden, wie sie die „Wirtschaftswoche" (25.1.1985, S. 61, 64) zusammengefaßt hat:

Es ist keineswegs so, daß die **Unternehmen** nur voll Hoffnung an die Nutzung der neuen Arbeitsformen herangehen. Hier zunächst ihre positiven Erwartungen:

- Man erhofft sich die Einsparung von Personal.
- Bei Gebäuden und Büroeinrichtungen werden Kostensenkungen erwartet.
- Die Entlohnung auf Zeitbasis hat Vorteile.
- Wegen der vielen Nebenleistungen des Arbeitgebers ist die Kostenersparnis heute weit größer, als sie es in früheren Zeiten bei der Beschäftigung von Heimarbeitern war.
- Wenn der neue Heimarbeiter als Selbständiger tätig wird, entfallen neben den Raumkosten auch andere Kosten, beispielsweise die für Urlaub, Krankheit, Mutterschaft oder Aufwand für Pensionsrückstellungen.

Solchen ermunternden Erwartungen für Unternehmen stehen allerdings andere Erwägungen gegenüber, die das Management hier und da zögern lassen, allzu forsch von den Möglichkeiten der neuen Heimarbeit Gebrauch zu machen:

- Ist die Vertraulichkeit von Unternehmensvorgängen bei der Verlagerung in Heimarbeit noch zu gewährleisten?
- Was bedeutet der Wegfall direkter Sichtkontrolle der Arbeitnehmer durch die Firmenleitung?
- Wird der „Firmengeist" durch die Zersplitterung in Heimarbeit nicht beeinträchtigt?
- Wiegen die Telekommunikationskosten die möglichen anderen Kostenvorteile nicht auf?

Innerhalb der **Gewerkschaften** gibt es, wie generell gegenüber neuen technischen Entwicklungen, zwei deutlich erkennbare Gruppierungen;

- Die Pragmatiker – sie haben nichts gegen Heimarbeit, wenn die Bedingungen stimmen;
- die Dogmatiker – sie fordern das Verbot elektronischer Heimarbeit.

Die Gewerkschaften leiten ihre Position aus historischen, eigenen Erfahrungen ab. Die Einwände und Vorbehalte aus dem gewerkschaftlichen Raum – vom prinzipiellen Nein einmal abgesehen – lassen sich in einigen wesentlichen Punkten zusammenfassen:

- Man befürchtet die Isolierung der Heimarbeiter von der Gewerkschaftsorganisation.
- Eine Beeinträchtigung der Karrierechancen wird vermutet.
- Die striktere Selbstdisziplin zu Hause könnte familiäre Probleme aufwerfen.
- Die Zersprengung der bisherigen Arbeitswelt erscheint den Gewerkschaften als Nachteil.
- In der Bedrohung kollektiven Zusammenhalts und globaler Regelung durch die Tarifvertragspartner sehen die Gewerkschaften eine reale Gefahr.
- Die Einhaltung von Arbeitnehmerschutzrechten scheint schwieriger möglich als bei der bisherigen Arbeitsorganisation.
- Nach Angaben des DGB hat eine Untersuchung in Baden-Württemberg ergeben, daß jeder vierte Betrieb bei der Vergabe von Heimarbeit gegen lohntarifliche Vorschriften verstößt.
- Insgesamt befürchten die Gewerkschaften durch die neue Heimarbeit eine ‚elektronische Einsiedelei'.

Was die Gewerkschaften als Privatisierung der Arbeitswelt charakterisieren, ausgelöst durch die neuen Formen der Heimarbeit, erscheint anderen Beobachtern eher als Individualisierung von Arbeitsformen. Auch die Individualisierung als Perspektive führt allerdings zu unterschiedlichen Bewertungen der wahrscheinlichen Ergebnisse. Das **Batelle-Institut** hat in seiner Integrata-Studie eine eher negative Sicht der Dinge:

- Die Leistungskontrolle wird tendenziell formalisiert und dadurch unter Umständen intensiviert.
- Die Aufgabe des Tele-Arbeiters wird monotoner und standardisierter.
- Kooperative Qualifikationen werden in geringerem Maße gefordert, quantitative Leistungsanforderungen stehen hingegen im Vordergrund.
- Der kapazitätsorientierte Einsatz von Tele-Arbeitern reduziert die Sicherheit ihrer Arbeitsplätze.

Demgegenüber stehen die Erwägungen derjenigen, die in den neuen Arbeitsformen überwiegend Vorzüge sehen und dafür vor allem die folgenden Argumente anführen:

- Wegfall täglicher Wegstrecken zum Arbeitsplatz;
- damit verbundener Zeitgewinn;
- keine Streßbelastung im Berufsverkehr;
- Konzentration der zwischenmenschlichen Kooperation auf wesentliche Probleme;
- Verlagerung des bloßen Informationsaustauschs auf technische Systeme;
- insgesamt: die Individualisierung der Arbeitsbedingungen.

Gewerkschaften und Unternehmer sind sich überwiegend noch darüber im unklaren, wo das Ganze eigentlich hinführen soll, aber beide sprechen das nur ungern deutlich aus. Die Unschlüssigkeit in der Einschätzung der Lage und der eigenen Strategie verstärkt dann wiederum die Unversöhnlichkeit der Sozialpartner, deren eigentliche Ursache nicht unguter Wille, sondern mangelnde Information ist.

Nachstehende Bilder illustrieren nicht nur die (Tele)Heimarbeit, sie machen auch verständlich, daß diese Arbeitsform nicht überall den besten Ruf hat.

Zeichnung: Deutsches Allgemeines Sonntagsblatt/Marie Marcks, 27.1.1985, S. 27

Mehrzweckmodell KLAUS BÖHLE

DIE WELT, 20.3.1985, S. 2

Teleheimarbeiterin: Dialog zwischen Bildschirm und Wäschekorb

Quellen:
Wirtschaftswoche, 20.2.1987, S. 70
Wirtschaftswoche, 20.3.1987, S. 91
Wirtschaftswoche, 17.4.1987, S. 79

Heimarbeit am Bildschirm: Erwartungen waren zu hoch gesteckt

TELEARBEIT

Im Schneckengang

Entgegen früheren Schätzungen hat die Telearbeit bislang nur marginale Verbreitung gefunden. Schuld daran – so das Ergebnis eines internationalen Kongresses in Bonn – ist nicht die Technik, sondern Mangel an Qualifikation im Management der Unternehmen.*

Heidi Dörrhöfer-Tucholski, Staatssekretärin im nordrhein-westfälischen Ministerium für Bundesangelegenheiten, übte sich in Spott. Bei ihrer Begrüßungsansprache für die internationale Expertenkonferenz zur Telearbeit (Titel: „Telearbeit – Gegenwart und Zukunft einer neuen Arbeitsorganisation"), die Ende März von der Bonner Empirica GmbH, Wirtschafts- und Sozialwissenschaftliche Forschungs- und Beratungsgesellschaft, in der Bundeshauptstadt veranstaltet wurde, gab sie ein Bonmot zum besten: Heute stehen hinter jedem Telearbeiter zwei Wissenschaftler, die sein Tun akribisch analysieren.

Solche Mißverhältnisse stören die Politikerin indes kaum, erwartet ihre sozialdemokratische Partei doch mehrheitlich von elektronischer, computergestützter Heimarbeit sowieso eher Unbill als Chancen für die Zukunft. Aber auch auf seiten der Kongreßteilnehmer regte sich so gut wie kein Widerspruch. Denn längst hat sich weltweit über das obskure Objekt wissenschaftlicher Neugier Ernüchterung ausgebreitet. Für die bislang nur zögerliche Durchsetzung der neuen Arbeitsform werden vorrangig ungelöste Organisationsprobleme verantwortlich gemacht und das mangelnde Innovationspotential des Managements beklagt.

So eröffnete Margrethe H. Olson von der School of Business Administration der New York University, eine der renommiertesten Forscherinnen auf dem Gebiet der Telearbeit, ihren Vortrag mit der provokanten These: „Nachdem ich fünf Jahre Telearbeit studiert habe, muß ich zum Ergebnis kommen, daß sie kein entscheidendes Neuerungsmoment ist." Eine Einschätzung, die diesseits des Atlantiks allemal geteilt wird. Für Eberhard Köhler von der European Foundation for the Improvement of Living and Working Conditions, Dublin, gilt das „Finden von Telearbeitsplätzen überhaupt als das schwierigste Problem". Und die Unternehmensberaterin Marilyn Mehlmann von der Delfi Consult AB, Stockholm, räumt ebenfalls ein: „Quantitativ ist das Ganze auch bei uns sehr geringfügig geblieben."

Diese karge Bilanz steht in krassem Gegensatz zu den Prognosen der Vergangenheit. Noch Anfang der siebziger Jahre schätzte die US-Telefongesellschaft AT&T, daß mit der Ausweitung der Telekommunikation bis 1990 praktisch alle amerikanischen Angestellten zu Hause arbeiten würden. Demgegenüber werden gegenwärtig im Land der unbegrenzten Möglichkeiten nur zwischen 4000 und maximal 10000 Telearbeitsplätze vermutet. In der Bundesrepublik Deutschland sind es höchstens 1000. Weit hinter den Erwartungen zurückgeblieben sind auch Hoffnungen, die mit der Verbreitung der computergestützten Arbeit von zu Hause aus verknüpft waren. Telearbeit sollte

□ persönliche Autonomie erweitern, ei-

* S.a. Joseph Huber: Die Revolution fällt aus. Heimarbeit am Bildschirm wird sich auf absehbare Zeit nicht durchsetzen. In: DIE ZEIT 4.4.1986, S. 33f. S.a. W. Müllner (1985), und W. Dostal (1985), der meint: „Das Entwicklungspotential neuer Heimarbeit wird vermutlich deutlich überschätzt" (S. 472).

ne Arbeitszeiteinteilung nach individuellen Bedürfnissen ermöglichen und die Wohnstätte revitalisieren;

□ volkswirtschaftliche Ressourcen einsparen, etwa durch den Wegfall des zeitaufwendigen Pendlerverkehrs und teurer Bürotürme in den Citys;

□ strukturschwachen Regionen Chancen eröffnen, besser in das allgemeine Wirtschaftsgeschehen integriert zu werden;

□ Problemgruppen wie Behinderten den Zugang zum Arbeitsmarkt erleichtern.

Angesichts der marginalen Ausbreitung der Telearbeit sind solche Effekte freilich kaum zu beobachten. Dabei bietet die bisherige Entwicklung der Informations- und Kommunikationstechniken inzwischen durchaus die Basis für eine entsprechende Ausdehnung.

An der Technik liegt es also nicht. Die vom Bundesforschungsministerium (BMFT) geförderte Expertenkonferenz machte die Hauptursache für die ausgebliebene Revolution in der Arbeitswelt im zu geringen Qualifikationsniveau von Managern in der Alten wie auch in der Neuen Welt aus. Hinzu kommen als Hindernis, so Bernd Kramer vom BMFT, auch die traditionellen Organisationsformen von Unternehmen. In den USA, so Margrethe H. Olson, sei die „Organisationskultur" noch nicht weit genug fortgeschritten. Norbert Alter vom französischen Ministerium für Post- und Fernmeldewesen machte den Kreativitätsmangel des Managements für den Schneckengang bei der Telearbeitentwicklung aus. Tatsächlich erfordert „Telemanagement" völlig neue Anforderungsprofile. Kontrolle von Arbeit, die nicht sichtbar ist, lasse sich eben nicht mehr mit traditionellen Managementstilen leisten. Planung von Arbeitsprozessen, Motivierung der Mitarbeiter und Leistungskontrolle verlangen bei der nicht möglichen Präsenz der Angestellten und der Kommunikation über Bildschirm ein völliges Umdenken.

Und genau daran hapere es. Solchen Neuorientierungen wollen sich Manager vielfach einfach nicht aussetzen. Der Kongreß berichtete einheitlich von Akzeptanzproblemen ausgerechnet bei dieser Klientel, und zwar überall in der Welt. Leitende Mitarbeiter, so die Erkenntnis, befürchteten, bei Telearbeit an Status und Einflußmöglichkeiten zu verlieren. Geeignete Persönlichkeiten für das Management von Telearbeit auszuwählen hält auch Roger Walker für die größte Herausforderung der Zukunft; die Technik selbst sei „simpel".

Solange Telemanagement nur als Begriff, nicht aber als Konzept existiert, sind solche aufwendigen Auswahlverfahren wie bei Rank Xerox allerdings nur ein Notbehelf. Arbeitsforscher Köhler gibt sich realistisch: „Telearbeit bedarf neuer Qualifikationen, die wir noch nicht haben."

„Telearbeit", so tröstete sich deshalb der Tübinger Unternehmensberater Wolfgang Heilmann, „stellt eine lange zyklische Erfahrungsinnovation dar." Fazit: Den Experten bleibt kaum anderes übrig, als auf die Jahrtausendwende zu warten. ■

Wirtschaftswoche, 17.4.1987, S. 79

e) Leiharbeit

Bei dieser Beschäftigungsform geht es im Normalfall darum, daß ein Unternehmen sich auf Zeit von einem anderen Unternehmen, das eine Erlaubnis vom Landesarbeitsamt zur gewerbsmäßigen Überlassung von Arbeitnehmern hat, Arbeitskräfte „ausleiht". Gesetzliche Grundlage hierfür ist das Gesetz zur Regelung der gewerbsmäßigen Arbeitnehmerüberlassung (Arbeitnehmerüberlassungsgesetz – AÜG). Bei der Leiharbeit werden die vom Unternehmen benötigten Arbeitskräfte nicht als Arbeitnehmer angeworben, sondern sie werden praktisch nur „geleast". Sie sind damit keine Arbeitnehmer bei dem sie beschäftigenden Unternehmen. Mit ihm stehen sie überhaupt nicht in einem Vertragsverhältnis, so daß auch keine rechtlichen Schwierigkeiten bei der Beendigung einer solchen Beschäftigung auftreten können.

Arbeitgeber der Leiharbeitnehmer ist das Personal-Leasing-Unternehmen (z.B. ADIA oder randstad). Mit dem Verleiher haben die Arbeitskräfte einen unbefristeten oder – was wohl die Regel ist – einen befristeten Arbeitsvertrag abgeschlossen. Dem Verleiher gegenüber müssen sie ihre arbeitsvertraglichen Rechte und ihre Arbeitnehmerschutzrechte geltend machen.

Nicht erlaubt ist die gewerbsmäßige Arbeitnehmerüberlassung im Baugewerbe für Arbeiten, die üblicherweise von Arbeitern verrichtet werden. Das Arbeitnehmerüberlassungsgesetz läßt die leihweise Überlassung von Arbeitskräften an ein und dasselbe Unternehmen nur für die Dauer von längstens sechs Monaten zu. Mit dieser Befristung soll verhindert werden, daß die Personal-Leasing-Firmen Personalvermittlung betreiben. Dieses Recht steht ausschließlich der Bundesanstalt für Arbeit zu; sie besitzt das Arbeitsvermittlungsmonopol.

Personal-Leasing wird vielfach für vorübergehenden (zusätzlichen) Personalbedarf an einzelnen Arbeitsplätzen (z.B. bei sogenannten Stoßgeschäften, Urlaub oder Krankheit) praktiziert. Der Fall, daß man sich – ähnlich dem Anlagen-

Neue Branche in USA: Belegschafts-Leasing

In den USA blüht derzeit eine neue Sparte des Leasinggeschäfts auf. Nach dem Vorbild einiger Konzerne, die ihre Immobilien verkaufen und dann wieder zurückleasen, um den Cash-flow aufzubessern, gehen zahlreiche amerikanische Mittelstandsbetriebe neuerdings dazu über, ihrer gesamten Belegschaft zu kündigen und dieselben Mitarbeiter dann kostensparend von Personal-Leasingfirmen anzumieten. Durch diese Transaktion reduzieren sich die Personalkosten des Unternehmens erheblich, weil Pensionsrückstellungen, Lohnbuchhaltung, Lohnsteuer, Urlaubslisten und Arbeitskleidung in die Verantwortung der Personal-Leasingunternehmen fallen. Diese aber beschäftigen im Gegensatz zu ihren mittelständischen Kunden Tausende von Mitarbeitern und können die Personalkosten rationeller kalkulieren, weil sie bei Berufsgenossenschaften, Lebens- und Krankenversicherungen sowie beim Einkauf der Arbeitsbekleidung beträchtliche Mengenrabatte erhalten. Allein der Marktführer, Omnistaff Inc., im texanischen Dallas, verleast rund 7000 Mitarbeiter an 100 Industriekunden und kassierte 1984 Leasinggebühren in Höhe von 100 Millionen Dollar. Derzeit zählt die junge Wachstumsbranche des Personalleasing in den USA ein Dutzend Unternehmen, die insgesamt 50 000 Beschäftigte verleasen.

Wirtschaftswoche, 4.1.1985, S. 6

Belegschafts-Leasing: Arbeitsrecht kein Hindernis

Rüthers: Triumph der Marktwirtschaft

Für einen „Triumph der Marktwirtschaft" über zu hohe Personalkosten hält der Konstanzer Arbeitsrechtsexperte Professor Bernd Rüthers das Belegschafts-Leasing, das derzeit in den USA Furore macht. Dabei kündigen Unternehmen, vornehmlich Mittelbetriebe, sämtlichen Mitarbeitern und mieten diese anschließend von Personal-Leasingfirmen wieder zurück (*Wirtschaftswoche* 1/2/1985). Grundsätzlich ist ein solches Vorgehen, das die Personalkosten senken soll, auch hierzulande denkbar.

Mit den Mitteln des Arbeitsrechts, so Experte Rüthers, kann Belegschafts-Leasing jedenfalls nicht verhindert, allerdings gravierend verteuert werden. Denn ob die Rechnung auch dann noch aufgeht, wenn die Kosten eines Sozialplans zu tragen sind, erscheint zumindest fraglich. Anders ist es in Betrieben, die keinen Betriebsrat haben, der einen solchen Sozialplan forden könnte. In der Arbeitsrechtabteilung der Bundesvereinigung der Deutschen Arbeitgeberverbände (BDA), Köln, wird das in den USA aufblühende Belegschafts-Leasing eher skeptisch beurteilt: Man sieht voraus, daß die Gewerkschaften Kapital aus solchen Formen des Unternehmertums in der Öffentlichkeit schlagen könnten.

Anders bietet sich jedoch eine weitere Spielart des Leasings dar, die auch hierzulande immer beliebter wird: Einzelne Abteilungen, etwa das Lager, werden komplett anderen Gesellschaften übertragen. Wenn die Mitarbeiter im Lager dabei künftig unter einen anderen Tarifvertrag fallen, können die Personalkosten unter Umständen erheblich gesenkt werden. Allerdings müssen auch hier die Kosten eines Sozialplans einkalkuliert werden. Experte Rüthers hält ein solches Vorgehen zumindest bei mittleren und größeren Unternehmen nicht für ratsam: Der Dauerkonflikt mit dem Betriebsrat, der die Hoheit über einen Teil seiner bisherigen Klientel verliert, verursacht hohe Reibungskosten.

Wirtschaftswoche, 25.1.1985, S. 8

leasing – ganze Belegschaften „leiht", ist bei uns (noch) nicht verbreitet. Nachdenklich stimmt hierzu die vorstehende Meldung aus den Vereinigten Staaten, die Rüthers recht euphorisch kommentiert.

Die im letzten Absatz des vorstehenden Kastens angesprochene neue Beschäftigungsart ist keine Unterform des Leasings; sie gehört vielmehr zu dem Komplex „Arbeitgeberwechsel ohne Arbeitsplatzwechsel", der einige Seiten später behandelt werden soll.

Zu der von Rüthers geäußerten Auffassung, daß das (Dauer)Belegschafts-Leasing, das in den USA um sich zu greifen scheint, auch bei uns denkbar und arbeitsrechtlich zulässig sei, fehlt der Hinweis auf ein bei uns bestehendes Hindernis, das sich in dem Arbeitsvermittlungsmonopol der Bundesanstalt für Arbeit zeigt und das auch seinen Niederschlag in dem Arbeitnehmerüberlassungsgesetz gefunden hat, welches der gewerbsmäßigen Arbeitnehmerüberlassung (Leiharbeit) enge Fesseln anlegt. Wenngleich diese Fesseln (so insbesondere die Höchstbeschäftigungsdauer von sechs Monaten bei dem Entleiher) auch durch noch zu zeigende juristische Tricks zum Teil überwunden werden können, so bleiben die Anwendungsmöglichkeiten für ein Belegschafts-Leasing in Form des bei Anlagen manchmal angewandten Verfahrens des „sale-and-lease back" bei uns doch sehr begrenzt, und zwar aus einer ganzen Reihe von Gründen, die überwiegend sozialer Natur sind.

Zu den angedeuteten Tricks zur Umgehung der Höchstbeschäftigungsdauer beim Entleiher, die bis zum Inkrafttreten des Beschäftigungsförderungsgesetzes am 1.5.1985 nur drei Monate betrug, sei nachstehend ein Beispiel aus der Hamburger Werftindustrie wiedergegeben, das im STERN (24.1.1985, S. 108) enthalten ist.

„‚Es gehört zur Strategie der Werft-Manager', sagt Betriebsratssprecher Herbert Oetting, ‚die Stammbelegschaft zu reduzieren und statt dessen Leiharbeiter zu beschäftigen'. Was Oetting besonders wurmt, ist der Umstand, daß dies illegal geschieht.

Das Arbeitnehmerüberlassungsgesetz (AÜG) verbietet, Leiharbeitnehmer länger als drei Monate (jetzt sechs Monate, R.S.) an ein und dieselbe Firma zu vermieten. Für Blohm + Voss aber arbeiten viele der Männer und Frauen von Intertime-Personalüberlassung GmbH schon seit Jahren. Ein kleiner Trick macht's möglich: Jeweils drei Monate lang werden die Leiharbeiter von Blohm + Voss bezahlt, danach sind sie drei Monate bei der Firma Noske-Kaeser GmbH, einer hundertprozentigen Blohm + Voss-Tochtergesellschaft, beschäftigt.

Auf dem Papier werden die Intertime-Angestellten also alle drei Monate hin- und hergeschoben, der Arbeitsplatz aber bleibt immer derselbe. Auf diese Weise hat es zum Beispiel die Sekretärin Gudrun Wünsch auf eine ‚Betriebszugehörigkeit' von fünf Jahren gebracht".

Die Leiharbeit kommt in vielen Varianten vor. Sie reichen hin bis zu kriminellen Praktiken, die (wohl) insbesondere von den vielen ohne Arbeitsamt-Erlaubnis fungierenden Verleihern ausgehen. Deshalb kommt es immer wieder zu Ver-

> **Leiharbeit mit Tarifvertrag?**
>
> **DÜSSELDORF, 2. Juni (dpa). Mit Tarifverträgen will die IG Metall die Leiharbeit eindämmen. Die Mißstände könnten zwar nur mit einem Verbot der „gewerbsmäßigen Arbeitnehmerüberlassung" beseitigt werden, doch wolle sie die IG Metall mit Tarifverträgen wenigstens verringern, sagte der zweite Vorsitzende der Gewerkschaft, Karl-Heinz Janzen, am Dienstag in Düsseldorf vor Journalisten.**
>
> **Die Zahl der Leiharbeiter, so Janzen, sei von 1973 bis heute von 35 000 auf mehr als das Doppelte gestiegen, weil sich die Verleiher davon die „schnelle Million" versprochen hätten. Noch besser als die legale floriere die illegale Überlassung von Arbeitnehmern. „Wie viele Menschen in diesem Bereich von den Sklavenhaltern unseres Jahrhunderts vermittelt werden, ist nicht bekannt." Janzen schätzte die Zahl auf mehr als eine halbe Million.**

Frankfurter Rundschau, 3.6.1987, S. 4

Neuer Anlauf gegen Leiharbeit

Nordrhein-Westfalen mit Gesetzentwurf im Bundesrat

mdl, **Bonn**

Der Grauzone Leiharbeit hat die SPD wieder einmal den Kampf angesagt. Zweigleisig wollen die Sozialdemokraten nun in Bund und Ländern per Gesetz diesen „immer größeren Sumpf" auf dem Arbeitsmarkt trokkenlegen. Gestern stellten Rudolf Dreßler, Vorsitzender der Arbeitsgemeinschaft für Arbeitnehmerfragen, und Hermann Heinemann, nordrhein-westfälischer Arbeitsminister, ihre Konzepte vor.

Zur Begründung der Gesetzesvorlage, die Nordrhein-Westfalen dem Bundesrat am Freitag vorlegen wird, übten beide scharfe Kritik am Beschäftigungsförderungsgesetz vom April 1985. Die Verlängerung der Arbeitnehmerüberlassung auf sechs Monate habe die Leiharbeit salonfähig gemacht. Grundsätzlich bleibt für die SPD die Frage des Verbots der gewerbsmäßigen Leiharbeit auf der Tagesordnung, erklärte Dreßler vor Journalisten in Bonn.

Bis zur endgültigen Klärung durch das Bundesverfassungsgericht zielen seine Vorschläge auf eine Einschränkung der unternehmerischen Freiheiten bei der Einsetzung und Vermittlung von Leiharbeit. Ausbau der betrieblichen Mitbestimmung, Verbesserung des Arbeitsschutzes und die Verschärfung von Strafvorschriften sind die markantesten Forderungen, um die „Aushöhlung des Arbeitnehmerüberlassungs-Gesetzes zu verhindern".

Nach Auffassung der SPD bietet die Leiharbeit dem von der Großindustrie gewünschten „flexiblen Personaleinsatz" Vorschub, indem die Zahl der dauerhaft beschäftigten Stammarbeitnehmer immer mehr verringert wird. Realistisch beurteilen Dreßler und Heinemann die Erfolgsaussichten ihrer Entwürfe: In dieser Legislaturperiode werden sie nicht mehr, und nach dem 25. Januar nur bei veränderten Mehrheitsverhältnissen zu realisieren sein.

DIE WELT, 16.12.1986, S. 15

suchen, die Leiharbeit durch den Gesetzgeber einzuschränken oder gar zu verbieten oder sie durch Tarifverträge sozialverträglicher zu machen (s.a. FARTHMANN 1987).

An Bedeutung zu gewinnen scheint ein Verfahren, bei dem der Lieferant von Waren für einige Zeit Mitarbeiter „mitliefert", die die Waren im Lager oder Laden des Kunden bearbeiten (s. folgenden Zeitungsartikel). Hierzu werden Lieferanten vielfach von ihren marktstarken Abnehmern gezwungen.

Die im nachstehenden Streitfall angesprochene Frage der Beteiligung oder Nicht-Beteiligung des Betriebsrats bei der „Mitlieferung" von Arbeitskräften stellt sich erst recht bei der Leiharbeit im eigentlichen Sinne. Hier gehen die Kommentatoren ganz überwiegend davon aus, daß der Betriebsrat bei der Einstellung von Leiharbeitskräften ein Beteiligungsrecht nach § 99 BetrVG hat.

„Massa" umging Betriebsrat

Arbeitsgericht: Mitbestimmungsrecht bei Service-Kräften

Von WdA-Redakteurin Rose-Marie Christ

Um das Mitbestimmungsrecht des Betriebsrats zu unterlaufen, verfallen Unternehmen auf immer neue Methoden. So beschäftigen Einzelhandelsmärkte zunehmend sogenannte Service-Kräfte, die vom Warenhersteller für mehrere Stunden am Tag „ausgeliehen" werden. Der Betriebsrat des Mönchengladbacher „Massa"-Marktes ging damit vor Gericht.

Sein Antrag: Die Einstellung des ausgeliehenen Arbeitnehmers ist aufzuheben.

Seit Anfang des Jahres erschien mit der angelieferten Ware der Autozubehörfirma Bola Frost ein „Fremd-Arbeiter". Seine Aufgabe bestand ausschließlich im Auspacken und Einräumen der angelieferten Ware. Der genaue zeitliche Umfang seiner Tätigkeit stand nicht fest. Die Lohnhöhe wurde mit Massa vereinbart, Bola Frost stellte dafür ein Budget zur Verfügung.

Wie der Betriebsrat vor Gericht ausführte, mußte sich der „Neue" beim zuständigen Abteilungsleiter jeweils an- und abmelden; die Stempelkarte drücken und in die Arbeit einweisen lassen. Er füllte auch einen Personalfragebogen aus.

Diese Vorschriften seien Bestandteil einer Arbeitsanweisung, nach der jeder Massa-Abteilungsleiter vorzugehen hat. Vor der Einstellung fand ein Gespräch mit zwei Massa-Beschäftigten statt.

Der gesamte Vorgang ging am Betriebsrat vorbei. Nach §§ 99 und 100 des Betriebsverfassungsgesetzes (BetrVG) habe er aber ein Mitbestimmungsrecht bei der Einstellung.

Das Unternehmen vertrat vor Gericht die Auffassung, der Arbeitnehmer sei Mitarbeiter der Herstellerfirma Bola Frost und führe seine Arbeiten selbständig durch. Massa-Beschäftigte hätten ihm gegenüber kein Weisungsrecht. Sein Einsatz erfolge im Rahmen der Lieferverträge. Daraus könne der Betriebsrat kein Mitbestimmungsrecht ableiten.

Das Gericht widersprach dem und gab dem Arbeitnehmervertreter recht. Die Massa-GmbH habe eine personelle Maßnahme im Sinne des § 99 Abs. 1 S. 1 BetrVG ohne Zustimmung des Betriebsrats durchgeführt. Für die Richter war entscheidend, daß die Arbeitsanweisung existierte und offenbar zu keiner Zeit zurückgenommen bzw. widerrufen wurde.

(Arbeitsgericht Mönchengladbach, 3 BV 9/85)

Quelle: Welt der Arbeit, 6.6.1985

Arbeit im Halbdunkel

Die üblen Praktiken der Verleiher

VON ERNST BERENS

Auf dem Markt für Leiharbeitskräfte gibt es zur Zeit einen Boom, und das gleich in zweierlei Hinsicht: Einmal sind Leiharbeiter dank des Konjunkturaufschwungs wirklich gefragt, zum anderen hat Günter Wallraffs Bestseller „Ganz unten" dafür gesorgt, daß die Entleiher, namentlich die großen Konzerne, sich die Verleiher sehr genau anschauen und prüfen, ob dort alles in Ordnung ist. Es gibt zwei Sorten: die vom Landesarbeitsamt lizensierten Verleihfirmen und die illegalen, die es seit dem „Türken Ali" vermutlich sehr viel schwerer haben, ins Geschäft zu kommen und darin zu bleiben. Beim Landesarbeitsamt Nordrhein-Westfalen beschäftigt sich eine ganze Abteilung mit diesen Illegalen und ermittelt gegen sie wie eine Staatsanwaltschaft. Dennoch, die Frage nach der Dunkelziffer bleibt unbeantwortet. Sicher ist nur, daß in diesem Bundesland 685 Firmen Arbeitskräfte „verleihen" dürfen. Zur Zeit liegen 200 Anträge in Düsseldorf vor, die vom Gesetz vorgeschriebene Lizenz zu erhalten.

Wo die Tarifbindung endet

Der Markt ist halbdunkel, auch dort, wo Lizenzen gegeben sind, übrigens zunächst dreimal für je ein Jahr, dann erst unbefristet. Die Leiharbeiter rekrutieren sich ganz überwiegend aus dem Heer deutscher Arbeitsloser, Ausländer spielen weniger eine Rolle als man, vielleicht emotional bedingt, annehmen möchte. Der Leiharbeiter bekommt in der Regel nur kurzfristig einen Job, denn laut Gesetz besteht nach 6 Monaten ein Kündigungsschutz. Damit will kein Verleiher etwas zu tun haben, weil sein Geschäft sehr kurzfristig und wechselnd ist. Ausnahmen gibt es sicher dort, wo es um begehrte Fachkräfte geht bis hin zu einem Kamerateam für das Fernsehen.

Die Löhne sind frei, Tarifbindungen gibt es nicht. Der Verleiher mag zwar gelernte Schlosser, Schweißer und Fräser zur Verfügung stellen, er selbst als Firmeninhaber ist aber kein „Metaller" und hat folglich mit Lohn- und Manteltarifen der IG Metall nichts zu tun. Nicht selten wird unter Tarif bezahlt. Als Ausgleich werden der 12-Stunden-Tag oder die 60-Stunden-Woche angeboten. Das bestätigt die Ansicht vieler Unternehmer, Wissenschaftler und Wirtschaftspolitiker, daß die hohe Arbeitslosigkeit nicht zuletzt eine Folge der Tatsache sei, daß die Arbeit (nach Tarif) hierzulande zu teuer geworden sei. Es scheinen sich jedenfalls genügend deutsche Arbeitslose zu finden, die bereit sind, für einen geringeren Stundenlohn oder mehr als 40 Stunden zu malochen.

Mit Kündigungen wird auf allen Seiten nicht lange gefackelt. Ist nur zum Beispiel eine Urlaubsvertretung zu stellen, ist nach einigen Wochen Ende. Vielleicht ruft der Verleiher am nächsten Tag schon wieder an, es können aber auch Wochen vergehen. Wirkliche Fachkräfte werden oft abgeworben. Fest angestellt, verdient man die Brötchen leichter, hat oft einen betrieblichen Altersschutz, kann Urlaubsgeld, Weihnachtsgeld, Prämien kassieren, relativ billig in einer Kantine essen oder einen Zuschuß einstreichen. Das alles gibt es beim Verleiher nicht. Er zahlt, sofern er legal ist, den vereinbarten Lohn und seine Anteile bei Steuern und Soziallasten.

Dieses Gewerbe wird vom Gesetzgeber belohnt, der Verleiher kann daran gut verdienen, so schwer verständlich das ist. Schickt ein Verleiher in Bochum beispielsweise seine Leute nach Düsseldorf „auf Maloche", kassiert er die Auslösung bis zu 54 DM pro Mann und Tag. Fährt ein Bochumer auf eigene Faust täglich zur Arbeit nach Düsseldorf, gibt es für ihn diese Auslösung nicht.

So mag sich die Sentenz erklären, von 10 verliehenen Leuten könne der Verleiher ganz gut leben. Bei 30 könne er sich einen dicken Mercedes und eine Sekretärin leisten. Mit Kapitalkosten hat er nichts zu tun. Die Lizenz setzt lediglich ein Startkapital von 10 000 DM voraus. Außerdem darf er keine einschlägigen Vorstrafen haben. Eine Ausbildung oder Qualifikation ist nicht nötig. Verleiher ist kein Lehrberuf. Praktisch kann also jedermann Verleiher von Arbeitskräften werden.

Die seriösen, teils seit Jahrzehnten auch international arbeitenden Firmen seien nicht übersehen. Sie sind in einer freien Wirtschaft mit viel Urlaub und einem Wettbewerb mit Lieferfristen lebensnotwendig. Auch sie können das Halbdunkel nicht wegbringen, das über einem großen Teil dieses Gewerbes lastet. Reden wir nicht von Schwarzarbeitern, die als Arbeitslose beim Staat abkassieren und sich ein Zubrot beim Verleiher holen, die Arbeitsverwaltung spricht hier vom Leistungsmißbrauch, der gar nicht so selten ist.

Von den Praktiken hat das Landesarbeitsamt Nordrhein-Westfalen jüngst einige aufgelistet. So müssen vielfach Arbeitnehmer als Bedingung für ihren Job schriftliche Blanko-Kündigungserklärungen hinterlegen, in die der Verleiher nur das Datum eintragen muß. Kommt der Mann zu spät, gibt er nicht rechtzeitig telephonisch eine Nachricht, daß es beim Arzt länger dauert als gedacht – dann riskiert er schon, gefeuert zu werden. Ganz übel ist eine Praxis, durch die sich der Verleiher von der Lohnfortzahlung im Krankheitsfall drückt. Wird der Mann oder die Frau krank, wird oft die vorliegende Eigenkündigung zurückdatiert. Die Leute machen es mit in der Hoffnung, später, wenn wieder gesund, den Leiharbeitsplatz zurückzubekommen. Außerdem, wenn es funktioniert, zahlt die Krankenkasse über das Tagegeld einen Ausgleich für den entgangenen Lohn.

Weiter heißt es bei der Arbeitsverwaltung, daß häufig kleinere und kleinste Nachlässigkeiten des Arbeitnehmers unnachsichtig mit einer Vertragsstrafe – bis zu einigen 100 DM – oder mit Einbehalt des Lohnes geahndet wird, „ohne daß der Arbeitnehmer diese Vertragsstrafenklausel seines Arbeitsvertrages immer vorher lesen kann oder er mit nicht genügend eindeutigen Formulierungen getäuscht wird". Schließlich muß er häufig vor Antritt der Arbeit dem Verleiher Blanko-Anträge auf unbezahlten Urlaub unterschreiben, damit der Verleiher keine Zeiten bezahlen muß, in denen er die Kraft mangels Auftrag nicht einsetzen kann.

Wie im Frühkapitalismus

Alles das macht verständlich, daß es auf dem Markt der Leiharbeitskräfte eine enorme Fluktuation gibt. Stammbelegschaften sind selten. Man kommt und verdient, man geht und stempelt je nachdem Arbeit da ist. Ganz wie in Zeiten des Frühkapitalismus. In dieser Fluktuation gedeihen keine Betriebsräte, sind Gewerkschaften wenig gefragt, offenbar von beiden Seiten. Die Betriebsräte der Entleiher kümmmern sich selten um „die da unten". Sie wahren die Interessen der Stammbelegschaften, deren Arbeitsplätze um so sicherer sind, je größer das Potential ist, mit dem der Unternehmer je nach Aufträgen und Beschäftigung, frei von Kündigungsfristen und Mitwirken unbequem werdender Betriebsräte, jonglieren kann. Der Verleiher selbst mag ein von sozialem Denken wenig angehauchter knallharter Moneymaker sein. Aber auch er muß, mehr denn je, Aufsicht und Fahndung der Arbeitsverwaltung fürchten, denn diese kann Lizenzen entziehen und Bußgelder bis zu 2 Millionen DM verhängen. Außerdem kann es eine Eintragung in das Gewerbezentralregister Berlin geben, die „ein wenig schlimmer ist als eine Eintragung in Flensburg".

Süddeutsche Zeitung, 3.5.1986

Der vorstehende Artikel illustriert und problematisiert noch einmal – gewissermaßen zusammenfassend – den schillernden Gesamtkomplex Leiharbeit.

f) Arbeitgeberwechsel ohne Arbeitsplatzwechsel

Im Zuge betrieblich-organisatorischer Veränderungen oder Unternehmens-Umstrukturierungen, die in beiden Fällen regelmäßig zu einer Effizienz(Produktivitäts)steigerung führen sollen, ist gelegentlich der Fall anzutreffen, daß eine Betriebseinheit oder eine Betriebsabteilung einem anderen Unternehmen übertragen wird (z.B. im Wege der Verpachtung) oder daß sie rechtlich verselbständigt wird. Damit bekommen die Beschäftigten dann zwar keinen neuen Arbeitsplatz, aber doch einen anderen Arbeitgeber. Meist liegt in solchen Fällen der Anwendungsbereich von § 613a BGB vor, der in seinem Satz 1 des ersten Absatzes folgenden Wortlaut hat:

> „Geht ein Betrieb oder Betriebsteil durch Rechtsgeschäft auf einen anderen Inhaber über, so tritt dieser in die Rechte und Pflichten aus den im Zeitpunkt des Übergangs bestehenden Arbeitsverhältnissen ein".

Trotz dieser (1972 geschaffenen) gesetzlichen (Schutz)Bestimmung werden solche „Rechtsgeschäfte" von den betroffenen Arbeitnehmern (und erst recht von ihren Vertretungen) vielfach als außerordentlich problematisch angesehen. Dies gilt insbesondere dann, wenn die Betroffenen bei dem neuen Arbeitgeber unter einen anderen (ungünstigeren) Tarifvertrag fallen oder dort eine andere (weniger geschätzte) Personalführung betrieben wird.

Ein recht anschauliches Beispiel dafür, wie problematisch und kompliziert ein („bloßer") Arbeitgeberwechsel sein kann, bot das Vorhaben der **Adam Opel AG**, aus betriebswirtschaftlichen Gründen ihre gesamte Datenverarbeitung mit rund 600 Beschäftigten auf eine amerikanische Konzerngesellschaft der **General Motors** (GM) zu übertragen. Zu diesem Konzern gehört auch die deutsche **Adam Opel AG**.

Der Arbeitgeberwechsel wurde hier nicht durch ein Rechtsgeschäft vollzogen, mit dem eine Unternehmung eine Betriebseinheit auf eine andere Unternehmung überträgt – dies wäre ein typischer Anwendungsfall von § 613a BGB; bei **Opel** suchte man die Lösung über den Weg, den Mitarbeitern, die für die Zukunft Arbeitnehmer der amerikanischen Datenverarbeitungsgesellschaft werden soll-

In Kaufhof-Restaurants stehen Zeichen auf Sturm

Gewerkschaft HBV will streiken / Ausgliederung der KGSG erlaubt unterschiedliche Bezahlung

In den Restaurants des Kaufhofs und der Kaufhalle stehen die Zeichen auf Sturm. Die Gewerkschaft Handel, Banken, Versicherungen (HBV) will in Kürze ihre Mitglieder unter den 2600 Beschäftigten der KGSG — eine hundertprozentige Kaufhof-Tochter für die hauseigene Gastronomie — über einen Streik urabstimmen lassen. Der Grund: Seit der Ausgliederung der Warenhaus-Restaurants 1983 in eine gesonderte Konzerngesellschaft werden die Beschäftigten nach dem sehr viel niedrigeren Hotel- und Gaststätten-Tarifvertrag bezahlt.

Bei der HBV vermutet man, daß das Ziel des ganzen Manövers damals „einzig und allein die Senkung der Personalkosten durch Anwendung eines anderen Tarifvertrags war", so Rüdiger Wolff von der HBV. Sollte der zweitgrößte Warenhauskonzern damit Erfolg haben, befürchtet er, daß die gesamte Branche bald nachzieht.

Nach der Rechnung Wolffs erhält ein Koch beim Einzelhandelstarif 2540 Mark monatlich, sechs Wochen Urlaub und eine 38,5-Stunden-Woche. Sein Kollege daneben bekommt nach dem Gaststätten-Tarif der NGG hingegen nur 1420 Mark, fünf Wochen Urlaub und muß weiterhin 40 Stunden arbeiten. Tatsächlich stehen beide inzwischen am selben Herd, denn die vor 1983 beschäftigten Arbeitnehmer hatten bei der Gründung der KGSG den damals gültigen und seither eingefrorenen Einzelhandelstarif weiter garantiert bekommen. Alle Neueingestellten werden dagegen nach NGG-Bedingungen entlohnt. Für eine Küchenhilfe heißt dies, daß sie 1082 Mark statt 1700 Mark erhält, „was natürlich für viel böses Blut sorgt", so Wolff.

Vor den jetzt geplanten Kampfmaßnahmen hatte die Gewerkschaft zuerst einmal auf eine juristische Klärung und eine gütliche Einigung gesetzt. Nachdem sie in der ersten Instanz noch recht bekommen hatte, entschied das Landesarbeitsgericht Düsseldorf vor kurzem gegen sie. Die endgültige Klärung vor dem Bundesarbeitsgericht dürfte noch einige Zeit auf sich warten lassen.

Für Jürgen Kanabei von der KGSG ist die Sache klar: „Wir sind ein Gastronomiebetrieb und müssen deshalb nach dem Gaststättentarif bezahlen." Neben dieser formalen Argumentation verweist er außerdem darauf, „daß wir uns mit den Mitwettbewerbern messen müssen". Die Kunden seien eben nicht bereit, mehr für ihr Essen zu bezahlen.

Zumindest die Konkurrenz mit den anderen Warenhaus-Konzernen kann so scharf nicht sein; diese haben einen vergleichbaren Schritt bislang nämlich nicht getan. Die HBV verweist zudem auf eine Bestimmung in etlichen ihrer Einzelhandels-Tarifverträge, wonach diese auch für die Nebenbetriebe eines Konzerns gelten. Ohnehin würden die Restaurant-Beschäftigten im Kaufhof auch weiterhin so behandelt wie alle anderen Abteilungen auch, meint Wolff, das heißt, zum Beispiel dieselben Ladenöffnungszeiten, dieselben Ansprechpartner in den Filialen oder dieselbe zuständige Personalabteilung in der Zentrale. Fast alle KGSG-Arbeitnehmer seien deshalb weiterhin bei der HBV organisiert.

Der unterschiedliche Organisationsgrad mag denn auch der Grund für das tarifiche Gefälle zwischen beiden Gewerkschaften sein. Bei der NGG ist es nämlich so, daß mit den meisten Großbetrieben der Gastronomie (wie zum Beispiel des Lufthansa-Service GmbH) eigene Haustarife abgeschlossen werden. Für das kaum organisierte „Fußvolk" der vielen kleinen Kneipen bleibt dagegen nur der kärgliche Hotel- und Gaststätten-Tarif.

Nachdem sich die juristische Niederlage abzeichnet, drängt deshalb die HBV nun ebenfalls auf einen Haustarif bei der KGSG, indem man eine Kompromißlinie zwischen beiden Verträgen anpeilt. Eile ist geboten, denn schon gibt es Gerüchte, daß Quelle und Hertie ähnliche Pläne wie der Kaufhof hegen.

R. BUNZENTHAL

Frankfurter Rundschau, 27.5.1986

ten, den Abschluß eines neuen Arbeitsvertrages mit der betreffenden Datenverarbeitungsgesellschaft schmackhaft zu machen, mit dessen Wirksamwerden der bisherige Arbeitsvertrag mit der **Adam Opel AG** erlosch. Zu den Einzelheiten dieses Arbeitgeberwechsels ohne Arbeitsplatzwechsel sei auf die „Wirtschaftswoche" (15.3.1985, S. 81-85; 12.12.1986, S. 119f.) verwiesen. Die beiden Zeitungsartikel verdeutlichen die Problematik anhand zweier anderer Beispiele.

Stirbt der Haustarifvertrag?

Die Deutsche BP will ihre Terminals in Hamburg und Hünxe ausgliedern. Die Beschäftigten bangen um die tariflichen Leistungen.

Die Absicht der Deutschen BP-Aktiengesellschaft, ihre Terminals in Hamburg und Hünxe (NRW) zum 1. Juli 1987 auszugliedern und in die 1986 gegründete „Gesellschaft für Transport und Logistik" (GTL) zu überführen, hat nicht nur unter den betroffenen Belegschaftsmitgliedern helle Empörung und große Besorgnis ausgelöst. Verständlicherweise, denn mit der Umwandlung der Unternehmensteile in eigenständige „Betriebsführungsgesellschaften" unter dem Dach der GTL fallen die 201 Beschäftigten auch aus dem Geltungsbereich des Haustarifvertrages der BP AG heraus.

Nachdem bereits 1985 unter anderem die Tankstellen GmbH und die Berlin GmbH ausgegliedert worden sind, sollen nun nach dem Willen der BP-Arbeitgeber zum 1. Juli 1987 die BP-Flüssiggas GmbH und die BP-Terminals in Hünxe und Hamburg umgewandelt werden. Die Folgen sind voraussehbar: Das Lohn- und Gehaltsniveau wird abgesenkt.

Kein Zweifel: Mit den geplanten Vorhaben wird die gewerkschaftliche Interessenvertretung, die soziale und tarifliche Absicherung massiv unterlaufen.

Bereits während der ersten außerordentlichen Betriebsversammlung machten die Beschäftigten des Terminals Hamburg ihrem Ärger Luft. Wie ihre Kollegen in Hünxe forderten sie die Tarifkommission für den Bereich der BP auf, sich mit aller Kraft für den Erhalt des Haustarifvertrages einzusetzen. Ein Schreiben an den Vorstandsvorsitzenden der Deutschen BP AG, Buddenberg, mit der Aufforderung, „im Interesse des Erhalts des Arbeitsfriedens" von den angekündigten Maßnahmen abzusehen, wurde auch von allen nichtorganisierten Mitarbeitern unterzeichnet.

In der Sitzung der Tarifkommission für den Bereich BP am 14. Mai 1987 betonte Wolfgang Baumhöver, Bezirksvorsitzender und Verhandlungsführer der IG Chemie für die Mineralölindustrie, die BP AG könne ihre Strukturprobleme nicht mit der Herausnahme von Betriebsstätten aus dem Haustarifvertrag lösen. Wenn die IG Chemie dies widerspruchslos hinnehmen würde, hätte das Signalwirkung und wäre eine Einladung an andere Arbeitgeber nachzuziehen.

Durch die Intervention der IG-Chemie-Tarifkommission beim Vorstand der BP AG konnte dann doch noch ein Teilerfolg erzielt werden: Zwar ist der Vorstand der BP AG nach wie vor nicht bereit, die Ausgliederungsabsichten für die Terminals zurückzunehmen. Zugesichert wurde aber, daß die GTL Mitglied in den regionalen Arbeitgeberverbänden Chemie werden soll. Ferner wurde eine Besitzstandsregelung aller derzeit gewährten Leistungen für die jetzigen Terminal-Mitarbeiter zugesagt. Solange die Verhandlungen über eine derartige Regelung und die Überleitung in die Tarifverträge Chemie nicht abgeschlossen sind, wird die BP AG den Beschäftigten der beiden Terminals auch keine Einzelarbeitsverträge für neu einzugehende Arbeitsverhältnisse vorlegen.

Der Vorstand der BP AG wurde von der Tarifkommission aufgefordert, weitere Ausgliederungen aus dem Geltungsbereich des Haustarifvertrags zu unterlassen. Es sei unerträglich für alle Beteiligten, mitzuerleben, wie gemeinsam geschaffene Tarifkonditionen durch den Vorstand der BP AG einseitig aufgekündigt werden. Die Gewerkschaft wird jedenfalls nicht klein beigeben.

gp Gewerkschaftspost – Zeitung der IG Chemie-Papier-Keramik, 6/1987, S. 9

Dritter Teil: Gesellschaftliche Rahmenbedingungen betrieblicher Aktivität

Im folgenden Kapitel geht es darum, die gesellschaftlichen Rahmenbedingungen wirtschaftlicher und beruflicher Aktivitäten aufzuzeigen. Dies soll anhand folgender Fragenkomplexe geschehen:

- Die Gewerbe- und Berufsfreiheit
- Zum Recht auf Arbeit und auf Ausbildung
- Die Vertragsfreiheit
- Das Wettbewerbs(Konkurrenz)prinzip
- Die Tarifautonomie
- Privateigentum und Verstaatlichung (Vergesellschaftung) sowie die Frage der Unantastbarkeit der bestehenden Wirtschaftsordnung
- Der Staat und die Tarifpartner als wirtschafts- und gesellschaftspolitische Akteure.

I. Die Gewerbe- und Berufsfreiheit

1. Rechtliche Absicherung

Im Gegensatz zur Weimarer Reichsverfassung, in der es in Artikel 151 III hieß „Die Freiheit des Handels und Gewerbes wird nach Maßgabe der Reichsgesetze gewährleistet", enthält das Grundgesetz nicht ausdrücklich die Gewerbefreiheit. Allerdings ist in der heute noch geltenden Gewerbeordnung aus dem Jahre 1869 der Grundsatz der Gewerbefreiheit postuliert, der auch für juristische Personen gilt. Wörtlich heißt es in § 1 Abs. 1 der Gewerbeordnung: „Der Betrieb eines Gewerbes ist jedermann gestattet, soweit nicht durch dieses Gesetz Ausnahmen oder Beschränkungen vorgeschrieben oder zugelassen sind".

Für die bestehende Wirtschaftsordnung ist aus unserer Verfassung die Gewerbefreiheit aus Artikel 12 des Grundgesetzes (Freiheit der Berufswahl)* abzuleiten. Hierzu hat das Bundesverfassungsgericht in seinem Apothekenurteil vom 11.6.1958 u.a. folgendes ausgeführt:

„Art. 12 Abs. 1 schützt die Freiheit des Bürgers in einem für die moderne arbeitsteilige Gesellschaft besonders wichtigen Bereich: er gewährleistet dem Einzelnen das Recht, jede Tätigkeit, für die er sich geeignet glaubt, als ‚Beruf' zu ergreifen, d.h. zur Grundlage seiner

---

* Art. 12 (1) Alle Deutschen haben das Recht, Beruf, Arbeitsplatz und Ausbildungsstätte frei zu wählen. Die Berufsausübung kann durch Gesetz oder auf Grund eines Gesetzes geregelt werden.
(2) Niemand darf zu einer bestimmten Arbeit gezwungen werden, außer im Rahmen einer herkömmlichen allgemeinen, für alle gleichen öffentlichen Dienstleistungspflicht.
(3) Zwangsarbeit ist nur bei einer gerichtlich angeordneten Freiheitsentziehung zulässig.

Lebensführung zu machen. Es handelt sich um ein Grundrecht, nicht – wie etwa in Art. 151 Abs. 3 Weimarer Reichsverfassung – um die Proklamierung der ‚Gewerbefreiheit' als eines objektiven Prinzips der Gesellschafts- und Wirtschaftsordnung.

Verbürgt ist dem Einzelnen mehr als die Freiheit selbständiger Ausübung eines Gewerbes. Wohl zielt das Grundrecht auf den Schutz der – wirtschaftlich sinnvollen – Arbeit, aber es sieht sie als ‚Beruf', d.h. in ihrer Beziehung zur Persönlichkeit des Menschen im ganzen, die sich erst darin voll ausformt und vollendet, daß der Einzelne sich einer Tätigkeit widmet, die für ihn Lebensaufgabe und Lebensgrundlage ist und durch die er zugleich seinen Beitrag zur gesellschaftlichen Gesamtleistung erbringt...

Aus dieser Sicht des Grundrechts ist der Begriff ‚Beruf' weit auszulegen. Er umfaßt nicht nur alle Berufe, die sich in bestimmten, traditionell oder sogar rechtlich fixierten ‚Berufsbildern' darstellen, sondern auch die vom Einzelnen frei gewählten untypischen (erlaubten) Betätigungen, aus denen sich dann wieder neue feste Berufsbilder ergeben mögen".

Die schon in der Mitte des vergangenen Jahrhunderts eingeführte allgemeine Gewerbefreiheit, nach der die Aufnahme einer gewerblichen Tätigkeit grundsätzlich keiner vorherigen behördlichen Genehmigung bedurfte, hatte im Laufe der Zeit zahlreiche Gegenbewegungen ausgelöst, die die Folgen dieser „schrankenlosen" Freiheit kritisierten und insbesondere die Bestandssicherung des Handwerks und Kleingewerbes gegenüber der großbetrieblichen Konkurrenz forderten. Diese Bestrebungen führten nach und nach zu zahlreichen gesetzgeberischen Eingriffen in die Gewerbefreiheit. So wurde insbesondere durch neue gesetzliche Genehmigungserfordernisse und durch vielfältige Zulassungsvoraussetzungen der freie Zugang zu einer gewerblichen Tätigkeit erschwert. Diese die Gewerbefreiheit einschränkenden Bestimmungen existierten vielfach auch noch nach dem Inkrafttreten des Grundgesetzes.

In Anbetracht der im Grundgesetz enthaltenen sehr weitgehenden Berufsfreiheit – sie ist ein Grundrecht – war es fast zwangsläufig, daß sich das Bundesverfassungsgericht mit der Zulässigkeit solcher restriktiven Zulassungsvoraussetzungen beschäftigen mußte. Das Bundesverfassungsgericht hat unter Berufung auf die Berufsfreiheit des Artikels 12 des Grundgesetzes die bestehenden Genehmigungserfordernisse untersucht und großenteils für nichtig erklärt und damit die Gewerbe(Berufs)freiheit wieder deutlich ausgeweitet. Das Bundesverfassungsgericht unterscheidet in seinem Apothekenurteil vom 11.6.1958 zwischen der Berufsausübung und der Berufswahl und stellt hierzu fest:

„Die Freiheit der Berufs**ausübung** kann im Wege der ‚Regelung' beschränkt werden, soweit vernünftige Erwägungen des Gemeinwohls es zweckmäßig erscheinen lassen. Die Freiheit der Berufs**wahl** darf dagegen nur eingeschränkt werden, soweit der Schutz besonders wichtiger (‚überragender') Gemeinschaftsgüter es zwingend erfordert".

2. Zulassungsvoraussetzungen für die Berufs(Gewerbe)aufnahme

Bei den rechtlichen Zulassungvoraussetzungen (Bedingungen) für die Berufs(Gewerbe)aufnahme unterscheidet das Bundesverfassungsgericht zwischen subjektiven Voraussetzungen, vor allem solche der Vor- und Ausbildung, und objektiven Bedingungen der Zulassung, die mit der persönlichen Qualifikation des Berufsanwärters nichts zu tun haben und auf die er keinen Einfluß hat. Die rechtliche Zulässigkeit derartiger Voraussetzungen für die Berufsaufnahme beurteilt das Bundesverfassungerricht wie folgt:

„Die Regelung **subjektiver** Voraussetzungen der Berufsaufnahme ist ein Teil der rechtlichen Ordnung eines Berufsbildes; sie gibt den Zugang zum Beruf nur den in bestimmter – und zwar meist formaler – Weise qualifizierten Bewerbern frei. Eine solche Beschränkung legitimiert sich aus der Sache heraus; sie beruht darauf, daß viele Berufe bestimmte, nur durch theoretische und praktische Schulung erwerbbare technische Kenntnisse und Fertigkeiten (im weiteren Sinn) erfordern und daß die Ausübung dieser Berufe ohne solche Kenntnisse entweder unmöglich oder unsachgemäß wäre oder aber Schäden, ja Gefahren für die Allgemeinheit mit sich bringen würde. Der Gesetzgeber konkretisiert und ‚formalisiert' nur dieses sich aus einem vorgegebenen Lebensverhältnis ergebende Erfordernis; dem Einzelnen wird in Gestalt einer vorgeschriebenen formalen Ausbildung nur etwas zugemutet, was er grundsätzlich der Sache nach ohnehin auf sich nehmen müßte, wenn er den Beruf ordnungsgemäß ausüben will. Diese Freiheitsbeschränkung erweist sich so als das adäquate Mittel zur Verhütung möglicher Nachteile und Gefahren; sie ist auch deshalb nicht unbillig, weil sie für alle Berufsanwärter gleich und ihnen im voraus bekannt ist, so daß der Einzelne schon vor der Berufswahl beurteilen kann, ob es ihm möglich sein werde, die geforderten Voraussetzungen zu erfüllen ...*

Anders liegt es bei der Aufstellung **objektiver** Bedingungen für die Berufszulassung. Ihre Erfüllung ist dem Einfluß des Einzelnen schlechthin entzogen. Dem Sinn des Grundrechts wirken sie strikt entgegen ... Diese Freiheitsbeschränkung ist um so gewichtiger und wird demgemäß auch um so schwerer empfunden, je länger und je fachlich spezialisierter die Vor- und Ausbildung war ... Da zudem zunächst nicht einsichtig ist, welche unmittelbaren Nachteile für die Allgemeinheit die Ausübung eines Berufs durch einen fachlich und moralisch qualifizierten Bewerber mit sich bringen soll, wird häufig der Wirkungszusammenhang zwischen dieser Beschränkung der freien Berufswahl und dem erstrebten Erfolg nicht einleuchtend dargetan werden können. Die Gefahr des Eindringens sachfremder Motive ist daher besonders groß; vor allem liegt die Vermutung nahe, die Beschränkung des Zugangs zum Beruf solle dem Konkurrenzschutz der bereits im Beruf Tätigen dienen – ein Motiv, das nach allgemeiner Meinung niemals einen Eingriff in das Recht der freien Berufswahl rechtfertigen könnte.

Durch die Wahl dieses gröbsten und radikalsten Mittels der Absperrung fachlich und moralisch (präsumtiv) voll geeigneter Bewerber vom Berufe kann so – abgesehen von dem möglichen Konflikt mit dem Prinzip der Gleichheit – der Freiheitsanspruch des Einzelnen in besonders empfindlicher Weise verletzt werden. Daraus ist abzuleiten, daß an den Nachweis der Notwendigkeit einer solchen Freiheitsbeschränkung besonders strenge Anforderungen zu stellen sind; im allgemeinen wird nur die Abwehr nachweisbarer oder höchstwahrscheinlicher schwerer Gefahren für ein überragend wichtiges Gemeinschaftsgut diesen Eingriff in die freie Berufswahl legitimieren können; der Zweck der Förderung sonstiger Gemeinschaftsinteressen, die Sorge für das soziale Prestige eines Berufs durch Beschränkung der Zahl seiner Angehörigen reicht nicht aus, auch wenn solche Ziele im übrigen gesetzgeberische Maßnahmen rechtfertigen würden".

Mit dieser Argumentation hat das Bundesverfassungsgericht 1958 die Niederlassungsfreiheit von Apotheken festgestellt. Bis zu diesem Zeitpunkt mußte für die Eröffnung einer Apotheke ein von den Behörden anerkanntes **Bedürfnis** für

* Ein problemträchtiges Beispiel für eine subjektive Zulassungsvoraussetzung bildet die nachstehende, in der Entscheidung des Bundesverfassungsgerichts vom 22.5.1975 zum sog. „Extremisten(Radikalen)-Beschluß" enthaltene Forderung: „Für die Zulassung zum öffentlichen Dienst als Beamter gehört die Gewähr, daß er jederzeit für die freiheitliche demokratische Grundordnung eintritt ... Dies ist eine legitime Zulassungvoraussetzung, die ... von jedem, der den Staatsdienst anstrebt, erfüllt werden kann, wenn er will". Eine ähnliche Problematik ist in der Anordnung der Bayerischen Staatsregierung vom 2.6.1987 zu sehen, wonach Bewerber um ein Beamtenverhältnis von vornherein ausscheiden, wenn sie den Aidstest verweigern.

eine solche Einrichtung festgestellt werden, andernfalls wurde eine Betriebserlaubnis nicht erteilt.

3. Bedürfnisprüfung und Unternehmerfreiheit

Aufgrund der strengen vom Bundesverfassungsgericht aufgestellten Maßstäbe sind mittlerweile fast alle an ein „Bedürfnis" anknüpfenden Genehmigungsvoraussetzungen für verfassungswidrig erklärt worden, und zwar ganz einfach aus dem Grunde, daß Schutz vor (mehr) Konkurrenz in der Regel nicht schutzwürdig ist. Eine Ausnahme hat das Bundesverfassungsgericht auf dem Verkehrssektor zugelassen (Schutz der Sicherheit und Leistungsfähigkeit der für die Allgemeinheit notwendigen Verkehrsbetriebe vor ruinösem Wettbewerb). Damit läßt sich die Kontingentierung der zum Güterfernverkehr zugelassenen Lastkraftwagen, die Sonderbesteuerung des Werkfernverkehrs und die Beschränkung der Zulassung von Taxen im begrenzten Umfange rechtfertigen (Jaenicke 1974, Sp. 1658).

Daß die vom Bundesverfassungsgericht geäußerte Vermutung, die objektiven Bedingungen der Berufszulassung würden in erster Linie dem Konkurrenz- und damit Einkommensschutz dienen, einen sehr realen Kern hat, machen auch die nachstehenden Zeitungsmeldungen deutlich.

Turner: Düstere Prognose für die freien Berufe

Berliner Senator befürchtet Verdrängungswettbewerb

PAUL F. REITZE, **Düsseldorf**

Die freien Berufe müssen mit einem Verdrängungswettbewerb rechnen, der in etlichen Bereichen weit über den bisher befürchteten Umfang hinausgehen wird. Darauf hat der Berliner Senator für Wissenschaft und Forschung, Prof. George Turner, hingewiesen. Auf der Jahrestagung des Verbandes Freier Berufe im Lande Nordrhein-Westfalen breitete er detailliertes Zahlenmaterial aus.

„Die hohen Zuwachsraten von Berufsangehörigen der Gruppe der freien Heilberufe" sind laut Turner eine „Bedrohung für die gesamte Berufsgruppe". Im einzelnen zeichnete er folgendes Bild:

Ärzte: Die Zahl ist von 75 000 im Jahr 1960 auf derzeit knapp 160 000 angestiegen. In der Ausbildung befinden sich 75 000 Medizin-Studenten. Jährlich verlassen rund 10 000 Nachwuchsärzte die Hochschulen. Eine Reduktion ist nicht abzusehen. Berücksichtigt man Pensionierungen, so ist in den nächsten zehn Jahren damit zu rechnen, daß die Ärzte-Zahl „um mindestens 50 000" wächst. Der Anstieg in den freien Praxen wird bei fünfzig Prozent liegen.

Bei den Tiermedizinern schätzt Turner die Situation als noch „besorgniserregender" ein. Dem jährlichen Ersatzbedarf von etwa 200 stehen rund 1100 Hochschulabsolventen gegenüber. Auch in der Zahnmedizin wird der Zustrom zu den freien Praxen „überproportional ansteigen". Die hohe Zahl der Pharmaziestudenten – ca. 10 000 – droht zu einer „Erhöhung der Arbeitslosenzahl der Apotheker" zu führen.

„Juristenschwemme"

Juristen: Turner geht schon für die allernächste Zeit von einer „Überflutung des Anwaltsberufs" aus. Die Möglichkeiten von Justiz, Verwaltung und Wirtschaft seien nahezu erschöpft. „Es ist nicht ausgeschlossen, daß die Zahl der zugelassenen Anwälte (zur Zeit: knapp 50 000) sich in zehn Jahren nahezu verdoppelt."

Für Wirtschaftsprüfer und Steuerberater könnten sich durch die „Juristenschwemme" Probleme ergeben. Turner befürchtet, daß immer mehr beschäftigungslose Anwälte in diese Bereiche drängen werden.

Architekten: Auch hier ist der Zuwachs beachtlich. „Innerhalb von zehn Jahren", so der Senator, „ist eine Steigerung von über 22 Prozent zu verzeichnen." Während die Aufgaben in der beruflichen Praxis abnehmen, bewegen sich die Studentenzahlen weiter auf hohem Niveau. Es sei davon auszugehen, „daß pro Jahr bis zu tausend freiwerdende Stellen von jungen Architekten besetzt werden; dem stehen allerdings jährlich ca. 3500 Absolventen gegenüber".

Hoher Akademisierungsgrad

Das gleiche gilt laut Turner „tendenziell" für Bauingenieure. Für Beratende Ingenieure entstünden wachsende Probleme, weil Bund, Länder und Gemeinden hier personell überbesetzt seien, bei eher sinkendem Auftragsvolumen.

Turner rechnet bis zur Jahrhundertwende mit insgesamt 2,6 bis 2,8 Millionen Hochschulabsolventen, die um 900 000 bis eine Million freiwerdende Stellen konkurrieren. „Die Aufnahmebereitschaft des öffentlichen Sektors ist erschöpft, die der Wirtschaft begrenzt." 1970 gab es rund 1,4 Millionen Erwerbstätige mit Hochschulausbildung; 1985 belief sich diese Zahl auf 2,6 Millionen. Davon waren nahezu drei Fünftel im öffentlichen Dienst tätig. Hier lag der „Akademisierungsgrad" 1982 bei 21,9 Prozent, in der Privatwirtschaft hingegen lediglich bei 4,6 Prozent.

Unzufrieden zeigte sich Turner in weiten Teilen mit der Struktur des Studiums. Er äußerte Zweifel, ob hier in absehbarer Zeit „irgendetwas bewegt wird". Eine Steuerung sei allenfalls zu erwarten, wenn sich die schlechten Berufsaussichten für Akademiker herumsprächen.

Eine scharfe Rüge erteilte der Senator der Bildungspolitik, die sich als unfähig erwiesen habe, „das Ausbildungssystem veränderten Fakten anzupassen". Sein düsteres Resümee: „Für die Zukunft sprechen keinerlei Anzeichen dafür, daß brauchbare Lösungen, die es gäbe, durchgesetzt werden können."

DIE WELT, 4.7.1986, S. 4

Taxifahrer demonstrierten

Gegen die weitere Vergabe von Konzessionen und für eine Anhebung der Fahrpreise haben gestern 50 selbständige Taxifahrer vor der Wirtschaftsbehörde am Steinweg demonstriert. Insgesamt sind in der Hansestadt 3700 Fahrzeuge zugelassen.

DIE WELT, 29.1.1987, S. 17

Die WELT bringt in einem Kommentar (vom 2.1.1987, S. 2) ihre „Sorgen" um die **Juristenschwemme** und die Ursachen dafür auf den folgenden (schlichten) Nenner: „Müssen die rechtsuchenden Bürger die Zeche für die durch eine verfehlte Bildungspolitik verursachte Anwaltsschwemme zahlen? ... Da der ‚Kuchen' zwischen einer ständig steigenden Zahl von Kollegen aufgeteilt werden muß, liegt die Vermutung nahe, daß die Rechtsanwaltschaft insgesamt ihr Heil in immer mehr Prozessen sucht; die Statistiken scheinen das zu bestätigen. Daß es in Wirklichkeit der ‚mündige Bürger' war, der der Justiz diese Prozeßlawine beschert hat, wird dabei geflissentlich übersehen. Der Bevölkerung war schließlich in den siebziger Jahren eingeredet worden, daß Konflikte nicht bereinigt, sondern ausgetragen werden müßten, und das möglichst bis zur letzten Instanz ... Solange die Zahl der Rechtsanwälte noch steigt und damit die Gefahr eines Anwaltsproletariats nicht gebannt ist, kann noch keine Entwarnung an diesem Frontabschnitt der Rechtspolitik gegeben werden".

Man kann heute davon ausgehen, daß nach der herrschenden Rechtslehre und der Rechtsprechung die vorstehend skizzierte **Berufsfreiheit** im Prinzip auch für **juristische Personen** gilt. So meint zum Beispiel Scholz (in Maunz-Dürig, Komm. z.GG, Art. 12, Rdnr. 35) daß es nötig ist, in diesem Zusammenhang sich verstärkt auf die grundsätzliche, ebenso personale wie sozialbezogene Funktion des Berufsbegriffs zu besinnen und anhand dieser abzugrenzen; „dies bedeutet zunächst, daß der ‚personale Grundzug' der Berufsfreiheit auch dort als gültig und wirksam zu erkennen ist, wo ein Beruf ‚im Unternehmen' als **‚Unternehmerfreiheit'** oder auf der Ebene des ‚Großunternehmens' ergriffen und ausgeübt wird. Auch hier geht es um die personelle Verwirklichung des einzelnen, wobei diese nur in den besonderen sozialen Bezügen sowie sozialen Funktions- und Verantwortungszusammenhängen solcher Unternehmen o.ä. erfolgt. Geht es um die Ausgestaltung oder Fixierung dieser Bezüge und Zusammenhänge, so hat

„Gute Aussichten für junge Anwälte“

dpa, **Bonn**

Junge Rechtsanwälte haben trotz „Anwaltsschwemme“ gute Berufschancen, stellt eine Studie des Institutes „Forschung für die Praxis“ fest. Die Zahl der Anwälte habe sich zwar von 1970 bis 1985 verdoppelt, doch wachse der Markt. Die Behauptung, in der jungen Anwaltschaft fände sich leistungsschwacher Nachwuchs wieder, sei ein Vorurteil.

DIE WELT, 27.1.1988, S. 10

Wem nützt die Rede von der »Ärzteschwemme«? Viele Studenten meinen: den etablierten Medizinern. Vor der »Schwarzwaldklinik« demonstrierten sie gegen neue Hürden in ihrer Ausbildung

»Lieber viele gute Ärzte als wenige schlechte«

Deutsches Allgemeines Sonntagsblatt, 19.1.1986, S. 24

Gegen Ärzteschwemme

Kiel (lno) – Für fünf bis zehn Jahre sollte die Zahl der Medizinstudenten um 40 bis 50 Prozent verringert werden. Das hat die Präsidentin der Ärztekammer Schleswig-Holsteins, Ingeborg Retzlaff, gefordert. Eine „glatte Halbierung“ hält auch der Präsident der Zahnärztekammer, Horst Bremer, für „vernünftig“.

DIE WELT, 15.1.1986, S. 19

Ärzte fordern Berufsverbot für Heilpraktiker

Hartmannbund: Wir können uns keine „Medizinmänner wie in Afrika" leisten

Von Max Conradt

Hamburg – Ein Berufsverbot für alle Heilpraktiker ist gestern vom Landesverband Hamburg im Verband der Ärzte Deutschlands (Hartmannbund) gefordert worden. Vorsitzender Dr. Klaus Wagner appellierte an die Politiker, die rechtlichen Möglichkeiten zu schaffen, „die Heilpraktiker aus der Krankenversorgung auszuklammern". Speziell in der Krebsbehandlung würden die Heilpraktiker zu einem wachsenden Problem, und die Bundesrepublik könne sich nicht länger „Medizinmänner wie in Afrika" leisten.

Hamburger Abendblatt, 26.6.1986, S. 1

Heute in der WELT

Damm gegen Ärzteschwemme

Einen drastischen Abbau der Studienplätze für Medizin verlangt der Vorsitzende des Wissenschaftsrates, Professor Kurt Kochsiek. Im Gespräch mit der Hochschul-WELT warnt er eindringlich vor einer Ärzteschwemme: „Das sind die teuersten Arbeitslosen, die man sich denken kann." Die Empfehlungen seines Gremiums zur Studienzeitverkürzung will Kochsiek trotz massiver Proteste durchsetzen. Seite 10

DIE WELT, 17.11.1987, S. 1

Zulassung für Ärzte begrenzt

tl. **Bonn**

Die Landesausschüsse der Ärzte und Krankenkassen können mit Beginn des nächsten Jahres für erheblich überversorgte Gebiete Zulassungsbeschränkungen für Kassenärzte aussprechen. Das beschloß der Bundestag mit den Stimmen der Koalition. Diese Beschränkungen sollen zeitlich befristet und nur für einzelne Arztgruppen zulässig sein. In den Gebieten, die nicht überversorgt sind, wird die Niederlassung neuer Kassenärzte nicht eingeschränkt. Mindestens 50 Prozent aller kassenärztlichen Planungsbereiche (Stadt- und Landkreise) sollen für eine unbeschränkte Niederlassung frei bleiben. „Wir schaffen durch das Gesetz ein verbessertes Instrumentarium für die Selbstverwaltung im Gesundheitswesen", kommentierte Arbeitsminister Blüm. „Die Koalitionsfraktionen wollen eine ausgewogene Verteilung der Ärzte sichern und damit Konzentration verhindern."

DIE WELT, 15.11.1986, S. 1

der Gesetzgeber bzw. seine Regelung die Wirksamkeit und Gültigkeit des ‚personalen Grundzugs' der Berufsfreiheit auch hier strikt zu achten".

Im Prinzip kann heute also jeder, der die formalen subjektiven Voraussetzungen erfüllt, die häufig sehr gering sind, sich selbständig machen, d.h. einen Betrieb gründen oder als Teilhaber in einen bestehenden Betrieb eintreten. Im Falle der Betriebsgründung bedarf es – von einigen Ausnahmen, z.B. im Falle von Versicherungsunternehmen und Kreditinstituten, abgesehen – lediglich einer Anmeldung (Anzeige) dieses Vorhabens bei der allgemeinen öffentlichen Verwaltung. Die Gewerbeordnung (GewO) formuliert dies in § 14 wie folgt: „Wer den selbständigen Betrieb eines stehenden Gewerbes ... anfängt, muß dies der für den betreffenden Ort zuständigen Behörde gleichzeitig anzeigen". Dies führt dann im Regelfall zur Aushändigung des sog. Gewerbescheines.

Vielfach wird die Gewerbeaufnahme allerdings mit behördlichen Auflagen verbunden, die sich meist auf die Sicherheit der Betriebsanlage, die Hygiene und den Umweltschutz beziehen. Wer als Selbständiger ein Handwerk ausüben will, muß in der Handwerksrolle eingetragen sein, dies setzt regelmäßig die Meisterprüfung voraus. Über die durch diese Regelung insbesondere für Newcomer vielfach auftretenden Schwierigkeiten berichtet recht anschaulich die „Wirtschaftswoche" (23.10.1987, S. 121-126) in ihrem Artikel „Überkommene Zünfte". In ihrer Vornummer zeigt die „Wirtschaftswoche" (16.10.1987, S. 48-70) zahlreiche Beispiele staatlicher Regulierung von Unternehmertätigkeiten.

4. Verbot der Gewerbe(Berufs)ausübung

Die Ausübung eines Gewerbes ist von der zuständigen Behörde zu untersagen, „wenn Tatsachen vorliegen, welche die Unzuverlässigkeit des Gewerbetreibenden oder einer mit der Leitung des Gewerbebetriebes beauftragten Person ... dartun, sofern die Untersagung zum Schutze der Allgemeinheit oder der im Betrieb Beschäftigten erforderlich ist" (§ 35 GewO*). Diese Rechtsgrundlage wurde in der letzten Zeit wiederholt herangezogen, wenn es darum ging, bestimmten Sekten ihre oft recht umfassenden und eigenwilligen geschäftlichen (und sonstigen) Aktivitäten einzuschränken oder ihnen die Gewerbeausübung ganz zu untersagen (s. nachstehenden Zeitungsartikel).

* s.a. § 51 GewO.

Psycho-Sekte wird Nährboden entzogen

München untersagt Scientology Kirche Gewerbeausübung

PETER SCHMALZ, **München**

Als im Juni eine Hundertschaft Polizei das Münchner Hauptquartier der „Scientology Kirche" durchsuchte und belastendes Material lastwagenweise abtransportierte, kam Sekten-Präsident Heber Jentzsch aus den Vereinigten Staaten angeflogen und sprach: „Die Durchsuchungsaktion unserer Kirche ist ein Akt von Völkermord." Der Herr wird nun nach noch stärkeren Worten suchen müssen: Münchens Kreisverwaltungsreferent Peter Gauweiler hat der aggressivsten unter den Psycho-Sekten die Gewerbeausübung untersagt und ihr zu Beendigung ihrer Geschäfte eine sechswöchige Schonfrist gewährt. Der Bescheid gilt für die gesamte Bundesrepublik Deutschland.

In dem 70-Seiten-Papier wird der Sekte vorgeworfen, sie betreibe unlauteren Wettbewerb sowie organisierte und massenweise Heilkunde, ohne die dafür notwendigen Voraussetzungen zu erfüllen. Es ist der bisher schwerste Schlag gegen die in 35 Ländern operierende Sekte, die unter dem religiösen Firmenschild zu einem millionenschweren Unternehmen wuchs. Heute wundert sich Gauweiler: „Unbegreiflich, daß die Behörden hier jahrelang zusehen konnten."

Der 35jährige CSU-Politiker war erst kurz Münchner Kreisverwaltungsreferent, als die Scientologen ihn selbst auf ihre Spur brachten: Ein Werber wollte den jugendlich wirkenden Münchner „Innenminister" zu einem kostenlosen Psycho-Test verführen. Gauweiler witterte Unrecht und schleuste einige Beamte in die Sekte. Das Ergebnis war erschütternd. Gauweiler: „Die kostenlosen Tests sind so abgestimmt, daß immer ein schwerer psychischer Defekt festgestellt wird. Den verängstigten Opfern werden deshalb Kurse angeboten, die immer teurer werden. Da werden Honorare bis 100 000 Mark verlangt."

Schon ein 14tägiger „Reinigungs-Kurs" schlägt mit 10 500 Mark zu Buche. „Das sind", so Gauweiler, „zwei Wochen täglich fünf Stunden Sauna mit ein bißchen geistiger Betreuung." Wer nicht zahlen könne, müsse das Geld abarbeiten und werde damit zu einem billigen Arbeitssklaven.

Schon vor Jahren stufte Scotland Yard die Organisation als „gesundheitlich, moralisch und sozial gefährlich" ein. Ihr Gründer, der 73jährige Amerikaner Ron Hubbard, schrieb vor 30 Jahren die „Scientology-Bibel" „Dianetik: Die moderne Wissenschaft der geistigen Gesundheit." Wie es um seine Gesundheit steht, ist unbekannt: Seit dem Ärger in den Staaten, wo der Sekten-Führer wegen Verschwörung, Diebstahls und Einbruchs verurteilt wurde, ist Hubbard verschwunden. Angeblich regiert er seinen Konzern von einer seiner zahlreichen Yachten aus.

Die Münchner Hausdurchsuchung lieferte erstmals deutschen Behörden Beweise über das wahre Gesicht dieser „Kirche". In einem Handbuch war zu lesen, was mit Sekten-Gegnern zu geschehen habe: „Beginne sofort, die Angreifer auf Verbrechen oder Schlimmeres zu untersuchen... Der Punkt, an dem sie verletzlich sind, ist der Verlust ihres Arbeitsplatzes oder ihrer Stellung."

Nachdem Gauweiler dem im Verborgenen florierenden Unternehmen (das in Deutschland an die 30 000 Mitglieder hat) im Frühjahr aus dem Vereinsregister löschen ließ und ihr damit den steuersparenden Status nahm, durfte Münchens höchster Sicherheitsbeamter mit den Sekten-Methoden Bekanntschaft machen. Auf ihn und seine Beamten wurde für 40 000 Mark ein Privatdetektiv angesetzt, der Fragen zu klären hatte wie „Ist er homosexuell?", „Hat er zuviele Freundinnen?" oder „Wurde er bestochen?". Doch die Weste des „Schwarzen Peter" war weiß.

Nach dem jüngsten Gauweiler-Coup darf die Organisation künftig weder für sich werben noch Kurse abhalten oder Publikationen verkaufen. Sie kündigte bereits an, notfalls bis zur Menschenrechtskommission in Straßburg zu gehen. Inzwischen erhält der Münchner Zuschriften aus ganz Deutschland.

DIE WELT, 12.12.1984, S. 30

Neben der Sanktionsmöglichkeit der Gewerbeordnung kennt das Strafgesetzbuch (§ 70) das Instrument der gerichtlichen Anordnung des Berufsverbotes, das – soweit zu übersehen – jedoch relativ selten ausgesprochen wird. Zur gerichtlichen Anordnung des Berufsverbots heißt es in § 70 Abs. 1 Strafgesetzbuch:

Wird jemand wegen einer rechtswidrigen Tat, die er unter Mißbrauch seines Berufs oder Gewerbes oder unter grober Verletzung der mit ihnen verbundenen Pflichten begangen hat, verurteilt oder nur deshalb nicht verurteilt, weil seine Schuldunfähigkeit erwiesen oder nicht auszuschließen ist, so kann ihm das Gericht die Ausübung des Berufs, Berufszweiges, Gewerbes oder Gewerbezweiges für die Dauer von einem Jahr bis zu fünf Jahren verbieten, wenn die Gesamtwürdigung des Täters und der Tat die Gefahr erkennen läßt, daß er bei weiterer Ausübung des Berufs, Berufszweiges, Gewerbes oder Gewerbezweiges erhebliche rechtswidrige Taten der bezeichneten Art begehen wird. Das Berufsverbot kann für immer angeordnet werden, wenn zu erwarten ist, daß die gesetzliche Höchstfrist zur Abwehr der vom Täter drohenden Gefahr nicht ausreicht.

Beispiel: Drucker stellt Falschgeld her.

Berufsverbot für Unternehmer

re. FRANKFURT, 20. Oktober. Ein mehrfach wegen Hinterziehung von Steuern und Sozialabgaben vorbestrafter Bauunternehmer darf drei Jahre lang nicht als Unternehmer tätig sein, sondern muß sich um eine „feste, versicherungspflichtige, lohnabhängige Arbeit" bemühen. Dazu hatte ihn die Bielefelder Strafvollstreckungskammer verpflichtet, als er auf Bewährung aus der Haft freikommen sollte. Das Oberlandesgericht Hamm (Aktenzeichen: 3 WS 48/85) entschied jetzt, daß diese „erzieherische Weisung" verfassungsrechtlich zulässig sei, auch wenn sie die im Grundgesetz garantierte freie Berufswahl einschränke.

Frankfurter Allgemeine Zeitung, 21.10.1985, S. 13

Berufsverbot für Tierarzt

rev. **Münster**

In einem weiteren Fall von Kälbermast mit unerlaubten Hormonpräparaten hat die 11. Große Strafkammer des Landgerichts Münster jetzt einen 41jährigen Tierarzt aus Coesfeld im Münsterland zu zwei Jahren Haft mit Bewährung und drei Jahren Berufsverbot verurteilt. Zudem wurde der Tiermediziner des Meineides in Vorermittlungen gegen Pharmahändler für schuldig befunden.

Nach Erkenntnissen des Gerichts hatte der Tierarzt mehr als drei Jahre in Zusammenarbeit mit dem einschlägigen Großhandel für 240 000 Mark verbotene Dopingmittel verabreicht. Bei monatlich 1000 Mark Provision als „Mittelsmann" hatte er für Kälber, Schweine und auch Hühner Antibiotika und Hormonpräparate, die das Wachstum und die Fleischproduktion fördern, in landwirtschaftlichen Betrieben gespritzt. Diese Mittel sind jedoch gesetzlich verboten, weil sie als Rückstand im Fleisch unter anderem krebsfördernd sein können. Nach zwei Prozessen im Vorjahr in Niedersachsen und dieser Verhandlung in Münster müssen sich demnächst allein in Nordrhein-Westfalen 18 weitere Tiermediziner und Großhändler verantworten.

Der sogenannte „Kälberskandal", in dem die Landeskriminalämter von Nordrhein-Westfalen und Niedersachsen seit Jahren tätig sind, war erst in der vergangenen Woche wieder aktuell geworden, als im Grenzgebiet in der Grafschaft Bentheim ein illegaler Handel mit derartigen Präparaten geplatzt war: 1500 so behandelte Tiere waren beschlagnahmt worden, fast 700 mußte man notschlachten. Die Medikamente stammten nach Polizeirecherchen aus illegal arbeitenden „Kellerfirmen" in den Niederlanden.

Behörden in Oldenburg und Hannover waren auf einen „Futtermittelberater" aufmerksam geworden, der nicht nur die Produkte eines niederländischen Viehfutter-Konzerns vertrieb, sondern zugleich bäuerliche Abnehmer als „Lohnmäster" für seinen Auftraggeber verpflichtete: Der Konzern mietet die Stallflächen auf den Höfen, stellt seine Jungtiere ein und übernimmt nach der Mast deren Vermarktung, womit der Landwirt ertragsabhängig ist.

DIE WELT, 12.9.1985, S. 26

Neben dem im Strafgesetzbuch enthaltenen Berufsverbot sieht für die herkömmlichen („klassischen“) freien Berufe (Ärzte, Apotheker, Rechtsanwälte, Notare, Steuerberater, Wirtschaftsprüfer, Architekten) auch das Standesrecht die Möglichkeit vor, die Berufsausübung zu untersagen; allerdings hat an einer so weitgehenden standesrechtlichen Kompetenz mittlerweile das Bundesverfassungsgericht in seiner Entscheidung vom 14.7.1987 ebenso Zweifel angemeldet wie der Bundesgerichtshof mit seiner Entscheidung vom 30.11.1987 in Sachen „Horst Mahler“ (s. S. 302).

Gericht erklärt Arzt für berufsunwürdig

AP, Münster

Das Berufsgericht für Heilberufe beim Verwaltungsgericht Münster hat erstmals auf Antrag der Ärztekammer Westfalen-Lippe einen Bochumer Arzt wegen Abrechnungsbetrugs für berufsunwürdig erklärt. Das erst jetzt veröffentlichte Urteil hat grundsätzlich den Widerruf der Zulassung als Arzt zur Folge. Der jetzt von einem Berufsverbot bedrohte Bochumer Urologe war im Juni 1984 vom Bochumer Landgericht wegen fortgesetzten Betrugs in zwei Fällen zu zwei Jahren Haft verurteilt worden. Er hatte von 1977 bis 1982 die gesetzlichen Krankenkassen durch falsche Abrechnungen um mindestens 139 300 Mark geschädigt.

Beim ärztlichen Standesgericht in Münster sind eine Reihe von Verfahren gegen Bochumer Ärzte anhängig, die alle auf den vor Jahren aufgedeckten Abrechnungsskandal in Bochum zurückgehen. (Az.: 1 T 4/83)

DIE WELT, 19.2.1987, S. 26

Horst Mahler darf nicht wieder als Anwalt arbeiten

Einmal schuldig, immer schuldig

Von Werner Hill

Als der frühere Apo-Anwalt Horst Mahler, wegen seiner Beteiligung an terroristischen Aktionen zu insgesamt 14 Jahren Freiheitsstrafe verurteilt, vor sieben Jahren auf Bewährung entlassen wurde, bescheinigte man ihm gerichtlich, er habe sich von seiner gewalttätigen Vergangenheit gelöst. Mahler war schon seit 1979 Freigänger, durfte die Haftanstalt also verlassen, eine Lehre als Verlagskaufmann machen. Er distanzierte sich vom Terrorismus; er wurde zu einer „Symbolfigur der Umkehr". Sein Fall galt als das „Exempel sinnvoll praktizierten Strafvollzugs" und als „ein gutes Stück Therapie für die Heilung der Gesellschaft vom Terrorismus".

Wiedereingliederung als Ziel sinnvollen Strafvollzugs muß sicherlich nicht zwingend bedeuten, daß Horst Mahler auch wieder als Rechtsanwalt tätig wird. Die Rechtsanwaltschaft hatte ihn 1974 selbstverständlich und mit Recht ausgeschlossen. Eine solche Ausschließung ist die schwerste ehrengerichtliche Maßnahme, die die Bundesrechtsanwaltsordnung vorsieht. Das Problematische an dieser Maßnahme ist jedoch, daß sie irreparabel und praktisch ein lebenslanges Berufsverbot ist. Das Verhalten, das zum *Ausschluß* geführt hat, kann dem Rechtsanwalt nämlich immer wieder vorgehalten werden, wenn er sich um eine *Wiederzulassung* zur Anwaltschaft bemüht. Das Gesetz erlaubt die Ablehnung eines solchen Antrags mit der Begründung, der Kandidat sei *unwürdig*, den Beruf eines Rechtsanwalts auszuüben.

Eben das ist Horst Mahler jetzt passiert. Der Ehrengerichtshof hält den Makel seiner Taten für untilgbar und sieht in ihm eine Gefahr für die Rechtspflege. Die Rechtsanwaltskammer, die seine Wiederzulassung befürwortet habe, so heißt es in dem Entscheid, habe die Schwere von Mahlers Taten nicht hinreichend berücksichtigt.

Nun hat das Bundesverfassungsgericht sich schon vor einigen Jahren mit dieser Problematik befaßt und gegen die beiden erwähnten Bestimmungen der Bundesrechtsanwaltsordnung, die zusammengenommen ein lebenslanges Berufsverbot bewirken, schwere verfassungsrechtliche Bedenken geltend gemacht; sie könnten so nicht bestehenbleiben. Wörtlich erklärte das Gericht: „Ein lebenslang wirkendes Berufsverbot greift in seiner Härte tief in das Grundrecht der freien Berufswahl und zugleich in die private und familiäre Existenz ein. Es macht den Lebensplan des Betroffenen zunichte ..."

Unser Staat, so führte das Bundesverfassungsgericht weiter aus, stelle die Menschenwürde in den Mittelpunkt und sei dem Sozialstaatsprinzip verpflichtet. Darauf beruhe der Gedanke der Resozialisierung, demzufolge es jedem Straftäter möglich sein müsse, sich wieder in die Gemeinschaft einzugliedern. Was für den Straftäter generell gelte, müsse auch für den Rechtsanwalt hinsichtlich seiner Berufstätigkeit zutreffen. Nur wenn höchste Gemeinschaftsgüter auf dem Spiel stünden (wie etwa die Funktionsfähigkeit der Rechtspflege), lasse sich vielleicht eine Beschränkung der freien Berufswahl rechtfertigen.

Man hat nicht den Eindruck, daß der Ehrengerichtshof diese Ausführungen des Bundesverfassungsgerichts im Falle Mahler hinreichend berücksichtigt hat. Eher schon mag sich ein späteres Karlsruher Urteil (Juni 1983) ausgewirkt haben, das die Schwere der Tatschuld als Kriterium für die Gewährung von Urlaub aus der Strafhaft gelten läßt. Seitdem hat der Gedanke der Schuld einen neuen Stellenwert bekommen gegenüber dem Prinzip der Resozialisierung. Unsere Rechtsprechung scheint – wie auch unsere ganze Gesellschaft – gegenwärtig unschlüssig zu sein, was denn nun gelten soll: Vertrauen in die Besserungsfähigkeit von Menschen oder aber Festhalten an unverrückbarer Schuld.

Beides können wir nicht haben. Sollte das Denken in der Kategorie der Schuld sich wieder ausbreiten und festsetzen, können wir die Resozialisierung abschreiben – mit allen Konsequenzen, die das für die Humanität im allgemeinen und für die Kriminalitätsbekämpfung im besonderen hätte.

Deutsches Allgemeines Sonntagsblatt, 12.7.1987, S. 4

Horst Mahler darf wieder Anwalt werden

Bundesgerichtshof korrigiert Ehrengericht

Von unserer Mitarbeiterin Ursula Knapp

KARLSRUHE, 30. November. Nach einem Beschluß des Anwaltssenats am Bundesgerichtshof (BGH) kann der Ex-Terrorist Horst Mahler wieder Rechtsanwalt werden. Mit dieser am Montag in Karlsruhe verkündeten Entscheidung hob der BGH-Senat ein Urteil des Ehrengerichtshofs Berlin auf, der die Wiederzulassung Mahlers noch im Juli dieses Jahres abgelehnt hatte.

Mahler (51) hatte 1970 an einem bewaffneten Banküberfall und an der Gefangenenbefreiung von Andreas Baader teilgenommen. Noch 1973 hatte sich der Jurist zum bewaffneten Kampf gegen den Staat bekannt. Während seiner Haftzeit hatte sich Mahler jedoch öffentlich vom Terrorismus losgesagt. Bereits 1975 hatte es Mahler abgelehnt, sich durch eine Entführungsaktion der Rote Armee Fraktion freipressen zu lassen.

Dennoch sahen der Berliner Justizsenator Rupert Scholz und der Ehrengerichtshof Mahler als „noch unwürdig" an, wieder als Rechtsanwalt zu arbeiten. Diese Einschätzung teilte der Anwaltssenat des BGH, der aus drei Rechtsanwälten und drei Bundesrichtern besteht, nicht. Zur Begründung sagte am Montag der Vorsitzende Richter, Franz Merz, der BGH sehe keinen Grund mehr, Mahler die Zulassung zu verweigern. Seine Straftaten lägen 17 Jahre zurück, er habe für sie gesühnt und eine echte innere Wandlung durchgemacht. Mahlers Distanzierung von Gewalt sei „eindeutig vorgetragen", und der Senat glaube ihm. (AZ: AnwZ (B) 38/87.)

Der Anwaltssenat betonte, daß Mahlers Wiederzulassung uneingeschränkt erfolgen müsse. Nach der Karlsruher Entscheidung muß der Berliner Jutizsenator Mahlers Zulassungsantrag erneut prüfen und dabei die Rechtsauffassung des BGH berücksichtigen.

Mahler war in Karlsruhe von dem nidersächsischen SPD-Vorsitzenden Gerhard Schröder vertreten worden. Er sagte unter anderem, die Gerichstentscheidung könne für die Behandlung von ehemaligen Terroristen, die sich losgesagt haben, ein Signal setzen. Der Vorsitzende Richter betonte dagegen, die Senatsentscheidung sei individuell getroffen worden. Der Senat verkenne die „rechtspolitische Wirkung seines Beschlusses" jedoch nicht.

Frankfurter Rundschau, 1.12.1987, S. 1

Horst Mahler wieder Anwalt

rtr, **Berlin**

Der 1974 wegen Mordversuchs bei der Befreiung des Terroristen Andreas Baader und Bankraubs zu 14 Jahren Haft verurteilte Horst Mahler darf wieder als Rechtsanwalt arbeiten. Berlins Justizsenator Scholz erteilte dem 52jährigen am Freitag die Wiederzulassung. Er entsprach damit einem Urteil des Bundesgerichtshofs, der im November 1987 die Auffassung vertreten hatte, es bestünden keine Gründe mehr, die die Versagung der Zulassung Mahlers als Rechtsanwalts rechtfertigen könnten.

DIE WELT, 19.3.1988, S. 4

5. Zusammenfassende Übersicht

Gewerbe- und Berufsfreiheit

Rechtliche Absicherung

- Gewerbeordnung, § 1 I
- Grundgesetz, Art. 12 I
- Rechtsprechung des Bundesverfassungsgerichts

Einschränkungen

der Berufswahl

nur zulässig, soweit der Schutz besonders wichtiger (‚überragender') Gemeinschaftsgüter es zwingend erfordert
Beispiele:

- selbständiger Arbeitsvermittler (§ 4 AFG)
- private Briefbeförderung (§ 2 Postgesetz)

der Berufsausübung

zulässig, soweit vernünftige Erwägungen des Gemeinwohls es zweckmäßig erscheinen lassen
Beispiele:

- Nachtbackverbot
- Werbebeschränkungen für freie Berufe
- Großflächige Verbrauchermärkte
- Ladenschlußgesetz

Zulassungsvoraussetzungen (Bedingungen) für Berufs-(gewerbe)aufnahme

subjektive

- insbesondere formale Ausbildungserfordernisse;
- für alle gleich;
- sind im voraus bekannt;
- jeder kann sich auf ihre Erbringung einstellen;

Beispiele:

- Meisterprüfung im Handwerk
- Altersgrenze für Hebammen (70)
- Kreditinstitute
- „Extremistenbeschluß/Radikalenerlaß"

objektive

- ihre Erfüllung ist dem Einfluß des Einzelnen entzogen;
- an den Nachweis der Notwendigkeit einer solchen Freiheitsbeschränkung sind besonders strenge Anforderungen zu stellen.

Beispiele:
Bedürfnisprüfung/Kontingentierung für

- Linien- und Güterfernverkehr
- Taxi-Unternehmen
- Notare

Verbot der Berufs(gewerbe)-ausübung

- § 35 Gewerbeordnung
- § 70 I Strafgesetzbuch
- Standesrecht der freien Berufe

II. Zum Recht auf Arbeit und auf Ausbildung

1. Verfassungsgrundlagen

Die Arbeit an sich hat in unserer Verfassung bzw. in der Rechtsprechung des Bundesverfassungsgerichts – wie die vorstehenden Ausführungen gezeigt haben – einen außerordentlich hohen Stellenwert. So meint z.B. Scholz (in Maunz-Dürig, Komm. z.GG., Art. 12 Rdnr. 32): „Das Recht, sich nach freier Willensentscheidung zwecks Sicherung der eigenen materiellen Lebensexistenz produktiv zu betätigen, gehört zu den elementaren Voraussetzungen eines menschenwürdigen Daseins und einer sich in Freiheit sowie Sozialität entfaltenden Persönlichkeit", und das Bundesverfassungsgericht konstatiert in seinem Urteil vom 11.6.1958: „Die Arbeit als ‚Beruf' hat für alle gleichen Wert und gleiche Würde".

Trotz dieser dominierenden Stellung der Arbeit in unserer Gesellschaft existiert kein eindeutiges verfassungsmäßig gesichertes Recht auf Arbeit; ebenso wenig eine Pflicht zur Arbeit.

Anders war es in der **Weimarer Reichsverfassung**, in der es in Art. 163 hieß: „Jedem Deutschen soll die Möglichkeit gegeben werden, durch wirtschaftliche Arbeit seinen Unterhalt zu erwerben". Des weiteren enthielt der Art. 163 die Formulierung: „Jeder Deutsche hat unbeschadet seiner persönlichen Freiheit die sittliche Pflicht, seine geistigen und körperlichen Kräfte so zu betätigen, wie es das Wohl der Gesamtheit erfordert".

Im **Grundgesetz** muß man, wenn man nach Anhaltspunkten zum Recht auf Arbeit sucht, außer auf die recht allgemein gehaltene Sozialstaatsbestimmung (Art. 20, 28) vor allem auf Art. 12 hinweisen, der – wie vorstehend gezeigt – das Grundrecht der Berufsfreiheit enthält. Im Gegensatz zum Grundgesetz ist in sieben von elf **Länderverfassungen** ein Recht auf Arbeit enthalten, so beispielsweise im Saarland: „Jeder hat nach seinen Fähigkeiten ein Recht auf Arbeit" (Art. 45). Die betreffenden Länderverfassungen (Bayern, Berlin, Bremen, Hessen, Nordrhein-Westfalen, Rheinland-Pfalz, Saarland) sind größtenteils vor dem Grundgesetz verabschiedet worden. „Die Mehrheit des Parlamentarischen Rates lehnte den Antrag, das Recht auf Arbeit im Grundgesetz zu verankern, mit dem Argument der Ungewißheit künftiger Entwicklungen ab" (**Friedrich-Ebert-Stiftung**, 1976, S. 29).

Trotz dieser verfassungsrechtlichen Bestimmungen ist die Arbeitslosenquote in den betreffenden Bundesländern nicht geringer als in den übrigen Bundesländern, und auch in der Weimarer Zeit gab es trotz des in der Verfassung enthaltenen Rechts auf Arbeit zeitweilig hohe Arbeitslosenzahlen. Insofern ist es nicht ganz verständlich, wenn die gelegentlich geforderte grundgesetzliche Verankerung des Rechts auf Arbeit als ein Mittel zum Abbau und zur Vermeidung von Arbeitslosigkeit angesehen wird. Mit einem solchen Verfassungsrecht möchten ihre Befürworter das im Grundgesetz bestehende Sozialstaatlichkeitsprinzip bekräftigen und der staatlichen Beschäftigungspolitik im Rahmen des gesamtwirtschaftlichen Zielsystems den höchsten Rang einräumen. In diesem Zusammenhang ist der Hinweis von Scholz wichtig, daß auch heute schon „das Ziel der Vollbeschäftigung zu den essentiellen Ordnungsanliegen der Sozialstaatlichkeit gehört: Der soziale Staat hat auf Arbeitslosigkeit jedweder Form und jedweder Ursache zu reagieren. Das Sozialstaatsprinzip fordert eine **aktive staatliche Vollbeschäftigungspolitik** ..." (in Maunz-Dürig, Komm. z. GG., Art. 12, Rdnr. 45).

Die herrschende juristische Lehrmeinung billigt den Bestimmungen zum Recht auf Arbeit in den Länderverfassungen keine anspruchsbegründende subjektive öffentlich-rechtliche Qualität zu. Bei richtiger Auslegung des in den Länderverfassungen enthaltenen Rechts auf Arbeit kann es sich nur darum handeln, daß dem Arbeitswilligen ein vom Staat nicht einschränkbares Recht gewährt wird „arbeiten zu dürfen"; sei es als Arbeitnehmer oder als Selbständiger. Diese „Garantie" ergibt sich im Grunde aber auch schon aus der in Art. 12 des Grundgesetzes enthaltenen Berufsfreiheit.

2. Recht auf Arbeit in der Markt- und Planwirtschaft

Ein mehr als deklaratorisches Recht auf Arbeit führt zwangsläufig dazu, den Freiheitsspielraum des Arbeitnehmers vor allem im Hinblick auf die Wahl seines Berufes und Arbeitsplatzes einzuschränken, oder mit anderen Worten: Ein strenges **Individual-Recht auf Arbeit** setzt eine intensive zentrale **staatliche Planung und Lenkung** voraus. Wo eine solche zentrale Planung und Lenkung der Arbeitskräfte politisch nicht gewollt wird – wie bei uns –, muß der Arbeitnehmer und der Auszubildende mit dem Arbeits- und Ausbildungsplatzrisiko leben, das – wenn es eintritt – naturgemäß ebenfalls die persönlichen Entfaltungsmöglichkeiten stark einschränkt.

„Wirtschaftlich läßt sich die Realisierung eines Rechts auf Arbeit nicht isoliert nur entsprechend der Anzahl der Arbeitswilligen durchführen. Die Verwirklichung erfordert eine ausschließlich auf das Ziel absoluter Vollbeschäftigung ausgerichtete Kombination der Produktionsfaktoren, wie sie nur in einer totalen Planwirtschaft möglich ist. Dies führt in unausweichlicher Konsequenz zur Aufhebung der Freizügigkeit am Arbeitsmarkt, zu Berufslenkung und Arbeitszwang. Die Gefahr allgemeinen wirtschaftlichen Rückschritts kann nicht ausgeschlossen werden. Die mit der Realisierung des Rechts auf Arbeit verbundenen wirtschaftlichen Maßnahmen führen im Ergebnis dazu, daß der mit der Garantie verfolgte Zweck, dem einzelnen einen sinnvollen Gebrauch seiner Freiheit zu ermöglichen, ins Gegenteil verkehrt wird ... Das Recht auf Arbeit kann nicht durch eine Verfassungsgarantie, sondern nur im Wege einer auf Stabilität und Wachstum mit dem Ziel anhaltender Vollbeschäftigung ausgerichteten Wirtschafts- und Sozialpolitik indirekt gewährleistet werden" (RATH, 1974, S. 145f.)

Ähnlich argumentiert SCHOLZ (in Maunz-Dürig, Komm. z. GG, Art. 12, Rdnr. 44): „Hinsichtlich eines ... den Staat verpflichtenden Rechts auf Erhalt und Sicherung eines Arbeitsplatzes fehlt es bereits an der notwendigen Voraussetzung eines staatlichen Arbeitsplatzmonopols bzw. eines staatlichen Verfügungsrechts über Produktionsmittel und Arbeitsplätze. In diesem Sinne kann ein entsprechendes soziales Grundrecht auf Arbeit nur von solchen Volkswirtschaften oder Wirtschaftsverfassungen gewährleistet werden, die auf einem planwirtschaftlichen (zentralverwaltungswirtschaftlichen) Grundkonzept beruhen; eine solche Grundrechtsgewähr ist nicht denkbar ohne eine korrespondierende Grundpflicht zur Arbeit".

Ein verfassungsmäßiges Recht auf Arbeit und damit auf Einkommen fehlt nicht nur bei den unselbständig Tätigen (den Arbeitnehmern oder Lohnabhängigen); es existiert auch nicht bei den Gewerbetreibenden. Auch hier gibt der Staat grundsätzlich keine Beschäftigungs- und Einkommensgarantie.

Wenn bei uns in Diskussionen um das Arbeitslosenproblem das Fehlen eines (verfassungsmäßigen) Rechts auf Arbeit bedauert wird, so wird zumeist gleichzeitig positiv hervorgehoben, daß ein solches Recht in den **sozialistischen Ländern** existiere. Dabei wird dann aber regelmäßig nicht deutlich, daß dieses Recht mit negativen Begleiterscheinungen versehen ist, wie schon die entsprechenden Gesetzestexte und mehr noch die Verfassungswirklichkeit zeigen.

In der **DDR-Verfassung** aus dem Jahre 1974 heißt es in Art. 24:

(1) Jeder Bürger der Deutschen Demokratischen Republik hat das Recht auf Arbeit. Er hat das Recht auf einen Arbeitsplatz und dessen freie Wahl entsprechend den gesellschaftlichen Erfordernissen und der persönlichen Qualifikation ...

(2) Gesellschaftlich nützliche Tätigkeit ist eine ehrenvolle Pflicht für jeden arbeitsfähigen Bürger. Das Recht auf Arbeit und die Pflicht zur Arbeit bilden eine Einheit.

(3) ...

Ähnliche Formulierungen finden sich in der **Verfassung der Sowjetunion** aus dem Jahre 1977. In der UdSSR-Verfassung von 1936, die bis 1977 in Kraft war, hatte es im Zusammenhang mit der Pflicht zur Arbeit auch noch geheißen: „Wer nicht arbeitet, soll auch nicht essen".

Bei sorgfältigem Lesen der betreffenden Verfassungsregelungen der DDR und der UdSSR wird deutlich, daß ein uneingeschränktes **Recht auf einen bestimmten Arbeitsplatz auch in den sozialistischen Ländern nicht besteht**. So steht zum Beispiel in der DDR und der UdSSR das Recht auf Arbeit unter dem Vorbehalt der „gesellschaftlichen Erfordernisse". Da der sozialistische Staat über die Produktionsmittel verfügt und den gesamten gesellschaftlichen Reproduktionsprozeß – die Einkommensverteilung eingeschlossen – plant und lenkt und dabei auch autonom festlegt, was „gesellschaftlich nützlich" ist, reglementiert er auf diese Weise recht intensiv das Arbeitsplatzangebot in quantitativer, qualitativer, zeitlicher und räumlicher Hinsicht.

Auch die Erwähnung der Bildung und Weiterbildung in Art. 24 der DDR-Verfassung macht deutlich, daß hiermit ein Instrument geschaffen worden ist, mit dem die Arbeitskräfte so zu lenken sind, daß ihr Einsatz dem Ausgleich von Angebot und Nachfrage entspricht. „Damit geht das ‚Recht' des einzelnen, Beruf und Arbeit frei zu wählen, tatsächlich ins Leere bzw. das ‚Recht auf Arbeit' wird erkauft um den Verlust der Berufs- und Bildungsfreiheit" (Barth, 1976, S. 42).

Die Beeinflussung und Lenkung der Arbeits-, Schul- und Ausbildungsverhältnisse durch den (allmächtigen) sozialistischen Staat engt die freie Entwicklung persönlicher und damit auch wirtschaftlicher Kräfte stark ein, so daß die **Friedrich-Ebert-Stiftung** (1976, S. 21) feststellt: „Was auf der einen Seite an Sicherheit für die Arbeitsplätze gewonnen wird, geht auf der anderen an Dynamik der wirtschaftlichen Entwicklung verloren". Dieser Sachverhalt zeigt sich unter anderem darin, daß ein sehr weitgehendes Recht auf Arbeit die **Arbeitsmoral** und damit auch die **Arbeitsproduktivität** negativ beeinflussen kann.

„In persönlichen Gesprächen geben DDR-Wirtschaftsfunktionäre häufig dem Gedanken Ausdruck, daß die sehr umfassend durch das Recht auf Arbeit ausgebaute Sicherheit des Arbeitsplatzes sogar ein gewisser Hemmschuh sei, weil sie bei manchen Arbeitnehmern eine Art ‚Beamtenmentalität' geschaffen habe nach dem Motto: ‚Was soll ich mich anstrengen, mir kann doch nichts passieren'. Je mehr sich diese Mentalität ausbreite, desto mehr materielle Anreize müßten in den Betrieben geboten werden, weil die ideologischen Appelle keine große Wirksamkeit zeigten. Da diese Möglichkeiten jedoch beschränkt seien, könne man in der DDR mit der Entwicklung einer höheren Arbeitsmoral nur sehr langsam vorankommen" (**Friedrich-Ebert-Stiftung**, 1976, S. 25).

Diese negative Beziehung zwischen absoluter Arbeitsplatzsicherung und Arbeitsmoral in der DDR hat auch Voigt (1973, S. 161) in seiner in der DDR durchgeführten empirischen Untersuchung festgestellt: „Das Fehlen eines aktuellen Bedürfnisses nach Sicherheit des Arbeitsplatzes schränkt wichtige Triebkräfte der Arbeitsleistung und -moral ein".

Die vorstehenden Ausführungen werden deutlich gemacht haben, daß bei einem sinnvollen **Beschäftigungsvergleich** mit anderen Ländern die dort vorhandene **Arbeitsproduktivität mit berücksichtigt** werden muß. Ist sie relativ gering, können verhältnismäßig mehr Arbeitskräfte beschäftigt werden, wenngleich auch mit der Folge, daß sich dies auf den allgemeinen Lebensstandard negativ auswirkt. Andererseits werden dort, wo es ein „einklagbares" Recht auf Arbeit nicht gibt, zahlreiche Menschen (insb. Arbeitslose) von dem allgemeinen (hohen) Lebensstandard ausgeschlossen.

Besteht ein umfassendes staatliches Planungs- und Leitungsrecht des Wirtschaftsprozesses, so haben es diese Länder in der Hand, zur Vermeidung von Arbeitslosigkeit auch dort noch Arbeitnehmer zu beschäftigen, wo sie eigentlich nicht (mehr) benötigt werden. Durch eine solche extensive Wirtschaftsweise gibt es dann zwar keine (offizielle) Arbeitslosigkeit, dafür aber eine vergleichsweise geringere Arbeitsproduktivität, d.h. es liegt in Wirklichkeit eine **verdeckte Arbeitslosigkeit** vor. Kisielewski (1978, S. 34) meint: „Die Arbeitslosigkeit im Kapitalismus zeugt von einer hohen Produktivität der Arbeit, die Vollbeschäftigung im Sozialismus von einer niedrigen".

Polen: Jeder Zehnte arbeitslos

J. G. G. Haan

Ähnlich wie im Westen gebe es auch in Polen – wenn auch nur „verdeckt" – Arbeitslosigkeit. Dies erklärte Polens führender Volkswirtschaftler, der Breslauer Professor Jozef Kaleta, in der Zeitschrift „itd". Die polnische Arbeitslosigkeit liege heute bei zehn Prozent und werde noch zunehmen, wenn die „industrielle Revolution" auch Polen erfasse.

DIE WELT, 1.4.1987, S. 12

In einigen (gar nicht so kleinen) Bereichen ist auch in marktwirtschaftlichen Gesellschaften eine verdeckte Arbeitslosigkeit anzutreffen; hierbei handelt es sich regelmäßig um Sektoren bzw. Institutionen, die – aus unterschiedlichen Gründen – dem frischen Wind des Marktes nicht oder kaum ausgesetzt sind oder eine marktstarke Stellung haben und somit in der Lage sind, die Kosten für den zu hohen Personalbestand zu verkraften.

Wenn das Recht auf Arbeit in der DDR und die in der DDR auch tatsächlich weitgehend fehlende Arbeitslosigkeit (von den Ausnahmen der bei der politischen Allmacht in Mißkredit geratenen Bürger abgesehen) so stark herausgestellt werden, so muß dabei auch gesehen werden, daß „sich der absolute Beschäftigungsanspruch des DDR-Bürgers bisher nie in der Praxis bewähren mußte, da es in der DDR – nicht zuletzt durch die Abwanderung von Arbeitskräften in den Westen (vor dem Mauerbau 1961, R.S.) – bislang generell ein Beschäftigungsüberangebot gab" (BARTH, 1976, S. 43). Allerdings mehren sich die Stimmen, die darauf hinweisen, daß die auch in den sozialistischen Betrieben notwendiger werdenden Rationalisierungen es immer schwerer machen, allen Menschen einen adäquaten Arbeitsplatz zu sichern, und J. NAWROCKI meint sogar „Mittlerweile ist Arbeitslosigkeit in der DDR nicht nur verdeckt" (ZEIT, 18.5.1984, S. 36).

DÄUBLER (1979, S. 34f.) weist darauf hin, daß sich bürgerliche wie marxistische Autoren darin einig sind, daß es in der kapitalistischen Wirtschaft kein Recht auf Arbeit geben kann. Dem kann nicht grundsätzlich widersprochen werden. Allerdings sollte aber doch hinzugefügt werden, daß es auch in bestehenden sozialistischen Gesellschaftsordnungen nicht möglich ist, ein individuelles Recht auf einen **bestimmten** vom Werktätigen gewünschten Arbeitsplatz zu verwirklichen, wie die Realität solcher Systeme deutlich zeigt.

Wort-Akrobatik

Eigentlich paßt es nicht in die Ideologie, doch der Druck der Wirklichkeit war wohl stärker: Ungarn will als erstes Ostblockland ein Arbeitslosengeld einführen; rund 150 000 Ungarn, so ein Sprecher des Arbeitsministeriums, sollen vorläufig „von der Produktion befreit" werden. In den ersten drei Monaten ihrer „Befreiung" will der Staat ihnen Dreiviertel ihres Lohnes zahlen; danach nur noch sechzig Prozent. Die führende ungarische Wirtschaftspublikation *Figyelö* rechnete knallhart vor: Ein Arbeitslosengeld sei immer noch billiger als die Löhne für „Arbeitslose im Haus" – sprich unproduktive Arbeiter. Trotzdem scheint sich die Regierung ihrer unorthodoxen Politik zu genieren: Den Medien wurde nahegelegt, bei der neuen Regelung nicht von Arbeitslosengeld, sondern von „Unterstützung bei der Arbeitssuche" zu reden.

DIE ZEIT, 19.9.1986, S. 2

China regelt das Arbeitsrecht neu

AP, Peking

Die chinesische Regierung hat gestern das bisher geltende Anrecht auf einen unkündbaren Arbeitsplatz für Mitarbeiter abgeschafft, die von Oktober an in staatlichen Betrieben eingestellt werden. Gleichzeitig soll der Aufgabenbereich der chinesischen Gewerkschaften erweitert und eine staatliche Arbeitslosen- und Rentenversicherung eingeführt werden. Kündigungen sind nach der neuen Regelung nur nach mehrmaliger Ermahnung des Beschäftigten möglich.

DIE WELT, 2.10.1986, S. 1

Wenngleich ein gesicherter Arbeitsplatz zweifellos von den meisten Menschen als etwas sehr Positives empfunden wird, darf andererseits nicht übersehen werden, daß eine **garantierte Beschäftigungsmöglichkeit**, wie sie in sozialistischen Ländern ansatzweise besteht, **für ein umfassendes Wohlbefinden vielfach nicht ausreicht**. Es müssen eben auch die übrigen Arbeits- und Lebensbedingungen „stimmen", und dies ist mit dem Recht auf einen Arbeitsplatz nicht ohne weiteres gewährleistet.

3. Arbeitspflicht und Arbeitszwang

So wenig es ein eindeutiges Recht auf Arbeit gibt, so wenig existiert bei uns eine **Pflicht zur Arbeit**. Wer es schafft, seinen Lebensunterhalt zu bestreiten, ohne einer Erwerbstätigkeit nachzugehen, kann deshalb nicht belangt werden. „Leichte" Ansätze einer Arbeitspflicht zeigen sich allerdings im Falle der Gewährung von Sozialhilfe (s.a. S. 310).

Rechtsgrundlage hierfür ist das **Bundessozialhilfegesetz**, in dem sich folgende Formulierungen finden:

§ 18 Abs. 1 Jeder Hilfesuchende muß seine Arbeitskraft zur Beschaffung des Lebensunterhalts für sich und seine unterhaltsberechtigten Angehörigen einsetzen.
Abs. 2 Es ist darauf hinzuwirken, daß der Hilfesuchende sich um Arbeit bemüht und Gelegenheit zur Arbeit erhält...

§ 19 Abs. 1 Für Hilfesuchende, die keine Arbeit finden können, sollen nach Möglichkeit Arbeitsgelegenheiten geschaffen werden.

§ 20 Abs. 1 Ist es im Einzelfall erforderlich, einen arbeitsentwöhnten Hilfesuchenden an Arbeit zu gewöhnen oder die Bereitschaft eines Hilfesuchenden zur Arbeit zu prüfen, soll ihm eine hierfür geeignete Tätigkeit angeboten werden.

§ 25 Abs. 1 Wer sich weigert, zumutbare Arbeit zu leisten, hat keinen Anspruch auf Hilfe zum Lebensunterhalt.

4. Grundprobleme der (beruflichen) Ausbildung

So wie es kein durchsetzbares Recht auf einen konkreten Arbeitsplatz gibt, so gibt es auch keinen Rechtsanspruch auf einen **Ausbildungsplatz** (s.a. OSSENBÜHL 1985 und MÜCKENBERGER 1986). Aus dem Nicht-Erhalt eines Ausbildungsplatzes ergibt sich möglicherweise die schlimmste Seite des generellen Arbeitsplatzrisikos. Insofern ist dem Alt-Bundespräsidenten KARL CARSTENS zuzustimmen, der auf dem DAG-Bundeskongreß 1983 in Hamburg meinte: „Ich stehe auf dem Standpunkt, daß ein Staat und eine Gesellschaft, die jedem Abiturienten die Möglichkeit geben, zu studieren – vielleicht nicht gerade das Fach zu studieren, das er studieren möchte, aber zu studieren –, die Pflicht haben, jedem anderen Schulabgänger, der einen Beruf erlernen will, die Möglichkeit dazu zu verschaffen"*.

* Daß die Studiermöglichkeiten zunehmend (wieder) von den eigenen finanziellen Ressourcen der Studenten (bzw. ihrer Eltern) abhängen, deutet die nachstehende ZEIT-Notiz (12.12.1986, S. 18) an: „Der Sozialbericht des Deutschen Studentenwerkes hat festgestellt, daß der Studentenanteil von Kindern aus der Oberschicht wieder zunimmt, während Kinder aus bildungsferneren Elternhäusern wieder eher auf ein Studium verzichten (und zwar vor allem wegen der 1983 erfolgten Umstellung des BAföG auf eine reine Darlehensförderung, R.S.). Immer weniger Kinder aus einkommensschwachen Schichten werden vom Staat unterstützt. So stimmt denn auch zwangsläufig, was Bundesministerin WILMS sagt: ‚Die Legende vom hungerleidenden Studenten trifft nicht die Wirklichkeit'. Wenn die potentiellen Hungerleider gar nicht erst studieren, kann es auch keine Legenden mehr geben".

„Arbeitstraining“:

Sozialamt unterlag

dpa **Lüneburg** – Sozialhilfeempfänger in Niedersachsen und Schleswig-Holstein können gegen das sogenannte „Arbeitstraining“ Widerspruch einlegen, ohne eine Kürzung ihrer Sozialhilfe befürchten zu müssen. Mit dieser Entscheidung hat das Oberverwaltungsgericht Lüneburg der Beschwerde eines Sozialhilfeempfängers recht gegeben.

Das Lüneburger Sozialamt hatte den Mann aufgefordert, sich zum „Arbeitstraining“, einem Arbeitseinsatz bei der Straßenreinigung für eine Mark pro Stunde, einzufinden. Das „Hilfsangebot“ soll der Entwöhnung der Sozialhilfeempfänger von der Arbeitswelt entgegenwirken. Da der Betroffene für sich keine persönlichen Defizite durch Arbeitslosigkeit empfand, lehnte er die ungewollte Hilfe ab und legte gegen die Aufforderung Widerspruch ein. Seine Klage gegen die darauf erfolgte Kürzung der Sozialhilfe hatte in zweiter Instanz Erfolg.

Das Oberverwaltungsgericht befand nun, daß die Aufforderung des Sozialamtes ein Verwaltungsakt sei, gegen den Rechtsmittel eingelegt werden könnten. Der Widerspruch gegen die Aufforderung zum „Arbeitstraining“ habe damit ebenso eine aufschiebende Wirkung. Solange die Rechtmäßigkeit des Verwaltungsaktes nicht entschieden sei, dürfe auch keine Kürzung der Sozialhilfe erfolgen. Das Sozialamt muß das einbehaltene Geld nachzahlen. (Aktenzeichen: 4 OVG B 61/86.)

Hamburger Abendblatt, 24.10.1986, S. 2

Dieses war in den letzten Jahren längst nicht immer zu erreichen; hier stießen geburtenstarke Jahrgänge auf eine schwierige gesamtwirtschaftliche Situation. Der demographische Bewerbergipfel um Ausbildungsplätze ist jedoch mittlerweile überschritten, so daß sich die Ausbildungsplatzsituation nun sicher etwas entspannt. Vor einer Euphorie allerdings warnt wohl zu Recht Günter Apel (1987).

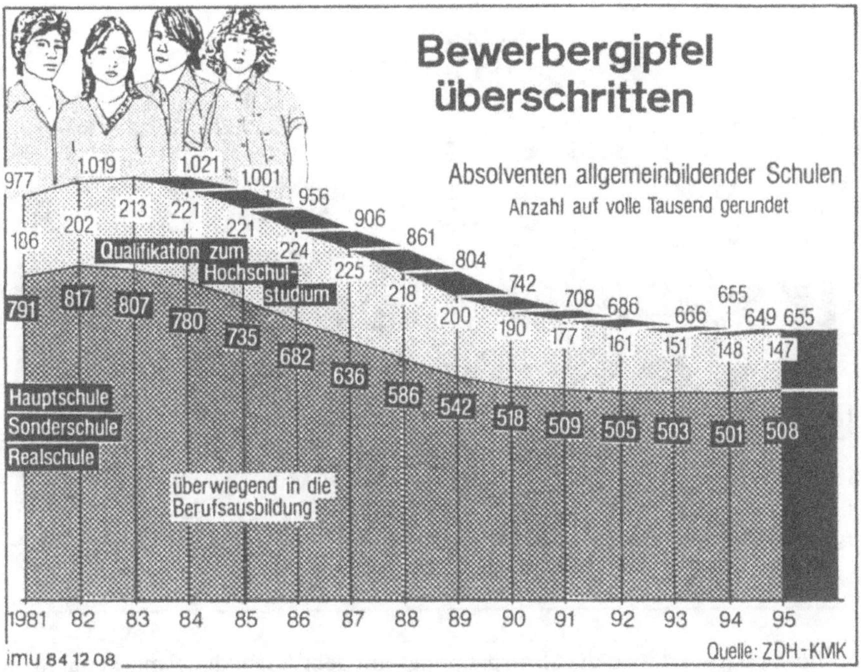

Der Kampf um Ausbildungsplätze hat in den letzten Jahren zu grotesken Auswüchsen geführt. Noch immer warten viele Jugendliche auf den ersehnten Ausbildungsplatz. Außerdem haben sich infolge unsicherer Berufsaussichten in akademischen Berufen viele zum Hochschulstudium qualifizierte Absolventen allgemeinbildender Schulen für eine duale Ausbildung entschieden und damit Bewerber aus Haupt- und Realschulen verdrängt. Doch dürfte sich diese unbefriedigende Situation in den nächsten Jahren deutlich entspannen, denn die Zahl der Absolventen insbesondere aus Haupt- und Realschulen läßt ständig nach. (Stand 1984) Quelle: IMU

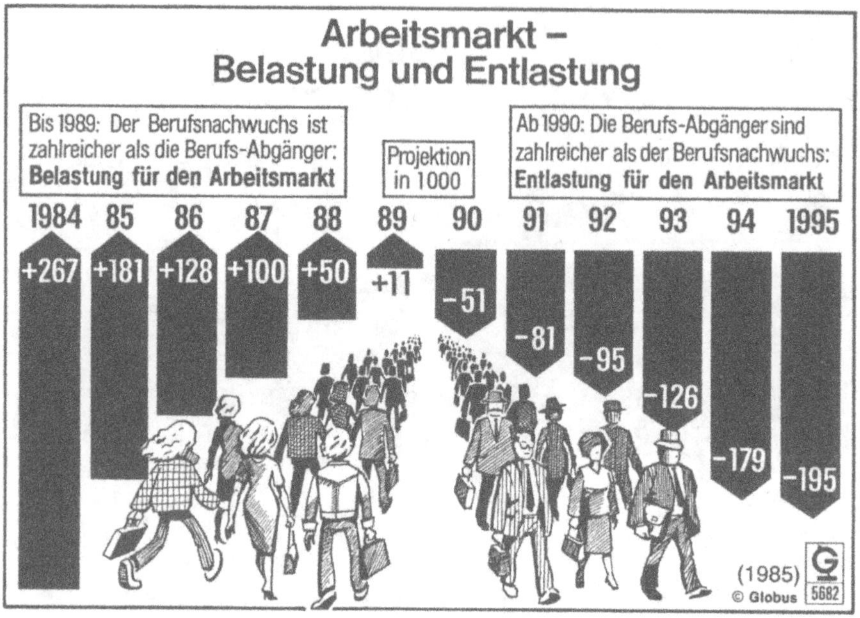

Stark relativiert wird die „Entspannung" auf dem Ausbildungsmarkt durch die Tatsache, daß zahlreiche Jugendliche, die eigentlich in die Arbeits(Ausbildungs)welt gehen wollten – dies mangels vorhandener Ausbildungsplätze aber nicht tun konnten –, sich in sog. **Lern-Warte-Schleifen** begeben haben, aus denen heraus sie später auf den Ausbildungsmarkt drängen (s. BRANDES u.a. 1986).

Vor der Lehre auf die Schulbank

Immer mehr Jugendliche in „Warteschleifen"

JUTTA VOSSIEG, **Bonn**

Der Lehrstellenmarkt wird sich auch durch die kommenden geburtenschwachen Jahrgänge nicht entspannen, denn Jugendliche, die sich zur Zeit in Warteschleifen befinden, werden sich dann um Ausbildungsplätze bewerben. Dies ist die wichtigste Feststellung einer Studie „Wege in die berufliche Bildung" des Bundesinstituts für berufliche Bildung (BIBB), Bonn, die in Heft 2/1986 der „Mitteilungen aus der Arbeitsmarkt- und Berufsforschung" veröffentlicht ist. Ihr liegt eine Befragung von Jugendlichen aus fünf Bundesländern zugrunde, die 1983 und 1984 durchgeführt wurde und die als repräsentativ gelten kann.

DIE WELT, 7.8.1986, S. 11

Mit der „Entspannung" auf dem Ausbildungsmarkt scheint ein neues Problem einherzugehen: Nicht zuletzt aufgrund der sehr intensiv geführten öffentlichen Diskussionen um den Mangel an Ausbildungsplätzen haben sich zahlreiche Betriebe bereit erklärt, zusätzliche Ausbildungsplätze zu schaffen, d.h. „auf Vorrat" auszubilden. Dies führt zunehmend zu der Situation, daß **nach Abschluß der Ausbildung** die Ausgebildeten längst **nicht** alle in ein reguläres Arbeitsverhältnis **übernommen**, sondern viele erwerbslos werden; hierzu trägt auch die Tatsache bei, daß vielfach für recht perspektivlose Berufe ausgebildet wird.

Es scheint, daß immer mehr der eigentliche Berufseintritt junger Menschen **nach** der beruflichen Qualifizierung „als die künftige Gefahrenquelle für eine dauerhafte, qualifikationsadäquate Eingliederung der nachwachsenden Generation in den Mittelpunkt tritt" (SCHOBER 1985, S. 262). URSULA ENGELEN-KEFER meint in diesem Zusammenhang: „Wer nicht übernommen wird, ist bereits nach zwei Jahren beruflich kaum mehr zu requalifizieren" (Deutsches Allgemeines Sonntagsblatt, 28.9.1986, S. 9).

Stand 1987

Falsch ausgebildet

Die Fachleute haben ihn hin- und hergeschoben, die Bildungspolitiker hätten ihn am liebsten tief in den Schubladen verschwinden lassen: der Bericht „Berufsbildung und Berufsstart 2000", der in der Bund-Länder-Kommission für Bildungsplanung entstanden ist, spricht eine deutliche Sprache. Bis zur Jahrtausendwende gehören Hunderttausende von Jugendlichen zu einer falsch ausgebildeten Generation. Sie haben Berufe gelernt, die in der Arbeitswelt der neunziger Jahre nicht mehr gefragt sind. Oder noch schlimmer: Sie sind als „Benachteiligte" von Maßnahme zu Maßnahme geschubst worden, ohne wirklich etwas für sich und ihr Arbeitsleben gelernt zu haben.

Arbeits- und Berufsforscher haben diese Entwicklung seit über einem Jahrzehnt vorausgesagt. Doch die Mahnung, durch eine grundlegende Reform der Lehrlingsausbildung rechtzeitig für die nachwachsende Generation vorzusorgen, rührte an ein Tabuthema hierzulande. Über das Angebot an Lehrstellen entscheiden die privaten und öffentlichen Arbeitgeber immer noch selbst. Ihr Schlagwort „Lieber eine Ausbildung als keine" kippte die Bemühungen, den Jugendlichen der geburtenstarken Jahrgänge eine Ausbildung in möglichst zukunftsträchtigen Berufen mitzugeben.

Jetzt werden von Jahr zu Jahr die Folgen dieser kurzsichtigen und egoistischen Politik deutlicher. Doch wen rührt dies noch? Die junge Generation, die betroffen ist, hat längst keine lautstarke Lobby mehr. An die Reform der Lehrlingsausbildung, die immer noch aktuell ist, wagt sich keine politische Partei mehr. Alle reden nur noch von der Weiterbildung und der „Qualifizierungsoffensive". So mogelt man sich über die Misere hinweg. jr

Frankfurter Rundschau, 29.9.1987, S. 3

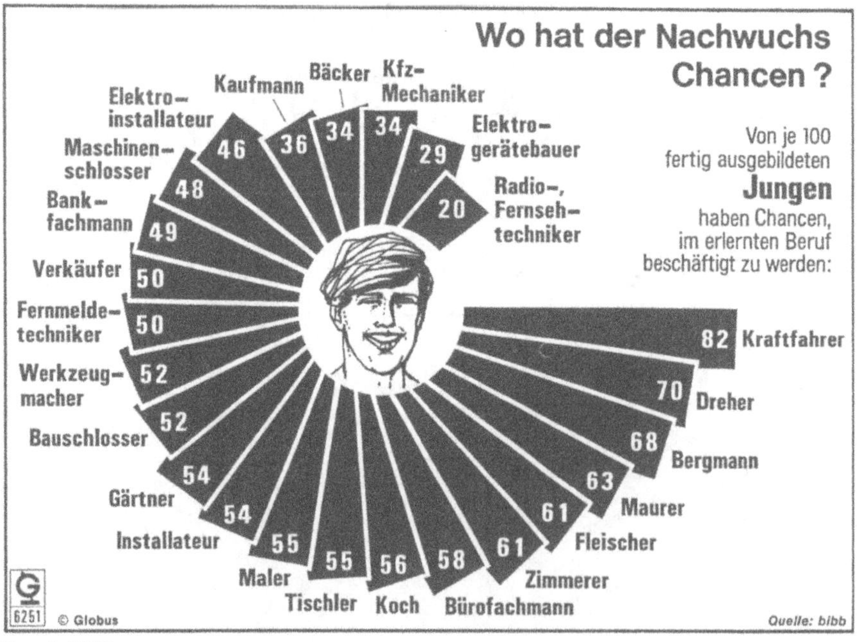

Stand: 1986
(siehe auch Verdiensttabelle a. S. 417)

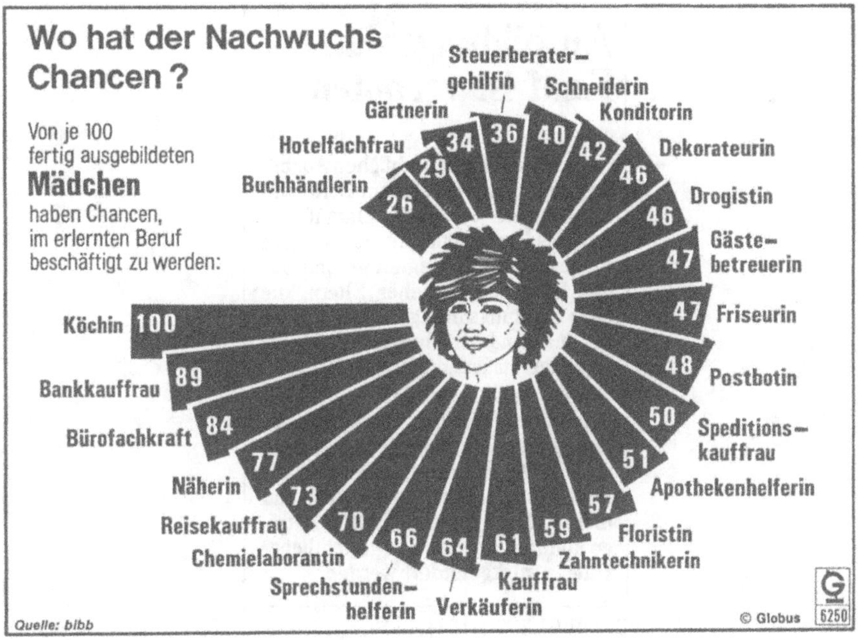

(Siehe auch Verdiensttabelle a. S. 417) Stand: 1986

Die starke, vielfach nicht zu befriedigende Nachfrage nach Ausbildungsplätzen hat in der Vergangenheit gelegentlich dazu geführt, daß die Ausbildungsbetriebe von dem Auszubildenden bzw. seinen Eltern ein „Lehrgeld" verlangten bzw., daß die Eltern von sich aus ein solches (in Zeitungsanzeigen) anboten.

LEHRSTELLENANGEBOTE

Welcher Vater sucht für seine Tochter oder seinen Sohn noch eine Lehrstelle als

Fotograf oder Fotolaborant

im Meisterbetrieb, gegen finanzielle Unterstützung ab DM 20 000.- für unsere Firma.

Ernstgemeinte Zuschriften unter Nr. 4991 an diese Zeitung.

„Badische Neueste Nachrichten", 11.3.1982

Nach dem Berufsbildungsgesetz (BBiG) sind solche „Rechtsgeschäfte" nichtig. Es heißt da in § 5: „Nichtig ist eine Vereinbarung über die Verpflichtung des Auszubildenden, für die Berufsausbildung eine Entschädigung zu zahlen". In § 10 BBiG ist ausdrücklich festgelegt, daß der Ausbildende dem Auszubildenden eine angemessene Vergütung zu gewähren hat, die nach dem Lebensalter des Auszubildenden so zu bemessen ist, daß sie mit fortschreitender Berufsausbildung ansteigt.

Ausbildungsplätze: Kauf ist verboten

dpa, Bonn

Der Kauf von betrieblichen Ausbildungsplätzen ist nach dem Berufsbildungsgesetz verboten. Darauf hat jetzt das Bundesbildungsministerium hingewiesen. Es reagierte damit auf das Vorgehen mancher Eltern, die über Zeitungsanzeigen Lehrstellen für ihre Kinder suchen und dafür bis zu einigen tausend Mark bieten.

Nach dem Berufsbildungsgesetz ist jede Verpflichtung zur Zahlung eines Lehrgeldes oder einer Entschädigung an den Ausbildungsbetrieb für die Ausbildung rechtsunwirksam und nichtig. Etwa bereits gezahlte Beträge könnten, notfalls mit gerichtlicher Hilfe, zurückgefordert werden.

DIE WELT, 2.5.1984, S. 10

Meister mit Moral

Die meisten Lehrherren lassen sich einen Ausbildungsplatz nicht abkaufen / Von Erika Martens

DIE ZEIT, 29. April 1983

Das Bundesarbeitsgericht hat am 28.7.1982 das in § 5 BBiG enthaltene Verbot bestätigt und dabei u.a. ausgeführt:

„Nach § 134 BGB in Verbindung mit § 5 Abs. 2 Nr. 1 BBiG ist nichtig eine Vereinbarung über die Verpflichtung des Auszubildenden, für die Berufsausbildung eine Entschädigung zu zahlen.

Dieses Verbot bezweckt, den Auszubildenden vor finanziellen Belastungen für seine Berufsausbildung zu bewahren. Die Entscheidung des Gesetzgebers gegen das früher vielfach üblich gewesene Lehrgeld will gewährleisten, daß der Zugang zu einer durch das Berufsbildungsgesetz geregelten Ausbildung nicht von dem finanziellen Leistungsvermögen und -willen des Auszubildenden abhängt.

Die Chance zur Berufsausbildung muß unabhängig sein von der wirtschaftlichen Leistungsfähigkeit des Auszubildenden oder seiner Eltern. Das ist das Anliegen des Gesetzes. Gerade in Zeiten knapper Ausbildungsplätze muß diesem Zweck zum Durchbruch verholfen werden. Das kann nur geschehen, wenn der Ausbilder die Entschädigung auch dann zurückgewähren muß, wenn der Leistende das gesetzliche Verbot kannte.

Nur die Verpflichtung zur Rückgewähr kann auch in den Fällen, in denen das wirtschaftliche Leistungsvermögen eingesetzt wird, um einen Ausbildungsplatz zu erlangen, den Ausbilder veranlassen, die Annahme des Geldes zu unterlassen. Insofern kommt es auch nicht darauf an, ob, wie hier, der Ausbilder die Entschädigung gefordert hat oder ob sie ihm von dem Auszubildenden oder dritten Personen für diesen angeboten worden ist".

Für eine umfassende Beschäftigung mit der rechtlichen und sozialen Ausbildungsproblematik kann es hilfreich sein, sich zu vergegenwärtigen, welche Betriebsgrößen bei der beruflichen Ausbildung die größte Bedeutung haben. Dies zeigt das nachstehende Schaubild aus dem Jahre 1982.

5. Eine Orientierungsskizze

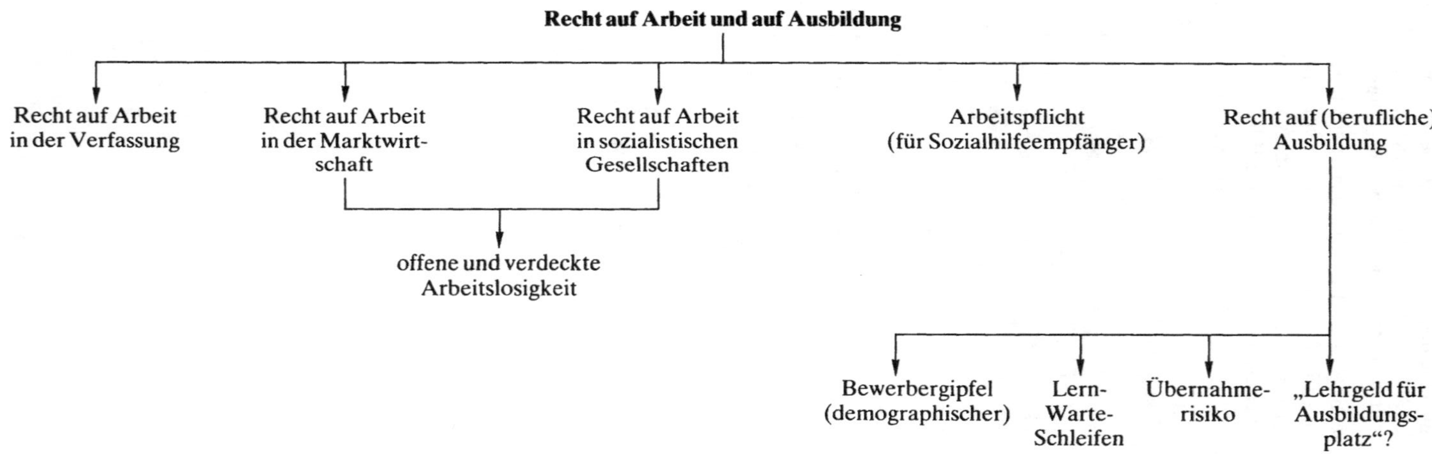

III. Die Vertragsfreiheit

1. Rechtliche Anhaltspunkte

Das marktwirtschaftliche Gesellschaftssystem beruht auf dem Prinzip der Vertragsfreiheit, d.h. auf dem Recht, Verträge nach Belieben und eigenem Gutdünken zu schließen. Eine ausdrückliche allgemeine Verankerung dieses Prinzips fehlt allerdings im Grundgesetz; im Gegensatz zur Weimarer Reichsverfassung, in der es hierzu in Artikel 152 Abs. 1 hieß „Im Wirtschaftsverkehr gilt Vertragsfreiheit nach Maßgabe der Gesetze". Ausdrücklich genannt ist die (Arbeits)Vertragsfreiheit in § 105 der heute noch geltenden Gewerbeordnung von 1869: „Die Festsetzung der Verhältnisse zwischen den selbständigen Gewerbetreibenden und den gewerblichen Arbeitnehmern ist, vorbehaltlich der durch Reichsgesetz begründeten Beschränkungen, Gegenstand freier Übereinkunft".

Das Prinzip der Vertragsfreiheit wird heute außer von der Gewerbeordnung auch noch aus Artikel 2 Abs. 1 des Grundgesetzes (freie Entfaltung der Persönlichkeit) abgeleitet. Im Zusammenhang mit diesem Grundgesetzartikel schreibt Dürig (in Maunz-Dürig, Komm. z. GG, Art. 2, Rdnr. 53):

„Zur wirtschaftlichen Entfaltungsfreihcit gehört auch die **Vertragsfreiheit** ...

- Die Vertragsfreiheit im Hinblick auf vermögenserhebliche Verfügungen hat ihren Standort in Art. 14;
- die Vertragsfreiheit im Hinblick auf Arbeits- und Dienstverträge ist für die Arbeitnehmer dem Art. 12 einzuordnen;
- die gesellschaftsrechtliche Vertragsfreiheit des Sichvereinigens folgt aus Art. 9 I;
- die koalitionsrechtliche Tarifvertragsfreiheit ist aus Art. 9 III abzuleiten".

Im BGB-Kommentar Palandt (44. Aufl. 1985, Einf. v. § 145, 3a) wird die heutige Vertragsfreiheit wie folgt umschrieben: „Die Vertragsfreiheit, das heißt die Freiheit des einzelnen, seine Lebensverhältnisse durch Vertrag eigenverantwortlich zu gestalten, ist die Haupterscheinungsform der Privatautonomie. Sie gehört zu den überkommenen grundlegenden Prinzipien unserer Rechtsordnung. Sie läßt sich unterteilen in die Abschlußfreiheit und die Freiheit der inhaltlichen Gestaltung (Gestaltungsfreiheit, R.S.). Die Vertragsfreiheit ist als Teil des Rechts auf freie Entfaltung der Persönlichkeit (GG 2 I) verfassungsrechtlich gewährleistet, unterliegt aber den Schranken der verfassungsmäßigen Ordnung".

2. Einschränkungen der Vertragsfreiheit durch Arbeits- und Wettbewerbsrecht sowie durch Allgemeine Geschäftsbedingungen

Die Sozialstaatsklausel des Grundgesetzes (Art. 20, 28) verpflichtet „Gesetzgeber und Rechtsprechung, Mißbräuchen der Vertragsfreiheit entgegenzuwirken. Mit der Anerkennung der Vertragsfreiheit ist zwar eine allgemeine gerichtliche Billigkeitskontrolle des Vertragsinhalts unvereinbar. Eine sozialstaatliche Rechtsordnung kann aber nicht an der Erscheinung vorübergehen, daß vielfach der wirtschaftlich und (oder) intellektuell Überlegene dem anderen einseitig die Vertragsbedingungen aufzwingt und daß die Vertragsfreiheit ein Instrument gesellschaftlicher Machtausübung sein kann" (a.a.O.). Oder mit ganz anderen Worten:

„Der Begriff der ‚Vertragsfreiheit' gehört zu jenen glittering generalities (schillernden Allgemeinplätzen, R.S.): Er hat von jeher als Hindernis für alle Sozialgesetzgebung herhalten müssen, schon beim Verbot der Kinderarbeit. Frei sollen nicht Verträge, sondern die Menschen sein" (RICHARD SCHMID, DIE ZEIT, 15.3.1985, S. 72). OTTO von GIERKE (1889, S. 28) hat die (schrankenlose) Vertragsfreiheit wie folgt charakterisiert: „Eine furchtbare Waffe in der Hand des Starken, ein stumpfes Werkzeug in der Hand des Schwachen, wird sie zum Mittel der Unterdrückung des Einen durch den Anderen, der schonungslosen Ausbeutung geistiger und wirthschaftlicher Übermacht".

Eine erhebliche **Einschränkung** der allgemeinen **Vertragsfreiheit** besteht heute außer in Teilen des Mietrechts vor allem auf drei Gebieten, nämlich

(1) beim Arbeitsverhältnis
(2) bei Verträgen zwischen Betrieben, wenn die Vereinbarungen wettbewerbsbeschränkende Wirkungen auf dem Markt (ausgenommen Arbeitsmarkt) haben können
(3) im Falle des Bestehens von allgemeinen Geschäftsbedingungen.

In dem erst im Laufe der Zeit nach und nach immer weiter ausgebauten **Arbeitsrecht** zeigt sich „gewissermaßen die Reaktion des Staates auf die gefährdete Position des Arbeitnehmers" (ZÖLLNER/MIKOSCH I 1979, S. 14), und HANAU/ADOMEIT (1986, S. 33f.) meinen in diesem Zusammenhang: „Das Arbeitsrecht mißtraut dem Einzelvertrag. Es kann nicht die Erinnerung verlieren, wie sehr diese Einrichtung in frühkapitalistischer Zeit zur Ausbeutung mißbraucht worden ist: Hungerlöhne, Frauen- und Kinderarbeit ... Das Arbeitsrecht läßt sich begreifen als ein einziges großes Kontrollsystem gegenüber der Vertragsfreiheit".

Eingeschränkt wird die Vertragsfreiheit beim Arbeitsvertrag vor allem durch folgende rechtliche Gestaltungsfaktoren:

- Arbeitnehmerschutzgesetze
  (z.B. Arbeitszeit-, Gesundheits-, Entgelt-, Kündigungs-, Sozialversicherungsschutz)
- Tarifverträge
- Betriebsvereinbarungen
- Rechtsprechung.

Diese Gestaltungsfaktoren schränken vor allen Dingen die Gestaltungsfreiheit und weniger die Abschlußfreiheit ein.

Die durch den Gesetzgeber verfügte Beschränkung der Vertragsfreiheit im Falle **wettbewerbsbeschränkender Vereinbarungen** findet sich im Gesetz gegen Wettbewerbsbeschränkungen (GWB; Kartellgesetz) – dem eigentlichen Grundgesetz der Wirtschaft. Hiernach (§ 1) sind Verträge (Vereinbarungen, Abreden) zwischen Betrieben grundsätzlich rechtsunwirksam, wenn die Abmachungen geeignet sind, die Erzeugung oder die Marktverhältnisse für den Verkehr mit Waren oder gewerblichen Leistungen durch Beschränkungen des Wettbewerbs zu beeinflussen.

Ein Verbot solcher wettbewerbsbeschränkender Verträge bestand nicht immer. Im Gegenteil. So hat das Reichsgericht im Jahre 1897 entschieden, daß auch im Falle wettbewerbsbeschränkender Verabredungen Vertragsfreiheit vor Gewerbefreiheit gehe, die Vertragspartner also an die Verträge, die ihre wirtschaftliche Freiheit einschränken oder gar aufheben, gebunden seien. Dieses Urteil hatte seinerzeit eine wahre Welle von Kartellbildungen ausgelöst.

Eingeschränkt hat das Gesetz gegen Wettbewerbsbeschränkungen die Vertragsfreiheit auch für marktbeherrschende und marktstarke Unternehmen (s.a. S. 97f.). Darüber hinaus wird ganz allgemein für alle wirtschaftlich Tätigen die Vertragsfreiheit eingeschränkt durch das UWG (= Gesetz gegen den unlauteren Wettbewerb) und die zu ihm ergangene umfangreiche und vielfach illustre Rechtsprechung (s. GERHARDT 1986).

Im Falle der im Wirtschaftsleben sehr verbreiteten **allgemeinen Geschäftsbedingungen** wird vor allem die Gestaltungsfreiheit stark eingeschränkt, weniger die Abschlußfreiheit. PALANDT (44. Aufl., 1985, Einf. v. AGBG 1) umschreibt das Wesen und die Kernproblematik der allgemeinen Geschäftsbedingungen wie folgt:

„An die Stelle des ausgehandelten und gemeinsam ausgestalteten Vertrages, von dem das Vertragsmodell des BGB ausgeht, ist in fast allen Bereichen der Produktion, des Handels und des Dienstleistungsgewerbes der durch vorformulierte allgemeine Geschäftsbedingungen standardisierte Vertrag getreten ...

Praktisch alle allgemeinen Geschäftsbedingungen sind von dem Bestreben geprägt, die Rechtsstellung des Unternehmens zu stärken und die Rechte des Kunden zu schmälern ... Die Verwendung von allgemeinen Geschäftsbedingungen führt im Ergebnis dazu, daß der Unternehmer unter Ausnutzung seines wirtschaftlichen und intellektuellen Übergewichts wesentliche Teile des Vertragsinhalts einseitig bestimmt und die im dispositiven Recht vorgesehene vertragliche Risikoverteilung entscheidend zu seinen Gunsten verändert".

Um die mit dem Gebrauch der allgemeinen Geschäftsbedingungen möglichen Fehlentwicklungen in Grenzen zu halten, wurde 1976 das Gesetz zur Regelung des Rechts der Allgemeinen Geschäftsbedingungen (AGBG) geschaffen.

3. Zum Einfluß der zunehmenden Verrechtlichung auf die Vertragsfreiheit

Über die genannten Sektoren hinaus wird die Vertragsfreiheit stark eingeschränkt durch die außerordentlich große rechtliche Regelungsdichte (Verrechtlichung), die Parlamente, Regierungen und Rechtsprechung der Bevölkerung und den Unternehmen auf zahlreichen Gebieten bescheren, so zum Beispiel im Umweltbereich, im Bau- und Steuerrecht sowie im Wettbewerbsrecht; hier insbesondere im Falle des UWG.

Die Notwendigkeit für eine so große Fülle von Reglementierungen wird zunehmend in Zweifel gezogen, nicht zuletzt, weil ihre Wirkungen **und** Nebenwirkungen vielfach recht unübersichtlich bzw. bedenklich sind; bedenklich vor allem deshalb, weil sie die gesellschaftliche Selbstregulation immer mehr ersticken.

- „Rund 1500 Bundesgesetze, 2500 Verordnungen und 90000 Paragraphen regeln das Leben der Westdeutschen. Zwei Drittel der Vorschriften, behaupten Rechtsexperten, sind überflüssig, Richter beklagen zudem die ‚schludrige Machart' der Gesetze, die unscharf formuliert und ‚von äußerster Konturlosigkeit' sind" (DER SPIEGEL 21/1986, S. 83).

Worte der Woche

☆

„Man sollte weniger Gesetze machen. Wenn ein Gesetzgeber innerhalb von vier Jahren 400 Gesetze macht, dann kann das gar nicht anders sein als lückenhaft und fehlerhaft." *Roman Herzog*

Präsident des Bundesverfassungsgerichts

DIE ZEIT, 22.1.1988, S. 2

In vielen Fällen ist der eigentliche Zweck einer öffentlich-rechtlichen Regelung dem Bürger und vielfach auch dem damit befaßten Beamten nicht (mehr) klar, wodurch dann oftmals skurrile Ergebnisse zustande kommen. Dafür ein praktisches **Beispiel**:

- Die Landesbauordnung von Schleswig-Holstein läßt auf Ferien- und Wochenendgrundstücken den Bau von (Grenz)Garagen zu. Die Besitzer dieser Grundstücke brauchen aber meist keine Garage, sondern stattdessen dringend einen Abstellraum für Garten- und Freizeitgeräte. Da so etwas aber nicht genehmigt wird (weil keine Garage bzw. weil die für eine Alternative vorgeschriebenen Mindestgrenzabstände wegen der meist recht kleinen Grundstücke nicht eingehalten werden können), muß der Behörde ein Garagenbau vorgespielt werden, incl. Garagentor und befestigter Zufahrt von der öffentlichen Straße aus. Alle diese Dinge sind aber für die Unterbringung der Schiebkarre, Fahrräder, Gartenmöbel und des Rasenmähers nicht nötig; ganz abgesehen davon, daß die für den eigentlichen Zweck erforderliche (Abstell)Raumgröße als Folge der zwingend vorgeschriebenen Garagenmindestmaße von 5 m × 2,30 m regelmäßig viel zu groß gerät, was alle Beteiligten (und die Umwelt) unnötig belastet. In einem konkreten (Rechtsmittel)Fall, in dem der Grundstückseigentümer, der kein Auto besitzt, auf diese Zusammenhänge hinwies, wurde ihm von der Unteren Bauaufsichtsbehörde (Heide/Holstein) 1986 beschieden:

  „Das Gebäude muß stets als Stellplatz für einen Personenkraftwagen nutzbar sein. Von der Verpflichtung eine Garage so vorzuhalten, daß jederzeit ein PKW abgestellt werden kann, ist selbst derjenige nicht befreit, der keinen Führerschein bzw. keinen Personenkraftwagen besitzt".

  Später (Nov. 1987) erhielt der Grundstückseigentümer dann zusammen mit einer erneuten Amts-Verfügung, eine befestigte Zufahrt und ein herkömmliches Garagentor einzurichten sowie eine Zwischenwand abzubrechen, die Mitteilung: „Es kann bzw. wird Sie niemand zwingen, in der Garage tatsächlich einen Personenkraftwagen abzustellen".

  Ein anderer Eigentümer, der insbesondere in Anbetracht der geringen Grundstücksgröße von 250 m² auf den rechtlich problemlosen Bau eines Garagen-Ungetüms verzichtet und stattdessen in Abstimmung mit seinen beiden Nachbarn sich für eine kleine genehmigungsfreie Holzhütte von 1,8 m × 1,8 m entschieden hatte, wurde unter Androhung eines Zwangsgeldes aufgefordert, den Abstellraum innerhalb von vier Wochen abzubrechen.

  Diese geschilderten obrigkeitlichen Aktivitäten machen auch den gutmütigsten Staatsbürger (zunächst) sprachlos! Hierzu fällt ihm dann wohl noch am ehesten der folgende Dialog aus Carl Zuckmayers „Hauptmann von Köpenick" aus der 14. Szene ein, die um 1910 spielt

  * 'n Mensch biste überhaupt nur, wenn du dich in ne menschliche Ordnung stellst! Leben tut auch ne Wanze!
  * Richtig! Die lebt! Und weißte, warum se lebt? Erst kommt de Wanze, und dann de Wanzenordnung!

Die skizzierte Regelungsdichte führt nicht nur zu einer zunehmenden Inanspruchnahme der Gerichte; mit ihr geht auch die Gefahr einer wachsenden Korrumpierung der Verwaltung einher. Je mehr Dinge (ohne Not) öffentlich-rechtlich geregelt werden, desto mehr sind im Einzelfall (oder ganz allgemein) Ausnahmegenehmigungen nötig, die im Ermessenswege erteilt werden **können**, aber nicht müssen; das heißt, desto mehr wird der Bürger von dem Wohlwollen der Verwaltung abhängig – mit allen sich daraus mehr oder weniger zwangsläufig ergebenden problematischen Verhaltensweisen (auf beiden Seiten).

Die Ursachen für eine so hohe Regelungsdichte sind zweifellos vielfältig (s. SACK 1984; GERHARDT 1986). Auf eine wohl nicht ganz unbedeutende Ursache hat der frühere Hessische Umweltminister JOSCHKA FISCHER in einem von der „Wirtschaftswoche" (27.6.1986, S. 56) wiedergegebenen Gespräch hingewiesen, in dem er aus seinem alltäglichen Umgang mit einem Chemie-Konzern berichtete: „Noch bei kleinsten Verbesserungen im Umweltschutz beginne ein Gefeilsche. Er, Fischer, müsse an der Rationalität industrieller Großorganisationen ernsthaft zweifeln. Was nicht bis ins Kleinste gesetzlich geregelt sei, müsse regelmäßig vor dem Verwaltungsgericht ausgetragen werden. Die Umweltbürokratie sei somit vor allem das Resultat des Starrsinns auf seiten der Industrie".

Chemie

Spätzünder

Daß Beschwichtigungsrituale nun nicht mehr ausreichen, haben inzwischen selbst die Manager der deutschen Chemiekonzerne gemerkt. Wochenlang waren sie allenfalls bereit, die Sicherheit ihrer eigenen Anlagen zu überprüfen, wobei natürlich jeder Vergleich mit den tatsächlichen skandalösen Verhältnissen bei der Schweizer Firma Sandoz unangemessen war. Doch in schöner Regelmäßigkeit und Ausgewogenheit mußten die Konzerne an Rhein und Main selber Unfälle zugestehen, in deren Folgen irgendeine Giftbrühe ins Wasser floß. Alles nicht so schlimm. Keine Panik. Kritik wurde als Kampagne gegen eine Branche begriffen.

Jetzt soll doch etwas geschehen. Am Donnerstag vergangener Woche beschlossen die versammelten Chemiemanager im Präsidium ihres Verbandes, den Mitgliedsfirmen zu empfehlen, mehr Auffangbecken für verseuchtes Wasser zu bauen und die Melde- und Kühlsysteme zu verbessern.

Ihren Sinneswandel begründen die Chemiemanager mit dem Brand in Basel, der ihre Bemühungen zunichte gemacht habe, „in der Bevölkerung mehr Vertrauen zu gewinnen". Daß sie selbst anschließend kräftig dazu beigetragen haben, mögen sie vielleicht sehen, aber nicht sagen. BASF-Chef Hans Albers, im Nebenberuf Präsident des Verbandes, mußte sich vom Bonner Umweltminister Fehlinformationen vorwerfen lassen.

Auch sonst agierte Albers nicht gerade mit viel Verständnis für die Sorgen der Bürger. Als die Serie von Unfällen in deutschen Chemiewerken längst ablief, rechtet er noch darüber, ob dies nun Störfälle im Sinne der Verordnung seien oder Betriebsstörungen. Und auf die Frage, ob er bereit sei offenzulegen, was da alles in eines der größten Trinkwasserreservoire erlaubt oder unerlaubt eingeleitet werde, verkündete er schlicht: „Selbstverständlich nicht."

Für so viel Hartleibigkeit bekamen Albers und seine Kollegen am vergangenen Montag Schelte von jemanden, den man der Panikmache nicht verdächtigen kann. BDI-Präsident Hans Joachim Langmann forderte die Unternehmer auf, „die Ängste der Bevölkerung ernst zu nehmen" und bei weiteren „Störfällen" alle Karten unverzüglich auf den Tisch zu legen". Der Mann ist nicht nur unverdächtig, sondern auch kompetent: Er leitet den Pharmakonzern Merck. *hp*

DIE ZEIT, 12.12.1986, S. 18

4. Fließdiagramm eines stark durchlöcherten Prinzips

Vertragsfreiheit

- Rechtliche Anhaltspunkte:
  - Gewerbeordnung, § 105
  - Grundgesetz, Art. 2 I sowie Art. 14, 12, 9 I u. 9 III
- Elemente
  - Gestaltungsfreiheit muß insbes. §§ 134, 138 BGB beachten
  - Abschlußfreiheit manchmal aufgehoben; z.B. im Falle des Kontrahierungszwangs der Bundesbahn (§ 453 HGB) sowie der Taxi-Unternehmen und der Kassenärzte
  - → Generelle Einschränkungen s. nebenstehende → Rubrik
- Einschränkungen
  - Sozialstaatsklausel (Art. 20, 28 GG) verpflichtet Gesetzgeber und Rechtsprechung, Mißbräuchen der Vertragsfreiheit entgegenzuwirken.
    Beispiel:
    Mieter- und Arbeitnehmerschutz; „das Arbeitsrecht mißtraut dem Einzelvertrag“ (Hanau/Adomeit).
  - GWB (Kartellgesetz) verbietet wettbewerbsbeschränkende Vereinbarungen; es soll außerdem über die Fusionskontrolle verhindern, daß durch Unternehmenszusammenschlüsse eine marktbeherrschende Stellung entsteht oder verstärkt wird.
  - GWB schränkt generell für marktbeherrschende und marktstarke Unternehmen über das Diskriminierungsverbot die Vertragsfreiheit ein.
  - Allgemeines Wettbewerbsrecht, insbes. das Gesetz gegen den unlauteren Wettbewerb (UWG).
  - Allgemeine Geschäftsbedingungen
  - Umweltschutz-, Bau- und allgemeine Sicherheitsvorschriften.

IV. Das Wettbewerbs(Konkurrenz)prinzip

1. Das Wettbewerbs-Modell

Die marktwirtschaftliche Ordnung beruht auf dem Prinzip des Wettbewerbs, das sich darin zeigt, daß die autonom handelnden Betriebe miteinander um die Gunst der Abnehmer (oder Lieferanten) von Produkten und Leistungen wetteifern. Das Recht, so verfahren zu dürfen, sich also in den Wettbewerbsprozeß einzuschalten, um auf diese Weise eigene Erfolge (auf Kosten der anderen Anbieter oder Nachfrager) zu erzielen, ist im Grunde eine Folge des Grundrechts auf freie Entfaltung der Persönlichkeit. „Artikel 2 Abs. 1 des Grundgesetzes gewährt dem einzelnen Unternehmen das Recht, sich durch freie Leistungskonkurrenz auf dem Markt gegenüber anderen Unternehmen durchzusetzen" (DÜRIG in Maunz-Dürig, Komm. z. GG. Art. 2 Rdnr. 48).

Die bestehende Wettbewerbsfreiheit begründet keine Verpflichtung, sich auch tatsächlich am Wettbewerb zu beteiligen. „Wie jedes Freiheitsrecht stellt auch die Wettbewerbsfreiheit den Grundrechtsträger in der Entscheidung frei, ob er überhaupt und inwieweit er von dieser Freiheit Gebrauch machen will. Die Wettbewerbsfreiheit des Art. 2 I begründet also keine Pflicht zum Wettbewerb" (DÜRIG in Maunz-Dürig, Komm. z. GG, Art. 2, Rdnr. 49).

Diese Aussage ist verständlich und mißverständlich zugleich. Es leuchtet ein, daß niemand gezwungen werden kann, sich am Wettbewerbsprozeß zu beteiligen. Wer sich nicht an der Abgabe von Offerten (Angeboten) beteiligen will, kann dies rechtlich ungestraft sein lassen. Ob ihm das wirtschaftlich bekommt, ist eine andere Frage, die nur anhand des betreffenden Einzelfalls beurteilt werden kann.

Grundsätzlich **un**erlaubt ist es jedoch, daß die Konkurrenten sich dahin verabreden, den Wettbewerb auszuschalten oder abzuschwächen, indem sie sich als Anbieter von Waren und Dienstleistungen beispielsweise verpflichten, einander preislich nicht zu unterbieten oder als Nachfrager nicht zu überbieten. Die eigentliche Ursache für das Entstehen solcher wettbewerbsbeschränkender Vereinbarungen (= Kartelle*) ist darin zu sehen, daß der Wettbewerb auf dem Markt für die Unternehmen regelmäßig außerordentlich unbequem ist, so daß der Versuch naheliegt, diese Wirkungen durch Absprachen abzumildern.

Unsere Wirtschaftsordnung geht jedoch von der Vorstellung aus, daß die Unternehmen nur dann eine bestmögliche Leistung für die Abnehmer (Verbraucher) erbringen, wenn sie vom Wettbewerb gezwungen werden, ständig mit anderen Unternehmen um die Verbesserung der Produkte und der Produktionsverfahren sowie um die Anpassung ihrer Angebote an die sich ändernden Bedürfnisse der Nachfrager (Kunden) zu konkurrieren, womit gleichzeitig die Einkommensverteilung nach der eigentlichen Marktleistung gesteuert werden soll. Aus diesem Grunde sind bei uns nach dem Gesetz gegen Wettbewerbsbeschränkungen (GWB; Kartellgesetz) Kartelle und andere aufeinander abgestimmte wettbewerbsbeschränkende Verhaltensweisen grundsätzlich verboten. Zu den Funktio-

* GRASS/STÜTZEL (1983, S. 147) bezeichnen das Kartell als einen „Konkurrenzverhinderungsverband".

nen und Wirkungen dieses Gesetzes im einzelnen, das auch als „Grundgesetz der Wirtschaft“ bezeichnet wird, wird auf die früheren Ausführungen verwiesen (s. S. 32-47).

Das eigentliche Wettbewerbsgeschehen zeigt sich auf dem **Markt**, also an dem Ort, an dem Angebot und Nachfrage zusammenkommen. Hier wollen die Anbieter einen möglichst hohen und die Nachfrager einen möglichst niedrigen Preis erzielen. Beide Seiten streben also für sich nach (persönlichen) Vorteilen. Eine Interessenübereinstimmung besteht hier zunächst nur darin, daß der eine verkaufen und der andere kaufen will bzw. muß.

Der (Markt)Preis bildet sich in dieser (Ideal)Situation aufgrund von Angebot und Nachfrage, d.h. anhand des mengenmäßigen Verhältnisses der angebotenen und nachgefragten Güter. Ist das Angebot relativ groß, so „drückt“ dies auf den Preis, d.h. ein solches Angebot ist nur vollständig absetzbar, wenn der Preis verhältnismäßig gering ist, weil bei diesem Preis mehr gekauft wird als bei einem hohen Preis. Auf diese Weise sorgt der Markt dafür, daß die angebotenen und nachgefragten Güter zu einem (mengenmäßigen) Ausgleich kommen.

Der Markt- und Preisbildungsprozeß macht es also möglich, daß die angebotenen Mengen auch tatsächlich abgesetzt werden – wenngleich vielfach auch zu Preisen, die den Anbietern oder Nachfragern nicht zusagen, von ihnen aber hingenommen werden müssen. Die Tatsache, daß der Markt im Grunde jedes Angebot und jede Nachfrage koordiniert und zum Ausgleich bringt, stellt sicher, daß alle Waren „an den Mann“ kommen und ein Ausgleich (ohne Ansehen der Person) nur über den Preis erfolgt und nicht auch noch sonstige Kriterien (z.B. Beziehungen, Bestechungen) erforderlich sind.

Dort, wo der Markt Angebot und Nachfrage zum Ausgleich bringt, existiert immer nur **ein** Preis, der grundsätzlich für jedermann gilt. Der Marktprozeß sorgt dafür, daß jeder, der den Preis zu zahlen bereit ist, auch unverzüglich die Ware erhält, die er wünscht. Der marktwirtschaftliche Prozeß schließt prinzipiell aus, daß es offizielle und inoffizielle Preise gibt, wie das in planwirtschaftlichen Ländern oft dann der Fall ist, wenn keine Aussicht besteht, in absehbarer Zeit das gewünschte Gut zu dem offiziell festgesetzten Preis zu erhalten. W. Engels sieht deshalb im Markt eine Art Friedensordnung (bzw. Schiedsrichter), weil er täglich Millionen von Konflikten zwischen Käufern und Verkäufern, die unterschiedliche Interessen verfolgen, auf recht einfache, schnelle und unauffällige Weise löst, so daß der eigentliche Konflikt gar nicht mehr als solcher wahrgenommen wird („Wirtschaftswoche“ 19.12.1986, S. 176).

2. Der Wettbewerb in der Realität

Das marktwirtschaftliche Modell geht in seiner Urform davon aus, daß sich eine Vielzahl von Anbietern und Nachfragern gegenübersteht – die einzelnen Marktbeteiligten also so geringe (atomisierte) Mengen anbieten oder nachfragen, daß sie auf das Marktgeschehen nur reagieren, es aber nicht durch eigene Datensetzung direkt beeinflussen können.

In der Realität gibt es aber vielfach sowohl auf der Anbieterseite als auch auf der Seite der Nachfrager **Kooperations-** und **Konzentrationssituationen**, die innerhalb gewisser Grenzen sehr wohl eine aktive Markt(Preis)beeinflussung zulassen. Dies führt in der Öffentlichkeit gelegentlich dazu, daß die vorstehend skizzierte Preisbildungsautomatik generell angezweifelt wird und der Preisbildung sehr stark Abspracheelemente zugeschrieben werden.

Existiert nur eine Handvoll Anbieter und sind in diesem Falle die Preise der angebotenen Güter relativ gleich (wie zum Beispiel auf dem Benzinmarkt) oder verlaufen die Preisbewegungen (nach oben) recht gleichförmig (wie zum Beispiel auf dem Automobilmarkt), so zieht die Öffentlichkeit hieraus vielfach den Schluß, daß hier Absprachen oder Abstimmungen über die Preisgestaltung vorliegen. Ein solcher Schluß darf jedoch nicht so ohne weiteres gezogen werden. Es sind mehrere Gründe denkbar, warum die Preise oder Preiserhöhungen auch ohne Abstimmung (Absprachen) sehr ähnlich sind.

So kann beispielsweise die Reaktionsverbundenheit zwischen den Beteiligten in einem Oligopol (einige wenige Große) recht hoch sein: Senkt ein solches Oligopol-Unternehmen den Preis, so kann dies dazu führen, daß es mehr Kunden und damit einen größeren Absatz erhält. Da dies zu Lasten der anderen Unternehmen geht, werden diese ebenfalls den Preis senken (müssen). Die hohe Reaktionsverbundenheit ist eine Folge von gleichen Marktstrukturen. So antwortete der frühere Daimler-Benz-Vorstandsvorsitzende Joachim Zahn auf die naheliegende Frage, ob denn die recht einheitlichen jährlichen Preiserhöhungsaktionen der Automobilhersteller nicht doch unerlaubte Absprache-Elemente enthielten, den Autopreiserhöhungen lägen „gleiche Ursachen" (Kostensteigerungen, Produktverbesserungen, R.S.) zugrunde, und er hat dann recht anschaulich hinzugefügt: „Wenn man aus dem Fenster schaut und alle machen den Regenschirm auf, dann liegt das auch nicht an Absprachen, sondern daran, daß es eben regnet" (ZEIT, 19.5.78, S. 24).

Noch eine Stimme zu den Autopreisen:
„Das, was in anderen Branchen möglich ist, daß nämlich die Preise sich in beide Richtungen bewegen, gilt nicht für den Automarkt – ob er nun im Boom ist oder in tiefer Rezession. Benzin kann billiger und teurer werden, bei Kartoffeln, Kühlschränken, Schweinekarbonaden oder Hifi-Anlagen bekriegen sich die Anbieter in heftigen Preiskämpfen. Nur bei Autos gelten offenbar andere Gesetze. Da findet der Wettbewerb über den Preis nicht statt ... Die Autohersteller wissen sich – ohne jede kartellverdächtige Absprache – in jenem einträglichen Frühlingsritus vereint. Solange dies keiner vergißt, ist auch kein anderer in Gefahr, vom Markt die Quittung zu bekommen".
Reiner Frenkel, ZEIT, 28.4.1978, S. 17.

So wie von relativ gleichen Preisen oder gleichförmigen Preisveränderungen nicht auf eine bewußte Abstimmung geschlossen werden kann, läßt sich aus recht einheitlichen Preisen auch nicht die zwingende Annahme ableiten, daß hier kein Wettbewerb zwischen den Beteiligten existiert. Es ist durchaus möglich und auch häufig anzutreffen, daß sich der eigentliche Wettbewerb auf anderen Gebieten, z.B. der Qualität, dem Design (und Image) oder dem Service abspielt. Dies zeigt sich ganz deutlich auch auf dem Automobilmarkt, wo mehr und mehr absatzpolitische Instrumente eingesetzt werden, die nicht (in erster Linie) den Produktpreis zum Gegenstand haben, sondern zum Beispiel die Produktgestaltung in Form eines besonders sparsamen Benzinverbrauches und umweltschonender Fahreigenschaften.

In der Öffentlichkeit gilt es als ausgemacht, daß Benzinpreis-Erhöhungen von den Mineralölgesellschaften abgesprochen werden, also auf den gewünschten

VW als Vorreiter

dos – Eine gewisse Sprachlosigkeit ist unverkennbar: Wie immer, wenn bei Preiserhöhungen die Notwendigkeit einer solchen Maßnahme hinterfragt wird, bleibt die Antwort, so sie überhaupt gegeben wird, unbefriedigend. Für den Wolfsburger Volkswagen-Konzern gilt dies in besonderem Maße. Der größte deutsche Automobilhersteller, der mit schöner Regelmäßigkeit die Vorreiterrolle beim „Preisanpassungs"-Spiel übernimmt, tut sich schwer bei der Suche nach Argumenten. Fast entschuldigend klingt der Hinweis, die heute wirksam werdende Erhöhung sei überaus moderat ausgefallen.

In der Tat wirkt die Teuerungsrate von 1,9 Prozent auf den ersten Blick bescheiden. Auch die Automobilindustrie muß Kostensteigerungen verkraften; die Fahrzeuge sind durch technische Verbesserungen weiter aufgewertet und durch umfangreichere Garantiezusagen attraktiver geworden. Beängstigend aber ist das Tempo, in dem die Preislisten immer neu geschrieben werden. Die letzte Erhöhung für VW-Fahrzeuge (2,3 Prozent) liegt erst sieben Monate zurück. Und daß mit der Einführung neuer Modelle stets auch ein „heimlicher" Preisanstieg verbunden ist, versteht sich am Rande.

Der Unmut der Kunden wird sich dennoch im Rahmen halten. In der Konzernzentrale in Wolfsburg kann auf die Flensburger Zulassungsstatistik verwiesen werden. Auch auf den europäischen Märkten insgesamt hält der Konzern mittlerweile die Spitzenposition. Für die Ertragsrechnung allerdings trifft dies trotz der Besserung noch längst nicht zu. Daran werden auch die 1,9 Prozent höheren Preise kaum etwas ändern.

DIE WELT, 18.11.1985, S. 9

Stand gebracht und dort gehalten werden. Daß der Markt ein solches Verhalten nicht zuläßt, sieht man am besten daran, daß nach jeder Benzinpreiserhöhungs-„Runde" die Preiserhöhungen ganz oder teilweise wieder zurückgenommen werden müssen. Daß die „Rechnungen" der Mineralölgesellschaften regelmäßig nicht aufgehen, hängt einmal damit zusammen, daß der Marktanteil der einzelnen Firmen für verläßliche Absprachen zu klein ist (jeweils etwa 12 Prozent) und daß vor allen Dingen die Benzinnachfrage im Verhältnis zu dem vorhandenen,

DIE ZEIT

Nr. 32 – 6. August 1982 , S. 15

Steigende Benzinpreise lösen immer wieder hysterische Reaktionen gegen die Mineralölgesellschaften aus

Zu Unrecht am Pranger

Wenn hierzulande die Benzinpreise steigen, setzt bei vielen der Verstand aus – die Scharfmacher gegen die „bösen" Ölkonzerne haben Konjunktur. Argumente spielen dabei keine Rolle. Schlichte Behauptungen und Schimpfworte reichen einäugigen Verbraucherschützern und profilsüchtigen Politikern vollauf, um wirkungsvoll Stimmung gegen die „Preistreiber" und „Profiteure" von Aral bis Texaco zu machen.

Es gelingt so verführerisch leicht, des Autofahrers Blut zuverlässig in Wallung zu bringen, weil es, entgegen jedem Sachverstand, an den Zapfsäulen als ausgemacht gilt: Nur fallende Preise sind gute Preise. Werden es – wie zuletzt vor zwei Wochen – ein paar Pfennig mehr pro Liter, kann es deshalb nicht mit rechten Dingen zugehen.

Dabei ist es eigentlich nicht so schwer zu verstehen: Weil die Autofahrer in der sommerlichen Urlaubssaison häufiger tanken als irgendwann sonst im Jahr, sehen – und nutzen – die Benzinfirmen ihre Chance. Wenn sich die Kunden drängen, kann man etwas mehr verlangen – das tun Vermieter von Strandkörben und Urlaubswohnungen ebenso wie Würstchenbuden und Hotels. Im Herbst ist dann alles wieder billiger zu haben – Strandkörbe und Benzin.

Das sind normale Marktreaktionen. Doch in einer Atmosphäre von Unwissenheit und Unehrlichkeit lassen sich auch daraus Anklagen basteln, beispielsweise diese: Die Ölfirmen nehmen von den Autofahrern, was sie kriegen können. Der Satz klingt mindestens nach Räuberei und wirkt auch so. Der Satz stimmt sogar, nur nicht als Vorwurf: Denn es ist gut, daß die Ölfirmen nehmen, was sie kriegen können.

Es ist deshalb gut, weil ohne das Nehmen-was-man-kriegen-kann-Prinzip unsere Wirtschaftsordnung nicht funktionieren kann. Marktwirtschaft, auch die soziale Variante, lebt vom „häßlichen" Egoismus der Verkäufer, die möglichst viel kassieren möchten, und der Kunden, die umgekehrt so wenig wie möglich zahlen wollen. Denn nur so kann der Preis, der dabei herauskommt, das tun, was er soll: Die Wirtschaft automatisch steuern und fit halten, für das was wir von ihr verlangen: Wohlstand. Wettbewerb muß dabei allerdings herrschen und das tut er auf dem Benzinmarkt: Der Preiswirrwarr vor einigen Wochen, als zugleich einige Marken billiger wurden, als andere zwei Pfennige zulegten, beweist es. Das alles gehört zum kleinen Einmaleins der Ökonomie. Händler und Kunden auf jedem Wochenmarkt halten sich daran ebenso wie jeder Verkaufschef, gleichgültig ob er Waschmaschinen oder Herrenanzüge, Dosenbier oder Zeitungen verkauft. Doch merkwürdig, dies vor dem Publikum ehrlich zugeben mag kaum einer. Die Benzinmanager, durch öffentliche Angriffe während der vergangenen Ölkrisen besonders vorsichtig – oder besser: feige – geworden, würden sich eher die Zunge abbeißen als das Selbstverständliche offen zu gestehen.

Vermutlich liegt in dieser Unehrlichkeit und dem Unwissen auch der tiefere Grund für die blinde Publizität in allen Medien, die der Stuttgarter Verbraucherschützer Siegfried Bluth gerade genießt. Bluth rief zum Boykott gegen Aral auf, als die Firma kürzlich als erste versuchte, ihre Benzinpreise zu erhöhen. Aral scheiterte, aber nicht am Boykottaufruf. Wegen der abebbenden Urlaubswelle wurde weniger getankt. Der Markt – nicht Bluth – zwang Aral wieder herunterzugehen.

Ein Vorschlag: Irgendein Ölmanager rafft sich endlich auf und erklärt, wie er die Benzinpreise wirklich macht – und Verbraucherschützer Bluth sagt dem TV-Publikum ehrlich, nach welchem Prinzip er seinen letzten Gebrauchtwagen verkauft hat. Die Übereinstimmung wäre verblüffend.

Heinz Blüthmann

„Plus von einem Pfennig"

Esso AG: Kaum Chancen für höhere Benzinpreise

Bm. **Düsseldorf**

„Wir sind wieder da, wo wir zu Beginn des Jahres waren", meint Thomas Kohlmorgen, Vorsitzender des Vorstandes der Esso AG, Hamburg. Insgesamt fünfzehnmal habe die deutsche Mineralölindustrie im laufenden Jahr versucht, mit Preiserhöhungen um jeweils drei Pfennig je Liter Benzin auf ihre Kosten zu kommen. Vergebens. Bis gestern brachten diese Versuche gerade einen Pfennig mehr in die Kassen.

DIE WELT, 13.11.1987, S. 13

größer gewordenen mengenmäßigen Angebot zu gering ist. Diese Zusammenhänge wollen die meisten Autofahrer nicht wahrhaben. Bei Benzinpreissenkungen auf breiter Front, wie wir sie insbesondere im Jahre 1986 erlebt haben, ist ein Abstimmungsvorwurf in der Öffentlichkeit nicht zu vernehmen.

Vielfach wird in öffentlichen Diskussionen die Unternehmenskonzentration irrtümlich mit **Monopolisierung** identifiziert. Dabei ist im eigentlichen Wortsinne unter Monopol lediglich das Vorhandensein nur eines einzelnen Anbieters oder Nachfragers zu verstehen, so daß eine Konkurrenzbeziehung nicht besteht; eine Situation, die in der Realität kaum anzutreffen ist. Aber auch dort, wo dieser Fall tatsächlich einmal existieren sollte, sagt dies noch nichts über das Fehlen jeglicher Konkurrenz aus. „Der Tatbestand, daß auf alten Märkten der Konzentrationsgrad zunimmt, besagt zumindest solange nichts über die Monopolisierung, als neue Märkte entstehen, welche die Konkurrenz wieder intensivieren. So sind beispielsweise die Monopolstellungen der Eisenbahnen durch die Entwicklung des Flug- und Automobilverkehrs beseitigt worden, während die Stahlproduzenten von den Herstellern von Chemiefasern Konkurrenz erhielten" (H. Arndt, ZEIT, 9.3.79, S. 28).

3. Der „funktionsfähige Wettbewerb"

Die wichtige Frage, wie sich **Konzentration** generell auf den **Wettbewerb** auswirkt, berührt die ganz grundsätzliche und schwierig zu beantwortende Fragestellung, wann überhaupt eine bestmögliche Wettbewerbsintensität vorliegt. Es ist möglich, daß mit geringer werdender Zahl der Unternehmenseinheiten die Wettbewerbsintensität abnimmt oder daß zumindest diese Gefahr besteht. Andererseits ist aber auch das Gegenteil denkbar: Stehen größer werdende leistungsfähige Anbieter miteinander in hartem Wettbewerb, so üben sie damit auch einen starken Rationalisierungsdruck auf die weniger großen, nicht so leistungsstarken Unternehmen aus. Beides zusammen, d.h. die Konkurrenz untereinander und der Wettbewerbsdruck auf die Kleinen, wird für die Marktversorgung tendenziell von Vorteil sein. Dabei ist allerdings die Frage mit zu beachten, ob diese Vorteile wahrscheinlich langfristiger Natur oder eher nur vorübergehender Art sein dürften.

Bei der Frage nach dem Zusammenhang von Konzentration und Wettbewerb ist auf Kantzenbach (1967, S. 35) einzugehen, der den **„funktionsfähigen Wettbewerb"** als einen Prozeß interpretiert, der durch den Wettbewerbsvorstoß eines aktiven Unternehmers ausgelöst wird. Dieser Pionier-Unternehmer erzielt bei Erfolg Vorsprungsgewinne und erlangt eine (vorübergehende) „monopolistische" Marktstellung. Durch die Konkurrenz der übrigen Marktteilnehmer, die den Vorstoß des Pioniers nachvollziehen bzw. imitieren, wird der Leistungsvorsprung und mit ihm die Monopolsituation schnell wieder abgebaut.

Für die Beurteilung der Intensität eines Wettbewerbsprozesses verwendet Kantzenbach (1967, S. 38f.) die Geschwindigkeit, mit der die Vorsprungsgewinne, die der Vorstoß den Unternehmern einbringt, von der Konkurrenz wieder aufgezehrt werden. Diese Geschwindigkeit ist abhängig von der Stärke des Zwanges, der für die passiven Unternehmen zur Reaktion besteht. Die Reaktionsnotwendigkeit ist umso größer, je mehr sich die Unternehmen bei Passivität in ihrer Existenz bedroht sehen.

Von KANTZENBACH (1967, S. 44) wird einem funktionsfähigen Wettbewerb vor allem die Aufgabe zugewiesen, dafür zu sorgen, daß eine Anregung zur kontinuierlichen Verbesserung der Produkte und Produktionsverfahren sowie eine Anpassungsflexibilität an sich ändernde Marktbedingungen besteht. Diese Voraussetzungen sind nach KANTZENBACH am besten im **„weiten Oligopol"** (einige leistungsstarke, dynamische Große) erfüllt. Ein Beispiel für ein solches weites Oligopol wären die in der Bundesrepublik anbietenden einheimischen und größeren ausländischen Personenkraftwagenhersteller.

Eine Gefahr für den Wettbewerb sieht KANTZENBACH vor allem in den Fällen von **„engen Oligopolen"** bei denen nur ganz wenige Große existieren, die leicht zu Absprachen bzw. Abstimmungen über Preise und andere Daten neigen können und damit an Innovationskraft und Anpassungsflexibilität verlieren. Ein Beispiel für ein enges Oligopol bilden die drei Großverlage SPRINGER, BAUER und BURDA auf dem Markt für Rundfunk- und Fernseh-Programmzeitschriften. Eine weitere Gefahr für den Wettbewerb besteht bei reinen Monopolen, bei denen also nur ein Anbieter oder Nachfrager vorhanden ist, eine Situation, die in der Realität jedoch – wie erwähnt – kaum anzutreffen ist.

4. Die allgemeine Konzentrationsproblematik

Zu den vorstehend angedeuteten Zusammenhängen von Konzentration und Wettbewerbsintensität stellt sich die ganz generelle Frage, worauf sich die **staatliche ordnungspolitische Aktivität** vorrangig zu richten hat: auf möglichst viel Wettbewerb, der u.U. auch von einer relativ kleinen Zahl von leistungsfähigen Anbietern gewährleistet werden kann, weil sie durchaus einen funktionsfähigen Wettbewerb ermöglichen, oder auf den Erhalt möglichst vieler selbständiger Existenzen, deren ökonomische Leistungsfähigkeit möglicherweise nicht ganz so hoch ist, die aber schon mit ihrem eigentlichen Dasein und den von ihnen bereitgestellten Arbeitsplätzen einen wichtigen Beitrag zur politischen Stabilisierung der Wirtschafts- und Gesellschaftsordnung leisten. Hierzu seien zwei Sätze aus der amtlichen Begründung zur vierten Kartellrechtsnovelle von 1980 wiederholt: „In gesellschaftspolitischer Hinsicht zerstört übermäßige Konzentration wirtschaftlicher Macht die Grundlagen der freiheitlichen Ordnung. Politische Demokratie und Marktwirtschaft sind ohne Dezentralisation der Macht nicht denkbar".

Gesehen werden muß in diesem Zusammenhang auch die Problematik, daß nicht alle Konzentrationsvorgänge in der Wirtschaft auf eindeutig ökonomische Zwangsläufigkeiten zurückzuführen sein dürften. Es scheint des öfteren die Situation zu bestehen, daß es manchmal selbst für die Leitungen großer Unternehmen bequemer ist, sich an einen noch Größeren anzulehnen oder sich mit einem ähnlich Großen zu verbinden, anstatt das eigene Unternehmen nachhaltig leistungsfähiger zu machen. Solche schlechten Konzentrationsbeispiele sind dann – wie andere große Kooperationsvorhaben auch – leicht dazu angetan, **kleinere und mittlere Unternehmen zu entmutigen** und Folgezusammenschlüsse auszulösen. Dabei sind kleine und mittlere Unternehmen für den Erhalt einer leistungsfähigen, stabilen Wirtschafts- und Gesellschaftsordnung außerordentlich wichtig; nicht zuletzt, weil in diesen Betriebseinheiten in besonderer Weise Selbstverantwortung, Risikobereitschaft, Vielfalt und Beweglichkeit anzutreffen sind –

Eigenschaften, die für das dauerhafte Funktionieren der Marktwirtschaft außerordentlich wichtig sind.

So meinte denn auch MICHAEL JUNGBLUT anläßlich des Bekanntwerdens der „Elefantenhochzeit" von **Daimler-Benz/AEG** (ZEIT, 18.10.1985, S. 25): „Größe hat aber auch Nachteile. Je unübersichtlicher die Mammutorganisationen werden, je länger die Entscheidungswege, je mächtiger die Bürokratie – und um so frustrierter dynamische, ideenreiche Mitarbeiter – um so schwerfälliger reagieren die Riesen auf Veränderungen in Wirtschaft und Gesellschaft. Daß Größe allein keine Garantie für Erfolg ist, beweist das Schicksal der – ‚alten' AEG".

Nicht übersehen werden darf auch das Problem, daß mit zunehmender Konzentration der **Marktzugang neuer Anbieter immer schwieriger** und damit das Aufkommen neuer Wettbewerber erschwert wird, wodurch die Gefahr der Verkrustung der Märkte wächst. „Für dynamischen Wettbewerb ist es aber nicht nur wichtig, daß leistungsschwache Unternehmen ausscheiden, sondern auch, daß neue Unternehmen nachwachsen, gegen bereits bestehende Unternehmen konkurrieren und weniger leistungsstarke aus dem Markt drängen" (**Sachverständigenrat**, Jahresgutachten 1977/78, Tz. 453).

Neben der wichtigen Frage, wie die Konzentration auf den Wettbewerb und damit auf die Güterversorgung und Einkommensverteilung wirkt, ist die Konzentrationsproblematik auch unter dem Gesichtspunkt zu betrachten, daß mit abnehmender Zahl selbständiger Unternehmen die **Zahl der potentiellen Arbeitgeber zurückgeht**, wodurch die Möglichkeiten der Arbeitnehmer, ihren Arbeitsplatz zu wechseln, geringer werden. Hinzu kommt, daß in diesem Zusammenhang auch die Zahl der Ausbildungsbetriebe zurückgeht.

Außerdem sind die **Folgen** von **Zusammenbrüchen großer Unternehmenseinheiten** meist problematischer als bei kleinen und mittleren Betrieben. So ist nicht auszuschließen, daß der Zusammenbruch von besonders großen, bekannten Unternehmen zu einer generellen Vertrauenskrise in das bestehende Wirtschaftssystem führt und entsprechende ökonomische und politische Konsequenzen auslöst. Auf jeden Fall wird von dem Zusammenbruch besonders bedeutender Unternehmenseinheiten regelmäßig eine große Zahl von Lieferanten, Abnehmern, Kreditgebern und Arbeitnehmern negativ betroffen.

Andererseits können möglicherweise aber auch besonders große Unternehmenskomplexe allein schon von ihrer Größe her relativ sicher vor dem Zusammenbruch sein. Jedenfalls dann, wenn davon auszugehen ist, daß der Staat eine solche Unternehmensgruppe aus gesamtwirtschaftlichen Gründen praktisch nicht zusammenbrechen lassen kann und daher im Ernstfall auch ohne Rechtspflicht zahlreiche Hilfen zum Überleben gewähren wird, womit dann allerdings auch der staatliche Einfluß auf solche Groß-Unternehmen wächst. Das Wissen um diese potentiellen staatlichen Unterstützungen im Notfall kann die betreffenden Großen faktisch schwächen, weil die Verantwortlichen, denen die Zusammenbruchsgefahr praktisch genommen ist, nicht mehr alle Anstrengungen unternehmen, um das Unternehmen auf einen hohen Leistungsstand zu bringen, wie sie das bei tatsächlich bestehender Zusammenbruchgefahr tun müßten.

5. Die Entflechtungsthematik

Eine generelle Möglichkeit zur zwangsweisen Entflechtung bestehender Groß-Unternehmen als Maßnahme zum Schutze des Wettbewerbs ist im Gesetz gegen Wettbewerbsbeschränkungen nicht vorgesehen; im Gegensatz zu den USA, wo es seit langem Entflechtungs- bzw. Antitrustregeln gibt, denen deutlich sichtbare Erfolge allerdings bisher nicht beschieden waren. So kam denn auch „die Weltfirma **IBM** in einem langen Antitrust-Prozeß noch einmal davon. 1982 stellte die US-Regierung das Verfahren ein. Rund 300 Rechtsanwälte hatten einen Fall weniger. Die Antitrust-Klage überdauerte vier Präsidenten" (DIE ZEIT, 9.1.1987, S. 19).

In die Richtung einer Entflechtung geht bei uns – wenn auch mit einer etwas anderen Zielsetzung – der von der Studienkommission „Grundsatzfragen der Kreditwirtschaft" in seinem im Mai 1979 dem Bundesfinanzminister vorgelegten Schlußbericht enthaltene Vorschlag, den Anteilsbesitz der Banken an Nicht-Banken zu begrenzen. Die Mehrheit der Kommission erachtete eine Begrenzung des Anteilsbesitzes auf 25% des Kapitals des Beteiligungsunternehmens zuzüglich einer Aktie für sachgerecht, um so das Einflußpotential aus dem Anteilsbesitz zu begrenzen. Eine starke Minderheit der Kommission wollte den Anteilsbesitz auf 10% beschränken.

Auch im Bundeswirtschaftsministerium gab es nach dem Zusammenbruch der Herstatt-Bank im Jahre 1974 Bestrebungen, den Beteiligungsbesitz der Banken einzuschränken. 1980 entstand im Ministerium ein Plan, den Beteiligungsbesitz der Banken auf maximal 15 Prozent pro Beteiligungsunternehmen zu begrenzen. Laut SPIEGEL (7/1985 v. 11.2.85, S. 66) wurde diese Absicht von der **Deutschen Bank AG** vereitelt. Das neue, seit dem 1.1.1985 in Kraft befindliche Kreditwesengesetz sieht eine Beschränkung des Anteilsbesitzes der Banken nicht vor (s.a. S. 335f.).

Die auf der Grundlage des Gesetzes gegen Wettbewerbsbeschränkungen arbeitende Monopolkommission, die in ihren Gutachten insbesondere den jeweiligen Stand der Unternehmenskonzentration sowie deren absehbare Entwicklung beurteilen soll, hat sich in ihrem Dritten Hauptgutachten 1978/79 (vorgelegt im Juni 1980) ausführlich zur Entflechtungsproblematik geäußert und sich für die Schaffung von gesetzlichen Entflechtungsregelungen ausgesprochen und hierfür folgende allgemeine Begründung gegeben:

„Für die Forderung, auch im deutschen Recht der Wettbewerbsbeschränkungen Entflechtungsmöglichkeiten einzuführen, lassen sich aus der wissenschaftlichen Diskussion zur Wettbewerbspolitik im wesentlichen zwei Begründungen anführen:

- Die fortschreitende **allgemeine** Unternehmenskonzentration in der Bundesrepublik und die mit ihr verbundene Konzentration wirtschaftlicher Macht wird als Gefahr für die Funktionsfähigkeit des Wirtschaftssystems oder sogar der Verfassungsordnung angesehen.
- Die bestehenden wettbewerbspolitischen Instrumente werden als nicht ausreichend erachtet, um **auf einzelnen Märkten** vorhandene beherrschende Positionen wirkungsvoll zu kontrollieren und das Entstehen neuer marktbeherrschender Stellungen ausnahmslos zu verhindern".

Es kann an dieser Stelle nicht weiter auf die außerordentlich komplexe und komplizierte Entflechtungsproblematik eingegangen werden. Hierzu sei verwiesen auf das schon genannte Dritte Hauptgutachten der Monopolkommission und auf die beiden Entflechtungsgutachten von MÖSCHEL (1979) und von R. SCHOLZ (1981). Die sozial-liberale Bundesregierung hat mit einem Kabinettbeschluß vom 20.5.1981 den Entflechtungsvorstellungen der Monopolkommission widersprochen.

Zur Haltung der CDU/CSU/FDP-Bundesregierung in dieser Frage sei auf das Statement neben der nachstehenden Karikatur verwiesen.

Das Mammut · K. Pielert

„Das Gesetz gegen Wettbewerbsbeschränkungen als Kernstück unserer Wettbewerbsordnung hat sich in den 25 Jahren seines Bestehens bewährt. Veränderungen am Instrumentarium sind auf absehbare Zeit nicht erforderlich". (Bundesregierung 1983)

6. Aktuelle politische Diskussionen zum Konzentrationsgeschehen

Daß die insbesondere durch Konzentrationsvorgänge (Beteiligungserwerb) zustande kommenden Mammut-Gebilde auch wirtschaftliche (und politische) Macht bedeuten können, ist anläßlich des im November 1985 bekanntgegebenen Übergangs der **Flick-Gruppe** an die **Deutsche Bank AG** zum Zwecke einer späteren, inzwischen erfolgten Börsenplacierung einmal mehr in das Blickfeld der Öffentlichkeit gedrungen.

„Die großen Banken – und ganz weit an der Spitze die Deutsche – haben inzwischen eine so dominierende Stellung errungen, daß jeder weitere Schritt in Richtung Machtzuwachs mobilisieren könnte, und vielleicht sogar muß. Denn auch wenn sich mit dem Namen Flick so mancher politische Skandal verbindet, den Einfluß der Männer, die heute an der Spitze der großen Banken und Versicherungen stehen, haben die Flicks selbst in ihren besten Tagen nie erreicht" (MICHAEL JUNGBLUT, DIE ZEIT, 13.12.1985, S. 1).

Die vorstehend angedeutete Banken-Macht-Problematik war denn auch wohl der eigentliche Grund dafür, daß die Monopolkommission in ihrem 1986 vorgelegten Sechsten Hauptgutachten ihre schon früher gemachte Empfehlung wiederholt hat, den Eigenbesitz von Banken am Kapital von Nichtbanken auf fünf Prozent zu begrenzen. Dies auch, weil „unter der Mitwirkung von Banken das Problem des Unterlaufens der Fusionskontrolle entstanden ist ... Mit einer Be-

Die Macht der Banken wird auch den Politikern unheimlich

Großfusionen entfachen Diskussionen um neues Kartellrecht / Geldmanager immer dabei / Lambsdorff: Gefahr für Marktwirtschaft

In Bonn und Berlin wird man langsam nervös. Für Unbehagen sorgen Fusionspläne wie Daimler-Benz/AEG oder BMW/MBB. Otto Schlecht, Staatssekretär im Bundeswirtschaftsministerium, befürchtet, daß sich die Industriegiganten zum Staat im Staate aufschwingen könnten. Kartellamts-Präsident Wolfgang Kartte muß angesichts der neuen Konglomerate seine Machtlosigkeit eingestehen. In den Mittelpunkt der Diskussion rückt dabei zunehmend die Rolle der Banken. Große Geldhäuser spielen immer häufiger den Trauzeugen oder helfen, die Fusionskontrolle zu unterlaufen. In dem Monopoly sitzen aber nicht nur private Banken mit am Tisch. Auch Politiker wie Bayerns Franz Josef Strauß oder Baden-Württembergs Lothar Späth vergessen gerne das marktwirtschaftliche Credo ihrer Parteifreunde und agieren selbst oder über öffentliche Kreditinstitute bei den Elefanten-Hochzeiten. Die Ohnmacht der Kartellbehörde läßt den Ruf nach einem schärferen Gesetz gegen Wettbewerbsbeschränkungen sowie nach einer Beschneidung der Bankenmacht lauter werden. Die Berliner Wettbewerbswächter wollen allerdings zunächst einmal abwarten, ob die Wirksamkeit ihres jetzigen Instrumentariums von den Gerichten in den schwebenden Verfahren zur Konzentrationswelle im Einzelhandel bestätigt wird, bevor sie nach dem Gesetzgeber rufen.

Frankfurter Rundschau, 30.11.1985, S. 5

grenzung der Bankenbeteiligungen im Nichtbankenbereich auf lediglich 5% der Anteile wäre der unternehmerische Einfluß der Banken auf ein für die Kreditvergabe notwendiges Maß beschränkt" – heißt es in dem Gutachten.

Zu dieser Banken-Problematik haben Peter Glotz und Otto Graf Lambsdorff in der „Wirtschaftswoche" (27.3.1987, S. 162-167; 3.4.1987, S. 78-81) Stellung genommen. Die **Bundesregierung** meinte in ihrer Stellungnahme zu diesem Aspekt: „Eine Verwirklichung des Vorschlags der Monopolkommission, ... für den bankfremden Beteiligungserwerb der Kreditinstitute eine Grenze von 5% vorzusehen, wäre angesichts der hohen Eingriffsintensität dieses Instruments mit erheblichen wettbewerbspolitischen Problemen verbunden ... Der Frage, ob die Entwicklung im Bankenbereich ... zu wettbewerbspolitischen Bedenken Anlaß gibt, wird im Zusammenhang mit der laufenden Überprüfung des Kartellgesetzes weiter nachzugehen sein".

> Die spektakulären Firmenfusionen **Daimler-Benz/AEG** und **Metro/Kaufhof** werden Folgen haben: Die großen Parteien des Bonner Bundestages werden, daran mag niemand mehr zweifeln, in dieser Legislaturperiode das Kartellgesetz novellieren. Wie freilich solche Großfusionen künftig verhindert werden können, ist noch längst nicht schlüssig beantwortet worden. Mehr als den guten Willen, das zeigte eine Diskussion, die der Markenverband in der vergangenen Woche veranstaltete, haben die Wettbewerbspolitiker bisher nicht zu bieten. **Wolfgang Kartte,** Präsident des Bundeskartellamtes, dessen Mitarbeiter am Ende das Gesetz anzuwenden haben, hat mehr Befürchtungen als Hoffnungen. Sein Kommentar Richtung Bonn war deutlich: „Hat die Regierung überhaupt genügend Kapazität für das Thema? Oder befaßt sich nur die dritte oder vierte Garnitur damit?" fragte Kartte. „Dann soll man es lieber lassen."
>
> ☆

DIE ZEIT, 5.6.1987, S. 34

Wohin die Diskussionen und die Wege zu einer eventuellen Novellierung des GWB führen, ist schwer zu übersehen. Zu verschieden sind die Auffassungen über Inhalt und Notwendigkeit einer solchen Gesetzesreform (s. „Wirtschaftswoche" 3.4.1987, S. 23-28; 22.5.1987, S. 25-28).

> Eine Abkehr von bewährten ordnungspolitischen Grundsätzen in der Wettbewerbspolitik befürchtet der SPD-Abgeordnete Uwe Jens, Wirtschaftsexperte seiner Partei. Bedenken habe er vor allem bei Äußerungen aus dem Bundeskartellamt, „daß ein bißchen Konzentration ja nicht schadet". Jens wiederholte jetzt in Bonn seine Forderung nach einer schärferen Fusionskontrolle.

DIE WELT, 13.1.1986, S. 9

KARTELLRECHT / SPD will Gesetz novellieren

Gegen die Konzentration

PETER GILLIES, **Bonn**

Die Sozialdemokraten wollen die Fusionskontrolle verschärfen, Großunternehmen entflechten und in die neuen Medien regulierend eingreifen. Dazu haben sie gestern im Bundestag einen Antrag eingebracht, der auf Verschärfung des geltenden Rechts gegen Wettbewerbsbeschränkungen zielt. Angesichts der Konzentrationsbewegungen bestehe „aktueller Handlungsbedarf" der Bundesregierung, meinte der SPD-Wirtschaftsexperte Uwe Jens vor Journalisten in Bonn.

„Wir wollen einen fusionierten Rüstungskonzern Krauss-Maffei/MBB unbedingt verhindern," begründet Jens den Vorstoß seiner Fraktion. Gleiches gelte für eine mögliche Beteiligung des Bauer-Verlags beim Axel Springer Verlag. Im Handel seien ebenfalls Konzentrationstendenzen zu beobachten, denen der Gesetzgeber entgegentreten müsse. Die SPD fühlt sich durch die Monopolkommission und das Bundeskartellamt gestärkt.

Empfohlen wird der Bundesregierung, die Beteiligung marktstarker Presseunternehmen an den neuen Medien zu kontrollieren. Dazu soll das geltende Kartellrecht erweitert werden. Auch die Fusionskontrolle gehöre verschärft, fordert die SPD. So soll ein Zusammenschluß nicht mehr wie derzeit bei Erwerb einer 25prozentigen Beteiligung anzeigepflichtig sein, sondern bereits bei zehn Prozent. Eine zusätzliche „Generalklausel" soll sicherstellen, daß ein vertraglich abgesicherter wettbewerbsschädlicher Einfluß auf andere Unternehmen unterbleibe. Das Fusionsverbot sei vom Kriterium der Marktbeherrschung abzukoppeln.

Schließlich möchte die SPD die Regierung ermächtigen, auch eine Entflechtung marktbeherrschender Unternehmen anzuordnen. Von dieser Entflechtung sei abzusehen, wenn die Vorteile der Unternehmenskonstruktion die gesamtwirtschaftlichen Nachteile überwiegen oder ihr ein „überragendes Interesse der Allgemeinheit entgegensteht".

DIE WELT, 13.2.1985, S. 14

Reagans Kartellrechtsreform

Die US-Regierung hat dem Kongreß Vorschläge zur Reform des Kartellrechts in den USA zugeleitet. Kernstück des Entwurfs ist, Firmenzusammenschlüsse zu erleichtern, um im internationalen Wettbewerb besser bestehen zu können. VWD

Deutsches Allgemeines Sonntagsblatt, 2.3.1986, S. 9

AUF EIN WORT

„Das Kartellgesetz muß ein Gesetz zum Schutz des Wettbewerbs bleiben; es darf nicht zu einem Gesetz zum Schutz vor Wettbewerbern werden."

Heinz Garsoffky, Präsident der Bundesarbeitsgemeinschaft der Mittel- und Großbetriebe des Einzelhandels e. V., Köln. FOTO: JUPP DARCHINGER

DIE WELT, 19.12,1986, S. 11

CDU/CSU will Kartellnovelle

Arbeitsgruppe legt Eckwerte für Gesetzesänderung fest

hg. **Bonn**

Die Unionsparteien sind fest entschlossen, in der kommenden Legislaturperiode das Kartellgesetz zu novellieren. Wie Hansheinz Hauser, stellvertretender Vorsitzender der CDU/CSU-Bundestagsfraktion, der WELT auf Anfrage bestätigte, hat die Arbeitsgruppe „Wirtschaft" der Fraktion gestern Eckwerte für eine Novelle festgelegt. Damit sei die Marschroute für künftige Koalitionsverhandlungen vorgegeben.

Im Mittelpunkt steht die Handelskonzentration und damit verbunden die Frage, wie kleine und mittlere Handelsunternehmen in die Lage versetzt werden können, sich gegenüber den großen erfolgreich zu behaupten. Dabei spielt die Verbesserung des Schutzes gegen unbillige Behinderungen – etwa durch Untereinkaufspreis-Angebote des mächtigen Konkurrenten – eine wichtige Rolle. Hier sei eine präzisere Formulierung nötig, betonte Hauser. Außerdem solle dem Betroffenen die Möglichkeit zu einer Zivilklage gegen seinen Wettbewerber eingeräumt werden – mit Schadenersatzanspruch –, die es im Kartellrecht bisher nicht gibt.

Ein Dorn im Auge ist den Unionspolitikern auch die Tatsache, daß beispielsweise Selbstbedienungswarenhäuser unter bestimmten Voraussetzungen Markenartikler per Kartellgesetz dazu zwingen können, sie zu beliefern. Künftig dürfe das Gesetz kein Instrument mehr sein, mit dessen Hilfe marktstarke Handelsunternehmen kleine verdrängen können, sagte der Politiker.

Die Union will darüber hinaus die Stellung der mittelständischen Einkaufskooperationen verbessern und Zusammenschlüsse im Handel erschweren. Dabei müßten vor allem die regionalen Gegebenheiten stärker berücksichtigt werden als bisher, unterstrich Hauser. Schließlich überlege man, ob nicht an den vom Kartellgesetz ausgenommenen Bereichen – beispielsweise Energiewirtschaft, Versicherungen und Banken – etwas geändert werden könne.

DIE WELT, 12.11.1986, S. 12

Bangemann gibt Widerstand auf

FDP-Vorsitzender stellt umfassende Kartellnovelle in Aussicht

BONN/MÜNCHEN (rds/dpa). Wirtschaftsminister Martin Bangemann hat seinen bisherigen Widerstand gegen eine baldige Änderung des Kartellgesetzes, auf die unter anderem die Wettbewerbsexperten der Union drängen, aufgegeben. Vor dem Bundesverband der Selbständigen in München erklärte der FDP-Vorsitzende jetzt erstmals sein „vorläufiges Ja" zur Novellierung des Gesetzes gegen Wettbewerbsbeschränkungen (GWB), wie das Paragraphenwerk offiziell heißt.

Die Änderungen werden sich Bangemann zufolge nicht auf den Handel beschränken, wo sich das Konzentrationskarussell in den letzten Jahren besonders schnell drehte. Es gebe vielmehr die „sich allmählich festigende Erkenntnis", daß hinsichtlich der im Kartellrecht bestehenden Ausnahmen (für Banken, Versicherungen, Verkehr, Energiewirtschaft und Post) „durchaus erwägenswerte Perspektiven für eine wettbewerblich substantielle Auflockerung" bestünden.

Im Handel wird es nach den Worten Bangemanns schwierig sein, zufriedenstellende Lösungen zu finden, ohne bei der Mißbrauchsaufsicht die Grenze zur „Konditionenschnüffelei" zu überschreiten. Aus dem Mittelstand war vielfach die Forderung erhoben worden, den Verkauf unter Einstandspreis gesetzlich verbieten zu lassen. Begrenzte Handlungsspielräume zeichneten sich, so Bangemann, bei der Absicherung von Einkaufskooperationen — jüngste Gerichtsurteile hatten diese verboten — sowie für die Einführung der Zivilklage bei sogenannten unbilligen Behinderungen ab. Der Minister sieht auch Möglichkeiten, den Belieferungszwang aufzulockern. Darüber klagen vor allem Hersteller von Markenartikeln, die ihre Produkte in Großmärkten oftmals verschleudert sehen.

Bei der Fusionskontrolle gehe es darum, die von großen, auf weitgefächerten Märkten tätigen Handelsunternehmen ausgehende Nachfragemacht stärker als bisher in den Griff zu bekommen. Einen „Schutzzaun gegen weiteren Strukturwandel" werde es allerdings nicht geben, meinte der Minister. Es bleibe im übrigen bei dem Zeitplan, bis zum nächsten Frühjahr innerhalb der Koalition eine Entscheidung über das „Ob" der Novelle und über ihre Eckwerte herbeizuführen.

Frankfurter Rundschau, 7.11.1987, S. 7

7. Zum Selbstverständnis des Wettbewerbs

Auch wenn abschließend nicht näher auf die inhaltsträchtige Frage eingegangen werden soll, ob Wettbewerb (Konkurrenz) an sich – wie oftmals behauptet – sozialschädlich sei, weil er egoistisches und nicht solidarisches Verhalten fördere, ist doch noch kurz auf die Frage nach dem Selbstverständnis einzugehen, das die Beteiligten von der Funktion und dem Wert des Wettbewerbs haben.

Dazu ist zunächst auf den wohl unbestrittenen Sachverhalt hinzuweisen, daß ein in der Wirtschaft bestehender Wettbewerb zweifellos beachtliche güterliche Leistungen vollbringt, die auch den breiten Bevölkerungsschichten zugute kommen. Andererseits ist nicht zu übersehen, daß das Konkurrenzprinzip für alle, die dem Wettbewerb ausgesetzt sind, naturgemäß unbequem ist. Man muß ja im Grunde immer – d.h. auch dann, wenn man derzeit dem Konkurrenzkampf gewachsen ist – damit rechnen, daß ein anderer mit besseren Leistungen auf den Markt kommt. Der Wettbewerb zeigt unerbittlich die ökonomischen Schwächen des einzelnen auf, seien diese Schwächen nun selbst verschuldet oder nicht. Es gilt auch hier das (harte) Prinzip: Das Bessere ist der Feind des Guten.

Im Hinblick auf die Konkurrenzsituation scheint sich eine allgemeine, nicht zuletzt auch die Unternehmens-Konzentration fördernde Tendenz herauszubilden, daß zwar alle die Früchte der Wettbewerbsgesellschaft in Anspruch nehmen möchten, daß aber immer mehr Menschen immer weniger bereit sind, **alle** mit dem Konkurrenzprinzip verbundenen Konsequenzen zu tragen. Das gilt für Unternehmer genauso wie für Arbeitnehmer. Mit einer solchen Verhaltensweise ist zwangsläufig eine Gefahr verbunden, die überall auftritt, wo Wettbewerb nur schwach ausgeprägt ist oder ganz fehlt, nämlich Stagnation mit all ihren Folgen.

Zusammenfassend kann zur Wettbewerbsproblematik mit M. Jungblut (ZEIT 9.6.1978, S. 17) festgehalten werden, daß „es eine alte Erfahrung ist, daß die Marktwirtschaft auch (oder gerade auch, R.S.) gegen die Unternehmer ständig verteidigt werden muß, da sie wie alle anderen Teilnehmer an dieser Veranstaltung immer wieder der Versuchung unterliegen, die Spielregeln zu ihren Gunsten zu verändern. Natürlich sind ‚geordnete (kartellierte, R.S.) Märkte' bequemer als freie. Allerdings haben freie Unternehmer darin keine Existenzberechtigung". Hinzu kommt, daß eine solche wie auch immer strukturierte „Marktordnung" regelmäßig das eigentliche Übel auf Dauer nur noch verschlimmert, wovon der obrigkeitlich „geordnete" EG-Agrarmarkt beredt Zeugnis ablegt.

Johannes Hirschmeier – ein Deutscher, der in Japan Universitätspräsident ist und die Verhältnisse in beiden Ländern gut kennt – präzisiert die von Jungblut artikulierte Tendenz: „In Deutschland gibt es eine unheilige Allianz zwischen Gewerkschaften und Banken in den Aufsichtsräten. Beide Seiten möchten den Wettbewerb verringern – die einen aus Sorge um Arbeitsplätze, die anderen aus Sorge um ihre Kapitalanlagen". Dabei sei die Konkurrenz eine der wichtigsten Ursachen für die Dynamik der Wirtschaft (ZEIT 1.5.1981, S. 24). Es hat den Anschein, daß Unternehmensleiter diese problematische Entwicklung vielfach mittragen, weil dies für sie zunächst einmal der konfliktärmere Weg ist.

8. Zusammenfassende Übersicht

Wettbewerbs (Konkurrenz) prinzip

Wesen

- Betriebe wetteifern auf dem Markt miteinander um die Gunst der Abnehmer (oder Lieferanten) von Produkten und Leistungen, und zwar in der Hoffnung, hierbei Gewinn zu erzielen.
- Wettbewerb/ Konkurrenz = Basis der Marktwirtschaft.
- Wettbewerb zwingt zur Beachtung des Wirtschaftlichkeitsprinzips und zur Rationalisierung.

Rechtliche Fundierung

- Grundgesetz, Art 2 I begründet die Wettbewerbs**freiheit**; sie enthält keine Verpflichtung, sich auch tatsächlich am Wettbewerb zu beteiligen.
- Gesetz gegen Wettbewerbsbeschränkungen (GWB; Kartellgesetz) = Grundgesetz der Wirtschaft; schränkt die Vertragsfreiheit ein, wenn diese zur Beschränkung oder Ausschaltung des Wettbewerbs genutzt werden soll.

Der Markt

- Ort, an dem Angebot und Nachfrage zusammenkommen.
- Er sorgt (mit seinem variablen Marktpreis) für einen (mengenmäßigen) Ausgleich von Angebot und Nachfrage.
- Markt = Friedensordnung?
- Markt sorgt für Betriebsliquidationen.

Konzentration

- Kartell
- Konzern
- Fusion
- Oligopol
- Monopol

Ordnungspolitische Aktivitäten und Schwierigkeiten

- Zielproblematik
  - viel Wettbewerb oder viele Wettbewerber?
  - „Es muß verhindert werden, daß aus dem Gesetz gegen Wettbewerbsbeschränkungen ein Gesetz wird, das Wettbewerbsbeschränkungen ermöglicht und ihre Anwendung erzwingt" (Wiss. Beirat, Bundeswirtschaftsministerium, 1986).
- Wirtschaftliche (und politische) Macht von Unternehmen.
- Die Entflechtungsthematik.

WER SAGT'S DENN?

Wettbewerb ist Darwinismus als gesellschaftliches Prinzip.

Wolfgang Kartte

Zusammenfassende Thesen

- Alle wollen die Früchte (Leistungen) der Wettbewerbsgesellschaft in Anspruch nehmen, aber immer weniger Menschen (Arbeitnehmer wie Unternehmer) sind bereit, **alle** mit dem Konkurrenzprinzip verbundenen Konsequenzen zu tragen
- „Allenfalls 50 Prozent der deutschen Wirtschaft steht noch im unverfälschten Wettbewerb, schätzt das Kieler Weltwirtschaftsarchiv" (Wirtschaftswoche 16.10.1987, S. 56).

V. Die Tarifautonomie

1. Ihr Wesen

Unsere Arbeitswelt wird von dem Prinzip der Tarifautonomie beherrscht, d.h. es existiert auf dem Arbeitsmarkt die grundgesetzlich garantierte Befugnis zur Selbstordnung eigener Angelegenheiten durch Tarifvertrag. Diese Befugnis hat ihre wichtigste rechtliche Basis in Art. 9 Abs. 3 des Grundgesetzes, der die Koalitionsfreiheit enthält und der wie folgt lautet:

> „Das Recht, zur Wahrung und Förderung der Arbeits- und Wirtschaftsbedingungen Vereinigungen zu bilden, ist für jedermann und für alle Berufe gewährleistet.
> Abreden, die dieses Recht einschränken oder zu behindern suchen, sind nichtig, hieraus gerichtete Maßnahmen sind rechtswidrig".

Die Koalitionsfreiheit ermöglicht auf dem Arbeitsmarkt eine Ausnahme von dem ansonsten in der Wirtschaft geltenden gesetzlichen Verbot, wettbewerbsbeschränkende Absprachen oder Vereinigungen zu schaffen.

Hanau/Adomeit (1986, S. 69) umschreiben die Tarifautonomie als das „Recht der Koalitionen, unabhängig von staatlicher Einflußnahme Arbeitsbedingungen zu regeln". Dieses Recht ist vom Bundesverfassungsgericht mehrfach bestätigt worden. Das bedeutet praktisch, daß „die staatliche Ordnung so gestaltet sein muß, daß den Sozialpartnern die Möglichkeit bleibt, die Arbeitsbedingungen sinnvoll durch Tarifverträge zu ordnen" (Zöllner/Mikosch, Bd. II, 1979, S. 103).

2. Die Koalitionsfreiheit

a) Ihre Ausprägung

Ihre praktische Ausprägung erfährt die Koalitionsfreiheit in dem von der Verfassung garantierten Recht, **Gewerkschaften** und **Arbeitgeberverbände** zu gründen bzw. ihnen beizutreten. Diese „arbeitsrechtlichen Verbände" (= Arbeitsmarktverbände) wollen **Arbeitsbedingungen** im weitesten Sinne für ihre Mitglieder **kollektiv regeln**. Das entscheidende Instrument hierfür ist der **Tarifvertrag**.

Das Grundrecht der Koalitionsfreiheit steht „jedermann" zu, daher existiert es auch für Ausländer. Weil die Koalitionsfreiheit „für alle Berufe" gewährleistet wird, gilt sie auch für Arbeiter und Angestellte des öffentlichen Dienstes sowie für Beamte.

Die Rechtslehre unterscheidet bei dem Koalitionsrecht zwischen der **Koalitionsberechtigung** und der **Koalitionsbetätigung**. „Hinsichtlich der Koalitionsberechtigung stehen prinzipiell alle (arbeitnehmerischen) Berufe gleich; hinsichtlich der ihnen konkret erlaubten Koalitionsbetätigung (z.B. Teilnahme am Arbeitskampf, R.S.) ergeben sich vielfältige Differenzierungen (Grenzen der Koalitionsbetätigung nicht nur für Angehörige des öffentlichen Dienstes, sondern beispielsweise auch für bestimmte Funktionseliten im Bereich der Privatwirtschaft)" (Scholz, in Maunz-Dürig, Komm. z. GG, Art. 9, Rdnr. 178).

Verstoß gegen die Koalitionsfreiheit

Mit seiner Entscheidung 1 AZR 651/85 vom 2. 6. 1987 hat es das Bundesarbeitsgericht als einen Verstoß gegen die durch Art. 9 Abs. 2 Grundgesetz garantierte Koalitionsfreiheit angesehen, wenn ein Arbeitgeber für die Einstellung eines Arbeitnehmers verlangt, er werde mit ihm nur dann einen Arbeitsvertrag abschließen, wenn er eine schriftliche Kündigung seiner Gewerkschaftsmitgliedschaft vorlege.

Das Bundesarbeitsgericht bekräftigte die Auffassung der Vorinstanzen, daß es sich bei diesem Verlangen eines Arbeitgebers um einen rechtswidrigen Angriff auf den Bestand der betreffenden Gewerkschaft handele. Das Verlangen auf Austritt aus der Gewerkschaft gehe über die bloße Äußerung einer Meinung über die Zweckmäßigkeit der Mitgliedschaft in einer Gewerkschaft weit hinaus und ist vom Grundrecht der freien Meinungsäußerung daher nicht mehr gedeckt. Von seiner Vertragsfreiheit kann der Arbeitgeber nur im Rahmen der verfassungsmäßigen Ordnung Gebrauch machen, der gerade einen solchen Angriff auf die Koalitionsfreiheit verbietet.

betrieb + personal, Nr. 7/1987, S. 194

Der **Arbeitnehmer** im koalitionsrechtlichen Sinne ist vor allem durch das Merkmal unselbständiger Arbeit gekennzeichnet; daher ist – im Gegensatz zum sonstigen Arbeitsrecht – koalitionsrechtlich auch der Beamte Arbeitnehmer. Nach dem Handelsgesetzbuch (§ 84 I) gilt als Selbständiger und damit als Nicht-Arbeitnehmer „wer im wesentlichen frei seine Tätigkeit gestalten und seine Arbeitszeit bestimmen kann“.

„Die arbeitsrechtlichen Verbände haben für den Zustand unserer sozialen Rechtsordnung und für das demokratische Funktionieren der heutigen Gesellschaft eine überaus große Bedeutung. Deshalb nehmen sie (im Gegensatz zu den zahlreichen sonstigen Vereinen, R.S.) eine verfassungsrechtliche Sonderstellung ein, die in dem Grundrecht der Koalitionsfreiheit (Art. 9 III GG) zum Ausdruck kommt“ (Zöllner/Mikosch, Bd. 2, 1979, S. 96). Das Bundesverfassungsgericht stellt in seinem Mitbestimmungsurteil vom 1.3.1979 fest, daß „die Koalitionsfreiheit einer sinnvollen Ordnung des Arbeitslebens dient“.

b) Aufgaben der Koalitionen und Koalitionsvoraussetzungen

Die Aufgaben der arbeitsrechtlichen Verbände (Koalitionen) sind sehr vielfältig und weitgehend. Mit ihrer Arbeit nehmen die Gewerkschaften und Arbeitgeberverbände dem Staat praktisch Aufgaben ab, die er wahrnehmen müßte, wenn es keine funktionsfähigen Koalitionen gäbe. Insofern nehmen die Koalitionen in erheblichem Maße Ordnungsfunktionen wahr.

Rein schematisch lassen sich die allgemeinen Aufgaben der Koalitionen wie folgt darstellen:

Abb.: Aufgabenbereiche von Koalitionen (Ruppert 1977, S. 299)

Das Wirken der Verbände wird unterstützt durch eine Anzahl öffentlich-rechtlicher Befugnisse in Gesetzgebung, Exekutive und Rechtsprechung: Mitwirkung am Erlaß von Durchführungsvorschriften, Teilnahme ihrer Vertreter in Verwaltungsausschüssen und Beiräten, Vorschlagsrechte bei der Besetzung der Arbeitsgerichte mit ehrenamtlichen Beisitzern, schließlich das Recht zur Prozeßvertretung der Mitglieder. Der tatsächliche Einfluß, den die Verbände auf Politik, Wirtschaft und Kultur nehmen, geht darüber weit hinaus.

Hanau/Adomeit (1986, S. 61f.)

Wegen ihrer weittragenden Kompetenzen werden an das Vorliegen arbeitsrechtlicher Koalitionen strenge Anforderungen gestellt, und zwar von der obersten Rechtsprechung, insbesondere dem Bundesarbeitsgericht und dem Bundesverfassungsgericht. Nach der heutigen Rechtslage wird also nicht jede spontan oder auch nach sorgfältigen Vorbereitungen zustande gekommene neue Vereinigung als Koalition im Sinne von Art. 9 Abs. 3 Grundgesetz anerkannt. Damit haben die heute bestehenden etablierten Gewerkschaften und Arbeitgeberverbände zweifellos einen erheblichen Rechtsvorteil gegenüber neu entstehenden Arbeitnehmer- oder Arbeitgebervereinigungen.

Das **Bundesverfassungsgericht** formuliert in seinem Mitbestimmungsurteil vom 1.3.1979 folgende Voraussetzungen für arbeitsrechtliche Koalitionen:

„Als Partner von Tarifverträgen müssen die Koalitionen

- frei gebildet,
- gegnerfrei und
- auf überbetrieblicher Grundlage organisiert,
- ihrer Struktur nach unabhängig genug sein, um die Interessen ihrer Mitglieder auf arbeits- und sozialrechtlichem Gebiet nachhaltig zu vertreten und
- das geltende Tarifrecht als für sich verbindlich anerkennen".

Ruppert (1977, S. 292) hat die Koalitionsvoraussetzungen und ihre Folgen in der nachstehenden Grafik recht übersichtlich dargestellt.

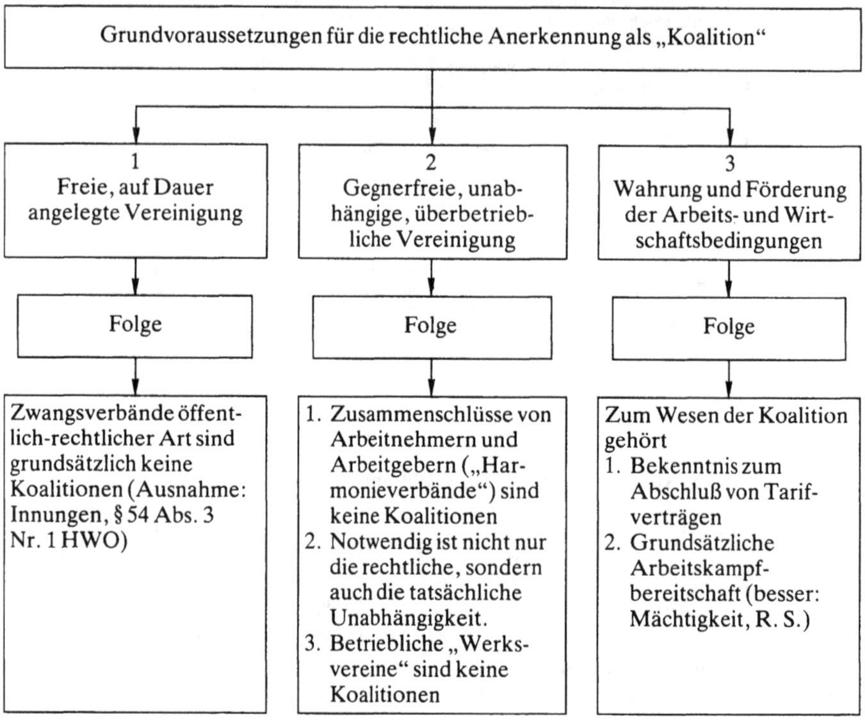

3. Der Arbeitskampf, insbesondere seine rechtlichen Grundlagen

Anerkennt man die Tarifautonomie, so impliziert dies auch das Recht zum Arbeitskampf. „Man nimmt heute fast allgemein an, daß die Tarifautonomie nicht umfassend funktionieren kann, wenn die Parteien nicht auch die Möglichkeit haben, den Gegner notfalls zum Abschluß eines Tarifvertrages zu zwingen" (Zöllner/Mikosch, Bd. II 1979, S. 103). Dies wird verständlich, wenn man sich vor Augen führt, daß „Tarifverhandlungen nicht nach dem Muster des individuell ausgehandelten Vertrags im Rahmen freier Konkurrenz geführt werden, sondern nach dem Muster der ‚machtmäßigen Konfliktregulierung und der Drohung'" (BAG, 12.9.1984) und daß „ohne das Recht zum Streik Tarifverhandlungen im allgemeinen nicht mehr als ‚kollektives Betteln' wären" (BAG, 10.6.1980).

Das Streikrecht existiert nach überwiegender Meinung nicht für die Beamten; abgeleitet wird dies aus den „hergebrachten Grundsätzen des Berufsbeamtentums“ (Art. 33 Abs. 5 GG).

Beamte

Streikrecht?

Verstehen kann man die Kollegen von der Post schon: Sie befürchten, daß bei einem Arbeitskampf Beamte als Streikbrecher – amtlich würde es wohl heißen: zur Aufrechterhaltung eines ordnungsgemäßen Postdienstes – eingesetzt werden. Da sind sie mit der ÖTV und den Eisenbahnern einig. Deshalb forderte die Postgewerkschaft jetzt wieder das Streikrecht für Beamte.

Nun gibt es überzeugende Gründe, warum Beamte nicht streiken dürfen – so sie denn tatsächlich hoheitliche Aufgaben erfüllen. Ein Streikverbot für Polizeibeamte ist sofort einsichtig. Der streikbehindernde Beamtenstatus der Eisenbahner aber ist ein Relikt aus der Zeit, als ein kaiserlicher Generalstab die Reichsbahn in sein strategisches Konzept einschloß, und hat nichts mit der heutigen Bundesbahn zu tun. Auch für das Befördern von Briefen oder das Lehren des kleinen Einmaleins braucht man keine Beamten.

Doch darüber diskutieren die beteiligten Gewerkschaften nicht, denn viele ihrer Mitglieder sind ja Beamte und schätzen die damit verbundenen Vorteile. Nur eben, das Streikrecht möchten sie auch noch haben. Doch umgekehrt wird ein Schuh daraus: Mindert die Zahl der Beamten auf das wirklich notwendige Maß. Dann werden alle Postler automatisch ihr Streikrecht haben. *hm*

DIE ZEIT, 5.12.1986, S. 18

Beim (rechtmäßigen) Arbeitskampf stören die Parteien des Arbeitslebens den Arbeitsfrieden mit kollektiven Maßnahmen, um durch Druck ein bestimmtes Ziel zu erreichen. Die Haupterscheinungsformen des Arbeitskampfes sind Streik und Aussperrung.

Weder das Recht auf Arbeitskampf noch der Arbeitskampf selbst sind gesetzlich geregelt. Das gesamte Arbeitskampfrecht basiert auf gerichtlichen Entscheidungen. Dabei ist eine wichtige rechtliche Basis immer noch die Entscheidung des **Bundesarbeitsgerichts** vom 28.1.1955, in der folgende **Wertung (Maxime) des Arbeitskampfes** enthalten ist:

„Arbeitskämpfe (Streik und Aussperrung) sind im allgemeinen unerwünscht, da sie volkswirtschaftliche Schäden mit sich bringen und den im Interesse der Gesamtheit liegenden sozialen Frieden beeinträchtigen; aber sie sind in bestimmten Grenzen erlaubt, sie sind in der freiheitlichen, sozialen Grundordnung der Deutschen Bundesrepublik zugelassen. Unterbrechungen der betrieblichen Arbeitstätigkeit durch einen solchen Arbeitskampf sind sozialadäquat, da die beteiligten Arbeitnehmer und Arbeitgeber mit solchen kampfweisen Störungen auf Veranlassung und unter der Leitung der Sozialpartner von jeher rechnen müssen und die deutsche freiheitliche Rechtsordnung derartige Arbeitskämpfe als ultima ratio anerkennt. Es besteht Freiheit des Arbeitskampfes, Streikfreiheit und Aussperrungsfreiheit...
Das deutsche Arbeitsrecht erkennt... die sozialadäquaten Arbeitskämpfe als legitimes Mittel zur Erreichung kollektivrechtlicher Vereinbarungen an.
Der Staat verhält sich den Arbeitskämpfen der Sozialpartner gegenüber neutral".

Die rechtlichen **Arbeitskampfregeln** hat der Große Senat des **Bundesarbeitsgerichts** zuletzt in seinem Beschluß vom 21.4.1971 wie folgt **zusammengefaßt**:

- „Arbeitskämpfe dürfen nur insoweit eingeleitet und durchgeführt werden, als sie zur Erreichung rechtmäßiger Kampfziele und des nachfolgenden Arbeitsfriedens geeignet und sachlich erforderlich sind. Jede Arbeitskampfmaßnahme – sei es Streik, sei es Aussperrung – darf ferner nur nach Ausschöpfung aller Verständigungsmöglichkeiten ergriffen werden; der Arbeitskampf muß also das letzte mögliche Mittel (**ultima ratio**) sein".

Diese Generallinie hat von der Rechtsprechung folgende weitere Präzisierungen bzw. Ergänzungen erhalten:

- Der Arbeitskampf muß ein **Kampf tariffähiger* Parteien** sein. Damit ist der „wilde", nicht von einer Gewerkschaft getragene Streik rechtswidrig. Am Streik beteiligen dürfen sich auch die nicht-organisierten Arbeitnehmer.
- Arbeitskämpfe müssen unter dem **Gebot der Verhältnismäßigkeit** stehen; dazu heißt es in der Entscheidung des Bundesarbeitsgerichts vom 21.4.1971:

  „Arbeitskämpfe müssen zwar nach unserem freiheitlichen Tarifvertragssystem möglich sein, um Interessenkonflikte über Arbeits- und Wirtschaftsbedingungen im äußersten Fall austragen und ausgleichen zu können. In unserer verflochtenen und wechselseitig abhängigen Gesellschaft berühren aber Streik wie Aussperrung nicht nur die am Arbeitskampf unmittelbar Beteiligten, sondern auch Nichtstreikende und sonstige Dritte sowie die Allgemeinheit vielfach nachhaltig. Arbeitskämpfe müssen deshalb unter dem obersten Gebot der Verhältnismäßigkeit stehen. Dabei sind die wirtschaftlichen Gegebenheiten zu berücksichtigen, und das Gemeinwohl darf nicht offensichtlich verletzt werden...

  Die Mittel des Arbeitskampfes dürfen ihrer Art nach nicht über das hinausgehen, was zur Durchsetzung des erstrebten Zieles jeweils erforderlich ist. Das Prinzip der Verhältnismäßigkeit betrifft also nicht nur Zeitpunkt und Ziel, sondern auch die Art und Durchführung und die Intensität des Arbeitskampfes. Der Arbeitskampf ist deshalb nur dann rechtmäßig, wenn und solange er nach Regeln eines fairen Kampfes geführt wird. Ein Arbeitskampf darf nicht auf Vernichtung des Gegners abstellen, sondern er hat den gestörten Arbeitsfrieden wieder herzustellen.

  Nach beendetem Arbeitskampf müssen wegen des Grundsatzes der Verhältnismäßigkeit beide Parteien ebenfalls dazu beitragen, daß sobald wie möglich und in größtmöglichem Umfang der Arbeitsfriede wieder hergestellt wird".
- Das ultima-ratio-Prinzip schließt nach Ablauf der Friedenspflicht **Warnstreiks** während der laufenden Tarifverhandlungen nicht aus, auch nicht solche, die zu der von der Industriegewerkschaft Metall kreierten „Neuen Beweglichkeit"

* Das Recht, Tarifverträge abzuschließen (= Tariffähigkeit), haben Gewerkschaften, Arbeitgeberverbände und einzelne Arbeitgeber.

gehören. Zu dieser Thematik führt das Bundesarbeitsgericht in seinem Warnstreikurteil vom 12.9.1984, das die Arbeitgeberseite mit einer Beschwerde vor dem Bundesverfassungsgericht beantwortet hat, folgendes aus:

„Der Grundsatz, wonach jede Arbeitskampfmaßnahme erst nach Ausschöpfung aller Verständigungsmöglichkeiten ergriffen werden darf, gilt nicht uneingeschränkt. Er gilt nicht für kurze und zeitlich befristete verhandlungsbegleitende (von der Gewerkschaft getragene, R.S.). Warnstreiks ... Die die Tarifverhandlungen begleitenden kurzfristigen Streiks sind oft das einzige Druckmittel, das Bewegung in den Verhandlungsablauf bringen kann".

- Ein weiterer wichtiger Grundsatz des Arbeitskampfrechts ist der der **Verhandlungsparität** zwischen Arbeitgebern und Arbeitnehmern bzw. zwischen ihren Verbänden (Koalitionen).

„Die Verhandlungsparität soll sicherstellen, daß nicht eine Tarifvertragspartei der anderen von vornherein ihren Willen aufzwingen kann, sondern daß möglichst gleiche Verhandlungschancen bestehen. Auf andere Weise kann nämlich die Tarifautonomie unter Ausschluß der staatlichen Zwangsschlichtung nicht funktionieren" (BAG 12.9.1984).

Um die Verhandlungsparität zu ermöglichen, hat das Bundesarbeitsgericht die Abwehraussperrung im Prinzip zugelassen und in seinem Urteil vom 10.6.1980 ausgeführt:

„Die Arbeitgeber müssen in der Lage sein, den Kampfrahmen nach taktischen Gesichtspunkten angemessen zu erweitern, um Wettbewerbsverzerrungen ohne besondere Belastungen der Solidarität auszugleichen ...
Als geeignet, erforderlich und proportional (= Grundsatz der Verhältnismäßigkeit = Übermaßverbot, R.S.) können nur solche Abwehraussperrungen gelten, die die Herstellung der Verhandlungsparität bezwecken. Damit ist zugleich der Rahmen für die Zulässigkeit von Abwehraussperrungen bezeichnet".

4. Die Neutralitätspflicht des Staates

Zur Tarifautonomie gehört neben dem Recht zum Arbeitskampf unstreitig die Nichteinmischung des Staates in die Bemühungen um die Regelungen der Arbeitsbedingungen durch die arbeitsrechtlichen Verbände. Oder mit anderen Worten: Der **Staat** hat sich bei den Auseinandersetzungen um den Abschluß von Tarifverträgen **neutral** zu verhalten. Von dieser Maxime rührt der insbesondere in den Jahren 1984-1986 heftig geführte politische Streit um die 1986 erfolgte Änderung des § 116 Arbeitsförderungsgesetz (AFG) her. Das Arbeitsförderungsgesetz und sein (alter) § 116 sind 1969 entstanden, also in der Zeit der Großen Koalition (Kiesinger/Brandt).

a) Das generelle Problem des § 116 AFG

Die Generalnorm des § 116 AFG ist in seinem Absatz 1 enthalten, die auch heute noch gilt und die wie folgt lautet:

„Durch die Gewährung von Arbeitslosengeld (oder Kurzarbeitergeld, R.S.) darf nicht in Arbeitskämpfe eingegriffen werden".

Diese Regelung ist für den **Arbeitskampf** im **engeren Sinne** – also im Falle einer direkten Kampfbeteiligung – auch weitgehend unbestritten, weil es nicht gut angehen kann, daß sich die Kämpfenden ihren Lohnausfall zum größten Teil vom

Arbeitsamt holen und somit gar kein „richtiges“ Arbeitskampf-Risiko tragen. Aber dies ist ja auch gar nicht der eigentliche Konflikt.

Die reichlich komplexe Gesamtsituation des § 116 AFG ist am besten an einem **Beispiel** zu verdeutlichen:

Die IG Metall läßt in einer Auseinandersetzung um die generelle (bundesweite) Arbeitszeitverkürzung im Tarifgebiet Baden-Württemberg einen marktstarken Hersteller von Kolben für Kraftfahrzeuge bestreiken.

In diesem Falle lassen sich im Hinblick auf die Arbeitskampffolgen, soweit sie vor allem das Arbeitsförderungsgesetz betreffen, folgende Situationen unterscheiden:

- Die bei dem Kolbenhersteller Streikenden und andere in diesem Werk eventuell durch den Arbeitskampf beschäftigungslos gewordene Arbeitnehmer erhalten weder Lohn noch Arbeitslosen- bzw. Kurzarbeitergeld. Soweit die Streikenden gewerkschaftlich organisiert sind, bekommen sie eine gewerkschaftliche Streikunterstützung, die sich nach der Dauer der Gewerkschaftsmitgliedschaft und der Höhe der gezahlten Gewerkschaftsbeiträge richtet. Die Nicht-Organisierten sind im Notfall auf die Sozialhilfe angewiesen.
- Führt der Arbeitskampf beim Kolbenhersteller dazu, daß in dem umkämpften Tarifgebiet auch andere Betriebe derselben Branche (hier also Metall) in Mitleidenschaft gezogen werden (z.B. Daimler-Benz in Stuttgart), so treten in diesem Falle dieselben rechtlichen Folgen ein, wie in dem tatsächlich bestreikten Betrieb. Das heißt: Es gibt weder Lohn* noch Arbeitslosen- bzw. Kurzarbeitergeld. Dies gilt sowohl für den Fall, daß andere Betriebe nicht weiterarbeiten können, weil die Zulieferungen aus dem bestreikten Betrieb ausbleiben, wie auch für den Fall, daß diese Betriebe aus Solidarität mit dem bestreikten Kolbenhersteller ihre Belegschaft oder einen Teil davon aussperren.

  Dieser Fall wird (ebenso wie der davor geschilderte) vom Absatz 2 des alten und neuen § 116 AFG erfaßt:

  > „Ist der Arbeitnehmer durch Beteiligung an einem inländischen Arbeitskampf arbeitslos geworden, so ruht der Anspruch auf Arbeitslosengeld bis zur Beendigung des Arbeitskampfes“.

- Im Hinblick auf mögliche **Fern**wirkungen eines Arbeitskampfes sind neben dem zuletzt geschilderten Fall zwei weitere Falluntergruppen zu unterscheiden:
  - die eine betrifft Betriebe derselben Branche, die aber außerhalb des umkämpften Gebietes liegen, so z.B. wenn die Daimler-Benz-Fertigungsstätten in Bremen und Berlin die Produktion einstellen müssen, weil die erforderlichen Zulieferteile des Kolbenherstellers ausbleiben;
  - die zweite Gruppe betrifft Betriebe, die nicht zu der umkämpften Branche gehören und die ihren Sitz entweder innerhalb oder außerhalb des umkämpften Gebietes haben, z.B. selbständige Transportunternehmer aus Baden-Württemberg und aus Schleswig-Holstein, die – wenn der Kolbenhersteller produziert – die Kolben zu den Stätten der Weiterverarbeitung fahren.

---

* S. „Arbeitskampfrisiko“ auf der folgenden Seite.

Die aufgrund solcher Arbeitskampffernwirkungen beschäftigungslos gewordenen Arbeitnehmer erhalten in den Fällen, in denen sie das Arbeitskampfrisiko tragen müssen* (s. S. 174f.), keinen Lohn. Gewerkschaftliche Streikunterstützung bekommen sie ebenfalls nicht, da in diesen Gebieten ja kein gewerkschaftlich initiierter und organisierter Arbeitskampf stattfindet.

Im Hinblick auf eine Hilfe vom Arbeitsamt für die von den Fernwirkungen eines Arbeitskampfes betroffenen Arbeitnehmer gestaltet sich die Rechtslage in der zweiten Fall-Untergruppe recht einfach: Für die durch die Fernwirkungen eines Arbeitskampfes beschäftigungslos gewordenen Arbeitnehmer einer anderen Branche gibt es unzweifelhaft Erwerbslosenunterstützung (bzw. Kurzarbeitergeld) vom Arbeitsamt. Daran hat sich auch durch die Neufassung des § 116 AFG nichts geändert (s. § 116 Abs. 1 S. 2).

Rechtlich schwieriger wird die Situation, wenn sie zur ersten Fall-Untergruppe gehört, wenn also der Arbeitskampf beim Kolbenhersteller in Baden-Württemberg dazu führt, daß Betriebe derselben Branche außerhalb Baden-Württembergs nicht weiterarbeiten können.

Ob in einem solchen Fall die Bundesanstalt für Arbeit den indirekt vom Arbeitskampf betroffenen Arbeitnehmern (derselben Branche) helfen kann, ist eine sehr umstrittene Frage und die eigentliche Ursache für die heftigen Auseinandersetzungen um die Reform des § 116 AFG gewesen. Bis zur Änderung des § 116 AFG versuchte das Arbeitsförderungsgesetz diese Frage mit Absatz 3 des § 116 zu regeln, der lautete:

„Ist der Arbeitnehmer durch einen inländischen Arbeitskampf, an dem er nicht beteiligt ist, arbeitslos geworden, so ruht der Anspruch auf Arbeitslosengeld bis zur Beendigung des Arbeitskampfes, wenn

1. der Arbeitskampf auf eine Änderung der Arbeitsbedingungen in dem Betrieb, in dem der Arbeitnehmer zuletzt beschäftigt war, abzielt oder
2. die Gewährung des Arbeitslosengeldes den Arbeitskampf beeinflussen würde“.

b) Der Anlaß zu dem Streit um § 116 AFG im Arbeitskampf von 1984

Die eben genannte Fall-Situation (außerhalb des Kampfgebietes mittelbar Betroffene derselben Branche) hat anläßlich des hartnäckigen Arbeitskampfes im Jahre 1984 um die Einführung der 35-Stunden-Woche eine große gesellschaftspolitische Bedeutung erlangt. Die Fernwirkungen dieses eng geführten (Teil)-Streiks führten dazu, daß es immer mehr mittelbar vom Streik betroffene Arbeitnehmer gab, weil die Arbeitgeber die Produktion aufgrund fehlender Zulieferungen eingestellt hatten. Die Gewerkschaften nennen eine solche Arbeitseinstellung „kalte Aussperrung“. Als in dieser Arbeitskampfphase zunehmend Anträge auf Gewährung von Kurzarbeitergeld bei den Arbeitsämtern gestellt wurden, gab der Präsident der Bundesanstalt für Arbeit, Heinrich Franke, einen Erlaß heraus (Franke-Erlaß), wonach mittelbar vom Arbeitskampf betroffene Arbeitnehmer derselben Branche kein Kurzarbeitergeld erhalten dürfen.

Gegen den Franke-Erlaß wurde vor dem Sozialgericht Frankfurt und dem Sozialgericht Bremen erfolgreich eine Einstweilige Verfügung beantragt, d.h. diese Gerichte hoben den Franke-Erlaß wieder auf bzw. setzten seine Anwendung aus.

* was in der ersten Untergruppe regelmäßig der Fall sein dürfte.

Daraufhin wurde von den Arbeitsämtern an die mittelbar vom Arbeitskampf betroffenen Arbeitnehmer Kurzarbeitergeld „unter Vorbehalt“ gezahlt. Das hessische Landessozialgericht in Darmstadt hat – ebenso wie das Landessozialgericht Bremen – die Einstweilige Verfügung der ersten Instanz bestätigt. In dem späteren, eigentlichen Hauptverfahren haben das Frankfurter und das Bremer Sozialgericht (im Februar bzw. April 1986) die Einstweiligen Verfügungen bestätigt, d.h. den Franke-Erlaß für rechtswidrig erklärt.

Wie komplex die Neutralitätsproblematik ist, geht auch aus dem folgenden Zitat von Ernst Benda, dem früheren Präsidenten des Bundesverfassungsgerichts hervor (ZEIT, 1.11.1985, S. 21): „Meiner Meinung nach wird zu Recht gesagt – ob die Bundesanstalt nun zahlt oder nicht –, ihr Verhalten beeinflußt in jedem Fall den Arbeitskampf“. Diese Auffassung vertritt auch Wilhelm Herschel (Arbeit und Recht, 1985, S. 373): „Es liegt ja auf der Hand: Wer sich in einen Streit Dritter nicht einmischt, obgleich er es könnte, ebnet eben dem Stärkeren die Bahn, auf der dieser seine überlegenen Kräfte ausspielen kann. Nicht anders verhält es sich im vorliegenden Falle. Soweit die Bundesanstalt für Arbeit aus Anlaß von Streik oder Aussperrung die Zahlung von Arbeitslosengeld (bzw. Kurzarbeitergeld) verweigert, hilft sie – gewollt oder ungewollt – faktisch der Arbeitgeberseite. § 116 AFG **könnte** ausführlicher lauten: ‚Weder durch Gewährung noch durch Verweigerung von Arbeitslosengeld darf in Arbeitskämpfe eingegriffen werden‘. Jede Argumentation, welche die zweite Alternative übersieht, ist unrealistisch und läuft Gefahr, zu einem falschen Ergebnis zu führen“.

Eine ähnliche Problematik wie die im Jahre 1984 war auch schon früher einmal aufgetreten. So hatte anläßlich des Streiks in der Metallindustrie von Nordwürttemberg-Nordbaden Ende 1971 der Präsident der Bundesanstalt für Arbeit, Josef Stingl, damals in einem Erlaß die Gewährung von Leistungen der Bundesanstalt für Arbeit an die Arbeitnehmer in der gesamten Metallindustrie der Bundesrepublik untersagt.

Die Anwendung dieser Präsidentenentscheidung wurde in dem konkreten Fall von dem drittelparitätisch aus Vertretern der Arbeitgeber, der Arbeitnehmer und der öffentlichen Hand zusammengesetzten Verwaltungsrat der Bundesanstalt für Arbeit mit seinem Ausnahmebeschluß gemäß § 116 Abs. 4 AFG verhindert. Diese Bestimmung läßt es zu, daß trotz Vorliegen der Voraussetzungen nach § 116 Abs. 3 Arbeitslosenunterstützung zu gewähren ist, wenn die Nichtgewährung ausnahmsweise nicht gerechtfertigt ist. Der Verwaltungsrat ordnete damals also die ausnahmsweise Auszahlung von Arbeitslosengeld an **alle** betroffenen Arbeitnehmer außerhalb des umkämpften Tarifgebietes an.

Weil die Arbeitgeberseite in diesem Beschluß eine Verletzung des Neutralitätsgrundsatzes des Staates sah, hat sie einen Prozeß vor dem Bundessozialgericht geführt. Das hierzu am 9.9.1975 ergangene Urteil kommentiert F. Wassner in der FAZ (12.9.1975, S. 11) mit folgenden Worten: „Der Prozeß ging an die Arbeitgeber, aber den Sieg haben die Gewerkschaften davongetragen“. Gemeint ist damit die paradoxe Situation, daß das Bundessozialgericht zwar den betreffenden Beschluß wegen Kompetenzüberschreitung des Verwaltungsrates und schwerer Formfehler für rechtswidrig erklärt, jedoch andererseits in seiner Urteilsbegründung das mit dem Ausnahmebeschluß herbeigeführte Ergebnis selbst als gerechtfertigt ansieht.

Mit ihrer Anordnung vom 22.3.1973 (der Neutralitäts-Anordnung; s. S. 365) hatte die Bundesanstalt für Arbeit in der Frage der Gewährung von Arbeitslosenunterstützung der mittelbar am Streik Beteiligten eine generelle Regelung geschaffen, die zu einem für die Arbeitnehmer günstigeren Ergebnis führte. Danach hatten die in anderen Tarifbezirken mittelbar von einem Arbeitskampf betroffenen Arbeitnehmer grundsätzlich Anspruch auf Arbeitslosenunterstützung. Dies galt auch für Arbeitnehmer des gleichen fachlichen Tarifbereichs, sofern die Gewerkschaft für den regionalen Tarifbezirk des arbeitslosen, nicht am Arbeitskampf beteiligten Arbeitnehmers nach Art und Umfang nicht die gleichen Forderungen gestellt hatte wie für die am Arbeitskampf direkt beteiligten Arbeitnehmer.

Die Arbeitgeber sahen auch in der Neutralitäts-Anordnung der Bundesanstalt vom 22.3.1973 einen Verstoß gegen den Grundsatz, daß sich der Staat neutral bei Arbeitskämpfen verhalten soll. Daher legte der Verband der Metallindustrie Baden-Württembergs gegen die betreffende Anordnung Verfassungsbeschwerde beim Bundesverfassungsgericht ein. Das Bundesverfassungsgericht entschied am 23.1.1978, diese Verfassungsbeschwerde nicht anzunehmen, weil sie unzulässig sei. Anläßlich der Reform des § 116 hat der Gesetzgeber die Neutralitäts-Anordnung aufgehoben und einen Neutralitäts-Ausschuß installiert (s. S. 366).

c) Der steinige Weg zur Reform des § 116 AFG

Seit dem Arbeitskampf in der Metallindustrie 1984 bemühten sich Arbeitgeber und Regierungskoalition darum, zu einer anderen (engeren) rechtlichen Regelung, d.h. zu einer Erschwerung der Zahlung von Kurzarbeitergeld an mittelbar vom Arbeitskampf betroffene Arbeitnehmer zu kommen. Die FDP genauso wie die Arbeitgeber drängten von Anfang an auf eine klare gesetzliche Regelung. Vom Bundesarbeitsminister und vom Bundeskanzler ging längere Zeit der Wunsch dahin, die Tarifpartner zu einer einvernehmlichen außergesetzlichen Regelung zu bewegen. Zu diesem Zweck fanden Ende November/Anfang Dezember 1985 drei Gesprächsrunden mit Vertretern der Arbeitgeberverbände, der Gewerkschaften und der Bundesregierung statt. Sie sind allesamt erfolglos geblieben.

Der von dem FDP-Bundeswirtschaftsminister Martin Bangemann vor dem Treffen der Sozialpartner mit dem Bundeskanzler in die Öffentlichkeit lancierte Gesetzesänderungsvorschlag löste auf beiden Seiten ablehnende Reaktionen aus. Dieser von fünf Bundesministern erstellte Entwurf zur Änderung des § 116 AFG sah vor, daß indirekt vom Streik betroffene Arbeitnehmer der gleichen Branche in einem anderen Tarifbezirk keinen Anspruch auf Arbeitslosenunterstützung haben, wenn die Hauptforderung der Gewerkschaften für diese Arbeitnehmer „annähernd gleich“ mit der im Streikgebiet erhobenen Forderung ist. Den Gewerkschaften ging diese Formulierung viel zu weit. Franz Steinkühler Vorsitzender der IG Metall, bezeichnete sie als „Riesenschweinerei“. Der Arbeitgeberseite ging sie nicht weit genug.

Die Gewerkschaften mußten davon ausgehen, daß die angestrebte (und inzwischen erfolgte) Reform des § 116 AFG für sie zu einer großen Belastung werden kann, die Kittner (1987, S. 230) wie folgt skizziert: „Aus der immer weiter entwickelten gesellschaftlichen Arbeitsteilung und Verflechtung der Unternehmen folgt, daß jeder Streik zunehmend Auswirkungen auch für diejenigen Bereiche hat, die nicht in den Arbeitskampf einbezogen sind (z.B. Ausfall von Zulieferungen). Allerdings ist es für Außenstehende praktisch unkontrollierbar, welcher Arbeitsausfall zu welchem Zeitpunkt wirklich unvermeidbar war. Würden in der-

Der Watschenmann Zeichnung: DS/Wolter

Deutsches Allgemeines Sonntagsblatt, 16.2.1986, S. 4

Vor Dummheit bewahren

Der Kompromiß blieb aus, und niemand konnte anderes erwarten. Das Spitzengespräch über die umstrittene Neutralität der Arbeitsämter bei Streiks, zu dem Bundeskanzler Helmut Kohl am vergangenen Dienstag Arbeitgeber und Gewerkschaften gebeten hatte, diente wohl eher dazu, die Schmerzschwellen der Kontrahenten zu testen.

Die sind auf beiden Seiten niedrig. Denn die Frage, ob mittelbar vom Arbeitskampf betroffene Arbeitnehmer bei einem Streik aus öffentlichen Mitteln unterstützt werden sollen, berührt vitale Interessen. Das ohnehin labile Gleichgewicht der Kräfte zwischen Unternehmern und Arbeitnehmern steht bei der Neuformulierung des Arbeitsförderungsgesetzes auf dem Spiel. Die Strategen der Tarifpolitik werden Mittel und Wege finden, sich der neuen Lage anzupassen. Besser aber, gerechter gar, wird der Umgang der Tarifparteien miteinander nicht.

Noch vor Weihnachten will die Bundesregierung nun ihre Entscheidung präsentieren. Der Gesetzentwurf, der auf dem Tisch liegt, ist freilich nicht weniger schwammig als die bisher gültige Formulierung. Deshalb muß das Parlament seine Verantwortung wahrnehmen. Insbesondere die Sozialausschüsse der Union haben es in der Hand, die Bundesregierung vor einer Dummheit zu bewahren. *ms*

DIE ZEIT, 13.12.1985, S. 1

Streit um § 116

Pleite

Am Zeitmangel hat es nicht gelegen, daß die Bemühungen der Bundesregierung, mit den Tarifpartnern zu einer einvernehmlichen Lösung umstrittener Neutralitätspflichten der Bundesanstalt für Arbeit bei künftigen Arbeitskämpfen zu kommen, gescheitert sind. Man hat die Probleme ausführlich hin- und hergewälzt. Die Folgen des mißlungenen Harmonieexperiments sind für alle Akteure unangenehm. Die Gewerkschaften werden nun voraussichtlich mit einer Gesetzesänderung konfrontiert, die, wie sie glauben, die Streikwaffe stumpf macht. Ob ihre Hoffnung in Erfüllung geht, daß der Arbeitnehmerflügel der CDU dies verhindert, steht dahin. Bundeskanzler Kohl und Arbeitsminister Blüm, die den gestörten Dialog mit Gewerkschaftern und Arbeitgebern wieder in Gang bringen wollten, haben eine Niederlage einstecken müssen. Das soziale Klima ist wieder getrübt, die Arbeitgeber werden es zu spüren bekommen. Und dies alles findet in einer Zeit statt, da es wichtigeres zu tun gibt als die Neutralitätspflicht der Bundesanstalt für Arbeit neu zu regeln, nämlich, zum Beispiel die Arbeitslosigkeit zu bekämpfen.

Nach Schuldigen für die Pleite zu suchen, ist einfach, versagt haben alle Beteiligten; allen voran ein publizitätsfreudiger Wirtschaftsminister.

Klaus Hofmeier

Deutsches Allgemeines Sonntagsblatt, 15.12.1985, S. 3

artigen Fällen mittelbarer Betroffenheit nicht nur der Lohn, sondern auch die Lohnersatzleistungen für arbeitslose oder kurzarbeitende Arbeitnehmer ausfallen, bedeutete jeder Streik für die Gewerkschaft ein nicht mehr auf das umkämpfte Tarifgebiet beschränktes, praktisch unkontrollierbares Risiko. Darüber hinaus kann dieses Risiko von den Arbeitgebern weitgehend beliebig eingelöst und der Arbeits- und Lohnentzug für die Betroffenen als zusätzliches Druckmittel gegenüber der streikenden Gewerkschaft eingesetzt werden (‚kalte Aussperrung')".

Für die Gewerkschaften ist an dieser Situation zusätzlich noch besonders belastend, daß die vom Bundesarbeitsgericht für das Arbeitskampfmittel „Aussperrung" entwickelten, von den Arbeitgebern einzuhaltenden (engen) Zulässigkeits-Voraussetzungen auf die sog. „kalte Aussperrung" nicht anwendbar sind.

Worte der Woche

☆

„Freibrief für kalte Aussperrung." *Anke Fuchs*

SPD-Bundestagsabgeordnete, zur geplanten Gesetzesänderung des Paragraphen 116 des Arbeitsförderungsgesetzes

DIE ZEIT, 27.12.1985

Eine Sperre gegen eine zu großzügige „kalte" Aussperrung hat der Gesetzgeber anläßlich der Reform des § 116 AFG dadurch zu schaffen versucht, daß er in § 72 AFG den Absatz 1a und in § 133 Abs. 1 die Sätze 3 und 4 eingefügt hat. Mit ihnen wird festgelegt, daß dann, wenn der Arbeitgeber geltend macht, daß der Arbeitsausfall oder die Arbeitslosigkeit die Folge eines Arbeitskampfes sei, der Arbeitgeber dies darzulegen und glaubhaft zu machen sowie eine Stellungnahme der Betriebsvertretung beizufügen hat (s.a. S. 174f.).

Die politischen Aktivitäten zur Änderung des § 116 AFG haben bei den Gewerkschaften seinerzeit vielfältige, zum Teil sehr heftige Reaktionen ausgelöst, was die folgenden Zeitungsnotizen veranschaulichen.

metall EXTRA D4713D

Sonderausgabe · 14. November 1985 — Zeitung der Industriegewerkschaft Metall — Jahrgang 37

Protest gegen Bonner Pläne (Oktober 1985): Die größte Herausforderung seit Gründung der Republik

Bonn will die Gewerkschaften schwächen

Verteidigt unser Recht auf Streik!

IG Metall

Entgleisung

Was sich die Mitgliederzeitung der IG Metall zu Beginn der Aktionen gegen eine Modifizierung des Paragraphen 116 Arbeitsförderungsgesetz leistete, hat mit Interessenvertretung nichts mehr zu tun. „Die Nazis haben die Gewerkschaften verboten, diese Regierung will sie ausbluten", dies ist dieser Tage auf dem Titelblatt einer Sonderausgabe von *metall* zu lesen.

Damit werden nicht nur die Grenzen des guten Geschmacks überschritten, dies verletzt auch die ungeschriebenen Gesetze, die bisher im Umgang mit dem politischen Gegner galten. So kritisch man der konservativen Regierung auch gegenüberstehen mag, der Vergleich mit dem Regime der Nationalsozialisten entlarvt den Angreifer, nicht den Angegriffenen.

Die IG Metall verliert durch Hetzparolen wie diese politische Glaubwürdigkeit und Integrität. Schlimmer noch: Sie hat der Sache einen schlechten Dienst erwiesen. Diejenigen, die den Gewerkschaften wirklich schaden wollen, haben nun neuen Auftrieb bekommen. *ms*

DIE ZEIT, 22.11.1985, S. 18

Maßlos überzogen

Die IG Metall ist bei ihrem berechtigten Kampf gegen eine Änderung des „Streikparagraphen" 116 Arbeitsförderungsgesetz auf dem besten Wege, ihre Organisation zu isolieren, wichtige Sympathien in der Öffentlichkeit zu verlieren und den fundamentalen Gedanken der Einheitsgewerkschaft zu verspielen.

Der auf einem Protestbild der Titelseite ihrer Sonderausgabe „metall"-Zeitung als Auftakt einer bundesweiten Demonstration gewählte Vergleich „Die Nazis haben die Gewerkschaft verboten, diese Regierung will sie ausbluten" sprengt nicht nur die Grenzen des guten Geschmacks. Er ist auch ein Anschlag auf den politischen Umgang von Demokraten mit Demokraten und auf das Andenken zehntausender Gewerkschafter, die unter dem Nazi-Terror ihr Leben ließen.

Diese von der IG Metall für nötig gehaltene Form der politischen Auseinandersetzung stellt eine kaum erträgliche Verteufelung der immerhin aus freien Wahlen hervorgegangenen Regierung dar und — weit schlimmer — eine unerträgliche Verharmlosung des nationalsozialistischen Unrechtsregimes. Mancher ideologisch verbohrte Gegner der Gewerkschaft — und davon gibt es in der Tat mehr als genug auch in der Regierung — wird sich nun in klammheimlicher Freude die Hände reiben, wie ihnen Redakteure der IG Metall das Geschäft besorgen.

Für das in derselben Ausgabe von IG Metallchef Hans Mayr gemachte Gesprächsangebot an die Regierung über das Streikrecht gibt es nach dieser Lesart keine Berechtigung. Mit „Nazi-Nachahmern" darf es schließlich keine Tischgemeinschaft geben. Die IG Metall hat sich um die Gegner der Einheitsgewerkschaft verdient gemacht. rds (Bonn)

Frankfurter Rundschau, 15.11.1985, S. 3

Zu dem vorstehenden Flugblattext „hat der Vorstand der IG Metall dem Arbeitsminister einen Brief geschrieben. Wir haben erklärt, daß wir uns damit nicht identifizieren, und haben uns entschuldigt" (damaliger IG Metall-Vorsitzender Hans Mayr, SPIEGEL 51/1985, S. 24).

Nicht nur den Gewerkschaften bereitete die (hektische) Aktivität der Regierung zur Änderung des § 116 AFG Unbehagen. So meinte der frühere CDU-Bundesarbeitsminister Hans Katzer, der maßgeblich an der Schaffung des Arbeitsförderungsgesetzes beteiligt war, am 4.12.1985 in einer Fernsehsendung*, man solle in dieser Frage doch die Entscheidung des Bundessozialgerichts abwarten.

* ARD 21.45–22.30 Uhr Brennpunkt „Der Kassenkampf – Wer bezahlt den Streik?"

Wenn man überall dort, wo zeitweilig Rechtsunsicherheit bzw. -unklarheit auftrete, mit gesetzgeberischen Maßnahmen antworten wolle, gerate man vollends in die Irre. Ein paar Tage später (am 11.12.1985) hat KATZER auf einer DGB-Veranstaltung zur Verleihung des Hans-Böckler-Preises an HERBERT WEHNER in seiner Laudatio für WEHNER darauf hingewiesen, daß er vor dem Hintergrund der sehr niedrigen Streikhäufigkeit bei uns die kleinkarierte Aufregung und Hektik um den sog. Streikparagraphen überhaupt nicht verstehe.

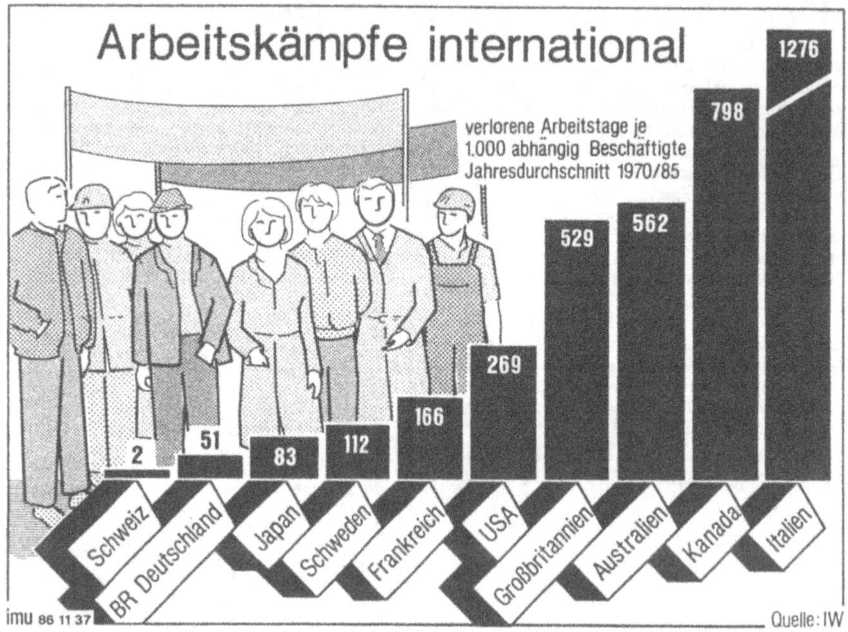

Zwischen 1970 und 1985 gingen in der Bundesrepublik pro Jahr rund 1,1 Millionen Arbeitstage durch Streik verloren. Durch Krankheit fielen 1984 rund 40mal mehr Arbeitstage aus.

Kleine Retuschen

DIE ZEIT, 20.12.1985, S. 1

Auch ERNST BENDA meinte, daß es weder ein besonders guter Stil noch in der Sache besonders klug sei, das Gesetz zu ändern, bevor die letztinstanzliche Entscheidung in dem anhängigen Sozialgerichtsverfahren getroffen sei (Frankfurter Rundschau 5.12.1985, S, 17). Darüber hinaus hat BENDA darauf aufmerksam gemacht, daß eine Verschlechterung des § 116 AFG möglicherweise einen Eingriff in das Eigentum der Arbeitnehmer darstellen könne; die Arbeitnehmer hätten durch Zahlung von Arbeitslosenversicherungsbeiträgen an die Bundesanstalt für Arbeit Versicherungsansprüche für den Fall von Erwerbslosigkeit oder Kurzarbeit erworben. In diese Versicherungsanprüche (= Eigentum) könne der Gesetzgeber nicht so ohne weiteres beliebig eingreifen. Diese Zusammenhänge hat BENDA im einzelnen in seinem 1986 für die Landesregierung von Nordrhein-Westfalen erstellten Gutachten weiter ausgeführt.

Es steht weitgehend außer Zweifel, daß unsere arbeitsrechtlichen Koalitionen – wie gezeigt – eine Fülle sehr wichtiger (auch politischer) Funktionen wahrzunehmen haben, die regelmäßig auch für das Gemeinwohl von erheblicher Bedeutung sind. Diese Aufgaben können sachgerecht und verantwortungsbewußt nur von starken Koalitionen wahrgenommen werden; von Koalitionen also, die sowohl ihren sozialen Gegenspieler als auch ihre eigenen Mitglieder beeindrucken (können). Es ist dem BDA-Präsidenten KLAUS MURMANN zuzustimmen, wenn er meint: „Bessere Sozialpolitik kann man nur mit einer Gewerkschaft machen, die stabil ist" („Wirtschaftswoche" 5.12.1986, S. 37).

Schwächt der Gesetzgeber eine Koalition, so kann dies dazu führen, daß sie in die Radikalität getrieben wird bzw. jetzt Verfahrensweisen einsetzt, die unter gesamtgesellschaftlichen Gesichtspunkten deutlich schlechter sind als die bisher angewandten; zum Beispiel eine atomisierte Tarifpolitik, die zwangsläufig den Verteilungskampf in die Betriebe verlagert. Gesehen werden muß in einem solchen Falle auch immer die Gefahr der Belastung des sozialen Friedens, die dann entsteht, wenn eine Koalition ihre Funktion als Ordnungsfaktor in der Gesellschaft immer weniger wahrnehmen kann (bzw. dieses glaubt) und deshalb nun verstärkt versucht, wenigstens „Gegenmacht" zu zeigen.

Trotz zahlreicher warnender Stimmen – vor allem auch von Nicht-Betroffenen – hat sich der Gesetzgeber nicht von einer Änderung des § 116 AFG abhalten lassen. Wie umstritten dieses Vorhaben war, zeigen auch die folgenden Presse-Informationen.

Blüm schickt Abteilungsleiter in den Ruhestand

DW. **Bonn**

Bundesarbeitsminister Norbert Blüm (CDU) hat am Freitag mit Zustimmung von Bundeskanzler Helmut Kohl den Leiter der Abteilung Arbeitsmarktpolitik, Ministerialdirektor Hanshorst Viehof (45), in den einstweiligen Ruhestand geschickt. Viehof hatte erklärt, daß er den Gesetzentwurf zur Änderung des Paragraphen 116 des Arbeitsförderungsgesetzes, der die Neutralität der Bundesanstalt für Arbeit in Arbeitskämpfen vorschreibt, für rechtswidrig halte. Viehof war erst vor zwei Jahren von Blüm berufen worden und war vor seinem Wechsel in den Staatsdienst Mitglied des Vorstandes der Gewerkschaft Handel, Banken und Versicherungen. Er ist stellvertretender Vorsitzender der Sozialausschüsse der christlich-demokratischen Arbeitnehmerschaft, in deren Reihen es schwere Bedenken gegen den Gesetzentwurf gibt.

DIE WELT, 21.12.1985, S. 1

IG Metall kritisiert Anzeigenkampagne

Frankfurt. Auf massive Kritik der IG Metall ist die Anzeigenkampagne der Bundesregierung zur Gesetzesvorlage über die Neutralität der Bundesanstalt für Arbeit während eines Arbeitskampfes gestoßen. Der IG Metall-Vorsitzende Hans Mayr bezeichnete gestern in Frankfurt den Anzeigentitel „Wir wollen sozialen Frieden" als „reinen Hohn". Die Bundesregierung sei dabei, einen Rechtszustand zu ändern, der bisher den sozialen Frieden in der Bundesrepublik gewährleistet habe. „Mit Steuergeldern der Arbeitnehmer wird hier für ein Gesetz geworben, das gegen die Arbeitnehmer gerichtet ist", rügte der IG Metall-Chef ferner.

Quelle: Dithmarscher Rundschau, 21.12.1985

Wir wollen sozialen Frieden

Gewerkschaften und Arbeitgeber haben gemeinsam Vorbildliches geleistet - getragen vom Willen zur Zusammenarbeit und unbeeindruckt von Parolen des Klassenkampfes.

Stärke und Eigenständigkeit beider Sozialpartner machen das Wesen der Tarifautonomie aus. Sie wird auf Dauer aber nur gesichert, wenn sich der Staat neutral verhält. Auch die Bundesanstalt für Arbeit darf sich nicht durch die Gewährung oder Nichtgewährung von Arbeitslosen- oder Kurzarbeitergeld im Arbeitskampf auf die eine oder andere Seite schlagen. Darüber sind sich alle einig.

Wie diese Neutralität zu sichern ist, darüber hat es im Metall-Arbeitskampf 1984 Auslegungsstreit gegeben. Die Bundesanstalt für Arbeit hat schließlich gezahlt - unter Vorbehalt. Bis die Gerichte abschließend entscheiden werden, kann es Jahre dauern.

Es dient weder den Arbeitnehmern noch der Tarifpartnerschaft, wenn jeder zukünftige Arbeitskampf unter solcher Rechtsunsicherheit steht. Damit der soziale Frieden erhalten bleibt, ist Klarheit und Sicherheit notwendig: Nach vielen Sitzungsstunden mit Gewerkschaften und Arbeitgebern und hartem Ringen um eine Konsenslösung hat die Bundesregierung am 18. Dezember 1985 ihren Gesetzentwurf beschlossen. Danach soll gelten:

1. Gleiche Branche und gleiches räumliches Tarifgebiet

Wer streikt oder ausgesperrt ist, beziehungsweise im fachlichen und räumlichen Tarifgebiet vom Arbeitskampf mittelbar betroffen ist, erhält - wie bisher - keine Leistungen.

2. Andere Branche und gleiches oder anderes räumliches Tarifgebiet

Wer zu einer anderen Branche gehört und vom Arbeitskampf mittelbar betroffen wird (gleichgültig, ob im umkämpften oder einem anderen räumlichen Tarifgebiet) erhält - wie bisher - immer Leistungen.

3. Gleiche Branche und anderes räumliches Tarifgebiet

Wer zur gleichen Branche gehört, für die in einer anderen Region stellvertretend gekämpft wird, erhält keine Leistungen, wenn eine „nach Art und Umfang annähernd gleiche Hauptforderung" sowohl im umkämpften wie auch im nicht umkämpften räumlichen Tarifgebiet gestellt wird.

Durch das neue Gesetz, das noch vom Parlament beschlossen werden muß, wird die Neutralität des Staates im Arbeitskampf klargestellt. Das dient der Tarifautonomie und unserer Demokratie. Mit dem Coupon können Sie weitere Informationen zum Gesetzentwurf der Bundesregierung anfordern.

Verläßlichkeit für unseren sozialen Frieden

Coupon auf Postkarte kleben, mit 60 Pfennig freimachen.

Senden Sie mir weitere Informationen zu § 116, Arbeitsförderungsgesetz

Bundesministerium für Arbeit und Sozialordnung
Postfach, 5300 Bonn 1

Name ____________

Straße ____________

PLZ/Ort ____________

Eine Information des Bundesministers für Arbeit und Sozialordnung

Quelle: Dithmarscher Rundschau, 21.12.1985

> Professor Dr. Georg Wannagat, ehemaliger Präsident des Bundessozialgerichts in Kassel, widersprach eindeutig der Behauptung der Bundesregierung, mit der geplanten Neufassung des Streikparagraphen 116 AFG erfolge eine „Klarstellung". Die Neuformulierung des Gesetzes, wonach an mittelbar vom Arbeitskampf Betroffene dann keine Leistungen gewährt werden sollen, wenn in beiden Tarifgebieten annähernd gleiche Forderungen gestellt werden, sei „ein unbestimmter Rechtsbegriff". Auch er bedürfe der Auslegung durch die Gerichte.

gp Gewerkschaftspost – Zeitung der IG Chemie-Papier-Keramik, Jan. 1986

Seit dem 15.5.1986 ist ein neuer § 116 AFG in Kraft. Mit ihm wurde gleichzeitig die Neutralitätsordnung (s. S. 365) aufgehoben. Dafür gibt es jetzt den Neutralitäts-Ausschuß (§§ 206a und 116 Abs. 5 + 6 AFG). Der eigentliche Kern der Änderung des § 116 AFG liegt in seinem neuen Absatz 3. Danach ruht die Zahlung von Arbeitslosen- und Kurzarbeitergeld bei mittelbar vom Arbeitskampf betroffenen Arbeitnehmern derselben Branche, wenn

> „eine Forderung erhoben worden ist, die einer Hauptforderung des Arbeitskampfes nach Art und Umfang gleich ist, ohne mit ihr übereinstimmen zu müssen, **und**
> das Arbeitskampfergebnis aller Voraussicht nach in dem räumlichen Geltungsbereich des nicht umkämpften Tarifvertrages im wesentlichen übernommen wird.
>
> Eine Forderung ist erhoben, wenn sie von der zur Entscheidung berufenen Stelle beschlossen worden ist oder auf Grund des Verhaltens der Tarifvertragspartei im Zusammenhang mit dem angestrebten Abschluß des Tarifvertrages als beschlossen anzusehen ist".

Es gehört nicht viel Phantasie dazu, sich vorzustellen, daß die vorstehenden Formulierungen ebenfalls eine Fülle von Zweifelsfragen aufwerfen werden, mit denen es die Gerichtsbarkeit zu tun bekommen wird. Hier hat der Gesetzgeber allerdings schon vorgebeugt, indem er in § 116 Abs. 6 AFG für eine Klage der Koalitionen nur eine Instanz (nämlich das Bundessozialgericht) zugelassen hat.

Bevor sich die Sozialgerichte mit der Auslegung der neuen Formulierungen des § 116 AFG in Einzelfällen beschäftigen werden, hat erst einmal das Bundesverfassungsgericht zu prüfen, ob die Reform des § 116 AFG überhaupt verfassungsgemäß ist. Die Industriegewerkschaft Metall hat am 16.12.1986 beim Bundesverfassungsgericht Verfassungsbeschwerde gegen den neu gefaßten § 116 AFG eingelegt. Die SPD-Bundestagsfraktion und das Land Nordrhein-Westfalen haben

gp Gewerkschaftspost – Zeitung der IG Chemie-Papier-Keramik, April 1986

am 5.1.1987 eine Normenkontrollklage gegen die Reform beim Bundesverfassungsgericht in Karlsruhe erhoben. Hierbei geht es vor allem um den Vorwurf, daß durch die Reform „die Machtbalance schwerwiegend zu Lasten der Arbeitnehmer verschoben“ worden sei.

Streikrecht

Mehr als nur Wahlkampf

Die Sprecher der Christdemokraten und der Liberalen haben recht. Natürlich gehört es zur Wahlkampfstrategie, wenn die Sozialdemokraten gerade jetzt, drei Wochen vor der Bundestagswahl, ihre Klagen gegen die Änderung des Paragraphen 116 im Arbeitsförderungsgesetz beim Bundesverfassungsgericht einreichen. Aber was soll daran so verwerflich sein?

Alle Parteien versuchen in diesen Wochen, die Fehler der anderen ins rechte oder linke Licht zu rücken und ihre eigenen Verdienste herauszustellen. Warum sollte die SPD eine Ausnahme machen? Überdies hat sie ihren Wählern gegenüber ein Versprechen einzulösen, denn sie hatte den Gang nach Karlsruhe schon im Frühjahr 1986 angekündigt. Damals schlugen die Wellen der Empörung über die Novelle des sogenannten Streikparagraphen hoch. Beschäftigte, die von Streikfolgen in einem anderen Kampfgebiet indirekt betroffen sind, erhalten seit dem 1. Mai 1986 kein Kurzarbeitergeld mehr.

Doch das Gedächtnis der Menschen ist kurz. Der Zorn über die Bundesregierung, den viele Arbeitnehmer noch zu der Zeit hegten, ist längst verraucht.

Im übrigen haben alle Parteien schon ihr Heil in Karlsruhe gesucht, um den Gegner im Wahlkampf zu treffen. 1976 zum Beispiel klagte die CDU die damalige sozial-liberale Bundesregierung an, Wahlwerbung zugunsten von SPD und FDP aus Steuermitteln zu bezahlen. Sie sitzt also im Glashaus und sollte nicht mit Steinen werfen.

ms

DIE ZEIT, 9.1.1987, S. 20

Auf der folgenden Seite werden die alte und die neue gesetzliche Neutralitätsregelung einander gegenüber gestellt.

Arbeitsförderungsgesetz

ALT

§ 116 (1) Durch die Gewährung von Arbeitslosengeld darf nicht in Arbeitskämpfe eingegriffen werden.

(2) Ist der Arbeitnehmer durch Beteiligung an einem inländischen Arbeitskampf arbeitslos geworden, so ruht der Anspruch auf Arbeitslosengeld bis zur Beendigung des Arbeitskampfes.

(3) Ist der Arbeitnehmer durch einen inländischen Arbeitskampf, an dem er nicht beteiligt ist, arbeitslos geworden, so ruht der Anspruch auf Arbeitslosengeld bis zur Beendigung des Arbeitskampfes, wenn

1. der Arbeitskampf auf eine Änderung der Arbeitsbedingungen in dem Betrieb, in dem der Arbeitnehmer zuletzt beschäftigt war, abzielt oder
2. die Gewährung des Arbeitslosengeldes den Arbeitskampf beeinflussen würde.

Die Bundesanstalt kann Näheres durch Anordnung bestimmen; sie hat dabei innerhalb des Rahmens des Satzes 1 die unterschiedlichen Interessen der von den Auswirkungen der Gewährung oder Nichtgewährung Betroffenen gegeneinander abzuwägen.

(4) Ist bei einem Arbeitskampf das Ruhen des Anspruchs nach Absatz 3 für eine bestimmte Gruppe von Arbeitnehmern ausnahmsweise nicht gerechtfertigt, so kann der Verwaltungsausschuß des Landesarbeitsamtes bestimmen, daß ihnen Arbeitslosengeld zu gewähren ist. Erstrecken sich die Auswirkungen eines Arbeitskampfes über den Bezirk eines Landesarbeitsamtes hinaus, so entscheidet der Verwaltungsrat. Dieser kann auch in Fällen des Satzes 1 die Entscheidung an sich ziehen.

Neutralitäts-Anordnung

Auf Grund des § 116 Abs. 3 Satz 2 in Verbindung mit § 191 Abs. 3 des Arbeitsförderungsgesetzes (AFG) vom 25. Juni 1969 (Bundesgesetzblatt I S. 582), zuletzt geändert durch das Rentenreformgesetz (RRG)

NEU

§ 116 (1) Durch die Gewährung von Arbeitslosengeld darf nicht in Arbeitskämpfe eingegriffen werden. Ein Eingriff in den Arbeitskampf liegt nicht vor, wenn Arbeitslosengeld Arbeitslosen gewährt wird, die zuletzt in einem Betrieb beschäftigt waren, der nicht dem fachlichen Geltungsbereich des umkämpften Tarifvertrages zuzuordnen ist.

(2) Ist der Arbeitnehmer durch Beteiligung an einem inländischen Arbeitskampf arbeitslos geworden, so ruht der Anspruch auf Arbeitslosengeld bis zur Beendigung des Arbeitskampfes.

(3) Ist der Arbeitnehmer durch einen inländischen Arbeitskampf, an dem er nicht beteiligt ist, arbeitslos geworden, so ruht der Anspruch auf Arbeitslosengeld bis zur Beendigung des Arbeitskampfes nur, wenn der Betrieb, in dem der Arbeitslose zuletzt beschäftigt war,

1. dem räumlichen und fachlichen Geltungsbereich des umkämpften Tarifvertrages zuzuordnen ist oder
2. nicht dem räumlichen, aber dem fachlichen Geltungsbereich des umkämpften Tarifvertrages zuzuordnen ist und im räumlichen Geltungsbereich des Tarifvertrages, dem der Betrieb zuzuordnen ist,
   a) eine Forderung erhoben worden ist, die einer Hauptforderung des Arbeitskampfes nach Art und Umfang gleich ist, ohne mit ihr übereinstimmen zu müssen, und
   b) das Arbeitskampfergebnis aller Voraussicht nach in dem räumlichen Geltungsbereich des nicht umkämpften Tarifvertrages im wesentlichen übernommen wird.

Eine Forderung ist erhoben, wenn sie von der zur Entscheidung berufenen Stelle beschlossen worden ist oder auf Grund des Verhaltens der Tarifvertragspartei im Zusammenhang mit dem angestrebten Abschluß des Tarifvertrages als beschlossen anzusehen ist. Der Anspruch auf Arbeitslosengeld ruht nach Satz 1 nur, wenn die umkämpften oder geforderten Arbeitsbedingungen nach Abschluß eines entsprechenden Tarifvertrages für den Arbeitnehmer gelten oder auf ihn angewendet würden.

ALT	Arbeitsförderungsgesetz NEU
vom 16. Oktober 1972 (Bundesgesetzblatt I S. 1965), erläßt der Verwaltungsrat der Bundesanstalt für Arbeit mit Genehmigung des Bundesministers für Arbeit und Sozialordnung folgende Anordnung: **§ 1** Der arbeitslose Arbeitnehmer ist am Arbeitskampf nicht beteiligt im Sinne von § 116 Abs. 3 AFG, wenn er weder selbst streikt noch selbst ausgesperrt ist. **§ 2** Der Anspruch des nichtbeteiligten Arbeitnehmers (§ 1) auf Arbeitslosengeld ruht nach § 116 Abs. 3 Satz 1 Nr. 1 AFG, wenn 1. der Arbeitnehmer arbeitslos geworden ist, weil in dem Betrieb, in der er zuletzt beschäftigt war, andere Arbeitnehmer an einem Arbeitskampf beteiligt sind, und 2. dieser Arbeitskampf um Arbeitsbedingungen geführt wird, die für den arbeitslosen nichtbeteiligten Arbeitnehmer zuletzt gegolten haben oder auf ihn angewendet worden sind oder bei Arbeitsaufnahme für ihn gelten oder auf ihn angewendet würden. **§ 3** Der Anspruch des nichtbeteiligten Arbeitnehmers (§ 1) auf Arbeitslosengeld ruht nach § 116 Abs. 3 Satz 1 Nr. 1 AFG, wenn der Arbeitnehmer seine Beschäftigung in einem Betrieb verloren hat, weil in einem anderen Betrieb ein Arbeitskampf geführt wird, sofern 1. der Betrieb, in dem der Arbeitslose zuletzt beschäftigt war, unter den räumlichen und fachlichen Geltungsbereich des umkämpften Tarifvertrages fällt und 2. dieser Arbeitskampf um Arbeitsbedingungen geführt wird, die für den arbeitslosen nichtbeteiligten Arbeitnehmer zuletzt gegolten haben oder auf ihn angewendet worden sind oder bei Arbeitsaufnahme für ihn gelten oder auf ihn angewendet würden. **§ 4** Der Anspruch des nichtbeteiligten Arbeitnehmers (§ 1) auf Arbeitslosengeld ruht nach § 116 Abs. 3 Satz 1 Nr. 1 und 2 AFG, wenn der Arbeitnehmer seine Beschäftigung in einem Betrieb verloren hat, weil in einem anderen Betrieb ein Arbeitskampf geführt wird, sofern	(4) Ist bei einem Arbeitskampf das Ruhen des Anspruchs nach Absatz 3 für eine bestimmte Gruppe von Arbeitnehmern ausnahmsweise nicht gerechtfertigt, so kann der Verwaltungsausschuß des Landesarbeitsamtes bestimmen, daß ihnen Arbeitslosengeld zu gewähren ist. Erstrecken sich die Auswirkungen eines Arbeitskampfes über den Bezirk eines Landesarbeitsamtes hinaus, so entscheidet der Verwaltungsrat. Dieser kann auch in Fällen des Satzes 1 die Entscheidung an sich ziehen. (5) Die Feststellung, ob die Voraussetzungen nach Absatz 3 Satz 1 Nr. 2 Buchstaben a) und b) erfüllt sind, trifft der Neutralitätsausschuß (§ 206 a). Er hat vor seiner Entscheidung den Fachspitzenverbänden der am Arbeitskampf beteiligten Tarifvertragsparteien Gelegenheit zur Stellungnahme zu geben. (6) Die Fachspitzenverbände der am Arbeitskampf beteiligten Tarifvertragsparteien können durch Klage die Aufhebung der Entscheidung des Neutralitätsausschusses nach Absatz 5 und eine andere Feststellung begehren. Die Klage ist gegen die Bundesanstalt zu richten. Ein Vorverfahren findet nicht statt. Über die Klage entscheidet das Bundessozialgericht im ersten und letzten Rechtszug. Das Verfahren ist vorrangig zu erledigen. Auf Antrag eines Fachspitzenverbandes kann das Bundessozialgericht eine einstweilige Anordnung erlassen. **§ 206a** (1) Mitglieder des Neutralitätsausschusses sind die Vertreter der Arbeitnehmer und der Arbeitgeber im Vorstand sowie der Präsident der Bundesanstalt. Vorsitzender ist der Präsident der Bundesanstalt. (2) Die Vorschriften, die die Organe der Bundesanstalt betreffen, gelten entsprechend, soweit Besonderheiten des Neutralitätsausschusses nicht entgegenstehen.

ALT	Arbeitsförderungsgesetz	NEU
1. dieser Arbeitskampf auf die Änderung von Arbeitsbedingungen eines Tarifvertrages gerichtet ist und der Betrieb, in dem der Arbeitslose zuletzt beschäftigt war, zwar nicht dem räumlichen, aber dem fachlichen Geltungsbereich des in Frage kommenden Tarifvertrages zuzuordnen ist und 2. die Gewerkschaften für den Tarifvertragsbereich des arbeitslosen, nichtbeteiligten Arbeitnehmers nach Art und Umfang gleiche Forderungen wie für die am Arbeitskampf beteiligten Arbeitnehmer erhoben haben und mit dem Arbeitskampf nach Art und Umfang gleiche Arbeitsbedingungen durchgesetzt werden sollen. **§ 5** Die §§ 1 bis 4 gelten entsprechend für Arbeitnehmer, die infolge eines inländischen Arbeitskampfes, an dem sie nicht beteiligt sind, einen Arbeitsausfall erleiden, auf Grund dessen sie ohne Anwendung des § 70 in Verbindung mit § 116 Abs. 1, 3 und 4 AFG einen Anspruch auf Kurzarbeitergeld nach § 65 Abs. 1 AFG haben würden. **§ 6** Der Präsident der Bundesanstalt berichtet dem Verwaltungsrat über die Auswirkungen dieser Anordnung zum 30. Juni jeden Jahres, erstmals zum 30. Juni 1974. **§ 7** Diese Anordnung tritt mit der Genehmigung durch den Bundesminister für Arbeit und Sozialordnung in Kraft.		

5. Die Schaffung eines Arbeitskampfgesetzes – ein unlösbarer Dauerbrenner?

Unabhängig von der Neutralitätsproblematik des § 116 AFG bzw. über sie hinausgehend werden mit einer gewissen Regelmäßigkeit in größeren Intervallen immer wieder Forderungen laut, das bisher nicht gesetzlich geregelte Arbeitskampfrecht doch einmal umfassend und abschließend gesetzlich zu regeln. Dafür einige Beispiele

- „Im Jahre 1960 brachte die FDP im Deutschen Bundestag einen Gesetzentwurf ein, nach dem die Streikurabstimmung erst dann von einer Gewerkschaft hätte eingeleitet werden dürfen, wenn vorher ein mehr als fünfwöchiges Schlichtungsverfahren stattgefunden hatte. Der Deutsche Bundestag lehnte diesen Gesetzentwurf ab und nahm in diesem Zusammenhang eine Entschließung einstimmig an, in der es u.a. heißt: ... Er (der Deutsche Bundestag) ersucht die Bundesregierung, einen Appell an die Tarifvertragsparteien zu richten, das freiwillige Schlichtungswesen zur Regelung von Lohn- und Arbeitsbedingungen im Rahmen ihrer Autonomie weiter auszubauen. Gleichzeitig sollten die Sozialpartner an ihre Verantwortung gegenüber der Allgemeinheit erinnert werden, die es erforderlich macht, Arbeitskämpfe nur als letztes Mittel der Auseinandersetzung in Betracht zu ziehen und in jedem Fall ein Schlichtungsverfahren vorausgehen zu lassen'" (Kittner, 1987, S. 1015).
- „Zur Zeit der sozial-liberalen Koalition wollte die FDP in einem stark von Martin Bangemann beeinflußten Kommissionspapier ein Verbändegesetz, dessen Mindestanforderungen innerverbandliche Demokratie, Publizität des internen Verbandsgeschehens, Einsicht in die Herkunft und Verwendung der finanziellen Mittel waren. Dieses Gesetz ist am sozialdemokratischen Koalitionspartner gescheitert.

  Auch in der Union sind in der Mitte der 70er Jahre solche Vorstellungen erörtert worden. Eine Grundsatzkommission der schleswig-holsteinischen CDU wollte sogar eine Änderung des Grundgesetzes in dem Sinne, daß dem Art. 9 GG ein Absatz mit dem folgenden Wortlaut angehängt werden sollte:

  ‚Soweit Verbände und andere Vereinigungen bei ihrer Tätigkeit in den Bereich wesentlicher öffentlicher Interessen hineinwirken, sind sie verpflichtet, zugleich das Wohl der Allgemeinheit zu beachten. Das Nähere regelt ein Bundesgesetz'" (Handelsblatt, 7.11.1983, S. 2).
- „Hansheinz Hauser (Krefeld), stellvertretender Vorsitzender der CDU/CSU-Bundestagsfraktion, sieht die Tarifautonomie bei uns gefährdet. Sein Vorschlag: Das Arbeitskampfrecht muß auf eine gesetzliche Grundlage gestellt werden ..." (Handelsblatt, 11.10.1984, S. 3).

Die Arbeitgeberverbände sind – sieht man einmal von ihrem Wunsch nach einer Verschärfung des § 116 AFG – nicht generell darauf aus, das Arbeitskampfrecht gesetzlich zu normieren. Vor einem solchen Schritt warnt sogar nachdrücklich Manfred Gentz, Vorstandsmitglied der **Daimler-Benz AG** (Neue Zeitschrift für Arbeits- und Sozialrecht, 1985, S. 305-307). Allerdings gibt es auch andere Stimmen: So meinte zum Beispiel der Präsident des Arbeitgeberverbandes „Gesamtmetall", Werner Stumpfe, im „Hinblick auf die Drohungen der IG Metall, in den Tarifrunden 1987 den Arbeitskampf vor die Urabstimmung zu legen, also das Instrument der Warnstreiks massiv einzusetzen, daß eine solche Taktik illegal sei. ‚Dagegen werden wir uns mit allen legalen Mitteln zur Wehr setzen. Wenn

Lambsdorff für ein Verbändegesetz

Kg. BONN, 26. Oktober. Die von der Industriegewerkschaft Druck und Papier beschlossenen Satzungsänderungen geben nach Meinung von Bundeswirtschaftsminister Otto Graf Lambsdorff Anlaß, über die Vorlage eines Verbände- oder Gewerkschaftsgesetzes nachzudenken. Nach den Beschlüssen des Gewerkschaftstages kann die IG Druck künftig ohne Urabstimmung streiken. Streikunterstützung aus der Gewerkschaftskasse soll künftig zudem an die Verpflichtung gekoppelt sein, die Organisation bei Streiks aktiv zu unterstützen. Lambsdorff sieht dies als eine so bedeutsame Stärkung der Gewerkschaftsfunktionäre gegenüber der Gewerkschaftsbasis an, daß durch ein Rahmengesetz die demokratischen Strukturen innerhalb der Gewerkschaften gewährleistet werden müßten. Lambsdorff sieht die Gefahr, daß sich in der Bundesrepublik Gewerkschaftspraktiken wie in England entwickeln könnten. Der Besorgnis des Ministers liegt offenbar auch die Ankündigung namhafter Funtionäre der IG Druck zugrunde, mit gewerkschaftlichen Kampfmitteln politische und gesellschaftspolitische Veränderungen erzwingen zu wollen, ohne dafür in jedem Einzelfall von den Mitgliedern legitimiert zu sein.

Frankfurter Allgemeine Zeitung, 27.10.1983, S. 13.

die Gewerkschaften aber dennoch diesen Weg gehen wollen, werden sie damit rechnen müssen, daß sie den Gesetzgeber zum Eingriff provozieren. Auch die britischen Gewerkschaften haben schon einmal in Verachtung von Staat, Regierung und Recht ihre Politik überzogen und Abwehrreaktionen der Gesellschaft ausgelöst. Auch in unserem Lande ist mittlerweile die Stimmung nicht mehr so gewerkschaftsfreundlich, als daß sich diese Organisationen jeden Übergriff leisten könnten'" (Handelsblatt, 14./15.11.1986, S. 3).

Es gehört keine Prophetie dazu, vorherzusagen, daß es ein allgemeines gesetzliches Arbeitskampfrecht in absehbarer Zeit nicht geben wird, wofür wohl in der Tat auch keine Notwendigkeit besteht. Hieran wird auch das im August 1985 vom früheren Präsidenten des Bundesarbeitsgerichts, Gerhard Müller, für den Bundesarbeitsminister erstellte umfangreiche Gutachten nichts ändern, in dem zahlreiche, den Arbeitskampf erschwerende gesetzliche Regelungen vorgeschlagen werden. Hans Mundorf zieht (im Handelsblatt, 7.11.1983, S. 2) als Begründung für das wahrscheinliche gesetzgeberische Nicht-Handeln eine Fabel heran: „Es geht dem Gesetzgeber wie den Mäusen, die auf die Idee kamen, der Katze die

Schelle umzuhängen, um nicht mehr von ihr überrascht zu werden. Der Einfall scheiterte daran, daß sich keine Maus fand, die der Katze die Schelle umhängen wollte".

Heißes Eisen

Der Streit der Parteien und der Tarifpartner darüber, ob das Arbeitskampfrecht in der Bundesrepublik gesetzlich geregelt werden oder ob es – wie bisher – der richterlichen Rechtsfortbildung überlassen bleiben soll, wird wohl auch die christlich-liberale Ära überdauern. Das Eisen ist zu heiß. Und vielleicht sind ja auch die Erfahrungen mit der maßvollen Unordnung doch so gut, daß keiner rechte Lust verspürt, sich die Finger zu verbrennen.

DIE ZEIT, 13.9.1985, S. 1

Heiße Kartoffel **SZ-Zeichnung: Ironimus**

Süddeutsche Zeitung, 9.12.1985, S. 4

Streikrecht

Ohne Regeln

Früher war alles ganz einfach: Wenn die Arbeiter Grund zu haben glaubten, dann schmissen sie die Klamotten hin und zogen mit dem Spruch durch die Straßen: „Alle Räder stehen still, wenn mein starker Arm es will." Und wollte der Fabrikherr seine Arbeiter Mores lehren, dann sperrte er das Tor zu und die Arbeiter aus.

Das war die Zeit, als ein Arbeitskampf sich noch abspielte wie ein Rugby-Spiel oder noch rauher. Inzwischen sind die Parteien auf das Fußballfeld übergewechselt. Und so wie die Herberger, Schön, Beckenbauer und wie sie alle heißen, die Taktik des Spiels immer mehr verfeinerten, so wurden auch die Mittel des Arbeitskampfes immer raffinierter. Nur das Ziel blieb gleich: Den Ball in das gegnerische Tor zu bringen. Doch davor hat der Gegner nun die Abseitsfalle aufgebaut.

In diese Fall tappte diesmal eine Gewerkschaft, die IG Druck. (Natürlich wieder die Drucker! werden jene sagen, die ihnen schon im letzten Jahr regelwidriges Spiel vorgeworfen haben.) Die Schiedsrichter in den roten Roben des Bundesarbeitsgerichts belehrten sie, daß sie ihre Sympathie mit streikenden Kollegen nicht mit einem Streik ihrerseits bekunden dürfen.

Das Vertrackte an dem Arbeitskampf-Spiel ist allerdings, daß sich bisher niemand aufgeschwungen hat – schon gar nicht der Bundestag –, ein Regelwerk dafür aufzustellen. Und in der Verfassung steht nur, daß das Spiel gespielt werden darf. Die Regeln müssen sich die Schiedsrichter selber schaffen. Richterrecht nennt man das: Aussperrung ja (zum Ärger der Gewerkschaften), aber nur begrenzt (Stirnrunzeln der Arbeitgeber); Warnstreiks ja (zum Ärger der Arbeitgeber), aber sie dürfen nur „gelinden Druck" erzeugen, Sympathiestreiks nein (zur Enttäuschung der Gewerkschaften).

Wer in diesem Spiel gerüffelt wird, der rüffelt die Richter und ruft – wie könnte es anders sein – nach dem Staat. Muß das sein? Lassen wir es doch, wie es ist. Die Schiedsrichter pfeifen ein Foul mal auf dieser, mal auf jener Seite; im Endeffekt gleicht sich das aus. *hm*

DIE ZEIT, 15.3.1985, S. 26

Breit warnt die Koalition vor Streikgesetz

AP, Ludwigshafen

Der Vorsitzende des Deutschen Gewerkschaftsbundes, Ernst Breit, hat die Bonner Koalitionsparteien davor gewarnt, die Gewerkschaften mit einem Streikgesetz an die Kette zu legen. „Die Arbeitnehmer und ihre Gewerkschaften werden solche Versuche, sie bei Tarifauseinandersetzungen dem Diktat der Arbeitgeber auszuliefern, nicht tatenlos hinnehmen", rief Breit gestern auf einer Arbeitsrechtskonferenz des DGB in Ludwigshafen aus. Breit sagte, die FDP habe beispielsweise vorgeschlagen, auch Unorganisierte an Urabstimmungen zu beteiligen und Warnstreiks kraft Gesetzes zu verbieten. „Die Gewerkschaften sollen also an die Kette gelegt und die Kräfteverhältnisse im Arbeitskampf noch weiter zugunsten der Unternehmer verschoben werden", rief er vor etwa 300 Gewerkschaftern, Wissenschaftlern und Politikern.

Breit äußerte indirekt Verständnis für Gewerkschaften, die für Betriebsbesetzungen sind. „Kann man eigentlich überrascht sein, wenn die Gewerkschaften nach neuen Wegen suchen, um überhaupt noch ausreichenden Verhandlungsdruck auf den sozialen Gegenspieler ausüben zu können?", fragte er.

DIE WELT, 18.3.1987, S. 4

Der Kommentar *

Beim Stichwort „Tarifautonomie" murmelt auch der letzte Hinterbänkler im Bundestag noch im Halbschlaf das Adjektiv „bewährt". Einer der Kenner und engagierten Verfechter der Tarifautonomie, der Arbeitsrechtler Professor Bernd Rüthers, hat sie kürzlich in vorsichtiger Form in Frage gestellt. Zwar beginnt er mit der Feststellung, auch in der jüngsten Auseinandersetzung habe die Tarifautonomie eine Bewährungsprobe bestanden, knüpft daran aber so viele Kautelen und Bedenken, daß die Zweifel an diesem Rechtsinstitut deutlich zwischen den Zeilen schimmern. Das positive Gesamturteil wird allerdings merkwürdig begründet: Rüthers sieht den Erfolg allein schon darin, daß überhaupt ein Tarifabschluß zustande gekommen sei. Wenn man die Meßlatte so niedrig legt, dann hat sich auch die Landwirtschaftspolitik, die Planwirtschaft und die Heilige Inquisition bewährt.

Der Arbeitsmarkt ist kein funktionierender Markt. Die Preise (Löhne) ergeben sich nicht aus dem Wechselspiel von Angebot und Nachfrage, sondern durch Tarifvertrag. An die Stelle der Selbstheilungskräfte des Marktes müßte die Vernunft der Tarifvertragsparteien treten. Wenn 2,6 Millionen Menschen arbeitslos werden, dann hat sich das System nicht bewährt. Es hat kläglich versagt. Am Arbeitsmarkt gelten nun einmal dieselben Gesetzmäßigkeiten wie für Heizöl, Bananen und Theaterkarten: Je höher der Preis, um so geringer die Nachfrage. Werden die Preise marktwidrig hoch angesetzt – wie zum Beispiel bei Agrarprodukten –, dann entstehen Butter-, Rindfleisch- und Getreideberge. Am Arbeitsmarkt gibt es dann unverkäufliche Arbeitskraft, also Arbeitslosigkeit. Bewährt hat sich die Tarifautonomie nur in den fünfziger und sechziger Jahren. Seitdem ist der Ausgleich am Arbeits-„markt" verfehlt worden.

Wirtschaftswoche-Herausgeber Wolfram Engels über Tarifautonomie und andere Kartelle

Über eine gesetzliche Begrenzung der Tarifautonomie ist viel nachgedacht, aber wenig geredet worden. Das Thema ist ein politisches Tabu. Zaghafte Diskussionsansätze trugen den verschleiernden Namen „Verbändegesetz". Die Gewerkschaften haben sich jeder Erörterung entzogen. Unter Berufung auf Artikel 9 Absatz 3 des Grundgesetzes haben

* Zur Anregung und Auseinandersetzung, R.S.
Auf die in dem Artikel angesprochene umfangreiche Gesamtproblematik soll näher in dem letzten Kapitel „Der Staat und die Tarifpartner als wirtschafts- und gesellschaftspolitische Akteure" eingegangen werden.

Haltet den Arbeitsplatzdieb!

sie Kritik an der Tarifautonomie als Kritik an der freiheitlich-demokratischen Grundordnung zurückgewiesen. Wer im Grundgesetz nachliest, findet dort den Satz „Das Recht zur Wahrung und Förderung der Arbeits- und Wirtschaftsbedingungen Vereinigungen zu bilden, ist für jedermann und für alle Berufe gewährleistet“. Von dem Recht, Preise oder Löhne kollektiv zu setzen, ist keine Rede. In allen anderen Bereichen sind Kartelle – also Vereinigungen zur gemeinsamen Preisbildung – verboten und strafbar. Die Tarifautonomie ist im Gegensatz zu allen anderen Kartellen nicht nur erlaubt – dieses Kartell kann unterstützt durch staatlichen Zwang Löhne auch allgemeinverbindlich festsetzen.

Das Bundesverfassungsgericht hatte sich bisher mit der Frage, wieweit die Tarifautonomie beschränkt werden könne, nicht zu befassen. Es hat allerdings in mehreren Urteilen erkennen lassen, daß der Gesetzgeber hier einen großen Spielraum hat. Der hat davon bisher keinen Gebrauch gemacht, in der Hoffnung, die Tarifvertragsparteien würden sich vernünftig, also marktgerecht, verhalten. Inzwischen ist das Kräftegleichgewicht von Gewerkschaften und Arbeitgebern empfindlich gestört. Das Bundesarbeitsgericht hat die Taktik der „neuen Beweglichkeit“ für Rechtens befunden. Das ermöglicht es den Gewerkschaften mit minimalem Aufwand einen maximalen Schaden anzurichten, also die Arbeitgeber in die Knie zu zwingen. Das Bundesarbeitsgericht ist dafür nicht zu schelten. Der Gesetzgeber hat es versäumt, den Arbeitskampf rechtlich zu ordnen. Das Gericht hat nur den selbstverständlichen Grundsatz aufgestellt, daß erlaubt sei, was nicht verboten ist.

Für die Zukunft darf man nicht darauf hoffen, daß eine Machtbalance von Gewerkschaften und Arbeitgebern zu gesamtwirtschaftlich vertretbaren Abschlüssen führt. Das hat schon in der Vergangenheit nicht geklappt. Nach dem Kasseler Urteil wird die Hoffnung noch kleiner. Die Arbeitgeber haben ohnedies kein elementares Interesse an Vollbeschäftigung. Sie können sich an Lohnerhöhungen anpassen, sei es durch Rationalisierung, sei es dadurch, daß sie ihr Kapital in anderen Bereichen oder Ländern anlegen.

Die Gewerkschaften sollten im Interesse der Arbeitnehmer Vollbeschäftigung als oberstes Ziel anstreben. Bei Vollbeschäftigung ist nicht nur die Lohnsumme am höchsten, Vollbeschäftigung ist auch die Voraussetzung für schmerzlosen Strukturwandel, für Fortschritte bei der Humanisierung der Arbeitswelt, für materielle Freiheit des Arbeitnehmers. Die Gewerkschaften haben es aber bisher erfolgreich verstanden, die Lohnerhöhungen als Erfolg ihrer Politik zu verkaufen, die Verantwortung für die Arbeitslosigkeit aber anderen in die Schuhe zu schieben. Solange diese Argumentation glaubhaft bleibt, werden die Gewerkschaften von ihren Mitgliedern nicht zu einer Vollbeschäftigungspolitik gedrängt.

Die Lohnrunden 1980 bis 1983 hatten die Hoffnung auf eine marktkonformere Lohnpolitik geweckt. Die Lohnrunde 1984 hat die Hoffnung wieder zerstört. Der Gesetzgeber steckt den Kopf noch tiefer in den Sand. Die Regierung vermeidet, das zu sagen, was zu sagen wäre: Vollbeschäftigung ist Sache der Tarifpartner. Eine Regierung könnte nur dann Verantwortung für die Beschäftigung übernehmen, wenn sie gleichzeitig auch die Macht hätte, Löhne und Gehälter festzusetzen.

Quelle: Wirtschaftswoche, Nr. 11, 8.3.1985, S. 194

6. Tabellarischer Überblick über die Elemente der Tarifautonomie

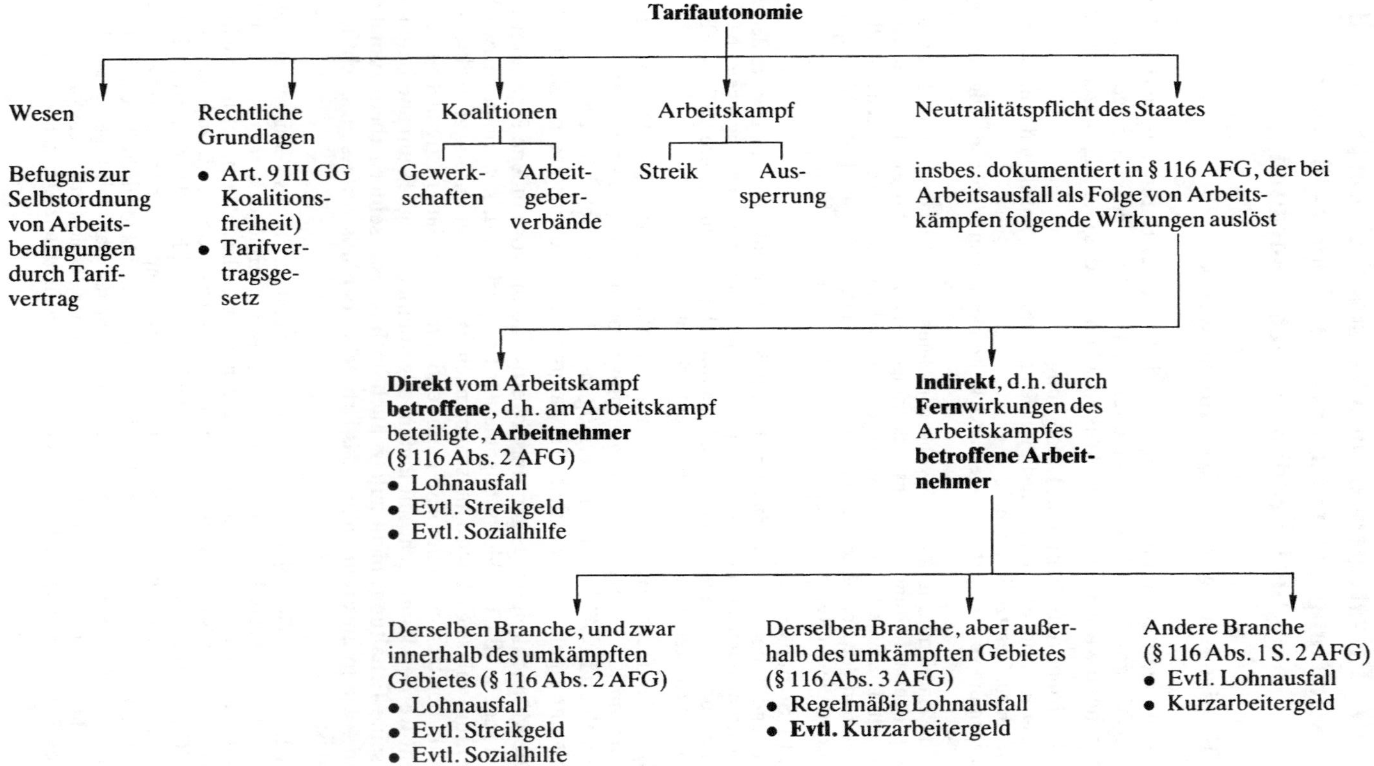

VI. Privateigentum und Verstaatlichung (Vergesellschaftung) sowie die Frage der Unantastbarkeit der bestehenden Wirtschaftsordnung

1. Die Eigentumsgarantie des Grundgesetzes

Mit dem Eigentumskomplex hängt eng die Frage der Enteignung und der Sozialisierung/Vergesellschaftung zusammen. Diese Problemkreise werden in den nachstehend wiedergegebenen Artikeln 14 und 15 des Grundgesetzes geregelt.

Art. 14 (Eigentum, Erbrecht, Enteignung)

(1) Das Eigentum und das Erbrecht werden gewährleistet. Inhalt und Schranken werden durch die Gesetze bestimmt.

(2) Eigentum verpflichtet. Sein Gebrauch soll zugleich dem Wohle der Allgemeinheit dienen.

(3) Eine Enteignung ist nur zum Wohle der Allgemeinheit zulässig. Sie darf nur durch Gesetz oder auf Grund eines Gesetzes erfolgen, das Art und Ausmaß der Entschädigung regelt. Die Entschädigung ist unter gerechter Abwägung der Interessen der Allgemeinheit und der Beteiligten zu bestimmen. Wegen der Höhe der Entschädigung steht im Streitfalle der Rechtsweg vor den ordentlichen Gerichten offen.

Art. 15 (Sozialisierung)

Grund und Boden, Naturschätze und Produktionsmittel können zum Zwecke der Vergesellschaftung durch ein Gesetz, das Art und Ausmaß der Entschädigung regelt, in Gemeineigentum oder in andere Formen der Gemeinwirtschaft überführt werden. Für die Entschädigung gilt Artikel 14 Abs. 3 Satz 3 und 4 entsprechend.

Nach der Rechtsprechung des Bundesverfassungsgerichts (Mitbestimmungs-Urteil vom 1.3.1979) dient die Eigentumsgarantie dazu, „dem Träger des Grundrechts einen Freiheitsraum im vermögensrechtlichen Bereich zu sichern und ihm damit eine eigenverantwortliche Gestaltung seines Lebens zu ermöglichen".

Die Möglichkeit des Eigentumserwerbs und die vorhandene Eigentumsgarantie ist regelmäßig ein Motor allgemeiner Prosperität, d.h. wenn der Erwerb von Eigentum zulässig ist, wird meist auch nach Eigentumsmehrung gestrebt. Wer Eigentum besitzt und sicher sein kann, daß ihm dieses langfristig nicht streitig gemacht werden kann, geht mit ihm im allgemeinen pfleglich um und bemüht sich um seine Erhaltung; nicht zuletzt auch im Interesse seiner Erben, zumal dann, wenn – wie in unserem Falle – das Erbrecht ebenfalls verfassungsrechtlich gesichert ist.

„Art. 14 Abs. 1 GG begründet auch ein an den Staat gerichtetes Vermögensentziehungs- und -umverteilungsverbot. Mit der Garantie privater vermögenswerter Rechtspositionen konstituiert er ein Bereicherungsverbot gegen die öffentliche Hand, bestimmt mithin Unterlassungs- oder Nichtstörungspflichten der öffentlichen Gewalt. Dem Eigentumsartikel des GG kommt also auch eine Art ‚Friedensfunktion' zu. Er soll verhindern, daß Wahlen und politische Mehrheitsbildungen zum Verteilungskampf ausarten, daß sie zur Entscheidung darüber werden, ‚welcher Teil der Bevölkerung die Hände in die Taschen eines anderen Teils der Bevölkerung stecken und sie darin behalten' darf. Die Eigentumsordnung der Gesellschaft soll gerade auch wegen ihrer politischen Explosivität nicht zur kurzfristigen Disposition wechselnder Mehrheiten stehen" (Papier, in Maunz-Dürig, Komm. z. GG, Art. 14, Rdnr. 5).

Inhaltlich konkretisiert sich das Recht am Eigentum auf folgende Funktionen:

- die Nutzungsbefugnis*
- den Schutz vor Übergriffen Dritter und
- die Veräußerungsbefugnis.

2. Zulässige Eigentumsbeschränkungen (Gemeinwohlbindung)

Eigentums-Beschränkungen sind zu dulden, wenn sie durch ein (verfassungsmäßiges) Gesetz bestimmt sind (Art. 14 Abs. 1, S. 2 GG).

Beispiele hierfür sind:

- der Schutz des Wohnungsmieters (vor Kündigung und vor unangemessenen Mieterhöhungen)
- der Arbeitnehmer-Kündigungsschutz
- die Arbeitnehmer-Mitbestimmung
- die Fusionskontrolle bei Zusammenschlußvorhaben von bestimmten (marktstarken) Unternehmen.

Die beispielhaft genannten gesetzlichen Eigentumsbeschränkungen dürfen nicht dazu führen, daß die Freiheit, über das Eigentum zu verfügen, praktisch aufgehoben wird. „Das elementare Grundrecht ‚Eigentum' wäre nicht wirksam gewährleistet, wenn der Gesetzgeber an die Stelle des Privateigentums etwas setzen könnte, was den Namen ‚Eigentum' nicht mehr verdient" (Bundesverfassungsgerichts-Urteil vom 18.12.1968).

Darüber hinaus ist „der staatliche Gesetzgeber ... verpflichtet, die Rechtseinrichtung des Privateigentums vor Obsoleszenz und Disfunktionalität zu bewahren ... So hat der Gesetzgeber zum Beispiel einer dem Funktionssinn der Eigentumsgewährleistung widerstreitenden Konzentration des Privateigentums entgegenzuwirken" (Papier, in Maunz-Dürig, Komm. z. GG, Art. 14, Rdnr. 16).

Nach Art. 14 Abs.2 soll der Eigentumsgebrauch zugleich dem Wohle der Allgemeinheit dienen. Allerdings „ergeben sich aus dieser Vorschrift keine aktuellen Rechtspflichten für den Eigentümer. Diese Vorschrift enthält vielmehr eine Anweisung an die Gesetzgebung, Eigentumsrechte, deren Funktion über den Bereich des Eigentümers hinausgeht, in einer sozial verträglichen Weise auszugestalten ... Art. 14 Abs. 2 ist ... bei der Auslegung und Anwendung einfachen Rechts zu beachten" (AK-GG-Rittstieg Art. 14/15 Rz. 153). Nach einer Entscheidung des Bundesverfassungsgerichts vom 15.1.1969 ist Art. 14 Abs. 2 „verbindliche Richtschnur" für den Gesetzgeber.

Das Bundesverfassungsgericht meint in seinem Mitbestimmungs-Urteil vom 1.3.1979: „Die Bestandsgarantie des Art. 14 Abs. 1 Satz 1 GG, der Regelungsauftrag des Art. 14 Abs. 1 Satz 2 GG und die Sozialpflichtigkeit des Eigentums nach Art. 14 Abs. 2 GG stehen in einem unlösbaren Zusammenhang. Keiner dieser Faktoren darf über Gebühr verkürzt werden; vielmehr müssen alle zu einem verhältnismäßigen Ausgleich gebracht werden".

* S.a. § 903 Abs. 1 BGB: „Der Eigentümer einer Sache kann, soweit nicht das Gesetz oder Rechte Dritter entgegenstehen, mit der Sache nach Belieben verfahren und andere von jeder Einwirkung ausschließen".

Ein Fall von Interessenkollision zwischen Eigentümerschutz und Gemeinwohl-Bindung

Der Familienstreit bei Dornier gefährdet die Existenz des Unternehmens. Nur eine großzügige Geste könnte helfen.

Erben sollten verzichten

Rainer Hainich, der neuernannte Dornier-Chef, mag sich noch so bemühen, die Vorgänge bei dem Luft- und Raumfahrtkonzern als „nicht ungewöhnlich" darzustellen, er mag vor Journalisten um „Ruhe für das Unternehmen" bitten (und dabei kritisieren, daß „interne Angelegenheiten in die Öffentlichkeit gezerrt" wurden) – Ruhe wird im Unternehmen erst einkehren, wenn der Familienzwist der Erben (*ZEIT* Nr. 8: Machtkampf der Erben) beigelegt ist.

Nein, der Fall Dornier ist keine interne Angelegenheit. Man könnte dem Erbstreit gelassen oder auch amüsiert zusehen, wenn es um einen Kramladen gehen würde. Aber hier steht das Wohl und Wehe eines Unternehmens mit über 9000 Arbeitsplätzen auf dem Spiel.

Mit Recht sind die Landesregierungen von Baden-Württemberg und Bayern vielmehr „besorgt" um die Existenz des Technologie-Konzerns und die qualifizierten Arbeitsplätze. Mit Recht stellt man in Bonn die Frage, ob man einem Unternehmen mit so zerstrittenen Eigentümern künftig noch Verteidigungsaufträge geben könne (40 Prozent des Dornier-Umsatzes kommen von der öffentlichen Hand).

Die Situation ist so verfahren, daß das konservative *Handelsblatt* sogar die Frage aufwirft, „ob man Erben wie den Dorniers ihr Unternehmen nicht nehmen sollte, bevor es ruiniert ist". Verfassungswidriger Eingriff in das Eigentum? Nun, der Artikel 14 des Grundgesetzes bestimmt zwar: „Das Eigentum und das Erbrecht werden gewährleistet." Er sagt aber auch: „Eigentum verpflichtet. Sein Gebrauch soll zugleich dem Wohle der Allgemeinheit dienen."

Unter dieser Prämisse sind Belegschaft, Öffentlichkeit und auch der Staat aufgerufen, sich für eine Lösung und damit für den Erhalt des Unternehmens einzusetzen. Die Dornier-Brüder Claudius, Peter und Silvius – denen die Erben Justus, Christoph und Ellen gegenüberstehen – sehen dies sehr wohl.

Von Peter Dornier kommt deshalb auch der Vorschlag: Um den Familienzwist um das Erbe beizulegen, sollten die Unternehmens-Anteile der im letzten Herbst verstorbenen Anna Dornier, der Witwe aus zweiter Ehe, auf eine gemeinnützige Stiftung übertragen werden. Mit 27,8 Prozent wäre dies ein neutralisierender Block zwischen den verfeindeten Gruppen.

„Das ist ganz im Sinne meines Vaters", kommentiert Claudius Dornier, ältester Sohn des Firmengründers, den Vorschlag. „Mein Vater sagte schon zu uns: Wenn ihr euch nicht vertragt, dann gebe ich mein Unternehmen einer Stiftung oder der Belegschaft." In seinem Testament vertraute Claude Dornier dann aber doch darauf, daß die Familie sein Erbe in Harmonie verwalten werde – eine trügerische Hoffnung, wie sich heute zeigt.

Die Errichtung einer Dornier-Stiftung – zur Förderung der Luft- und Raumfahrt sowie der technologischen Forschung und Entwicklung etwa – wäre ein hoffnungsvolles Zeichen dafür, daß es privaten Unternehmern gelingt, auch scheinbar unlösbare Konflikte im Sinne das Gemeinwohls beizulegen. Noch steht das Echo aus Zürich aus, wo die Justus-Gruppe residiert. Fällt es positiv aus, so könnte die Familie stolz sein auf ihr Werk; es wäre ein richtungweisendes Beispiel.

Den Landesregierungen in München und Stuttgart aber stünde es gut an, den Plan zu fördern, soweit es in ihrer Macht steht. Manchmal schadet es auch nicht, wenn der besseren Einsicht mit ein wenig Druck zum Durchbruch verholfen wird. Die Alternative eines jahrelangen Rechtsstreits um Testamentsauslegung, Testamentsvollstreckung und Einfluß im Unternehmen kann nur schrecken; das Unternehmen und seine Arbeitnehmer können dabei unter die Räder kommen. *Heinz Michaels*

DIE ZEIT, Nr. 9, 22.2.1985, S. 17

3. Das gesellschaftspolitische Phänomen der Verstaatlichung bzw. Vergesellschaftung

Wenn in gesellschaftspolitischen Diskussionen über das Privateigentum (insbesondere das Produktionsmitteleigentum) gesprochen wird, sind meist die Stichworte Enteignung, Verstaatlichung, Vergesellschaftung und Sozialisierung nicht weit, von denen das Grundgesetz nur die Begriffe Enteignung und Vergesellschaftung nennt. Da unter den genannten Begriffen vielfach sehr Unterschiedliches verstanden wird bzw. für ein und denselben Sachverhalt mehrere Begriffe verwendet werden, soll im folgenden kurz der Versuch gemacht werden, etwas Klarheit in diese Begriffe zu bekommen.

Die **Verstaatlichung**, d.h. die Überführung von privatem Produktionsmittel-Eigentum in die Hand des Staates, ist in unserer Öffentlichkeit durchweg mit negativen Vorstellungen belastet; ebenso wie die im Grunde ähnliches bedeutende Enteignung oder **Sozialisierung**. Wohl in erster Linie um diese Negativ-Assoziationen zu verringern, wird die Abschaffung des Privateigentums an den Produktionsmitteln häufig mit **Vergesellschaftung** umschrieben, die zu gesellschaftlichem Eigentum, Gemeineigentum oder Gemeinwirtschaft führt. Allerdings wird – wie gleich noch zu zeigen ist – von manchen Verfechtern der Vergesellschaftung bestritten, daß Verstaatlichung und Vergesellschaftung ein und dasselbe sind.

Der Begriff Vergesellschaftung ist diffus. Er läßt sich nicht recht von der (marxistischen) Forderung nach Verstaatlichung unterscheiden. Dies räumt auch Johano Strasser ein: „Zugegeben, der Begriff ‚Vergesellschaftung' ist ein bißchen schillernd. Ich bin trotzdem der Meinung, daß man ‚Vergesellschaftung' sagen sollte, auch wenn es bedeutet, daß die Besitztitel auf den Staat selbst übergehen. Was Vergesellschaftung von einer bloßen Verstaatlichung unterscheidet, ist, daß eine durchgeführte demokratische Kontrolle der Verfügungsgewalt hinzukommt" (Die Neue Gesellschaft, 1973, S. 484f.).

Heidemarie Wieczorek-Zeul sieht den Unterschied zwischen Verstaatlichung und Vergesellschaftung wie folgt: „Vergesellschaftung ist **nicht** Verstaatlichung! Sie bedeutet vielmehr ... die Einbeziehung der verschiedensten Gruppen in die Leitung und Kontrolle der Unternehmen: Die Arbeitnehmer und ihre gewerkschaftlichen Vertreter, die das Interesse an der Sicherung der Arbeitsplätze, an humanen Arbeitsbedingungen, an gerechter Entlohnung einbeziehen; staatliche Vertreter, die das Interesse einbringen, unerwünschte Wirkungen (z.B. Umweltverschmutzung) zu verhindern" (sozialdemokrat magazin, Febr. 1975, S. 12).

In einem auf dem Wiesbadener Juso-Bundeskongreß 1975 verabschiedeten Positionspapier heißt es in diesem Zusammenhang: „Vergesellschaftung geht über bloße Verstaatlichung hinaus, insofern als sowohl die Belegschaften als auch Vertreter des Staates (der Gebietskörperschaften) an Leitung und Kontrolle der Unternehmen beteiligt sind. Die bloße Übertragung von Besitztiteln auf den Staat ohne entscheidende Veränderung der Verfügungsgewalt liefe darauf hinaus, daß die gegenwärtige Profitbürokratie durch eine Staatsbürokratie ersetzt würde".

Jochen Steffen sieht die begrifflichen Zusammenhänge wie folgt: „Gemäß den Grundwerten und dem Bild des Menschen ist Verstaatlichung nur ein erster Schritt, der zweite heißt: Demokratisierung oder Vergesellschaftung, er führt mit Veränderungen von Strukturen und Verhaltensweisen zum dritten Schritt der Sozialisierung" (Die Neue Gesellschaft, Febr. 1975, S. 96).

Die Begriffe Vergesellschaftung, Sozialisierung u.ä. sind nicht immer nur im Wortschatz von „Systemveränderern" zu finden gewesen. In ihrem **Ahlener Programm** von 1947 hatte sogar die **CDU** die Vergesellschaftung von Bergbau, eisen- und stahlerzeugender sowie chemischer Großindustrie gefordert. Dieses Programm, dessen Realisierung nie versucht und inzwischen durch andere Programme ersetzt worden ist, enthielt auch die folgenden inhaltsschweren Feststellungen: „Das kapitalistische Wirtschaftssystem ist den staatlichen und sozialen Lebensinteressen des deutschen Volkes nicht gerecht geworden ... Die neue Struktur der deutschen Wirtschaft muß davon ausgehen, daß die Zeit der unumschränkten Herrschaft des privaten Kapitalismus vorbei ist". Das Programm forderte eine Neuordnung der Wirtschaft von Grund auf. „Durch eine gemeinwirtschaftliche Ordnung soll das deutsche Volk eine Wirtschafts- und Sozialverfassung erhalten, die dem Recht und der Würde des Menschen entspricht, dem geistigen und materiellen Aufbau unseres Volkes dient und den inneren und äußeren Frieden sichert".

Ahlener Programm

Denkwürdig

Genau vierzig Jahre ist es her, daß ein Teil der CDU das „Ahlener Programm" beschloß, das den Wirtschaftskurs der jungen Partei definieren sollte. Um den denkwürdigen Tag zu feiern, fiel dem CDU-Bundestagsabgeordneten Norbert Lammert jetzt etwas Originelles ein: Er forderte die Realisierung der in Ahlen formulierten Prinzipien.

Dem Manne kann wohl kaum geholfen werden. Denn zu Ahlener Zeiten galten bei den Christdemokraten noch Maximen wie diese: „Wir fordern die Vergesellschaftung der Bergwerke . . . Auch bei der eisenschaffenden Großindustrie ist der Weg der Vergesellschaftung zu beschreiten . . . Planung und Lenkung der Wirtschaft wird auch in normalen Zeiten in gewissem Umfange notwendig sein."

Vierzig Jahre sind eine lange Zeit im Leben einer Partei, und vielleicht sollte man in der Tat „die Mumie endlich einmal im Grab lassen" (so Franz Josef Strauß). Dem Abgeordneten Lammert gebührt dennoch Dank dafür, daß er seine Parteifreunde daran erinnert hat, welche Forderungen und Formulierungen einmal in ihren Kreisen hoffähig waren. *smi*

DIE ZEIT, 6.2.1987, S. 22

4. Die grundgesetzlich zulässige Enteignung und Sozialisierung von Eigentum

Unser Grundgesetz sieht in Art. 14 Abs. 3 S. 1 vor, daß eine Enteignung zulässig ist, allerdings nur zum Wohle der Allgemeinheit und nur bei Gewährung einer Entschädigung. „Enteignung im Sinne des Grundgesetzes ist jeder hoheitlich bewirkte Übergang subjektiver vermögenswerter Rechte auf einen neuen Rechtsträger, sofern nicht der Zweck dieser Maßnahme durch Interessen oder Pflichten des bisherigen Rechtsträgers bestimmt ist" (AK-GG-**Rittstieg** Art. 14/15 Rz. 189).

Verfassungsrechtliches Beispiel zur Enteignungsproblematik

Ampel auf Rot

Das Bundesverfassungsgericht ist dem größten Steuerzahler der Bundesrepublik in den Arm gefallen: Daimler-Benz darf die im Main-Tauber-Kreis bei Boxberg geplante Automobil-Teststrecke – jedenfalls vorerst – nicht bauen. Die zugunsten des Unternehmens vom Land Baden-Württemberg vorgenommene Enteignung von 200 Hektar Bauernland verstieß gegen die Verfassung und war deshalb unwirksam.

Der Erste Karlsruher Senat hat sein Verdikt vordergründig nur auf einen formalen Mangel gestützt: Für die Enteignung fehle es an einer gesetzlichen Grundlage; das dafür von den Behörden herangezogene Bundesbaugesetz gebe sie nicht her, weil der Bau eines Test-Parcours beim besten Willen kein Städtebau sei. Könnte also der Gesetzgeber das Versäumte einfach nachholen?

Die Antwort der Richter auf diese Frage ähnelt ungemein den Sprüchen von Radio Eriwan: im Prinzip ja; aber – so wörtlich in der Urteilsbegründung – „ob eine gesetzliche Regelung, die sich damit begnügte, eine Enteignung zugunsten eines so allgemein umschriebenen Zwecks zuzulassen, dem verfassungsrechtlichen Gebot hinreichender Bestimmtheit entsprechen würde, muß bezweifelt werden".

Im Zeichen der Marktwirtschaft und des Grundgesetzes genießt das Eigentum in der Bundesrepublik doppelten Schutz. Es ist zwar kein unantastbares, aber ein gleichsam privilegiertes Recht. Eine Enteignung ist „nur zum Wohle der Allgemeinheit zulässig". Dieser Vorbehalt allein macht den zwangsweisen Entzug von Privateigentum zugunsten eines anderen Privateigentümers höchst problematisch.

Unternehmer wirtschaften eigennützig; sie müssen es tun, weil sie anders sich am Markt nicht behaupten können. Deshalb wurden Enteignungen zu ihren Gunsten bislang nur erlaubt, wo ihnen durch Gesetz die Erfüllung einer dem Gemeinwohl dienenden Aufgabe übertragen war. Typische Beispiele: Stromversorgung, Verkehrsbetriebe. Das allgemeine Wohl in Gestalt von zusätzlichen Arbeitsplätzen in einer wirtschaftlich schwachen Region als Folge privaten Wirtschaftens – eben des Betriebs einer Automobil-Teststrecke – stand bei der Boxberg-Entscheidung des Bundesverfassungsgerichts erstmals zur Diskussion.

Manchem Betrachter drängte sich der Eindruck auf, als werde mit schiefer Schlachtordnung gefochten: Hier die kleinen, eigensüchtigen Bauern, die angesichts europäischer Butter- und Fleischberge ihre nutzlos gewordene Scholle verteidigen – dort das weitsichtige Unternehmen, das sich vom Kirchturmhorizont seiner Widersacher gehindert sieht, Menschen in Lohn und Brot zu setzen. Und am Ende ein oberstes Gericht, dessen Urteil eher einem Orakel denn einer Entscheidung gleicht. In Karlsruhe spendeten dennoch die „Bundschuh"-Bauern ihren Richtern Applaus. Der Gegner war gar nicht erst erschienen. *H. Sch.*

DIE ZEIT, 27.3.1987, S. 1

Neben oder anstelle der in Art. 14 enthaltenen Enteignungsmöglichkeit läßt das Grundgesetz in Art. 15 auch die **Sozialisierung** zu. Eine Gemeinwohlbindung als Zulässigkeitsvoraussetzung – wie bei der Enteignung – ist in dem Sozialisierungsartikel nicht enthalten.

„Art. 15 dokumentiert im Grundgesetz neben anderen Vorschriften den **Bonner Kompromiß** des Jahres 1949, die zwischen den großen Fraktionen im Parlamentarischen Rat streitigen Fragen der Wirtschaftsordnung nicht durch die Verfassung zu entscheiden, sondern der Gestaltung des zu gründenden Gemeinwesens offenzuhalten. Von der Sozialisierungsermächtigung des Art. 15 wurde während des Bestehens der Bundesrepublik kein Gebrauch gemacht ...

Sozialisierung ist als ein Prozeß der organisatorischen und rechtlichen Umgestaltung zu begreifen, an dessen Ende nach Art. 15 Abs. 1 Satz 1 **Gemeineigentum oder eine andere Form der Gemeinwirtschaft** stehen soll. Der Oberbegriff, mit dem das Grundgesetz den Endzustand der Sozialisierung beschreibt, ist die Gemeinwirtschaft.

Der Begriff der **Gemeinwirtschaft** hat eine lange praktische und literarische Tradition. Den unterschiedlichen Ausprägungen des gemeinwirtschaftlichen Denkens ist gemeinsam die **Gegenposition zum Gewinn** als wesentlichem Motiv und Steuerungsfaktor des Wirtschaftens. Das gemeinwirtschaftliche Unternehmen dient in erster Linie übergeordneten wirtschafts-, sozial- und gesellschaftspolitischen Zwecken ...

Als Zweck des in Art. 15 zugelassenen Umgestaltungsvorganges wird die ‚Vergesellschaftung' genannt ... Vergesellschaftung drückt den **Gegensatz zur Privateigentumsordnung** aus, in der Boden, Naturschätze und Produktionsmittel einzelnen Rechtssubjekten zugerechnet und von diesen nach ihrem individuellen Nutzenkalkül genutzt werden.

Vergesellschaftung ist nichts anderes als der deutsche Ausdruck für Sozialisierung. Vergesellschaftung bezeichnet den Gegensatz zum Prinzip der individuellen Aneignung. Dies entspricht dem Gegensatz zwischen Gemeinwirtschaft und individueller Gewinnmaximierung" (AK-GG-**Rittstieg** Art. 14/15, Rz. 226, 232, 238).

Zur Frage der rechtlichen Zulässigkeit einer umfassenden Vergesellschaftung von Privateigentum meint R. Herzog (ZEIT 29.3.1974, S. 6):

„Es müssen Gründe – und zwar schwerwiegende Gründe – nachgewiesen werden, um die Zulässigkeit der Verstaatlichung darzutun". Dieser Argumentation widerspricht H. Schueler (ZEIT 29.3.1974, S. 7): „Das Grundgesetz gibt einfach nichts dafür her, daß der Verstaatlichung im Rahmen des Artikels 15 eine ‚unübersteigbare verfassungsrechtliche Grenze' gesetzt sei und daß es erst des Nachweises von Mißständen bedürfte, um sie im Einzelfall zu legitimieren. Die Einführung gemeinwirtschaftlicher Unternehmensformen steht vielmehr im freien Ermessen des Gesetzgebers. Er kann sie jederzeit mit einfacher Mehrheit beschließen, womit kein Wort darüber gesagt ist, ob er es auch tun sollte. Auf absehbare Zeit wird sich im Bundestag ohnehin keine Mehrheit für sozialistische Experimente finden".

Mit dem letzten Satz hat Schueler sicher recht. Die rigorosen Verstaatlichungsforderungen schrecken viele Wähler ab, zumal die Anhänger einer Vergesellschaftung auf die Frage, was denn mit der Sozialisierung oder Überführung der Produktionmittel in Gemeineigentum – was immer das auch sei – besser werden solle, regelmäßig keine befriedigende Antwort wissen. Es ist doch eher so, daß „die bloße Veränderung der industriellen Eigentumsverhältnisse keines der wesentlichen gesellschaftlichen Probleme der westlichen Gesellschaft löst, sondern neue Probleme aufwirft, ohne die alten zu lösen" (S. Braun, 1965, S. 28).

Chmielewicz (1975, S. 107) meint in diesem Zusammenhang: „Aufgrund praktischer Erfahrungen scheint die These vertretbar, daß nach erfolgter Verstaatlichung betriebswirtschaftliche Probleme in größerem Umfang auftreten und schwieriger zu lösen sind. Die Enteignung über Verstaatlichung bedeutet ja zugleich – was betriebswirtschaftlich bedeutsamer als die Enteignung selbst ist – eine Zentralisierung von Entscheidungen beim Staat, dessen Konflikt(lösungs)kapazität, Informationsstand und wirtschaftliches Wissen durch die Flut zu treffender schwerwiegender Entscheidungen schnell überfordert werden, so daß betriebswirtschaftliche Fehlentscheidungen fast unvermeidlich sind".

Enteignung und Vergesellschaftung sind nur zulässig, wenn dafür eine **Entschädigung** geleistet wird. „Die Entschädigung ist unter gerechter Abwägung der Interessen der Allgemeinheit und der Beteiligten zu bestimmen" (Art. 14, Abs. 3 S. 3).

„Die Entschädigung soll einen Ausgleich für die auferlegte Vermögenseinbuße gewähren. Nach Art. 14 Abs. 3 Satz 3 muß dies keineswegs der **Verkehrswert** sein. Die Abwägungsformel des Art. 14 Abs. 3 Satz 3 fordert vielmehr den Gesetzgeber auf, den Besonderheiten des Sachverhaltes und der Zeitumstände Rechnung zu tragen* ...

Eine gerechte Entschädigungsregelung im Rahmen eines Sozialisierungsgesetzes erfordert die **Wertung der betroffenen Eigentumsrechte**. Maßgebliche Kriterien sind nach der Rechtsprechung des Bundesverfassungsgerichts zu Art. 14 Abs. 1 Satz 2 die Nähe zur individuellen Persönlichkeitsentfaltung und der Erwerb aufgrund eigener Leistungen. Den so gewerteten Interessen der Betroffenen sind die **Interessen der Allgemeinheit** gegenüberzustellen. Dabei ist insbesondere zu berücksichtigen, daß es nicht Sinn der Entschädigungsregelung sein kann, Sozialisierungen unmöglich zu machen" (AK-GG-**Rittstieg** Art. 14/15, Rz. 221, 246).

Ob dieser letzte Satz allerdings die folgende Meinung von J. Strasser (manager magazin, 6/75, S. 112) stützt, ist wohl fraglich: „Wer die Notwendigkeit der Vergesellschaftung der Schlüsselindustrien und des Finanzsektors (Banken und Versicherungen) erkennt, kann nicht einer vollwertigen Entschädigung der Eigentümer das Wort reden. Kleinaktionäre ... sollten voll entschädigt werden. Bei allen anderen Eigentümern kann es sich sinnvollerweise nur um eine Abfindung handeln ... Die Großeigentümer werden sich daran gewöhnen müssen, ihren Lebensunterhalt durch eigene Arbeit zu verdienen".

5. Ein praktischer Vergesellschaftungs-Versuch: Die Forderung der IG Metall vom 19.3.1985 zur Vergesellschaftung der Stahlindustrie

Im Anhang zu ihrem in der nachstehenden Zeitungsnotiz angedeuteten Stahlpolitischen Programm hat die IG Metall folgende begriffliche Klarstellungen gebracht:

Vergesellschaftung bedeutet Nutzung der Produktionsmittel für gesellschaftliche Ziele. Im Fall der Stahlindustrie soll die Vergesellschaftung die Sicherung der Beschäftigung und den sozialen Status der Arbeitnehmer in den Stahlrevieren sowie die Erhaltung der Stahlstandorte sicherstellen. (Weitere im Hauptteil genannte Vergesellschaftungsziele sind: entscheidende Einflußmöglichkeiten der Gewerkschaften, Erhaltung und Ausbau der Mitbestimmung sowie weitere Arbeitszeitverkürzung mit vollem Lohnausgleich, R.S.).

Eine reine Änderung der Eigentumsverhältnisse, zum Beispiel die Überführung der Produktionsmittel in Gemeineigentum gemäß Artikel 15 Grundgesetz (Verstaatlichung) ist zur Erreichung dieser Ziele nicht ausreichend. Im Gegensatz zur Verstaatlichung umschließt der Begriff Vergesellschaftung auch bei einer Änderung der Eigentumsverhältnisse auch eine entsprechende Änderung der Verfügungsmacht über die Produktionsmittel. Dies ist bei der Ausgestaltung der von der IG Metall geforderten nationalen Stahl-Holding (die sich ausschließlich im Eigentum der öffentlichen Hand befindet) zu beachten.

* „Der Gesetzgeber kann je nach den Umständen vollen Ersatz, aber auch eine darunter liegende Entschädigung bestimmen" (Urteil des Bundesverfassungsgerichts vom 18.12.1968).

IG Metall fordert Stahl-Holding

dpa/VWD, Mülheim/Ruhr

Die IG Metall hat ihre Vorstellungen zur Vergesellschaftung der Stahlindustrie konkretisiert. Ihr Vorsitzender Hans Mayr hat gestern auf der Stahlkonferenz seiner Organisation eine natinale Stahl-Holding im öffentlichen Eigentum gefordert, deren Unternehmenspolitik auf gesellschaftliche Ziele verpflichtet werden müsse. Die IG Metall meint,sie soll durch eine „ertragsabhängige Entschädigung" der Aktionäre nach Artikel 15 des Grundgesetzes, der Enteignungen vorsieht, gebildet werden. Eine freiwillige Lösung, bei der die Aktionäre mit Aktien der Holding entschädigt würden, komme nur als Übergangslösung in Betracht. Die paritätische Mitbestimmung will die IG Metall auf gesetzlicher oder auf vertraglicher Grundlage erhalten.

DIE WELT, 20.3.1985, S. 11

Die Bildung einer nationalen Stahlholding vollzieht sich im Fall der Vergesellschaftung durch Enteignung der privaten Anteilseigner der Stahlunternehmen gemäß Art. 15 GG. Die vormaligen privaten Anteilseigner werden entschädigt mit Forderungen gegen die Stahlholding in Höhe der Buchwerte des enteigneten Kapitals. Die Entschädigung Buchwert gegen Buchwert bietet sich an, um Bewertungsprobleme und alle damit zusammenhängenden Fragen möglichst zu vermeiden. Diese (für die Aktien erhaltenen, R.S.) Forderungen, als Obligationen frei handelbar, werden verzinst aus den Jahresüberschüssen der Unternehmen, die auf das jeweils enteignete Kapital entfallen. Zur Tilgung wird der Jahresüberschuß der Holding verwendet.

Das Eigenkapital der Holding wird gebildet aus staatlichen Finanzhilfen, die zur Erhaltung der Stahlstandorte, zur Sicherung der Beschäftigung und zur Umstrukturierung nötig sind, sowie aus dem Eigenkapital der staatlichen Salzgitter AG.

Die letzte Frage in dem folgenden ZEIT-Artikel beantwortet Frank Bünte im Deutschen Allgemeinen Sonntagsblatt (31.3.1985, S. 1) wie folgt:

„Auf dem letzten Gewerkschaftstag sprach die Basis ein Machtwort und setzte einen Vergesellschaftungsbeschluß mit Mehrheit durch. Der Vorstand mußte (jetzt) ‚Schularbeiten' machen.

Ein Handikap bleibt, daß die IG Metall mit einem geschlossenen Stahlkonzept erst jetzt kommt, nachdem sich die Konzerne in Alleingängen, opfervollen Schrumpfaktionen und Amputationen, auch dank öffentlicher Hilfen, weitgehend freigeschwommen und hier und da auch schon wieder schwarze Zahlen im Visier haben. Deshalb hat die bizarr anmutende Vergesellschaftungsforderung auf absehbare Zeit keine Chance mehr, die Stahlpolitik nachhaltig zu beeinflussen. Dort, wo das Management nach Heulen und Zähneklappern auf

STAHLINDUSTRIE

IG Metall stößt auf Ablehnung

HANDELSBLATT, Mittwoch, 20.3.1985

HB DÜSSELDORF. Die Vorschläge der IG Metall zur Vergesellschaftung der deutschen Stahlindustrie sind von Politikern der Bonner Koalition und Verbandssprechern abgelehnt worden. SPD und der nordrhein-westfälische Landesverband der Grünen unterstützten die IG Metall.

Unter Hinweis auf das britische Beispiel lehnte das geschäftsführende Vorstandsmitglied der Düsseldorfer Wirtschaftsvereinigung Eisen- und Stahlindustrie, Ruprecht Vondran, die Gewerkschaftspläne ab. Durch Verstaatlichung sei noch kein Arbeitsplatz sicherer geworden. Bundeswirtschaftsminister Martin Bangemann (FDP) sagte in einem Rundfunkinterview, „Verstaatlichung" mache eine Industrie „nur noch kränker". Der Bundesvorsitzende der sozialdemokratischen Arbeitsgemeinschaft für Arbeitnehmerfragen, Rudolf Dressler (SPD), erklärte die Bereitschaft seiner Partei, sich rege an der Strukturdiskussion für die Stahlindustrie zu beteiligen. Die Vorstellungen der SPD lägen einschließlich „der Änderung bei den Verantwortlichkeiten" auf dem Tisch. Nach Ansicht der Abgeordneten Norbert Lammer (CDU) und Lorenz Niegel (CSU) lassen sich verstaatlichte Unternehmen lieber aus Steuergeldern finanzieren, als sich den veränderten Marktbedingungen anzupassen. Die private deutsche Stahlindustrie habe mit geringeren Verlusten gearbeitet als die verstaatlichte in Frankreich und England.

Handelsblatt, 21.3.1985, S. 1

Stahlindustrie

Falscher Weg

Die IG Metall macht feine Unterschiede. Verstaatlichen will sie die deutsche Stahlindustrie nicht, wohl aber vergesellschaften. Die bisherigen Aktionäre sollen beteiligt bleiben, aber nichts mehr zu sagen haben, gesellschaftspolitische Ziele und regionale Beschäftigungspolitik die Unternehmensstrategie mitbestimmen. Ob man das nun Verstaatlichung oder Vergesellschaftung nennt – es ist eine Absage an das privatwirtschaftliche Prinzip, das bisher noch gilt.

Ein Prinzip übrigens, mit dem die deutschen Hütten bisher nicht schlecht gefahren sind. Hoesch und Thyssen, die besonders konsequent rationalisiert haben, arbeiten wieder mit Gewinn. Von den hochsubventionierten und verstaatlichten Unternehmen in unseren europäischen Nachbarländern kann man das nicht sagen.

Freilich geht die private Sanierung auf Kosten der Arbeitnehmer, die im Rahmen von Sozialplänen weit vor Erreichen der Altersgrenze ausscheiden mußten und zumindest auf dem Papier die lokale Arbeitslosenstatistik belasten. Da hätten „vergesellschaftete" Unternehmen vielleicht anders gehandelt – wohl um den Preis hoher öffentlicher Zuschüsse.

Darüber könnte man sicherlich reden, wenn es sich um eine vorübergehende Krise handelte. Aber die Stahlindustrie hat Strukturprobleme, die durch eine Vergesellschaftung nicht zu lösen sind. Warum dann aber ein System ändern, das sich vergleichsweise gut bewährt hat? *hgk*

DIE ZEIT, 29.3.1985, S. 18

erste wirtschaftliche Erfolge seiner Roßkur verweisen kann, stehen Betriebsräte und Belegschaften an der Seite ihres Unternehmens.

Das Stahlprogramm der IG Metall zielt deshalb auch mehr in die eigene Organisation. Es soll ‚die Klammer sein, die uns zusammenhält', meinte Mayr in Mühlheim. In dieser unruhigen Stahlzeit ist den Belegschaften das eigene Werk wichtiger als der organisatorische Zusammenhalt zur Neuordnung des Ganzen. Wenn in der Krise aber die Solidarität der Mitglieder in die Brüche geht, verliert auch die Gewerkschaft an Einfluß und Gestaltungskraft".

Inzwischen hat sich die wirtschaftliche Lage in der Stahlindustrie wieder verschlechtert; so ist es denn auch kein Wunder, daß wieder „Massenentlassungen" anstehen. „Nach drei durchweg zufriedenstellenden Jahren ist die Branche erneut in eine Krise geraten ... Alle deutschen Stahlunternehmen schreiben derzeit rote Zahlen ... Die IG Metall würde die Stahlindustrie liebend gern dem Steuerzahler an die Brust legen, und IG-Metall-Vorsitzender STEINKÜHLER forderte erneut ‚die Vergesellschaftung der Stahlunternehmen bei entscheidendem gewerkschaftlichen Einfluß auf die Unternehmenspolitik'" (DIE ZEIT 9.1.1987, S. 25).

Zur sozialen Abfederung der vorgesehenen neuerlichen Massenentlassungen von Stahlarbeitern hat die Stahlindustrie Anfang 1987 die Gründung einer Stahlstiftung Ruhr in die politische Diskussion gebracht; diese Stiftung hat ihr Vorbild in der Stahlstiftung Saar, über deren Funktion die ZEIT (10.4.1987, S. 38) schreibt: „Das Saarland hat den Ruhr-Industriellen einen Weg aufgezeigt, wie sie bei den angekündigten Massenentlassungen hohe Sozialplan-Kosten umgehen können, indem sie öffentliche Kassen anzapfen ...". Die IG Metall verlangt statt der Stahlstiftung die Schaffung von Beschäftigungsgesellschaften, die die gefährdeten Arbeitnehmer aufnimmt, weiter qualifiziert und anderen Beschäftigungen zuführt (s. FRANK BÜNTE, Deutsches Allgemeines Sonntagsblatt 28.6.1987, S. 9).

Auf ein Wort

»Die Idee der Stahlstiftung Ruhr ist kein Petitum, sondern eine Einladung der Industrie an die Politik, sich gemeinsam Gedanken zu machen, wie das Schicksal entlassener Mitarbeiter gelindert werden kann. Wir wollen den Salat nicht der Regierung überlassen. Und wir wollen mit der Stahlstiftung keinen Reibach machen, sondern verhindern, daß es lange Schlangen vor den Arbeitsämtern gibt. Doch bis jetzt hat sich die Landesregierung diesem Gedanken noch nicht geöffnet.«

Carsten Rohwedder, Vorstandsvorsitzender der Hoesch AG, Dortmund.

FOTO: JUPP DARCHINGER

DIE WELT, 9.5.1987, S. 9

Im Herbst 1987 schien sich die soziale Lage in der Stahlindustrie dadurch etwas zu entspannen, daß weitere öffentliche Finanzhilfen von 600 Millionen Deutsche Mark bereitgestellt wurden. Mit diesem Beitrag zur sozialen Flankierung des vorgesehenen Personalabbaues von rund 35000 Arbeitnehmern sollte die „Frankfurter Vereinbarung" zwischen den Stahlunternehmen und der IG Metall vom Juni 1987 zum Tragen kommen, wonach die Stahlunternehmen bis Ende 1989 auf betriebsbedingte Kündigungen verzichten. Weiter sieht die „Frankfurter Verein-

»Irgendwie hatte ich mir eine Beschäftigungsgesellschaft anders vorgestellt«
Zeichnung: Deutsches Allgemeines Sonntagsblatt / Jan Tomaschoff (28.6.1987, S. 9)

barung“ vor, in den einzelnen Stahl-Unternehmen möglichst Ersatzarbeitsplätze anzubieten.

„Doch kaum war die Tinte unter dem Frankfurter Vertrag trocken, suchten die Stahlunternehmer nach Möglichkeiten für einen jetzt noch preiswerteren Kapazitätsabbau“ schreibt die „Wirtschaftswoche“ (18.12.1987, S. 15) und konstatiert weiter: „Die Suche nach Ersatzarbeitsplätzen wird bei einigen Stahlunternehmen ziemlich lustlos betrieben“; s.a. Wirtschaftswoche vom 29.1.1988, S. 21-26.

Zu dem von den (betroffenen) Arbeitern Ende 1987/Anfang 1988 gegen die geplante Aufgabe des Stahlstandortes Rheinhausen organisierten energischen Widerstand meinte DIE ZEIT (12.2.1988, S. 22):

„Gewiß, ihre Hütte konnten sie nicht retten, aber die Bereitschaft der Unternehmer, über Ersatzarbeitsplätze nachzudenken, ist enorm beflügelt worden. Es wächst die Erkenntnis, daß sich die Beschäftigten nicht mehr klaglos im Rahmen von Sozialplänen ‚freikaufen‘ lassen und dies auch noch beklatscht wird, wie das in der Vergangenheit der Fall war ... Die Unternehmer haben gemerkt, daß sie neue Perspektiven bieten müssen, wenn sie alte Arbeitsplätze streichen wollen“.

6. Das Verhältnis von Grundgesetz und Wirtschaftsordnung

Über die Frage, ob das Grundgesetz eine bestimmte Wirtschaftsordnung ein für allemal vorschreibt oder ob es in diesem Punkt grundlegende Veränderungen zuläßt, ist viel und meist konträr diskutiert worden (vgl. im einzelnen Reich, 1977, und Rupp, 1974). In diesem Zusammenhang wird immer wieder auf das Urteil des Bundesverfassungsgerichts vom 20.7.1954 zum Investitionshilfe-Gesetz vom 7.1.1952 hingewiesen.

Mit der umstrittenen Zwangsanleihe nach dem Investitionshilfe-Gesetz wurde Kapital aus den liberalisierten (gutgehenden, gewinnbringenden) Wirtschaftsbereichen in die weiterhin preisgebundene Grundstoffindustrie verlagert, und zwar zur Deckung des vordringlichen Investitionsbedarfs des Kohlebergbaues, der eisenschaffenden Industrie und der Energiewirtschaft.

Zur Frage der Unantastbarkeit der bestehenden Wirtschaftsordnung hat sich das Bundesverfassungsgericht in dem Investitionshilfe-Gesetz-Urteil wie folgt geäußert.

„Das Grundgesetz garantiert weder die wirtschaftspolitische Neutralität der Regierungs- und Gesetzgebungsgewalt noch eine nur mit marktkonformen Mitteln zu steuernde ‚soziale Marktwirtschaft'.

Die ‚wirtschaftspolitische Neutralität' des Grundgesetzes besteht lediglich darin, daß sich der Verfassungsgeber nicht ausdrücklich für ein bestimmtes Wirtschaftssystem enschieden hat. Dies ermöglicht dem Gesetzgeber, die ihm jeweils sachgemäß erscheinende Wirtschaftspolitik zu verfolgen, sofern er dabei das Grundgesetz beachtet.

Die gegenwärtige Wirtschafts- und Sozialordnung ist zwar eine nach dem Grundgesetz mögliche Ordnung, keineswegs aber die allein mögliche. Sie beruht auf einer vom Willen des Gesetzgebers getragenen wirtschafts- und sozialpolitischen Entscheidung, die durch eine andere Entscheidung ersetzt oder durchbrochen werden kann".

Diese Linie hat das Bundesverfassungsgericht auch in seinem Mitbestimmungs-Urteil vom 1. März 1979 vertreten, in dem es heißt:

„Das Grundgesetz enthält keine unmittelbare Festlegung und Gewährleistung einer bestimmten Wirtschaftsordnung. Anders als die Weimarer Reichsverfassung normiert es auch nicht konkrete verfassungsrechtliche Grundsätze der Gestaltung des Wirtschaftslebens. Es überläßt dessen Ordnung vielmehr dem Gesetzgeber, der hierüber innerhalb der ihm durch das Grundgesetz gezogenen Grenzen frei zu entscheiden hat, ohne dazu einer weiteren als seiner allgemeinen demokratischen Legitimation zu bedürfen.

Da diese gesetzgeberische Gestaltungsaufgabe ebenso wie die Gewährleistung von Grundrechten zu den konstituierenden Elementen der demokratischen Verfassung gehört, kann sie nicht im Wege einer Grundrechtsinterpretation weiter eingeschränkt werden, als die Einzelgrundrechte es gebieten. Dabei kommt den Einzelgrundrechten die gleiche Bedeutung zu wie in anderen Zusammenhängen: Nach ihrer Geschichte und ihrem heutigen Inhalt sind sie in erster Linie individuelle Rechte, Menschen- und Bürgerrechte, die den Schutz konkreter, besonders gefährdeter Bereiche menschlicher Freiheit zum Gegenstand haben ...

Der Gesetzgeber darf (also) jede ihm sachgemäß erscheinende Wirtschaftspolitik verfolgen, sofern er dabei das Grundgesetz, insbesondere die Grundrechte beachtet. Ihm kommt also eine weitgehende Gestaltungsfreiheit zu. Das darin zutage tretende Element relativer Offenheit der Verfassungsordnung ist notwendig, um einerseits dem geschichtlichen Wandel Rechnung zu tragen, der im besonderen Maße das wirtschaftliche Leben kennzeichnet, andererseits die normierende Kraft der Verfassung nicht aufs Spiel zu setzen.

Allerdings darf die Berücksichtigung der Gestaltungsfreiheit des Gesetzgebers nicht zu einer Verkürzung dessen führen, was die Verfassung in allem Wandel unverändert gewährleisten will, namentlich nicht zu einer Verkürzung der in den Einzelgrundrechten garantierten individuellen Freiheiten, ohne die nach der Konzeption des Grundgesetzes ein Leben in menschlicher Würde nicht möglich ist. Die Aufgabe besteht infolgedessen darin, die grundsätzliche Freiheit wirtschafts- und sozialpolitischer Gestaltung, die dem Gesetzgeber gewahrt bleiben muß, mit dem Freiheitsschutz zu vereinen, auf den der einzelne Bürger gerade auch dem Gesetzgeber gegenüber einen verfassungsrechtlichen Anspruch hat".

Den Grund für die Zurückhaltung des Grundgesetzes bei der Regelung wirtschaftsverfassungsrechtlicher Fragen umschreibt PAPIER (in Maunz-Dürig, Komm. z. GG, Art. 14, Rdnr. 31) wie folgt: „Der Grundgesetzgeber ging davon aus, mit dem Grundgesetz nur eine provisorische Verfassung zu konstituieren. Die verfassungsrechtliche Festlegung der Wirtschafts- und Sozialverfassung des deutschen Volkes sollte einer künftigen gesamtdeutschen Verfassung vorbehalten werden, der man nicht vorgreifen wollte".

Wenngleich heute also weitgehend unstrittig ist, daß das Grundgesetz nicht die „Marktwirtschaft" garantiert, so sorgt andererseits aber doch der Hinweis des Bundesverfassungsgerichts, daß der Staat bei allen wirtschaftsverfassungsmäßigen Regelungen die Grundrechte beachten muß, dafür, daß aus diesem Grundrechte-System heraus mehr oder weniger zwangsläufig wichtige Elemente der bestehenden Wirtschaftsverfassung unabdingbar sind.

Dazu SCHOLZ (in Maunz-Dürig, Komm. z. GG, Art. 12 Rdnr. 79): „Berufsfreiheit und Eigentumsgarantie entwickeln ... wesentliche Gewährleistungen für eine marktmäßig und wettbewerblich organisierte Wirtschaftsordnung. Denn eine entsprechend dezentral, freiheitlich-plural und wettbewerblich angelegte Wirtschaftsordnung realisiert die freiheitsrechtlichen Ziele der Berufs- und Gewerbefreiheit in besonderer (optimaler) Form".

ALTMANN (1985, S. 3f.) meint in diesem Zusammenhang: „Insgesamt duldet das Grundgesetz – durch die Betonung der Freiheitsrechte – weder einen wirtschaftlichen Dirigismus, noch – durch die Betonung des Sozialprinzips – eine liberalistische ‚Zerfransung'". Ähnlich äußert sich POSER (1985, S. 3): „Der Wirtschaftspolitik ist in der Bundesrepublik der marktwirtschaftliche Rahmen vorgegeben, wenn auch das Grundgesetz die Wirtschaftsordnung nicht abschließend festlegt, sondern Gestaltungsmöglichkeiten offen läßt. Das Grundgesetz verbrieft eine Fülle von individuellen Freiheitsrechten: Handlungsfreiheit, Vertragsfreiheit, Koalitionsfreiheit, Berufsfreiheit, Freizügigkeit und gewährleistet das Privateigentum. Der Eigenverantwortung der privaten Haushalte und Unternehmer für ihr wirtschaftliches Handeln wird damit ein hoher Rang eingeräumt".

7. Terminologische Orientierungshilfe

Privateigentum und Verstaatlichung (Vergesellschaftung) sowie die Frage der Unantastbarkeit der bestehenden Wirtschaftsordnung

Privateigentum

Eigentumsschutz
- Art. 14 GG
- § 903 I BGB

Rechte des Eigentümers:
- Nutzungsbefugnis,
- Schutz vor Übergriffen Dritter,
- Veräußerungsbefugnis.

Eigentumseinschränkungen (durch Gemeinwohlbindung):
- Mieterschutz,
- Arbeitnehmer-Kündigungsschutz,
- Arbeitnehmer-Mitbestimmung,
- Fusionskontrolle bei Zusammenschlußvorhaben bestimmter Unternehmen,
- Ladenschlußgesetz.

Enteignung
Art. 14 III GG
Sozialisierung
Art. 15 GG

- Verstaatlichung
- Sozialisierung
- Vergesellschaftung
- Demokratisierung
- Gemeinwirtschaft

Unantastbarkeit der bestehenden Wirtschaftsordnung?

Das Grundgesetz ist wirtschaftspolitisch neutral.
„Die ‚wirtschaftspolitische Neutralität' des Grundgesetzes besteht lediglich darin, daß sich der Verfassungsgeber nicht ausdrücklich für ein bestimmtes Wirtschaftssystem entschieden hat" (Bundesverfassungsgericht 1954).

„Der Gesetzgeber darf jede ihm sachgemäß erscheinende Wirtschaftspolitik verfolgen, sofern er dabei das Grundgesetz, insbesondere die Grundrechte beachtet" (Bundesverfassungsgericht 1979).

VII. Der Staat und die Tarifpartner als wirtschafts- und gesellschaftspolitische Akteure

1. Wirtschaftspolitik und marktwirtschaftliche Ordnung

Unter Wirtschaftspolitik soll hier in Anlehnung an den Großen Brockhaus (18.A, Bd. 12, 1981, S. 436) der Inbegriff aller Maßnahmen des Staates und der von ihm betrauten Institutionen zur Beeinflussung des Wirtschaftsablaufs, der Wirtschaftsstruktur und der Wirtschaftsordnung verstanden werden. Dabei ist das eigentliche (allgemeine) Ziel der Wirtschaftspolitik auf die Steigerung bzw. Erhaltung der ökonomischen (gesamtwirtschaftlichen) Leistungsfähigkeit und damit auf die Sicherung oder Erhöhung des Lebensstandards und die Förderung der menschlichen Wohlfahrt gerichtet.

Im Grunde ist es mit dem Wesen der (freien) Marktwirtschaft nicht so recht zu vereinbaren, daß der Staat sich nennenswert in das wirtschaftliche Geschehen einschaltet. Die Marktwirtschaft soll ja gerade in der Weise funktionieren, daß allein die Marktkräfte (-impulse), d.h. Angebot und Nachfrage, den Wirtschaftsprozeß initiieren und steuern. Diese Grundvorstellung herrscht auch bei der **sozialen Marktwirtschaft** vor, die bei uns nach der Währungsreform von 1948 postuliert wurde.

Die soziale Marktwirtschaft stellt eine wirtschaftspolitische Konzeption dar, die eine Synthese zwischen rechtsstaatlich abgesicherter wirtschaftlicher und politischer Freiheit (z.B. Gewerbe-, Berufs- und Koalitionsfreiheit, Eigentumsschutz, Aus- und Einreiserecht) und den sozialstaatlichen Postulaten der sozialen Sicherheit und sozialen Gerechtigkeit anstrebt. Oder mit den Worten von MÜLLER-ARMACK, dem Schöpfer des Begriffes „Soziale Marktwirtschaft": „**Sinn** der sozialen Marktwirtschaft ist es, das Prinzip der Freiheit auf dem Markte mit dem des sozialen Ausgleichs zu verbinden" (Handwörterbuch der Sozialwissenschaften, Bd. 9, 1956, S. 390); dies ergibt sich nicht zuletzt auch aus dem Sozialstaatspostulat unseres Grundgesetzes (Art. 20 Abs. 1).

Zu diesem Zweck entfaltet der Staat im Gegensatz zur Situation bei der „freien" Marktwirtschaft vielfältige auch auf die ökonomische Struktur und den Wirtschaftsablauf gerichtete Aktivitäten, d.h. der Staat übernimmt eine Reihe von Aufgaben, dic das freie Spiel der Marktkräfte nicht zufriedenstellend lösen kann. Oder anders formuliert: Er **versucht**, die Marktergebnisse dort zu beeinflussen und zu korrigieren, wo der Markt nur unvollkommen funktioniert oder Ergebnisse erzielt, die als sozial ungerecht angesehen werden. Dieses Bemühen verstärkt vielfach das Subventions(**un**)wesen (s. S. 129-136).

In Gesetzen, die wirtschaftspolitisches Handeln normieren, ist weder der Begriff der „sozialen Marktwirtschaft" noch der der „freien Marktwirtschaft" zu finden. Es wird hier vielmehr mit dem Terminus **„marktwirtschaftliche Ordnung"** gearbeitet.

„Über den Inhalt des Begriffs ‚marktwirtschaftliche Ordnung' geben die parlamentarischen Beratungen zum Gesetz über die Bildung eines Sachverständigenrates zur Begutachtung der gesamtwirtschaftlichen Entwicklung (SRG von 1963) Aufschluß. Den im Entwurf zum SRG vorgesehenen Begriff ‚freie Wirtschaftsordnung' und den hilfsweise vorgeschlagenen Begriff ‚soziale Marktwirtschaft' hatte man in ‚marktwirtschaftliche Ordnung' geändert, weil die ursprünglich vorgesehenen Begriffe für ein politisches Programm und nicht für ein Ordnungsprinzip der Wirtschaft stünden.

Marktwirtschaftliche Ordnung ist zu verstehen als Entscheidung für eine Koordination der Wirtschaftspläne der einzelnen Wirtschaftssubjekte über den Markt; Markt verstanden als Berührungsebene von Angebot und Nachfrage" (ALEX MÖLLER 1969, S. 90f.).

Die inhaltliche Festlegung der „marktwirtschaftlichen Ordnung" ist also – wie gleich näher zu zeigen ist – Orientierungs- und Grenzstein zugleich für wirtschaftspolitisches Handeln.

2. Träger und Ziele der Wirtschaftspolitik

„Träger" der Wirtschaftspolitik ist in erster Linie der Staat. Aber auch andere Institutionen verfolgen wirtschaftspolitische Ziele bzw. „machen" Wirtschaftspolitik. Dazu zählen vor allem die Sozialversicherungen, die berufsständischen Kammern (z.B. die Industrie-, Handels- und Handwerkskammern) und die (arbeitsrechtlichen) Tarifpartner, also die Gewerkschaften und die Arbeitgeberverbände. Diese Einrichtungen erfüllen Aufgaben, die der Staat wahrnehmen müßte, wenn es die genannten Institutionen nicht gäbe (s.a. S. 344f.).

Die folgenden Ausführungen sollen sich auf den Staat (einschließlich der Bundesbank) und auf die Tarifpartner konzentrieren. Staat und Tarifpartner sind zweifelsfrei die wichtigsten wirtschaftspolitischen Akteure.

Eine **allgemeine** rechtliche **Legitimation des Staates** für wirtschaftspolitische Maßnahmen ergibt sich vor allem aus der Rechtsprechung des Bundesverfassungsgerichts. So konstatiert das Bundesverfassungsgericht in seinem Mitbestimmungsurteil vom 1.3.1979: „Der Gesetzgeber darf jede ihm sachgemäß erscheinende Wirtschaftspolitik verfolgen, sofern er dabei das Grundgesetz, insbeson-

Wirtschaftspolitische Ziele	**Gesetzliche Grundlagen**
• Stabilität des Preisniveaus* • Hoher Beschäftigungsstand** • Außenwirtschaftliches Gleichgewicht • Stetiges und angemessenes Wirtschaftswachstum	Postuliert im „Gesetz zur Förderung der Stabilität und des Wachstums der Wirtschaft" (Stabilitätsgesetz von 1967)
• Sicherung des Wettbewerbs***	Enthalten im „Gesetz gegen Wettbewerbsbeschränkungen" (Kartellgesetz) i.d.F. von 1980.

* Für die Stabilität des Preisniveaus hat auch die Deutsche Bundesbank zu sorgen. So heißt es in § 3 des Bundesbankgesetzes „Die Deutsche Bundesbank regelt... den Geldumlauf und die Kreditversorgung der Wirtschaft mit dem Ziel, die Währung zu sichern, und sorgt für die bankmäßige Abwicklung des Zahlungsverkehrs im Inland und mit dem Ausland".

** Um die Erreichung eines hohen Beschäftigungsstandes hat sich auch die Bundesanstalt für Arbeit zu bemühen. Dieser Auftrag wird im Arbeitsförderungsgesetz (§ 1) wie folgt umschrieben: „Die Maßnahmen nach diesem Gesetz sind im Rahmen der Sozial- und Wirtschaftspolitik der Bundesregierung darauf auszurichten, daß ein hoher Beschäftigungsstand erzielt und aufrechterhalten, die Beschäftigungsstruktur ständig verbessert und damit das Wachstum der Wirtschaft gefördert wird".

*** S. a. S. 32-47.

Abb.: Wirtschaftspolitische Ziele und ihre gesetzlichen Grundlagen dere die Grundrechte beachtet. Ihm kommt also eine weitgehende Gestaltungsfreiheit zu".

Im vorstehenden wurde zunächst einmal eine tabellarische Übersicht über die wichtigsten **wirtschaftspolitischen Ziele** gegeben. Die dabei mit genannten gesetzlichen Grundlagen für die Verfolgung der Ziele richten sich in erster Linie an den Staat. Daß der Staat diese Ziele vielfach aber nicht ohne die Mithilfe anderer Institutionen erreichen kann, wird bei der weiteren Behandlung der wirtschaftspolitischen Ziele schnell deutlich werden.

3. Globalsteuerung, gesamtwirtschaftliches Gleichgewicht und magisches Viereck

Da wirtschaftspolitisches Handeln im Rahmen der „marktwirtschaftlichen Ordnung" zu erfolgen hat (so im Stabilitätsgesetz und im Sachverständigenratsgesetz formuliert), ist der **Staat gehalten**, möglichst **wenig direkt** in das Wirtschaftsgeschehen **einzugreifen**. Der gesamtwirtschaftliche Prozeß insgesamt soll ja – wie schon erwähnt – gerade über den Markt gesteuert werden. Insofern ist ein System staatlicher Einzelsteuerung durch das Stabilitätsgesetz nicht gedeckt.

Das Stabilitätsgesetz enthält vielmehr die Entscheidung für eine **Globalsteuerung**, d.h. die staatliche Wirtschaftspolitik versucht, **auf indirektem Wege**, also über eine **allgemeine Datensetzung** (z.B. bei den Abschreibungsbedingungen, der Subventionsgewährung und dem Diskontsatz) das Verhalten der Wirtschaftssubjekte zu beeinflussen. „Staatliche Einzeleingriffe sind damit nicht (vollständig, R.S.) ausgeschlossen; sie können Marktdaten ändern, sie dürfen aber den Mechanismus des Marktes nicht daran hindern, sich auf neue Bedingungen einzustellen" (ALEX MÖLLER 1969, S. 91).

Wichtige Beiträge zur Globalsteuerung leisten der Bund und die Länder sowie die Deutsche Bundesbank. Während die Hauptaufgabe der von Weisungen der Bundesregierung unabhängigen Deutschen Bundesbank (Notenbank) darin besteht, für eine Stabilität des Geldwertes zu sorgen („Währung zu sichern") und sie dabei verpflichtet ist, die allgemeine Wirtschaftspolitik der Bundesregierung zu unterstützen, verlangt das Gesetz zur Förderung der Stabilität und des Wachstums der Wirtschaft (Stabilitätsgesetz, § 1), daß Bund und Länder bei ihren wirtschafts- und finanzpolitischen Maßnahmen die Erfordernisse des **gesamtwirtschaftlichen Gleichgewichts** zu beachten haben*.

Wörtlich heißt es weiter in § 1 des Stabilitätsgesetzes: „Die Maßnahmen sind so zu treffen, daß sie im Rahmen der marktwirtschaftlichen Ordnung gleichzeitig zur Stabilität des Preisniveaus, zu einem hohen Beschäftigungsstand und außenwirtschaftlichem Gleichgewicht bei stetigem und angemessenem Wirtschaftswachstum beitragen". Diese vier auch als das **magische Viereck** der Wirtschaftspolitik bezeichneten Ziele sind bis heute noch nie zusammen erreicht worden. Eine solche Zielerreichung würde in der Tat auch an Magie grenzen.

* Dieses Erfordernis hat anläßlich der Verabschiedung des Stabilitätsgesetzes auch Eingang in das Grundgesetz gefunden, und zwar in Artikel 109 Abs. 2: „Bund und Länder haben bei ihrer Haushaltswirtschaft den Erfordernissen des gesamtwirtschaftlichen Gleichgewichts Rechnung zu tragen".

Inwieweit die vier wirtschaftspolitischen Ziele im Jahre 1987 erreicht wurden, zeigt die folgende Tabelle, in der den 1987 erzielten Ergebnissen (s. Jahreswirtschaftsbericht 1988) die 1967 von der Bundesregierung erstmals festgelegten Idealwerte gegenübergestellt werden:

	1987	1967 fixierte Idealwerte
Preisniveau	0,6%	1,0%
Arbeitslosenquote	8,9%	0,8%
Wachstum des realen Bruttosozialprodukts	1,7%	4,0%
Außenwirtschaftliches Gleichgewicht: Anteil des Außenbeitrages am nominalen Bruttosozialprodukt	5,4%	1,0%*

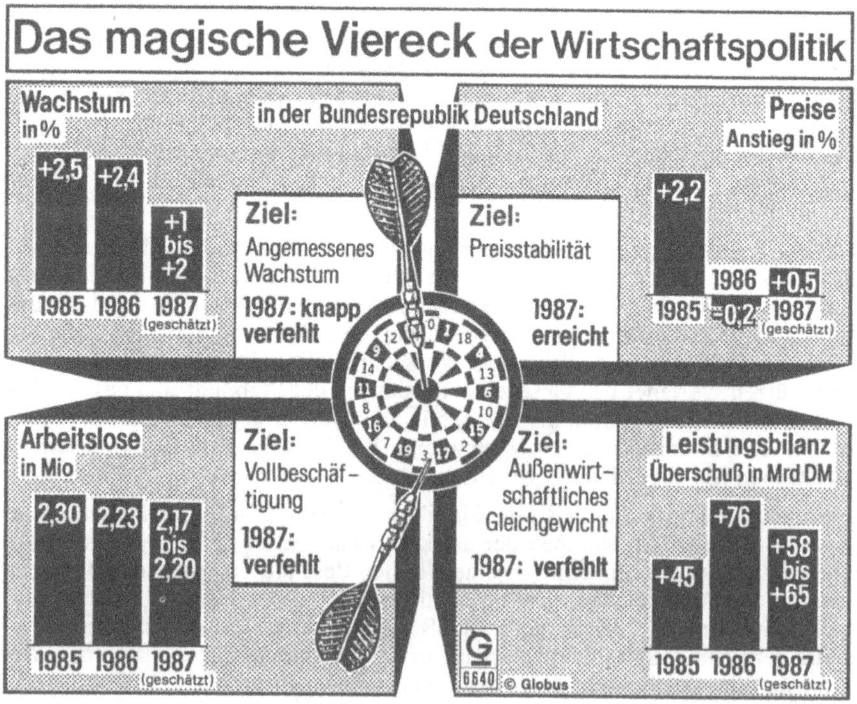

* Damit die Bundesrepublik ihre übernommenen Zahlungsverpflichtungen für die Entwicklungshilfe und für internationale Organisationen wie die EG, die UNO, die Weltbank und den Weltwährungsfonds erfüllen kann, muß ein positiver Außenbeitrag von einem Prozent am Bruttosozialprodukt erwirtschaftet werden.

Bundeswirtschaftsminister BANGEMANN meinte im September 1985 in der Haushaltsdebatte des Deutschen Bundestages: „Drei der vier Ziele des Stabilitäts- und Wachstumsgesetzes sind erreicht".

HELMUT SCHMIDT sieht dieselbe Situation etwas anders (DIE ZEIT, 1.11.1985, S. 1):

„Die Bundesrepublik erfüllt das Stabilitätsziel bei den Preisen sehr gut, beim Wachstum einigermaßen gut. Sie verfehlt völlig das dritte Ziel hoher Beschäftigung. Aber das vierte Ziel – außenwirtschaftliches Gleichgewicht – wird überhaupt nicht mehr ernst genommen.

Unser Leistungsbilanzüberschuß wird für dieses Jahr auf 35 Milliarden Mark geschätzt, für nächstes Jahr auf 50 Milliarden. Anders ausgedrückt: 1985 konnten wir knapp zwei Prozent unseres Bruttozialproduktes nicht im Inland verwenden, 1986 werden es deutlich über zwei Prozent werden.

Wenn alle entwickelten Industriestaaten der Welt sich genauso verhielten, dann müßte das wirtschaftliche und soziale Elend in den verschuldeten Entwicklungsländern politisch explodieren. Aber selbst die reichen Vereinigten Staaten, die ökonomisch sehr zum nationalen Egoismus neigen, werden unsere Überschüsse nicht ewig hinnehmen.

Der handels- und währungspolitische Druck auf uns wird zunehmen. Unser Exportanteil von 35 Prozent am Bruttosozialprodukt bedeutet ein hohes politisches Beschäftigungsrisiko – unser Risiko ist heute doppelt so hoch wie das Japans. Keiner der sieben großen Industriestaaten hat sich in so hohem Maße von den Weltläufen abhängig gemacht. Und unsere Abhängigkeit wächst noch".

Zum außenwirtschaftlichen Gleichgewicht meint die Bundesregierung in ihrem Jahreswirtschaftsbericht 1986 (Tz 15):

„Der Sachverständigenrat stellt in seinem jüngsten Gutachten fest, daß der Außenbeitrag weit mehr ist, als die Bundesrepublik zur Erfüllung ihrer internationalen Verpflichtungen benötigt. Die Bundesregierung nimmt diesen Hinweis ernst. Sie ist nicht an dauerhaft hohen Überschüssen ihrer Leistungsbilanz interessiert, die zu ernsteren Problemen für unsere Partnerstaaten führen könnten".

Wirtschaftspolitik

Kurzsichtig

Die Bundesrepublik und Japan werden in diesem Jahr die höchsten Handelsbilanzüberschüsse ihrer Geschichte erzielen. Allein die deutsche Wirtschaft wird 1985 für rund hundert Milliarden Mark mehr Waren aus- als einführen. Gleichzeitig wird die Handelsbilanz der Vereinigten Staaten mit etwa 170 Milliarden Dollar so tief ins Defizit kippen wie noch nie zuvor. „Schlechterdings untragbar" nennt US-Notenbankchef Paul Volcker diese Situation, und er hat recht.

Seit Jahren verstößt die Bundesregierung gegen das im Stabilitätsgesetz vorgegebene Ziel, für außenwirtschaftliches Gleichgewicht zu sorgen. Unsere Handelspartner, vor allem die Vereinigten Staaten, haben es bisher ziemlich klaglos hingenommen, daß wir unser bescheidenes Wachstum durch einen Exportboom erreicht haben. Diese Langmut der Amerikaner scheint nun erschöpft zu sein. Sie werden mit aller Macht versuchen, ihr riesiges Loch in der Handelsbilanz zu stopfen. Um zu verhindern, daß sie dies mit protektionistischen Maßnahmen tun, sollte die Bundesrepublik ihnen dabei im eigenen Interesse helfen.

Deshalb zeugt es auch von Kurzsichtigkeit, wenn Bundesregierung und Bundesbank den Wunsch der Vereinigten Staaten nach Zinssenkungen und expansiverer Wirtschaftspolitik mit dem Hinweis abtun, dafür gebe es keine binnenwirtschaftliche Erfordernis. Als drittgrößte Handelsnation muß die Bundesrepublik auch weltwirtschaftliche Belange berücksichtigen. Deshalb hat die Bundesbank ungeschickt agiert, als sie vergangene Woche entgegen amerikanischen Wünschen den Diskontsatz nicht gesenkt hat. Deshalb ist es unklug, daß sich die Bundesregierung beharrlich sträubt, die Konjunktur auf höhere Touren zu bringen.

Diese Politik kann sich schon bald rächen, wenn nämlich die Exporte zurückgehen. Dann brauchen wir eine stärkere Binnennachfrage um das ohnehin zwergenhafte Wachstum nicht zu gefährden. *chr*

DIE ZEIT, 5.9.1986, S. 18

Eine besonders große Abweichung zwischen den 1967 fixierten Idealwerten und den realen Ergebnissen zeigt sich seit längerem auch bei der Arbeitslosenquote, die im Jahresdurchschnitt 1987 rund neun Prozent betrug und hinter der sich eine Massenarbeitslosigkeit von 2,23 Millionen registrierten Arbeitslosen verbarg.

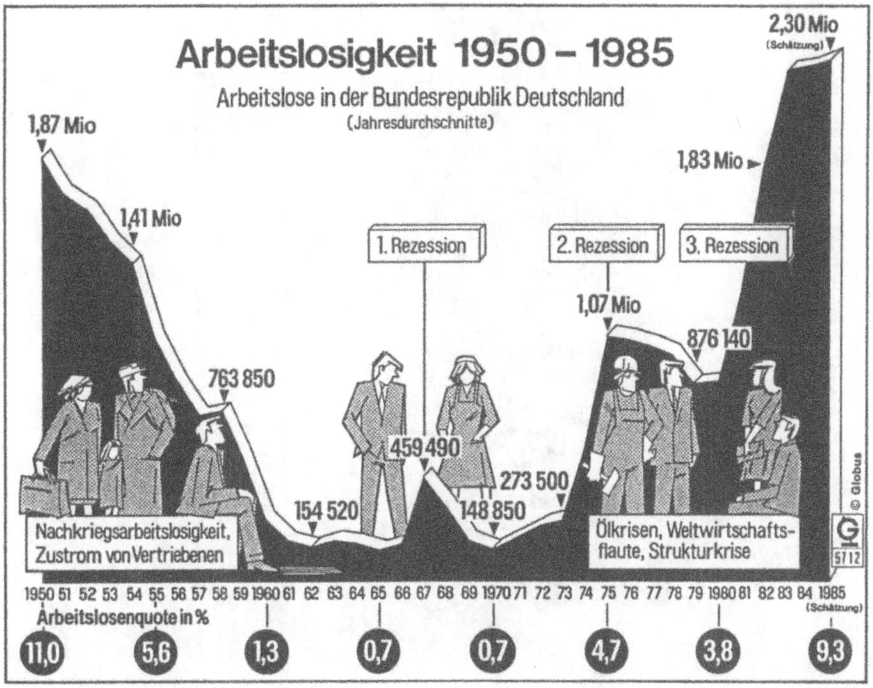

Einen gewissen Eindruck von der materiellen Lage der Arbeitslosen vermitteln die nachstehenden beiden Schaubilder.

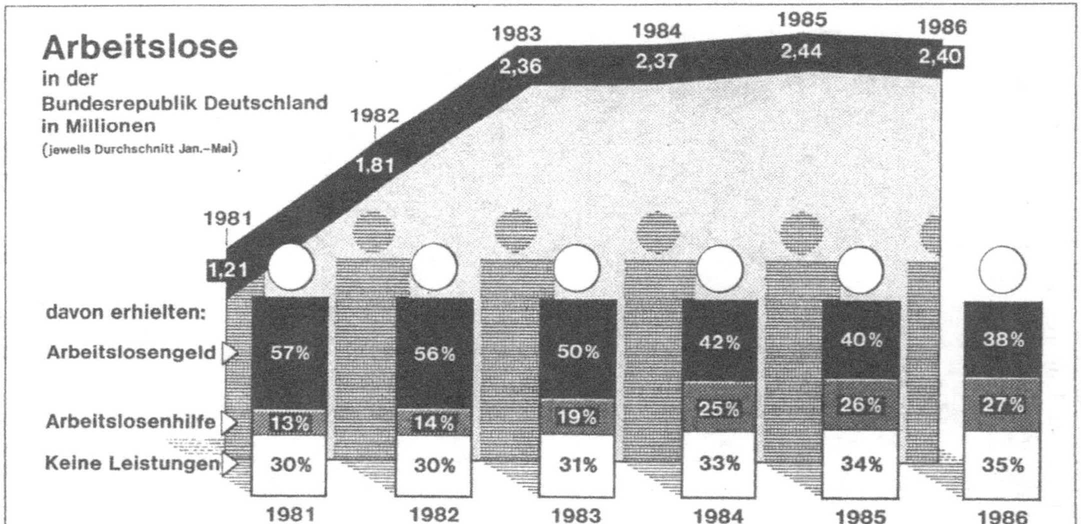

DIE ZEIT/GLOBUS

Das Los der Arbeitslosen

Quelle: Bundesanstalt für Arbeit

Die Zahl der Arbeitslosen hat sich seit 1981 beinahe verdoppelt. Die Zahl der Dauerarbeitslosen, also der Arbeitnehmer, die ein Jahr und länger arbeitslos sind, ist seither ebenfalls kräftig angestiegen. 1981 waren es noch gut 203 000, sechzehn Prozent der damals Arbeitslosen. 1984 war schon jeder dritte Arbeitslose ein Jahr und länger ohne Job. Diese Entwicklung spiegelt sich im Verhältnis von Arbeitslosengeld und Arbeitslosenhilfe wider. Arbeitslosengeld, das nur im ersten Jahr der Arbeitslosigkeit, bei Älteren eineinhalb Jahre lang gezahlt wird, wurde 1981 noch in 57 Prozent der Fälle gezahlt. In diesem Jahr werden nur noch 38 Prozent der Arbeitslosen Arbeitslosengeld kassieren. Immer mehr Mitbürger sind auf die niedrige Arbeitslosenhilfe und auf die Sozialhilfe angewiesen.

DIE ZEIT, 20.6.1986, S. 24

Die Arbeitslosigkeit stellt nicht nur für die davon Betroffenen eine große finanzielle Belastung dar; auch der Staat wird durch die Erwerbslosigkeit stark finanziell belastet, wie das nachstehende Schaubild zeigt.

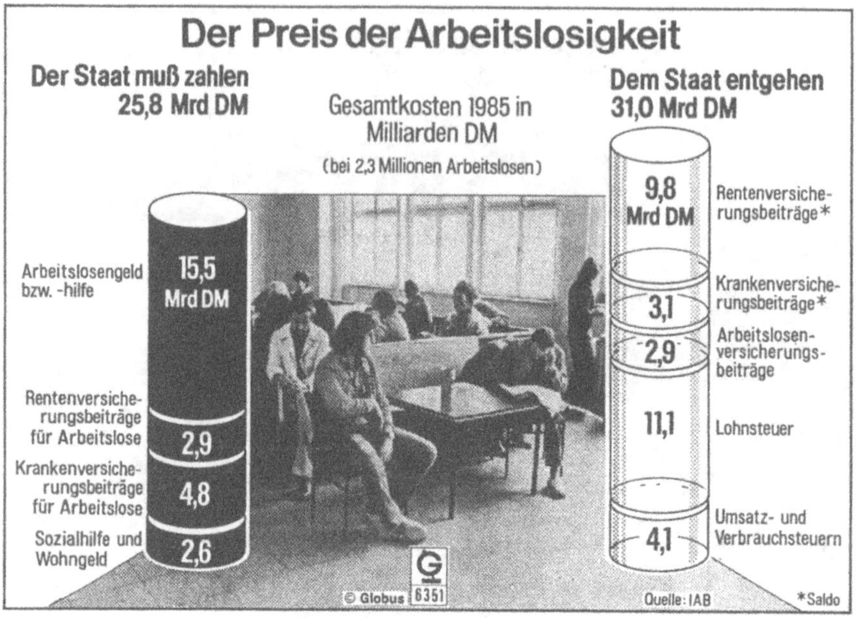

Die Arbeitslosigkeit kostet den Staat weit mehr als sie kostet. Dieser Satz ist nur scheinbar widersinnig. Denn die direkten Zahlungen an Arbeitslose oder für Arbeitslose – wie Arbeitslosengeld und Arbeitslosenhilfe, Renten- und Krankenversicherungsbeiträge, Sozialhilfe und Wohngeld – sind ja nur der „sichtbare" Teil des Preises, den der Staat für die Arbeitslosigkeit zahlen muß. Der „unsichtbare" Teil besteht darin, daß die Arbeitslosen höhere Steuern und Beiträge an den Staat zahlen würden, wenn sie in Lohn und Brot stünden. Diese dem Staat entgehenden Einnahmen sind sogar höher als die direkten Zahlungen für die Arbeitslosigkeit.

Auf die Möglichkeiten und Schwierigkeiten einer Beseitigung bzw. Linderung der Massenarbeitslosigkeit ist im vorliegenden Kapitel noch näher einzugehen.

4. Wirtschaftspolitische Instrumente und Ansätze

Die folgende Tabelle gibt einen zusammenfassenden Überblick auf die Hauptinstrumente, die der Bundesregierung und der Deutschen Bundesbank für wirtschaftspolitisches Handeln zur Verfügung stehen. In der Übersicht werden – wie in der Realität – zwei Situationen für wirtschaftspolitische Aktivitäten unterschieden, nämlich

- der Boom
  (ein Wirtschaftsaufschwung, der regelmäßig mit Preissteigerungen auf breiter Front verbunden ist)
- die Rezession
  (wirtschaftlicher Rückgang bzw. konjunkturelle Abschwungphase).

Im Falle des Booms geht es der Wirtschaftspolitik darum, daß zur Aufrechterhaltung oder Schaffung von Preisstabilität das allgemeine wirtschaftliche Handeln der Wirtschaftssubjekte „gebremst" wird, während bei der Rezession ein

	Übernachfrage mit Inflation (BOOM → „Bremsen")	**Fehlende Nachfrage mit Arbeitslosigkeit** (REZESSION → „Gasgeben")
Bundesbank (Rechtsgrundlagen: Bundesbankgesetz und Außenwirtschaftsgesetz)	**Geld- und Kreditverknappung** 1. Verteuerung und Verknappung der Kredite an Banken durch Erhöhung der Zinssätze (Diskont-/Lombardsatz) und Herabsetzung der Kredithöchstgrenzen (Rediskont-Kontingente/Kreditplafond). 2. Verminderung d. Kreditvergabemöglichkeiten der Banken durch Erhöhung der bei der Bundesbank zinslos zu unterhaltenden Gelder (Mindestreserven). 3. Erhöhung der Bardepotsätze, d.h. der bei der Bundesbank zu deponierenden Teilbeträge von kurzfristig aufgenommenen Auslandskrediten der Unternehmen. 4. Verminderung der umlaufenden Geldmenge durch Verkauf von Wertpapieren an Banken und Private (Offenmarktpolitik).	**Geld- und Kreditvermehrung** 1. Verbilligung und Vermehrung der Kredite an Banken durch Senkung der Zinssätze (Diskont-/Lombardsatz) und Heraufsetzung der Kredithöchstgrenzen durch die Bundesbank. 2. Vermehrung der Kreditvergabemöglichkeiten der Banken durch Senkung der bei der Bundesbank zinslos zu unterhaltenden Gelder. 3. Senkung der Bardepotsätze. 4. Erhöhung der umlaufenden Geldmenge durch Rückkauf von Wertpapieren von Banken und Privaten.
Bundesregierung (Rechtsgrundlage: Stabilitätsgesetz)	**Nachfragedämpfung** 1. Heraufsetzung der Einkommensteuer/Lohnsteuer und Körperschaftsteuer um höchstens 10% für längstens ein Jahr (Konjunkturzuschlag). 2. Beschränkung d. Abschreibungsmöglichkeiten. Aufhebung von Sonderabschreibungen zur Dämpfung der Investitionen. 3. Stillegung von Staatseinnahmen bei der Bundesbank (Konjunkturausgleichs-Rücklage). Kreditaufnahmebeschränkung d. Staates. Ausgabekürzungen und -verschiebungen.	**Nachfrageerhöhung** 1. Herabsetzung der Einkommen-/Lohnsteuer und Körperschaftsteuer um höchstens 10% für längstens ein Jahr. 2. Gewährung eines Investitionsbonus = Abzug von bis zu 7,5% der Investitionsausgaben von der Steuerschuld. 3. Finanzierung zusätzlicher Ausgaben aus der Konjunkturausgleichs-Rücklage und/oder durch zusätzliche Kredite.

Abb.: Hauptinstrumente staatlicher Wirtschafts(konjunktur)politik (nach CZADA 1980, S. 240)

„Gasgeben" angebracht ist, was die vorstehende Übersicht verdeutlicht, in der die wichtigsten Instrumente zur Beeinflussung der Konjunktur genannt werden.

Lange Zeit stand bei konjunkturellen Einbrüchen die **nachfrageorientierte Wirtschaftspolitik** im Sinne von KEYNES im Vordergrund, d.h., der Staat versuchte, mit zusätzlichen (meist kreditfinanzierten) Ausgaben – kurzfristigen Konjunkturprogrammen – die Nachfrage zu erhöhen, um so über eine steigende Nachfrage die Wirtschaft wieder „anzukurbeln". Diese Politik, die häufig preissteigernd wirkt, wird mittlerweile von vielen als nicht mehr sehr erfolgversprechend eingeschätzt. Zu dieser Einschätzung trägt vor allem bei, daß auf immer mehr Gebieten deutliche Sättigungsgrenzen sichtbar sind und die eingetretenen Wachstumsschwächen seit Jahren mehr und mehr strukturell und weniger konjunkturell bedingt zu sein scheinen.

Daher meinte der **Sachverständigenrat** zur Begutachtung der gesamtwirtschaftlichen Entwicklung schon in seinem Jahresgutachten 1976/77 (Textziffer 284): „Die nachfrageorientierte Globalsteuerung muß durch eine mittelfristig angelegte, **angebotsorientierte Therapie** ergänzt werden. Geht es bei der Nachfragesteuerung vorwiegend darum, daß das bestehende Produktionspotential möglichst gleichmäßig und hoch ausgelastet ist, so ist es Aufgabe einer angebotsorientierten Politik, die Bedingungen für das Investieren und den Wandel der Produktionsstruktur so zu verbessern, daß wieder mit angemessenem Wachstum und hohem Beschäftigungsstand gerechnet werden darf".

In seinem Jahresgutachten 1980/81 konstatierte der **Sachverständigenrat** (Textziffer 300): „Die nachfrageorientierte Globalsteuerung scheint am Ende ihres Handlungsspielraums angelangt zu sein". Zu dieser Feststellung trug damals zweifellos auch die Tatsache bei, daß die relativ hohe Staatsverschuldung und die seinerzeit hohen Fremdkapitalzinsen den Einsatz weiterer öffentlicher Finanzmittel immer schwieriger machten.

Seit Anfang der 80er Jahre gehen daher verstärkt Überlegungen dahin, die nachfrageorientierte Wirtschaftspolitik durch eine mehr **angebotsorientierte staatliche Wirtschaftspolitik** zu ersetzen bzw. zu ergänzen. Das heißt: Es sollen mit staatlicher Hilfe die Produktions(Wettbewerbs)bedingungen und damit die Investitionsbereitschaft und die Beschäftigungsmöglichkeiten der Unternehmen günstig beeinflußt werden; es soll von dieser Seite her also eine Besserung der Konjunktur angestrebt werden*.

Damit soll die Wirtschaft „dereguliert" und „revitalisiert" werden, wie dieser Ansatz auch umschrieben wird. Bei den hierfür einzusetzenden Mitteln werden genannt und teilweise auch schon eingesetzt: Steuersenkungen, Abschreibungserleichterungen, Investitions-, Forschungs- und Entwicklungsförderung, Abbau administrativer Investitions- und Beschäftigungshemmnisse sowie Verringerung staatlicher Ausgaben (vor allem im Sozialbereich). Es wird versucht, in die angebotsorientierten wirtschaftspolitischen Überlegungen auch die Tarif(Lohn)politik der Gewerkschaften und Arbeitgeberverbände und die Geld- und Zinspolitik der Notenbank mit einzubeziehen.

Wenn angestrebt wird, in die angebotsorientierte Wirtschaftspolitik auch die Tarif(Lohn)politik mit einzubeziehen, so ist darauf hinzuweisen, daß der Staat hier praktisch keine nennenswerten Eingriffs- oder Einwirkungsmöglichkeiten hat. Die jeweiligen Regierungen sind vielmehr gehalten, das verfassungsrechtlich garantierte System der **Tarifautonomie** zu respektieren, unter dem das Recht der voneinander unabhängigen Arbeitsmarktkoalitionen zu verstehen ist, in eigener

* „Allgemein hat die angebotsorientierte Politik die Aufgabe, Hemmnisse für die wirtschaftlichen Aktivitäten und insbesondere für die Investitionen abzubauen, Optionen für Prozeß- und Produktinnovationen zu eröffnen bzw. offenzuhalten sowie zu erreichen, daß die Risikobereitschaft wieder am Markt belohnt wird und auch die Leistungsmotivation, die bei den deutschen Arbeitnehmern vorausgesetzt werden kann, wieder voll am Markt zur Geltung kommen kann" (Gutachten des Wissenschaftlichen Beirats beim Bundesministerium für Wirtschaft vom 23.2.1981 mit dem Titel "Wirtschaftspolitik bei defizitärer Leistungsbilanz", S. 19f.).

Verantwortung und im wesentlichen ohne staatliche Einflußnahme Arbeitsbedingungen zu regeln (s.a. S. 343).

Da andererseits die Regierung, insbesondere wenn sie stark auf eine „Deregulierung" und auf die „Selbstheilungskräfte" der Wirtschaft" setzt, auch keine (Patent)Möglichkeiten hat, einen hohen Beschäftigungsstand, d.h. wenig Erwerbslose, zu garantieren, wird irgendwann ein Regierungs-Bemühen sichtbar, die Tarifpartner – insbesondere die Gewerkschaften – mit in die Verantwortung für die hohen Arbeitslosenzahlen und ihren Abbau hineinzuziehen. Die nachstehende ZEIT-Glosse verdeutlicht diese Zusammenhänge.

Arbeitslosigkeit

Kohl stiehlt sich davon

Wer sie wähle, der wähle den Aufschwung, versprachen Union und FDP vor der Bundestagswahl 1983. Die Mehrheit glaubte ihnen und hegt seither hohe Erwartungen an die wirtschaftspolitische Kompetenz der Regierung. Die versprach nicht weniger als „die Erneuerung der sozialen Marktwirtschaft" (Helmut Kohl). Arbeitsminister Norbert Blüm (CDU) und Familienminister Heiner Geißler (CDU) hielten es sogar für möglich, die Zahl der Arbeitslosen auf eine Million zu drücken.

Jetzt ist alles ganz anders: Kurz nach Halbzeit der Legislaturperiode sagen Bundeskanzler Helmut Kohl und FDP-Generalsekretär Helmut Haussmann, die Regierung habe alles zur Beseitigung der Arbeitslosigkeit getan, nun seien die Tarifparteien am Zuge. Haussmann wirft Arbeitgebern und Gewerkschaften vor, mit starrer Tarifpolitik zu hohe Löhne und damit Arbeitslosigkeit verursacht zu haben.

Die Absicht dieser Attacke ist durchsichtig: Die Koalition will sich aus der Verantwortung für die hohe Arbeitslosigkeit stehlen. Als die Union noch in der Opposition war, lastete sie der damaligen Regierung die triste Lage auf dem Arbeitsmarkt an. Jetzt sollen es die Tarifpartner sein. Der Koalition dämmert offenbar, daß die Zeit bis zur nächsten Bundestagswahl im Frühjahr 1987 nicht reichen wird, um freundliche Zahlen vom Arbeitsmarkt zu präsentieren. Deshalb will sie von eigenen Fehlern und Versäumnissen ablenken. *chr*

DIE ZEIT, 19.4.1985, S. 18

Mittlerweile wird zunehmend der durchschlagende arbeitsmarktpolitische Erfolg einer (rein) angebotsorientierten Wirtschaftspolitik angezweifelt. Hierzu eine Äußerung von Dieter Mertens, ehemaliges Mitglied des Sachverständigenrats zur Begutachtung der gesamtwirtschaftlichen Entwicklung, in seiner von der Ratsmehrheit abweichenden Stellungnahme im Jahresgutachten 1984/85 (Textziffer 339):

„Die Arbeitsmarktlage hat sich noch bis in das Jahr 1984 hinein verschlechtert, und trotz günstiger Wirtschaftsperspektiven kann niemand – auch der Sachverständigenrat nicht – für die kommenden Jahre allein aus der weiteren Verbesserung der Rahmenbedingungen und Produktionsvoraussetzungen heraus eine durchgreifende Änderung zum Guten verheißen ... Schon gibt es Stimmen, die den größten Teil der Arbeitslosigkeit als mit üblichen Konjunkturaufschwüngen nicht mehr behebbar bezeichnen ...

Das anhaltende beschäftigungspolitische Dilemma gibt deshalb Anlaß, nun auch streng angebotspolitische Auffassungen zu überdenken, so wie streng nachfragepolitische Gedankenführungen seit den Erfahrungen der siebziger Jahre kritisch überprüft werden".

Frank Bünte formuliert seine Skepsis zur nachhaltigen Wirkung der Angebotspolitik im Deutschen Allgemeinen Sonntagsblatt (18.6.1985, S. 4) mit folgenden Worten:

„Unbeantwortet bleibt die Frage, wo die Arbeitslosenstatistik in fünf oder zehn Jahren stehen würde, wenn der Wirtschaftspolitik bis dahin nicht anderes als Stärkung des wirtschaftlichen Wachstums und Steigerung der Rendite eingefallen ist. Denn solange das Zinsniveau in den USA spürbar höher ist als in der Bundesrepublik, erscheint es für die Investoren lohnender, ihr Geld in amerikanischen Wertpapieren anzulegen, als in arbeitsplatzschaffenden oder -erhaltenden Investitionen in der Heimat.

Das gigantische Staatsdefizit in den USA mit den hohen Zinsen im Gefolge erweist sich neben der unzureichend wachsenden Kaufkraft als ein entscheidender Hemmschuh für den Aufschwung am bundesdeutschen Arbeitsmarkt. Je länger aber die Pferde nicht saufen wollen und je energischer die arbeitsplatzsparende Rationalisierung in den Betrieben voranschreitet, um so mehr wird ein streng angebotsorientierter Kurs der Wirtschaftspolitik Ängste und immer weniger Hoffnung wecken".

Klaus-Peter Schmidt kontrastiert (in der ZEIT vom 5.8.1987, S. 26) die rein angebotsorientierte Wirtschaftspolitik mit folgenden Worten: „Die Frage, ob Schulden – unabhängig von Situation und Verwendungszweck – schlecht sind, mag für viele ketzerisch sein. Sie hat aber Sinn, auch wenn sie partout nicht in das bisherige Konzept der Bundesregierung paßt. Der Grund: Die deutlich erlahmende Konjunktur braucht neue Anreize, wenn sie uns nicht ausbleibendes Wachstum und wieder ansteigende Arbeitslosenzahlen bescheren soll. Eine begrenzte Verschuldung des Staates zur (wenn auch indirekten) Schaffung zusätzlicher Nachfrage wäre genau ein solches Stimulans, wie es die deutsche Wirtschaft braucht".

Otto Schlecht plädiert in der „Wirtschaftswoche" (24.7.1987, S. 63) „für ein angemessenes und je nach Lage auch wechselndes Policy mix ... Nicht Einäugigkeit eines keynesianischen Demand management oder Angebotspolitik en détail sind gefragt. Vielmehr bedarf es ... einer widerspruchsfreien Gesamtschau ...".

Wolfram Engels konstatiert (in der Wirtschaftswoche vom 16.10.1987, S. 192): „Die Rahmenbedingungen haben sich ... spektakulär verbessert, ... aber die Investitionen haben nur ganz müde reagiert".

Tarifpolitik

Mehr Geld

Es geschieht nicht oft, daß Bundesfinanzminister Gerhard Stoltenberg und sein Parteifreund Gustav Fehrenbach, stellvertretender DGB-Vorsitzender, gleicher Meinung sind. Ausgerechnet bei der Strategie für die nächste Tarifrunde in der Metallindustrie stimmen die beiden CDU-Leute überein. Sie geben Lohnerhöhungen den Vorrang vor weiteren Verkürzungen der Arbeitszeit. Die ungewohnte Eintracht resultiert allerdings aus unterschiedlichen Motiven.

Stoltenbergs Kalkül: Wenn die Löhne und Gehälter steigen, wachsen auch seine Steuereinnahmen. Überdies bekommt die Rentenversicherung mehr Geld in die Kasse und braucht deshalb weniger Kredite und Zuschüsse des Finanzministers. Fehrenbach hingegen weiß, daß Arbeiter und Angestellte nach mageren Jahren mit sinkenden Realeinkommen, endlich wieder mehr Geld sehen wollen. Für einen Kampf um kürzere Arbeitszeiten ließe sich die Basis kaum mobilisieren.

Eine angemessene Lohnerhöhung paßte sehr gut in das differenzierte Bild der Konjunktur. Sie könnte der schwachen Nachfrage nach Konsumgütern auf die Beine helfen und einen Ausgleich für den vermutlich im nächsten Jahr abflauenden Exportboom schaffen. Termingerecht zur Bundestagswahl im Januar 1987 könnte die Bundesregierung mit einem geradezu mustergültig arrangierten Konjunkturverlauf werben, den sie auch den Gewerkschaften verdankt. *chr*

DIE ZEIT, 11.10.1985, S. 18

DGB lehnt den Ratschlag von Stoltenberg ab

tl. **Bonn**

Der DGB hat Bundesfinanzminister Gerhard Stoltenberg „dreiste Einmischung" vorgeworfen. Der Minister hatte nämlich an Arbeitgeber und Gewerkschaften appelliert, die anstehende Tarifverhandlungsrunde dafür zu nutzen, die Verteilungsmasse voll für Einkommenserhöhungen, nicht aber schwerpunktmäßig für Arbeitszeitverkürzungen zu nutzen. DGB-Chef Ernst Breit: Immer wenn die Bundesregierung nicht weiter wisse, appelliere sie an die Tarifparteien.

DIE WELT, 19.11.1987, S. 12

Zum Abschluß dieses Abschnittes seien noch zwei pointierte Einschätzungen der staatlichen Wirtschaftspolitik im Jahre 1985 wiedergegeben:

- „Setzt man die Steinchen zu einem Mosaik zusammen, so sieht man, daß die Regierung Glück gehabt hat, aber keine Wirtschaftspolitik betrieben hat".

  Wolfram Engels, Wirtschaftswoche, 10.5.1985, S. 200
- „Ein wirtschaftspolitisches Konzept der Regierung ist nicht erkennbar. Ihr größtes Verdienst ist, daß sie den Aufschwung nicht kaputtgemacht hat".

  Meinhard Miegel, DIE ZEIT, 15.3.1985, S. 27

5. Die (Massen)Arbeitslosigkeit – ein unlösbares Problem?

a) Zur Statistik, Struktur und Interpretation der Arbeitslosenzahlen

In Diskussionen um die Arbeitslosigkeit wird gelegentlich bezweifelt, ob die amtliche Arbeitslosenzahl (im Jahresdurchschnitt 1987 2,23 Millionen) nicht zu **hoch** ist, weil darunter auch viele seien, die gar nicht ernsthaft Arbeit suchten oder aus anderen, in ihrer Person liegenden Gründen praktisch nicht mehr in den Arbeitsprozeß vermittelbar seien. In diesem Zusammenhang ist wichtig, sich einmal einen Überblick über die Zusammensetzung der Erwerbslosen, d.h. ihre Struktur, zu verschaffen. Diesem Zweck dient der Abdruck der folgenden beiden Schaubilder.

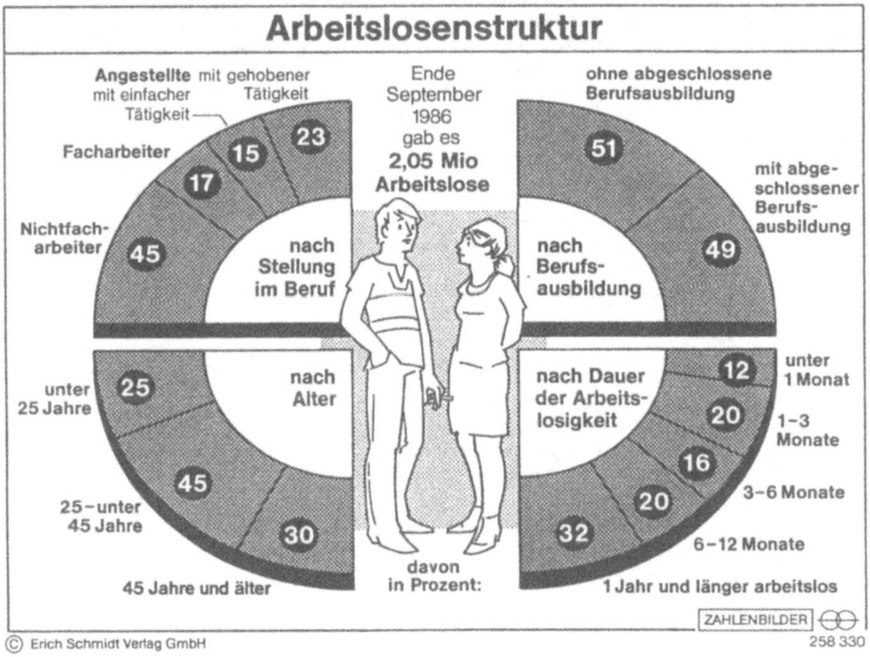

Spätestens dann, wenn behauptet wird, die amtliche Arbeitslosenzahl sei zu hoch, muß auch an den Sachverhalt gedacht werden, daß möglicherweise längst nicht alle potentiell an abhängiger Erwerbstätigkeit Interessierte sich beim Arbeitsamt als arbeitslos gemeldet haben. So meint Gerhard Fels (Wirtschaftswoche, 27.9.1985, S. 150): „Um Arbeit bemühen sich viele Personen der mittleren Jahrgänge, die bisher nicht als arbeitslos registriert waren". Dieses Phänomen wird am besten daran sichtbar, daß vielfach in Aufschwungphasen die Zahl der Beschäftigten stärker zunimmt als die Zahl der offiziell erwerbslos Gemeldeten abnimmt.

Das Schaubild auf Seite 408 vermittelt einen zahlenmäßigen Eindruck von der offenen und der verborgenen Arbeitslosigkeit. Der Umfang der stillen Reserve ist naturgemäß sehr umstritten (s. WELT-Notiz a. S. 410). Das Institut für Ar-

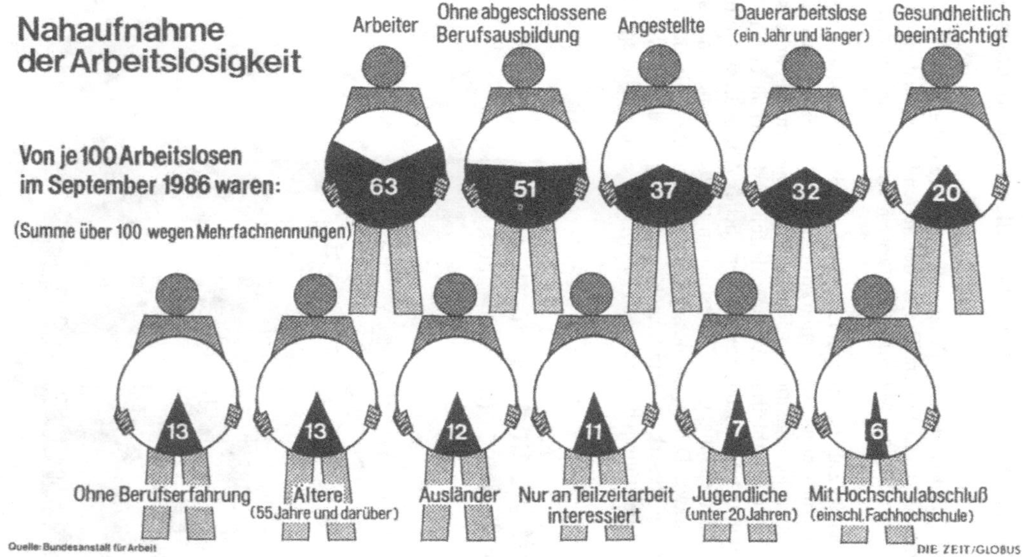

Der harte Kern wächst

Trotz des zurückliegenden Konjunkturaufschwungs hat sich die Lage auf dem Arbeitsmarkt nicht aufgehellt. Im Gegenteil, der harte Kern der Arbeitslosigkeit, die Dauerarbeitslosigkeit, wächst nach wie vor. Vor fünf Jahren waren erst dreizehn Prozent der Arbeitslosen länger als ein Jahr ohne Arbeit, nicht einmal die Hälfte des heutigen Prozentsatzes. Entsprechend hat sich übrigens auch die Zahl derjenigen Mitbürger erhöht, die von Arbeitslosenhilfe leben müssen. Und daß der Anteil der älteren Arbeitslosen in den zurückliegenden Jahren nicht gestiegen ist, ist weitgehend den Frühpensionierungen und statistischen Tricks zu verdanken. Probleme haben auch Berufsanfänger, deren Anteil um rund fünfzig Prozent zugenommen hat. Einziger Lichtblick: Die Jugendarbeitslosigkeit ist gesunken.

DIE ZEIT, Nr. 19, 1.5.1987, S. 34

beitsmarkt- und Berufsforschung bei der Bundesanstalt für Arbeit schätzt in einer Untersuchung (BRINKMANN/REYHER 1985) die **stille Reserve** für 1984 auf 1,35 Millionen. Nach dieser Studie, über die das Deutsche Allgemeine Sonntagsblatt (8.9.1985, S. 4) berichtet,

> „gehören zur ‚stillen Reserve' inzwischen 28,4 Prozent Jugendliche unter 25 Jahren und 23,1 Prozent Ältere zwischen 55 und 65 Jahren. Die verheirateten Frauen in den mittleren Altersjahrgängen, nach landläufiger Meinung die starke Mehrheit, stellen weniger als ein Fünftel.
>
> Besonders erschreckend ist die Zahl der jungen Leute, die von der Arbeitslosen-Statistik nicht erfaßt werden: Die Nürnberger Arbeitsmarktforscher schlüsseln auf, wo diese mehr als 300000 nicht als arbeitslos registrierten Jugendlichen, die dennoch arbeitslos sind, ‚abgetaucht' sind: Eine große Zahl dreht ‚Warteschleifen' in der Schule oder in berufsvorbereitenden Maßnahmen oder leistet mangels beruflicher Alternativen ein freiwilliges (?) soziales Jahr. Studenten fangen ein Zweitstudium an oder arbeiten endlos an Diplom- oder Doktorarbeiten, weil Doktorand besser klingt als arbeitslos. Eine nicht zu schätzende Zahl arbeitet ohne Steuerkarte und Sozialversicherung im alternativen Bereich. Bedenklich viele Mädchen führen berufstätigen Eltern oder einem Lebensgefährten den Haushalt".

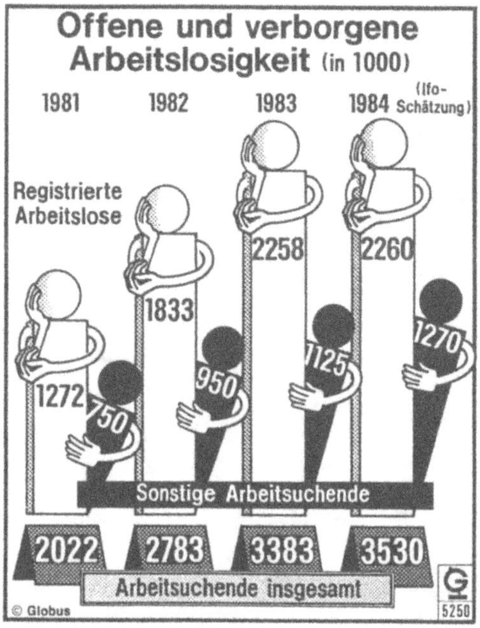

Studie: „Stille Reserve" löst sich langsam auf

Nea. **Mainz**

Der konjunkturelle Aufschwung läuft keinesfalls am Arbeitsmarkt vorbei. Er hat bisher jedoch vor allem zu einer Auflösung der sogenannten stillen Reserven geführt. Mehr als eine halbe Million Menschen, die im Laufe der Rezession aus dem Erwerbsleben ausgeschieden und gar nicht mehr als Arbeitslose gemeldet waren, haben in den letzten beiden Jahren wieder eine sozialversicherungspflichtige Beschäftigung gefunden, darunter zu 85 Prozent Frauen. Zu diesem Ergebnis kommt eine vom rheinland-pfälzischen Wirtschaftsminister Rudi Geil (CDU) eingesetzte Arbeitsgruppe, die bundesweit die Entwicklung der „stillen Reserven" in den letzten zehn Jahren untersucht hat.

Die Untersuchung stellt in diesen zehn Jahren fünf unterschiedliche Phasen fest:

- 1976/77: Zustrom aus der stillen Reserve auf den Arbeitsmarkt auf Grund der Konjunktur
- 1978/79: Rückgang der Konjunktur, zugleich Wachsen einer „resignativen Arbeitslosigkeit" ohne Arbeitslosenmeldung, also auch Anwachsen der stillen Reserve.
- 1980: erneute Verringerung der stillen Reserve.
- 1981–83: starkes Anwachsen der offiziellen Arbeitslosigkeit und parallel dazu der stillen Reserve.
- 1984/85: Auffüllen des Arbeitsmarkts durch die stille Reserve ohne nennenswerten Rückgang der offiziellen Arbeitslosenzahlen.

Das Ausmaß des Zustroms aus der stillen Reserve beziffert die Arbeitsgruppe für die Jahre 1984 und 85 auf etwa 575 000 Personen. Die demographischen Veränderungen (größere Zahl von Menschen im erwerbfähigen Alter) sind darin nicht enthalten.

Die Ursachen dieser offenbar sehr komplizierten Beziehungen zwischen Konjunktur und Arbeitsmarkt wurden noch nicht untersucht. Die Fragen etwa, ob sich die Wirtschaft vielleicht deswegen in Aufschwungzeiten lieber zuerst bei den nicht registrierten Arbeitslosen „bedient", weil sich unter ihnen in früheren Jahren vor allem bewährte weibliche Mitarbeiter befinden, oder ob der verstärkte Zustrom zwischenzeitlich nicht mehr berufstätiger oder als arbeitslos gemeldeter Frauen bei beginnender Konjunktur eine Art Vorsichtsmaßnahme für die nächste Rezession ist, müßte noch geklärt werden.

Auf jeden Fall kommt die Untersuchung zu dem Schluß, daß ein Aufschwung, der auf eine Rezession folgt, sich mindetens in den ersten Jahren nur zu einem geringen Teil in einer Abnahme der offiziellen Arbeitslosenzahlen niederschlagen könne, weil „ein während der Rezession verhinderter Abbau der stillen Reserve nachgeholt wird."

Minister Geil zieht daraus zusätzlich die politische Konsequenz, die stille Reserve, die von der Opposition häufig als „verdeckte Arbeitslosigkeit" von über einer Million Menschen einfach den amtlichen Arbeitslosenzahlen zugeschlagen wird, eigne sich gerade in der heutigen Situation in keiner Weise zu einer Dramatisierung der Lage. Mit weit größerer Berechtigung hätte man dies für die Lage des Jahres 1982 sagen können.

DIE WELT, 24.6.1986, S. 4

Franke: „Stille Reserve" nicht mitrechnen

UR. Bonn

Als arbeitslos kann nach Angaben der Nürnberger Bundesanstalt für Arbeit nur gezählt werden, wer sich auch beim Arbeitsamt hat registrieren lassen. Zu der in der Arbeitslosenstatistik ausgewiesenen Zahl von Arbeitslosen dürfe eine sogenannte „stille Reserve" nicht hinzuaddiert werden, erklärte die Bundesanstalt gegenüber der WELT.

Die Nürnberger Anstalt hat damit die Darstellung eines Interviews ihres Präsidenten Franke durch die Frauenzeitschrift „Bella" zurückgewiesen, nach der er behauptet haben soll, in Wahrheit seien 3,5 Millionen Menschen arbeitslos. Franke habe lediglich davon gesprochen, so die Bundesanstalt, daß Ende September 2,15 Millionen Arbeitslose bei den Arbeitsämtern gemeldet waren. Darüber hinaus gebe es allerdings eine „stille Reserve", deren Zahl sich nach Schätzungen des Instituts für Arbeitsmarkt und Berufsforschung auf mehr als eine Millionen Personen belaufe.

DIE WELT, 24.10.1985, S. 1

Doch jetzt wieder zurück zur offiziellen Arbeitslosen-Statistik, die – wie erwähnt und wie gleich weiter zu zeigen ist – ebenfalls gerne angezweifelt wird.

Worte der Woche

„Es gibt Leute in der Statistik, die nicht im Traum daran denken, arbeiten zu wollen." *Helmut Kohl*

Bundeskanzler, zu den hohen Arbeitslosenzahlen

DIE ZEIT, 11.10.1986

»Man muß nur von der richtgen Seite hereinschauen, und schon sind es winzig kleine Sommerwölkchen!« Zeichnung: DS/Gerhard Mester

Deutsches Allgemeines Sonntagsblatt, 8.9.1985, S. 4

„Nur wenige Drückeberger"

Franke gegen eine Änderung der Arbeitslosenstatistik

DW. **Nürnberg**

Eine Differenzierung zwischen „echten" und „unechten" Arbeitslosen in der Statistik der Nürnberger Bundesanstalt für Arbeit hat deren Präsident Heinrich Franke als „auch verfassungsrechtlich schwierig" abgelehnt. „Sozialpolitisch bin ich der Meinung, daß man diese Unterscheidung nicht machen kann", sagte Franke in einem Gespräch mit der Nachrichtenagentur AP in Nürnberg zu entsprechenden Vorschlägen aus der Union.

Bestimmt gebe es – wie in anderen Bereichen der Solidargemeinschaft der Sozialversicherten – auch unter den Arbeitslosen Drückeberger, erklärte er. Er glaube aber nicht, „daß das eine nennenswerte Zahl ist, die die Statistik, falls man sie überhaupt erfassen könnte, gewaltig nach unten bringen würde". Ob ein Arbeitsloser tatsächlich ein Drückeberger sei, wäre nur festzustellen, „indem man ihm einen Arbeitsplatz zur Verfügung stellt. Wir haben aber, statistisch gesehen, im Augenblick für einen Arbeitsplatz rund 19 Bewerber", sagte Franke.

Franke wies auch die Vorstellung des bayerischen Sozialministers Franz Neubauer zurück, die geplante verlängerte Zahlung von Arbeitslosengeld für ältere Arbeitslose von deren sozialen und wirtschaftlichen Verhältnissen abhängig zu machen. Er halte das „gesellschaftspolitisch und sozial für nicht opportun". Der typische Arbeitslose, der von einer solchen Verbesserung profitieren solle, sei der 50- bis 55jährige arbeitslose Familienvater, der mehrere Kinder aufgezogen und 30 oder 35 Jahre lang gearbeitet und Beiträge gezahlt habe, betonte Franke. Dieser „starken Säule unserer Gesellschaft" wolle der Gesetzgeber künftig die bisher nach 312 Tagen Bezug von Arbeitslosengeld übliche Bedürftigkeitsprüfung beim Antrag auf Arbeitslosenhilfe ersparen und ihm einen längeren Bezug des höheren Arbeitslosengeldes gewährleisten. Franke: „Diese Intention des Gesetzgebers in Bonn trage ich absolut."

DIE WELT, 6.9.1985, S. 1

Arbeitsmarktstatistik

Kreuzverhör?

Helmut Kohl, der Bundeskanzler, ließ es damit bewenden anzumerken, daß man jetzt einmal ohne Tabus die Zahlen der Arbeitslosenstatistik diskutieren müsse. Er bestimmte damit, wie es seine Aufgabe ist, die Richtlinie der Politik. Wolfgang Held, stellvertretender Generalsekretär der CSU, bemühte sich nun um die Ausführung. Er teilte also die Arbeitslosen ein, in Arbeitswillige und Arbeitsunwillige, in Alleinverdiener und Frauen, die nur ein Zubrot wollen, und was sich sonst noch an Kategorien denken läßt.

Und so ginge es dann wohl auf dem Arbeitsamt zu. Erstens: Erfassung der Personaldaten. Zweitens: Ausfüllen des Fragebogens mit *multiple-choice*-Antworten: Sind Sie a) arbeitsscheu, b) Zubrot-Hausfrau, c) abgebrochener Student?). Drittens: Lügendedektor und psychologisches Kreuzverhör. Viertens: Berechnung der gnadenweise zu gewährenden Unterstützung und Ablage der Daten im Computer zur Wiedervorlage. Und – simsalabim – von den 2,2 Millionen Arbeitslosen würde wohl nur noch eine Handvoll übrigbleiben, die mit den Vermittlern im Arbeitsamt ein Kaffeekränzchen bilden könnten – würden nicht gerade sie dringend von den Unternehmen gebraucht.

Doch da gibt es in Bonn einen Minister, der vermutet, daß der Kanzler wohl falsch verstanden worden ist. „Wir wollen die Arbeitslosigkeit und nicht die Statistik bekämpfen", sagte Norbert Blüm. Was kann man dem als Pointe noch hinzufügen? *hm*

DIE ZEIT, 23.8.1985, S. 18

„Eine erstaunliche Behauptung machte Kanzleramtsminister SCHÄUBLE: *‚Aufgestachelt von interessierten Kreisen melden sich … immer mehr Menschen zusätzlich bei den Arbeitsämtern, obwohl sie bisher nicht gearbeitet haben und heute in Wahrheit keinen Arbeitsplatz suchen'".*

DIE ZEIT, 10.1.1986, S. 18

Aber ganz so ungeschoren kommt die Arbeitslosenstatistik doch nicht aus der aufgezeigten Diskussion heraus, worauf die „Wirtschaftswoche" (3.1.1986, S. 18) aufmerksam macht: „Die monatlichen Arbeitslosenzahlen der Bundesanstalt in Nürnberg lesen sich 1986 wesentlich freundlicher ... Die ausgewiesene Arbeitslosenziffer wird 1986 qua Statistik um rund 100000 Personen niedriger ausfallen als bisher. Der Zaubertrick: Ältere Arbeitslose, die vorgezogenes Altersruhegeld in Anspruch nehmen (§ 105c AFG, R.S.) werden ab Januar nicht mehr mitgerechnet. Begründung: Sie stünden dem Arbeitsmarkt nicht mehr uneingeschränkt zur Verfügung".

Das Deutsche Allgemeine Sonntagblatt (vom 13.9.1987, S. 11) umschreibt die Optik-Verbesserung so: „Durch (teure) Maßnahmen für die Arbeitsbeschaffung (ABM), die Fortbildung und Umschulung sind schätzungsweise 400000 Menschen vorübergehend aus der Statistik getilgt worden".

Das regierungsseitige Bemühen, die seit langem bestehende und nicht abnehmen wollende Massenarbeitslosigkeit wenigstens im Statistischen und im Verbalen abzuschwächen, illustriert das folgende Schaubild und das sich daran anschließende Statement.

Quelle: Deutsches Allgemeines Sonntagsblatt, 9.3.1986, S. 2

Der Regierung fehlt es nicht an Instrumenten, wohl aber am Willen, etwas für die deutsche Konjunktur zu tun. Doch der Wahlkampf ist vorbei, jetzt müssen Taten folgen. Das wird auch der Präsident der Bundesanstalt für Arbeit, Heinrich Franke, bald merken. Bei der Verkündung der auf fast 2,5 Millionen angestiegenen Arbeitslosenzahlen für Januar stellte Franke fest: „Der Anstieg der Arbeitslosigkeit spiegelt die Verlangsamung der Verbesserung der Konjunktur wider." Diesen verklausulierten Satz kann Lästermaul Dieter Hildebrandt im Original verwenden.

DIE ZEIT, 13.2.1987, S. 25

Zum gleichen Thema:

Politikerzitate:

Worte und Wirklichkeit

Stoltenberg:
„In der zweiten Hälfte des Jahres 1983 werden die ersten Anzeichen für einen beginnenden Wirtschaftsaufschwung und für eine sinkende Arbeitslosenquote sichtbar werden." *Quick, 7. 10. 1982*

Blüm:
„Der Aufschwung wird nicht am Arbeitsmarkt vorbeigehen." *Die Welt, 4. 3. 1983*

Geißler:
„Ich rechne damit, daß wir innerhalb der nächsten zwei Jahre deutlich unter die 2-Millionen-Grenze kommen." *Bunte Illustrierte, 14. 4. 1983*

Geißler:
„Wir brauchen mindestens zwei Jahre harte Arbeit, um die Arbeitslosigkeit auf eine Million herunterzudrücken. Wenn wir das bis 1985 schaffen, ist das schon ein großer Erfolg." *Bild, 3. 5. 1983*

Geißler:
„Zunahme der Arbeitslosigkeit gebremst." *Westdeutsche Allgemeine, 6. 11. 1983*

Blüm:
„Zunächst steht fest, daß wir der Arbeitslosigkeit den Dampf genommen haben. Der Trend ist gebrochen, das ist doch das Wichtigste." *Welt am Sonntag, 27. 11. 1983*

Kohl:
„Wir haben eine gute Chance, daß die Arbeitslosigkeit weiter zurückgeht." *Bild, 22. 12. 1983*

Blüm:
„Die Arbeitslosigkeit werden wir übrigens auch noch überwinden." *Welt am Sonntag, 2. 9. 1984*

CDU-Wahlanzeige:
„Die Arbeitslosigkeit sinkt. Aufschwung für alle." *Westdeutsche Allgemeine, 10. 5. 1985*

Kohl:
„Die Leute, die Arbeit haben, müssen nicht mehr um ihren Arbeitsplatz fürchten." *Bild, 6. 11. 1985*

Blüm:
„Aber die Zahl der neuen Arbeitsplätze wird weiter ansteigen, so daß die Arbeitslosigkeit deutlich sinkt. Ich will als Arbeitsminister noch die Vollbeschäftigung erleben." *Express, 17. 11. 1986*

Zimmermann:
„Wir werden am Ende der nächsten Legislaturperiode (1990, d. Red.) an die eine Million herankommen. Das ist dann keine Arbeitslosigkeit mehr." *Bild, 1. 12. 1986*

Deutsches Allgemeines Sonntagsblatt, 13.9.1987, S. 11

b) Lohnhöhe, Lohndifferenzierung und Flexibilisierung des Arbeitsmarktes (Arbeitsrechts) – ein Lösungsansatz?

Der schon erwähnte Versuch der Inpflichtnahme der Tarifvertragsparteien zur (Mit)Hilfe bei der Lösung des Beschäftigungsproblems beruht vor allem auf der Vorstellung, daß bei relativ **niedrigen Löhnen** bzw. niedrigen Lohnzuwächsen **mehr Arbeitsplätze** angeboten werden als bei höheren. Deshalb wird von manchen Institutionen oder Personen verlangt, eine Lohnflexibilität nicht nur nach oben, sondern auch nach unten zu praktizieren. In diesem Zusammenhang meinte der **Sachverständigenrat** zur Begutachtung der gesamtwirtschaftlichen Entwicklung in seinem Jahresgutachten 1975/76 (Textziffer 295):

„Vollbeschäftigung wird sich, mittelfristig gesehen, einstellen, wenn erwartet werden kann, daß diejenigen, die arbeiten wollen, für ihre Arbeit nicht mehr verlangen, als das Ergebnis dieser Arbeit – unter Berücksichtigung der öffentlichen Abgaben und der ‚berechtigten' Ansprüche aus der Mitwirkung anderer Faktoren – am Markt wert ist. An diesem Zusammenhang kann auf die Dauer niemand vorbei, mögen auch kurzfristig weitere Gesichtspunkte eine wichtige Rolle spielen".

In seinem Jahresgutachten 1984/85 konzentrierte der **Sachverständigenrat** diese Problematik vor allem auf die Löhne für „einfache Arbeit" und führte (in Textziffer 304) aus:

„Der Versuch durch Veränderung spezifischer Löhne die marktgerechten Löhne zu finden (Niveau und Relationen), ist überhaupt die dem Marktsystem gemäße Form, Beschäftigungsprobleme zu beseitigen. Wenn man die Anbieter von einfacher Arbeit nicht zu einem erheblichen Teil zu Dauerarbeitslosigkeit oder sich ständig wiederholender Arbeitslosigkeit verurteilen oder sie in Alternativarbeitsmärkte, wo keine Tarifverträge zu beachten sind oder beachtet werden, abdrängen will, muß man diese Frage sehr ernst nehmen. Es gibt ja schlechthin keinen Hinweis, daß in der Bundesrepublik die Löhne für einfache Arbeit marktgerecht, sprich nicht zu hoch sein könnten".

Dieses Kaprizieren auf „einfache Arbeit" wirft gleich einige Fragen auf:

- Was ist „einfache Arbeit"?
  Ein dauerhafter Konsens hierüber ist nicht vorstellbar.
- Die Zahl der Arbeitsplätze mit „einfacher Arbeit" nimmt stark ab;
  in zahlreichen Fertigungsbereichen sind sie so gut wie verschwunden. Eine solche Tendenz sieht inzwischen auch der Sachverständigenrat in seinem Gutachten 1986/87 (Tz 104): „Es spricht einiges dafür, daß die Verschiebung zu anspruchsvolleren Tätigkeiten und Arbeitsplätzen keine vorübergehende Erscheinung ist".
- Es gibt seit jeher schon große Bereiche mit traditionell sehr niedrigen Tariflöhnen, so zum Beispiel
  - im Einzelhandel,
  - im Hotel- und Gaststättengewerbe,
  - in der Textil- und Bekleidungsindustrie.

  Diese Tariflöhne sind wohl nicht zuletzt deshalb so niedrig, weil hier die Vorstellung von relativ einfachen Arbeiten vorherrscht.

Dieter Mertens meint in seiner abweichenden Stellungnahme zu dem Sachverständigenratsgutachen 1984/85 (in Textziffer 340): „Wer der Lohnpolitik eine so große Verantwortung für die Beschäftigung zuschreibt, wie es die (Rats)Mehrheit tut, läßt außer acht, daß die Ursachen der niedrigen Beschäftigung vielfältiger Art sind".

Nachdenkenswert ist in diesem Zusammenhang auch der folgende Hinweis von Vogler-Ludwig (ifo-schnelldienst 16/85, S. 30): „Zwar ist es durchaus möglich, daß bei niedrigeren Löhnen der Bedarf an Handlangern, Hausmädchen und

Dienstmännern wieder ansteigt, aber dies sind nicht die Tätigkeiten, mit denen die zukünftigen Wachstumsbedingungen verbessert werden können".

Informativ ist auch ein Blick auf das so oft zitierte „Beschäftigungswunder" der USA in der Reagan-Amtszeit. Hierzu schreibt die Wirtschaftswoche (4.9.1987, S. 54): „Von den 13 Millionen neuen Arbeitsplätzen entstanden zehn Millionen im Dienstleistungsbereich. Und die Hälfte der Dienstleistungs-Jobs wurde wiederum in der Gastronomie geschaffen, die mit durchschnittlich 4,40 Dollar pro Stunde die niedrigsten Löhne der gesamten gewerblichen Wirtschaft in den USA zahlt. So ist es nicht verwunderlich, daß die Zahl der Mindestlohnempfänger (derzeit 3,35 Dollar Stundenlohn) unter Reagan um 2,7 Millionen zunahm".

Auch aus Politikerkreisen kommen immer wieder Vorschläge, zur Erreichung einer besseren Beschäftigungssituation an der „Lohnfront" Veränderungen (genauer: **Lohn-Differenzierungen**) herbeizuführen. Einen solchen Vorschlag hat der FDP-Generalsekretär Helmut Haussmann gemacht, indem er folgendes vorschlug (SPIEGEL, 16/1985, S. 21, 24):

- „In der jetzigen Zeit der Unterbeschäftigung müssen wir von der Tarifpolitik der Überbeschäftigung abkommen. Das heißt, wir müssen differenzieren zwischen Betrieben, zwischen groß und klein, zwischen guten und schlechten Branchen und zwischen verschiedenen Qualifikationen. (So äußert sich auch die Bundesregierung in ihrem Jahreswirtschaftsbericht 1987, Tz. 32, R.S.).
- Wir können uns vorstellen, daß in einer Situation der Massenarbeitslosigkeit es zeitlich beschränkte Arbeitsverträge geben kann mit niedrigeren als den Tariflöhnen ... Ein Arbeitsloser, der nach zwei Jahren der Arbeitslosigkeit die Chance hat, in ein Beschäftigungsverhältnis zu kommen, das etwa 80 Prozent des bestehenden Tariflohnes entspricht, sieht das als deutliche Verbesserung seiner sozialen Situation an".

Die Haussmann'schen Vorschläge sind überwiegend auf Ablehnung gestoßen, und zwar nicht nur bei den Gewerkschaften. Um den Vorwurf, die Tarifpolitik differenziere nicht genug und erfasse nicht die spezifischen Verhältnisse einer Branche, zu widerlegen, bringt Horst Mettke, Mitglied des Hauptvorstandes der IG Chemie-Papier-Keramik, eine kleine Auswahl konkreter Tarifregelungen:

„So verdient ein Arbeiter in der feinkeramischen Industrie laut Tarifvertrag 9,07 DM pro Stunde = 1578,– DM pro Monat (Jugendliche unter 18 Jahren 1263,– DM), während die unterste Tariflohngruppe in der chemischen Industrie im Bezirk Nordrhein 11,29 DM pro Stunde = 1964,– DM pro Monat beträgt.

Nach dem Entgelttarifvertrag der Esso AG beträgt das unterste tarifliche Entgelt 2784,– DM = 16,– DM pro Stunde. Ein qualifizierter Angestellter in der Papierindustrie in Hessen erhält in der Gehaltsgruppe T3 je nach Alter zwischen 2125,– DM und 2911,– DM, während ein vergleichbarer technischer Angestellter in der hessischen kunststoffverarbeitenden Industrie zwischen 1757,– DM 2652,– DM verdient.

Haltlos ist auch der Vorwurf zu geringfügiger regionaler Tarifunterschiede. So verdient ein Meister in der obersten Meistergruppe M5 in der Berliner Chemieindustrie tariflich 3933,– DM, während sein Kollege mit gleicher Qualifikation in Ludwigshafen nach dem Chemietarifvertrag für Rheinland-Pfalz mit 4649,– DM entlohnt wird".

Quelle: gp Gewerkschaftspost, Zeitschrift der IG Chemie-Papier-Keramik, Nr. 6/1985, S. 4.

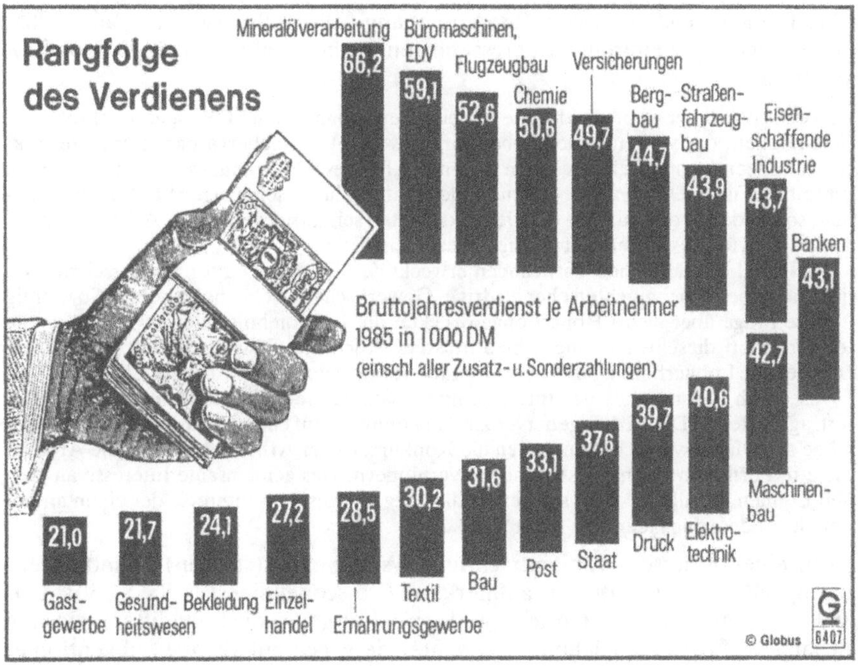

Eine Ablehnung der Haussmann-Vorschläge kommt auch aus dem Lager der Arbeitgeberverbände:

- „Wer ein freiwilliges Unterschreiten der in Tarifverträgen festgesetzten Mindestbedingungen zulassen will, muß sich darüber im klaren sein, daß er das Tarifsystem aufgibt" (Otto Esser, „Wirtschaftswoche", 26.4.1985, S. 19).
- „‚Für nicht erfolgversprechend' hält Dieter Kirchner, Geschäftsführer des mächtigen Arbeitgeberverbandes Gesamtmetall, die Idee, ‚die Tarifverträge in der Metallindustrie für freie betriebliche Lohnvereinbarungen zu öffnen'. Der Satz wendet sich direkt gegen den Vorschlag, mit Arbeitslosen könnten Löhne außerhalb der Tarifverträge ausgehandelt werden.

  Hinter Kirchners deutlichen Worten steckt nicht nur die Befürchtung von Verbandsgewaltigen, sie könnten ein Stück ihrer Macht einbüßen. Die Unternehmer fürchten auch Unfrieden in den Betrieben, wenn sie dort mit zwei Klassen von Beschäftigten auskommen müssen: den nach Tarif gutbezahlten und den unter dem Tarif zu Billiglöhnen engagierten. Männer wie Kirchner fürchten vor allem aber die politischen Folgen, wenn die Gewerkschaften die Zuständigkeit für die Gesamtheit der Arbeitnehmerschaft verlören. Auch wenn es bei Streiks anders klingt: Die westdeutschen Industrieführer wissen ihre Gewerkschaften zu schätzen, die für Ruhe und Ordnung unter den Arbeitnehmern sorgten" (SPIEGEL 16/1985, S. 19).

Ähnlich äußert sich Vogler-Ludwig (ifo-schnelldienst 16/85, S. 30): „Der historische Kompromiß, der zur Einführung von Tarifverträgen zwischen Arbeitgebern und Gewerkschaften geführt hat, sichert zwar nur den verbleibenden Beschäftigten Einkommen und Teilnahme am Wirtschaftswachstum, er vermeidet aber das Risiko der ‚Maschinenstürmerei' und ist damit eine wichtige Voraussetzung für den Einsatz produktiver Technik".

W. ENGELS weist in diesem Zusammenhang („Wirtschaftswoche", 26.4.1985, S. 168) auf die gemeinsamen Interessenlagen der beteiligten Verbände (Koalitionen) hin:

„Wer sich darüber wundert, daß die Arbeitgeberverbände den FDP-Generalsekretär abblitzen ließen, der verkennt die Verbandsinteressen. Arbeitgeberverbände und Gewerkschaften sitzen zwar an verschiedenen Seiten des Tisches. Das trennt sie. Sie sitzen aber an demselben Tisch. Das eint sie. Könnte jeder Unternehmer seine eigene Lohnpolitik machen, so würde das die Aufgabe der Gewerkschaften sehr erschweren. Die Arbeitgeberverbände aber würde es härter treffen – sie wären überflüssig.

Das Ritual der jährlichen Tarifrunden erweckt den Eindruck harter Gegnerschaft. Gewiß: Die Arbeitgeber möchten eher niedrige, Gewerkschaften eher hohe Löhne. So wichtig ist diese Frage aber nicht. Hohe Löhne drücken die Unternehmer nicht, wenn auch alle Konkurrenten dieselben Löhne zahlen müssen. Auch die Gewerkschaften wissen, daß übertriebene Lohnerhöhungen entweder zu Inflation oder zu Arbeitslosigkeit führen.

Wesentlich wichtiger als der Interessengegensatz ist die Interessengemeinsamkeit der Vertragsparteien. Den Arbeitgeberverbänden kommt es auf einheitliche, nicht auf niedrige Löhne an. Die Gewerkschaften wollen die Konkurrenz der Arbeitnehmer um die Arbeitsplätze in Form von Lohnzugeständnissen verhindern. Das gemeinsame Interesse an gleichen Löhnen für alle ist somit stärker als das entgegengesetzte Interesse der einen an hohem, der anderen an niedrigem Lohn".

Auf einen weiteren problemträchtigen Aspekt einer (starken) Lohndifferenzierung macht VOGLER-LUDWIG aufmerksam (ifo-schnelldienst 16/85, S. 29): „Unter wachstumspolitischen Gesichtspunkten gelten gegen die Lohndifferenzierung auf längere Frist die gleichen Argumente wie gegen anhaltende Subventionierung. Soweit Lohnanpassung zum Erhalt überkommener Strukturen beiträgt, ist sie eher als schädlich einzustufen, denn verlangsamter Strukturwandel bedeutet auch meist verlangsamtes Wachstum".

In diesem Zusammenhang ist noch einmal auf frühere gewerkschaftliche Vorstellungen hinzuweisen (s. S. 161), die in relativ hohen Löhnen ganz bewußt eine Art „Rationalisierungspeitsche" für die Wirtschaft sehen wollten. „Durch die ... Lohnpolitik der Gewerkschaften soll auch der Druck zur Modernisierung der deutschen Wirtschaft und damit zu einer größeren wirtschaftlichen Leistung intensiviert werden ... Durch die gewerkschaftliche Lohnpolitik geben wir eine Chance, unter Beweis zu stellen, was Unternehmerbegabung und Unternehmerinitiative vermag" (V. AGARTZ 1950, S. 446).

Die Forderungen nach niedrigeren Löhnen rühren nicht zuletzt daher, daß auch bei uns eine nicht zu übersehende **Schatten-Wirtschaft** (Schwarzarbeit) existiert, über deren Umfang sehr unterschiedliche Aufffassungen bestehen. „Dieser blühende Wirtschaftszweig ist eine ständige Mahnung an den Staat, die Kosten der Arbeit zu senken", meint PETER GILLIES (WELT 28.4.1987, S. 1). Dabei ist die Frage keineswegs eindeutig zu beantworten, ob die Schattenarbeit auf zu hohe Löhne oder eher auf zu niedrige Arbeitnehmer-Einkommen oder auf ganz andere Gründe zurückzuführen ist (s. SIEBEL 1986).

In der Diskussion um die Schattenwirtschaft wird manchmal darauf hingewiesen, daß wohl weniger die eigentlichen Löhne als vielmehr die Steuern und die sog. **Lohnnebenkosten** zu hoch seien (Arbeitgeberaufwendungen zum Beispiel für die Sozialversicherung, für Lohnfortzahlung im Falle von Urlaub, Krankheit und an gesetzlichen Feiertagen sowie für eine eventuelle Betriebsrentenzusage). Diese Lohnnebenkosten sind vermutlich genausoschwer zu verringern wie die eigentlichen Löhne. Hinzu kommt, daß Wesen und Höhe der Lohnnebenkosten außerordentlich schillernd sind. Je nach Berechnungsmethode werden sie mit (abgerundet) 20%, 80% oder 180% angegeben.

Bei der Forderung, zum Abbau der Arbeitslosigkeit **niedrigere Löhne** einzusetzen, muß neben der grundsätzlichen Frage, ob mit solchen Maßnahmen überhaupt eine nennenswerte und dauerhafte positive Wirkung auf die Beschäftigung zu erreichen ist, auch an die möglicherweise auftretenden vielfältigen **„Nebenwirkungen"** derartiger Schritte gedacht werden, wodurch sich die Gesamtlage eher verschlimmert. Einen anschaulichen Eindruck solcher Nebenwirkungen geben die beiden folgenden Karikaturen.

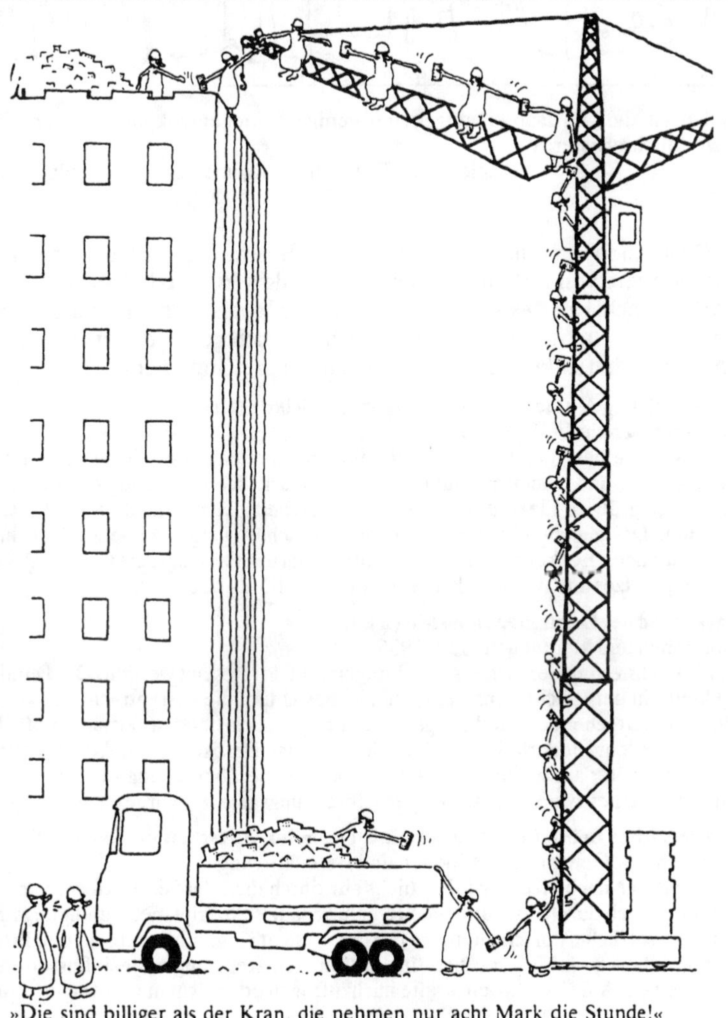

»Die sind billiger als der Kran. die nehmen nur acht Mark die Stunde!«
Zeichnung: Deutsches Allgemeines Sonntagsblatt/Rolf Liebermann (28.4.1985, S. 5)

„Das Problem ist, die Kuh dazu zu bringen, mit weniger Futter auszukommen und statt dessen mehr Milch zu liefern!"

Zeichnung: Deutsches Allgemeines Sonntagsblatt / Wolter (27.1.1985, S. 21)

In der Diskussion um eine Verbesserung der Beschäftigungslage wird manchmal – insbesondere von Arbeitgeberseite – gefordert, den **Arbeitsmarkt** (genauer: das Arbeitsrecht) zu **flexibilisieren**. Dabei wird meist behauptet, daß sich arbeitsrechtliche Schutzbestimmungen vielfach letztlich gegen diejenigen richten, die geschützt werden sollen*. Hierzu nachstehend drei Statements:

- **Bundesvereinigung der Deutschen Arbeitgeberverbände (BDA)** in ihrem Jahresbericht 1985 (S. XIII)
  „Es müssen die bestehenden Rahmenbedingungen anpassungsfähiger gestaltet werden, um Angebot und Nachfrage auf dem Arbeitsmarkt schneller und besser auszugleichen ... Durch größere Flexibilität können neue Arbeitsplätze schneller und besser besetzt werden. Das gleiche gilt, wenn es gelingt, beschäftigungshemmende Regelungen weiter abzubauen. Lockerungen des Arbeitnehmerüberlassungsgesetzes, des Kündigungsschutzgesetzes und der Sozialplanregelungen gehören dazu".
- **Bundesverband der Deutschen Industrie (BDI)** – „Informationen und Meinungen" 15.8.1986
  „Die Flexibilisierung der Arbeitsbeziehungen muß fortgesetzt werden. Die Bundesregierung bleibt in der Pflicht. Ansätze bieten insbesondere die kostenträchtige Lohnfortzahlung, der weitgehende Kündigungsschutz und die belastenden Sozialplanpflichten. Der BDI hat zudem wiederholt gefordert, die zulässige Befristung von Arbeitsverträgen auf drei Jahre weiter auszudehnen und die Arbeitnehmerüberlassung zu erweitern. Damit sind Inhalte eines zweiten Beschäftigungsförderungsgesetzes vorgezeichnet".
- **Wissenschaftlicher Beirat beim Bundesministerium für Wirtschaft** in seinem 1987 vorgelegten Gutachten „Gewinn, Investitionen und Beschäftigung"
  „Die Nachfrage nach Arbeit wird ... nicht nur durch die relativen Faktorpreise beeinflußt, sondern auch durch institutionelle Regelungen wie Sozialpläne, Kündigungsschutz und andere gesetzliche Vorschriften, die mit der Absicht eingeführt wurden, den Produktionsfaktor Arbeit zu schützen. Diese institutionellen Regelungen beeinflussen für die Unternehmen die Anreize, Arbeitskräfte nachzufragen oder nicht nachzufragen. Nur all-

* S.a. Kronberger Kreis (W. Engels u.a.) „Mehr Markt im Arbeitrecht" (1986) sowie die Erwiderung darauf von Egon Matzner „Arbeit vermarkten wie Bananen?" (DIE ZEIT, 30.5.1986, S. 28f.).

zuoft stellt der institutionelle Schutz des Arbeitsplatzes für die Unternehmen einen Anreiz dar, Arbeit eher nicht nachzufragen und Arbeit durch Kapital zu ersetzen. Auch sorgen diese institutionellen Bedingungen dafür, daß die Unternehmen verstärkt nach arbeitssparendem technischen Fortschritt suchen".

Den Forderungen nach mehr Flexibilität auf dem Arbeitsmarkt werden nachstehend vier kritische bzw. nachdenkenswerte Äußerungen gegenübergestellt.

Arbeitgeber

Nicht flexibel

Das Zauberwort heißt Flexibilität. Es beherrscht seit gut zwei Jahren die gesellschaftspolitische Diskussion in der Bundesrepublik und demzufolge auch den jetzt vorgelegten Jahresbericht der Bundesvereinigung der Deutschen Arbeitgeberverbände. Alles soll flexibel sein, die Arbeitsweise, das Arbeitsrecht, die Sozialpolitik, und, *last not least*, auch die Löhne. Nur eines, das suggeriert der Bericht, braucht nicht flexibel zu sein: der Standpunkt der Arbeitgeber. Statt dessen wird den Gewerkschaften geraten, ihren Standpunkt zu überdenken.

Wie denn? Gibt es aus dem Gewerkschaftslager etwa keine Signale, beispielsweise zur Flexibilisierung der Arbeitszeit, die im kommenden Jahr ein zentrales Thema der Auseinandersetzung sein wird? Schließlich waren die Gewerkschaftstage der jüngsten Zeit nicht nur vom Neue-Heimat-Skandal geprägt, sondern auch von der Suche nach Wegen zur Überwindung der Arbeitslosigkeit oder zur Bewältigung des technischen Wandels, zwei gesellschaftpolitisch dominierende Themen.

Wurden die Signale aufgenommen? Zweifel daran sind berechtigt. Dabei stünde es den Arbeitgebern gut an, mehr Reflektion über ihr Tun und Lassen zu zeigen als nur in Selbstbestätigung zu schwelgen. *hm*

DIE WELT, 9.10.1986, S. 13

AUF EIN WORT

„Konjunkturschwankungen mittels des Prinzips „hiring und firing" aufzufangen, ist nicht nur zutiefst inhuman, sondern auch unternehmenspolitisch von größtem Nachteil. Schließlich ist eine betriebsverbundene, hochqualifizierte Belegschaft wesentlichster Bestandteil der qualitativen Unternehmenssubstanz. Mit reinen Job-Inhabern sind Krisen nicht zu überwinden."

Paul Brochier, Vorsitzender des Verwaltungsrates der Hans Brochier GmbH & Co., Nürnberg.

FOTO: JUPP DARCHINGER

DIE ZEIT, 12.12.1986, S. 18

Zum Karenztag bei der Lohnfortzahlung

„Was den deutschen Arbeitnehmern womöglich noch droht, haben die Dänen schon hinter sich: die konservative Regierung unter POUL SCHLÜTER hat Anfang des Jahres den Karenztag für die Lohnfortzahlung bei Krankheit wieder abgeschafft.

Die eintägige Lohnpause für kranke Arbeitnehmer war im Oktober 1982 eingeführt worden – aus Motiven, welche den Karenztag auch für die deutschen Arbeitgeber und die in Bonn mitregierenden Freidemokraten attraktiv sein lassen: die Lohnfortzahlung vom ersten Tag einer Krankheit an ist nicht nur teuer, sie nimmt den Arbeitnehmern angeblich auch jede Hemmung vorm ‚Blaumachen' ...

Rückgängig gemacht wurde diese Maßnahme, weil sie zu sehr Betriebsklima und Produktivität belastet hatte".

DIE ZEIT, 15.5.1987, S. 36

Zu guter Letzt:

„Einer der Gründe, warum wir nicht mehr Roboter als die Japaner einsetzen, ist der, daß man in den Vereinigten Staaten einen Roboter nicht feuern kann".

RAY MARSHAL, ehem. US-Arbeitsminister (Wirtschaftswoche, 23.5.1986, S. 28).

c) Vorruhestand, Überstundenabbau und Qualifizierungsoffensive – wirksame Entlastungsmittel?

Als ein Instrument zur Entspannung auf dem Arbeitsmarkt soll der sog. Vorruhestand dienen, den über 58jährige Arbeitnehmer unter bestimmten Voraussetzungen in Anspruch nehmen können (siehe das hierfür 1984 geschaffene Gesetz zur Erleichterung des Überganges vom Arbeitsleben in den Ruhestand, das bis 1988 befristet ist). Wer in den Vorruhestand geht, erhält bis zum Erreichen des Rentenalters von 65 Jahren (das unter Umständen auf 63 reduziert wird) vom bisherigen Arbeitgeber monatlich 65 Prozent des letzten durchschnittlichen Bruttomonatseinkommens.

Dieser gesetzliche Mindestsatz kann durch eine vertragliche Vereinbarung angehoben werden, was vielfach geschieht. Besetzt der Arbeitgeber den auf diese Weise freigewordenen Arbeitsplatz wieder (und zwar mit einem arbeitslos gemeldeten Arbeitnehmer), so erhält er zu dem von ihm zu zahlenden Vorruhestandsgeld einen Zuschuß von der Bundesanstalt für Arbeit von 35 Prozent*.

Von der Möglichkeit, in den Vorruhestand zu gehen, wird in sehr unterschiedlichem Ausmaß Gebrauch gemacht. Es gibt Bereiche, in denen die im Tarifvertrag vereinbarten Quoten (der in den Vorruhestand Gehenden) nicht ausreichen und darüber gestritten wird, ob in einem solchen Fall die gewerkschaftlich organi-

* Diese Vorruhestandsregelung darf nicht mit dem „vorgezogenen Altersruhegeld" (§ 1248 Abs. 2 RVO + § 128 AFG) verwechselt werden.

Exkurs:

Mit 35 Abschied vom Betrieb

DW. London

Die japanische Firma Hitachi hat in ihrem britischen Werk Hirwaun allen über 35 Jahre alten Arbeitnehmern eine Prämie von umgerechnet 6840 Mark angeboten, wenn sie freiwillig ihren Arbeitsplatz aufgeben. Sie dürfen einen 16jährigen Schulabgänger nominieren, den das Unternehmen dann einstellt.

Die Firma rechtfertigt den Plan damit, das Durchschnittsalter der Belegschaft habe inzwischen 40 Jahre erreicht. Bei der Herstellung von Fernsehgeräten machten sich geringere Sehfähigkeit, langsamere Bewegungen und häufigere Erkrankung negativ bemerkbar. Obwohl die Gewerkschaften das Angebot heftig kritisierten, haben es inzwischen 15 der 800 Beschäftigten angenommen; fünf davon brachten ihre Söhne und Töchter im Werk unter. Schon im ersten Jahr, sagte ein Unternehmenssprecher, finanziere sich der Plan durch die geringeren Verdienste für die Anfänger von selbst.

DIE WELT, 14.12.1984, S. 1

»Da sagt ihr immer, die Regierung tut nichts für uns, jetzt kürzt sie unsere Arbeitslosenzeit glatt um sieben Jahre!«

Quelle: Deutsches Allgemeines Sonntagsblatt, 8.9.1985, S. 9

sierten Arbeitnehmer bevorzugt bedient werden müssen oder nicht. In anderen Sektoren werden die vorhandenen Möglichkeiten längst nicht voll in Anspruch genommen.

Das Bundesarbeitsgericht hat am 21.1.1987 entschieden, daß die ausschließliche Berücksichtigung nur tarifgebundener Arbeitnehmer beim Vorruhestands-Anspruch gegen die negative Koalitionsfreiheit verstößt; das Gericht hat die in dem umstrittenen Fall in dem Tarifvertrag vorgesehene Auswahl nach Alter und Dauer der Betriebszugehörigkeit als mit der positiven und negativen Koalitionsfreiheit vereinbar erklärt.

Über die bisherigen Erfahrungen und Erfolge mit dem Vorruhestandsgesetz wird sehr Unterschiedliches berichtet, wie die nachstehenden Meldungen zeigen (s.a. Kühlewind 1986 und Kohli 1987).

„Der Vorruhestand ist tot, es lebe die längere Lebensarbeitszeit (weil die finanziellen Belastungen der Rentenversicherung immer größer werden, R.S.) ... Der Vorruhestand als gesetzlicher Anstoß zu einem früheren Einstieg in die dritte Lebensphase wird – wie vorhergesagt – zur Episode.

DER SCHLAG INS WASSER. Die als Gegengewicht zur 35-Stunden-Woche angekündigte Vorruhestandsregelung erweist sich bisher als Flop. Um die 300000 jährlich freiwerdenden Arbeitsplätze waren angekündigt, nur ein knappes Fünftel waren es dagegen 1986 und nur knapp 8 Prozent 1985. SZ

Vorruhestand: Der Streit spitzt sich zu

Stü. **Bonn**

Die Aussicht auf weiterhin hohe Arbeitslosenzahlen läßt im Bonner Regierungslager vereinzelt den Ruf nach staatlichen Initiativen lauter werden. Die Sozialausschüsse der Union machen sich für eine Verlängerung der Vorruhestandsregelung stark, die bis Ende 1988 befristet ist. „Mit voraussichtlich 2,15 Millionen Arbeitslosen im Durchschnitt dieses Jahres dürfen wir uns nicht abfinden", meint Alfons Müller, Bundestagsabgeordneter des CDU-Arbeitnehmerflügels, gegenüber der WELT.

Eine Ausdehnung der Geltungsdauer – etwa um nochmals fünf Jahre – reicht seiner Ansicht nach aber keineswegs aus, um am Arbeitsmarkt Spuren zu hinterlassen. „Der Vorruhestand muß für Arbeitnehmer und Arbeitgeber attraktiver werden." Heute erhält ein Unternehmen, das den Arbeitsplatz eines freiwilligen Frührentners mit einem Arbeitslosen besetzt, von der Nürnberger Bundesanstalt einen Zuschuß zum Vorruhestandsgeld von höchstens 35 Prozent. Eine Anhebung dieser Grenze auf 45 oder 50 Prozent würden auch die Vorruheständler im Portemonnaie spüren, erwartet Müller. Denn viele Arbeitgeber könnten den Ausscheidenden dann mehr als die gesetzlich garantierten 65 Prozent des bisherigen Bruttoverdienstes zahlen.

Schützenhilfe erhalten die Sozialausschüsse nicht nur von DGB-Chef Ernst Breit, sondern auch aus Nürnberg. Heinrich Franke, Präsident der Bundesanstalt für Arbeit, ist überzeugt, daß höhere Anreize noch manchen Arbeitnehmer dazu bewegen könnten, seinen Arbeitsplatz für einen Jüngeren frei zu machen.

Das Potential schätzt er weit höher, als die bisher 75 000 Vorruhestandsfälle anzeigten. Nur für rund ein Drittel der älteren Beschäftigten existiert eine tarifliche Regelung. Aus diesem Blickwinkel wertet Franke die Bilanz als Erfolg: Bis Ende 1986 wurde in 36 000 Fällen ein Zuschuß bewilligt, das heißt, fast jeder zweite frei gewordene Arbeitsplatz wird wieder besetzt. Zudem seien potentielle Entlassungen verhindert worden. Insgesamt, so schätzt Franke, läge die Arbeitslosenzahl ohne den Vorruhestand um 50 000 bis 60 000 höher.

Solche Argumente beeindrucken die Kritiker wenig. „Die Inanspruchnahme durch die Arbeitnehmer ist eher gering, die Entlastung am Arbeitsmarkt kaum fühlbar", meint der FDP-Sozialexperte Dieter Julius Cronenberg. Seiner Ansicht nach dürfen die aktuellen Arbeitsmarktsorgen nicht den Blick auf die Probleme der Rentenversicherung verstellen. „Mittel- und langfristig brauchen wir wieder eine längere Lebensarbeitszeit." Ein um ein Jahr höheres Renteneintrittsalter bedeute eine Entlastung um etwa 1,7 Beitragspunkte.

Eine Ausdehnung des Vorruhestands gehe deshalb in die falsche Richtung. Nicht ohne Grund habe die FDP eine Festlegung im Koalitionsvertrag verhindert. „Wir sehen auch heute keinen Handlungsbedarf."

DIE WELT, 15.6.1987, S. 9

Elfriede Hoffmann, Vorstandsmitglied der Gewerkschaft Handel, Banken und Versicherungen im DGB, meinte in Berlin, das Gesetz wäre im Jahr 1984 sowieso nur als Störmanöver der Bundesregierung gegen die Forderungen der Gewerkschaften zu einer Verkürzung der Wochenarbeitszeit zu verstehen gewesen. Angesichts des geringen Erfolges, den es gehabt hat, fällt es schwer, der Gewerkschafterin zu widersprechen. 600000 Vorruheständler sollte es bringen. Rund 66000 sind es heute nur. Seine beschäftigungspolitischen Ziele hat es verfehlt ...

Das Gesetz war von vornherein nur bis Ende 1988 ausgelegt. Der Wunsch der DGB-Gewerkschaft Nahrung – Genuß – Gaststätten sowie Textil – Bekleidung (mittlerweile auch der IG Chemie und des DGB-Bundesvorstands sowie der DAG, R.S.) an den Bundeskanzler, das Gesetz zu verlängern, hat keine Aussicht, erhört zu werden" (Deutsches Allgemeines Sonntagsblatt, 22.2.1987, S. 10).

Ein Modell für „Altersteilzeit"

Blüm will, daß Nürnberg Beiträge zur Rentenversicherung trägt

Von unserem Bonner Büro

gs BONN, 2. März. Bundesarbeitsminister Norbert Blüm (CDU) hat ein NachfolgeModell für den Vorruhestand entwickelt, das er am Dienstagabend auf einer Sitzung der „Arbeitsmarktkommission" vorlegte. Die Kommission unter seinem Vorsitz, die auf Initiative der CDU/CSU-Bundestagsfraktion nach einem Streit in der Union über die Verlängerung der Vorruhestandsregelung für ältere Arbeitnehmer eingerichtet worden war, soll bis Mitte März Vorschläge zur Bekämpfung der Arbeitslosigkeit vorlegen.

Blüms Lösungsansatz für einen „Teil-Vorruhestand" sieht vor, daß Arbeitgeber und Gewerkschaften einen Tarifvertrag über „Altersteilzeit" und deren Vergütung aushandeln. Das könnten nach Blüms Modell zum Beispiel 75 Prozent des Bruttolohns für eine Halbtagsarbeit sein. „Altersteilzeit" könnte überdies in Betriebsvereinbarungen oder in Einzelverträgen festgelegt werden.

Bei Wiederbesetzung des frei gewordenen Arbeitsplatzes soll nach Blüms Vorstellungen die Bundesanstalt für Arbeit in Nürnberg für die Dauer der „Altersteilzeit" Beiträge an die Rentenversicherung für das weggefallene Bruttoeinkommen zahlen, also in dem Beispiel die restlichen 25 Prozent. Damit will Blüm verhindern, daß die älteren Arbeitnehmer, die sich auf die „Altersteilzeit" einlassen, später zu große Einbußen bei der Rente haben werden. Die Bundesanstalt soll nach dem Modell aber auch — beispielsweise für die Dauer von zwei Jahren — verpflichtet werden, dem Arbeitgeber für den neu eingestellten Arbeitslosen einen Zuschuß von etwa 20 Prozent des Bruttolohns zu zahlen.

Über die „Altersteilzeit" will Blüm nun mit Arbeitgebern und Gewerkschaften sprechen. Nach Meinung des Ministers kann das Modell so ausgestaltet werden, daß es für Arbeitnehmer und Arbeitgeber attraktiv und für die Bundesanstalt finanziell tragbar ist.

Frankfurter Rundschau, 3.3.1988, S. 1

Ähnlich wie beim Vorruhestand hofft man auch, durch einen **Überstundenabbau** mehr Arbeitslose einstellen zu können.

Zu diesem Zweck haben „die Bundesvereinigung der Deutschen Arbeitgeberverbände und der Deutsche Gewerkschaftsbund in einer Erklärung zweierlei deutlich gemacht: Überall da, wo man Mehrarbeit durch Neueinstellungen auffangen kann, sollte man das tun ... Dazu gehört aber auch die Feststellung, daß Überstunden zum betrieblichen Alltag gehören und gar nicht wegzudenken sind. Ich habe den Eindruck, daß der gemeinsame Appell, der sich an die Unternehmen und an die Betriebsräte richtet, eine tiefgehende Wirkung hat" (OTTO ESSER, Wirtschaftswoche, 9.8.1985, S. 12).

ESSER fügt hier noch hinzu: „Man muß berücksichtigen, daß die Zahl der geleisteten Überstunden – vom Stand 1970 betrachtet – mehr als halbiert worden ist, das heißt: Wir haben einen sehr niedrigen Stand. Der Spielraum ist damit geringer geworden".

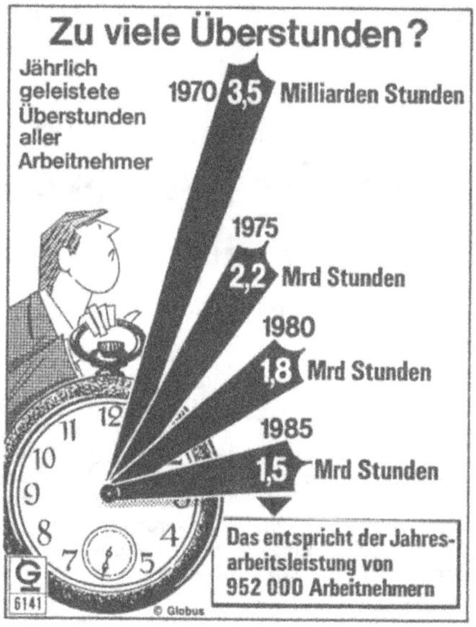

Angesichts der nach wie vor relativ hohen Überstundenzahlen und der großen Arbeitslosigkeit ist es kein Wunder, daß immer wieder gefordert wird, über einen Abbau der Überstunden einen Beitrag zur Entspannung auf dem Arbeitsmarkt zu leisten. Diesem Zweck sollen auch erste vorliegende kollektivvertragliche Regelungen dienen, wonach unvermeidliche Überstunden nicht durch Mehrarbeitsvergütung, sondern durch Freizeit ausgeglichen werden.

Überstunden

Verbieten?

Sie hat auch ihre gute Seite, die Diskussion um den gesetzlich verordneten Abbau von Überstunden. Zeigt sie doch immerhin, daß Politiker, Verbandsfunktionäre und Unternehmer sich allmählich mit der Massenarbeitslosigkeit befassen.

So gesehen, könnte auch der jüngste Beitrag des nordrhein-westfälischen Arbeitsministers Hermann Heinemann zum gesetzlichen Abbau von Überstunden sein Gutes haben. Freilich, die Idee einer schärferen Besteuerung der Mehrarbeit bei Arbeitgebern und Arbeitnehmern ist sicher nicht sinnvoll. Denn bei aller berechtigten Kritik an einem Übermaß an Überstunden, das es gewiß in einzelnen Betrieben heute noch gibt – eine Radikalkur à la Heinemann wird letztlich eher schaden als nützen. Manche Betriebe brauchen nun einmal einen gewissen Spielraum, um Auftragsspitzen auszugleichen.

Gesetzgeber und Tarifpartner können die Rahmenbedingungen setzen. Die letzte Entscheidung freilich müssen am Ende Unternehmer und Betriebsräte fällen. Die Debatte um Überstunden kann ihre Sensibilität schärfen – und damit wäre schon einiges gewonnen. *ms*

DIE ZEIT, 26.7.1985, S. 18

Sozialausschüsse gegen Überstunden

rtr, Bonn

Für eine gesetzliche Regelung zum Abbau von Überstunden hat sich der Geschäftsführer der CDU-Sozialausschüsse, Heinz-Adolf Hörsken, ausgesprochen. In einem Interview mit der Hannoverschen „Neuen Presse" sagte er, Arbeitgeber und Betriebsräte unternähmen vielerorts ernsthaft den Versuch, die Zahl der Überstunden zu reduzieren. Das Ergebnis sei aber insgesamt unbefriedigend. Deshalb sei nun eine gesetzliche Regelung etwa durch eine entsprechende Ergänzung im Beschäftigungsförderungsgesetz erforderlich.

Westdeutsche Allgemeine, 27.3.1987

Aktuelles in Kürze

Grüne dringen auf Abbau der Überstunden

Nur noch zwei Überstunden in der Woche sollen nach einem Gesetzentwurf der Grünen erlaubt sein. Den Entwurf legte die Fraktion am Donnerstag vor. Die Abgeordneten Hoss und Stratmann erklärten, die Solidarität mit den Arbeitslosen erfordere eine gesetzliche Einschränkung der Überstunden.

DIE WELT, 6.3.1987, S. 12

Arbeitsmarkt

Noch ein Appell

Was Norbert Blüm mit seinen vielen Mahnungen an die Adresse der Unternehmen nach dem Motto „nun stellt mal schön ein" noch nicht geschafft hat, versucht nun der Bundesarbeitgeberverband Chemie mit einem Aufruf an seine Mitglieder: „Runter mit den Arbeitslosenzahlen", laute die wichtigste Aufgabe der Gesellschaftspolitik, heißt es dort. Und die Unternehmen sollen ihren Teil dazu beitragen, um sie zu lösen.

Es ist zwar richtig, daß in diesem Jahr erstmals wieder die Zahl der Arbeitsplätze zunehmen wird – um bis zu zweihunderttausend, wie Optimisten hoffen. Richtig ist auch, daß die chemische Industrie durch die zusätzliche Beschäftigung von rund zehntausend Mitarbeitern kräftig dabei mitgeholfen hat. Es stimmt aber leider auch, daß es immer noch über zwei Millionen Arbeitslose gibt.

Deshalb ruft der Verband seine Mitglieder dazu auf, ihr Herz über die Hürde zu werfen und sich im Zweifel nicht für Überstunden, sondern für die Einstellung zusätzlicher Arbeitskräfte zu entscheiden. Die Spitzenorganisation der Branche mahnt zudem, die neuen Instrumente der Beschäftigungspolitik besser zu nutzen: Befristete Arbeitsverträge, Teilzeitarbeit, Flexibilisierung der Arbeitszeit. Nun muß sich zeigen, ob in den Unternehmen die Stimme der eigenen Verbandsoberen auf mehr Resonanz stößt als die Mahnungen von Politikern.

mj

DIE ZEIT, 15.11.1985, S. 18

Im Zusammenhang mit der Überstundenproblematik wird gerne darauf hingewiesen, daß Überstunden immer nur mit Zustimmung des Betriebsrates angeordnet werden können (§ 87 Abs. 1 Nr. 3 BetrVG). Deshalb stellte die ZEIT (11.7.1986, S. 24) dem früheren Vorstandsmitglied der IG Metall Hans Janssen die Frage „Haben die Betriebsräte versagt, indem sie zu häufig zugestimmt haben?". Hierauf hat er wie folgt geantwortet:

> „Ich glaube, man muß sich in die Lage der Betriebsräte versetzen. Es ist doch kein Zufall, daß in den Regionen mit der höchsten Arbeitslosigkeit auch die höchste Zahl von Überstunden je Arbeitnehmer geleistet wird. Mit der Massen- und Dauerarbeitslosigkeit können die Betriebsräte ganz erheblich unter Druck gesetzt werden. Sagt der Betriebsrat: Nein, die Überstunden werden nicht gefahren, dann wendet sich der Unternehmer direkt an die Belegschaft und macht mobil gegen die Betriebsräte.
>
> Vor die Alternative gestellt, Überstunden zu leisten und den Arbeitsplatz zu erhalten, wie die Unternehmer das darstellen, oder die Überstunden zu verweigern und damit auch den Arbeitsplatz zu riskieren, entscheiden sich Belegschaften eben für das erste. So unter Druck gesetzt, können dann die Betriebsräte auch nicht jenen Widerstand leisten gegen Überstunden, der nötig wäre".

Von der Annahme ausgehend, daß qualifizierte Arbeitnehmer weniger arbeitsplatzgefährdet sind bzw. eher wieder einen Arbeitsplatz finden als gering qualifizierte, hat der Gesetzgeber mit seiner am 1. Januar 1986 in Kraft getretenen 7. Novelle zum Arbeitsförderungsgesetz mehr Mittel für weitere **Qualifizierungsmaßnahmen** der Bundesanstalt für Arbeit bereitgestellt, nachdem sie in den Jahren zuvor gekürzt worden waren. Die Qualifizierungs-Initiative wurde mit ausgelöst durch die immer wieder zu hörenden Hinweise, es seien nicht genügend qualifizierte Bewerber für angebotene offene Stellen vorhanden; eine Auffassung, die in dieser Absolutheit von der Bundesanstalt für Arbeit nicht bestätigt wird (s.a. nachst. Zeitungsartikel).

BUNDESANSTALT FÜR ARBEIT

Fachkräftemangel behindert weiteren Aufschwung nicht

SABINE SCHUCHART, **Nürnberg**

Einen allgemeinen, das Wirtschaftswachstum begrenzenden Fachkräftemangel, gibt es nach Auffassung des Präsidenten der Bundesanstalt für Arbeit in Nürnberg, Heinrich Franke, entgegen vielfach geäußerter Stellungnahmen aus der Wirtschaft bisher nicht. Eine solche Lükke werde in der Öffentlichkeit vielmehr optisch überzeichnet, da nur Fälle von erfolgloser, nicht aber von erfolgreicher Arbeitsvermittlung publik gemacht würden, sagte Franke gestern vor Journalisten in Nürnberg.

Gegen die These eines allgemeinen Facharbeitermangels spricht nach Auffassung der Bundesanstalt nicht nur der Umstand, daß über 50 Prozent der Arbeitslosen eine abgeschlossene Berufsausbildung haben. Entscheidend sei insbesondere, daß sich die Laufzeit der offenen Stellen in der aktuellen Konjunkturbelebung nicht entscheidend erhöht habe.

Während 1980 im Schnitt noch 47,2 Tage benötigt worden seien, um eine offene Stelle über die Arbeitsämter zu besetzen, betrage diese Frist in diesem Jahr nur noch 22,8 Tage, für Facharbeiter 22,7 Tage. Selbst in einem Bundesland wie Baden-Württemberg, aus dem immer wieder Klagen über einen Arbeitskräftemangel laut würden, seien die Laufzeiten der offenen Stellen heute im Vergleich zu Beginn der achtziger Jahre niedrig.

Franke bedauerte in diesem Zusammenhang, daß von den Unternehmen offene Stellen nicht in ausreichendem Maße den Arbeitsämtern gemeldet würden. Lediglich bei den Ausbildungsplätzen würden etwa zwei Drittel der zu besetzenden Stellen angezeigt. Auch die Vizepräsidentin der Bundesanstalt, Frau Engelen-Kefer, appellierte an die Arbeitgeber, stärker zu signalisieren, in welcher Richtung Arbeitsplätze benötigt würden. Nur so könnten die Arbeitsämter den Personalwünschen der Wirtschaft nachkommen.

Das wesentliche arbeitsmarktpolitische Instrument, um die Eintrittschancen Arbeitsloser am Arbeitsmarkt zu verbessern, sieht die Nürnberger Bundesanstalt in der verstärkten Förderung der beruflichen Bildungsmaßnahmen. Insgesamt wird die Bundesanstalt in diesem Jahr rund 6,3 Mrd. DM zur Förderung der beruflichen Bildung und Rehabilitation ausgeben. Für 1986 sind im Rahmen der anlaufenden „Qualifizierungsoffensive" in dem in der vergangenen Woche verabschiedeten und jetzt der Bundesregierung zur Genehmigung vorliegenden Haushalt der Bundesanstalt für diesen Bereich insgesamt 7,4 Mrd. DM vorgesehen. Dies würde bedeuten, daß 1986 rund 450 000 Arbeitnehmer, davon etwa zwei Drittel Arbeitslose, neu in berufliche Bildungsmaßnahmen eintreten würden gegenüber 400 000 in diesem Jahr. Diese Steigerung ergibt sich vor allem durch die am 1. Januar in Kraft tretende 7. Novelle zum Arbeitsförderungsgesetz, die die beruflichen Förderungsmöglichkeiten erweitert.

DIE WELT, 14.11.1985, S. 11

Die Qualifizierungsoffensive für Arbeitslose soll eingeschränkt werden

Nur ein Strohfeuer?

Nichts ist erfolgreicher als der Erfolg – sagt man, was nur die populäre Fassung der Feststellung des Geschichtsschreibers Leopold von Ranke ist, daß es für die Menschen nichts Überzeugenderes gibt als den Erfolg. Doch was geschieht, wenn dem Kassenwart der Erfolg über den Kopf wächst? Just in dieser Lage befindet sich die Bundesanstalt für Arbeit mit ihrem Weiterbildungs- und Umschulungsprogramm für Arbeitslose. Wenn nichts geschieht, würden ihr in diesem Jahr für dieses Programm sechshundert Millionen Mark in der Kasse fehlen. Also zog sie die Notbremse, um den Zustrom an Bildungswilligen nicht weiter anschwellen zu lassen.

Gut zwei Jahre ist es her, daß Arbeitgeber und Gewerkschaften gemeinsam eine „Qualifizierungsoffensive" einleiteten, um Arbeitslosen eine bessere Chance zur Wiedereingliederung zu bieten. Denn es hatte sich herausgestellt, daß immer mehr der über zwei Millionen Arbeitslosen entweder gar keine Berufsausbildung oder einen nicht mehr gefragten Beruf erlernt hatten. Der rasche technische Wandel hatte die alten Beschäftigungsmuster überholt.

Die Bundesregierung sprang auf den Zug auf, und die Bundesanstalt erhielt den Auftrag, ihre Weiterbildungs- und Umschulungsmaßnahmen auszubauen. Dies war natürlich der einfachste Weg, die Versäumnisse im Ausbildungssystem der Wirtschaft wie im öffentlichen Bildungssystem zu korrigieren. Und schon bald regte sich in der Arbeitsverwaltung Widerspruch: „Wir können nicht der Reparaturbetrieb für die falsche Ausbildung in den Betrieben sein." Wohl wahr.

Zweifel regten sich aber auch, weil die Erfahrungen mit der Umschulung in der Vergangenheit nicht immer die besten waren. So propagierten die Arbeitsämter noch immer die Umschulung zu Computer-Programmierern, als mit den neuen Computer-Generationen der Bedarf an Programmierern schon zurückging. Wie kann eine Behörde auch die erforderlichen Qualifikationen abschätzen, wenn die Unternehmen selbst sich verkalkulieren? Glaubten diese doch, daß für computergesteuerte Werkzeugmaschinen angelernte Arbeiter genügen, und erkannten erst später, daß hierfür hochqualifizierte Facharbeiter notwendig sind, um dann in das Gejammere über den Facharbeitermangel auszubrechen.

Die Arbeitsverwaltung kann nur nach den Vorgaben der Wirtschaft umschulen. Aber nur Großbetriebe sind in der Lage, einigermaßen präzise zu beschreiben, welche Arbeitskräfte sie benötigen (und sie zum Teil auch selbst auszubilden).

Die Kinderkrankheiten der behördlichen Umschulung sind offenbar überwunden. Der Erfolg jedenfalls spricht dafür. Drei von vier Absolventen eines Lehrgangs finden innerhalb eines halben Jahres nach Abschluß einen Arbeitsplatz. 432 000 Menschen haben im vergangenen Jahr solche Kurse absolviert; 275 000 sind es in den ersten sechs Monaten dieses Jahres. Die Kosten hierfür betrugen 1987 stolze 5,6 Milliarden Mark – eine lohnende Investition für die Menschen. Die Arbeitslosigkeit wurde allerdings dadurch nicht nennenswert beeinflußt. Da helfen nur zusätzliche Arbeitsplätze, denn häufig verdrängt der Qualifiziertere den weniger Qualifizierten. Aber die Arbeitsplätze qualifizierter Arbeitnehmer sind sicherer, und die Leistungsfähigkeit der Wirtschaft steigt.

Doch nun wollen die Politiker der Bundesanstalt neue Ausgaben aufbürden, so daß diese den Zustrom der Bildungswilligen eindämmen muß. Gewiß ist dabei das Argument nicht von der Hand zu weisen, daß die Quantität der Teilnehmer der Qualität der Umschulung schaden kann. Die Qualifizierungsoffensive darf jedoch nicht aus fiskalischen Gründen ein Strohfeuer werden. Ein altes Sprichwort sagt: Nur wer ausharrt, hat Erfolg – auf Dauer, sollte man wohl hinzufügen.

Heinz Michaels

DIE ZEIT, 24.7.1987, S. 15

Zunehmend machen sich auch die Tarifvertragsparteien, also Gewerkschaften und Arbeitgeberverbände, Gedanken über kollektivvertragliche Vereinbarungen von Qualifizierungsmaßnahmen.

„Tarifpolitik endet nicht beim Lohn“

tl. Hannover
Die IG Chemie will in zukünftigen Tarifverträgen das Thema Arbeitszeitverkürzung mit der Weiterbildung koppeln. Entsprechende Modelle würden derzeit erarbeitet. Dies kündigte Gewerkschaftschef Hermann Rappe vor Journalisten in Hannover an. Tarifpolitik müsse in Zukunft „über den Lohn hinausgehen, bis in die Familie hinein“.

DIE WELT, 14.10.1987, S. 8

Weiterbildung im Tarifvertrag vereinbart

AP/dpa, **Stuttgart**
Erstmals in der Metallindustrie werden im Tarifbezirk Nordwürttemberg/Nordbaden in einem Tarifvertrag die betriebliche Weiterbildung, die Möglichkeiten einer breiten Qualifizierung sowie neue Wege der Arbeitsbewertung geregelt. Zugleich wurde ein erster Schritt zum gemeinsamen Entgelt für Arbeiter und Angestellte gemacht.

Nach dreijähriger Verhandlungsdauer unterzeichneten die Metallarbeitgeber und die IG Metall den am 1. April in Kraft tretenden Tarifvertrag, der für über eine halbe Million Arbeitnehmer gilt und nach einer Einführungsfrist bis zum 1. Januar 1989 in den Betrieben umgesetzt werden soll. Er läuft bis 1992. Beide Seiten bezeichneten die Übereinkunft als „tarifpolitisch richtungsweisend“ nicht nur für die Metallindustrie, sondern auch für andere Branchen.

DIE WELT, 12.2.1988, S. 4

Tarifvertrag als Modell

Hamburg (lno) Zwischen dem Mineralölkonzern Shell AG und der Industriegewerkschaft Chemie-Papier-Keramik ist ein ergänzender Modell-Tarifvertrag abgeschlossen worden, der erstmals Mitarbeitern ein zusätzliches Weiterbildungs- und Qualifizierungsprogramm innerhalb ihrer bezahlten Freizeit anbietet. Mit diesem Programm, das von den Tarifpartnern als ein Pilot-Projekt bezeichnet wird, soll eine möglichst frühzeitige Kopplung von Arbeitszeitverkürzung und Weiterbildung erreicht werden.

Dithmarsche Landeszeitung, 6.2.1988

d) Sonstige politische Vorstellungen (und Hoffnungen) zum Abbau der Arbeitslosigkeit

Es hat sich gezeigt, daß die in den beiden vorstehenden Abschnitten angesprochenen (Detail)Maßnahmen – wenn überhaupt, so nur sehr bedingt einen Beitrag zur Entlastung des Arbeitsmarktes bringen. Daher ist jetzt die Frage zu stellen, welche sonstigen, weitergehenden politischen Vorstellungen und Hoffnungen bei unseren gesellschaftlich relevanten Kräften zum Abbau der Massenarbeitslosigkeit bestehen.

Da sind zunächst einmal die **Gewerkschaften** zu nennen. Sie fordern (ähnlich wie die SPD) zum Abbau der Arbeitslosigkeit und zur Verbesserung des qualitativen Wachstums den Einsatz mittelfristiger staatlicher **Beschäftigungsprogramme** oder mit anderen Worten: Der DGB verlangt eine öffentliche Investitionsoffensive, bei der jährlich mindestens 20 Milliarden Deutsche Mark eingesetzt werden sollten. In dem hierzu vom DGB-Bundesvorstand am 7.7.1987 gefaßten Beschluß heißt es u.a.:

> „Die Investitionsoffensive zielt auf solche Bereiche, in denen es enorme Defizite gibt: Umweltschutz, Energieeinsparung und Einsatz alternativer Energiequellen, Forschung und Technologie, Verkehr, Städtebau und Wohnungsbau, Bildung und Kultur sowie öffentliche und soziale Dienstleistungen. Hierbei sind außer Sachinvestitionen auch Personalverstärkungen erforderlich.
>
> Eine solche Investitionsoffensive ist ... beschäftigungswirksamer als Steuersenkungen. Sie führt unmittelbar und bedarfsgerecht zu zusätzlicher Nachfrage, während Steuersenkungen zum Teil in einer zusätzlichen Ersparnisbildung von Beziehern hoher Einkommen versickern.
>
> Hinzu kommt: Bereits das bestehende Steuersystem ist ungerecht. Es würde durch die geplanten Steuersenkungen noch ungerechter, weil zum Beispiel die Steuerentlastung von Spitzenverdienern den Jahreslohn der meisten Arbeitnehmer übersteigt".

Neben den öffentlichen Investitionen fordern die Gewerkschaften als einen weiteren Beitrag zum Abbau bzw. zur Verringerung der Arbeitslosigkeit die Verkürzung der Arbeitszeit, die Reduzierung von Überstunden sowie eine Steigerung der Reallöhne und damit der Massenkaufkraft. Adressat dieser Forderungen sind in erster Linie die Unternehmen bzw. die Arbeitgeberverbände.

Da für die verlangten beschäftigungswirksamen öffentlichen Investitionen keine Konjunkturausgleichsrücklagen beim Staat existieren, müßten diese Programme überwiegend aus aufzunehmenden Krediten finanziert werden*, womit sich zunächst das Haushaltsdefizit und damit die Staatsverschuldung vergrößerten. Die Gewerkschaften und die SPD gehen davon aus, daß die (Beschäftigungs)Programme zu einem großen Teil finanziell selbsttragend in dem Sinne sind, daß sie über einen großen Nachfrageschub und eine damit einhergehende breite Initialzündung zu einem verstärkten Steueraufkommen und einem geringeren staatlichen Sozialaufwand für Arbeitslose führen und sich so gewissermaßen – jedenfalls teilweise – selbst finanzieren, so daß es letztlich nur zu einer Umschichtung öffentlicher Mittel komme.

Von anderen werden solche Mechanismen angezweifelt, und es ist wohl auch in der Tat so, daß die beschäftigungspolitischen Wirkungen derartiger Programme

---

* Als eine weitere Finanzierungsquelle wird vom DGB vorgeschlagen, eine Ergänzungsabgabe für höhere Einkommen zu erheben und auf die geplante Steuerreform teilweise zu verzichten.

regelmäßig schwer abzuschätzen sind. Die derzeitige **CDU/CSU/FDP-Bundesregierung** geht im Prinzip davon aus, daß Beschäftigungsprogramme nur ein Strohfeuer entzünden und den notwendigen Strukturwandel, insbesondere bei den kleinen und mittleren Betrieben eher verzögern als vorantreiben. Auch bestehe die Gefahr, daß Beschäftigungsprogramme inflationistisch, also preissteigernd wirkten.

Aber so ganz konsequent ist die Regierung bei ihrer finanziellen Zurückhaltung dann doch auch wieder nicht. So hat sie zum Beispiel Mitte 1985 ein kurzfristiges (nur zwei Jahre laufendes) Konjunkturprogramm über einen Betrag von 4,6 Milliarden DM verabschiedet, mit dem die öffentlichen Haushalte den Städtebau ankurbeln sollten. Auch die Fülle der nach wie vor bestehenden und eher im Zu- als im Abnehmen begriffenen Subventionen paßt nicht so ganz zur reinen Lehre der Abstinenz des Staates in wirtschaftlichen Dingen, von dem Ende 1987 eingeschlagenen „Kurswechsel“ ganz abgesehen (s. S. 437).

Opposition fordert Maßnahmen

BONN, 5. November (dpa). Angesichts der nur geringfügig gesunkenen Zahl der Arbeitslosen hat die Bonner Opposition von SPD und Grünen am Dienstag Maßnahmen der Bundesregierung gefordert. Die stellvertretende Vorsitzende der SPD-Bundestagsfraktion, Frau Fuchs, sagte, ohne Investitionsförderung, ohne Arbeitszeitverkürzung und ohne Stärkung der Massenkaufkraft könne es keinen Abbau der Massenarbeitslosigkeit geben. Für die Grünen im Bundestag warf Auhagen der Bundesregierung vor, sie beschränke sich auf die „Behandlung von Symptomen“. Als arbeitsmarktpolitische Sofortmaßnahme schlug er ein Gesetz zum Überstundenabbau vor. Außerdem müsse die Arbeitszeit weiter verkürzt werden. Nach den Worten von Regierungssprecher Ost erfaßt der Konjunkturaufschwung mehr und mehr den Arbeitsmarkt.

Frankfurter Allgemeine Zeitung, 6.11.1985, S. 2

SPD fordert Hilfe gegen Arbeitslosigkeit

AP. Bonn

Die SPD hat gestern erneut staatliche Maßnahmen gegen die Arbeitslosigkeit und zur Verbesserung der Lage auf dem Arbeitsmarkt gefordert. Der Vorsitzende des Arbeitskreises Sozialpolitik, Rudolf Dreßler, verwies auf den SPD-Vorschlag eines Sondervermögens „Arbeit und Umwelt“, mit dem im Zeitraum von zehn Jahren stark verbilligte Investitionskredite von 20 Milliarden Mark mobilisiert werden könnten. Er kündigte außerdem einen Gesetzentwurf der SPD zur Ablösung der Arbeitszeitordnung aus dem Jahr 1938 an, um eine Arbeitszeitverkürzung durchzusetzen. Als drittes forderte er energische Schritte gegen die illegale Beschäftigung und die Schwarzarbeit.

DIE WELT, 22.8.1987, S. 4

Die folgende Karikatur veranschaulicht die vorstehend angenommene „Zwickmühle“, in der sich die Bundesregierung zu befinden glaubt.

Wände Zeichnung: DS/Gerhard Mester

Deutsches Allgemeines Sonntagsblatt, 2.6.1985, S. 1

Die **Bundesregierung** setzte lange Zeit ihre Hoffnung auf die **Stärkung der Marktkräfte**, also auf die Schaffung günstiger wirtschaftlicher Rahmenbedingungen, wie stabile Preise, niedrigere Steuern (Stichwort: Steuerreform) sowie Reduzierung beschäftigungshemmender Vorschriften. Die Regierung möchte (ähn-

Kanzler und Arbeitgeber einig

A. G. Bonn

Übereinstimmung in der Beurteilung von Beschäftigungs-Entwicklung und -Politik ergab sich in Bonn bei einem Meinungsaustausch zwischen Bundeskanzler Kohl und der Bundesvereinigung der Deutschen Arbeitgeberverbände. Auch die Minister Blüm und Schäuble sowie Staatssekretär Schlecht waren anwesend. Es komme darauf an, die günstigen ökonomischen Rahmenbedingungen und gesamtwirtschaftlichen Wachstumsperspektiven in mehr Beschäftigung umzusetzen. Die Fortsetzung der gemeinsamen Qualifizierungsoffensive, der Ausbau von Teilzeitarbeit und der Abbau von Überstunden sollen dabei den Beschäftigungsaufschwung unterstützen.

DIE WELT, 22.9.1987, S. 12

lich wie die Arbeitgeberorganisationen) über eine **Verbesserung** der wirtschaftlichen und politischen **Rahmenbedingungen**, insbesondere des allgemeinen Investitionsklimas, zu verstärkten privaten (Erweiterungs)Investitionen kommen, die dann ihrerseits dauerhaft zusätzliche Arbeitsplätze schaffen sollen.

Bei diesem Ansatz muß die Regierung allerdings sehr stark auf das „Prinzip Hoffnung" setzen, weil die beschäftigungswirksamen Investitionen von ihr ebenso wenig erzwungen werden können wie die Einstellung weiterer Arbeitskräfte.

Rodenstock contra Geißler

Mit Streicheleinheiten aus der Wirtschaft wird CDU-Generalsekretär Heiner Geißler zur Zeit nicht gerade verwöhnt. Ein persönliches Schreiben, in dem Geißler an zahlreiche Unternehmer appelliert, neue Arbeitskräfte einzustellen, hat Rolf Rodenstock, Brillenhersteller aus München und Vizepräsident des Bundesverbandes der Deutschen Industrie, recht kritisch beantwortet: „An den Unternehmern soll es nicht liegen", schrieb der Unternehmervertreter dem Parteimanager zurück. Doch könne unternehmensbezogene Beschäftigungspolitik „nur im Rahmen des wirtschaftlich zu Verantwortenden" betrieben werden. Rodenstock hält dem Politiker Geißler außerdem vor: „Ein Appell, über den echten Bedarf hinaus Arbeitsplätze zu halten oder zu besetzen, würde an den wirtschaftlichen Wettbewerbsverhältnissen vorbeigehen und nachhaltige Gefahren mit sich bringen."

Wirtschaftswoche, 26.7.1985, S. 10

Appell von Blüm

Hannover (dl.) – Den vollen Auftragsbüchern der Industrie müssen jetzt Einstellungen folgen. Bundesarbeitsminister Norbert Blüm wandte sich auf der zentralen Maikundgebung der DAG in Hannover mit seinem Aufruf an die Industriellen: „Jetzt brauchen wir Unternehmer, die Arbeitsplätze schaffen. Jetzt muß bewiesen werden, daß wir mit der sozialen Marktwirtschaft die Arbeitslosigkeit bewältigen."

DIE WELT, 2.5.1985, S. 11

Mittlerweile wird immer deutlicher, daß die in den vergangenen Jahren zweifellos eingetretene Verbesserung der wirtschaftlichen Rahmenbedingungen für unternehmerisches Handeln allein keineswegs zwangsläufig zu einer Arbeitsplätze schaffenden Investitionseuphorie führt (s.a. S. 181-186). Deshalb mehren sich die Stimmen – und zwar auch aus dem Unionslager –, die die (schwache) Konjunktur durch ein staatliches Gegensteuern, insbesondere durch nachfrage- und beschäftigungswirksame öffentliche Ausgaben beflügeln wollen. Dafür ein **Beispiel**:

Auf ihrer Bundestagung vom 16.-18. Oktober 1987 in Hamburg haben die **Sozialausschüsse der Christlich Demokratischen Arbeitnehmerschaft (CDA)** ihr Programm „Arbeit für Alle" verabschiedet, in dem zur Bekämpfung der Arbeitslosigkeit u.a. gefordert wird, ohnehin geplante Investitionen von Bund, Ländern und Gemeinden in einer Art „konzertierten Aktion" vorzuziehen. „Laßt uns doch lieber die Arbeit finanzieren und nicht die Arbeitslosigkeit", meinte der auf dieser Bundestagung gewählte neue CDA-Vorsitzende Ulf Fink.

Eine Art Sinneswandel bei der Bundesregierung deutet die nachstehende Zeitungsnotiz an.

15 Milliarden von Bonn für die Konjunktur?

Reuter **Bonn**

Zur Belebung der Konjunktur erwägt die Bundesregierung nach Angaben aus Koalitionskreisen ein Sonderprogramm in Höhe von 15 Milliarden Mark.

Entsprechende Pläne sollen Anfang der Woche bei einem Treffen von Bundesfinanzminister Gerhard Stoltenberg und Wirtschaftsminister Martin Bangemann erörtert werden. Es sei daran gedacht, über ein Sonderprogramm der Kreditanstalt für Wiederaufbau (KfW) Investitionen der Gemeinden, zu fördern. Zudem hoffe die Bundesregierung auf weitere Zinssenkungen der Bundesbank.

WELT AM SONNTAG, 29.11.1987, S. 1

DIE WELT, 2.12.1987, S. 13

Eine Präzisierung dieses Programms bringt die nachstehende WELT-Notiz vom 2.12.1987 (S. 1): „Die Kreditanstalt für Wiederaufbau (KfW) soll Gemeinden in den kommenden drei Jahren etwa 15 Milliarden Mark zusätzlicher Kredite für Umweltschutzinvestitionen und andere Zwecke zur Verfügung stellen. Mit Bundesmitteln von zunächst jährlich etwa 200 Millionen Mark soll der Marktzins um etwa zwei Prozent heruntersubventioniert werden, um den Gemeinden einen Anreiz zu geben. Zur Förderung mittelständischer Investitionen soll das entsprechende Kreditprogramm der KfW im kommenden Jahr um etwa zwei auf sechs Milliarden Mark aufgestockt werden. Auch hier ist eine Zinsverbilligung geplant".

Die harte Nuß HANDELSBLATT: Pielert

(4./5.12.1987, S. 1)

„Gelassenheit, zumindest konjunkturpolitische, demonstriert Kanzler Helmut Kohl. Während Wirtschaftsminister Martin Bangemann unlängst in dunklen Andeutungen über die Anwendung des Stabilitäts- und Wachstumsgesetzes zwecks Abwendung weiterer wirtschaftlicher Schwierigkeiten philosophierte, sieht Kohl keinen Grund, dieses Instrument einzusetzen. Indirekt rügte er sogar seinen Wirtschaftsminister: ‚Ich sehe auch keinen Grund, jetzt eine solche öffentliche Diskussion zu führen'".

DIE ZEIT, 8.1.1988, S. 16

„Was ist? Das Bild ist doch gut!" HANDELSBLATT: Pielert

(5.1.1988, S. 1)

Die relative Hilflosigkeit der staatlichen Wirtschaftspolitik bei der Bekämpfung der (Massen)Arbeitslosigkeit zeigt sich auch in den folgenden fünf Schaubildern.

WOLTER zur Woche: »Über zwei Jahre suchen wir nun schon vergebens; ich fürchte, wir müssen uns etwas Neues einfallen lassen!«

Deutsches Allgemeines Sonntagsblatt, 2.6.1985, S. 2

Auf dem Bonner Konjunkturacker

Kölner Stadt-Anzeiger

Deutsches Allgemeines Sonntagsblatt, 12.1.1986, S. 2

»So kannst du wieder unter die Leute gehen, Germania, bloß umdrehen solltest du dich nicht!«

Zeichnung: DS/Gerhard Mester
(Deutsches Allgemeines Sonntagsblatt, 21.9.1986, S. 5)

Hannoversche Allgemeine Zeitung, 1.12.1987, S. 2

Inzwischen hat sich gezeigt, daß die hohe Arbeitslosigkeit auch durch einen allgemeinen wirtschaftlichen Aufschwung, wie wir ihn in den letzten Jahren hatten, nicht zu lösen ist. Das verdeutlichen auch die nachstehenden Stellungnahmen.

„Die hohe Arbeitslosigkeit ist bedrückend. Es gibt keine Therapie, die zugleich schnell, durchgreifend und dauerhaft Abhilfe schaffen könnte. Dies hat seinen Grund darin, daß die gegenwärtige Arbeitslosigkeit nicht mit einer niedrigen Auslastung der Sachkapazitäten einhergeht; sie ist in ihrem Kern nicht konjunkturbedingt. Vielmehr ist die Wachstumsdynamik zu schwach, als daß für das gestiegene und weiter ansteigende Arbeitskräfteangebot genügend produktive Arbeitsplätze entstehen könnten. Die Überlegungen, wie die Arbeitslosigkeit dauerhaft zu beseitigen ist, müssen von dieser Erkenntnis ausgehen" (**Sachverständigenrats-Sondergutachten** Juni 1985, Textziffer 18).

„Der Glaube, daß Wirtschaftswachstum die Arbeitslosigkeit verringern werde, erwies sich als Irrglaube. Trotz des Konjunkturaufschwungs der vergangenen Jahre blieb die Arbeitslosigkeit gleich hoch; es gelang gerade, sie nicht weiter ansteigen zu lassen. Und wirtschaftliche Wachstumsraten von fünf und mehr Prozent, wie sie notwendig wären, um die Arbeitslosigkeit zu beseitigen, gehören heute wohl ins Reich der Utopie.

Da sind auch die Wissenschaftler ratlos ... Weder mit der Nachfrage-Theorie ... noch mit der Angebots-Theorie ... war der Arbeitslosigkeit bisher beizukommen" (Heinz Michaels, DIE ZEIT, 31.7.1987, S. 16).

Arbeitslosigkeit

Entmutigend

An den Zahlen gibt es nichts zu deuteln: Sie sind entmutigend. Im Juli stieg die Zahl der Arbeitslosen in der Bundesrepublik um 79 000 gegenüber dem Vormonat; im Vergleich zum Juli 1986 waren es 44 000 Arbeitslose mehr. Im zweiten Monat hintereinander hat sich somit die Lage auf dem Arbeitsmarkt verschlechtert, eine Trendwende zum Negativen scheint sich zu bestätigen.

Die Erklärungen, die für dieses Ergebnis geboten werden, sind wenig originell. Für die einen ist es das übliche Sommerloch, für die andern sind es die Schulferien. Und da im September in Bremen und Schleswig-Holstein gewählt wird, verheißt die Bundesregierung für den Herbst wieder bessere Zahlen, schon wegen der „unverändert günstigen wirtschaftlichen Rahmenbedingungen".

Gerade das müßte aber skeptisch stimmen. Trotz voller Kassen und blendender Geschäftsergebnisse werden kaum neue Arbeitsplätze geschaffen. Offensichtlich fehlt das Vertrauen in die Zukunft, und das heißt wohl auch: in die Bundesregierung. Sie bietet seit Wochen ein Bild der Zerstrittenheit, gleich ob es sich um ordnungspolitische Grundsatzfragen oder um steuerpolitische Taktik handelt. Auch das ist eine wichtige Rahmenbedingung, und ihre Verbesserung wäre keine Hexerei. *smi*

DIE ZEIT, 7.8.1987, S. 16

Deutsches Allgemeines Sonntagsblatt, 8.11.1987, S. 2

Statt einer Zusammenfassung

Was wollen die Parteien gegen die Arbeitslosigkeit tun?

Ja, mach nur einen Plan . . .

Seit länger als vier Jahren haben wir in der Bundesrepublik mehr als zwei Millionen Erwerbslose, und die Gesellschaft scheint sich fast schon daran gewöhnt zu haben. Zwar betonen alle Bundestagsparteien, daß sie die Arbeitslosigkeit abbauen wollen. Zum Schwerpunkt harter Wahlkampfauseinandersetzung ist das Thema dennoch nicht geworden. Liegt das daran, daß sich die Parteien der Wirksamkeit ihrer Rezepte selbst nicht so sicher sind? Schauen wir uns ihre wichtigsten Strategien zur Lösung des Beschäftigungsproblems an:

„Die Überwindung der Arbeitslosigkeit bleibt auch in den kommenden Jahren eine große Herausforderung. Dieses Ziel ist nur durch eine konsequente Fortsetzung unserer Wirtschafts-, Finanz- und Beschäftigungspolitik zu erreichen", heißt es etwa im Wahlprogramm von *CDU* und *CSU* für die Bundestagswahl. Die Union lehnt kredit- oder abgabenfinanzierte „sogenannte Beschäftigungsprogramme mit Strohfeuereffekt" ab. Sie setzt statt dessen auf Geldwertstabilität, niedrige Zinsen, auf maßvolle Tarifabschlüsse und Senkung der Lohnnebenkosten sowie der Steuern. Solche Anreize gelten den Unternehmern. „Nur mehr Investitionen schaffen neue und sichere Arbeitsplätze. Ausreichendes Wirtschaftswachstum ist daher eine notwendige Voraussetzung zum Abbau der Arbeitslosigkeit", heißt es in der Unions-Broschüre „Aufschwung sichert die Zukunft".

Auch die Politik der *FDP* geht in diese Richtung. „Die Arbeitslosigkeit kann dauerhaft nur in einer marktwirtschaftlichen Ordnung überwunden werden. Nicht auf allen Gebieten liegt es in der Hand des Staates, Änderungen zu bewirken. Die Tarifparteien müssen selbst einen wesentlichen Beitrag zur Beseitigung der Arbeitslosigkeit leisten", so die „*Wahlplattform '87*" der FDP. Insbesondere soll eine „beschäftigungsfreundliche Lohnpolitik" die Arbeit „rentabler" machen und mehr Differenzierungen nach Branchen, Regionen und Tätigkeiten zulassen. Durch mehr Markt und weniger Staat will die FDP Eigeninitiative und Leistungswillen stärken. Die Regierungsparteien gehen also offenbar davon aus, daß kontinuierliches Wachstum die Arbeitslosigkeit beseitigen wird. Zyklische Konjunkturschwankungen wie in der Vergangenheit oder in anderen marktwirtschaftlich orientierten Ländern, wo einem Aufschwung auch wieder ein Abschwung folgt, haben in dem Regierungskonzept keinen Platz, sondern rund zehn Jahre lang müßten Wachstumsraten wie in den Jahren 1984 bis '86 anhalten, die höher sind als die Produktivitätssteigerung, damit die Arbeitslosigkeit vollständig abgebaut wird. Geraten die Wachstumsraten geringer, müßte ein solches Beschäftigungskonzept scheitern.

Wesentlich weniger Vertrauen als die Regierungsparteien setzt die *SPD* in die Marktkräfte. Massenarbeitslosigkeit, Umweltzerstörung, Realeinkommensverluste breiter Bevölkerungsschichten und Sozialabbau seien durch Selbstheilungskräfte des Marktes nicht spürbar zu verringern, heißt es etwa im Nürnberger Aktionsprogramm dieser Partei. Deshalb sollen vom Staat zusätzlich jährlich 20 Milliarden Mark in zinsgünstige Kredite und Zuschüsse für Umweltinvestitionen fließen. Mit solch einem „Sondervermögen Arbeit und Umwelt" will die SPD „schrittweise die Belastung der Umwelt und gleichzeitig die Massenarbeitslosigkeit abbauen", so ihr „Regierungsprogramm 1987–1990". Durch Umwelttechnologien und Umweltverträglichkeit und

-zuverlässigkeit der Produkte will die SPD der Bundesrepublik zudem einen Konkurrenzvorteil auf dem Weltmarkt verschaffen. In Zusammenwirken mit Arbeitszeitverkürzung, Überstundenabbau, Ausbildungs- und Weiterbildungsprogrammen sowie einem „Zweiten Arbeitsmarkt" für Benachteiligte soll das SPD-Programm „Arbeit und Umwelt" bis 1990 rund eine Million zusätzliche Arbeitsplätze schaffen. Es bleiben also noch mehr als eine Million Erwerbslose übrig, und es bleibt die Unsicherheit, ob die Investitionsförderung von jährlich 20 Milliarden Mark einen Konjunktureinbruch verhindern kann; denn auch die SPD-Rechnungen gehen von Wachstum aus, das allerdings vor allem im Umweltschutz stattfinden soll.

Allein *Die Grünen* glauben, die Arbeitslosigkeit auch ohne Wachstum abbauen zu können. In ihrem Programm zum „Umbau der Industriegesellschaft" wollen sie statt Wachstum die Produktion sogar dort schrumpfen lassen, wo die Umwelt gefährdet wird: „Wir verlangen die Unterlassung von Investitionen und Produktionen, die nur Zerstörung anrichten." Statt dessen sollen umweltschonende Produktionstechniken entwickelt werden, die dezentral in kleineren Produktionseinheiten einsetzbar sind, was per saldo mehr Arbeitsplätze bringe als Großtechnologien. Da die Grünen eine wachstumskritische Politik verfolgen, wollen sie „die Erwerbslosigkeit in erster Linie durch drastische Arbeitszeitverkürzungen überwinden; zu ihrer politischen Durchsetzung bedarf es kampfstarker Gewerkschaften, deshalb ist das Verbot der Aussperrung notwendig". Ferner soll vom Arbeitsplatz nicht mehr die gesicherte Existenz vieler Menschen abhängen, sondern jede und jeder soll ein menschenwürdiges Leben führen können, das ein staatlich garantiertes Grundeinkommen von 1000 Mark (für alte Menschen, für Erwerbs- und Berufsunfähige 1200 Mark) ermöglicht. Der Lösungsweg der Grünen würde gewaltige Verschiebungen der Kosten- und Preisverhältnisse auf dem Binnenmarkt zur Folge haben, aber die Partei schweigt sich darüber aus, wie sie so etwas angesichts der Konkurrenz auf dem Weltmarkt außenwirtschaftlich absichern will und ob das in einer Marktwirtschaft mit privaten Produktionsmitteln überhaupt möglich ist.

Einen realistischen Lösungsweg zur völligen Beseitigung der Arbeitslosigkeit scheint also keine der Bundestagsparteien gefunden zu haben. So bleibt denn die Frage: Warum ist heute nicht möglich, was 1970 möglich war, als fast alle Arbeit und ausreichendes Einkommen hatten, obwohl heute in unserem Land für fast 500 Milliarden Mark mehr produziert und verdient wird als damals?

Jürgen Duenbostel

Deutsches Allgemeines Sonntagsblatt, 18.1.1987, S. 4

Auf die Anfang März 1988 von gewerkschaftsnahen Kreisen ausgelöste Diskussion, die Massenarbeitslosigkeit dadurch nachhaltig abzubauen, daß die Beschäftigten einen Teil ihrer Arbeitszeit **und** ihres Lohnes zum Zwecke der Einstellung Erwerbsloser abgeben, ist am Ende des folgenden Kapitels noch kurz einzugehen.

e) Auf dem Weg zur Zwei-Drittel/Ein-Drittel-Gesellschaft – oder zur Neuen Armut?

Die vorstehenden Ausführungen lassen die Befürchtung zu, daß die (Massen)Arbeitslosigkeit uns noch länger begleitet, wenn nichts Außergewöhnliches geschieht. Diese Schlußfolgerung läßt sich auch aus den beiden folgenden Quellen ziehen.

Franke: Nichts vorgaukeln

„Unter zwei Millionen Arbeitslose erst nach 1990“

OSNABRÜCK, 20. Oktober (dpa/AP). Der Präsident der Bundesanstalt für Arbeit, Heinrich Franke, hat Vorwürfe von Arbeitgeberseite entschieden zurückgewiesen, er beurteile die Entwicklung auf dem Arbeitsmarkt zu pessimistisch. In einem Interview der „Neuen Osnabrücker Zeitung“ sagte Franke, eine Erwerbslosenzahl „deutlich unter zwei Millionen“ lasse sich unter den erwarteten Bedingungen erst in den 90er Jahren erreichen. Bis dahin werde die Zahl um zwei Millionen schwanken. Er stütze sich dabei auf Untersuchungen der Wissenschaft und der Bundesanstalt für Arbeit.

„Ich warne davor, den Bürgern etwas vorzumachen. Es ist besser, der Bevölkerung die reine Wahrheit zu sagen, als ihr etwas vorzugaukeln. Die Enttäuschung ist sonst nur um so größer“ sagte Franke. Nur wenn die ökonomische Entwicklung weit besser verlaufe und das reale Wachstum drei Prozent überschreite, werde sich die Arbeitslosigkeit stärker abbauen lassen. Die Grundvoraussetzungen dafür seien gegeben. Franke nannte die wirtschaftlichen Rahmenbedingungen „so günstig wie seit über 15 Jahren nicht mehr“.

Frankfurter Rundschau, 21.10.1985, S. 1

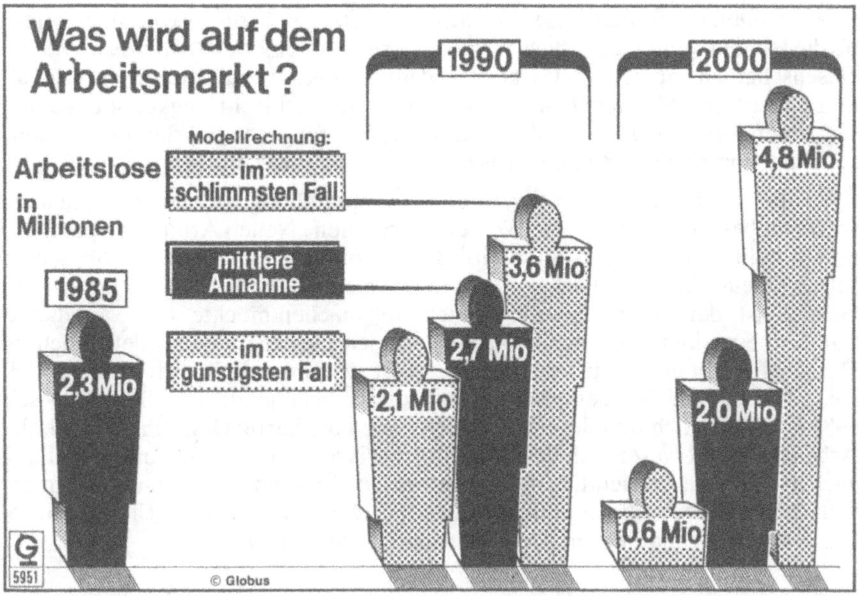

Die Wissenschaftler des Instituts für Arbeitsmarkt und Berufsforschung (IAB) haben für den Arbeitsmarkt der nächsten 15 Jahre Modellrechnungen aufgestellt, wobei sie von drei unterschiedlichen Annahmen sowohl beim Arbeitskräfteangebot wie beim Wirtschaftswachstum (jährlich +3 Prozent = gut, +2,5 Prozent = mittel, +1,2 Prozent = niedrig) ausgehen. Ergebnis: Selbst wenn die Wirtschaft schnell wächst, ausländische Arbeitskräfte abwandern und Frauen weniger stark in die Erwerbstätigkeit drängen, wird es 1990 noch 2,1 Millionen Arbeitslose geben und erst im Jahre 2000 wäre die Massenarbeitslosigkeit besiegt. Wenn die Wirtschaft aber nur langsam wächst und der Andrang zum Arbeitsmarkt stark zunimmt, kann es zu Arbeitslosenzahlen kommen, neben denen sich die gegenwärtige Arbeitslosigkeit noch harmlos ausnimmt. (Stand: Febr. 1986)

Es sieht so aus, daß wir uns – insbesondere auch die offiziellen Stellen – an die hohen Arbeitslosenzahlen gewöhnen, womit die Gefahr verbunden ist, daß dieses Problem **und** die hinter ihm stehenden vielen Millionen Menschen zunehmend in Vergessenheit geraten bzw. einer Gleichgültigkeit anheimfallen. Daß dies mehr als eine rein akademische Frage ist, macht auch die folgende Zeitungsnotiz (WELT, 12.9.1986, S. 6) deutlich: „Nimmt man den Katholikentag in Aachen als Meßlatte für die Aktualität von Themen, so wird zweifellos deutlich, daß die Arbeitslosigkeit nicht mehr im Vordergrund der Aufmerksamkeit steht". Nicht viel anders war es neun Monate später auf dem Evangelischen Kirchentag in Frankfurt/M.

Ob unsere Gesellschaft eine solche (Verdrängungs)Situation auf die Dauer aushalten kann, ist eine sehr ernstzunehmende Frage. Sie gewinnt noch dadurch an Bedeutung, daß ein neuerlicher Konjunkturabschwung, mit dem nach aller Erfahrung gerechnet werden muß, auf einen bestehenden „Sockel" von über zwei Millionen Erwerbslosen stößt. Gesehen werden muß in diesem Zusammenhang auch noch das Problem, daß die Erwerbslosen – im Gegensatz zu den Beschäftigten – keine echte Vertretung haben.

Nicht zuletzt aufgrund dieser Situation wird manchmal die Frage aufgeworfen, ob die Bundesrepublik auf dem Wege sei, sich zu einer Zwei-Drittel/Ein-Drittel-Gesellschaft zu entwickeln. Gemeint ist damit, daß es zwei Drittel unserer Bevölkerung wirtschaftlich recht gut geht und ein Drittel schlecht wegkommt. Zu diesem einen Drittel gehören insbesondere die Empfänger von Arbeitslosenunterstützung, von Sozialhilfe und von niedrigen Renten sowie ihre Angehörigen.

Vor dem Hintergrund der vorstehenden Fragestellung wird gelegentlich auch von einer bestehenden bzw. im Werden begriffenen „Neuen Armut" gesprochen, und in politischen Diskussionen wird dann gerne darüber gestritten, ob es eine solche „Neue Armut" überhaupt gibt oder ob sie die Erfindung des politischen Gegners ist, der damit „unlautere Geschäfte" machen möchte. Ohne auf diesen Streit im einzelnen eingehen zu müssen, dessen Ursachen nicht zuletzt auch im Definitorischen und Statistischen liegen, läßt sich unzweifelhaft feststellen, daß die Zahl der Sozialhilfeempfänger – wie die nachstehende Tabelle zeigt – seit 1981 kontinuierlich und deutlich ansteigt, wozu die hartnäckig anhaltende hohe Arbeitslosigkeit wesentlich beiträgt. Hinzuweisen ist in diesem Zusammenhang auch auf die außerordentlich problemträchtige Situation, daß sich unter den gegenwärtigen Sozialhilfeempfängern ein hoher Anteil junger Menschen befindet, was ebenfalls wesentlich mit der Arbeitsmarktlage zu tun hat.

Sozialhilfe-Empfänger (Laufende Hilfe zum Lebensunterhalt und in besonderen Lebenslagen)	
1981	2083000
1982	2320000
1983	2437000
1984	2570000
1985	2808000
1986	3020000

Quelle: Statistisches Jahrbuch

Bei der Würdigung der tatsächlichen Zahl der (wirklich) Armen darf ein Sachverhalt nicht übersehen werden, auf den die Betreuer der Ärmsten häufig stoßen. Die Sozialarbeiter erleben immer wieder, daß es eine ganze Reihe von finanziell wirklich Bedürftigen gibt, die aber aus Scham den Gang zum Sozialamt nicht antreten oder dort abgeschreckt werden (s. Scherer 1987) und insofern also eine Art stille (Armen)Reserve bilden. Dies bestätigt auch der Berliner Sozialsenator Ulf Fink: „Viele, vor allem ältere Menschen, nehmen die ihnen zustehenden Rechte gar nicht in Anspruch. Zu diesen verschämten Armen kommen wir mit unserer Hilfe nicht durch, weil wir in der Flut der großen Massenrisiken versinken" (DIE ZEIT, 30.8.1985, S. 24).

Die soziale und politische Arbeitslosen-Problematik verschlimmert sich zweifellos dadurch, daß ein wachsender Anteil der Erwerbslosen keine Leistungen (mehr) aus der Arbeitslosenversicherung erhält (s. S. 398) und stattdessen im allgemeinen auf die Sozialhilfe angewiesen ist. So werden in Hamburg „mehr als zwei Drittel aller neuen Sozialhilfeanträge gegenwärtig durch die Arbeitsmarktlage verursacht" (Schütte/Süss 1986, S. VII). Zu dieser Entwicklung haben zwei-

Ein Fall Niendorf soll sich in Berlin nicht wiederholen

hrk. **Berlin**

Zwischen 20 und 50 Millionen Mark pro Jahr müßten allein in Berlin aus Steuermitteln aufgebracht werden, um rund 9000 Berlinern über 60 Jahren, die aus falschem Stolz nicht zum Sozialamt gehen, ein bescheidenes Auskommen zu sichern. Der Fall der ehemaligen Trümmerfrau Ruth Niendorf (66), die sich nach einer Mieterhöhung verzweifelt erhängte (WELT v. 13. 7.), hat die Bemühungen von Sozialsenator Ulf Fink (CDU) forciert, diesen Menschen zu helfen.

Nach einer Übersicht aus dem Hause Fink müssen an der Spree 9211 Berliner über 60 Jahren von Kleinrenten leben. Knapp 1000 von ihnen stehen nur 360 bis 540 Mark zur Verfügung – etwa soviel, wie auch Ruth Niendorf erhielt. Finks Pläne sehen vor, eine sogenannte „Ausgleichszulage" gesetzlich zu verankern. Alleinstehende bekämen dann 800, Ehepaare 1200 Mark pro Monat.

DIE WELT, 15.7.1987, S. 22

AUF EIN WORT

„Not, echte Not, oft verschämt verschwiegen, herrscht bei vielen Selbständigen im Mittelstand, nicht nur im Baubereich. Soziale Not, die noch kein Politiker als die ‚neue Armut' entdeckt hat."

Manfred Steidle-Sailer, geschäftsführender Gesellschafter der Emil Steidle GmbH & Co., Sigmaringen.

FOTO: DIE WELT

DIE WELT, 24.3.1987, S. 13

fellos die in der Vergangenheit zum Zwecke der Haushaltskonsolidierung wiederholt vorgenommenen Kürzungen von Leistungen nach dem Arbeitsförderungsgesetz beigetragen.

Diese Entwicklung führt naturgemäß zu einer anderen Zusammensetzung der Bezieher von Sozialhilfe, wie das nachstehende Schaubild G 6263 und das Zitat von Miegel zeigen.

„War früher der Empfänger von Sozialhilfe in der Regel arbeitsunfähig, krank oder alt, so ist er heute zunehmend arbeitslos und kinderreich. Dies führt zwangsläufig zu Veränderungen der soziologischen Zusammensetzung des wirtschaftlich schwächsten Bevölkerungsteils, zu Veränderungen, die nach und nach zu einem politisch explosiven Potential führen könnten. Hierin liegt die eigentliche Dimension der ‚neuen Armut' …

Das eigentliche Problem der ‚neuen Armut' besteht darin, daß das primäre Verteilungssystem, der Arbeitsmarkt, Defekte aufweist, die zur Verarmung ganz normaler Bevölkerungsgruppen führen können! … Die politische Herausforde-

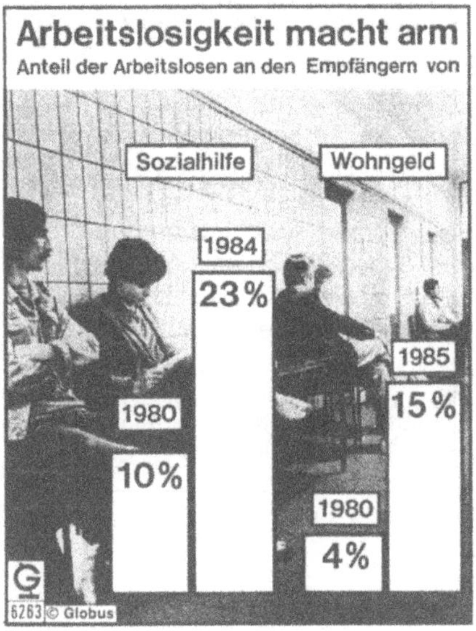

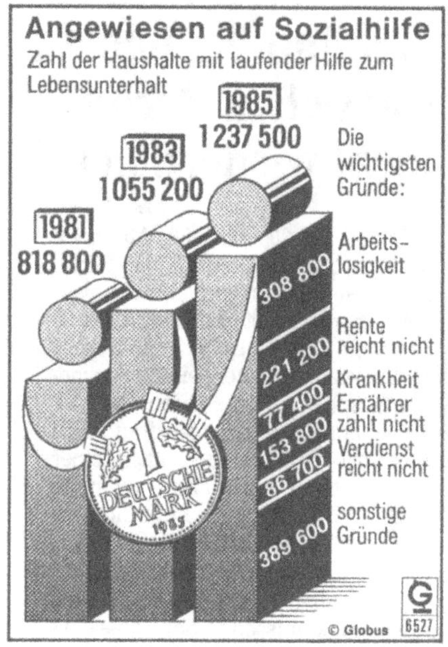

rung (hieraus) ... ist die Glaubwürdigkeit des Grundsatzes, daß jeder eine faire Chance hat, durch eigene Anstrengungen ein Einkommen zu erzielen. Sollte dieser Grundsatz in der Bevölkerung an Glaubwürdigkeit verlieren, wären die Folgen für die bestehende wirtschaftliche und soziale Ordnung unabsehbar" (Meinhard Miegel, 1984, S. 21).

Nachdenklich macht auch die Feststellung von Ernst Klee (in der ZEIT vom 14.3.1986, S. 98): „Die Arbeitslosigkeit macht aus immer mehr Arbeitskräften Dauer-Arme. Sie werden, man kann das formulieren wie man will, zum Bodensatz dieser Gesellschaft". Hierzu trägt nicht zuletzt der Sachverhalt bei, daß die durchschnittliche Dauer der Arbeitslosigkeit zunimmt, wie die folgenden Schaubilder verdeutlichen.

Mit anhaltender Dauer der Massenarbeitslosigkeit zeigt sich eine weitere Entwicklung, die Kurt Biedenkopf (im Rheinischen Merkur, 1.6.1985, S. 3) wie folgt umschreibt: „Es entsteht ein neuer politischer Konflikt. Er löst zunehmend den alten, durch die Industrialisierung des 19. Jahrhunderts begründeten Konflikt zwischen Kapital und Arbeit ab. Es ist der Konflikt zwischen denen, die Arbeit und damit Einkommen haben, und denen, für die die vorhandene und weiter abnehmende Arbeitsmenge im Bereich der Produktion nicht mehr reicht und die sich deshalb auf die Bank der Arbeitslosen und auf staatliche Transferleistungen verwiesen sehen".

Ähnlich äußert sich auch Christian Dräger: „Es hat sich ein neuer Klassengegensatz zwischen ‚Arbeitsbesitzenden' und ‚Nichtarbeitsbesitzenden' gebildet, der den traditionellen Gegensatz von Arbeit und Kapital in den Hintergrund rückt ... Kapital und Arbeit haben (heute, R.S.) das gleiche Interesse, nämlich die Beschäftigung in den jeweiligen Wirtschaftszweigen zu erhalten beziehungs-

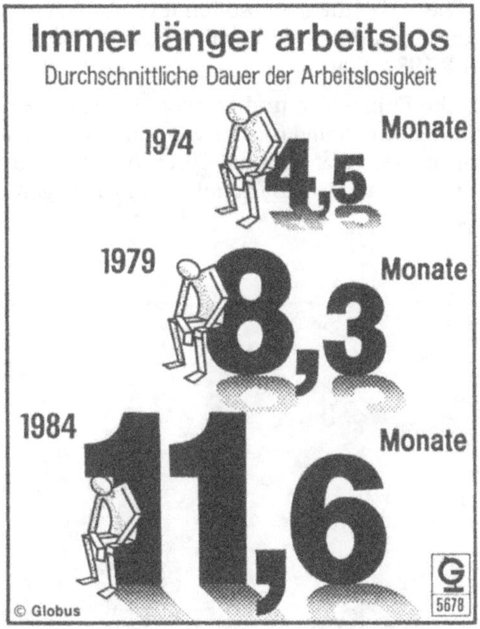
Immer länger arbeitslos
Durchschnittliche Dauer der Arbeitslosigkeit
1974
4,5
Monate
1979
8,3
Monate
1984
11,6
Monate
© Globus
5678

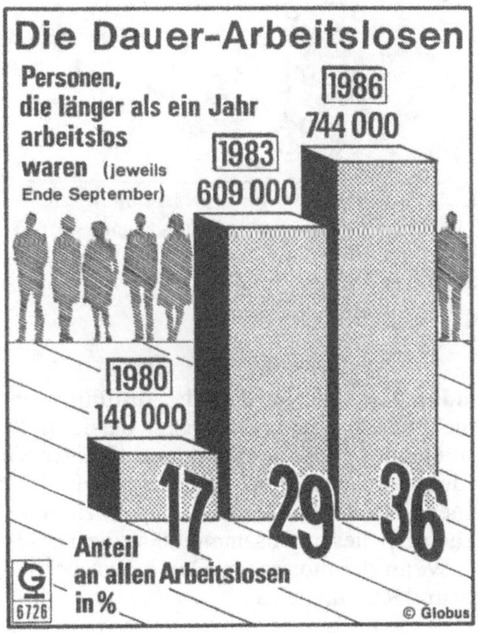
Die Dauer-Arbeitslosen
Personen, die länger als ein Jahr arbeitslos waren (jeweils Ende September)
1980
140 000
1983
609 000
1986
744 000
17
29
36
Anteil an allen Arbeitslosen in %
6726
© Globus

weise zu erhöhen. Die Arbeitnehmer wollen ihre individuelle Existenz sichern, die Unternehmer durch qualifizierte Fachkräfte ihre Wettbewerbsfähigkeit erhalten“ (WELT, 14.8.1987, S. 9).

Die gesellschaftliche Dimension und Brisanz dieses neuen potentiellen Konflikts zwischen Erwerbstätigen und (ärmer werdenden) Arbeitslosen kann in ihrer Tragweite kaum überschätzt werden. Ebenso wie die Gefahr, daß die Erwerbslosigkeit (und die Neue Armut) zunehmend zur allgemeinen Gewöhnung und Verdrängung führt.

»Ist ja schrecklich. Muß der unbedingt so demonstrativ rumsitzen!?«
Zeichnung: Deutsches Allgemeines Sonntagsblatt/Gerhard Mester
(28.7.1985, S. 13)

Zusammenfassend ist festzuhalten, daß die Ausführungen in dem vorliegenden VII. Kapitel eine große Rat- und Hilflosigkeit bei der Bekämpfung der (Massen)Arbeitslosigkeit und der mit ihr verbundenen relativen Verarmung größerer Bevölkerungsteile deutlich gemacht hat. Möglicherweise hängt dieses Ergebnis nicht zuletzt mit einem Mangel an (realen) Utopien zusammen. Nachdenkenswert jedenfalls erscheint in diesem Zusammenhang die These von Jürgen Habermas (1985, S. 14): „Wenn die utopischen Oasen austrocknen, breitet sich eine Wüste von Banalität und Ratlosigkeit aus“.

Es hat den Anschein, daß sich an die auf weiten Teilen des Arbeitsmarktes vorhandene Perspektivlosigkeit nicht nur die politisch Verantwortlichen gewöhnen; dieser Gewöhnungseffekt ergreift zunehmend auch die Wissenschaft und andere gesellschaftliche Gruppierungen; ein Phänomen, das recht gut in dem nachstehenden Artikel angedeutet wird.

Forscher legen Vollbeschäftigung zu den Akten

Verein für Socialpolitik stellt zunehmende Gewöhnung an Massenarbeitslosigkeit fest

Eingedenk seit Jahren nicht in den Griff zu bekommender Massenarbeitslosigkeit, scheint auch die an den Universitäten herrschende Lehre zu resignieren. Diesen Eindruck vermittelt zumindest die diesjährige Jahrestagung der Gesellschaft für Wirtschafts- und Sozialwissenschaften — besser bekannt unter ihrem Traditionsnamen Verein für Socialpolitik —, die nach dreitägiger Dauer heute zu Ende geht. „Die gegenwärtige Verfassungswirklichkeit in den hochentwickelten Industrieländern läßt eine Vollbeschäftigung auch künftig nicht mehr wahrscheinlich sein", erklärte der wissenschaftliche Leiter der Berliner Tagung, der Hamburger Professor Harald Scherf. Diese Feststellung bildete laut Scherf denn auch das „überraschende Zentrum" vieler vorgelegter Analysen, wenngleich die Vielfalt der Positionen in der Wirtschaftstheorie deutlich geworden sei.

In mehreren Beiträgen klang offen an, daß Interessenkonflikte eine nachhaltige Bekämpfung der Erwerbslosigkeit behindern. So beschwören die sogenannten Effizienzlohn-Theoretiker die These, daß Vollbeschäftigung der ökonomischen Effizienz abträglich sei. Sie heben darauf ab, daß Arbeitern und Angestellten bei einem hinreichenden Angebot an Stellen starke Rollen zuwachsen. Insofern könne eine „gewisse Arbeitslosenrate, die die Position der Arbeitnehmer hinreichend schwächt, zur Sicherung einer hohen Effizienz dienen", gab der Regensburger Ordinarius Winfried Vogt zu bedenken. Und diese ebenso marktlogische wie zynische Erkenntnis schlägt natürlich auch zu Buche, wenn der politische Handlungsbedarf abgeschätzt wird.

Resignation der Wissenschaftler vielleicht auch deshalb, weil unterbleibende staatliche Eingriffe in der Öffentlichkeit bisher nicht unbedingt breiten Mißmut wecken. Der Nürnberger Professor Joachim Klaus sieht dies als Grund dafür, daß trotz der „lang andauernden Massenarbeitslosigkeit in der Bundesrepublik kein größeres Engagement zustande kam als kosmetische Maßnahmen der beteiligten wirtschaftspolitischen Träger". Klaus wertete dies als ein Zeichen für eine „breite Gewöhnung der Gesellschaft an die Beschäftigungskrise".

Letztlich sieht Klaus die Akteure auf dem Arbeitsmarkt nur an solchen Veränderungen interessiert, die ihnen persönlich Vorteile bringen. „Vorrangige Bedeutung kommt deshalb der Durchsetzungsfähigkeit der gruppenspezifischen Interessen zu", wobei Klaus auch die politischen Parteien und die Exekutive einschließt. Schließlich würde eine Regierung Erwerbslosigkeit „nur in dem Maße bekämpfen, wie sie hierdurch Chancen zur Stützung und Vergrößerung ihrer politischen Mehrheit beziehungsweise zur Verbesserung ihrer Situation innerhalb einer Koalition sieht". Konkret auf hiesige Begebenheiten bezogen, habe der Bund ein auf Haushaltskonsolidierung gerichtetes Sparen einem den Arbeitsmarkt entlastenden expansiven Kurs vorgezogen. Auch die Tarifpartner hätten sich in den Verhandlungen um die Arbeitszeitverkürzung „vorwiegend als Sachverwalter der Vorteilspotentiale von Beschäftigten", Arbeitgebern sowie ihrer Verbände erwiesen.

Daß die Gewerkschaften den Bedürfnissen der nach einem Job Suchenden nicht gerecht werden, meint auch der Mannheimer Hochschullehrer Roland Vaubel. In seinem Eröffnungsreferat forderte der Professor: „Arbeitslose sollten das Recht haben, sich unter Tarif einstellen zu lassen", soweit das Unternehmen damit seine Belegschaft vergrößert und solange die Erwerbslosenquote in dem betreffenden Arbeitsamtbezirk und Beruf hoch ist. Eine solche bedingte und begrenzte Liberalisierung stelle das Arbeitsmarktkartell nicht in Frage, sondern erhöhe allein die Marktzutrittschancen. Den nach einer Anstellung Suchenden werde damit ihr „Recht auf Arbeit" wiedergegeben.

Nach Vaubels Analyse zeichnen die Gewerkschaften ferner für ein mit einer Vollbeschäftigung nicht vereinbares hohes Lohnniveau verantwortlich. So seien die aktuellen Reallöhne um 20 bis 25 Prozent zu hoch. Dies sei darauf zurückzuführen, daß die Gewerkschaften ihre Lohnforderungen nicht an den Anstieg der Rohstoffpreise, die gesetzlichen Lohnnebenkosten und das Arbeitskräfteangebot angepaßt hätten. Eine Analyse, die offenbar auf älteres empirisches Material zurückgreift — in den vergangenen zwei Jahren sind die Rohstoff-Importpreise nämlich stark gesunken und der Verhandlungsspielraum dadurch größer geworden. (sei/FR)

Frankfurter Rundschau, 16.9.1986, S. 6

HERRMANN GLASER (1987, S. 49) schlägt zur Linderung des Arbeitslosenproblems ein Instrument vor, das sich schon einmal außerordentlich bewährt hat, nämlich den **Lastenausgleich**. „Was das ‚Lastenausgleichsgesetz' 1952 in Gang setzte, nämlich die Integration der ökonomisch und mental Enteigneten, der Vertriebenen und Kriegsgeschädigten, könnte antizipatorische Vernunft in Zeiten eines durchaus konsolidierten Wohlstands erst recht bewirken: einen kontinuierlichen Lastenausgleich zwischen denjenigen, die von der technologischen Entwicklung profitieren, und denjenigen, die ihr zum Opfer fallen". GLASER möchte einen fatalen **Regelkreis** vermeiden, den er mit dem folgenden „den Mechanismus des **kapitalistischen Wirtschaftszyklus** charakterisierenden ‚Dialog in Ruhrort'" von JOACHIM SCHUMACHER (1937, S. 121) veranschaulicht:

Kind: Warum ist es so kalt bei uns, Mutter?
Mutter: Weil wir keine Kohlen haben,
Kind: Warum haben wir keine Kohlen?
Mutter: Weil Vater arbeitslos ist.
Kind: Warum ist Vater arbeitslos?
Mutter: Weil es zu viel Kohlen gibt.

Anfang März 1988 entbrannte bei uns eine **politische Diskussion** über den **Lastenausgleichsgedanken**, deren Inhalt die nachstehenden Stimmen veranschaulichen:

- „Wenn beispielsweise die Lehrer einverstanden wären, etwas weniger Stunden zu arbeiten und damit auch etwas weniger Einkommen zu haben, wäre es kein Problem, die Leh-

rerarbeitslosigkeit zu beseitigen. Das läßt sich auch für ungezählte andere Berufsgruppen durchrechnen".
OSKAR LAFONTAINE. In: Wirtschaftswoche, 12.2.1987, S. 34

- „Eine wirkungsvolle Arbeitszeitverkürzung, die fast einer Million Arbeitslosen hilft, müßte mindestens drei Stunden auf einmal betragen ... Das geht nur mit Lohnverzicht. Ob es dabei reicht, nur die hohen Einkommen ab 5000 DM zur Kasse zu bitten, wie Lafontaine vorschlägt, bezweifle ich. Da müssen wohl auch die kleinen Leute ein Opfer bringen, damit sich das rechnet ... Es muß sichergestellt werden, daß die Gegenleistung der Arbeitgeber für den Lohnverzicht auch tatsächlich erfolgt, nämlich neue Arbeitsplätze ...

  Bei einem Spitzengespräch zwischen den Präsidien der Arbeitgeberverbände und des Bundesverbandes der Industrie mit dem Vorstand des DGB habe ich schon 1981 vorgeschlagen, daß alle Gewerkschaften 1982 eine Nullrunde akzeptieren ..., wenn die Arbeitgeber ihrerseits zusagen, dafür eine halbe Million Arbeitslose von der Straße zu holen. Nach 20 Minuten interner Beratungen kamen die Wirtschaftsbosse zurück und erklärten: ,Wir können Ihr Angebot leider nicht annehmen, weil wir keinen Einfluß auf das Verhalten unserer Mitglieder haben'".
  HEINZ-OSKAR VETTER. In: Neue Osnabrücker Zeitung, 7.3.1988, S. 3

- „Für zusätzliche Arbeitsplätze können keine Garantien abgegeben werden, und ein derartiges Mandat wird es für die Tarifverhandlungen auch nicht geben."
  TYLL NECKER. In: Wirtschaftswoche, 18.3.1988, S. 25

- „Ich bin sehr wohl für eine radikale Umverteilung, wie sie Lafontaine gefordert hat. Ich bin auch sehr wohl dafür, daß neben der Verteilungsauseinandersetzung zwischen Arbeit und Kapital auch innerhalb der Arbeitnehmerschaft umverteilt wird. Ich bin für einen Solidaritätsbeitrag der Spitzenverdiener. Aber ich bin entschieden dagegen, daß man dies der Tarifpolitik aufbürdet, die hierfür gar nicht über die geeigneten Instrumente verfügt.

  Die Gewerkschaften sind für eine höhere steuerliche Belastung der Spitzenverdiener. Wir sind für die Ergänzungsabgabe, wir fordern die Arbeitsmarktabgabe von Beamten und Selbständigen, und wir sind für die Abschaffung der Versicherungspflichtgrenzen in der Sozialversicherung. Die Gewerkschaften sind entschieden dafür, daß dieses Geld für die Schaffung von Arbeitsplätzen verwendet wird...

  Es sind nicht die Arbeitnehmer, die die Arbeitslosigkeit verschuldet haben, sondern die Prinzipien, nach denen produziert und konsumiert wird".
  FRANZ STEINKÜHLER. In: DIE ZEIT, 18.3.1988, S. 27

Eine zusammenfassende Bewertung

zum Betrieb als sozial-ökonomisches, offenes und politisches System

- Die vorliegenden Ausführungen haben gezeigt, daß das wirtschaftliche Geschehen insgesamt Wirkungen auslöst, die weit in den privaten Bereich eines jeden hineinreichen. Dies macht deutlich, daß Betriebe nicht zuletzt auch eine gesellschaftliche Verantwortung tragen und somit nicht nur als einzelwirtschaftliche Einrichtungen mit engen ökonomischen Zielsetzungen angesehen werden können. Deshalb ist es notwendig, sich immer wieder zu vergegenwärtigen, daß sich alle wichtigen Frage- und Problemstellungen unserer „Wirtschafts-Gesellschaft" nur dann befriedigend reflektieren lassen, wenn auch ihre gesellschaftlichen Rahmenbedingungen und die hinter ihnen stehenden Strukturprinzipien transparent gemacht werden.
- Wenngleich die Betriebe im Laufe der Zeit meist komplexer werden und dabei vielfach den Charakter gesellschaftlicher Institutionen annehmen, wodurch auch andere als rein wirtschaftliche Anforderungen auf sie zukommen, so darf hierbei doch nicht übersehen werden, daß durch eine solche Entwicklung herkömmliche ökonomische Zusammenhänge nicht an Bedeutung verlieren. Sie müssen vielmehr weiterhin sorgfältig beachtet werden, wenn das Unternehmen „überleben" will. Die wichtigsten zeitlos gültigen ökonomischen Grundphänomene, die ständig im Auge behalten werden müssen, sollen im folgenden kurz angedeutet werden.
- Die entscheidende ökonomische Grundkonstellation besteht darin, daß das Unternehmen in der Lage sein muß, dauerhaft Leistungen anzubieten, die dem Kunden mehr wert sind als sie kosten. Oder mit anderen Worten: Das Unternehmen muß zu Kosten produzieren, die niedriger sind als der (Markt)-Preis. Nur unter diesen Voraussetzungen kann ein Unternehmen Gewinne erzielen. Dabei setzt die Erreichung des Gewinnzieles regelmäßig eine strenge Befolgung des Prinzips der Wirtschaftlichkeit voraus, d.h. einen sparsamen Umgang mit den einzusetzenden Mitteln.

  Der Gewinn ist unzweifelhaft eine wichtige Bedingung für den Bestand des Unternehmens, und zwar einmal deshalb, weil auf diese Weise finanzielle Mittel für weitere Investitionen geschaffen werden, und zum anderen, weil der Gewinn zeigt, daß das Unternehmen auf dem Markt erfolgreich ist – was ja die wichtigste Voraussetzung für die Lebensfähigkeit eines Unternehmens ist.
- Neben einer befriedigenden Ertrags- und Gewinnlage, die sich dauerhaft nur aus einer (hohen) Marktakzeptanz der angebotenen Produkte ergibt, ist als weiterer fundamentaler ökonomischer Sachverhalt die Tatsache zu beachten, daß das Unternehmen dauerhaft liquide ist. Die Aufrechterhaltung des finanziellen Gleichgewichts in Form der ständigen Fähigkeit, den fälligen finanziellen Verpflichtungen nachzukommen, ist vor allem deshalb so wichtig, weil in der Realität sehr viel mehr Betriebe daran zugrunde gehen, daß sie illiquide sind als daran, daß ihre Gewinne (vorübergehend) nur mäßig sind oder gar ausbleiben.
- Zu den ökonomischen Grundtatbeständen, die zeitunabhängig sind, gehört weiterhin die Tatsache, daß Kapital für risikoreiche Sachanlage-Investitionen regelmäßig nur dann zur Verfügung gestellt wird, wenn realistischerweise damit gerechnet werden kann, daß sich die so (ertragsabhängig) angelegten Mit-

tel deutlich besser „verzinsen“ als Anlagen in risikoarmen festverzinslichen Objekten.

- Die vorstehend genannten wirtschaftlichen Sachverhalte zeigen, daß es eine Reihe im Grunde sehr einfacher, zeitlos gültiger ökonomischer Wahrheiten gibt, die auch in Zukunft nicht an Gewicht verlieren werden, da unsere Gesellschaftsordnung nur wirtschaftlich erfolgreichen Unternehmen dauerhaft eine Überlebenschance gibt.

  Bei aller Anerkennung der ökonomischen Zusammenhänge darf jedoch nicht übersehen werden, daß bei der Leistungserstellung die sozialen Aspekte (wozu Arbeitsplatzsicherheit sowie zweckmäßige Entgelt- und Führungsstilregelungen gehören) an Bedeutung gewinnen, was nicht zu Lasten der ökonomischen Effizienz gehen muß. Vielmehr ist eher das Gegenteil richtig, daß nämlich erst die bestmögliche Gestaltung des menschlichen Miteinanders eine wichtige Voraussetzung auch für ein optimales wirtschaftliches Ergebnis ist. Dies erklärt auch, daß die Wirtschaft durchaus nicht einheitlich alle bereits verwirklichten bzw. geplanten oder diskutierten gesetzgeberischen „Wende“-Reformen im sozialen Bereich begrüßt.

- Sowohl als Folge der neuen Technologien wie auch für die Sicherstellung einer großen Produktvielfalt und einer hohen Produktqualität (wozu nicht nur technische Aspekte gehören) bekommen die betrieblichen Sozialbeziehungen und nicht zuletzt die sozialen Innovationen ein immer größeres Gewicht. Mit sozialen Innovationen sind neue, weiter entwickeltere Formen des Umgangs nicht nur miteinander, sondern auch mit den Unternehmenspartnern (vor allem den Kunden) gemeint. Soziale Innovationen sind zum einen deshalb außerordentlich wichtig, weil mehr und mehr nur über sie Wettbewerbsvorsprünge erzielt werden können. Zum anderen müssen soziale Innovationen helfen, den in einer durchrationalisierten Unternehmens-Umwelt vielfach vorhandenen Mangel an menschlicher Wärme auszugleichen und das persönliche Engagement der Beteiligten in der Arbeitswelt zu sichern. Aus diesen Gründen zielen betriebliche (Weiter)Bildungsaktivitäten zunehmend auf den Bereich des Umgangs untereinander und mit Dritten ab.

- Die Bereitschaft, in der Arbeitswelt sein Bestes zu geben, wird nur dann vorhanden sein, wenn die gesamten ökonomischen und sozialen Rahmenbedingungen hierfür gute Voraussetzungen bieten und der Betrieb nicht wie ein „Vorhof zur Hölle“ (Schmidtchen) organisiert ist. Lassen die Sozialbeziehungen zu wünschen übrig, so beeinträchtigt dies regelmäßig die Leistungserstellung und Leistungsverwertung. Weil die Produktqualität aber für die Sicherstellung des Unternehmensbestandes eine zunehmend größere Bedeutung erlangt, wird es immer dringlicher, für eine sach- und zeitgemäße Personalpolitik und -führung zu sorgen.

- Die Sozialbeziehungen gewinnen aber auch noch aus einem anderen Grund an Gewicht, der sich darin zeigt, daß ganz allgemein die Ansprüche der Mitarbeiter an die Arbeitsbedingungen im weitesten Sinne steigen, wozu nicht zuletzt die Beteiligung an Entscheidungen gehört, die sie selbst betreffen. Der Arbeitnehmer möchte seine gesellschaftliche Rolle, die er in seiner größer gewordenen Freizeit (und Freiheit) zu spielen in der Lage ist, bis zu einem gewissen Grade auch in der Arbeitswelt wahrnehmen können. Hieraus erwächst für die Unternehmensleitung die Notwendigkeit, dafür zu sorgen, daß zwischen beiden Bereichen eine möglichst große Verwandtschaft hergestellt wird.

- Es kann – wie schon angedeutet – davon ausgegangen werden, daß die Betriebe ganz allgemein mehr und mehr zu gesellschaftlichen Institutionen werden, in denen die Funktion des Unternehmensleiters zunehmend Züge eines Politikers bekommt; der Unternehmensleiter hat eine größer werdende Fülle unterschiedlicher Interessen „unter einen Hut" zu bringen. Für den wirtschaftlichen Erfolg wird es immer wichtiger, nicht nur die Wünsche der Kapitalgeber, Mitarbeiter, Kunden und Lieferanten zu einem tragfähigen Kompromiß zu führen. Die Unternehmensleiter müssen verstärkt auch dafür sorgen, daß die vielfältigen gesellschaftlichen Erwartungen an den Betrieb so weit wie irgend möglich erfüllt werden, so zum Beispiel im Hinblick auf den Umweltschutz, die Arbeitsbedingungen, die Verbraucherversorgung und die Wettbewerbssicherung.
- Betriebe in entwickelten demokratischen Gesellschaften erhalten zunehmend den Charakter von offenen und politischen Systemen, die sich nicht – ohne selbst Schaden zu nehmen – gegen gesellschaftliche Strömungen abschotten lassen. Dies bringt neue Anforderungen an die Unternehmens- und Personalführung mit sich. Die skizzierte Entwicklung führt zu der Notwendigkeit, den Betrieb vor allem unter dem Blickwinkel seiner zahlreichen und vielfältigen Vernetzungen mit anderen Elementen des gesellschaftlichen Gesamtsystems zu betrachten und dabei fach- bzw. disziplinübergreifend vorzugehen. Anders wird eine fruchtbare, realitätsnahe Analyse der Einzelwirtschaft immer schwerer möglich.
- Mit der Entwicklung der Betriebe zu gesellschaftlichen Einrichtungen gewinnt die betriebsinterne und -externe Öffentlichkeitsarbeit der Unternehmen zunehmend an Gewicht. Die vom Betrieb gegebenen Informationen können allerdings nur dann dauerhaft positiv wirken, wenn die hinter ihr stehenden einzel- und gesamtwirtschaftlichen Leistungen tatsächlich akzeptabel sind. Auch eine an sich leistungsfähige Öffentlichkeitsarbeit bricht irgendwann einmal zusammen, wenn die angebotenen Leistungen und/oder die Verhaltensweisen der Unternehmensinhaber bzw. -leiter nicht den ökonomischen, ökologischen und sittlichen Vorstellungen der Öffentlichkeit (oder der Medien) entsprechen.
- Die allenthalben zu beobachtende zunehmende Vielfalt in den Strukturen und Erscheinungen der Arbeitswelt macht es nötiger denn je, bei der Behandlung wirtschaftlicher, sozialer und juristischer Problemstellungen zunächst von einem Denken in (entwicklungsfähigen) Ordnungen oder Systemen und ihren theoretischen, politischen und emotionalen Begründungszusammenhängen auszugehen. Anders sind Detailfragen und mögliche Antworten meist gar nicht plausibel darstellbar. Auch in diesem Zusammenhang zeigt sich, wie berechtigt die KANT'sche Aussage ist: „Es gibt nichts Praktischeres als eine gute Theorie".

Literaturverzeichnis

Agartz, Viktor: Die Lohnpolitik der deutschen Gewerkschaften. In: Gewerkschaftliche Monatshefte, 1. Jg. (1950), S. 441-447

Agartz, Viktor: Beiträge zur wirtschaftlichen Entwicklung 1953 – Expansive Lohnpolitik. In: WWI-Mitteilungen 1953, S. 245-247

Altmann, Jörn: Wirtschaftspolitik, Stuttgart/New York 1985

Apel, Günter: Zur Entwicklung auf dem Ausbildungsstellenmarkt, Das Angebot – die große Unbekannte. In: Gewerkschaftliche Bildungspolitik 2/1987, S. 56-60

Arndt, Erich: Theoretische Grundlagen der Lohnpolitik, Tübingen 1957

Bänsch, Axel: Einführung in die Marketing-Lehre, 2. Aufl., München 1982

Baethge, Martin/Oberbeck, Herbert: Zukunft der Angestellten – Neue Technologien und berufliche Perspektiven in Büro und Verwaltung, Frankfurt/New York 1986

Bahlmann, Wolfgang: Systematische Personalentwicklung. Eine herausfordernde Aufgabe für Führungskräfte und Spezialisten. In: Spie, Ulrich (Hrsg.): Personalwesen als Managementaufgabe, Stuttgart 1983, S. 307-329

Barth, Dieter: Recht auf Arbeit, Köln 1976

Baßeler, Ulrich/Heinrich, Jürgen/Koch, Walter A. S.: Grundlagen und Probleme der Volkswirtschaft, 10. Aufl., Köln 1988

Baumann, Erika: Das System Unternehmung – Einführung in die Betriebswirtschaftslehre, Stuttgart/Berlin/Köln/Mainz 1978

Baumbach, Adolf/Hefermehl, Wolfgang: Wettbewerbs- und Warenzeichenrecht (Kommentar), Band I: Wettbewerbsrecht, 14. Aufl., München 1983

Bea, Franz Xaver/Dichtl, Erwin/Schweitzer, Marcell (Hrsg.): Allgemeine Betriebswirtschaftslehre, Bd. I-III, 3. Aufl., Stuttgart/New York 1985 + 1987

Benda, Ernst: Sozialrechtliche Eigentumspositionen im Arbeitskampf. Ein Beitrag zur Diskussion um die Änderung des § 116 Arbeitsförderungsgesetz, Baden-Baden 1986

Bestmann, Uwe/Ebert, Günter/Grimm-Curtius, Helgo/Pfeiffer, Rolf/Preißler, Peter/Wanner, Eckardt/Wenzel, Georg/Wiese, Otto: Kompendium der Betriebswirtschaftslehre, 3. Aufl., München/Wien 1986

Biedenkopf, Kurt H./Miegel, Meinhard: Wege aus der Arbeitslosigkeit – Arbeitsmarktpolitik in der sozialen Marktwirtschaft, Stuttgart 1978

Bischoff, Sonja: Investitionsmanagement, München 1980

Blecke, Ulrich: Bei der co op-Gruppe versagt die Kontrolle. Der Zug ist abgefahren. In: manager magazin, August 1974, S. 24-29

Bleicher, Knut: Organisation – Formen und Modelle, Wiesbaden 1981

Bleicher, Knut: Der Aufsichtsrat im Wandel, Gütersloh 1987

Böhrs, Hermann: Leistungslohngestaltung, 3. Aufl., Wiesbaden 1980

Boettcher, Erik: Ökonomische und soziale Voraussetzungen der Förderung in modernen Genossenschaften. In: Blätter für Genossenschaftswesen, 115. Jg. (1969), S. 233-240

Brand, Horst W.: Die Legende von den „geheimen Verführern“, Weinheim/Basel 1978

Brandes, Harald/Brosi, Walter H./Menk, Angela: Wege in die berufliche Bildung. In: Mitteilungen aus der Arbeitsmarkt- und Berufsforschung, 2/1986, S. 287-297

Braun, Siegfried: Die Gewerkschaften als „Verband von Arbeitsplatzbesitzern“. In: Alfred Horne (Hrsg.): Zwischen Stillstand und Bewegung, Frankfurt/M. 1965, S. 23-44

Braune-Krickau, Michael: Unternehmensführung und Humanisierung der Arbeit: einige Gedanken zu einer wichtiger werdenden Führungsaufgabe. In: Gottlieb Duttweiler Institut (Hrsg.): ARBEIT – Beispiele für ihre Humanisierung, Olten und Freiburg/Brsg. 1983, S. 315-329

Briam, Karl-Heinz: Arbeiten ohne Angst, Düsseldorf/Wien 1986

Brinkmann, Christian/Reyher, Lutz: Erwerbspersonenpotential und Stille Reserve. In: Mitteilungen aus der Arbeitsmarkt- und Berufsforschung, 1/1985, S. 4-10

Bühner, Rolf: Organisation in den 90er Jahren. In: HARVARDmanager 4/1986, S. 7-11

Bühner, Rolf: Betriebswirtschaftliche Organisationslehre, 3. Aufl., München/Wien 1987

Castan, Edgar: Rechnungslegung der Unternehmung, 2. Aufl., München 1984

Chmielewicz, Klaus: Arbeitnehmerinteressen und Kapitalismuskritik in der Betriebswirtschaftslehre, Reinbek bei Hamburg 1975
Czada, Peter: Wirtschaft. Aktuelle Probleme des Wachstums und der Konjunktur, 4. Aufl., Opladen 1980
Däubler, Wolfgang: Das Arbeitsrecht 2 – Ein Leitfaden für Arbeitnehmer, Reinbek bei Hamburg 1979
Dichtl, Erwin/Issing, Otmar (Hrsg.): Vahlens Großes Wirtschaftslexikon, 2 Bde., München 1987
Diederich, Helmut: Allgemeine Betriebswirtschaftslehre, 2 Bde., 5. u. 4. Aufl., Stuttgart/Berlin/Köln/Mainz 1979/1981
Dostal, Werner: TELEARBEIT. Anmerkungen zur Arbeitsmarktrelevanz dezentraler Informationstätigkeit. In: Mitteilungen aus der Arbeitsmarkt- und Berufsforschung, 4/1985, S. 467-480
Drukarczyk, Jochen: Finanzierung, 3. Aufl., Stuttgart 1986
Engels, Wolfram/Gutowski, Armin/Hamm, Walter/Möschel, Wernhard/Stützel, Wolfgang/Weizsäcker, Carl Christian von/Willgerodt, Hans (KRONBERGER KREIS): Mehr Markt im Arbeitsrecht, Bad Homburg v.d.H. 1986
Eucken, Walter: Die Grundlagen der Nationalökonomie, 8. Aufl., Berlin/Heidelberg/New York 1965
Farthmann, Friedhelm: Der Einsatz betriebsfremder Arbeitnehmer als Mittel flexibler Personalwirtschaft – Ein rechtspolitischer Vorschlag zur Neuordnung der Leiharbeit. In: Helmut Glaubrecht und Dieter Wagner (Hrsg.): Humanität und Rationalität in Personalpolitik und Personalführung. Beiträge zum 60. Geburtstag von Ernst Zander, Freiburg i. Brsg. 1987, S. 319-329
Fischer, Robert: Humanisierung der Arbeitswelt als Ansatz betrieblicher Arbeitsmarktpolitik. In: Hans-Jörg Ehreiser/Franz Nick (Hrsg.): Betrieb und Arbeitsmarkt, Wiesbaden 1978, S. 133-148
Führbaum, Helmut: Allgemeine Wirtschaftslehre der Unternehmung, 2 Bde., Rinteln 1972/1975
Gabler Wirtschaftslexikon, 2 Bde., 11. Aufl., Wiesbaden 1983
Gallenmüller, Otto/Hieke, Hans/Hülsenberg, Frieder/Neubert, Joachim: Leistung, Kosten, Ergebnis, Leipzig 1970
Gerhardt, Albert: Verbraucher-Vormund. In: Wirtschaftswoche, 28.11.1986, S. 112-121
Gesterkamp, Thomas: „Zeiten wie vor Bismark" – Ob Kaufhaus oder Spedition – immer mehr Unternehmen ersetzen Festangestellte durch formal Selbständige. In: Deutsches Allgemeines Sonntagsblatt, 7.6.1987, S. 10
Gierke, Otto von: Die soziale Aufgabe des Privatrechts, Berlin 1889
Glaser, Herrmann: Geht der Arbeitsgesellschaft die Arbeit aus? – Der fatale Regelkreis. In: DIE ZEIT 23.10.1987, S. 49-51
Glaubrecht, Helmut/Wagner, Dieter/Zander, Ernst: Arbeitszeit im Wandel. Neue Formen der Arbeitszeitgestaltung, 3. Aufl., Freiburg i. Brsg. 1988
Grass, Rolf-Dieter/Stützel, Wolfgang: Volkswirtschaftslehre, München 1983
Grothus, Horst: motiviert – engagiert – produktiv, Dorsten 1972
Gruhler, Wolfram: Eigenkapitalausstattung – Bestandsaufnahme und Folgerungen, Köln 1976
Gruhler, Wolfram: Neue Trends der Unternehmensentwicklung, Köln 1987
Gutenberg, Erich: Grundlagen der Betriebswirtschaftslehre, Berlin/Heidelberg/New York: Bd. I. Die Produktion, 24. Aufl. 1983; Bd. II. Der Absatz, 17. Aufl. 1984; Bd. III. Die Finanzen, 8. Aufl. 1980
Gutenberg, Erich: Einführung in die Betriebswirtschaftslehre, Wiesbaden 1958
Haase, Peter: Neue Techniken erfordern neue Führungsstrukturen. In: Winfried Schlaffke/Helmut Winter (Hrsg.): Technik kennt keinen Rückschritt – Veränderte Rahmenbedingungen für die betriebliche Bildungsarbeit, Köln 1984, S. 149-160
Habermas, Jürgen: Die Neue Unübersichtlichkeit. Die Krise des Wohlfahrtsstaates und die Erschöpfung utopischer Energien. In: Merkur 1/1985, S. 1-14

Haefner, Klaus: Die neue Bildungskrise: Lernen im Computerzeitalter, Reinbek bei Hamburg 1985
Hamm, Walter: Kollektiveigentum – Die Rolle öffentlicher Unternehmen in der Marktwirtschaft, Heidelberg 1961
Hanau, Peter/Adomeit, Klaus: Arbeitsrecht, 8. Aufl., Frankfurt 1986 (5. Aufl., 1978)
Hauschildt, Jürgen: „Auf der Suche nach Spitzenleistungen". Die Ergebnisse der Peters-Waterman-Studie im Überblick. In: Otto Versand Personalentwicklung – Management in Theorie und Praxis 1/1985, S. 3f.
Hax, Karl: Personalpolitik der Unternehmung, Reinbek b. Hamburg 1977
Heinen, Edmund: Einführung in die Betriebswirtschaftslehre, 9. Aufl., Wiesbaden 1985
Heinen, Edmund: Unternehmenskultur, München/Wien 1987
Herschel, Wilhelm: Um die Neutralität der Bundesanstalt für Arbeit. In: Arbeit und Recht 12/1985, S. 373-374
Hesselbach, Walter: Die gemeinwirtschaftlichen Unternehmen, Frankfurt/M. 1966 (2. Aufl. 1971)
Hesselbach, Walter: Gemeinwirtschaft statt Marktwirtschaft? Interview in „Wirtschaftswoche", 26. Jg. (1972), Nr. 46, S. 14-18
Heymann, H.-Helmut/Seiwert, Lothar J./Theisen, Manuel R.: Mitbestimmungsmanagement. In: Harvard Business Review manager magazin, 1983, H. 4, S. 26-38
Hueck, Alfred: Kündigungsschutzgesetz (Kommentar), 10. Aufl., München 1980
Institut der Deutschen Wirtschaft (Hrsg.): Soziale Marktwirtschaft, Köln 1979
Jacob, Herbert (Hrsg.): Allgemeine Betriebswirtschaftslehre – Handbuch für Studium und Prüfung, 4. Aufl., Wiesbaden 1981
Jäger, Wolfgang: Mitbestimmung am Arbeitsplatz – Potentialanalyse und personalpolitischer Ansatz, Dissertation Hamburg 1986
Jaenicke, Günther: Gewerbeordnung, Gewerbeaufsicht und Betrieb. In: Erwin Grochla und Waldemar Wittmann (Hrsg.): Handwörterbuch der Betriebswirtschaftslehre, 4. Aufl., Stuttgart 1974, Sp. 1653-1660
Kantzenbach, Erhard: Die Funktionsfähigkeit des Wettbewerbs, 2. Aufl., Göttingen 1967
Kern, Horst/Schumann, Michael: Industriearbeit und Arbeiterbewußtsein, Frankfurt/M. 1977
Kern, Horst/Schumann, Michael: Das Ende der Arbeitsteilung? Rationalisierung in der industriellen Produktion: Bestandsaufnahme, Trendbestimmung, 2. Aufl., München 1985a)
Kern, Horst/Schumann, Michael: Das Ende der Arbeitsteilung? – Eine Herausforderung für die Gewerkschaften. In: Gewerkschaftliche Monatshefte, 1/1985b, S. 27-39
Kieser, Alfred/Kubicek, Herbert: Organisationstheorien, 2 Bde., Stuttgart/Berlin/Köln/Mainz 1978
Kirsch, Werner: Einführung in die Theorie der Entscheidungsprozesse, 2. Aufl., Wiesbaden 1977
Kirsch, Werner/Bamberger, Ingolf/Berg, Claus C./Weber, Wolfgang: Die Wirtschaft – Einführung in ihre Entscheidungsprobleme, München 1978
Kisielewski, Stefan: Polen – oder die Herrschaft der Dilettanten. Sozialismus und Wirtschaftspraxis, Zürich 1978
Kittner, Michael: Arbeits- und Sozialordnung. Ausgewählte und eingeleitete Gesetzestexte, 12. Aufl., Köln 1987
Kohli, Martin: „Lieber hundert Mark weniger, aber dafür bessere Gesundheit" – Der Berliner Soziologe Martin Kohli faßt eine Studie zur Vorruhestandsregelung zusammen. In: Frankfurter Rundschau, 21.8.1987, S. 14
Korndörfer, Wolfgang: Allgemeine Betriebswirtschaftslehre, 7. Aufl., Wiesbaden 1986
Kosiol, Erich: Leistungsgerechte Entlohnung, 2. Aufl., Wiesbaden 1962
Kosiol, Erich: Die Unternehmung als wirtschaftliches Aktionszentrum – Einführung in die Betriebswirtschaftslehre, Reinbek bei Hamburg 1975
Kühlewind, Gerhard: Beschäftigung und Ausgliederung älterer Arbeitnehmer. In: Mitteilungen aus der Arbeitsmarkt- und Berufsforschung 2/1986, S. 209-221

Lauterburg, Christoph: Vor dem Ende der Hierarchie. Modelle für eine bessere Arbeitswelt, Düsseldorf/Wien 1978
Marr, Rainer/Stitzel, Michael: Personalwirtschaft – ein konfliktorientierter Ansatz, München 1979
Maunz, Theodor/Dürig, Günter/Herzog, Roman: Kommentar zum Grundgesetz, 6. Aufl., München 1987
Mayer, Udo/Paasch, Ulrich: Scheinselbständigkeit – ein neues Konzept in der Personalpolitik. In: Arbeitsrecht im Betrieb, 3/1987, S. 57-60
McGregor, Douglas: Der Mensch im Unternehmen – The Human Side of Enterprise, 3. Aufl., Düsseldorf/Wien 1973
Merker, Joachim/Lehm, Jürgen: Im Mittelpunkt: DER KUNDE, Berlin(Ost) 1974
Mertens, Peter/Plötzeneder, Hans D./Bodendorf, Freimut: Programmierte Einführung in die Betriebswirtschaftslehre, Bd. I: Institutionenlehre, 5. Aufl., Wiesbaden 1987
Miegel, Meinhard: ‚Neue Armut': Die Regierung und die Tarifparteien tragen schwere Verantwortung für die Reform des Arbeitsmarktes. In: HANDELSBLATT, 30.11.1984, S. 21
Möller, Alex (Hrsg.): Gesetz zur Förderung der Stabilität und des Wachstums der Wirtschaft und Art. 109 Grundgesetz (Kommentar), 2. Aufl., Hannover 1969
Möschel, Wernhard: Entflechtungen im Recht der Wettbewerbsbeschränkungen. Eine vergleichende rechtspolitische Studie, Tübingen 1979
Molitor, Bruno: Öffentliche Wirtschaft und Privatisierung. In: Hamburger Jahrbuch für Wirtschafts- und Gesellschaftspolitik, Hrsg. Heinz-Dietrich Ortlieb, 5. Jahr (1960), S. 77-98
Monopolkommission. Hauptgutachten 1984/85: Gesamtwirtschaftliche Chancen und Risiken wachsender Unternehmensgrößen, Baden-Baden 1986
Mückenberger, Ulrich: Die Ausbildungspflicht der Unternehmen nach dem Grundgesetz. Rechtsgutachten, Baden-Baden 1986
Müller, Gerhard: Arbeitskampf und Arbeitskampfrecht, insbesondere die Neutralität des Staates und verfahrensrechtliche Fragen, Bonn 1985
Müller-Merbach, Heiner: Einführung in die Betriebswirtschaftslehre, 2. Aufl., München 1976
Müller-Merbach, Heiner/Sommer, Hartmut: Die betrieblichen Funktionsbereiche im Verbund. In: WiSt 6/1982, S. 263-270
Müllner, Wolfgang: Privatisierung des Arbeitsplatzes – Chancen, Risiken und rechtliche Gestaltbarkeit der Telearbeit, Stuttgart/München/Hannover 1985
Murmann, Klaus: Führungskräfte verstehen sich als eigenständige Gruppe. In: KARRIERE – Ein Supplement von Wirtschaftswoche und Handelsblatt, 10.4.1987, S. 1
Nell-Breuning, Oswald von: Kapitalismus – kritisch betrachtet, Freiburg/Brsg. 1974
Nell-Breuning, Oswald von: Der Wert der Arbeit und der Weg zur Gerechtigkeit, 2. Aufl., Freiburg/Basel/Wien 1981
Nell-Breuning, Oswald von: Partnerschaft im Betrieb. Mangel an Motivation. In: Wirtschaftswoche, 14.1.1983, S. 46-50
Neuhof, Bodo: Investitions-Management: Sachinvestitionen oder Finanzanlagen? In: BetriebsWirtschaftsMagazin, 7/1985, S. 25-30
Nieschlag, Robert/Dichtl, Erwin/Hörschgen, Hans: Marketing, 14. Aufl., Berlin 1985
Ossenbühl, Fritz: Zur verfassungsrechtlichen Pflicht der Arbeitgeber, betriebliche Ausbildungsplätze bereitzustellen. Ein Rechtsgutachten, Bad Honnef 1985
Packard, Vance: Die geheimen Verführer, Frankfurt/M. und Berlin 1964
Pausenberger, Ehrenfried: Wert und Bewertung, Stuttgart 1962
Peters, Sönke: Betriebswirtschaftslehre. Einführung, 2. Aufl., München/Wien 1986
Peters, Thomas J./Waterman, Robert H.: Auf der Suche nach Spitzenleistungen. Was man von den bestgeführten US-Unternehmen lernen kann, 10. Aufl., Landsberg am Lech 1984
Piore, Michael J./Sabel, Charles F.: Das Ende der Massenproduktion – Studie über die Requalifizierung der Arbeit und die Rückkehr der Ökonomie in die Gesellschaft, Berlin 1985

Poser, Günter: Wirtschaftspolitik, 2. Aufl., Stuttgart 1985
Posth, Martin: Bildungsoffensive im Unternehmen. In: DIE ZEIT, 26.4.1985, S. 46
Raffée, Hans: Grundprobleme der Betriebswirtschaftslehre, Göttingen 1974
Rath, Michael: Die Garantie des Rechts auf Arbeit. Gutachten für die Kommission für wirtschaftlichen und sozialen Wandel, Göttingen 1974
Reich, Norbert: Markt und Recht. Theorie und Praxis des Wirtschaftsrechts in der Bundesrepublik Deutschland, Neuwied und Darmstadt 1977
Rheinisches Journalistenbüro (Werner Balsen, Hans Nakielski, Karl Rössel, Rolf Winkel): Unternehmermethoden gegen Betriebsratswahlen. Reportagen aus Grauzonen der Arbeitswelt, Reinbek bei Hamburg 1987
Richardi, Reinhard: Recht der Betriebs- und Unternehmensmitbestimmung, Bd. I Grundriß, 2. Aufl., Heidelberg/Karlsruhe 1979
Richter, Manfred: Personalführung im Betrieb, München/Wien 1985
Rieger, Wilhelm: Einführung in die Privatwirtschaftslehre, 3. Aufl., Erlangen 1964
Rittstieg, Helmut: Art. 14/15 Grundgesetz. In: Wassermann, Rudolf (Hrsg.): Kommentar zum Grundgesetz für die Bundesrepublik Deutschland. Bd. 1, Neuwied/Darmstadt 1984 (Reihe Alternativkommentare), S. 1028-1117
Röper, Burkhardt: Gibt es geplanten Verschleiß? Eine Antwort auf die Kritik von Hillman. In: Zeitschrift für Verbraucherpolitik, 1977, S. 185-194
Rössle, Karl: Allgemeine Betriebswirtschaftslehre, 5. Aufl., Stuttgart 1956
Roethlisberger, F. J.: Betriebsführung und Arbeitsmoral, Köln/Opladen 1954
Rüßmann, Karl Heinrich: Die Kosten der Hierarchie. In: Manager Magazin 8/1982, S. 74-81
Rupp, Hans H.: Das Verhältnis von Grundgesetz und Wirtschaftsordnung, Tübingen 1974
Ruppert, Ernst: Arbeitsrecht – Systematische Gesamtdarstellung für Studium und Praxis, Herford 1977
Sack, Manfred: Die schlimme Lust, alles zu regeln/Wie der Staat seine Bürger entmündigt. In: DIE ZEIT, 19.10.1984, S. 1
Salowsky, Heinz/Seffen, Achim: Soziale Absicherung bei Arbeitslosigkeit – Ein Acht-Länder-Vergleich, Köln 1987
Schäfer, Claus: Subventionen – Rohrkrepierer oder Wunderwaffe der Wirtschaftspolitik? In: WSI-Mitteilungen 3/1987, S. 150-162
Schäfer, Erich: Die Unternehmung, 10. Aufl., Wiesbaden 1980
Schanz, Günther: Betriebswirtschaftslehre als Sozialwissenschaft – Eine Einführung, Stuttgart/Berlin/Köln/Mainz 1979
Scheibe-Lange, Ingrid/Volkmann, Gert/Welzmüller, Rudolf: Die Eigenkapitalquote der Unternehmen in der Bundesrepublik Deutschland, Düsseldorf o.J. (1983)
Scherer, Wolfgang: Wie Sozialämter Hilfebedürftige abschrecken, 2. Aufl., Frankfurt/M. 1987
Schierenbeck, Henner: Grundzüge der Betriebswirtschaftslehre, 9. Aufl., München/Wien 1987
Schlitzberger, Hans H.: Neue Technologien und Arbeit. In: Klaus J. Zink (Hrsg.): Personalwirtschaftliche Aspekte neuer Technologien, Berlin 1985, S. 207-246
Schmalen, Helmut: Grundlagen der Betriebswirtschaft, 6. Aufl., Köln 1987
Schmidt, Ralf-Bodo: Wirtschaftslehre der Unternehmung, 3 Bde., Stuttgart 1973-1978
Schmidtchen, Gerhard: Neue Technik – Neue Arbeitsmoral. Eine sozialpsychologische Untersuchung über die Motivation in der Metallindustrie, Köln 1984
Schmidtchen, Gerhard: Menschen im Wandel der Technik. Wie bewältigen die Mitarbeiter in der Metallindustrie die Veränderungen der Arbeitswelt? Köln 1986
Schneider, Dieter: Investition und Finanzierung, 5. Aufl., Opladen 1980
Schneider, Dieter: Allgemeine Betriebswirtschaftslehre, 3. Aufl., München/Wien 1987
Schober, Karen: Jugend im Wartestand: Zur aktuellen Situation der Jugendlichen auf dem Arbeits- und Ausbildungsstellenmarkt. In: Mitteilungen aus der Arbeitsmarkt- und Berufsforschung, 2/1985, S. 247-263
Schoch, Ulrich: Wird unser Mitarbeiter-Gespräch vom Computer zerstört? In: Management Zeitschrift 5/1987, S. 250-252

Scholz, Rupert: Entflechtung und Verfassung, Baden-Baden 1981
Schricker, Gerhard/Lehmann, Michael: Werbung und unlauterer Wettbewerb. In: Handbuch des Verbraucherrechts, Neuwied und Darmstadt 1977
Schütte, Wolfgang/Süß, Waldemar: Armut in Hamburg. Eine Dokumentation zu Arbeitslosigkeit und Sozialhilfebedürftigkeit, Studie der Fachhochschule Hamburg, Hamburg 1986
Schult, Eberhard: Allgemeine Betriebswirtschaftslehre, 2. Aufl., Freiburg/Brsg. 1984
Schultz, Reinhard: Kreditwürdigkeit und Unternehmungsform, Wiesbaden 1967
Schultz, Reinhard: Konsumgenossenschaften – quo vadis? In: Wirtschaftswoche, 1973, Nr. 28, S. 35-38
Schultz, Reinhard: Arbeitnehmer in der Marktwirtschaft, München 1976
Schultz, Reinhard: Einführung in das Personalwesen. Betriebliche und gesellschaftspolitische Aspekte, Würzburg/Wien 1981
Schultz, Reinhard/Zerche, Jürgen: Genossenschaftslehre, 2. Aufl., Berlin/New York 1983
Schultz, Reinhard/Jäger, Wolfgang: Der Betrieb 3 – Wirkungsstruktur und Entscheidungsbereich, Köln 1984
Schultz, Reinhard: Gewinn- und Kapitalbeteiligung der Arbeitnehmer (Vermögensbildung), München 1987
Schumacher, Joachim: Die Angst vor dem Chaos, Paris 1937
Schumpeter, Joseph: Unternehmer. In: Handwörterbuch der Staatswissenschaften, 4. Aufl., Bd. 8 (1928), S. 476-487
Seischab, Hans: Betriebswirtschaftliche Grundbegriffe, 2. Aufl., Stuttgart 1963
Selchert, Friedrich Wilhelm: Einführung in die Betriebswirtschaftslehre in Übersichtsdarstellungen, München 1985
Seyffert, Rudolf: Wirtschaftslehre des Handels, 5. Aufl., Opladen 1972
Siebel, Walter: Der Mythos Schattenwirtschaft. In: DIE ZEIT, 25.4.1986, S. 33-36
Staehle, Wolfgang H.: Management – Eine verhaltenswissenschaftliche Einführung, 3. Aufl., München 1987
Staudt, Erich (Hrsg.): Das Management von Innovationen, Frankfurt/M. 1986
Steinle, Claus: Führung, Stuttgart 1978
Steinmann, Horst: Das Großunternehmen im Interessenkonflikt, Stuttgart 1969
Taylor, Frederick Winslow: Die Grundsätze wissenschaftlicher Betriebsführung (The Principles of Scientific Management), München/Berlin 1913
Theisen, Manuel Renè: Überwachung der Unternehmensführung: Betriebswirtschaftliche Ansätze zur Entwicklung erster Grundsätze ordnungsmäßiger Überwachung, Stuttgart 1987
Thom, Norbert: Personalentwicklung als Instrument der Unternehmungsführung, Stuttgart 1987
Uhlenbruck, Wilhelm: Typische Symptome in den durch Strukturwandel gefährdeten Betrieben – Versuch einer Insolvenzanalyse. In: Die Betriebswirtschaft, 37 Jg. (1977), S. 311-322
Ulich, Eberhard: Industrieroboter: Chance oder Gefahr für die Humanisierung der Arbeit? In: psychosozial, 18/1983, S. 109-124
Ulrich, Hans: Die Unternehmung als produktives soziales System, 2. Aufl., Bern/Stuttgart 1970
Ulrich, Peter: Die Großunternehmung als quasi-öffentliche Institution, Stuttgart 1977
Ulrich, Peter: Transformation der ökonomischen Vernunft. Fortschrittsperspektiven der modernen Industriegesellschaft, Bern/Stuttgart 1986
Vahlens Kompendium der Betriebswirtschaftslehre, 2 Bde., München 1984
Vester, Frederic: Unsere Welt – ein vernetztes System, 3. Aufl., München 1986
Vogler-Ludwig, Kurt: Flexibilisierung der Lohnstrukturen. Ein Patentrezept der Beschäftigungspolitik? In: ifo-schnelldienst, 16/1985, S. 18-31
Voigt, Dieter: Montagearbeiter in der DDR. Eine empirische Untersuchung über Industrie-Bauarbeiter in den volkseigenen Großbetrieben, Darmstadt und Neuwied 1973
Vormbaum, Herbert: Finanzierung der Betriebe, 7. Aufl., Wiesbaden 1986

Wagner, Dieter: Organisation, Führung und Personalmanagement, Freiburg i. Brsg. 1988 (im Druck)
Weber, Helmut Kurt: Betriebswirtschaftliches Rechnungswesen, 2. Aufl., München 1978
Welzk, Stefan: Boom ohne Arbeitsplätze, Köln 1986
Winter, Georg: Das umweltbewußte Unternehmen, München 1987
Wissenschaftlicher Beirat beim Bundesministerium für Wirtschaft: Wettbewerbspolitik (Gutachten), Bonn 1986
Witte, Eberhard: Die Liquiditätspolitik der Unternehmung, Tübingen 1963
Wöhe, Günter: Einführung in die Allgemeine Betriebswirtschaftslehre, 16. Aufl., München 1986
Woll, Artur: Allgemeine Volkswirtschaftslehre, 9. Aufl., München 1987
Zink, Klaus J. (Hrsg.): Personalwirtschaftliche Aspekte neuer Technologien, Berlin 1985
Zöllner, Wolfgang: Arbeitsrecht, 3. Aufl., München 1983
Zöllner, Wolfgang/Mikosch, Ernst: Einführung in das Arbeitsrecht, 2 Bde., München 1979

Personenregister

Ade, Peter 81
Adomeit, Klaus 174f., 206, 209f., 320, 325, 343, 345, 460
Agartz, Viktor 161, 418, 458
Altmann, Jörn 147, 389, 458
Apel, Günter 310, 458
Arndt, Erich 163, 458
Arndt, Helmut 331
Atteslander, Peter 241

Bänsch, Axel 458
Baethge, Martin 235, 458
Bahlmann, Wolfgang 255, 458
Baldrige, Malcolm 197
Balsen, Werner 462
Bamberger, Ingolf 460
Bangemann, Martin 340, 353, 368, 395, 438
Barth, Dieter 306, 308, 458
Baßeler, Ulrich 34, 37, 458
Baumann, Erika 458
Baumbach, Adolf 100, 458
Bea, Franz Xaver 458
Benda, Ernst 352, 359, 458
Berens, Ernst 282
Berg, Claus C. 460
Bestmann, Uwe 458
Biedenkopf, Kurt H. 450, 458
Bischoff, Sonja 458
Blecke, Ulrich 20, 458
Bleicher, Knut 200, 458
Blohm, Bernhard 101, 184
Blüm, Norbert 160, 169, 260, 360, 414, 436
Blüthmann, Heinz 330
Bodendorf, Feimut 461
Böhrs, Hermann 160, 458
Böll, Heinrich 232
Boettcher, Erik 23, 458
Brand, Horst W. 79, 458
Brandes, Harald 312, 458
Brandt, Willy 349
Braun, Siegfried 382, 458
Braune-Krickau, Michael 254, 257, 458
Breit, Ernst 372
Breitschwerdt, Werner 233
Briam, Karl-Heinz 239, 250, 458
Briefs, Goetz 11, 202
Brinkmann, Christian 408, 458
Brochier, Paul 421
Brosi, Walter H. 458
Bühner, Rolf 251, 458
Bünte, Frank 384, 386, 404
Bunzenthal, Roland 284

Carstens, Karl 309
Castan, Edgar 458
Chmielewicz, Klaus 138, 382, 459
Christ, Rose-Marie 281
Christians, F. Wilhelm 112
Czada, Peter 401, 459

Däubler, Wolfgang 308, 459
Dertinger, Klaus 118, 181
Dichtl, Erwin 83, 85, 458f., 461
Diederich, Helmut 459
Domsch, Michael 256
Dostal, Werner 275, 459
Dräger, Christian 246, 450
Drukarczyk, Jochen 459
Duenbostel, Jürgen 445
Dürig, Günter 319, 326, 461
Dürr, Heinz 112

Ebert, Günter 458
Ehreiser, Hans-Jörg 459
Elsässer, Eberhard 49
Engelen-Kefer, Ursula 313
Engels, Friedrich 147
Engels, Wolfram 18, 128, 173, 327, 373, 404f., 418, 420, 459
Esser, Otto 417, 426
Eucken, Walter 201, 459

Faerber, Renate 260
Farnung, Roland 253
Farthmann, Friedhelm 280, 459
Fels, Gerhard 406
Fink, Ulf 436, 448
Finsinger, Jörg 37f.
Fischer, Joschka 323
Fischer, Robert 230, 459
Flassbeck, Heiner 116
Franke, Heinrich 351, 410f., 414, 446
Frenkel, Reiner 328
Fuchs, Anke 356
Führbaum, Helmut 459
Fürstenberg, Friedrich 242
Furler, Wilhelm 269

Galbraith, John Kenneth 43
Gallenmüller, Otto 17, 459
Garsoffky, Heinz 338
Gehrmann, Wolfgang 104
Geißler, Heiner 414, 436
Gentz, Manfred 368
Gerhardt, Albert 321, 323, 459
Gesterkamp, Thomas 221, 266, 459

Gierke, Otto von 320, 459
Gieskes, Hanna 78
Gillies, Peter 49, 162, 218, 418
Glaser, Herrmann 453, 459
Glaubrecht, Helmut 262, 459
Glotz, Peter 336
Grass, Rolf-Dieter 6, 48, 55, 326, 459
Grimm-Curtius, Helgo 458
Grochla, Erwin 460
Grothus, Horst 226f., 459
Gruhler, Wolfram 115, 117, 459
Gutenberg, Erich 50, 52, 73, 75, 200, 459
Gutowski, Armin 459

Haase, Peter 241, 244, 250f., 459
Habermas, Jürgen 452, 459
Haefner, Klaus 243, 460
Hamm, Walter 18, 459f.
Hanau, Peter 174f., 206, 209f., 320, 325, 343, 345, 460
Hattig, Josef 84
Hauschildt, Jürgen 251, 460
Hauser, Hansheinz 368
Haussmann, Helmut 416
Hax, Karl 460
Heeremann, Constantin Freiherr von 134
Hefermehl, Wolfgang 100, 458
Heinen, Edmund 460
Heinrich, Jürgen 34, 37, 458
Herrhausen, Alfred 202
Herschel, Wilhelm 352, 460
Herzog, Roman 322, 382, 461
Hesselbach, Walter 19f., 23, 460
Heymann, H.-Helmut 3, 460
Hieke, Hans 459
Hill, Walter 301
Hirschmeier, Johannes 341
Hörschgen, Hans 83, 85, 461
Hoffmann, Diether 19
Hoffmann, Elfriede 425
Hofmeier, Klaus 335
Horné, Alfred 458
Hromadka, Wolfgang 165
Huber, Joseph 275
Hueck, Alfred 214, 460
Hülsenberg, Frieder 459
Hüttenmeister, Peter 219
Huffschmid, Jörg 171, 173

Issing, Otmar 459

Jacob, Herbert 460
Jäger, Wolfgang 28f., 35, 460, 463
Jaenicke, Günther 290, 460
Janßen, Hans 428
Janzen, Karl-Heinz 201
Jentsch, Peter 99
Jungblut, Michael 45, 204f., 333, 335, 341
Kant, Immanuel 457
Kantzenbach, Erhard 331f., 460
Kartte, Wolfgang 337, 342
Kaske, Karlheinz 236
Katzer, Hans 357f.
Kern, Horst 232-234, 242f., 246, 250, 460
Keynes, John Maynard 184, 401
Kieser, Alfred 460
Kiesinger, Kurt-Georg 349
Kirchner, Dieter 417
Kirsch, Werner 460
Kisielewski, Stefan 307, 460
Kittner, Michael 267, 353, 368, 460
Klee, Ernst 450
Klose, Hans-Ulrich 204
Knapp, Ursula 302
Knoblauch, Eberhard 234
Koch, Walter A. S. 34, 37, 458
Kohl, Helmut 403, 410, 414, 438
Kohli, Martin 423, 460
Koll, Willi 116
Korndörfer, Wolfgang 460
Kosiol, Erich 163, 460
Kroeber-Riel, Werner 82f.
Kruse, Waltraut 245
Kubicek, Herbert 460
Kühlewind, Gerhard 423, 460

Lafontaine, Oskar 454
Lambsdorff, Otto Graf 91, 130f., 336, 369
Langmann, Hans-Joachim 114-116
Lauterburg, Christoph 225, 461
Lehm, Jürgen 83, 461
Lehmann, Michael 79, 463
Liebich, Rainer 236
Lübke, Horst 82

Mahler, Horst 300-302
Marr, Rainer 229, 461
Marshal, Ray 422
Matzner, Egon 420
Maunz, Theodor 461
Mayer, Udo 266, 461
Mayo, Elton 225
Mayr, Hans 357
McGregor, Douglas 461
Menk, Angela 458
Merker, Joachim 83, 461
Mertens, Dieter 404, 415
Mertens, Peter 461
Mettke, Horst 416
Michaels, Heinz 220, 378, 431, 442
Michalk, Jürgen 115f.
Miegel, Meinhard 204, 405, 449f., 458, 461

Mikosch, Ernst 145f., 151, 320, 343f., 346, 464
Möller, Alex 392f., 461
Möschel, Wernhard 335, 459, 461
Mohn, Reinhard 19f., 198, 200
Molitor, Bruno 18, 461
Moser, Hubertus 178
Mückenberger, Ulrich 309, 461
Müller, Gerhard 369, 461
Müller-Armack, Alfred 391
Müller-Merbach, Heiner 48, 52, 461
Müllner, Wolfgang 275, 461
Mundorf, Hans 369
Murmann, Klaus 3, 359, 461

Naisbitt, John 144, 242
Nakielski, Hans 462
Nawrocki, Joachim 308
Necker, Tyll 454
Nell-Breuning, Oswald von 6, 15, 48, 161, 461
Neubert, Joachim 459
Neuhof, Bodo 182, 461
Neukirchen, Karl-Josef 236
Nick, Franz 459
Nieschlag, Robert 83, 85, 461

Oberbeck, Herbert 235, 458
Ortlieb, Heinz-Dietrich 461
Ossenbühl, Fritz 309, 461

Paasch, Ulrich 266, 461
Packard, Vance 79, 461
Papier, Hans-Jürgen 376f., 389
Pausenberger, Ehrenfried 461
Peters, Sönke 461
Peters, Thomas J. 145, 251f., 460f.
Pfeiffer, Rolf 458
Piore, Michael J. 234, 461
Plötzeneder, Hans D. 461
Poser, Günter 389, 462
Posth, Martin 235, 462
Preißler, Peter 458

Raffée, Hans 462
Raidt, Fritz 178
Rappe, Hermann 162, 253
Rath, Michael 305, 462
Rau, Jes 43
Rau, Sabine 249
Reich, Norbert 388, 462
Reitze, Paul F. 290
Reyher, Lutz 408, 458
Richardi, Reinhard 156, 462
Richter, Manfred 251, 462
Riedel, Anne 213
Rieger, Wilhelm 14, 462
Rittstieg, Helmut 377, 381-383, 462
Rodenstock, Rolf 92, 436
Röper, Burkhardt 85f., 462
Rössel, Karl 462
Rössle, Karl 48, 462
Roethlisberger, F. J. 225, 462
Rohwedder, Carsten 386
Rosenstiel, Lutz von 245
Rüßmann, Karl Heinrich 242, 250, 252, 462
Rüthers, Bernd 278
Rupp, Hans H. 388, 462
Ruppert, Ernst 345f., 462

Sabel, Charles F. 234, 461
Sack, Manfred 323, 462
Salowsky, Heinz 206, 462
Samuelson, Paul 184
Schäfer, Claus 130, 462
Schäfer, Erich 164, 462
Schäuble, Wolfgang 412
Schanz, Günther 462
Scheibe-Lange, Ingrid 114, 462
Schelsky, Helmut 141
Scherer, Wolfgang 448, 462
Schierenbeck, Henner 31, 106, 462
Schiller, Karl 181
Schlaffke, Winfried 459
Schlecht, Otto 404
Schlitzberger, Hans H. 241, 243, 462
Schmalen, Helmut 462
Schmalenbach, Eugen 67
Schmalz, Peter 297
Schmid, Klaus-Peter 404
Schmid, Richard 320
Schmidt, Helmut 395
Schmidt, Ralf-Bodo 462
Schmidt, Warren H. 229
Schmidt-Häuer, Christian 195
Schmidtchen, Gerhard 237, 243, 456, 462
Schneider, Dieter 16, 462
Schober, Karen 313, 462
Schoch, Ulrich 243, 462
Scholz, Rupert 292, 304f., 335, 343, 389, 463
Schricker, Gerhard 79, 463
Schuchart, Sabine 430
Schueler, Hans 382
Schütte, Wolfgang 448, 463
Schult, Eberhard 1f., 158, 192, 463
Schultz, Reinhard 17, 20, 27-29, 35, 167, 169, 463
Schumacher, Joachim 453, 463
Schumann, Michael 232-234, 242f., 246, 250, 460

Schumpeter, Joseph 6, 463
Schweitzer, Marcell 458
Sebiger, Heinz 131
Seffen, Achim 206, 462
Seipp, Walter 49
Seischab, Hans 48, 463
Seiwert, Lothar J. 3, 460
Selchert, Friedrich Wilhelm 463
Seyffert, Rudolf 18, 463
Sick, Maren V
Siebel, Walter 418, 463
Sihler, Helmut 75
Simmler, Eberhard 132
Sommer, Hartmut 48, 461
Sommer, Theo 245
Spalthoff, Franz Joseph 49
Spie, Ulrich 458
Stach, Hans 244
Staehle, Wolfgang H. 463
Staudt, Erich 463
Steffen, Jochen 379
Steidle-Sailer, Manfred 449
Steinkühler, Franz 21, 235, 353, 386, 454
Steinle, Claus 463
Steinmann, Horst 463
Stingl, Josef 352
Stitzel, Michael 229, 461
Stoltenberg, Gerhard 134, 181, 405, 414
Stoph, Willi 162
Strasser, Johano 379, 383
Strauß, Franz Josef 380
Streithofen, Basilius 82
Stützel, Wolfgang 6, 48, 55, 326, 459
Stüwe, H. 43
Stumpfe, Werner 368
Süß, Waldemar 448, 463

Tannenbaum, Robert 229
Taylor, Frederick Winslow 223-227, 234, 463
Theisen, Manuel R. 3, 200, 460, 463
Thom, Norbert 463
Thormählen, Thies 115f.
Tucholsky, Kurt 135

Uhlenbruck, Wilhelm 203, 463
Ulich, Eberhard 230, 463
Ulrich, Hans 192, 463
Ulrich, Peter 463

Vester, Frederic 249, 463
Vetter, Heinz-Oskar 454
Vogler-Ludwig, Kurt 415, 417f., 463
Vogt, Wolfgang 260
Voigt, Dieter 307, 463
Volkmann, Gert 462
Voll, Karlheinz 237
Vormbaum, Herbert 463
Voßschulte, Alfred 49

Wagner, Dieter 262, 459f.
Wandel, Petra V
Wannagat, Georg 362
Wanner, Eckardt 458
Wassermann, Rudolf 462
Wassner, F. 352
Waterman, Robert H. 145, 251f., 460f.
Weber, Helmut Kurt 464
Weber, Joachim 184
Weber, Wolfgang 460
Wehner, Herbert 358
Weizäcker, Carl Christian von 459
Welz, Heinz 196
Welzk, Stefan 44, 171, 173, 464
Welzmüller, Rudolf 462
Wenzel, Georg 458
Wieczorek-Zeul, Heidemarie 379
Wiese, Otto 458
Willgerodt, Hans 459
Wilms, Dorothee 309
Winkel, Rolf 462
Winter, Georg 464
Winter, Helmut 459
Witte, Eberhard 464
Wittmann, Waldemar 460
Wöhe, Günter 54, 464
Woll, Arthur 464

Zahn, Joachim 328
Zander, Ernst 262, 459
Zerche, Jürgen 17, 463
Zimmerer, Carl 173
Zimmermann, Friedrich 414
Zink, Klaus J. 462, 464
Zöllner, Wolfgang 145-147, 151, 320, 343f., 346, 464
Zuckmayer, Carl 322

Sachregister

Absatz 70-105
Absatzpolitisches Instrumentarium 72-74
Abschreibungen 58, 123
Allgemeinverbindlichkeitserklärung 166
Anlagevermögen 107, 115, 123, 179, 184
Arbeitgeber 147
Arbeitgeberverbände 166, 343-346
Arbeitnehmer 53, 60f., 146, 344
Arbeitsförderungsgesetz 349-367, 392, 429
Arbeitskampf 346-349, 358
Arbeitskampfrisiko 174f., 349-351
Arbeitslosenquote 394
Arbeitslosenstatistik 406-414
Arbeitslosenstruktur 406f.
Arbeitslosigkeit 397-400, 406-454
- verdeckte 307f., 408
Arbeitsmarktflexibilisierung 420-422
Arbeitsproduktivität 25, 187f.
Arbeitsverhältnis 146-158
- und Leistungsstörungen 174-176
Arbeitsvertrag 147-149
Arbeitszwang 309f.
Armut (neue) 446-454
Aufsichtsrat 11, 154, 157, 186, 198-200
Außenfinanzierung 121-123
Aussperrung 349, 355f.

Bedarfsdeckung 14
Bedürfnisprüfung 289-296
Belegschaft 6f., 10-13, 230f.
Berufsfreiheit 287-303
Beschäftigungsförderungsgesetz 216-221, 259, 262, 265
Beschäftigungspflicht 148f.
Beschäftigungsprogramm 433f., 436f.
Betrieb (Unternehmen)
- Wesen 1-5, 145
- stypen
- erwerbswirtschaftliche 14-17
- genossenschaftliche 17f.
- öffentliche (staatliche) 18
- gemeinwirtschaftliche 19-21
- gemeinnützige 21f.
Betriebsmittel 53, 58f.
Betriebsrat 141-145f., 150-157, 186, 428
Betriebsrisiko 174
Betriebsvereinbarung 150f.
Betriebsverfassung 145f.
Bilanz 106-108
Bundeskartellamt 33, 37f., 46f.

Diskriminierungsverbot 91f., 97f.
Diversifikation 42-44
Dividende 171f.

Eigenkapital 7, 9, 13, 108f., 123
Eigenkapitalquote
- horizontale 117f.
- vertikale 110-117, 185
Eigentum 5, 376-378
Enteignung 381-383
Entflechtung 334f.

Finanzen des Unternehmens 106-136
Finanzfluß 56, 121-125
Finanzplanung 122-125
Finanzstruktur-Kennziffern 119
Fortschritt (technischer) 59
Fremdkapital 7f., 13, 109f., 123
Führungsstil 228f.
Fusion 45f.
Fusionskontrolle 40-42, 45, 335f.

Gemeinnützige Unternehmen 21f.
Gemeinwirtschaft 19-21, 23, 382
Gemeinwohlbindung 337f.
Genossenschaft 17f., 35
Gewerbefreiheit 287-303
Gewerkschaften 150-154, 166, 343-346
Gewinn
- Wesen 158f.
- höhe 170-173
Gewinnbeteiligung (der Arbeitnehmer) 167f.
Gewinnmaximierung 15f.
Gewinnstreben 14-17
Gewinn- und Verlustrechnung 119-121
Gleichgewicht
- außenwirtschaftliches 393-395
- finanzielles 24, 106, 125
- gesamtwirtschaftliches 393-395
- güterliches 57
Globalsteuerung 393
Grundgesetz 148f., 287f., 304f., 319f., 326, 343, 376, 388, 393

Haftung 28, 30f., 201f.
Hawthorne-Untersuchung 225f.
Heimarbeit 266f.
Hierarchie-Abbau 252-257
Holding 42f.
Humanisierung 228-231
human relations 225

Innenfinanzierung 121-123
Insolvenzen 126, 202

Investitionen 177-192
Investitions(Konjunktur)programm 434, 437f.
Investitionslenkung 190-192

Job Sharing (Partner-Teilzeitarbeit) 261-263

Kapazität 61f.
Kapitalbeteiligung (der Arbeitnehmer) 168-170
Kapitalgeber 6-10, 13, 123
Kapovaz (kapazitätsorientierte variable Arbeitszeit) 263-265
Kartell 36-40, 326
Kartellgesetz 33, 320f., 335-340, 392
Kettenarbeitsvertrag 216
Kettenkündigungen 210, 213f.
Koalitionen 343-346
Koalitionsaufgaben 344-346
Koalitionsfreiheit 343-346
Koalitionsvoraussetzungen 345f.
Konkurrenz 5, 33, 326-332, 341f.
Konkursausfallgeld 127
Konkursgründe 125f., 201
Konkursverfahren 126-128
Kontrolle 193, 197, 244
Konzentration 32-35, 40-47, 327f., 332-340
Konzern 40
Kooperation 32-40, 327f.
Kosten 62-68
- fixe 62, 66-70
- variable 63f.
Kostenremanenz 70
Kostenverläufe 62-70
Kündigungsschutz 206-222
Kündigungsschutz-Ausschaltung 210-222
Kunden 6f., 12f.

Lastenausgleich 453f.
Leasing 53, 58, 60
Leiharbeit (Personalleasing) 277-283
Leistungserstellung 55-70
Leistungsverwertung (Absatz) 70-105
Leitung (des Betriebes) 137-146
Lieferanten 6f., 12f.
Liquidation (stille) 128f.
Liquidität 24, 106, 122
Lohn 158-166
Lohngerechtigkeit 162-166
Lohnnebenkosten 418f.

Magisches Viereck 393-395
Managementinstrumente 192f.
Marketing 73
Markt 70f., 327
Marktbeherrschende Unternehmen 91, 97f.
Marktforschung 56f., 73
Marktsättigung 72, 84
Marktwiderstand 71f.
Marktwirtschaft
- freie 391
- soziale 391
- und Kontrolle 193-200
- und Planung 193-200
Mißbrauchsaufsicht 97f.
Mitbestimmung 11, 145f., 152-158
Monopolist 94
Monopolkommission 33, 46f.

Neue Heimat 21
Neutralitätspflicht des Staates 349-367
Nutzungsdauer (Lebensdauer) 58f., 84-89

Obsoleszenz 85
Öffentliche (staatliche) Unternehmen 18
Oligopolist 93, 328
Ordnung
- marktwirtschaftliche 391f.
Organisation
- Wesen 192
- formale 141-144
- informale 143-145
- sstrukturen 141-145, 251-257

Personalentwicklung 178f., 240-244, 250
Personalführung 227f., 241, 244f.
Planung 192
Preis
- bildungstheorie 93f.
- bindung 97
- obergrenzen 98-100
- politik 93-105
- untergrenzen 100-105
Privateigentum 5, 376-378
Produktgestaltung 83-89
Produktion 55-70
Produktionsfaktoren 1, 47-55
-beschaffung 57-61
Produktionsplanung 55
Produktionsprozeß 56
Produktivität 25, 188, 306
Produktpolitik 83-89

Qualifikation
- fachliche 240f., 244f.
- soziale 239f., 241, 245
Qualifizierungsmaßnahme 429-432
Quasi-Selbständige 221, 265f.

Rahmenbedingungen 435f.

Rationalisierung 25, 187
Recht auf Arbeit 304-309, 318
Recht auf Ausbildung 309-318
Rechtsformen (Unternehmensformen) 27-32
Rendite 171-173
Rentabilität 171-173
Rücklagen 109, 115
Rückstellungen 107, 114f., 123

Schattenwirtschaft 418
Selbstheilungskräfte 439
Soziale Marktwirtschaft 391
Sozialhilfe 309f., 448-450
Sozialisierung (s. Verstaatlichung)
Sozialkompetenz 241, 245, 247
Sozialplan 158, 208
Sozialversicherung 151f., 260
Stabilitätsgesetz 392f., 401, 438f.
Stabstellen 142f.
Streikrecht 346f., 364
- seine Kodifizierung 368-372
Subventionen 123, 129-136, 192, 203, 434

Tarifautonomie 165, 343-375
Tarifvertrag 150f.
Taylorismus 223-225, 234
Technologien (neue) 232-240
Teilzeitarbeit
- Job Sharing 261-263
- kapazitätsorientierte variable Arbeitszeit 263-265
- traditionelle 258-261
Tele(Heim)arbeit 268-276
Tugenden
- kommunikative 237
- puritanische 235

Überschuldung 112, 125
Überstunden(abbau) 425-428
Umlaufvermögen 107
Umsatzrendite 54, 170
Unternehmensformen 27-32
Unternehmensführung 192-205
Unternehmensleiter 6f., 11-13, 177
Unternehmensverfassung 145f.
Unternehmenszusammenbrüche 200-205
Unternehmenszusammenschlüsse 42
Unternehmer 6
- freiheit 292
Unternehmung 1, 5, 11, 145

Vergesellschaftung (s. Verstaatlichung)
Vergleichsverfahren 126-128
Vermögen
- Anlagevermögen 107, 115, 123, 179, 184
- Umlaufvermögen 107
Vermögensumschichtungen 123
Vernetzung 1-3, 249, 257
Verrechtlichung 321-323
Verstaatlichung 379-386
Vertragsfreiheit 319-325
Vertriebsbindung 92
Vertriebsmethode (-weg) 86-93
Vorgesetzten-Funktion (Wandel) 244, 257
Vorruhestand 422-425

Warnstreik 348f.
Weiterbildung 178f., 240-244, 250
Werbung 73-83
Werkstoffe 53, 57
Wettbewerb 5, 33, 326-332, 341f.
Wirtschaftlichkeit 24, 60, 161
Wirtschaftsordnung und Grundgesetz 388f.
Wirtschaftspolitik
- Ansätze 401-405
  - angebotsorientierte 402-404
  - nachfrageorientierte 401f.
- Instrumente 400f.
- Träger 392
- Wesen 391
- Ziele 392f.
Wirtschaftsprüfer 200
Wucher 99

Zahlungsfähigkeit 24, 106, 125
Zahlungsunfähigkeit 112, 125f.

Oldenbourg · Wirtschafts- und Sozialwissenschaften · Steuer · Recht

Oldenbourg · Wirtschafts- und Sozialwissenschaften · Steuer · Recht

Oldenbourg · Wirtschafts- und Sozialwissenschaften · Steuer · Recht

Oldenbourg · Wirtschafts- und Sozialwissenschaften · Steuer · Recht

Oldenbourg · Wirtschafts- und Sozialwissenschaften · Steuer · Recht

Oldenbourg · Wirtschafts- und Sozialwissenschaften · Steuer · Recht

Oldenbourg · Wirtschafts- und Sozialwissenschaften · Steuer · Recht

www.ingramcontent.com/pod-product-compliance
Lightning Source LLC
LaVergne TN
LVHW081357011026
849161LV00013BA/2835

* 9 7 8 3 4 8 6 2 0 7 3 6 1 *